南水北调东线一期工程
水土保持和园林植物鉴别实务
（下册）

王　童　　王秋儒　　王　森　　李建玲　　李云霞　　　　　著
侯越明　　翁丽珠　　邢　栋　　王卓然

黄河水利出版社

·郑州·

内 容 提 要

本书共分上、下2册,上册主要包括植物分类学基础、植物特性、植物资源作用及其开发保护、植物资源调查、植被恢复与建设工程、南水北调东线一期工程水土保持、水土流失防治效果分析与评价、南水北调东线一期工程植物资源等8章,主要介绍植被分类、基本术语、生物学和生态学特性、植物资源的特性和功能、植物资源调查的一般技术和方法、植物恢复与设计以及南水北调东线一期工程水土保持及其植物资源情况;下册主要包括水土保持及园林植物科鉴别、水土保持植物种鉴别和园林植物种鉴别等3章,主要介绍水土保持及园林各科植物的形态特征和代表植物、生态学特性、水土保持功能及利用价值、园林功能及利用价值以及栽植培育技术等。

本书可以作为水土保持和风景园林等相关行业从业人员的工具书,也可以供科研、教学等方面的科技人员及大专院校相关专业师生参考使用。

图书在版编目(CIP)数据

南水北调东线一期工程水土保持和园林植物鉴别实务:上、下册/
马士龙等著 . —郑州:黄河水利出版社,2022.9
ISBN 978-7-5509-3373-6

Ⅰ.①南… Ⅱ.①马… Ⅲ.①南水北调-水利工程-水土保持-研究
②南水北调-水利工程-园林植物-识别 Ⅳ.①TV68

中国版本图书馆CIP数据核字(2022)第164451号

出 版 社:黄河水利出版社
　　　　地址:河南省郑州市顺河路黄委会综合楼14层　　　　邮政编码:450003
发行单位:黄河水利出版社
　　　　发行部电话:0371-66026940、66020550、66028024、66022620(传真)
　　　　E-mail:hhslcbs@126.com
承印单位:广东虎彩云印刷有限公司
开本:787 mm×1 092 mm　1/16
印张:38.75
字数:950千字　　　　　　　　　　　　印数:1—1 000
版次:2022年9月第1版　　　　　　　　印次:2022年9月第1次印刷

定价:168.00元(上、下册)

前　言

　　南水北调东线一期工程是构建水资源配置总体格局的国家重大战略性工程，是解决黄淮海地区和山东半岛水资源短缺，实现水资源优化配置的重大战略举措，工程直接为受水地区的城市居民生活、工农业生产以及航运补充水源，对受水地区经济发展、社会进步、人民生活水平提高有着直接而长远的效益。作为工程重要的组成部分，其自身的林草植被防护带在保护工程安全运行的同时，与其沿线的植被共同形成了良好的生态系统，该生态系统在改善工程沿线地区的小气候、涵养水源、固碳释氧、净化大气和改善景观环境等方面具有广泛的现实意义。

　　2020年3月至2021年12月，在水利部水利水电规划设计总院指导下，中水淮河规划设计研究有限公司会同江河水利水电咨询中心有限公司、中水北方勘测设计研究有限责任公司、江苏省水利勘测设计研究院有限公司和山东省水利勘测设计院有限公司共同完成了"南水北调东线二期工程植物绿化及弃渣场防护专题研究"（以下简称"科研报告"）。目前，该科研报告已通过验收。

　　为总结凝练南水北调东线一期工程水土保持相关技术成果，有针对性地指导南水北调东线二期工程植被恢复与建设工程，保证水土保持植被与园林绿化植被生态系统的完整性和稳定性，持续发挥其防护功能、生态服务功能以及景观美化功能。本书从植物分类角度对南水北调东线一期工程及沿线水土保持植物和园林植物的特性、植物的功能、植物资源调查以及植物栽植等方面进行了详细阐述，具有较强的指导性和可操作性，便于读者在水土保持、林业、环境保护以及景观设计等工作实践中应用。

一、本书意义

　　水资源时空分布极不均衡是我国的基本水情，科学实施调水工程，可以有效缓解水资源失衡问题。然而，重大调水工程的实施涉及范围广、影响因素多，需要坚持系统观念，既要有利于经济社会发展，又要保护好生态环境。当前和今后一段时期将是我国水网建设的快速发展期，如何处理好发展与保护、利用与修复的关系是从事生态环境保护，特别是水利工程生态环境保护工作者必须面对的现实问题。

　　南水北调东线一期工程是跨流域、跨区域水资源配置的重大骨干工程，其沿线的林草植被修复和景观建设工程具有典型性和代表性，本书从理论到实践,全面系统地总结了南水北调东线一期工程沿线的林草植被及其恢复建设情况,其内容对于今后一段时期全国水网工程的生态修复和景观建设工程设计实施具有较强的参考价值。

二、主要内容

本书以植被分类学基础开篇,以南水北调东线一期工程为实例,共分为上、下 2 册共 11 章,主要内容如下:

(1)植物分类及特性。植物是地球生命的主要形态之一,分布广泛、形态各异,为合理发掘、保护和利用南水北调东线一期工程及其沿线的植物,本书首要介绍了植物类别、基本术语、植物的生物学特性和生态学特性等内容。

(2)植物资源作用及调查。主要介绍植物的基本特性,主要功能,植物资源的调查方法、过程和现代调查技术。

(3)南水北调东线一期工程植物资源及其恢复措施。主要内容包括南水北调东线一期工程江苏省和山东省境内的植物资源、水土保持方案及水土流失防治效果分析与评价。

(4)水土保持及园林植物鉴别。主要介绍松科、柏科、豆科等 76 个科的植物特性和代表植物;油松、侧柏、沙打旺等 361 个种的形态特征、功能及利用价值和栽植培育技术等。

三、适用对象

本书可作为生态环境治理相关院校水土保持、风景园林和生态环境修复等专业的本科生、研究生及教师的参考资料,也可以作为从事生态环境修复、风景园林建设等专业设计人员的工具书。

四、分工和致谢

全书章节安排及统稿由马士龙负责,总计 95 万字,马士龙、徐峰对本书上册进行校核,翁丽珠、陈杭对本书下册进行校核。其中上册 43 万字,由马士龙、徐峰、陈杭、焦莹、谢艾楠、李朋鲁、张扬、伊鑫编写;下册 52 万字,由王童、王秋儒、王森、李建玲、李云霞、侯越明、翁丽珠、邢栋、王卓然编写。

在本书编写过程中,水利部水利水电规划设计总院孟繁斌、南水北调东线总公司叶茂盛对本书编写给予了大力支持与帮助,在此表示感谢!

另外,在本书出版过程中,承蒙中水北方勘测设计研究有限责任公司编辑部王晓红、于荣海同仁以及黄河水利出版社给予的大力支持,谨致以衷心的感谢。

作 者

2022 年 5 月

目　录

9 水土保持及园林植物科鉴别

9.1 松科

【拉丁学名】 Pinaceae

【形态特征】 常绿或落叶乔木,稀为灌木状;枝仅有长枝,或兼有长枝与生长缓慢的短枝,短枝通常明显,稀极度退化而不明显。叶条形或针形,基部不下延生长;条形叶扁平,稀呈四棱形,在长枝上螺旋状散生,在短枝上呈簇生状;针形叶2~5针(稀1针或多至81针)成1束,着生于极度退化的短枝顶端,基部包有叶鞘。花单性,雌雄同株;雄球花腋生或单生枝顶,或多数集生于短枝顶端,具多数螺旋状着生的雄蕊,每雄蕊具2枚花药,花粉有气囊或无气囊,或具退化气囊;雌球花由多数螺旋状着生的珠鳞与苞鳞所组成,花期时珠鳞小于苞鳞,稀珠鳞较苞鳞为大,每珠鳞的腹(上)面具2枚倒生胚珠,背(下)面的苞鳞与珠鳞分离(仅基部合生),花后珠鳞增大发育成种鳞。球果直立或下垂,当年或次年,稀第三年成熟,熟时张开,稀不张开;种鳞背腹面扁平,木质或革质,宿存或熟后脱落;苞鳞与种鳞离生(仅基部合生),较长而露出或不露出,或短小而位于种鳞的基部;种鳞的腹面基部有2粒种子,种子通常上端具一膜质翅,稀无翅或无翅;胚具2~16枚子叶,发芽时出土或不出土。

【代表植物】 本科约230余种,分属于3亚科10属,多产于北半球。我国有10属113种29变种(其中引种栽培24种2变种),分布遍于全国,几乎均系高大乔木,绝大多数是森林树种及用材树种,在东北、华北、西北、西南及华南地区高山地带组成广大森林,亦为森林更新、造林的重要树种。有些种类可供采脂、提炼松节油等多种化工原料,有些种类的种子可食用或供药用,有些种类可作园林绿化树种。松科代表种有油松、华山松、白皮松、华北落叶松、马尾松、云杉、冷杉、雪松、黑松、赤松等。

9.2 柏科

【拉丁学名】 Cupresaceae

【形态特征】 常绿乔木或灌木。叶交叉对生或3~4片轮生,稀螺旋状着生,鳞形或刺形,或同一树本兼有两型叶。球花单性,雌雄同株或异株,单生枝顶或叶腋;雄球花具3~8对交叉对生的雄蕊,每雄蕊具2~6枚花药,花粉无气囊;雌球花有3~16枚交叉对生或3~4片轮生的珠鳞,全部或部分珠鳞的腹面基部有1个至多数直立胚珠,稀胚珠单心生于两珠鳞之间,苞鳞与珠鳞完全合生。球果圆球形、卵圆形或圆柱形;种鳞薄或厚,扁平或盾形,木质或近革质,熟时张开,或肉质合生呈浆果状,熟时不裂或仅顶端微开裂,发育种鳞有1粒至多粒种子;种子周围具窄翅或无翅,或上端有一长一短之翅。

【代表植物】　柏科共22属约150种,分布于南北两半球。我国产8属29种7变种,分布几遍全国,多为优良的用材树种及园林绿化树种。另引入栽培1属15种。木材具树脂细胞,无树脂道,纹理直或斜,结构细密,材质轻至重,通常坚韧耐用,有香气。可供建筑、桥梁、舟车、器具、文具、家具等用材;叶可提芳香油,树皮可提单宁。多数种类在造林、固沙及水土保持等方面占有重要地位,不少种类的树形优美,叶色翠绿或浓绿,常被栽培作庭园树。柏科代表植物种有侧柏、杜松、沙地柏、圆柏、龙柏、沙地柏、铺地柏、千头柏等。

9.3　杨柳科

【拉丁学名】　Salicaceae

【形态特征】　落叶乔木或直立、垫状和匍匐灌木。树皮光滑或开裂粗糙,通常味苦,有顶芽或无顶芽;芽由多数鳞片所包被。单叶互生,稀对生,不分裂或浅裂,全缘、锯齿缘或齿牙缘;托叶鳞片状或叶状,早落或宿存。花单性,雌雄异株,罕有杂性;荑荑花序,直立或下垂,先叶开放,或与叶同时开放,稀叶后开放,花着生于苞片与花序轴间,苞片脱落或宿存;基部有杯状花盘或腺体;雄蕊2枚至多数,花药2室,纵裂,花丝分离至合生;雌花子房无柄或有柄,雌蕊由2~4枚心皮合成,子房1室,侧膜胎座,胚珠多数,花柱不明显至很长,柱头2~4裂。蒴果2~4瓣裂。种子微小,种皮薄,胚直立,无胚乳,或有少量胚乳,基部围有多数白色丝状长毛。

【代表植物】　杨柳科共3属620多种,分布于寒温带、温带和亚热带。我国3属均有,320余种,各省(区)均有分布,尤以山地和北方较为普遍。木材轻软,纤维细长。为我国北方重要的防护林、用材林和绿化树种。本科树种雌雄异株,极易杂交,多先叶开花,花期短,叶形多变化,在识别上有较大困难。杨柳科植物种有旱柳、欧美杨、青杨、毛白杨、柳树、杞柳、垂柳等。

9.4　桦木科

【拉丁学名】　Betulaceae

【形态特征】　落叶乔木或灌木;小枝及叶有时具树脂腺体或腺点。单叶,互生,叶缘具重锯齿或单齿,较少具浅裂或全缘,叶脉羽状,侧脉直达叶缘或在近叶缘处向上弓曲相互网结成闭锁式;托叶分离,早落,很少宿存。花单性,雌雄同株,风媒传粉;雄花序顶生或侧生,春季或秋季开放;雄花具苞鳞,有花被(桦木族)或无(榛族);雄蕊2~20枚(很少1枚)插生在苞鳞内,花丝短,花药2室,药室分离或合生,纵裂,花粉粒扁球形,具3~5孔,很少具2孔或8孔,外壁光滑;雌花序为球果状、穗状、总状或头状,直立或下垂,具多数苞鳞(果时称果苞),每苞鳞内有雌花2~3朵,每朵雌花下部又具1枚苞片和1~2枚小苞片,无花被(桦木族)或具花被并与子房贴生(榛族);子房2室或不完全2室,每室具1个倒生胚珠,或2个倒生胚珠,而其中的1个败育;花柱2枚,分离,宿存。果序球果状、穗状、总状或头状;果苞由雌花下部的苞片和小苞片在发育过程中逐渐以不同程度连合而成,木质、革质、厚纸质或膜质,宿存或脱落。果为小坚果或坚果;胚直立,子叶扁平或肉质,无胚乳。

【代表植物】 全科共 6 属 100 余种,主要分布于北温带,中美洲和南美洲亦有桤木属的分布。我国 6 属均有分布,共约 70 种,其中虎榛子属为我国特产。本科的许多树种为北温带森林的重要组成树种,并为造林树种。木材供建筑和制作家具、农具,种子可食或可榨油,具有一定的经济价值。桦木科植物种有白桦、鹅耳枥、榛子、虎榛子等。

9.5 壳斗科

【拉丁学名】 Fagaceae

【形态特征】 常绿或落叶乔木,稀灌木。单叶,互生,极少轮生,全缘或齿裂,或不规则的羽状裂(落叶栎类多数种);托叶早落。花单性同株,稀异株,或同序,风媒或虫媒;花被 1 轮,4~6 片,基部合生,干膜质;雄花有雄蕊 4~12 枚,花丝纤细,花药基着或背着,2 室,纵裂,无退化雌蕊,或有退化雌蕊,但小且为卷丛毛遮盖;雌花 1~3 朵聚生于一壳斗内,有时伴有可育或不育的短小雄蕊,子房下位,花柱与子房室同数,柱头面线状,近于头状,或浅裂的舌状,或几与花柱同色的窝点,子房室与心皮同数,或因隔膜退化而减少,3~6 室,每室有倒生胚珠 2 颗,仅 1 颗发育,中轴胎座。雄花序下垂或直立,整序脱落,由多数单花或小花束,即变态的二歧聚伞花序簇生于花序轴(或总花梗)的顶部呈球状,或散生于总花序轴上呈穗状,稀呈圆锥花序;雌花序直立,花单朵散生或 3 数朵聚生成簇,分生于总花序轴上成穗状,有时单或 2~3 花腋生。由总苞发育而成的壳斗脆壳质、木质、角质、或木栓质,形状多样,包着坚果底部至全包坚果,开裂或不开裂,外壁平滑或有各式姿态的小苞片,每壳斗有坚果 1~3 个;坚果有棱角或浑圆,顶部有稍凸起的柱座,底部的果脐又称疤痕,有时占坚果面积的大部分,凸起、近平坦、或凹陷,胚直立,不育胚珠位于种子的顶部(胚珠悬垂),或位于基部(胚珠上举),稀位于中部,无胚乳,子叶 2 片,平凸,稀脑叶状或镶嵌状,富含淀粉或鞣质。

【代表植物】 本科共 7 属 900 余种。我国有 7 属约 320 种。自沿海低丘陵至海拔约3 700 m 的高山地区都有本科植物生长,是组成常绿阔叶或针叶阔叶混交林的主要树种,也是针叶林或山地水源林的重要树种。有时以本科不同属种组成小片纯"栎林"。木材红褐色的青冈属和柯属的种类,它们的木材结构十分相似,在南方一些木材商场中,常统称其为木类,列为一级材。锥属也有多种,其心材也是红褐色,常称之为红锥类,或称红梨。五岭以北常被称为红栲的种,只是其叶片背面被红褐色粉末状鳞粃,其木材并非红褐色,不属于一级材。水青冈属的心材大都红褐色,但其硬度稍次于木类,而韧性则颇强,为码头、坑道桩柱、车、船、器械、地板、家具、农具及建筑用材。壳斗科植物种有蒙古栎、青冈栎、板栗、辽东栎等。

9.6　胡桃科

【拉丁学名】　Juglandaceae

【形态特征】　落叶或半常绿乔木或小乔木,具树脂,有芳香,被有橙黄色盾状着生的圆形腺体。芽裸出或具芽鳞,常2~3枚重叠生于叶腋。叶互生或稀对生,无托叶,奇数或稀偶数羽状复叶;小叶对生或互生,具或不具小叶柄,羽状脉,边缘具锯齿或稀全缘。花单性,雌雄同株,风媒。花序单性或稀两性。雄花序常葇荑花序,单独或数条成束,生于叶腋或芽鳞腋内;或生于无叶的小枝上而位于顶生的雌性花序下方,共同形成一下垂的圆锥式花序束;或者生于新枝顶端而位于一顶生的两性花序(雌花序在下端、雄花序在上端)下方,形成直立的伞房式花序束。雄花生于1枚不分裂或3裂的苞片腋内;小苞片2枚,花被片1~4枚,贴生于苞片内方的扁平花托周围,或无小苞片及花被片;雄蕊3~40枚,插生于花托上,轮生排列,花丝极短或不存在,离生或在基部稍稍愈合,花药有毛或无毛,2室,纵缝裂开,药隔不发达,或发达而或多或少伸出于花药的顶端。雌花序穗状,顶生,具少数雌花而直立,或有多数雌花而成下垂的葇荑花序。雌花生于1枚不分裂或3裂的苞片腋内,苞片与子房分离或与2小苞片愈合而贴生于子房下端,或与2小苞片各自分离而贴生于子房下端,或与花托及小苞片形成一壶状总苞贴生于子房;花被片2~4枚,贴生于子房,具2枚时位于两侧,具4枚时位于正中线上者在外,位于两侧者在内;雌蕊1枚,由2枚心皮合生,子房下位,初时1室,后来基部发生1室或2室不完全隔膜而成不完全2室或4室,花柱极短,柱头2裂或稀4裂;胎座生于子房基底,短柱状,初时离生,后来与不完全的隔膜愈合,先端有1个直立的无珠柄的直生胚珠。果实由小苞片及花被片或仅由花被片,或由总苞以及子房共同发育成核果状的假核果或坚果状;外果皮肉质或革质或者膜质,成熟时不开裂或不规则破裂,或者4~9瓣开裂;内果皮(果核)由子房本身形成,坚硬,骨质,1室,室内基部具1室或2室骨质的不完全隔膜,因而成不完全2室或4室;内果皮及不完全的隔膜的壁内在横切面上具或不具各式排列的大小不同的空隙(腔隙)。种子大形,完全填满果室,具1层膜质的种皮,无胚乳;胚根向上,子叶肥大,肉质,常成2裂,基部渐狭或成心脏形,胚芽小,常被有盾状着生的腺体。

【代表植物】　共8属约60种,大多数分布在北半球热带到温带。我国产7属27种1变种,主要分布在长江以南,少数种类分布到北部。胡桃科植物种有核桃、薄壳山核桃、枫杨等。

9.7　榆科

【拉丁学名】　Ulmaceae

【形态特征】　乔木或灌木;芽具鳞片,稀裸露,顶芽通常早死,枝端萎缩成一小距状或瘤状凸起,残存或脱落,其下的腋芽代替顶芽。单叶,常绿或落叶,互生,稀对生,常二列,有锯齿或全缘,基部偏斜或对称,羽状脉或基部3出脉(羽状脉的基生1对侧脉比较强壮),稀基部 5 出脉或掌状 3 出脉,有柄;托叶常呈膜质,侧生或生于柄内,分离或连合,或基部合生,早落。单被花两性,稀单性或杂性,雌雄异株或同株,少数或多数排成疏或密的聚伞花序,或因花序轴短缩而似簇生状,或单生,生于当年生枝或去年生枝的叶腋,或生于当年生枝下部或近基部的无叶部分的苞腋;花被浅裂或深裂,花被裂片常 4~8 片,覆瓦状(稀镊合状)排列,宿存或脱落;雄蕊着生于花被的基底,在蕾中直立,稀内曲,常与花被裂片同数而对生,稀较多,花丝明显,花药 2 室,纵裂,外向或内向;雌蕊由 2 枚心皮连合而成,花柱极短,柱头 2 个,条形,其内侧为柱头面,子房上位,通常 1 室,稀 2 室,无柄或有柄,胚珠 1 枚,倒生,珠被 2 层。果为翅果、核果、小坚果或有时具翅或具附属物,顶端常有宿存的柱头;胚直立、弯曲或内卷,胚乳缺或少量,子叶扁平、折叠或弯曲,发芽时出土。

【代表植物】 本科共 16 属约 230 种,广布于全世界热带至温带地区。我国产 8 属 46 种 10 变种,分布遍及全国。另引入栽培 3 种。本科多数种类的木材材质优良,可供建筑、家具、器具、造船、车辆、桥梁、农具等用材;枝皮及树皮纤维可代麻,通常用以黏合香料制"香",榆实可食,种子油可供医药和轻、化工业用。糙叶树、白颜树属及朴属大多数种类的种子油可制肥皂或作润滑油。榆科植物种有白榆、光叶榉、小叶朴等。

9.8 桑科

【拉丁学名】 Moraceae

【形态特征】 乔木或灌木,藤本,稀为草本,通常具乳液,有刺或无刺。叶互生,稀对生,全缘或具锯齿,分裂或不分裂,叶脉掌状或为羽状,有或无钟乳体;托叶 2 枚,通常早落。花小,单性,雌雄同株或异株,无花瓣;花序腋生,典型成对,总状、圆锥状、头状、穗状或壶状,稀为聚伞状,花序托有时为肉质,增厚或封闭而为隐头花序,或开张而为头状或圆柱状花序。雄花:花被片 2~4 枚,有时仅为 1 枚或更多至 8 枚,分离或合生,覆瓦或镊合状排列,宿存;雄蕊通常与花被片同数而对生,花丝在芽时内折或直立,花药具尖头,或小而二浅裂无尖头,从新月形至陀螺形(具横的赤道裂口),退化雌蕊有或无。雌花:花被片 4 片,稀更多或更少,宿存;子房 1 室,稀为 2 室,上位、下位或半下位,或埋藏于花序轴上的陷穴中,每室有倒生或弯生胚珠 1 枚,着生于子房室的顶部或近顶部;花柱 2 裂或单一,具 2 个或 1 个柱头臂,柱头非头状或盾形。果为瘦果或核果状,围以肉质变厚的花被,或藏于其内形成聚花果,或隐藏于壶形花序托内壁,形成隐花果,或陷入发达的花序轴内,形成大型的聚花果。种子大或小,包于内果皮中;种皮膜质或不存;胚悬垂,弯或直;幼根长或短,背倚子叶紧贴;子叶褶皱,对折或扁平。

【代表植物】 桑科共约 53 属 1 400 种。多产热带、亚热带,少数分布在温带地区。许多种类为附生植物,围绕着寄主的茎干,形成紧密的根网,最终将寄主绞死。有些果可以供食用,桑葚也是著名水果。有的种类产橡胶,有些种类的木材可以做乐器或家具、农具等。桑科植物种有构树、鸡桑、桑树等。

9.9　豆科

【拉丁学名】　Leguminosae

【形态特征】　乔木、灌木、亚灌木或草本,直立或攀缘,常有能固氮的根瘤。叶常绿或落叶,通常互生,稀对生,常为1回或2回羽状复叶,少数为掌状复叶或3小叶、单小叶,或单叶,罕可变为叶状柄,叶具叶柄或无;托叶有或无,有时叶状或变为棘刺。花两性,稀单性,辐射对称或两侧对称,通常排成总状花序、聚伞花序、穗状花序、头状花序或圆锥花序;花被2轮;萼片5枚,分离或连合成管,有时二唇形,稀退化或消失;花瓣5枚,常与萼片的数目相等,稀较少或无,分离或连合成具花冠裂片的管,大小有时可不等,或有时构成蝶形花冠,近轴的1片称旗瓣,侧生的2片称翼瓣,远轴的2片常合生,称龙骨瓣,遮盖住雄蕊和雌蕊;雄蕊通常10枚,有时5枚或多数,分离或连合成管,单体或二体雄蕊,花药2室,纵裂或有时孔裂,花粉单粒或常联成复合花粉;雌蕊通常由单心皮所组成,稀较多且离生,子房上位,1室,基部常有柄或无,沿腹缝线具侧膜胎座,胚珠2颗至多颗,悬垂或上升,排成互生的2列,为横生、倒生或弯生的胚珠;花柱和柱头单一,顶生。果为荚果,形状多种,成熟后沿缝线开裂或不裂,或断裂成含单粒种子的荚节;种子通常具革质或有时膜质的种皮,生于长短不等的珠柄上,有时由珠柄形成肉质的假种皮,胚大,内胚乳无或极薄。

【代表植物】　本科约650属18 000种,广布于全世界。我国有172属1 485种13亚种153变种16变型,各省区均有分布。本科为被子植物中仅次于菊科及兰科的3个最大的科之一,分布极为广泛,生长环境各式各样,无论平原、高山、荒漠、森林、草原直至水域,几乎都可见到豆科植物的踪迹。本科具有重要的经济意义,它是人类食品中淀粉、蛋白质、油和蔬菜的重要来源之一。豆科植物种有紫藤等。

9.10　蔷薇科

【拉丁学名】　Rosaceae

【形态特征】　草本、灌木或乔木,落叶或常绿,有刺或无刺。冬芽常具数个鳞片,有时仅具2个。叶互生,稀对生,单叶或复叶,有明显托叶,稀无托叶。花两性,稀单性。通常整齐,周位花或上位花;花轴上端发育成碟状、钟状、杯状、罈状或圆筒状的花托(一称萼筒),在花托边缘着生萼片、花瓣和雄蕊;萼片和花瓣同数,通常4~5枚,覆瓦状排列,稀无花瓣,萼片有时具副萼;雄蕊5枚至多数,稀1枚或2枚,花丝离生,稀合生;心皮1枚至多数,离生或合生,有时与花托连合,每心皮有1枚至数个直立的或悬垂的倒生胚珠;花柱与心皮同数,有时连合,顶生、侧生或基生。果实为蓇葖果、瘦果、梨果或核果,稀蒴果;种子通常不含胚乳,极稀具少量胚乳;子叶为肉质,背部隆起,稀对褶或呈席卷状。

【代表植物】　本科约有124属3 300余种,分布于全世界,北温带较多。我国约有51属1 000余种,产于全国各地。本科许多种类富于经济价值,温带的果品以属于本科者为多,如苹果、沙果、海棠、梨、桃、李、杏、梅、樱桃、枇杷、榲桲、山楂、草莓和树莓等,都是著名的水果。乔木种类的木材多坚硬,具有各种用途,如梨木可作优良雕刻板材,桃木、樱桃木、枇杷木和石楠木等适宜作农具柄材。本科植物作观赏用的更多,如各种绣线菊、绣线梅、珍珠梅、蔷薇、月季、海棠、梅花、樱花、碧桃、花楸、棣棠和白鹃梅等,或具美丽可爱的枝叶和花朵,或具鲜艳多彩的果实,在全世界各地庭园中均占有重要位置。蔷薇科植物种有山丁子、杜梨、山桃、桃、山楂、苹果、沙果、梨树、山杏、杏、海棠、西府海棠、樱桃、枇杷、榆叶梅、黄刺玫、玫瑰、欧李、山荆子、石楠、牛叠肚、东京樱花、紫叶李、海棠花、碧桃、日本晚樱、火棘、贴梗海棠、郁李、珍珠梅、粉花绣线菊、月季、平枝枸子、鸡麻、棣棠、木香、藤本月季等。

9.11　无患子科

【拉丁学名】　Sapindaceae

【形态特征】　乔木或灌木,有时为草质或木质藤本。羽状复叶或掌状复叶,很少单叶,互生,通常无托叶。聚伞圆锥花序顶生或腋生;苞片和小苞片小;花通常小,单性,很少杂性或两性,辐射对称或两侧对称;雄花:萼片4片或5片,有时6片,等大或不等大,离生或基部合生,覆瓦状排列或镊合状排列;花瓣4片或5片,很少6片,有时无花瓣或只有1~4个发育不全的花瓣,离生,覆瓦状排列,内面基部通常有鳞片或被毛;花盘肉质,环状、碟状、杯状或偏于一边,全缘或分裂,很少无花盘;雄蕊5~10枚,通常8枚,偶有多数,着生在花盘内或花盘上,常伸出,花丝分离,极少基部至中部连生,花药背着,纵裂,退化雌蕊很小,常密被毛;雌花:花被和花盘与雄花相同,不育雄蕊的外貌与雄花中能育雄蕊常相似,但花丝较短,花药有厚壁,不开裂;雌蕊由2~4枚心皮组成,子房上位,通常3室,很少1室或4室,全缘或2~4裂,花柱顶生或着生在子房裂片间,柱头单一或2~4裂;胚珠每室1颗或2颗,偶有多颗,通常上升着生在中轴胎座上,很少为侧膜胎座。果为室背开裂的蒴果,或不开裂而浆果状或核果状,全缘或深裂,1~4室;种子每室1颗,很少2颗或多颗,种皮膜质至革质,很少骨质;胚通常弯拱,无胚乳或有很薄的胚乳,子叶肥厚。

【代表植物】　本科共约150属约2 000种,分布于全世界的热带和亚热带,温带很少。我国有25属53种2亚种3变种,多数分布在西南部至东南部,北部很少。不少种类的木材坚实致密,供建筑、家具、造船等用,其中荔枝、龙眼、龙荔、绒毛番龙眼、广西檀栗和细子龙都是上等木材或优质硬木;部分种类有可供食用的肉质假种皮,荔枝、龙眼和红毛丹都是著名的热带亚热带果树;不少种类为药用植物。无患子科植物种有栾树、文冠果等。

9.12　藜科

【拉丁学名】　Chenopodiaceae

【形态特征】　一年生草本、半灌木、灌木,较少为多年生草本或小乔木,茎和枝有时具关节。叶互生或对生,扁平或圆柱状及半圆柱状,较少退化成鳞片状,有柄或无柄;无托叶。花为单被花,两性,较少为杂性或单性,如为单性时,雌雄同株,极少雌雄异株;有苞片或无苞片,或苞片与叶近同形;小苞片 2 片,舟状至鳞片状,或无小苞片;花被膜质、草质或肉质 3~5 个深裂或全裂,花被片(裂片)覆瓦状,很少排列成 2 轮,果时常常增大,变硬,或在背面生出翅状、刺状、疣状附属物,较少无显著变化;雄蕊与花被片(裂片)同数对生或较少,着生于花被基部或花盘上,花丝钻形或条形,离生或基部合生,花药背着,在芽中内曲,2 室,外向纵裂或侧面纵裂,顶端钝或药隔突出形成附属物;花盘或有或无;子房上位,卵形至球形,由 2~5 个心皮合成,离生,极少基部与花被合生,1 室;花柱顶生,通常极短;柱头通常 2 个,很少 3~5 个,丝形或钻形,很少近于头状,四周或仅内侧面具颗粒状或毛状突起;胚珠 1 个,弯生。果实为胞果,很少为盖果;果皮膜质、革质或肉质,与种子贴生或贴伏。种子直立、横生或斜生,扁平圆形、双凸镜形、肾形或斜卵形;种皮壳质、革质、膜质或肉质,内种皮膜质或无;胚乳为外胚乳,粉质或肉质,或无胚乳,胚环形、半环形或螺旋形,子叶通常狭细。

【代表植物】 本科约 100 余属 1 400 余种,主要分布于非洲南部、中亚、南美、北美及大洋洲的干草原、荒漠、盐碱地,以及地中海、黑海、红海沿岸。我国有 39 属约 186 种,主要分布在我国西北、内蒙古及东北各省(区),尤以新疆最为丰富。藜科植物多生活在荒漠及盐碱土地区,因此往往呈现旱生的适应现象,能够防风固沙,对于保护农田、交通及村庄有一定的作用。藜科植物种有扫帚草、地肤等。

9.13　苦木科

【拉丁学名】 Simaroubaceae

【形态特征】 落叶或常绿的乔木或灌木;树皮通常有苦味。叶互生,有时对生,通常成羽状复叶,少数单叶;托叶缺或早落。花序腋生,成总状、圆锥状或聚伞花序,很少为穗状花序;花小,辐射对称,单性、杂性或两性;萼片 3~5 枚,镊合状或覆瓦状排列;花瓣 3~5 枚,分离,少数退化,镊合状或覆瓦状排列;花盘环状或杯状;雄蕊与花瓣同数或为花瓣的 2 倍,花丝分离,通常在基部有一鳞片,花药长圆形,丁字着生,2 室,纵向开裂;子房通常 2~5 裂,2~5 室,或者心皮分离,花柱 2~5 枚,分离或多少结合,柱头头状,每室有胚珠 1~2 颗,倒生或弯生,中轴胎座。果为翅果、核果或蒴果,一般不开裂;种子有胚乳或无,胚直或弯曲,具有小胚轴及厚子叶。

【代表植物】 本科约 20 属 120 种,主产热带和亚热带地区;我国有 5 属 11 种 3 变种。苦木科植物种有苦木、臭椿等。

9.14　槭树科

【拉丁学名】 Aceraceae

【形态特征】 乔木或灌木,落叶稀常绿。冬芽具多数覆瓦状排列的鳞片,稀仅具 2 或 4 枚对生的鳞片或裸露。叶对生,具叶柄,无托叶,单叶稀羽状或掌状复叶,不裂或掌状分裂。花序伞房状、穗状或聚伞状,由着叶的枝的顶芽或侧芽生出;花序的下部常有叶,稀无叶,叶的生长在开花以前或同时,稀在开花以后;花小,绿色或黄绿色,稀紫色或红色,整齐,两性、杂性或单性,雄花与两性花同株或异株;萼片 5 片或 4 片,覆瓦状排列;花瓣 5 枚或 4 枚,稀不发育;花盘环状或褶状或现裂纹,稀不发育;生于雄蕊的内侧或外侧;雄蕊 4~12,通常 8;子房上位,2 室,花柱 2 裂,仅基部联合,稀大部分联合,柱头常反卷;子房每室具 2 胚珠,每室仅 1 枚发育,直立或倒生。果实系小坚果,常有翅,又称翅果;种子无胚乳,外种皮很薄,膜质,胚倒生,子叶扁平,折叠或卷折。

【代表植物】　本科现仅有 2 属。主要产亚、欧、美三洲的北温带地区,中国有 140 余种。槭树多系乔木,树干挺直,木材坚硬,材质细密,可作车轮、家具、农具、枕木及建筑材料;有些种类的纹理壮观,可用以制造乐器和工艺品;嫩叶可代替茶叶用作饮料;种子含脂肪,可榨油供食用及工业方面的应用;有些种类的树皮纤维可为造纸及人造棉提供原料。本科落叶种类在秋季落叶之前变为红色,果实具长形或圆形的翅,冬季尚宿存在树上,非常美观;且树冠冠幅较大,叶多而密,遮阴良好,为有经济价值的绿化树种之一,宜引种为行道树或绿化城市的庭园树种。槭树科植物种有华北五角枫、红枫等。

9.15　胡颓子科

【拉丁学名】　Elaeagnaceae

【形态特征】　常绿或落叶直立灌木或攀缘藤本,稀乔木,有刺或无刺,全体被银白色或褐色至锈盾形鳞片或星状绒毛。单叶互生,稀对生或轮生,全缘,羽状叶脉,具柄,无托叶。花两性或单性,稀杂性。单生或数花组成叶腋生的伞形总状花序,通常整齐,白色或黄褐色,具香气,虫媒花;花萼常连合成筒,顶端 4 裂,稀 2 裂,在子房上面通常明显收缩,花蕾时镊合状排列;无花瓣;雄蕊着生于萼筒喉部或上部,与裂片互生,或着生于基部,与裂片同数或为其倍数,花丝分离,短或几无,花药内向,2 室纵裂,背部着生,通常为丁字药,花粉粒钝三角形或近圆形;子房上位,包被于花萼管内,1 枚心皮,1 室,1 胚珠,花柱单一,直立或弯曲,柱头棒状或偏向一边膨大;花盘通常不明显,稀发达成锥状。果实为瘦果或坚果,为增厚的萼管所包围,核果状,红色或黄色;味酸甜或无味,种皮骨质或膜质;无或几无胚乳,胚直立,较大,具 2 枚肉质子叶。

【代表植物】　本科有 3 属 80 余种,主要分布于亚洲东南地区,亚洲其他地区、欧洲及北美洲也有。我国有 2 属约 60 种,遍布全国各地。胡颓子科植物种有沙枣、胡颓子、牛奶子等。

9.16　木樨科

【拉丁学名】　Oleaceae

【形态特征】　乔木,直立或藤状灌木。叶对生,稀互生或轮生,单叶、三出复叶或羽状复叶,稀羽状分裂,全缘或具齿;具叶柄,无托叶。花辐射对称,两性,稀单性或杂性,雌雄同株、异株或杂性异株,通常聚伞花序排列成圆锥花序,或为总状、伞状、头状花序,顶生或腋生,或聚伞花序簇生于叶腋,稀花单生;花萼 4 裂,有时多达 12 裂,稀无花萼;花冠 4 裂,有时多达 12 裂,浅裂、深裂至近离生,或有时在基部成对合生,稀无花冠,花蕾时呈覆瓦状或镊合状排列;雄蕊 2 枚,稀 4 枚,着生于花冠管上或花冠裂片基部,花药纵裂,花粉通常具 3 沟;子房上位,由 2 枚心皮组成 2 室,每室具胚珠 2 枚,有时 1 或多枚,胚珠下垂,稀向上,花柱单一或无花柱,柱头 2 裂或头状。果为翅果、蒴果、核果、浆果或浆果状核果;种子具 1 枚伸直的胚,具胚乳或无胚乳;子叶扁平;胚根向下或向上。

【代表植物】　本科约 27 属 400 余种,广布于两半球的热带和温带地区,亚洲地区种类尤为丰富。我国产 12 属 178 种 6 亚种 25 变种 15 变型,其中 14 种 1 亚种 7 变型系栽培,南北各地均有分布。本科具有许多重要的药用植物、香料植物、油料植物以及经济树种。木樨科植物种有大叶白蜡、绒毛白蜡、连翘、丁香、紫丁香、小叶女贞、金叶女贞、女贞、四季桂、小蜡等。

9.17　小檗科

【拉丁学名】　Berberidaceae

【形态特征】　灌木或多年生草本,稀小乔木,常绿或落叶,有时具根状茎或块茎。茎具刺或无。叶互生,稀对生或基生,单叶或 1~3 回羽状复叶;托叶存在或缺;叶脉羽状或掌状。花序顶生或腋生,花单生,簇生或组成总状花序、穗状花序、伞形花序、聚伞花序或圆锥花序;花具花梗或无;花两性,辐射对称,小苞片存在或缺如,花被通常 3 基数,偶 2 基数;萼片 6~9 枚,常花瓣状,离生,2~3 轮;花瓣 6 枚,扁平,盔状或呈距状,或变为蜜腺状,基部有蜜腺或缺;雄蕊与花瓣同数而对生,花药 2 室,瓣裂或纵裂;子房上位,1 室,胚珠多数或少数,稀 1 枚,基生或侧膜胎座,花柱存在或缺,浆果、蒴果、蓇葖果或瘦果。种子多数,有时具假种皮;富含胚乳;胚大或小。

【代表植物】　本科共计 17 属约 650 种,主产北温带和亚热带高山地区。中国有 11 属约 320 种。全国各地均有分布,但以四川、云南、西藏种类最多。该科大多数属植物具有药用价值和观赏价值。小檗科植物种有小檗、细叶小檗、十大功劳、紫叶小檗等。

9.18　蒺藜科

【拉丁学名】　Zygophyllaceae

【形态特征】　多年生草本、半灌木或灌木,稀为一年生草本。托叶分裂或不分裂,常宿存;单叶或羽状复叶,小叶常对生,有时互生,肉质。花单生或 2 朵并生于叶腋,有时为总状花序,或为聚伞花序;花两性,辐射对称或两侧对称;萼片 5 枚,有时 4 枚,覆瓦状或镊合状排列;花瓣 4~5 枚,覆瓦状或镊合状排列;雄蕊与花瓣同数,或比花瓣多 1~3 倍,通常长短相间,外轮与花瓣对生,花丝下部常具鳞片,花药丁字形着生,纵裂;子房上位,3~5 室,稀 2~12 室,极少各室有横隔膜。果革质或脆壳质,或为 2~10 枚分离或连合果瓣的分果,或为室间开裂的蒴果,或为浆果状核果,种子有胚乳或无胚乳。

【代表植物】　本科约 27 属 350 种,分布于热带、亚热带和温带,主要在亚洲、非洲、欧洲、美洲和澳大利亚。我国有 5 亚科 6 属 31 种 2 亚种 4 变种。在我国主要生于西北干旱区的沙漠、戈壁和低山。耐干旱,耐风沙,耐贫瘠,有些属和种耐盐碱。蒺藜科植物种有白刺等。

9.19　漆树科

【拉丁学名】　Anacardiaceae

【形态特征】　乔木或灌木,稀为木质藤本或亚灌木状草本,韧皮部具裂生性树脂道。叶互生,稀对生,单叶、掌状三小叶或奇数羽状复叶,无托叶或托叶不显。花小,辐射对称,两性或多为单性或杂性,排列成顶生或腋生的圆锥花序;通常为双被花,稀为单被或无被花;花萼多少合生,3~5 裂,极稀分离,有时呈佛焰苞状撕裂或呈帽状脱落,裂片在芽中覆瓦状或镊合状排列,花后宿存或脱落;花瓣 3~5 枚,分离或基部合生,通常下位,覆瓦状或镊合状排列,脱落或宿存,有时花后增大,雄蕊着生于花盘外面基部或有时着生在花盘边缘,与花盘同数或为其 2 倍,稀仅少数发育,极稀更多,花丝线形或钻形,分离,花药卵形或长圆形或箭形,2 室,内向或侧向纵裂;花盘环状或坛状或杯状,全缘或 5~10 个浅裂或呈柄状突起;心皮 1~5 枚,稀较多,分离,仅 1 个发育或合生,子房上位,少有半下位或下位,通常 1 室,少有 2~5 室,每室有胚珠 1 颗,倒生,珠柄自子房室基部直立或伸长至室顶而下垂或沿子房壁上升。果多为核果,外果皮薄,中果皮通常厚,具树脂,内果皮坚硬,骨质或硬壳质或革质,1 室或 3~5 室,每室具种子 1 颗;胚稍大,肉质,弯曲,子叶膜质扁平或稍肥厚,无胚乳或有少量薄的胚乳。

【代表植物】　本科约 60 属 600 余种,分布于全球热带、亚热带,少数延伸到北温带地区。我国有 16 属 59 种。漆树科植物种有黄连木、漆树、火炬树、阿月浑子、黄栌等。

9.20　柽柳科

【拉丁学名】　Tamaricaceae

【形态特征】　灌木、半灌木或乔木。叶小,多呈鳞片状,互生,无托叶,通常无叶柄,多具泌盐腺体。花通常集成总状花序或圆锥花序,稀单生,通常两性,整齐;花萼 4~5 个,深裂,宿存;花瓣 4~5 枚,分离,花后脱落或有时宿存;下位花盘常肥厚,蜜腺状;雄蕊 4、5 枚或多数,常分离,着生在花盘上,稀基部结合成束,或连合到中部成筒;花药 2 室,纵裂;雌蕊 1 枚,由 2~5 枚心皮构成,子房上位,1 室,侧膜胎座,稀具隔,或基底胎座;胚珠多数,稀少数,花柱短,通常 3~5 枚,分离,有时结合。蒴果,圆锥形,室背开裂。种子多数,全面被毛或在顶端具芒柱,芒柱从基部或从一半开始被柔毛;有或无内胚乳,胚直生。

【代表植物】　本科共 3 属约 110 种。主要分布于旧大陆草原和荒漠地区。我国有 3 属 32 种。柽柳科植物种有柽柳等。

9.21　茄科

【拉丁学名】　Solanaceae

【形态特征】　1 年生至多年生草本、半灌木、灌木或小乔木;直立、匍匐、扶升或攀缘;

有时具皮刺,稀具棘刺。单叶全缘、不分裂或分裂,有时为羽状复叶,互生或在开花枝段上大小不等的二叶双生;无托叶。花单生,簇生或为蝎尾式、伞房式、伞状式、总状式、圆锥式聚伞花序,稀为总状花序;顶生、枝腋或叶腋生,或者腋外生;两性或稀杂性,辐射对称或稍微两侧对称,通常5基数,稀4基数。花萼通常具5牙齿、5中裂或5深裂,稀具2、3、4~10牙齿或裂片,极稀截形而无裂片,裂片在花蕾中镊合状、外向镊合状、内向镊合状或覆瓦状排列,或者不闭合,花后几乎不增大或极度增大,果时宿存,稀自近基部周裂而仅基部宿存;花冠具短筒或长筒,辐状、漏斗状、高脚碟状、钟状或坛状,檐部5浅裂、中裂或深裂,裂片大小相等或不相等,在花蕾中覆瓦状、镊合状、内向镊合状排列或折合而旋转;雄蕊与花冠裂片同数而互生,伸出或不伸出花冠,同形或异形,有时其中1枚较短而不育或退化,插生于花冠筒上,花丝丝状或在基部扩展,花药基底着生或背面着生,直立或向内弓曲,有时靠合或合生成管状而围绕花柱,药室2,纵缝开裂或顶孔开裂;子房通常由2枚心皮合生而成,2室,有时1室或有不完全的假隔膜而在下部分隔成4室,2枚心皮不位于正中线上而偏斜,花柱细瘦,具头状或2浅裂的柱头;中轴胎座;胚珠多数,稀少数至1枚,倒生、弯生或横生。果实为多汁浆果或干浆果,或者为蒴果。种子圆盘形或肾脏形;胚乳丰富、肉质;胚弯曲成钩状、环状或螺旋状卷曲,位于周边而埋藏于胚乳中,或直而位于中轴位上。

【代表植物】　本科约30属3 000种,广泛分布于全世界温带及热带地区,美洲热带种类最为丰富。我国产24属105种35变种。茄科植物种有枸杞等。

9.22　马鞭草科

【拉丁学名】　Verbenaceae

【形态特征】　灌木或乔木,有时为藤本,极少数为草本。叶对生,很少轮生或互生,单叶或掌状复叶,很少羽状复叶;无托叶。花序顶生或腋生,多数为聚伞、总状、穗状、伞房状,聚伞或圆锥花序;花两性,极少退化为杂性,左右对称或很少辐射对称;花萼宿存,杯状、钟状或管状,稀漏斗状,顶端有4~5齿或为截头状,很少有6~8齿,通常在果实成熟后增大或不增大,或有颜色;花冠管圆柱形,管口裂为二唇形或略不相等的4~5裂,很少多裂,裂片通常向外开展,全缘或下唇中间1裂片的边缘呈流苏状;雄蕊4枚,极少2枚或5~6枚,着生于花冠管上,花丝分离,花药通常2室,基部或背部着生于花丝上,内向纵裂或顶端先开裂而成孔裂;花盘通常不显著;子房上位,通常为2枚心皮组成,少为4枚或5枚,全缘或微凹或4个浅裂,极稀深裂,通常2~4室,有时为假隔膜,分为4~10室,每室有2个胚珠,或因假隔膜而每室有1个胚珠;胚珠倒生而基生,半倒生而侧生,或直立,或顶生而悬垂,珠孔向下;花柱顶生,极少数多少下陷于子房裂片中;柱头明显分裂或不裂。果实为核果、蒴果或浆果状核果,外果皮薄,中果皮干或肉质,内果皮多少质硬成核,核单一或可分为2个或4个,例外地8~10个分核。种子通常无胚乳,胚直立,有扁平、多少厚或折皱的子叶,胚根短,通常下位。

【代表植物】　本科约80余属3 000余种,主要分布于热带和亚热带地区,少数延至温带;我国现有21属175种31变种10变型。很多种类具有重要的经济用途;有不少种类可供观赏,有些是水土保持的材料,能作药材的种类尤多。马鞭草科植物种有蒙古莸、黄荆、荆条等。

9.23　夹竹桃科

【拉丁学名】　Apocynaceae
【形态特征】　乔木、直立灌木或木质藤木,也有多年生草本;具乳汁或水液;无刺,稀有刺。单叶对生、轮生,稀互生,全缘,稀有细齿;羽状脉;通常无托叶或退化成腺体,稀有假托叶。花两性,辐射对称,单生或多杂组成聚伞花序,顶生或腋生;花萼裂片5枚,稀4枚,基部合生成筒状或钟状,裂片通常为双盖覆瓦状排列,基部内面通常有腺体;花冠合瓣,高脚碟状、漏斗状、坛状、钟状、盆状,稀辐状,裂片5枚,稀4枚,覆瓦状排列,其基部边缘向左或向右覆盖,稀镊合状排列,花冠喉部通常有副花冠或鳞片或膜质或毛状附属体;雄蕊5枚,着生在花冠筒上或花冠喉部,内藏或伸出,花丝分离,花药长圆形或箭头状,2室,分离或互相黏合并贴生在柱头上;花粉颗粒状;花盘环状、杯状或成舌状,稀无花盘;子房上位,稀半下位,1~2室,或为2枚离生或合生心皮所组成;花柱1枚,基部合生或裂开;柱头通常环状、头状或棍棒状,顶端通常2裂;胚珠1至多颗,着生于腹面的侧膜胎座上。果为浆果、核果、蒴果或蓇葖果;种子通常一端被毛,稀两端被毛或仅有膜翅或毛翅均缺,通常有胚乳及直胚。

【代表植物】　本科约250属2 000余种,分布于全世界热带、亚热带地区,少数在温带地区。我国产46属176种33变种,主要分布于长江以南各省(区)及台湾省等沿海岛屿,少数分布于北部及西北部。一般为木质攀缘植物,有发达的缠绕茎,在热带雨林或季雨林中攀缠树上,很少直立或稀为多年生草本或乔木。大多数植物具有发达的无隔乳管,能流出丰富的白色乳汁,或水液,一般有毒,尤以种子和乳汁毒性最烈。夹竹桃科植物种有夹竹桃、络石、罗布麻、蔓长春花等。

9.24　禾本科

【拉丁学名】　Gramineae
【形态特征】　植物体木本(竹类和某些高大禾草亦可呈木本状)或草本。根的类型极大多数为须根。茎多为直立,但亦有匍匐蔓延乃至如藤状,通常在其基部容易生出分蘖条,一般明显地具有节与节间两部分;节间中空,常为圆筒形,或稍扁,髓部贴生于空腔内壁,但亦有充满空腔而使节间为实心者;节处之内有横隔板存在,故是闭塞的,从外表可看出鞘环和在鞘上方的秆环两部分,同一节的两环间的上下距离可称为节内,秆芽即生于此处。叶为单叶互生,常以1/2叶序交互排列为2行,种子通常含有丰富的淀粉质胚乳及一小形胚体,后者位于果实或种子远轴面(靠近外稃)的基部,在另一侧或其基部从外表即可见到线形或点状的种脐,通常线形种脐亦称为腹沟。

【代表植物】　本科已知约有700属近10 000种,是单子叶植物中仅次于兰科的第二大科,但在分布上则较之更为广泛而且个体远为繁茂,即它更能适应各种不同、类型的生态环境,甚至可以说,凡是地球上有种子植物生长的场所皆有其踪迹。我国各省(区)都有其分布,除引种的外来种类不计外,国产 200 余属 1 500 种以上,可归隶于 7 亚科,约 45 族。禾本科植物种有紫竹、毛竹、芭茅、淡竹、香根草、草地早熟禾、黑麦草、披碱草、刚竹、斑竹、罗汉竹、早园竹、筇竹、苦竹、箬竹等。

9.25　杉科

【拉丁学名】 Taxodiaceae

【形态特征】 常绿或落叶乔木,树干端直,大枝轮生或近轮生。叶螺旋状排列,散生,很少交叉对生,披针形、钻形、鳞状或条形,同一树上之叶同型或二型。球花单性,雌雄同株,球花的雄蕊和珠鳞均螺旋状着生,很少交叉对生;雄球花小,单生或簇生枝顶,或排成圆锥状花序,或生叶腋,雄蕊有 2~9 枚花药,花粉无气囊;雌球花顶生或生于去年生枝近枝顶,珠鳞与苞鳞半合生或完全合生,或珠鳞甚小,或苞鳞退化,珠鳞的腹面基部有 2~9 枚直立或倒生胚珠。球果当年成熟,熟时张开,种鳞(或苞鳞)扁平或盾形,木质或革质,螺旋状着生或交叉对生,宿存或熟后逐渐脱落,能育种鳞(或苞鳞)的腹面有 2~9 粒种子;种子扁平或三棱形,周围或两侧有窄翅,或下部具长翅;胚有子叶 2~9 枚。

【代表植物】 本科 10 属 16 种,主要分布于北温带。我国产 5 属 7 种,引入栽培 4 属 7 种。近年多数省(区)均有栽培,并用之造林,生长良好,木材供建筑及造纸原料,为群众喜爱的速生树种。杉科植物种有柳杉、水杉等。

9.26　大戟科

【拉丁学名】 Euphorbiaceae

【形态特征】 乔木、灌木或草本,稀为木质或草质藤本;木质根,稀为肉质块根;通常无刺;常有乳状汁液,白色,稀为淡红色。叶互生,少有对生或轮生,单叶,稀为复叶,或叶退化呈鳞片状,边缘全缘或有锯齿,稀为掌状深裂;具羽状脉或掌状脉;叶柄长至极短,基部或顶端有时具有 1~2 枚腺体;托叶 2 枚,着生于叶柄的基部两侧,早落或宿存,稀托叶鞘状,脱落后具环状托叶痕。花单性,雌雄同株或异株,单花或组成各式花序,通常为聚伞或总状花序,在大戟类中为特殊化的杯状花序;萼片分离或在基部合生,覆瓦状或镊合状排列,在特化的花序中有时萼片极度退化或无;花瓣有或无;花盘环状或分裂成为腺体状,稀无花盘;雄蕊 1 枚至多数,花丝分离或合生成柱状,在花蕾时内弯或直立,花药外向或内向,基生或背部着生,药室 2 室,稀 3~4 室,纵裂,稀顶孔开裂或横裂,药隔截平或突起;雄花常有退化雌蕊;子房上位,3 室,稀 2 室或 4 室或更多或更少,每室有 1~2 颗胚珠着生于中轴胎座上,花柱与子房室同数,分离或基部连合,顶端常 2 颗至多裂,直立、平展或卷曲,柱头形状多变,常呈头状、线状、流苏状、折扇形或羽状分裂,表面平滑或有小颗粒状凸体,稀被毛或有皮刺。果为蒴果,常从宿存的中央轴柱分离成分果爿,或为浆果状或核果状;种子常有显著种阜,胚乳丰富,肉质或油质,胚大而直或弯曲,子叶通常扁而宽,稀卷叠式。

【代表植物】 约 300 属 5 000 种,广布于全球,但主产于热带和亚热带地区。最大的属是大戟属,约 2 000 种。我国连引入栽培共有 70 多属约 460 种,分布于全国各地,但主产地为西南至台湾。有多种经济植物,广为栽培供观赏。在热带地区,有刺的大戟属植物常栽作绿篱。大戟科植物种有叶底珠、乌桕等。

9.27　菊科

【拉丁学名】　Compositae

【形态特征】　草本、亚灌木或灌木,稀为乔木。有时有乳汁管或树脂道。叶通常互生,稀对生或轮生,全缘或具齿或分裂,无托叶,或有时叶柄基部扩大成托叶状;花两性或单性,极少有单性异株,整齐或左右对称,五基数,少数或多数密集成头状花序或为短穗状花序,为 1 层或多层总苞片组成的总苞所围绕;头状花序单生或数个至多数排列成总状、聚伞状、伞房状或圆锥状;花序托平或凸起,具窝孔或无窝孔,无毛或有毛;具托片或无托片;萼片不发育,通常形成鳞片状、刚毛状或毛状的冠毛;花冠常辐射对称,管状,或左右对称,两唇形,或舌状,头状花序盘状或辐射状,有同形的小花,全部为管状花或舌状花,或有异形小花,即外围为雌花,舌状,中央为两性的管状花;雄蕊 4~5 枚,着生于花冠管上,花药内向,合生成筒状,基部钝、锐尖、截形或具尾;花柱上端两裂,花柱分枝上端有附器或无附器;子房下位,合生心皮 2 枚,1 室,具 1 个直立的胚珠;果为不开裂的瘦果;种子无胚乳,具 2 个子叶,稀 1 个子叶。

【代表植物】　本科约有 1 000 属 25 000~30 000 种,广布于全世界,热带较少。我国有 200 余属 2 000 多种,产于全国各地。菊科种类繁多,许多种类富于经济价值,花美丽鲜艳供观赏,全世界各地庭园均有栽培。菊科植物种有沙蒿、黑沙蒿、蚂蚱腿子、苦荬菜、雏菊、金盏菊、藿香蓟、翠菊、矢车菊、蛇目菊、波斯菊、万寿菊、孔雀草、百日草等。

9.28　十字花科

【拉丁学名】　Cruciferae

【形态特征】　一年生、二年生或多年生植物,有辛辣气味,多数是草本,很少呈亚灌木状。植株具有各式的毛,毛为单毛、分枝毛、星状毛或腺毛,也有无毛的。根有时膨大成肥厚的块根。茎直立或铺散,有时茎短缩,它的形态在本科中变化较大。叶有二型:基生叶呈旋叠状或莲座状;茎生叶通常互生,有柄或无柄,单叶全缘、有齿或分裂,基部有时抱茎或半抱茎,有时呈各式深浅不等的羽状分裂(如大头羽状分裂)或羽状复叶;通常无托叶。花整齐,两性,少有退化成单性的;花多数聚集成一个总状花序,顶生或腋生,偶有单生的,当花刚开放时,花序近似伞房状,以后花序轴逐渐伸长而呈总状花序,每花下无苞或有苞;萼片 4 片,分离,排成 2 轮,直立或开展,有时基部呈囊状;花瓣 4 片,分离,成"十"字形排列,花瓣白色、黄色、粉红色、淡紫色、淡紫红色或紫色,基部有时具爪,少数种类花瓣退化或缺少,有的花瓣不等大;雄蕊通常 6 枚,也排列成 2 轮,外轮的 2 个,具较短的花丝,内轮的 4 个,具较长的花丝,这种 4 枚长、2 枚短的雄蕊称为"四强雄蕊",有时雄蕊退化至 4 枚或 2 枚;雌蕊 1 枚,子房上位,由于假隔膜的形成,子房 2 室,少数无假隔膜时,子房 1 室,每室有胚珠 1 个至多个,排列成 1 行或 2 行,生在胎座框上,形成侧膜胎座,花柱短或缺,柱头单一或 2 裂。果实为长角果或短角果,有翅或无翅,有刺或无刺,或有其他附属物。种子一般较小,表面光滑或具纹理,边缘有翅或无翅,有的湿时发黏,无胚乳。

【代表植物】　全世界有 300 属以上约 3 200 种,主要产地为北温带,尤以地中海区域分布较多。我国有 95 属 425 种 124 变种 9 个变型,全国各地均有分布,以西南、西北、东北高山区及丘陵地带为多,平原及沿海地区较少。十字花科是一个经济价值较大的科,有的种类是重要的药用植物,有的是观赏植物,也有的可用作染料、野菜或饲料。十字花科植物种有二月蓝、羽衣甘蓝、香雪球、紫罗兰等。

9.29　唇形科

【拉丁学名】　Labiatae

【形态特征】　多年生至一年生草本,半灌木或灌木,极稀乔木或藤本,常具含芳香油的表皮,有柄或无柄的腺体,以及各种各式的单毛、具节毛,甚至具星状毛和树枝状毛,常具有四棱及沟槽的茎和对生或轮生的枝条。根纤维状,稀增厚成纺锤形,极稀具小块根。偶有新枝形成具退化叶的气生走茎或地下匍匐茎,后者往往具肥短节间及无色叶片。叶为单叶,全缘至具有各种锯齿,浅裂至深裂,稀为复叶,对生(常交互对生),稀 3~8 枚轮生,极稀部分互生。花很少单生。花序聚伞式,通常由两个小的 3 至多花的二歧聚伞花序在节上形成明显轮状的轮伞花序(假轮);或多分枝而过渡到成为一对单歧聚伞花序,稀仅为 3~1 花的小聚伞花序,后者形成每节双花的现象。由于主轴完全退化而形成密集的无柄花序,或主轴及侧枝均或多或少发达,苞叶退化成苞片状,而由数个至许多轮伞花序聚合成顶生或腋生的总状、穗状、圆锥状,稀头状的复合花序,稀由于花向主轴一面聚集而成背腹状(开向一面),极稀每苞叶承托 1 花,由于花亦互生而形成真正的总状花序。苞叶常在茎上向上逐渐过渡成苞片,每花下常又有 1 对纤小的小苞片(在单歧花序中则仅 1 片发达);很少有不具苞片及小苞片,或苞片及小苞片趋于发达而有色,具针刺,叶状或特殊形状。花两侧对称,稀多少辐射对称,两性,或经过退化而成雌花两性花异株,稀杂性,极稀花为两型而具闭花受精的花,较稀有大小花或大中小花不同株的现象。种子单生,直立,极稀横生而皱曲,具薄而以后常全部被吸收的种皮,基生,稀侧生。胚乳在果时无或如存在则极不发育。胚具扁平,稀凸或有折,微肉质,与果轴平行或横生的子叶。

【代表植物】　本科为一世界性分布的较大的科。全世界有 10 个亚科 220 余属 3 500 余种。我国有 99 属 800 余种。本科植物以富含多种芳香油而著称,其中有不少芳香油成分可供药用。由于花、叶形状特殊,色彩鲜艳,常供观赏。唇形科植物种有黄芩、半枝莲、一串红、随意草。

9.30　忍冬科

【拉丁学名】　Caprifoliaceae

【形态特征】　灌木或木质藤本,有时为小乔木或小灌木,落叶或常绿,很少为多年生草本。茎干有皮孔或否,有时纵裂,木质松软,常有发达的髓部。叶对生,很少轮生,多为单叶,全缘、具齿或有时羽状或掌状分裂,具羽状脉,极少具基部或离基三出脉或掌状脉,有时为单数羽状复叶;叶柄短,有时两叶柄基部连合,通常无托叶,有时托叶形小而不显著或退化成腺体。聚伞或轮伞花序,或由聚伞花序集合成伞房式或圆锥式复花序,有时因聚伞花序中央的花退化而仅具2朵花,排成总状或穗状花序,极少花单生。花两性,极少杂性,整齐或不整齐;苞片和小苞片存在或否,极少小苞片增大成膜质的翅;萼筒贴生于子房,萼裂片或萼齿5~4枚,宿存或脱落,较少于花开后增大;花冠合瓣,辐状、钟状、筒状、高脚碟状或漏斗状,裂片5~4枚,覆瓦状或稀镊合状排列,有时两唇形,上唇二裂、下唇三裂,或上唇四裂、下唇单一,有或无蜜腺;花盘不存在,或呈环状或为一侧生的腺体;雄蕊5枚,或4枚而二强,着生于花冠筒,花药背着,2室,纵裂,通常内向,很少外向,内藏或伸出于花冠筒外;子房下位,2~5(7~10)室,中轴胎座,每室含1颗至多数胚珠,部分子房室常不发育。果实为浆果、核果或蒴果,具1粒至多数种子;种子具骨质外种皮,平滑或有槽纹,内含1枚直立的胚和丰富、肉质的胚乳。

【代表植物】　本科有13属约500种,主要分布于北温带和热带高海拔山地,东亚和北美东部种类最多,个别属分布在大洋洲和南美洲。中国有12属200余种,大多分布于华中和西南各省(区)。忍冬科以盛产观赏植物而著称,黄昏时花香最浓,便于吸引夜间飞行的昆虫。柱头高出雄蕊,从而避免自花授粉。色泽鲜艳的肉质浆果或核果适于鸟类传播。忍冬科植物种有锦带花、香荚蒾、猬实、糯米条、红瑞木、金银花、天目琼花等。

9.31　葡萄科

【拉丁学名】　Vitaceae

【形态特征】　攀缘木质藤本,稀草质藤本,具有卷须,或直立灌木,无卷须。单叶、羽状或掌状复叶,互生;托叶通常小而脱落,稀大而宿存。花小,两性或杂性同株或异株,排列成伞房状多歧聚伞花序、复二歧聚伞花序或圆锥状多歧聚伞花序,4~5基数;萼呈碟形或浅杯状,萼片细小;花瓣与萼片同数,分离或凋谢时呈帽状黏合脱落;雄蕊与花瓣对生,在两性花中雄蕊发育良好,在单性花雌花中雄蕊常较小或极不发达,败育;花盘呈环状或分裂,稀极不明显;子房上位,通常2室,每室有2颗胚珠,或多室而每室有1颗胚珠,果实为浆果,有种子1至数颗。胚小,胚乳形状各异,W形、T形或呈嚼烂状。

【代表植物】　本科有16属700余种,主要分布于热带和亚热带,少数种类分布于温带。我国有9属150余种,南北各省均产,野生种类主要集中分布于华中、华南及西南各省区,东北、华北各省(区)种类较少,新疆和青海迄今未发现有野生。葡萄科植物种有葡萄、地锦、蛇葡萄等。

9.32　五加科

【拉丁学名】　Araliaceae

【形态特征】　乔木、灌木或木质藤本,稀多年生草本,有刺或无刺。叶互生,稀轮生,单叶、掌状复叶或羽状复叶;托叶通常与叶柄基部合生成鞘状,稀无托叶。花整齐,两性或杂性,稀单性异株,聚生为伞形花序、头状花序、总状花序或穗状花序,通常再组成圆锥状复花序;苞片宿存或早落,小苞片不显著;花梗无关节或有关节;萼筒与子房合生,边缘波状或有萼齿;花瓣5~10枚,在花芽中镊合状排列或覆瓦状排列,通常离生,稀合生成帽状体;雄蕊与花瓣同数而互生,有时为花瓣的2倍,或无定数,着生于花盘边缘;花丝线形或舌状;花药长圆形或卵形,丁字状着生;子房下位,2~15室,稀1室或多室至无定数;花柱与子房室同数,离生,或下部合生、上部离生,或全部合生成柱状,稀无花柱而柱头直接生于子房上;花盘上位,肉质,扁圆锥形或环形;胚珠倒生,单个悬垂于子房室的顶端。果实为浆果或核果,外果皮通常肉质,内果皮骨质、膜质或肉质而与外果皮不易区别。种子通常侧扁,胚乳匀一或嚼烂状。

【代表植物】　本科约有80属900多种,分布于两半球热带至温带地区。我国有22属160多种,除新疆未发现外,分布于全国各地。五加科植物种有刺楸、八角金盘、中华常春藤、洋常春藤等。

9.33　椴树科

【拉丁学名】　Tiliaceae

【形态特征】　乔木或灌木,稀为草本,茎皮富含纤维。单叶、互生,全缘或分裂,叶基常不等侧。托叶小。花两性,稀单性。排成腋生或顶生的聚伞花序或圆锥花序。萼片5枚,稀3枚或4枚,分离或合生;花瓣5枚或更少或缺,基部常有腺体;雄蕊极多数,花丝分离或成束;子房上位,2~10室,每室有胚珠1颗至多颗;蒴果、核果、浆果或翅果。种子无假种皮,胚乳存在,胚直,子叶扁平。

【代表植物】　本科约52属500种,主要分布于热带及亚热带地区。中国有13属85种。椴树科植物种有紫椴、扁担木等。

9.34　蝶形花科

【拉丁学名】　Papilionaceae

【形态特征】　草本、灌木或乔木,直立或攀缘,叶互生,稀对生或轮生,常为一回奇数羽状复叶或掌状复叶,多为3枚小叶,稀单叶,或有时顶端小叶成卷须;托叶明显,或呈刺状。花两性,蝶形花冠;两侧对称;边缘胎座。荚果开裂或不开裂。

【代表植物】　本科在世界上有480属12 000种;在中国有129属1 485种。蝶形花科植物种有黄檀、刺槐、国槐、柠条、胡枝子、锦鸡儿、狭叶锦鸡儿、白刺花、毛条、沙冬青、细枝岩黄芪、野葛、紫藤、马棘、白花草木樨、毛叶苕子、金花菜、草木樨、山野豌豆、小冠花、百脉根等。

9.35　芸香科

【拉丁学名】　Rutaceae

【形态特征】　常绿或落叶乔木、灌木或攀缘藤本或草本,全体含挥发油,叶具透明油腺点,植物体内通常有储油细胞或有分泌腔。有时具枝刺。叶互生,少数对生、单叶、单生复叶或羽状复叶;无托叶。花两性或单性,辐射对称,极少两侧对称。聚伞花序,少数成总状、穗状花序或单花;离生;雄蕊 4~5 枚或 8~10 枚或多数;雌蕊心皮 4~5 枚,分离或合生,或多个心皮;子房上位,柱头稀不增大。具花盘。果实为蓇葖果、蒴果、翅果、核果或柑果。种子通常有胚乳。花粉粒通常具 3~6 沟孔,近长球形至近球形,最长轴 16~100 μm。

【代表植物】　该科约 150 属 1 700 种,全世界分布,主要产于热带和亚热带,少数生于温带。中国 29 属约 151 种 28 变种,南北各地均有,主产西南和华南。芸香科植物种有臭檀、黄檗、花椒等。

9.36　山茱萸科

【拉丁学名】　Cornaceae

【形态特征】　落叶或常绿乔木、灌木,极稀草本。单叶对生或互生,少数近于轮生;叶脉羽状,稀掌状;边缘全缘或有锯齿;无托叶或有托叶,分裂或不裂。花两性或单性异株,常组成圆锥、伞形、聚伞花序,个别属为头状花序,具苞片或总苞片;花萼管状,与子房合生,先端具 3~5 枚萼片;花瓣 3~5 枚,镊合状或覆瓦状排列;雄蕊与花瓣同数而互生,子房下位。果实为核果或浆果状核果。

【代表植物】　中国产 9 属 60 余种,其中特有种达 40 余种。除新疆、宁夏外,其余各省区均有分布,因西南地区的地形和地貌复杂,且受第四纪冰川影响不大,故本科植物在云南、四川两省分布的属、种均较丰富,种下的等级也较多。山茱萸科植物种有毛梾、桃叶珊瑚等。

9.37　含羞草科

【拉丁学名】　Mimosaceae

【形态特征】　多为木本,稀草本。通常 2 回羽状复叶,稀 1 回羽状复叶或叶片退化成叶状柄,互生,具托叶,小叶全缘。穗状、头状或总状花序,花小,两性或杂性,辐射对称;花萼管状,5 齿裂;裂片镊合状排列,稀覆瓦状排列;花瓣与萼齿同数,镊合状排列;雄蕊5~10 枚或多数,分离或合生成单体雄蕊,花药小,顶端常具一脱落性腺体;花丝细长;子房上位,1 心皮,1 室,边缘胎座。果实为荚果。种子具少量胚乳或无胚乳,子叶扁平。

【代表植物】　本科共计 56 属 2 800 种,分布于热带、亚热带地区,少数至温带地区。

我国8属44种,引入栽培10余属30余种,主产华南和西南。具根瘤菌,耐干旱瘠薄,多为荒山造林和水土保持树种,可观赏或用材,有些树皮含鞣质,可提取栲胶。含羞草科植物种有合欢等。

9.38 冬青科

【拉丁学名】 Aquifoliaceae

【形态特征】 乔木或灌木,常绿或落叶;单叶,互生,稀对生或假轮生,叶片通常革质、纸质,稀膜质,具锯齿、腺状锯齿或具刺齿,或全缘,具柄;托叶无或小,早落。花小,辐射对称,单性,稀两性或杂性,雌雄异株,排列成腋生、腋外生或近顶生的聚伞花序、假伞形花序、总状花序、圆锥花序或簇生,稀单生;花萼4~6片,覆瓦状排列,宿存或早落;花瓣4~6枚,分离或基部合生,通常圆形,或先端具1个内折的小尖头,覆瓦状排列,稀镊合状排列;雄蕊与花瓣同数,且与之互生,花丝短,花药2室,内向,纵裂;花丝短而粗或缺,药隔增厚,花药延长或增厚成花瓣状;花盘缺;子房上位,心皮2~5枚,合生。果通常为浆果状核果,具2至多数分核,通常4枚,稀1枚,每分核具1粒种子;种子含丰富的胚乳,胚小,直立,子房扁平。

【代表植物】 本科4属400~500种,中国产1属约204种,以西南地区最盛。冬青科植物种有枸骨等。

9.39 楝科

【拉丁学名】 Meliaceae

【形态特征】 乔木或灌木。羽状复叶,稀单叶,互生,无托叶。花常两性,辐射对称,圆锥花序;花萼4~5枚,基部常合生;花瓣4~5枚,分离或基部合生;雄蕊8~10枚,花丝合生成管状;具花盘,或缺;子房上位,心皮2~5枚合生,2~5室,每室具胚珠1~2枚,稀更多。果实为蒴果、浆果或核果。

【代表植物】 本科约50属1400余种,主要分布于热带和亚热带地区。我国有15属59种,分布于长江以南各省区,少数分布至长江以北,大多数种类的木材很有用,有些种类入药,有些供观赏用。楝科植物种有香椿等。

9.40 玄参科

【拉丁学名】 Scrophulariaceae

【形态特征】 草本、灌木或少有乔木。叶互生,下部对生而上部互生,或全对生,或轮生,无托叶。花序为总状、穗状或聚伞状,常合成圆锥花序,向心或更多离心。花常不整齐;萼下位,常宿存,5少有4基数;花冠4~5裂,裂片多少不等或作二唇形;雄蕊常4枚,而有1枚退化,少有2~5枚或更多,花药1~2室,药室分离或多少汇合;花盘常存在,环状,杯状或小而似腺;子房2室,极少仅有1室;花柱简单,柱头头状或2裂或2片状;胚珠多数,少有各室2枚,倒生或横生。果为蒴果,少有浆果状,具生于一游离的中轴上或着生于果爿边缘的胎座上;种子细小,有时具翅或有网状种皮,脐点侧生或在腹面,胚乳肉质或缺少;胚伸直或弯曲。

【代表植物】 约220属4 500余种,广布于全球各地,多数在温带地区。中国产61属约681种,主要分布于西南部山地。其中虾子草属、地黄属、呆白菜属、细穗玄参属、五齿萼属、翅茎草属为中国的特有属。玄参科植物种有泡桐、金鱼草等。

9.41　鼠李科

【拉丁学名】 Rhamnaceae
【形态特征】 乔木、灌木,稀藤本,植物一般都有刺,单叶,叶脉显著,常互生;花小,雄蕊4~5枚和花瓣对生,两性,稀杂性或单性异株,多为聚伞花序,枳椇属的花序轴在果期肉质膨大;花萼筒状,4~6浅裂,镊合状排列,花瓣5~4枚,或缺;雄蕊5枚,稀4枚,与花瓣对生,且常为花瓣所包藏。花盘明显发育;子房上位或一部分埋藏于花盘内,3室或2室,稀4室,各有一胚珠,果实为核果、翅果、坚果,少数属为蒴果。

【代表植物】 本科有58属约900种,中国有14属约130种。南北均有分布。药用12属76种。本科植物大部分为乔木,也有灌木和藤本植物,偶有草本。分布在全世界温带和热带地区,在热带和亚热带地区分布最多。鼠李科植物种有枣、酸枣、小叶鼠李、马甲子。

9.42　柿树科

【拉丁学名】 Ebenaceae
【形态特征】 该科植物为乔木或灌木,常绿或落叶,叶为单叶,互生,很少对生及轮生,全缘,无托叶。花通常单性,雌雄异株或杂性,稀两性,辐射对称,雌花腋生,雄花常生在小聚伞花序上,稀为总状花序或圆锥花序;萼片合生,3~7裂,宿存,常在花后增大;花瓣合生,裂片旋转状或镊合状排列;雄蕊下位或着生在花冠基部,常为花瓣裂片数的2~4倍,或与花瓣裂片同数而与之互生,着生于雌蕊下或花冠管的基部;花丝离生或两枚连生成对,花药2室,内向,纵裂;在雌花中有或无不育雄蕊;中轴胎座;子房上位,2~16室,每室有胚珠1~2颗,胚珠自子房室内角悬生,倒生,珠被2层,花柱2~8枚,离生或基部合生,雄花有退化子房。果为浆果;每室具1枚种子,种皮平滑或革质,种脐小;胚乳坚韧,有些种类的胚乳,由于种皮的波状侵入而呈嚼烂状;胚直或稍弯,带白色;子叶叶状、卵形或披针形;胚根圆筒状。

【代表植物】 全科3属500余种,主要分布于热带地区,尤其以东南亚种类为多;在亚洲温带和美洲北部种类极少。柿属种类最多,主要分布于亚洲和澳大利亚。中国仅有柿属1属,约60种,主要分布于西南部至东南部。常生于热带亚热带混交林、草坡或灌丛中,一些种也见于石灰岩石山上。垂直分布方面,常分布于低山,云贵高原的种类多分布于海拔500~1 800 m。柿树科植物种有柿树等。

9.43　杜仲科

【拉丁学名】　Eucommiaceae

【形态特征】　落叶乔木。叶互生,单叶,具羽状脉,边缘有锯齿,具柄,无托叶。花雌雄异株,无花被,先叶开放,或与新叶同时从鳞芽长出。雄花簇生,有短柄,具小苞片;雄蕊5~10枚,线形,花丝极短,花药4室,纵裂。雌花单生于小枝下部,有苞片,具短花梗,子房1室,由合生心皮组成,有子房柄,扁平,顶端2裂,柱头位于裂口内侧,先端反折,胚珠2枚,并立、倒生、下垂。果为不开裂、扁平、长椭圆形的翅果,先端2裂,果皮薄革质,果梗极短;种子1颗,垂生于顶端;胚乳丰富;胚直立,与胚乳同长;子叶肉质,扁平;外种皮膜质。

【代表植物】　本科只有杜仲属,分布于陕西、甘肃、河南、湖北、四川、云南、贵州、湖南及浙江等省区,各地广泛栽种。在自然状态下,生长于海拔300~500 m的低山、谷地或低坡的疏林里,对土壤的选择并不严格,在瘠薄的红土或岩石峭壁上均能生长。萌蘖力很强,萌蘖条可多达40株,适于灌木作业提取硬橡胶。杜仲科植物种有杜仲。

9.44　石榴科

【拉丁学名】　Punicaceae

【形态特征】　落叶灌木或小乔木,有由短枝退化而成的刺。冬芽小,有2对鳞片。单叶,通常对生或簇生,有时呈螺旋状排列,无托叶,对生或近对生。花有雌雄两性,聚伞花序或单生,辐射对称,整齐,常周位,宿存筒状或壶状萼筒(也称花托)和子房合生,且高于子房,萼片5~8枚,肉质,镊合状排列,花瓣5~7枚,多褶皱,生萼筒边缘,覆瓦状排列,雄蕊生萼筒内壁上部,多数,花丝分离,细长,花药背部着生,2室纵裂,子房下位或半下位,心皮多数,1轮或2~3轮,初呈同心环状排列,后渐成叠生,具常规的中轴胎座,果实球形,部分可食用,通常称为浆果,实为果皮革质,围于种皮外的浆汁部是外种皮,与果皮无关,种子的内种皮骨质,无胚乳,子叶旋卷。花粉粒长球形,有3孔沟。

【代表植物】　石榴科1属2种,产地中海至亚洲西部地区。我国引入栽培的有1种。我国南北都有栽培,以江苏、河南等地种植面积较大,并培育出一些较优质的品种,其中江苏的水晶石榴和小果石榴都是较好的。石榴科植物种有石榴。

9.45　百合科

【拉丁学名】　Liliaceae

【形态特征】　通常为具根状茎、块茎或鳞茎的多年生草本,很少为亚灌木、灌木或乔木状。叶基生或茎生,后者多为互生,较少为对生或轮生,通常具弧形平行脉,极少具网状脉。花两性,很少为单性异株或杂性,通常辐射对称,极少稍两侧对称;花被片6枚,少有4枚或多数,离生或不同程度地合生(成筒),一般为花冠状;雄蕊通常与花被片同数,花丝离生或贴生于花被筒上;花药基着或丁字状着生;药室 2 室,纵裂,较少汇合成一室而为横缝开裂;心皮合生或不同程度地离生;子房上位,极少半下位,一般 3 室,具中轴胎座,少有 1 室而具侧膜胎座;每室具 1 颗至多数倒生胚珠。果实为蒴果或浆果,较少为坚果。种子具丰富的胚乳,胚小。

【代表植物】 本科约 230 属 3 500 种,广布于全世界,特别是温带和亚热带地区。我国产 60 属约 560 种,分布遍及全国。还有一些从国外引入栽培的,也收录在本书内。本科许多种类有重要的经济价值和药用价值,各地常见栽培,还具有观赏价值,在园艺上很受欢迎。百合科植物种有百合、麦冬、萱草、凤尾兰等。

9.46 马桑科

【拉丁学名】 Coriariaceae
【形态特征】 灌木,枝有棱。单叶,对生或轮生,无托叶,花两性或单性,整齐,单生于叶腋或成总状花序;萼片 5 枚,覆瓦状排列;花瓣 5 枚,小于萼片,内侧有龙骨,肉质,宿存,果期增大;雄蕊 10 枚,分离,或与花瓣对生的 5 枚花丝合生于花瓣的龙骨上,花药大,纵裂;花粉近扁球形,具 3 孔沟,外层厚于内层,内孔横长。心皮 5 枚,稀至 10 枚,离生,各有 1 枚悬垂的倒生胚珠,花柱分离,线形。果实原为瘦果,因多少为肉质增大的花瓣所包围而似核果;种子有直伸的胚和少量胚乳,或无胚乳。

【代表植物】 本科 1 属 15 种,中国有 3 种,分布于西北、西南及台湾。马桑全株含有毒的马桑内脂,但根、叶可作外用药。此外,由于树皮富含树皮酸,果实含黑色染料,尚可利用于工业方面。种子油脂含一种特有脂肪酸,可作高级润滑油。马桑科植物种有马桑。

9.47 樟科

【拉丁学名】 Lauraceae
【形态特征】 大多为乔木或灌木,大部分植物体有挥发性腺体。叶互生、对生、近对生或轮生,革质,有时为膜质或纸质,全缘,极少分裂。羽状脉,三出脉或离基三出脉,小脉常为密网状;无托叶,气孔为茜草型,局限于下表面且常凹陷。花组成腋生或近顶生的圆锥花序、总状花序、近伞形花序或团伞花序;总苞片无或有,开花时脱落或宿存;花两性或单性,辐射对称,花被通常 3 基数,亦有 2 基数,呈萼片状,基部合生成筒,裂片 6 枚或 4 枚,排成两轮,大小相等或外轮的较小,花被筒短或很短,有的花后增大变成杯状或盘状的果托;雄蕊着生在花被筒的喉部,数目一定,稀数目不定,通常排列呈 4 轮,每轮 2~4 枚,花丝基部有 2 个腺体或无,有时部分雄蕊特别是最内轮的雄蕊不发育,成为退化雄蕊,花药 2~4 室,以裂瓣开裂,子房上位 1 室,有胚珠 1 颗,花柱 1 枚,柱头盘状、扩大或开裂,有时不明显。果为浆果状核果,有时为宿存的花被或花被筒承托,部分包围或全部封闭;果梗圆柱形,有时肉质。种子无胚乳,子叶厚肉质,胚芽明显。导管大多中等,以单穿孔为主。花粉粒无萌发孔,多少圆形,外壁薄,通常具小刺或小刺状突起,外壁雕纹模糊。

【代表植物】　本科约 45 属 2 000~2 500 种,分布于热带和亚热带,中国约有 20 属 423 种 43 个变种和 5 个变型,大部产长江流域以南气候温暖的地区,尤以西南和华南种类最为丰富,为该地重要林木之一,不少种类很有经济价值。木材多数微带绿色,常有特殊气味,滋味常微苦,射线在材身上一般呈斑点状,鉴别颇难。樟科植物种有山胡椒。

9.48　虎耳草科

【拉丁学名】　Saxifragaceae

【形态特征】　草本(通常为多年生),灌木,小乔木或藤本。单叶或复叶,互生或对生,一般无托叶。通常为聚伞状、圆锥状或总状花序,稀单花;花两性,稀单性,下位或多少上位,稀周位,一般为双被,稀单被;花被片 4~5 基数,稀 6~10 基数,覆瓦状、镊合状或旋转状排列;萼片有时花瓣状;花冠辐射对称,稀两侧对称,花瓣一般离生;雄蕊 5~10 枚,或多数,一般外轮对瓣,或为单轮,如与花瓣同数,则与之互生,花丝离生,花药 2 室,有时具退化雄蕊;心皮 2 枚,稀 3~5 枚,通常多少合生;子房上位、半下位至下位,多室而具中轴胎座,或 1 室且具侧膜胎座,稀具顶生胎座,胚珠具厚珠心或薄珠心,有时为过渡型,通常多数,2 列至多列,稀 1 列,具 1~2 层珠被,孢原通常为单细胞;花柱离生或多少合生。蒴果,浆果,小蓇葖果或核果;种子具丰富胚乳,稀无胚乳;胚乳为细胞型,稀核型;胚小。导管在木本植物中,通常具梯状穿孔板;而在草本植物中则通常具单穿孔板。

【代表植物】　本科约含 17 亚科 80 属 1 200 余种,分布极广,几遍全球,主产温带。我国有 7 亚科 28 属约 500 种,南北均产,主产西南,其中独根草属为我国特有。本科植物多数具有经济价值和药用价值,虎耳草科植物种有大花溲疏、小花溲疏、华蔓茶藨子等。

9.49　锦葵科

【拉丁学名】　Malvaceae

【形态特征】　草本、灌木至乔木。叶互生,单叶或分裂,叶脉通常掌状,具托叶。花腋生或顶生,单生、簇生、聚伞花序至圆锥花序;花两性,辐射对称;萼片 3~5 片,分离或合生;其下面附有总苞状的小苞片 3 片;花瓣 5 片,彼此分离,但与雄蕊管的基部合生;雄蕊多数,连合成一管称雄蕊柱,花药 1 室,花粉被刺;子房上位,2 室至多室,通常以 5 室较多,由 2~5 枚或较多的心皮环绕中轴而成,花柱上部分枝或者为棒状,每室被胚珠 1 枚至多枚,花柱与心皮同数或为其 2 倍。蒴果,常几枚果爿分裂,很少浆果状,种子肾形或倒卵形,被毛至光滑无毛,有胚乳。子叶扁平,折叠状或回旋状。

【代表植物】　本科约有 50 属约 1 000 种,分布于热带至温带。我国有 16 属 81 种和 36 变种或变型,产全国各地,以热带和亚热带地区种类较多。本科是极为重要的经济作物,同时具有药用价值和观赏价值。锦葵科植物种有木槿、木芙蓉、蜀葵、芙蓉葵等。

9.50　瑞香科

【拉丁学名】　Thymelaeaceae

【形态特征】　落叶或常绿灌木或小乔木,稀草本;茎通常具韧皮纤维。单叶互生或对生,革质或纸质,稀草质,边缘全缘,基部具关节,羽状叶脉,具短叶柄,无托叶。花辐射对称,两性或单性,雌雄同株或异株,头状、穗状、总状、圆锥或伞形花序,有时单生或簇生,顶生或腋生;花萼通常为花冠状,白色、黄色或淡绿色,稀红色或紫色,常连合成钟状、漏斗状、筒状的萼筒,外面被毛或无毛,裂片4~5枚,在芽中覆瓦状排列;花瓣缺,或鳞片状,与萼裂片同数;雄蕊通常为萼裂片的2倍或同数,稀退化,多与裂片对生,或另一轮与裂片互生,花药卵形、长圆形或线形,2室,向内直裂,稀侧裂;花盘环状、杯状或鳞片状,稀不存;子房上位,心皮2~5枚合生,稀1枚;1室,稀2室,每室有悬垂胚珠1颗,稀2~3颗,近室顶端倒生,花柱长或短,顶生或近顶生,有时侧生,柱头通常头状。果实为浆果、核果或坚果,稀为2瓣开裂的蒴果,果皮膜质、革质、木质或肉质;种子下垂或倒生;胚乳丰富或无胚乳,胚直立,子叶厚而扁平,稍隆起。

【代表植物】　本科约48属650种以上,广布于南北两半球的热带和温带地区,多分布于非洲、大洋洲和地中海沿岸。我国有10属100种左右,各省区均有分布,但主产于长江流域及以南地区。本科有许多种是很好的园艺观赏植物,并有一定的经济价值和药用价值。瑞香科植物种有河朔荛花。

9.51　麻黄科

【拉丁学名】　Ephedraceae

【形态特征】　灌木、亚灌木或草本状,稀为缠绕灌木,高0.05~2.5 m,最高可达8 m,茎直立或匍匐,分枝多,小枝对生或轮生,绿色,圆筒形,具节,节间有多条细纵槽纹,横断面常有棕红色髓心。叶退化成膜质,在节上交叉对生或轮生,2~3片合生成鞘状,先端具三角状裂齿,通常黄褐色或淡黄白色,裂片中央色深,有两条平行脉。雌雄异株,稀同株,球花卵圆形或椭圆形,生枝顶或叶腋;雄球花单生或数个丛生,具2~8对交叉对生或2~8轮苞片,少苞片厚膜质或膜质,每片生1雄花,雄花具膜质假花被,假花被圆形或倒卵形,大部分合生,仅顶端分离,雄蕊2~8枚,花丝连合成1~2束,有时先端分离使花药具短梗,花药1~3室,花粉椭圆形,具5~10条纵肋,肋下有曲折线状萌发孔;雌球花具2~8对交叉对生或2~8轮苞片,仅顶端1~3片苞片生有雌花,雌花具顶端开口的囊状革质假花被,包于胚珠外,胚珠具一层膜质珠被,珠被上部延长成珠被管,自假花被管口伸出,珠被管直或弯曲;雌球花的苞片随胚珠生长发育而增厚成肉质,红色或橘红色,稀为干燥膜质,淡褐色,假花被发育成革质假种皮。种子1~3粒,胚乳丰富,肉质或粉质;子叶2枚,发芽时出土。

【代表植物】　本科1属约40种,分布于亚洲、美洲、欧洲东南部及非洲北部等干旱、荒漠地区。我国有12种4变种,分布区较广,除长江下游及珠江流域各省(区)外,其他各地皆有分布,以西北各省(区)及云南、四川等地种类较多;常生于干旱山地及荒漠中。多数种类含生物碱,为重要的药用植物;生于荒漠及土壤瘠薄处,有固沙保土的作用,也作燃料;麻黄雌球花的苞片熟时肉质多汁,可食。麻黄科植物种有麻黄。

9.52　杜鹃花科

【拉丁学名】　Ericaceae

【形态特征】　灌木或乔木,体型小至大;地生或附生;通常常绿,少有半常绿或落叶;有具芽鳞的冬芽。叶革质,少有纸质,互生,极少假轮生,稀交互对生,全缘或有锯齿,不分裂,被各式毛或鳞片,或无覆被物;不具托叶。花单生或组成总状、圆锥状或伞形总状花序,顶生或腋生,两性,辐射对称或略两侧对称;具苞片;花萼4~5裂,宿存,有时花后肉质;花瓣合生成钟状、坛状、漏斗状或高脚碟状,稀离生,花冠通常5裂,稀4、6、8裂,裂片覆瓦状排列;雄蕊为花冠裂片的2倍,少有同数,稀更多,花丝分离,稀略黏合,花盘盘状,具厚圆齿;子房上位或下位,5室,稀更多,每室有胚珠多数,稀1枚;花柱和柱头单一。果实为蒴果或浆果,少有浆果状蒴果;种子小,粒状或锯屑状,无翅或有狭翅,或两端具伸长的尾状附属物;胚圆柱形,胚乳丰富。

【代表植物】　本科约103属3 350种,全世界分布,除沙漠地区外,广布于南、北半球的温带及北半球亚寒带,少数属、种环北极或北极分布,也分布于热带高山,大洋洲种类极少。我国有15属约757种,分布全国各地,主产地在西南部山区,尤以四川、云南、西藏三省(区)相邻地区为盛。本科是著名的园林观赏植物,此外还具有药用价值。杜鹃花科植物种有杜鹃。

9.53　卫矛科

【拉丁学名】　Celastraceae

【形态特征】　常绿或落叶乔木、灌木或藤本灌木及匍匐小灌木。单叶对生或互生,少为三叶轮生并类似互生;托叶细小,早落或无,稀明显而与叶俱存。花两性或退化为功能性不育的单性花,杂性同株,较少异株;花为聚伞花序,1至多次分枝,具有较小的苞片和小苞片;花4~5数,花部同数或心皮减数,花萼花冠分化明显,极少萼冠相似或花冠退化,花萼基部通常与花盘合生,花萼分为4~5萼片,花冠具4~5枚分离花瓣,少为基部贴合,常具明显肥厚花盘,极少花盘不明显或近无,雄蕊与花瓣同数,着生于花盘之上或花盘之下,花药2室或1室,心皮2~5枚,合生,子房下部常陷入花盘而与之合生或与之融合而无明显界线,或仅基部与花盘相连,大部游离,子房室与心皮同数或退化成不完全室或1室,倒生胚珠,通常每室2~6枚,轴生、室顶垂生、较少基生。果实多为蒴果,亦有核果、翅果或浆果;种子多少被肉质具色假种皮包围,稀无假种皮,胚乳肉质丰富。

【代表植物】　本科约有60属850种。主要分布于热带、亚热带及温暖地区,少数进入寒温带。我国有12属201种,全国均产,其中引进栽培有1属1种。本科具有药用价值和观赏价值。卫矛科植物种有南蛇藤、蔓卫矛、大叶黄杨、胶东卫矛、扶芳藤、爬行卫矛等。

9.54　紫葳科

【拉丁学名】　Bignoniaceae

【形态特征】　乔木、灌木或木质藤本,稀为草本;常具有各式卷须及气生根。叶对生、互生或轮生,单叶或羽叶复叶,稀掌状复叶;顶生小叶或叶轴有时呈卷须状,卷须顶端有时变为钩状或为吸盘而攀缘他物;无托叶或具叶状假托叶;叶柄基部或脉腋处常有腺体。花两性,左右对称,通常大而美丽,组成顶生、腋生的聚伞花序、圆锥花序或总状花序或总状式簇生;苞片及小苞片存在或早落。花萼钟状、筒状,平截或具 2~5 齿,或具钻状腺齿。花冠合瓣,钟状或漏斗状,常二唇形,5 裂,裂片覆瓦状或镊合状排列。能育雄蕊通常 4 枚,具 1 枚后方退化雄蕊,有时能育雄蕊 2 枚,稀 5 枚雄蕊均能育,着生于花冠筒上。花盘存在,环状,肉质。子房上位,2 室稀 1 室,或因隔膜发达而成 4 室;中轴胎座或侧膜胎座;胚珠多数,叠生;花柱丝状,柱头 2 唇形。果实为蒴果,室间或室背开裂,形状各异,光滑或具刺,通常下垂,稀为肉质不开裂;隔膜各式,圆柱状、板状增厚,稀为十字形(横切面),与果瓣平行或垂直。种子通常具翅或两端有束毛,薄膜质,极多数,无胚乳。

【代表植物】　本科约 120 属 650 种,广布于热带、亚热带,少数种类延伸到温带,我国有 12 属约 35 种,南北均产,但大部分种类集中于南方各省区;引进栽培的有 16 属 19 种,中南半岛及我国云南、四川、广西、广东、海南、台湾集中了绝大部分热带种属。本科绝大多数种属都具有鲜艳夺目、大而美丽的花朵,以及各式各样奇特的果实形状,在世界各国植物园栽培,为观赏、风景及行道树种,并且为热带理想的遮阴藤架植物。紫葳科植物种有梓树、楸树、美国凌霄、凌霄等。

9.55　茜草科

【拉丁学名】　Rubiaceae

【形态特征】　乔木、灌木或草本,有时为藤本,茎有时有不规则次生生长,但无内生韧皮部,节为单叶隙,较少为 3 叶隙。叶对生或有时轮生,有时具不等叶性,通常全缘,极少有齿缺;托叶通常生于叶柄间,较少生于叶柄内,分离或程度不等地合生,宿存或脱落,极少退化至仅 1 条连接对生叶叶柄间的横线纹,里面常有黏液毛。花序各式,均由聚伞花序复合而成,很少单花或少花的聚伞花序;花两性、单性或杂性,通常花柱异长,萼通常4~5 裂,很少更多裂,极少 2 裂,裂片通常小或几乎消失,其色白或艳丽;花冠合瓣,管状、漏斗状、高脚碟状或辐射状,通常 4~5 裂,很少 3 裂或 8~10 裂,裂片镊合状、覆瓦状或旋转状排列,整齐,很少不整齐,偶有二唇形;雄蕊与花冠裂片同数而互生,偶有 2 枚,着生在花冠管的内壁上,花药 2 室,纵裂或少有顶孔开裂;雌蕊通常由 2 枚心皮、极少 3 个或更多个心皮组成,合生,子房下位,子房室数与心皮数相同,通常为中轴胎座或有时为侧膜胎座,花柱顶生,具头状或分裂的柱头,胚珠每子房室 1 颗至多数,倒生、横生或曲生。果实为浆果、蒴果或核果,或干燥而不开裂,或为分果,种子裸露或嵌于果肉或肉质胎座中,种皮膜质或革质,较少脆壳质,极少骨质,表面平滑、蜂巢状或有小瘤状凸起,有时有翅或有附属物,胚乳核型,肉质或角质;胚直或弯,轴位于背面或顶部,有时棒状而内弯,子叶扁平或半柱状,靠近种脐或远离,位于上方或下方。

【代表植物】 本科 500 属 6 000 种,我国有 18 族 98 属约 676 种,其中有 5 属是自国外引种的经济植物或观赏植物。主要分布东南部、南部和西南部,少数分布于西北部和东北部。本科植物的经济用途是多方面的,如饮料、药用、材用、染料、观赏植物等。茜草科植物种有六月雪。

9.56 马齿苋科

【拉丁学名】 Portulacaceae

【形态特征】 1 年生或多年生草本,稀半灌木。单叶,互生或对生,全缘,常肉质;托叶干膜质或刚毛状,稀不存在。花两性,整齐或不整齐,腋生或顶生,单生或簇生,或成聚伞花序、总状花序、圆锥花序;萼片 2 枚,稀 5 枚,革质或干膜质,分离或基部连合;花瓣 4~5 枚,稀更多,覆瓦状排列,分离或基部稍连合,常有鲜艳色,早落或宿存;雄蕊与花瓣同数,对生,或更多,分离或成束或与花瓣贴生,花丝线形,花药 2 室,内向纵裂;雌蕊 3~5 枚心皮合生,子房上位或半下位,1 室,基生胎座或特立中央胎座,有弯生胚珠 1 粒至多粒,花柱线形,柱头 2~5 裂,形成内向的柱头面。果实为蒴果,近膜质,盖裂或 2~3 瓣裂,稀为坚果;种子肾形或球形,多数,稀为 2 颗,种阜有或无,胚环绕粉质胚乳,胚乳大多丰富。

【代表植物】 本科约 19 属 580 种,广布于全世界,主产南美。我国现有 2 属 7 种。马齿苋科植物种有半枝莲。

9.57 毛茛科

【拉丁学名】 Ranunculaceae

【形态特征】 多年生或一年生草本,少有灌木或木质藤本。叶通常互生或基生,少数对生,单叶或复叶,通常掌状分裂,无托叶;叶脉掌状,偶尔羽状,网状连结,少有开放的两叉状分枝。花两性,少有单性,雌雄同株或雌雄异株,辐射对称,稀为两侧对称,单生或组成各种聚伞花序或总状花序。萼片下位,4~5 枚,或较多,或较少,绿色,或花瓣不存在或特化成分泌器官时常较大,呈花瓣状,有颜色。花瓣存在或不存在,下位,4~5 枚,或较多,常有蜜腺并常特化成分泌器官,这时常比萼片小得多,呈杯状、筒状、二唇状,基部常有囊状或筒状的距。雄蕊下位,多数,有时少数,螺旋状排列,花药 2 室,纵裂。退化雄蕊有时存在。心皮分生,少有合生,多数、少数或 1 枚,在多少隆起的花托上螺旋状排列或轮生,沿花柱腹面生柱头组织,柱头不明显或明显;胚珠多数、少数至 1 个,倒生。果实为蓇葖果或瘦果,少数为蒴果或浆果。种子有小的胚和丰富胚乳。

【代表植物】 本科约 50 属 2 000 余种,在世界各洲广布,主要分布在北半球温带和寒温带。我国有 42 属(包含引种的 1 个属—黑种草属),约 720 种,在全国广布,大多数属、种分布于西南部山地。许多种植物是药用植物,毛茛科植物种有太行铁线莲、飞燕草、耧斗菜、翠雀、芍药等。

9.58 石竹科

【拉丁学名】 Caryophyllaceae

【形态特征】 一年生或多年生草本,稀亚灌木。茎节通常膨大,具关节。单叶对生,稀互生或轮生,全缘,基部多少连合;托叶有,膜质,或缺。花辐射对称,两性,稀单性,排列成聚伞花序或聚伞圆锥花序,稀单生,少数呈总状花序、头状花序、假轮伞花序或伞形花序,有时具闭花受精花;萼片5枚,稀4枚,草质或膜质,宿存,覆瓦状排列或合生成筒状;花瓣5枚,稀4枚,无爪或具爪,瓣片全缘或分裂,通常爪和瓣片之间具2片状或鳞片状副花冠片,稀缺花瓣;雄蕊10枚,二轮列,稀5枚或2枚;雌蕊1枚,由2~5枚合生心皮构成,子房上位,3室或基部1室,上部3~5室,特立中央胎座或基底胎座,具1颗至多数胚珠;花柱2~5枚,有时基部合生,稀合生成单花柱。果实为蒴果,长椭圆形、圆柱形、卵形或圆球形,果皮壳质、膜质或纸质,顶端齿裂或瓣裂,开裂数与花柱同数或为其2倍,稀为浆果状、不规则开裂或为瘦果;种子弯生,多数或少数,稀1粒,肾形、卵形、圆盾形或圆形,微扁;种脐通常位于种子凹陷处,稀盾状着生;种皮纸质,表面具有以种脐为圆心的、整齐排列为数层半环形的颗粒状、短线纹或瘤状凸起,稀表面近平滑或种皮为海绵质;种脊具槽、圆钝或锐,稀具流苏状篦齿或翅;胚环形或半圆形,围绕胚乳或劲直,胚乳偏于一侧;胚乳粉质。

【代表植物】 本科约75属2 000种,世界广布,但主要在北半球的温带和暖温带,少数在非洲、大洋洲和南美洲。地中海地区为分布中心。我国有30属约388种58变种8变型,分隶属3亚科,几遍布全国,以北部和西部为主要分布区。本科植物的经济用途主要供药用和观赏。石竹科植物种有须苞石竹、锦团石竹、矮雪轮、瞿麦、常夏石竹、皱叶剪秋罗、石碱花等。

9.59 莎草科

【拉丁学名】 Cyperaceae

【形态特征】 多年生草本,较少为一年生;多数具根状茎,少有兼具块茎。大多数具有三棱形的秆。叶基生和秆生,一般具闭合的叶鞘和狭长的叶片,或有时仅有鞘而无叶片。花序多种多样,有穗状花序、总状花序、圆锥花序、头状花序或长侧枝聚伞花序;小穗单生、簇生或排列成穗状或头状,具2花至多数花,或退化至仅具1花;花两性或单性,雌雄同株,少有雌雄异株,着生于鳞片(颖片)腋间,鳞片复瓦状螺旋排列或二列,无花被或花被退化成下位鳞片或下位刚毛,有时雌花为先出叶所形成的果囊所包裹;雄蕊3个,少有2~1个,花丝线形,花药底着;子房一室,具一个胚珠,花柱单一,柱头2~3个。果实为小坚果,三棱形,双凸状,平凸状,或球形。

【代表植物】 本科约80余属4 000余种,中国有28属500余种,广布于全国,多生长于潮湿处或沼泽中,多产于东北、西北及华北或西南部高山地区,南方种类较少。莎草科植物种有异穗苔草、白颖苔草、寸苔草、水葱、芦竹等。

9.60　鸢尾科

【拉丁学名】　Iridaceae

【形态特征】　多年生、稀1年生草本。地下部分通常具根状茎、球茎或鳞茎。叶多基生,少为互生,条形、剑形或为丝状,基部成鞘状,互相套迭,具平行脉。大多数种类只有花茎,少数种类有分枝或不分枝的地上茎。花两性,色泽鲜艳美丽,辐射对称,少为左右对称,单生、数朵簇生或多花排列成总状、穗状、聚伞及圆锥花序;花下有多个革质或膜质的苞片,簇生、对生、互生或单一;花被裂片6枚,两轮排列,内轮裂片与外轮裂片同形等大或不等大,花被管通常为丝状或喇叭形;雄蕊3枚,花药多外向开裂;花柱1枚,上部多有3个分枝,分枝圆柱形或扁平呈花瓣状,柱头3~6枚,子房下位,3室,中轴胎座,胚珠多数。蒴果,成熟时室背开裂;种子多数,半圆形或为不规则的多面体,少为圆形,扁平,表面光滑或皱缩,常有附属物或小翅。

【代表植物】　本科约有60属800种,广泛分布于全世界的热带、亚热带及温带地区,分布中心在非洲南部及美洲热带;我国产11属71种13变种及5变型,主要是鸢尾属植物,多数分布于西南、西北及东北各地。本科植物花型及色泽变化也较大,深为各国园艺界所喜爱。鸢尾科植物种有马蔺、鸢尾、唐菖蒲等。

9.61　景天科

【拉丁学名】　Crassulaceae

【形态特征】　草本、半灌木或灌木,常有肥厚、肉质的茎、叶,无毛或有毛。叶不具托叶,互生、对生或轮生,常为单叶,全缘或稍有缺刻,少有为浅裂或为单数羽状复叶的。常为聚伞花序,或为伞房状、穗状、总状或圆锥状花序,有时单生。花两性,或为单性而雌雄异株,辐射对称,花各部常为5数或其倍数;萼片自基部分离,少有在基部以上合生,宿存;花瓣分离,或多少合生;雄蕊1轮或2轮,与萼片或花瓣同数或为其2倍,分离,或与花瓣或花冠筒部多少合生,花丝丝状或钻形,少有变宽的,花药基生,少有为背着,内向开裂;心皮常与萼片或花瓣同数,分离或基部合生,常在基部外侧有腺状鳞片1枚,花柱钻形,柱头头状或不显著,胚珠倒生,有2层珠被,常多数,排成两行沿腹缝线排列,稀少数或1个的。蓇葖有膜质或革质的皮,稀为蒴果;种子小,长椭圆形,种皮有皱纹或微乳头状突起,或有沟槽,胚乳不发达或缺。

【代表植物】　本科34属1 500种以上,分布于非洲、亚洲、欧洲、美洲。我国有10属242种,主要分布于西南部。景天科植物种有宽叶景天、华北景天、费菜、八宝等。

9.62　石蒜科

【拉丁学名】　Amaryllidaceae

【形态特征】　多年生草本,极少数为半灌木、灌木以至乔木状。具鳞茎、根状茎或块茎。叶多数基生,多少呈线形,全缘或有刺状锯齿。花单生或排列成伞形花序、总状花序、穗状花序、圆锥花序,通常具佛焰苞状总苞,总苞片 1 至数枚,膜质;花两性,辐射对称或为左右对称;花被片 6 枚,2 轮;花被管和副花冠存在或不存在;雄蕊通常 6 枚,着生于花被管喉部或基生,花药背着或基着,通常内向开裂;子房下位,3 室,中轴胎座,每室具有胚珠多数或少数,花柱细长,柱头头状或 3 裂。果实为蒴果,多数背裂或不整齐开裂,很少为浆果状;种子含有胚乳。

【代表植物】 本科有 100 多属 1 200 多种,分布于热带、亚热带及温带;我国约有 17 属 44 种及 4 变种,野生或引种栽培。本科许多种类富有经济价值和观赏价值。石蒜科植物种有玉帘、石蒜、葱兰等。

9.63 旋花科

【拉丁学名】 Convolvulaceae

【形态特征】 草本、亚灌木或灌木,在干旱地区有些种类变成多刺的矮灌丛,或为寄生植物;被各式单毛或分叉的毛;植物体常有乳汁;具双韧维管束;有些种类地下具肉质的块根。茎缠绕或攀缘,有时平卧或葡匐,偶有直立。叶互生,螺旋状排列,寄生种类无叶或退化成小鳞片,通常为单叶,全缘,或不同深度的掌状或羽状分裂,甚至全裂,叶基常心形或戟形;无托叶,有时有假托叶;通常有叶柄。花通常美丽,单生于叶腋,或少花至多花组成腋生聚伞花序,有时总状、圆锥状、伞形或头状花序。苞片成对,通常很小,有时叶状,有时总苞状。花整齐,两性,5 数;花萼分离或仅基部连合,外萼片常比内萼片大,宿存,有些种类在果期增大。花冠合瓣,漏斗状、钟状、高脚碟状或坛状;冠檐近全缘或 5 裂,极少每裂片又具 2 小裂片,蕾期旋转折扇状或镊合状至内向镊合状;花冠外常有 5 条明显的被毛或无毛的瓣中带。雄蕊与花冠裂片等数互生,着生花冠管基部或中部稍下,花丝丝状,有时基部稍扩大,等长或不等长;花药 2 室,内向开裂或侧向纵长开裂;花粉粒无刺或有刺;在菟丝子属中,花冠管内雄蕊之下有流苏状的鳞片。花盘环状或杯状。子房上位,由 2 枚心皮组成,1~2 室,心皮合生,极少深 2 裂;中轴胎座,每室有 2 枚倒生无柄胚珠,子房 4 室时每室 1 枚胚珠;花柱 1~2 枚,丝状,顶生或少有着生心皮基底间,不裂或上部 2 尖裂,或几无花柱;柱头各式。果实通常为蒴果,室背开裂、周裂、盖裂或不规则破裂,或为不开裂的肉质浆果,种皮光滑或有各式毛;胚乳小,肉质至软骨质;胚大,具宽的、折皱或折扇状、全缘或凹头或 2 裂的子叶。

【代表植物】 本科约 56 属 1 800 种以上,广泛分布于热带、亚热带和温带,主产美洲和亚洲的热带、亚热带。我国有 22 属大约 125 种,南北均有,大部分属种产于西南和华南。有些种类供食用,有些种类供药用。还有不少种类栽植园篱、棚架作为观赏。旋花科植物种有马蹄金、大花牵牛、圆叶牵牛、茑萝等。

9.64　苋科

【拉丁学名】　Amaranthaceae

【形态特征】　一年或多年生草本,少数攀缘藤本或灌木。叶互生或对生,全缘,少数有微齿,无托叶。花小,两性或单性同株或异株,或杂性,有时退化成不育花,花簇生在叶腋内,成疏散或密集的穗状花序、头状花序、总状花序或圆锥花序;苞片1枚及小苞片2枚,干膜质,绿色或着色;花被片3~5枚,干膜质,覆瓦状排列,常和果实同脱落,少有宿存;雄蕊常和花被片等数且对生,偶较少,花丝分离,或基部合生成杯状或管状,花药2室或1室;有或无退化雄蕊;子房上位,1室,具基生胎座,胚珠1个或多数,珠柄短或伸长,花柱1~3枚,宿存,柱头头状或2~3裂。果实为胞果或小坚果,少数为浆果,果皮薄膜质,不裂、不规则开裂或顶端盖裂。种子1粒或多数,凸镜状或近肾形,光滑或有小疣点,胚环状,胚乳粉质。

【代表植物】　本科约60属850种,分布很广。我国产13属约39种。苋科植物种有籽粒苋、五色苋、三色苋、鸡冠花、凤尾鸡冠、千日红等。

9.65　木兰科

【拉丁学名】　Magnoliaceae

【形态特征】　木本;叶互生、簇生或近轮生,单叶不分裂,罕分裂。花顶生、腋生,罕为2~3朵的聚伞花序。花被片通常花瓣状;雄蕊多数,子房上位,心皮多数,离生,罕合生,虫媒传粉,胚珠着生于腹缝线,胚小、胚乳丰富。

【代表植物】　本科18属约335种,主要分布于亚洲东南部、南部,北部较少;北美东南部、中美、南美北部及中部较少。我国有14属约165种,主要分布于我国东南部至西南部,渐向东北及西北而渐少。木兰科植物种有广玉兰。

9.66　棕榈科

【拉丁学名】　Palmae

【形态特征】　灌木、藤本或乔木,茎通常不分枝,单生或几丛生,表面平滑或粗糙,或有刺,或被残存老叶柄的基部或叶痕,稀被短柔毛。叶互生,在芽时折叠,羽状或掌状分裂,稀为全缘或近全缘;叶柄基部通常扩大成具纤维的鞘。花小,单性或两性,雌雄同株或异株,有时杂性,组成分枝或不分枝的佛焰花序(或肉穗花序),花序通常大型多分枝,被一个或多个鞘状或管状的佛焰苞所包围;花萼和花瓣各3片,离生或合生,覆瓦状或镊合状排列;雄蕊通常6枚,2轮排列,稀多数或更少,花药2室,纵裂,基着或背着;退化雄蕊通常存在或稀缺;子房1~3室或3枚心皮离生或于基部合生,柱头3枚,通常无柄;每个心皮内有1~2个胚珠。果实为核果或硬浆果,果皮光滑或有毛、有刺、粗糙或被以覆瓦状鳞片。种子通常1个,有时2~3个,多者10个,与外果皮分离或黏合,被薄的或有时是肉质的外种皮,胚乳均匀或嚼烂状,胚顶生、侧生或基生。

【代表植物】 本科约 210 属 2 800 种,分布于热带、亚热带地区,主产热带亚洲及美洲,少数产于非洲。我国约有 28 属 100 余种(含常见栽培属、种),产西南至东南部各省区。本科植物中大多数种类都有较高的经济价值,许多种类为热带亚热带的风景树种,是庭园绿化不可缺少的材料。棕榈科植物种有棕榈。

9.67　金缕梅科

【拉丁学名】 Hamamelidaceae

【形态特征】 常绿或落叶乔木和灌木。叶互生,很少是对生的,全缘或有锯齿,或为掌状分裂,具羽状脉或掌状脉;通常有明显的叶柄;托叶线形,或为苞片状,早落,少数无托叶。花排成头状花序、穗状花序或总状花序,两性,或单性而雌雄同株,稀雌雄异株,有时杂性;异被,放射对称,或缺花瓣,少数无花被;常为周位花或上位花,亦有为下位花;萼筒与子房分离或多少合生,萼裂片 4~5 枚,镊合状或覆瓦状排列;花瓣与萼裂片同数,线形、匙形或鳞片状;雄蕊 4~5 枚,或更多,有为不定数的,花药通常 2 室,直裂或瓣裂,药隔突出;退化雄蕊存在或缺;子房半下位或下位,亦有为上位,2 室,上半部分离;花柱 2 枚,有时伸长,柱头尖细或扩大;胚珠多数,着生于中轴胎座上,或只有 1 个而垂生。果为蒴果,常室间及室背裂开为 4 片,外果皮木质或革质,内果皮角质或骨质;种子多数,常为多角形,扁平或有窄翅,或单独而呈椭圆卵形,并有明显的种脐;胚乳肉质,胚直生,子叶矩圆形,胚根与子叶等长。

【代表植物】 全世界 27 属约 140 种。本科植物全部是木本,木材可供建筑及制作家具。此外,多数具有观赏价值和药用价值,金缕梅科植物种有蚊母树。

9.68　银杏科

【拉丁学名】 Ginkgoaceae

【形态特征】 落叶乔木,树干高大,分枝繁茂;枝分长枝与短枝。叶扇形,有长柄,具多数叉状并列细脉,在长枝上螺旋状排列散生,在短枝上成簇生状。球花单性,雌雄异株,生于短枝顶部的鳞片状叶的腋内,呈簇生状;雄球花具梗,菜荑花序状,雄蕊多数,螺旋状着生,排列较疏,具短梗,花药 2 个,药室纵裂,药隔不发达;雌球花具长梗,梗端常分 2 叉,稀不分叉或分成 3~5 叉,叉顶生珠座,各具 1 枚直立胚珠。种子核果状,具长梗,下垂,外种皮肉质,中种皮骨质,内种皮膜质,胚乳丰富;子叶常 2 枚,发芽时不出土。

【代表植物】 本科仅 1 属 1 种,我国浙江天目山有野生状态的树木,其他各地栽培很广。银杏为中生代子遗的稀有用材树种,种子可供食用及药用。树形优美,为重要的庭园观赏树种,亦可作行道树。银杏科植物种有银杏。

9.69　悬铃木科

【拉丁学名】　Platanaceae

【形态特征】　落叶乔木,枝叶被树枝状及星状绒毛,树皮苍白色,薄片状剥落,表面平滑;侧芽卵圆形,先端稍尖,有单独1块鳞片包着,包藏于膨大叶柄的基部,不具顶芽。叶互生,大形单叶,有长柄,具掌状脉,掌状分裂,偶有羽状脉而全缘,具短柄,边缘有裂片状粗齿;托叶明显,边缘开张,基部鞘状,早落。花单性,雌雄同株,排成紧密球形的头状花序,雌雄花序同形,生于不同的花枝上,雄花头状花序无苞片,雌花头状花序有苞片;萼片3~8枚,三角形,有短柔毛;花瓣与萼片同数,倒披针形;雄花有雄蕊3~8枚,花丝短,药隔顶端增大成圆盾状鳞片;雌花有3~8枚离生心皮,子房长卵形,1室,有1~2个垂生胚珠,花柱伸长,突出头状花序外,柱头位于内面。果为聚合果,由多数狭长倒锥形的小坚果组成,基部围以长毛,每个坚果有种子1个;种子线形,胚乳薄,胚有不等形的线形子叶。

【代表植物】　本科有1属,约有11种,分布于北美、东南欧、西亚及越南北部。我国未发现野生种,南北各地有栽培,多作行道树。木材可制家具。悬铃木科植物种有悬铃木。

9.70　千屈菜科

【拉丁学名】　Lythraceae

【形态特征】　草本、灌木或乔木;枝通常四棱形,有时具棘状短枝。叶对生,稀轮生或互生,全缘,叶片下面有时具黑色腺点;托叶细小或无托叶。花两性,通常辐射对称,稀左右对称,单生或簇生,或组成顶生或腋生的穗状花序、总状花序或圆锥花序;花萼筒状或钟状,平滑或有棱,有时有距,与子房分离而包围子房,3~6裂,很少至16裂,镊合状排列,裂片间有或无附属体;花瓣与萼裂片同数或无花瓣,花瓣如存在,则着生萼筒边缘,在花芽时成皱褶状,雄蕊通常为花瓣的倍数,有时较多或较少,着生于萼筒上,但位于花瓣的下方,花丝长短不一,花药2室,纵裂;子房上位,通常无柄,2~16室,每室具倒生胚珠数颗,1~3颗,着生于中轴胎座上,其轴有时不到子房顶部,花柱单生,长短不一,柱头头状,稀2裂。果实为蒴果,革质或膜质,2~6室,稀1室,横裂、瓣裂或不规则开裂,稀不裂;种子多数,形状不一,有翅或无翅,无胚乳;子叶平坦,稀折叠。

【代表植物】　本科约有25属550种,广布于全世界,但主要分布于热带和亚热带地区。我国有11属约47种,南北均有。有些种类可长成大乔木,木材坚硬,纹理通直,结构细致,可用于建筑、家具、舟车、桥梁。本科多数种类都有较大或者颜色鲜艳美丽的花朵,在观赏园艺方面占有一定位置,国内外各地庭园广为引种栽培,供观赏。千屈菜科植物种有紫薇、千屈菜等。

9.71　黄杨科

【拉丁学名】　Buxaceae

【形态特征】　常绿灌木、小乔木或草本。单叶,互生或对生,全缘或有齿牙,羽状脉或离基三出脉,无托叶。花小,整齐,无花瓣;单性,雌雄同株或异株;花序总状或密集的穗状,有苞片;雄花萼片 4 枚,雌花萼片 6 枚,均二轮,覆瓦状排列,雄蕊 4 枚,与萼片对生,分离,花药大,2 室,花丝多少扁阔;雌蕊通常由 3 个心皮组成,子房上位,3 室,花柱 3 枚,常分离,宿存,具多少向下延伸的柱头,子房每室有 2 枚并生、下垂的倒生胚珠,脊向背缝线。果实为室背裂开的蒴果,或肉质的核果状果。种子黑色、光亮,胚乳肉质,胚直,有扁薄或肥厚的子叶。

【代表植物】　本科全世界有 4 属约 100 种,产热带和温带。我国有 3 属约 27 种,分布于西南部、西北部、中部、东南部,直至台湾省。本科植物主要供观赏,有些种类含生物碱,供药用。黄杨科植物种有小叶黄杨。

9.72　藤黄科

【拉丁学名】　Guttiferae

【形态特征】　乔木或灌木,稀为草本,在裂生的空隙或小管道内含有树脂或油。叶为单叶,全缘,对生或有时轮生,一般无托叶。花序各式,聚伞状,或伞状,或为单花;小苞片通常生于花萼下方,与花萼难以区分。花两性或单性,轮状排列或部分螺旋状排列,通常整齐,下位。萼片 4~5 枚,覆瓦状排列或交互对生,内部的有时花瓣状。花瓣 4~5 枚,离生,覆瓦状排列或旋卷。雄蕊多数,离生或成 4~5 束,束离生或不同程度合生。子房上位,通常有 5 枚或 3 枚多少合生的心皮,1~12 室,具中轴或侧生或基生的胎座;胚胎在各室中 1 至多数,横生或倒生;花柱 1~5 枚或不存在;柱头 1~12 个,常呈放射状。果为蒴果、浆果或核果;种子 1 至多颗,完全被直伸的胚所充满,假种皮有或不存在。

【代表植物】　本科约 40 属 1 000 种,主要产于热带。我国有 8 属 87 种,分别隶属于 3 亚科,几遍布全国各地。藤黄科植物种有金丝桃。

9.73　罂粟科

【拉丁学名】　Papaveraceae

【形态特征】　草本或稀为亚灌木、小灌木或灌木,1 年生、2 年生或多年生,无毛或被长柔毛,有时具刺毛,常有乳汁或有色液汁。主根明显,稀纤维状或形成块根,稀有块茎。基生叶通常莲座状,茎生叶互生,稀上部对生或近轮生状,全缘或分裂,有时具卷须,无托叶。花单生或排列成总状花序、聚伞花序或圆锥花序。花两性,规则的辐射对称至极不规则的两侧对称;萼片 2 片,通常分离,覆瓦状排列,早脱;花瓣通常 2 倍于花萼,4~8 枚排列成 2 轮,覆瓦状排列,芽时皱褶,有时花瓣外面的 2 枚或 1 枚呈囊状或成距,分离或顶端黏合,大多具鲜艳的颜色,稀无色;雄蕊多数,分离,排列成数轮,源于向心系列,或 4 枚分离,或 6 枚合成 2 束,花丝通常丝状,或稀翅状或披针形或 3 深裂,花药直立,2 室,药隔薄,纵裂,花粉粒 2 核或 3 核,3 孔至多孔,少为 2 孔,极稀具内孔;子房上位,2 枚至多数合生心皮组成,标准的为 1 室,侧膜胎座,心皮于果时分离,或胎座的隔膜延伸到轴而成数室,或假隔膜的连合而成 2 室,胚珠多数,稀少数或 1 枚,倒生至有时横生或弯生,直立或平伸,具 2 层珠被,厚珠心,珠孔向内,珠脊向上或侧向,花柱单生,或短或长,有时近无,柱头通常与胎座同数,当柱头分离时,则与胎座互生,当柱头合生时,则贴生于花柱上面或子房先端成具辐射状裂片的盘,裂片与胎座对生。果为蒴果,瓣裂或顶孔开裂,稀成熟心皮分离开裂或不裂或横裂为单种子的小节,稀有蓇葖果或坚果。种子细小,球形、卵圆形或近肾形;种皮平滑、蜂窝状或具网纹;种脊有时具鸡冠状种阜;胚小,胚乳油质,子叶不分裂或分裂。

【代表植物】 本科约 38 属 700 多种,主产北温带,尤以地中海区、西亚、中亚至东亚及北美洲西南部为多。我国有 18 属 362 种,南北均产,但以西南部最为集中。本科植物有些种类入药,有较大的观赏价值。罂粟科植物种有花菱草、虞美人、荷包牡丹等。

9.74　凤仙花科

【拉丁学名】 Balsaminaceae

【形态特征】 1 年生或多年生草本,稀附生或亚灌木,茎通常肉质,直立或平卧,下部节上常生根。单叶,螺旋状排列,对生或轮生,具柄或无柄,无托叶或有时叶柄基具 1 对托叶状腺体,羽状脉,边缘具圆齿或锯齿,齿端具小尖头,齿基部常具腺状小尖。花两性,雄蕊先熟,两侧对称,常呈 180° 倒置,排成腋生或近顶生总状或假伞形花序,或无总花梗,束生或单生,萼片 3,稀 5 枚,侧生萼片离生或合生,全缘或具齿,下面倒置的 1 枚萼片大,花瓣状,通常呈舟状、漏斗状或囊状,基部渐狭或急收缩成具蜜腺的距;距短或细长,直、内弯或拳卷,顶端肿胀,急尖或稀 2 裂;花瓣 5 枚,分离,位于背面的 1 枚花瓣离生,小或大,扁平或兜状,背面常有鸡冠状突起,下面的侧生花瓣成对合生成 2 裂的翼瓣,基部裂片小于上部的裂片,雄蕊 5 枚,与花瓣互生,花丝短,扁平,内侧具鳞片状附属物,在雌蕊上部连合或贴生,环绕子房和柱头,在柱头成熟前脱落;花药 2 室,缝裂或孔裂;雌蕊由 4 个或 5 个心皮组成;子房上位,4 室或 5 室,每室具 2 颗至多数倒生胚珠;花柱 1 枚,极短或无花柱,柱头 1~5 枚。果实为假浆果。种子无胚乳,种皮光滑或具小瘤状突起。

【代表植物】 本科 2 个属,全世界有 900 余种,主要分布于亚洲热带和亚热带及非洲,少数种在欧洲、亚洲温带地区及北美洲也有分布。我国 2 属均产,已知有 220 余种。凤仙花科植物种有凤仙花。

10　水土保持植物种鉴别

10.1　乔木植物

10.1.1　油松

【科属名称】　松科 Pinaceae,松属 *Pinus* L.

【形态特征】　乔木,高达 25 m,胸径可达 1.8 m;树皮深灰褐色或褐灰色,呈不规则较厚的鳞片状开裂,裂缝及上部树皮红褐色。枝平展或向下斜展,老树树冠平顶,小枝较粗,褐黄色,无毛,幼时微被白粉;冬芽矩圆形,顶端尖,微具树脂,芽鳞红褐色,边缘有丝状缺裂。

1 年生枝粗壮,淡灰黄色或淡红褐色;针叶 2 针 1 束,深绿色,长 6.5~15 cm,粗硬,不扭曲;边缘有细锯齿,两面具气孔线;横切面半圆形,在第一层细胞下常有少数细胞形成第二层皮下层,树脂道 5~8 个或更多,边生,多数生于背面,腹面有 1~2 个,稀角部有 1~2 个中生树脂道,叶鞘初呈淡绿色,后呈淡黑褐色。叶鞘宿存;球花单性,雄球花圆柱形,生于当年枝基部,花粉有气囊;雌球花生于当年生枝顶端或侧面;每个珠鳞腹面着生 2 枚胚珠;球果卵球形或圆卵形,长 4~9 cm,有短梗,成熟时淡橙褐色或灰褐色,宿存;中部种鳞近矩圆状倒卵形,长 1.6~2 cm,宽约 1.4 cm,鳞盾肥厚、隆起或微隆起,不脱落,顶端具鳞盾和鳞脐,鳞盾多呈扁菱形或菱状多角形,肥厚,横脊显著,鳞脐凸起有尖刺,不脱落;种子具翅,褐色,卵圆形,长 6~8 mm,连翅长 15~18 mm。花期 4—5 月,球果第二年 9—10 月成熟。

【生态学特性】　油松属于中生植物。喜光,喜温暖气候,能耐−30~−20 ℃的低温,较耐旱,耐瘠薄土壤,在土层深厚、排水良好的酸性、中性或钙质黄土上均能生长良好。生长快,7~10 年开始开花结实,寿命较长。生于海拔 800~1 500 m 山地的阴坡与半阴坡,常形成纯林或与其他针阔叶树种组成混交林。

【水土保持功能及利用价值】　油松喜光,抗寒,耐旱,在有光条件下能够天然更新,是荒山造林的先锋树种。根系发达,保持水土能力,深根性,主根粗壮,侧根伸展较广,吸收根群分布在 30~40 cm 的土层内,有真菌共生。对土壤适应性广,水分条件要求低,耐干旱、瘠薄土壤,从土壤中吸收氮素及灰分元素的数量少,对土壤养分条件的反应不灵敏,根系能深入岩石缝隙,利用成土母质层内分解出来的养分,是华北地区优良的水土保持树种。

油松还是很好的用材树种,它的木材边材呈淡黄色,心材呈黄褐色,材质优良,可用于建筑、桥梁、矿柱、枕木、电柱、车辆、造纸等。树干可割取树脂,提取松节油;树皮可提取栲胶。松节、松针(针叶)、花粉均供药用。树皮可提取栲胶。树干挺拔苍劲,四季常青,不畏风雪严寒,独立的个体姿态非常优美,是华北地区优良的园林绿化树种和主要造林树种之一。瘤状节或枝入药,具有祛风湿、止痛的功能,主治关节疼痛、屈身不利;花粉入药,能燥湿收,主治黄水疮、皮肤湿疹、婴儿尿布性皮炎;松针入药,能祛风燥湿、杀虫、止痒,主治风湿麻痹、跌打损伤、失眠、浮肿、湿疹、疥癣等症,并能防治流感;球果入药,能祛痰、止咳、平喘,主治慢性气管炎、哮喘等症。

【栽植培育技术】　用种子繁殖,每千克种子 2 500 粒左右,可保存 2～3 年。可人工播种,也可飞播,可平地或山地育苗,也可容器育苗。通常春播、雨季播或秋播。油松育苗可以连作,连作可以使幼苗生长健壮。幼苗 5—6 月时易得立枯病,可每周喷波尔多液 1 次,连喷 4 次。幼苗怕水涝,应注意排水和中耕除草。除山区外,沙地和黄土高原也可栽植,通常栽植在阴坡、半阴或土层较厚的阳坡。水平阶、鱼鳞坑、水平沟、反坡梯田、带状整地均可,多采用 2～5 株丛植,适当密植。油松纯林火险性大,病虫害多,目前多采用与紫穗槐、胡枝子、荆条、沙棘等灌木或元宝枫、椴树、山杏、橡栎类等乔木树种混交造林。主要病害有油松幼苗期的立枯病;主要虫害有油松毛虫、红蜘蛛、小卷蛾和油松球果螟等。

10.1.2　华山松

【科属名称】　松科 Pinaceae,松属 *Pinus* L.

【形态特征】　常绿乔木,高 35 m,胸径 100 cm;幼树树皮灰绿色或淡灰色,平滑,老则呈灰色,裂成方形或长方形厚块片固着于树干上,或脱落;枝条平展,形成圆锥形或柱状塔形树冠;1 年生枝绿色或灰绿色(干后褐色),无毛,微被白粉;冬芽近圆柱形,褐色,微具树脂,芽鳞排列疏松;针叶 5 针一束,稀 6～7 针一束,长 8～15 cm,径 1～1.5 mm,边缘具细锯齿,仅腹面两侧各具 4～8 条白色气孔线;横切面三角形,单层皮下层细胞,树脂道通常 3 个,中生或背面 2 个边生、腹面 1 个中生,稀具 4～7 个树脂道,则中生与边生兼有;叶鞘早落;雄球花黄色,卵状圆柱形,长约 1.4 cm,基部围有近 10 枚卵状匙形的鳞片,多数集生于新枝下部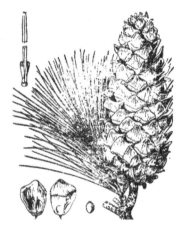成穗状,排列较疏松;球果圆锥状长卵圆形,长 10～20 cm,径 5～8 cm,幼时绿色,成熟时黄色或褐黄色,种鳞张开,种子脱落,果梗长 2～3 cm;中部种鳞近斜方状倒卵形,长 3～4 cm,宽 2.5～3 cm,鳞盾近斜方形或宽三角状斜方形,不具纵脊,先端钝圆或微尖,不反曲或微反曲,鳞脐不明显;种子黄褐色、暗褐色或黑色,倒卵圆形,长 1～1.5 cm,径 6～10 mm,无翅或两侧及顶端具棱脊,稀具极短的木质翅;子叶 10～15 枚,针形,横切面三角形,长 4～6.4 cm,径约 1 mm,先端渐尖,全缘或上部棱脊微具细齿;花期 4—5 月,果期翌年 9—10 月。

【生态学特性】　为我国特有树种,产于台湾中部以北,中央山脉阿里山、玉山等高山地区。较喜光,幼苗耐一定庇荫;耐-31℃的低温;稍耐干旱和瘠薄,能适应多种土壤;不耐水涝和盐碱;限制其分布的主导因素是高温及干燥。根系较浅,主根不明显,侧根、须根均发达。在海拔1 800~2 800 m,气候温凉、相对湿度大、土层深厚、排水良好的酸性土地带,常与常绿阔叶树及红桧、台湾杉木、台湾杉、黄山松(台湾松)、台湾五针松、台湾云杉及台湾铁杉等针叶树种混交成林。

【水土保持功能及利用价值】　华山松分布范围广,更新繁殖容易,为针叶树种中生长比较迅速的一个树种,在北方可与油松相比,在南方可与云南松相比,比云杉生长快1倍,是优良的水土保持林树种和高山水源涵养林树种。由于侧根、须根发达,所以根系固土能力较强。边材淡黄色,心材淡红褐色,结构微粗,纹理直,材质轻软,比重0.42,树脂较多,耐久用。是我国重要的用材树种,可供建筑、枕木、家具及木纤维工业原料等用材。树干可割取树脂;树皮可提取栲胶;针叶可提炼芳香油;种子食用,亦可榨油供食用或工业用油。华山松为材质优良、生长较快的树种,可作为海拔1 100~3 300 m地带造林树种。此外,华山松也可作行道树、风景区造林树种。

【栽植培育技术】　苗圃地的选择应注意:①土壤疏松,微酸,排水良好,以沙壤土为宜,忌盐渍土。②近期撂荒地以及种过玉米、棉花、豆类、马铃薯等农作物和蔬菜的地方,一般不宜作华山松育苗地。③在苗圃中最好选以前作为松树、云杉、冷杉等针叶树或杨柳科、壳斗科树种的育苗地。未经处理阴干的华山松种子,可储藏2~3年,3年后发芽率很快降低。种子千粒重259~320 g。一般播种要经3~4周才能发芽出土。通常华山松在播种前进行沙藏层积催芽,也可用50~60℃温水浸种催芽。条播行距20 cm,播幅5~7 cm,覆土厚度为2~3 cm。亦可撒播。北方的1年生苗,以20万~25万株/亩为目标,播种量50~75 kg/亩。最好用火烧土盖种,播后覆草。幼苗出土前应保持土壤湿润并搭棚遮阴。幼树要防猝倒病,入冬前要埋土防寒。1年生苗高6 cm。造林宜植苗造林或直播造林。不宜在高寒或土壤瘠薄的地方造林。植苗造林密度为330~350株/亩。在土壤、气候干旱的地方,3~5株/穴生长较好。

10.1.3　白皮松

【科属名称】　松科 Pinaceae,松属 *Pinus* L.

【形态特征】　乔木,高达30 m,胸径可达100~200 cm;有明显的主干,或从树干近基部分成数干;枝较细长,斜展,形成宽塔形至伞形树冠;幼树树皮光滑,灰绿色,长大后树皮成不规则的薄块片脱落,露出淡黄绿色的新皮,老则树皮呈淡褐灰色或灰白色,裂成不规则的鳞状块片脱落,脱落后近光滑,露出粉白色的内皮,白褐相间成斑鳞状;1年生枝灰绿色,无毛;冬芽红褐色,卵圆形,无树脂。针叶3针一束,粗硬,长5~10 cm,径1.5~2 mm,叶背及腹面两侧均有气孔线,先端尖,边缘有细锯齿;横切面扇状三角形或宽纺锤形,单层皮下层细胞,在背面偶尔出现1~2个断续分布的第二层细胞,树脂道6~7个,边生,稀背面角处有1~2个中生;叶鞘脱落。雄球花卵圆形或椭圆形,长约1 cm,多数聚生于新枝基部成穗状,长5~10 cm。球果通常单生,初直立,后下垂,成熟前淡绿色,熟时淡黄褐色,卵圆形或圆锥状卵圆形,长5~7 cm,径4~6 cm,有短梗或几无梗;种鳞矩圆状宽楔形,先端厚,鳞盾近菱形,有横脊,鳞脐生于鳞盾的中央,明显,三角状,顶端有刺,刺之尖头向下反曲,稀尖头不明显;种子灰褐色,近倒卵圆形,长约 1 cm,径 5~6 mm,种翅短,赤褐色,有关节易脱落,长约 5 mm;子叶 9~11 枚,针形,长 3.1~3.7 cm,宽约 1 mm,初生叶窄条形,长 1.8~4 cm,宽不及 1 mm,上下面均有气孔线,边缘有细锯齿。花期 4—5 月,球果第二年 10—11 月成熟。

【生态学特性】　为我国特有常绿乔木,产于山西(吕梁山、中条山、太行山)、河南西部、陕西秦岭、甘肃南部及天水麦积山、四川北部江油观雾山及湖北西部等地,生于海拔 500~1 800 m 地带。为喜光树种,略耐半阴;可耐-30 ℃的低温,抗寒性优于油松,较油松耐旱,抗旱性在北方针叶树家族中仅次于侧柏,不耐积水和盐土,不耐湿热气候,耐较干冷气候,在强阳光的干燥环境中种植,常呈灌木状,在长江流域的长势不如华北,常分枝过多。耐瘠薄,适宜 pH 7~8 的土壤,可在中性、酸性、石灰岩质土壤上生长,深根性、抗风,寿命达数百年。

【水土保持功能及利用价值】　白皮松适应性强,枝叶繁茂,有良好的保持水土和保护环境的效能,为我国北方地区适宜的荒山乡土造林树种,对 SO_2 及烟尘有较强的抗性。此外,白皮松心材黄褐色,边材黄白色或黄褐色,质脆弱,纹理直,有光泽,花纹美丽,易加工,比重 0.46,可供房屋建筑、家具、文具等用材;种子可食用;白皮松球果可入药。白皮松是我国北方地区的特有树种,为东南亚唯一的三针松,树姿优美,树皮白色或褐白相间、极为美观,有树木中的"白雪公主"美称,多用作华北地区城市和庭院绿化树种。

【栽植培育技术】　白皮松幼苗易发生立枯病,在高温和强光下生长不良,宜选择半阴坡或林中空地育苗。种子千粒重 150 g。沙藏层积催芽,于播种前 25~35 d,将种子消毒,水浸 5~7 d,混沙后置于 20~25 ℃温度条件下,15~30 d 发芽,也可用 45 ℃温水浸种 8~10 h,再用冷水浸种 3~5 d。亦可秋播,于 10—11 月进行。3 月下旬至 4 月上旬高床撒播。播前浇足底水,条播行距 15~20 cm,沟深 4~5 cm。每亩播种量 40~50 kg,覆土厚度为 1~1.5 cm,上面可再覆 1 cm 的湿锯末。幼苗应搭棚遮阴。产苗量 8 万~10 万株/亩,1 年生苗高 3~5 cm。入冬前要埋土防寒。小苗主根长,侧根稀少,移植时应少伤侧根,否则易枯死。移栽要带土球,勿伤顶芽,栽后连浇 2 次水。幼苗宜密植,如继续培育大苗,株行距 20~60 cm,5 年后带土进行第 2 次移植。造林栽植适于阴天、细雨或雨后天晴时。宜春季造林,株行距 2 m×3 m 或 3 m×4 m,栽植深度要比原来的土印深 2~3 cm。须根少,起苗要带土坨。幼树易出现多头现象,要及时疏去中央主干的竞争枝。嫁接育苗以大龄油松作砧木,将白皮松嫩枝嫁接到 3~4 年生油松上,成活率可达 85%~95%,且无位置效应。白皮松接穗以粗度为 0.5 cm 以上的新梢为好。

10.1.4　华北落叶松

【科属名称】　松科 Pinaceae,落叶松属 *Larix Mill.*

【形态特征】 落叶乔木,高达 30 m,胸径达 1 m;树皮褐色或棕褐色,纵裂成不规则小块片状脱落;树冠圆锥形。枝有明显长短枝之分,1 年生长枝淡褐色或淡褐黄色,被白粉,径 1.5~2.5 mm;2 年或 3 年生枝灰褐色、暗灰褐色;短枝灰褐色或暗灰色。叶窄条形,在长枝上螺旋状互生,在短枝上簇生长 1.5~3 cm,上面平,稀每边有 1~2 条气孔线,下面中脉隆起,每边有 2~4 条气孔线。雌雄球花均单生于短枝顶端。球果卵圆形或矩圆状卵形,长 2~4 cm,成熟

时淡褐色,有光泽,种鳞 26~45 枚,不反曲,中部种鳞近五角状卵形,先端截形或微凹,边缘有不规则细齿;苞鳞暗紫色,条状矩圆形,不露出,长为种鳞的 1/2~2/3;种子斜倒卵状椭圆形,灰白色,长 3~4 mm,连翅长 10~12 mm。花期 4~5 月,球果 9—10 月成熟。

【生态学特性】 为我国特有常绿乔木,分布于我国辽宁、内蒙古、河北、山西。中生乔木。为华北地区高山针叶林带中的主要森林树种。生于海拔 1 400~1 800 m 山地的阴坡、阳坡及沟谷边,常组成纯林,或与青扦、白扦、山杨、白桦组成混交林。见于燕山北部。华北落叶松耐寒性强,垂直分布接近于当地森林垂直分布的上限。耐干旱瘠薄,但生长极缓慢,在阳坡及土壤瘠薄的地方多为小块状分布或散生;在阴坡及阳坡沟谷边生长旺盛,集中成片。喜光性强,1 年生苗能在林冠下生长,2 年生苗则不耐侧方庇荫。对土壤适应性强,在山地棕壤、山地灰棕壤及黄土母质发育的淋溶褐色土和褐色土、淡栗钙土上均能生长。但以花岗岩、片麻岩、砂页岩等母质上发育的山地棕壤生长最好。寿命长,200 年以上,天然林约 10 年高生长加快,14 年直径和材积生长加快,15 年左右结实。华北落叶松喜光,耐寒,耐瘠薄,耐烟尘,抗风力较强,对土壤适应性强,深根性,生长比较迅速,病虫害较少,寿命长。

【水土保持功能及利用价值】 华北落叶松喜光、耐寒,在干旱瘠薄的土壤上也能生长,根系发达,具有一定的萌芽能力。生长速度较快,抗风力强,有涵养水源的显著效能,是北方高寒、干旱地区良好的造林树种。此外,落叶松材质坚硬、比重大,抗压和弯曲强度较强,耐腐朽,耐水湿,是建筑、造船、造桥、电杆和水下工程的良好材料。树皮是优良的栲胶原料和造纸原料,树皮含鞣料可提取单宁,松脂可提供松香和松节油,为北方高寒、干旱地区的优良用材树种;落叶松枝斜展或近于平展,树冠卵状圆锥形,树形较整齐、壮丽,耐修剪,也可作城乡绿化和行道树种。

【栽植培育技术】 球果 9 月种子成熟即可采集,需要摊晒取种和去翅。播种育苗前应先用 0.5% 的 $CuSO_4$ 溶液把华北落叶松浸种 8~12 h,后用清水冲洗或用 1% $CuSO_4$ 溶液喷种后,再堆积覆盖闷种 12 h,然后用温水浸种 1~2 d;也可进行摊晒,并经常翻动、洒水保湿以加快萌动。春播播种期为 4 月中旬至 5 月上旬。如果秋播,只消毒种子,无须催芽。种子干藏,千粒重 4 g。条播行距 10~15 cm,播幅 3~5 cm,覆土厚度为 1 cm。春播宜浅,秋播宜深。覆土用轻沙壤土拌熏肥土最好,床面盖草,每亩播种量 7~10 kg。育苗中注意种子出土、日灼、病虫害和冻拔等关键环节。1 年生苗高 8 cm。2 年生留床苗,一般苗高可达 15~20 cm,产苗量约 20 万株/亩。容器育苗多采用筒式蜂窝育苗纸容器。造林

在早春进行,造林通常采用窄缝栽植法直壁靠边栽植法、中心穴状栽植法,株行距 1 m× 2 m或 1 m×1.5 m,营造纯林或与槭、桦混交。

10.1.5 马尾松

【科属名称】 松科 Pinaceae,松属 *Pinus* L.

【形态特征】 乔木,高达 45 m,胸径 1 m,树皮红褐色,下部灰褐色,裂成不规则鳞状裂片;幼树树冠壮年期呈狭圆锥形,老年期内则开张如伞状;1 年生小枝淡黄褐色,轮生,无白粉;冬芽圆柱形,红褐色。叶 2 针 1 束,少 3 针 1 束,长 12~20 cm,径不大于 1 mm,质软,叶缘有细锯齿;树脂道 4~8 道,边生。球果卵圆形或圆锥状卵形,长 4~7 cm,径 2.5~4 cm,有短柄,成熟时栗褐色,种鳞的鳞背扁平,鳞脐微凹不突,通常无刺。种子连翅 4~5 mm,翅长 1.5 cm。子叶 5~8 枚。花期 4—5 月,球果翌年 10—12 月成熟。

【生态学特性】 分布极广,北自河南及山东南部,南至两广、台湾,东自沿海,西至四川中部及贵州,遍布于华中、华南各地。一般在长江下游海拔 600~700 m 以下、中游约 1 200 m 以上、上游约 1 500 m 以下均有分布。多分布于山地及丘陵坡地的下部,最喜光,喜温暖湿润气候,产区年平均气温 13~22 ℃,年降水量 800 mm 以上,能耐短时-20 ℃低温,喜生于酸性土(pH 4.5~6.5)的山地,耐干旱瘠薄,不耐水涝及盐碱土。

【水土保持功能及利用价值】 马尾松对土壤要求不严,喜酸性至微酸性土壤。凋落物及根系通过改善土壤结构增加孔隙度,提高土壤入渗能力,能够阻缓地表径流,减少地表径流,增加森林蓄水量,增大土壤稳定性团聚体的含量,提高有机质含量,改良表土结构,从而达到涵养水源、固持土壤、改良土壤的作用;同时其凋落物覆盖于地表,防止雨滴击溅表土,避免地表结皮,增强土壤的抗蚀性和抗冲性,起着重要的固土保水作用,是优良的水土保持先锋树种。

树干及根部可培养茯苓,树干可采割松脂,叶可提芳香油;木材经防腐处理,可作矿柱、枕木、电杆;木材纤维长,是造纸和人造纤维的主要原料,也是产脂树种和薪材树种。

【栽植培育技术】 马尾松以有性繁殖为主。采种时应选 15~40 年生树冠匀称、干形通直、无病虫害的健壮母树。可在 11 月下旬至 12 月上旬球果由青绿色变为栗褐色,鳞片尚未开裂时采集。用人工加热法使种子脱粒(出籽率 3%),将采到的种子经筛选、风选、晾干,装入袋中,置通风干燥处储藏。种子一般储藏期为 1 年。选择土壤肥沃、排水良好、湿润、疏松的沙壤土、壤土作圃地。施足基肥后整筑床,要精耕细作,打碎泥块,平整床面。播种季节在 2 月上旬至 3 月上旬。播种用 30 ℃温水浸种 12~24 h。条播育苗,条距 10 cm,播种沟内要铺上一层细土。

凡春季干旱不利于裸根造林的地区,也可用容器育苗。造林从 1 月中下旬至 2 月中下旬均可进行,主要用 1 年生苗栽植造林。一般 240~450 株/亩。株行距 1 m×1.5 m ~ 1.7 m×1.7 m。一级苗高 15 cm 以上,地径 0.3 cm 以上。

10.1.6 柳杉

【科属名称】 杉科 Taxodiaceae,柳杉属 *Cryptomeria* D.Don

【形态特征】 常绿乔木,高达40 m,胸径可达2 m多;树皮红棕色,纤维状,裂成长条片脱落;大枝近轮生,平展或斜展;小枝细长,常下垂,绿色,枝条中部的叶较长,常向两端逐渐变短。叶钻形略向内弯曲,先端内曲,四边有气孔线,长1~1.5 cm,果枝的叶通常较短,有时长不及1 cm,幼树及萌芽枝的叶长达2.4 cm。雄球花单生叶腋,长椭圆形,长约7 mm,集生于小枝上部,成短穗状花序状;雌球花顶生于短枝上。球果圆球形或扁球形,径1~2 cm,多为1.5~1.8 cm;种鳞20枚左右,上部有4~5枚(很少6~7枚)短三角形裂齿,齿长2~4 mm,基部宽1~2 mm,鳞背

中部或中下部有一个三角状分离的苞鳞尖头,尖头长3~5 mm,基部宽3~14 mm,能育的种鳞有2粒种子;种子褐色,近椭圆形,扁平,长4~6.5 mm,宽2~3.5 mm,边缘有窄翅。花期4月,球果10月成熟。

【生态学特性】 中国原产,多分布于长江以南地区,西南地区也有,近年来,河南、江苏、山东、安徽等地也有引种栽培,生长基本良好。为暖温带树种,喜温暖湿润的气候,尤以空气湿度大、云雾多、夏季较凉爽的海洋性或山区生境生长良好。在土壤酸性、肥厚而排水良好的山地,生长较快;在较干、土层瘠薄的地方生长不良。不耐严寒、干旱和积水。根系较浅,枝条柔软,富于弹性,抗风性、抗雪压能力较杉木强;浅根性,无明显主根,侧根发达。

【水土保持功能及利用价值】 树冠高大,枝叶繁密,具有深厚的枯枝落叶层,极大削弱了雨水对土壤地表的直接击溅,减小了雨水的冲刷力和地表径流;林冠层、枯枝落叶层具有良好的持水能力,提高了林地固持水土、涵养水源的能力;柳杉对二氧化硫、氯气、氟化氢等有较好的抗性。常绿乔木,树姿秀丽,纤枝略垂,孤植、群植均极为美观,是良好的绿化和环保树种。

树干通直,边材黄白色,心材淡红褐色,材质较轻软,纹理直,结构细,耐腐力强,易加工,可为桥梁、建筑和造船等用,为重要材用树种;树皮为屋顶的遮盖物。

【栽植培育技术】 以种子繁育为主,扦插也可以,但成活率较低。采种母树宜选15~20年生、受光充足、无病虫害的林中优势木。于每年立冬前后采果,暴晒3~5 d,待种鳞开裂,筛出种子,种子阴干后可储存于缸内或布袋内,置于通风处。每年大寒至翌年雨水间播种。以适当早播为好。条播或撒种均可,播后用经筛选的黄心土覆盖,以不见种子为度,再盖草3~5 cm厚。苗木出土后及时除草,苗间管理做到及时遮阴,立夏时搭棚,秋分后分期拆除;及时除草,排水灌溉;柳杉幼苗忌涝怕旱,要及时排涝,做到雨季沟底不积水,旱季床面不干燥;及时间苗,每年5月初开始,6月下旬定苗。

扦插常用于柳杉栽培品种的繁殖。春季剪取半木质化枝条,长5~15 cm,插入沙床,遮阴保湿,插后2~3周生根,当根长2 cm时可移栽。用底温和吲哚丁酸溶液处理插条能

促进生根。

　　造林用 2 年生苗木为宜。柳杉可与杉木营造混交林,混交方式常采用单行混交或单双行混交。一般纯林培育中径材,初植密度为 167~222 株/亩;培育大径材,111~167 株/亩;培育小径材,222~333 株/亩。营造混交林,亦可采用此密度。造林季节冬、春均可。春季干旱严重地区,宜雨季造林。

10.1.7　云杉

　　【科属名称】　松科 Pinaceae,云杉属 *Picea* Dietr.

　　【形态特征】　乔木,高达 45 m,胸径达 1 m;树皮淡灰褐色或淡褐灰色,裂成不规则鳞片或稍厚的块片脱落;小枝有疏生或密生的短柔毛,或无毛,1 年生时淡褐黄色、褐黄色、淡黄褐色或淡红褐色,叶枕有白粉,或白粉不明显,2、3 年生时灰褐色、褐色或淡褐灰色;冬芽圆锥形,有树脂,基部膨大,上部芽鳞的先端微反曲或不反曲,小枝基部宿存芽鳞的先端多少向外反卷。主枝之叶辐射伸展,侧枝上面之叶向上伸展,下面及两侧之叶向上方弯伸,四棱状条形,长 1~2 cm,宽 1~1.5 mm,微弯曲,先端微尖或急尖,横切面四棱形,四面有气孔线,上面每边 4~8 条,下面每边 4~6 条。球果圆柱状矩圆形或圆柱形,上端渐窄,成熟前

绿色,熟时淡褐色或栗褐色,长 5~16 cm,径 2.5~3.5 cm;中部种鳞倒卵形,长约 2 cm,宽约 1.5 cm,上部圆或截圆形排列紧密,上部钝三角形则排列较松,先端全缘,或球果基部或中下部种鳞的先端两裂或微凹;苞鳞三角状匙形,长约 5 mm;种子倒卵圆形,长约 4 mm,连翅长约 1.5 cm,种翅淡褐色,倒卵状矩圆形;子叶 6~7 枚,条状锥形,长 1.4~2 cm,初生叶四棱状条形,长 0.5~1.2 cm,先端尖,四面有气孔线,全缘或隆起的中脉上部有齿毛。花期 4—5 月,球果 9—10 月成熟。

　　【生态学特性】　为我国特有树种,产于陕西西南部(凤县)、甘肃东部(两当)及白龙江流域、洮河流域、四川岷江流域上游及大小金川流域,海拔 2 400~3 600 m 地带,常与紫果云杉、岷江冷杉、紫果冷杉混生,或成纯林。云杉系浅根性树种,稍耐阴,能耐干燥及寒冷的环境条件,在气候凉润、土层深厚、排水良好的微酸性棕色森林土地带生长迅速,发育良好。在全光下,天然更新的森林生长旺盛。云杉幼龄稍耐阴,成苗耐阴性强。根系浅,主根不明显,侧根发达,分布于土壤表层,易风倒。人工林 20 年树高 8 m,胸径 10 cm以上。

　　【水土保持功能及利用价值】　云杉是森林生态系统顶级群落的主要组成树种,而且多分布于大江大河上游,在涵养水源、保持水土、调节气候、稳定江河水流量等方面意义重大,是亚高山地区的主要造林树种。云杉成苗耐阴性强,所以是极耐阴条件下优先选择的水土保持和景观树种。材质优良,生长快,适应性强,宜选为分布区内的造林树种。

　　此外,云杉木材黄白色,较轻软,纹理直,结构细,比重 0.55~0.66,有弹性。可作建筑、飞机、枕木、电杆、舟车、器具、家具及木纤维工业原料等用材。针叶、根、木材、枝丫可

提取芳香油,树皮可提取栲胶,树皮粉可作尿醛树脂胶合性增量剂;云杉枝叶荫浓,树冠圆锥形,苍翠壮丽,远望如云层叠翠,近年来城市庭园绿化亦常采用。

【栽植培育技术】　云杉一般采用播种育苗或扦插育苗,播种育苗3月中下旬至4月底前播种。种子不需催芽处理,只需在播种前用0.5%的$CuSO_4$溶液浸泡30 min,晾干即可播种,以防根腐型立枯病。条播以东西向为宜,条宽10 cm,行距20 cm,每亩播种量15 kg,覆土厚度为0.5~1 cm,产苗量45万株/亩,1年生苗高2~3 cm。

造林方法:在低山地区考虑到云杉树干发育和分枝特性以及水分等条件,造林密度应当大一些,一般株行距1 m×1.2 m。

10.1.8　冷杉

【科属名称】　松科 Pinaceae,冷杉属 *Abies* Mill.

【形态特征】　常绿乔木,树冠尖塔形。乔木,高达40 m,胸径达1 m;树皮灰色或深灰色,裂成不规则的薄片固着于树干上,内皮淡红色;大枝斜上伸展,1年生枝淡褐黄色、淡灰黄色或淡褐色,叶枕之间的凹槽内有疏生短毛或无毛,2、3年生枝呈淡褐灰色或褐灰色;冬芽圆球形或卵圆形,有树脂。叶在枝条上面斜上伸展,枝条下面的叶列成两列,条形,直或微弯,长1.5~3 cm,宽2~2.5 mm,边缘微反卷,或干叶反卷,先端有凹缺或钝,上面光绿色,下面有两条粉白色气孔带,每带有气孔线9~13条;横切面两端钝圆,靠近两端下方的皮下层细胞各有1个边生树脂道,上面皮下

层细胞1层,中部连续排列,两侧间断排列,两端边缘及下面中部有1~2层皮下细胞,2层者则内层不连续。球果卵状圆柱形或短圆柱形,基部稍宽,顶端圆或微凹,有短梗,熟时暗黑色或淡蓝黑色,微被白粉,长6~11 cm,径3~4.5 cm;中部种鳞扇状四边形,长1.4~2 cm,宽1.6~2.4 cm,上部宽厚,边缘内曲,下部两侧耳状,基部窄成短柄状;苞鳞微露出,长1.2~1.8 cm,上端宽圆,边缘有细缺齿,中央有急尖的尖头,尖头通常向后反曲;种子长椭圆形,较种翅长或近等长,种翅黑褐色,楔形,上端截形,连同种子长1.3~1.9 cm。花期5月,球果10月成熟。

【生态学特征】　为我国特有树种,在气候温凉、湿润,年降水量1 500~2 000 mm,云雾多、空气湿度大、排水良好、腐殖质丰富的酸性棕色森林土,海拔2 000~4 000 m地带组成大面积纯林;在峨边、马边等地冷杉林带的下段则与铁杉、云南铁杉、油麦吊云杉、扁刺栲、苦槠、亮叶水青冈、包懒柯、吴茱萸、五加、扇叶槭等针叶树、阔叶树组成混交林。生长繁茂,为其分布区内森林的主要树种。耐阴性强,能耐-20 ℃的低温。幼苗生长缓慢,畏炎热,易日灼,越夏必须遮阴。根系浅,不抗风。叶芽于6—7月开放,生长期限短,天然林冷杉初期生长缓慢,中龄生长加快,50年生树高18 m,胸径34 cm。

【水土保持功能及利用价值】　冷杉之名与"热杉"和"暖杉"相对,因杉木适生温暖的地区,故有"热杉""暖杉"之称。冷杉喜冷湿环境,浅根性,为西南高山森林树种、西部亚高山固土保水树种。为分布区内高山上段重要的造林树种,是森林生态系统顶级群落

的主要组成树种。枯枝落叶容易分解,分解速度较快,使土壤有机质、全氮和速效磷以及各类微生物均很高,进一步改善了土壤团粒结构,使之具有良好的通气透水性能,又有强大的蓄水功能;提高林地土壤肥力,增大地表水土壤入渗,减少地表径流,具有良好的净化水质、水源涵养以及水土保持的功能。自然条件下生长状况良好,繁殖能力强,为山火之后的先锋树种。

冷杉的树皮、枝皮含树脂,皮层分泌的胶液可提取冷杉胶,为光学仪器、镜片的重要黏合剂;材质轻柔,结构细致,无气味,易加工,不耐腐,为制造纸浆及一切木纤维的优良原料,可作一般建筑、枕木(需防腐处理)、器具、家具及胶合板,板材宜作箱盒、水果箱等。针叶芳香油可制肥皂,树皮含单宁 5%~15%;冷杉的树干端直,枝叶茂密,四季常青,大多数美国乡土冷杉现在被培育作为圣诞树,冷杉树冠圆锥形或尖塔形,亭亭玉立,树态整齐,在城市绿化中有很高的价值。

【繁殖栽培技术】 播种育苗。采收后不宜立即脱粒。种子相当脆,容易受伤,宜手工去翅。种子在低温条件下可储藏 5 年。露地播种于 3 月中下旬进行。播种地选择庇荫凉爽的环境和湿润、排水良好的酸性土壤。播种前一般应在 1~5 ℃下湿润层积催芽 14~28 d。条播,沟深 2 cm,播种量 450~600 kg/hm²,覆盖焦泥灰,以不见种子为度,上盖稻草。5 月上中旬出土,分次揭草,并搭棚遮阴。1 年生苗高 4~6 cm,留床 1 年,仍须庇荫,第三年春,选择阴湿环境移植培大,如庇荫度不够,需搭荫棚或栽蔽荫植物。

扦插育苗,应取幼龄母树的枝条作插穗,休眠枝扦插时间以 2—3 月为宜;半熟枝则于 6 月中下旬,插后 100 d 左右生根。冷杉初期生长缓慢,造林或绿化多采用 5~10 年生幼树,移栽在 11 月上旬至 12 月中旬或 2 月中旬至 3 月下旬进行,须带泥球。幼树畏烈日和高温,须择适宜环境功能与冷杉相近,也可用于水土保持生态建设中。

10.1.9　红豆杉

【科属名称】 红豆杉科 Taxaceae,红豆杉属 *Taxus* L.

【形态特征】 常绿乔木或灌木状,高达 30 m,胸径达 60~100 cm;树皮灰褐色、红褐色或暗褐色,裂成条片脱落;大枝开展,1 年生枝绿色或淡黄绿色,秋季变成绿黄色或淡红褐色,2、3 年生枝黄褐色、淡红褐色或灰褐色;冬芽黄褐色、淡褐色或红褐色,有光泽,芽鳞三角状卵形,背部无脊或有纵脊,脱落或少数宿存于小枝的基部。叶排列成两列,条形,微弯或较直,长 1~3(多为 1.5~2.2) cm,宽 2~4(多为 3) mm,上部微渐窄,先端常微急尖,稀急尖或渐尖,上面深绿色,有光泽,下面淡黄绿色,有 2 条气孔带,中脉带上有密生均匀而微小的圆形角质乳头状突起点,常与气孔带同色,稀色较浅。雄球花淡黄色,雄蕊 8~14 枚,花药 4~8(多为 5~6)个。种子生于杯状红色肉质的假种皮中,间或生于近膜质盘状的种托(未发育成肉质假种皮的珠托)之上,常呈卵圆形,上部渐窄,稀倒卵状,长 5~7 mm,径 3.5~5 mm,微扁或圆,上部常具二钝棱脊,稀上部三角状具三条钝脊,先端有突起的短钝

尖头,种脐近圆形或宽椭圆形,稀三角状圆形。花期5—6月,果期9—10月。

【生态学特征】 红豆杉耐阴,抗寒性强,忌暴热、暴冷和空气干燥。侧根发达,生长甚慢。要求疏松、不积水的微酸至中性土,在沼泽地上生长慢,岩石裸露地则不适宜。

【水土保持功能及利用价值】 树种叶片含水率高、着火温度高,红豆杉难燃,火焰扩张和移延的速度较慢,抗火性能好,防火效益显著,是优良的阻火树种;生长慢,但耐阴长寿,抗寒能力很强,尽管主根不明显,但侧根极其发达,萌发力强,生长速度快,对环境适应性强,且能改良土壤结构,提高土壤肥力,改善生态平衡,起到固持水土、防止土壤沙漠化的作用,可用于营造水土保持林、水源涵养林和防风固沙林。

红豆杉枝叶终年深绿,美丽的树形、果实成熟期红绿相映的颜色搭配,可广泛应用于水土保持、园艺观赏。红豆杉材质优良,可供雕刻及铅笔杆等用,为优质的用材林;种子可榨油,树皮含单宁;红豆杉树皮、木材、枝叶和种子可提取红豆杉素和红豆杉精油,红豆杉醇为抗癌特效药物且非常珍贵,具有极高的开发利用价值。

【栽植培育技术】 采用种子繁殖和扦插繁殖,以苗移栽为主。选地以疏松、富含腐殖质、呈中性或微酸性的高山台地、沟谷溪两岸的深厚湿润性棕壤、暗棕壤为好。

10月中下旬,果实呈深红色时采收种子。该种子属生理后熟,需要经过1年的湿沙储藏才能发芽。常采取室外自然变温沙藏层积法处理种子,以提高发芽率。一般在早春播种。条播为主,粒距5~7 cm。也可采用撒播。播种后,挖取松林下带有菌根并过筛的黄壤土覆盖种子,厚度以不见种子为度。幼苗期注意遮阴,播种时覆盖稻草以不见土为适宜,苗期搭建荫棚,透光度在60%。然后铺植苔藓护苗,保护苗床不受日晒雨淋,并经常保持土壤疏松、湿润。当苗高长至30~50 cm即可移栽。移栽在10—11月或翌年2—3月萌芽前进行,每穴栽苗1株,浇水,适当遮阴。每年追肥1~2次,多雨季节要防积水,以防烂根。定植后,每年中耕除草2次,林地封闭后一般仅冬季中耕除草,培土5次。结合中耕除草进行追肥,肥源以农家肥为主,幼树期应剪除萌蘗,以保证主干挺直、快长。

红豆杉春夏均可扦插繁殖。一般在3月当芽未萌动时,剪取长10~15 cm、粗度0.5~1 cm的2年生枝或多年生枝,保留上部叶片,将入土部分叶片去掉。扦插后,应盖上拱形塑料棚,以增温保湿。待嫩叶长出,然后覆盖草帘或树叶遮阴,一般2个月可生根。红豆杉扦插宜在5—7月进行嫩枝扦插,生根较快,扦插成活率在85%以上,成苗期6个月。栽培上应注意苗期遮阴,否则太阳暴晒容易死亡。2~3年生苗春秋移栽。造林方法为株行距1.5 m×1.5 m。造林地应选择肥沃湿润、排水良好的地块,以4~5年生苗最佳,栽后1~3年应防寒。

10.1.10　侧柏

【科属名称】 柏科 Cupresaceae,侧柏属 Platycladus Spach

【形态特征】 常绿乔木或呈灌木状。高达20余m,胸径1 m;树皮薄,浅灰褐色,纵裂成条片;枝条向上伸展或斜展,幼树树冠卵状尖塔形,老树树冠则为广圆形;生鳞叶的小枝细,向上直展或斜展,扁平,排成一平面。叶鳞形,长1~3 mm,先端微钝,小枝中央的叶露出部分呈倒卵状菱形或斜方形,背面中间有条状腺槽,两侧的叶船形,先端微内曲,背部有钝脊,尖头的下方有腺点。雄球花黄色,卵圆形,长约2 mm;雌球花近球形,径约2 mm,

蓝绿色,被白粉。球果近卵圆形,长 1.5~2 cm,成熟
前近肉质,蓝绿色,被白粉,成熟后木质,开裂,红褐
色;中间两对种鳞倒卵形或椭圆形,鳞背顶端的下方
有一向外弯曲的尖头,上部 1 对种鳞窄长,近柱状,
顶端有向上的尖头,下部 1 对种鳞极小,长达 13 mm,
稀退化而不显著;种子卵圆形或近椭圆形,顶端微
尖,灰褐色或紫褐色,长 6~8 mm,稍有棱脊,无翅或
有极窄之翅。花期 3—4 月,球果 10 月成熟。

【生态学特征】 侧柏分布很广,温带植物,喜
光,幼苗和幼树耐庇荫,能够适应干冷和暖湿的气候,在年降水量300~1 600 mm、年平均
气温 8~16 ℃的气候条件下生长正常,能耐−35 ℃的低温。在迎风地顶梢干枯,生长不
良。对土壤要求不严,对土壤酸碱度的适应范围广,适宜的土壤 pH 值为 7~8,适生于中
性土壤,在酸性、微碱性土壤上亦生长旺盛。耐干旱,耐涝能力较弱,在地下水位过高或排
水不良的低洼地上易烂根死亡。萌芽能力强,浅根性,抗风能力弱,2~6 年为高生长快速
生长期,5~40 年为胸径快速生长期。中生乔木,浅根性,侧根发达。生于海拔 1 700 m 以
下向阳、干燥、瘠薄的山坡或岩石裸露石崖缝中或黄土覆盖的石质山坡,常与油松成混交
林或散生林。见于阴山、阴南丘陵等地。

【水土保持功能及利用价值】 侧柏耐干旱、瘠薄,根系发达,在向阳、干燥、瘠薄的山
坡和石缝中也能生长。对基岩和成土母质适应性强,在石灰岩、紫色页岩、花岗岩等山地
都可以造林。抗盐碱能力较强,在含盐量 0.2%的土壤上生长良好。具有强大的固土作
用,是中国北方水土流失地区营造水土保持林的重要树种,亦是荒山造林树种,抗污染,对
二氧化硫、氯气、氯化氢具有中等抗性,是较好的水土保持树种。

此外,侧柏木材淡黄褐色,有光泽和香气,材质细密,耐腐性强,切削容易,可供建筑、
造船、桥梁、家具、雕刻、细木工、文具等用材。枝叶提取芳香油,种子可榨油,供制肥皂和
食用,在香料工业上用途很广;侧柏种子入药(药材名:柏子仁),能滋补强壮、养心安神、
润肠,主治神经衰弱、心悸、失眠、便秘症。枝叶入药(药材名:侧柏叶),能凉血、止血、止
咳,主治咯血、衄血、吐血、咳嗽痰中带血、尿血、便血、崩漏等症。侧柏种子、根、枝、叶、树
皮等均可药用;侧柏树形美观,树皮薄红褐色,条状纵裂,枝条平展、斜展,又耐修剪,常作
园林绿化和绿篱树种,可用作繁殖龙柏的砧木。

【栽植培育技术】 5~6 年结实,球果采集后需晒取种。种子采收后干藏,种子在一
般室温条件下,保存 2~3 年仍有较高的发芽率。播种前用 30~40 ℃温水浸种 12 h,捞出
置于蒲包或箩筐内,放在背风向阳的地方,每天用清水淘洗 1 次,并经常翻倒,当有半数以
上种子半裂嘴时即可播种。垄播或床播。垄播时,垄底宽 70 cm,垄面宽 30~35 cm,垄高
21~15 cm,垄距 70 cm。垄面可双行或单行条播,双行播幅 5~7 cm,单行播幅 10~12 cm。
床播,床长 10 m,床面宽 1 m,可顺床 3 行条播,播幅 5~10 cm。播后覆土 2 cm。在干旱地
区可于播后再培成垄。

每亩播种量 10~15 kg。产苗量 16 万~20 万株/亩,1 年生苗高 15~25 cm。一般 2 年
出圃。幼苗应搭棚遮阴。每亩产苗量 8 万~10 万株,入冬前要埋土防寒。小苗主根长,侧

根稀少,移植时应少伤侧根,否则易枯死。移栽要带土球,勿伤顶芽,栽后连浇2次水。幼苗宜密植,如继续培育大苗,株行距20~60 cm,5年后带土进行第2次移植。

嫁接育苗以大龄油松作砧木,将白皮松嫩枝嫁接到3~4年生油松上,成活率可达85%~95%,且无位置效应。白皮松接穗以粗度为0.5 cm以上的新梢为好。

造林方法:通常用植苗造林,春、秋、雨三季都可栽植,植于低山或海拔1 000 m以下的阳坡、半坡,石质山地干燥瘠薄的地方,轻盐碱地和沙地。侧柏在一定的侧方庇荫的条件下比纯林生长健壮而且迅速,宜多营造与油松、元宝枫、黄连木、臭椿、黄栌、紫穗槐的混交林。侧柏易萌生侧枝,栽植5年后,在秋末或春初进行修枝。荒山造林的株行距为1 m×1.5 m或1 m×2 m,单行栽植时株距约为40 cm。

10.1.11　杜松

【科属名称】　柏科 Cupresaceae,刺柏属 *Juniperus* L.

【形态特征】　常绿小乔木或灌木,高可达10~15 m,胸径可达100 cm。枝条直展,高达11 m,树冠塔形或圆柱形;树皮褐灰色,纵裂成条片状脱落;枝下垂,幼枝三棱形,淡黄色。叶刺形,3叶轮生,基部具关节,不下延,长12~22 mm,先端锐尖,上面凹下成深槽,白粉带位于凹槽之中,下面有明显的纵脊,横断面成"V"形。球花单性,雌雄异株,单生叶腋;雄球花椭圆形,黄褐色,具5对雄蕊;雌球花具3枚珠鳞,胚珠3个。球果肉质,圆球形,径6~8 mm,熟前紫褐色,成熟时淡褐黑色或蓝黑色,被白粉,内有2~3粒种子,种子近卵圆形,长5~6 mm,有4条不显著的棱角。花期5月,果期9—10月。

【生态学特征】　杜松是旱中生强阳性树种,有一定的耐阴性,喜光、耐寒、耐干旱,主根长而侧根发达,对土壤要求不严,但生长较慢。能生长在酸性土上,耐干旱瘠薄土壤,在陡壁、阳坡、干燥沙地、岩缝中顽强生长,可以在海边干燥的岩缝间或沙砾地上生长。但以向阳、湿润的沙质壤土最佳,对海潮风具有相当强的抗性,是良好的海岸、庭院树种。

【水土保持功能及利用价值】　杜松主侧根发达,对海潮风有相当强的抗性,为陡壁、阳坡、干燥沙地优良的水土保持林、防风固沙林和沿海防护林树种。

木材坚硬,纹理致密,耐蚀力强,可供作工艺品、雕刻、家具、器皿、农具等用材。树形优美,是很好的园林绿化树种。果实入药,具有发汗、利尿、镇痛的功效,主治风湿性关节炎、尿路感染、布氏杆菌病等。

【栽植培育技术】　杜松可采用播种育苗、嫁接育苗、压条育苗与扦插育苗。

播种育苗:每千克种子约7万粒,调制出的种子最好密封储藏,在5 ℃以下可储藏3年。种子种皮厚而坚硬,有树脂,吸水困难,有隔年发芽现象,应进行催芽处理后再播。种子繁殖时,首先将果实晾晒十几天后,用石块进行揉搓,除去果皮、果肉,选出种子。由于杜松的种皮坚硬,透水性差,需采用强迫高温浸种的方法打破种子的休眠。首先用高锰酸钾溶液浸种灭菌后,捞出洗净,用80 ℃的热水浸种3 d,随即用40 ℃的温水浸种7~

10 d,然后进行变温混沙或低温层积沙藏催芽。种子经过冬天的沙藏后,已吸水膨胀,3 月下旬可将种子搬出室外,当有部分种子裂嘴后即可播种。播种地应选择排水良好及富含腐殖质的土壤。条播行距为 15~20 cm,每亩播种量 18~20 kg,覆土厚度为 1~2 cm,覆草,在幼苗期应进行遮阴。

嫁接育苗:杜松扦插繁殖成活率很低,但是杜松嫁接繁成活率很高。嫁接砧木多用侧柏、沙地柏、圆柏实生苗。最佳嫁接期为 3 月下旬至 4 月上旬,接穗选择生长健壮的 1~2 年生、侧枝顶梢好、长 10~15 cm 的接条,摘去下部 3/4 的叶子。3—4 月采用髓心形成层贴接法,接时砧木主干不去掉,剪时应带砧木厚条,其长度为接条的 1/3,后用清水浸泡 2~4 d 后扦插,插入深度保持在接条的 1/4 处。过长者可摘去部分顶梢,第二年从伤口处剪掉砧木上部枝条即可,嫁接成活率 70%~90%。

压条育苗:休眠期将母株根部的健壮枝条压入土中,经一段时间后,即能生根,然后翻犁 1 遍,与母株分离,移植再行培养。

扦插育苗:杜松扦插生根困难,宜选用长 15~25 cm 的当年生侧枝顶梢,去掉下部播幅器镇压即可。在温室苗床内,按株行距 6 cm×10 cm 扦插,保证温度(20~25 ℃)、湿度,或于 5 月上旬扦插,采用露地遮阴覆膜苗床扦插育苗,70~80 d 生根,生根率达 60%。生根后再移入圃地培育。

10.1.12　大叶朴

【**科属名称**】　榆科 Ulmaceae,朴属 Celtis L.

【**形态特征**】　落叶乔木,高达 15 m;树皮灰色或暗灰色,浅微裂;当年生小枝老后褐色至深褐色,散生小而微凸、椭圆形的皮孔;冬芽深褐色,内部鳞片具棕色柔毛。叶椭圆形至倒卵状椭圆形,少有为倒广卵形,长 7~12 cm(连尾尖),宽 3.5~10 cm,基部稍不对称,宽楔形至近圆形或微心形,先端具尾状长尖,长尖常由平截状先端伸出,边缘具粗锯齿,两面无毛,或仅叶背疏生短柔毛或在中脉和侧脉上有毛;叶柄长 5~15 mm,无毛或生短毛;在萌发枝上的叶较大,且具较多和较硬的毛。果单生叶腋,果梗长 1.5~2.5 cm,果近球形至球状椭圆形,直径约 12 mm,成熟时橙黄色至深褐色;核球状椭圆形,直径约 8 mm,有四条纵肋,表面具明显网孔状凹陷,灰褐色。花期 4—5 月,果期 9—10 月。

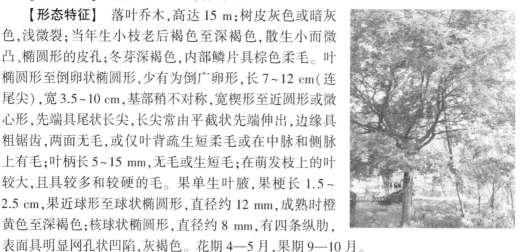

【**生态学特征**】　大叶朴适应性和自然繁殖力强,喜光,喜温暖湿润气候,且耐阴、耐水湿,特别喜欢生长在向阳山坡和岩石间杂木林中。大叶朴为深根性树种,树干端直,树形端正,叶大、质厚、颜色浓绿,果实可以充饥,树冠呈圆球形,根系非常发达,萌芽力强,生长比较快;喜肥沃、湿润和疏松的土壤;抗干旱瘠薄,抗风,抗轻度盐碱,耐烟尘,抗污染,抗有毒气体,固土保水能力特别强。

【**水土保持功能及利用价值**】　大叶朴深根性,侧根发达,萌蘖力强,具有较强的固土作用,寿命长,是很好的遮阴与观叶树种,是我国植物资源中的重要乡土树种,常被用作庭园、行道树。许多城市都将其列为园林绿化树种。

大叶朴茎和皮是造纸和人造棉及其开发主要纤维编织植物的极好原料;果实可以作润滑油或者榨油;它的木材非常坚硬,可作为工业用材,或制作家具或用作薪炭用;树茎和皮纤维既强又韧,材轻且质柔,可用作绳索和人造纤维的原材料。大叶朴根、树皮及嫩叶均可入药,具有解毒清热、消肿止痛及治疗荨麻疹的功效。新鲜叶片捣烂取汁外敷,可治疗水(火)烫伤;叶子可制作土农药毒杀红蜘蛛。

【栽植培育技术】 大叶朴通常采用播种繁殖。种子在9—10月成熟,果实为红褐色。种子成熟后应立即采收,将其摊开后去掉杂物待阴干,然后与湿沙土混合拌匀或层积储藏,来年3月春季即可播种。播种前,首先要对种子进行处理,可用沙揉搓将外种皮擦伤,也可用木棒敲碎种壳,这样处理对种子发芽有利。

播种苗床土壤要求疏松且肥沃、排水透气良好,最好是沙质壤土。播种后覆盖1层约2.0 cm厚的细土,再盖1层稻草,浇1次透水,约10 d即可见到种子发芽。出苗以后要及时揭开稻草。幼苗期要加强管理工作,注意经常除草、松土、追肥,并适当进行间苗,当年生的苗木高生长可达30~40 cm。第二年春天,对苗木进行分床培育,同时要注意苗木树形修剪,最后养成一株干形通直、冠形圆满的大苗。当要把大苗移走时必须带上土坨,以保证成活率,另外还要注意沙朴棉蚜、沙朴木虱这些主要害虫的防治。

10.1.13 黄连木

【科属名称】 漆树科 Anacardiaceae,黄连木属 *Pistacia* L.

【形态特征】 落叶乔木,高达25 m,胸径1 m;幼枝疏被微柔毛或近无毛;冬芽红色,有特殊气味。偶数羽状复叶,小叶5~6对,叶轴被微柔毛,小叶对生或近对生,披针形或卵状披针形,长5~10 cm,宽1.5~2.5 cm,先端渐尖或长渐尖,基部不对称,一边窄楔形、一边圆,小叶柄长1~2 mm。先叶开花,花单性,雌雄异株;雄花排成密总状花序,长5~8 cm;雌花排成疏松的圆锥花序,长18~22 cm;披针形或线状披针形,大小不等,雄蕊3~5枚;雌花花被片7~9枚,外面2~4枚披针形或线状披针形,外面和边缘被毛,里面5卵形或长圆形,外面无毛,具睫毛;核果倒卵圆形,直径约6 mm,顶端具小尖,红色果均为空粒,绿色果内含成熟种子。花期3—4月,果期9—11月。

【生态学特性】 散生于低山丘陵及平原。喜光,幼时稍耐阴,耐寒力差。喜温暖、畏严寒;对土壤要求不严,耐干旱瘠薄,多生于石灰岩山地,微酸性、中性和微碱性的沙质、黏质土均能适应,但生长缓慢,在肥沃、湿润、排水良好的土壤上,在平原、低山、丘陵厚土地带和河沟附近生长良好。深根性,主根发达,抗风力强;萌芽力强。生长较慢,寿命可长达300年以上。对二氧化硫、氯化氢和煤烟的抗性较强。

【水土保持功能及利用价值】 黄连木树冠广阔,枝叶稠密,落量大,枯落物多,可有效地拦截降水,削弱雨水对地面的直接冲击,还能很好地改良土壤,提高土壤的渗透速度和增强土体的抗侵蚀能力。黄连木主根发达,根系较多,分布较深,萌芽力强,抗风力亦强,对 SO_2 和烟的抗性较强,抗病力亦强,能防风、固土和减少土壤冲刷,有较高的水土保持效益,是良好的水土保持和工矿区园林绿化树种。

木材可供家具、建筑、雕刻等用。种仁含油率约 56.5%,可制肥皂、润滑油及治牛皮癣等。油味苦涩,处理后可食用;叶生五倍子虫瘿,含鞣质 30% ~ 40%,叶含 10.8%,果含5.4%,树皮含 4.8%,均可提制栲胶;果和叶还可作黑色染料。根、枝和皮可作农药;叶可提芳香油,嫩叶可代茶,俗称"黄鹂茶"或"黄儿茶"。嫩叶和雄花序可腌菜,俗称"黄连头""黄连芽",可食用。

【栽植培育技术】　播种繁殖。将种子浸入混草木的温水中浸泡数日,或用 5% 的石灰水浸泡 2 ~ 3 d,然后搓洗,除去种皮蜡质,捞出种子用清水洗净,晾干后秋播,或沙藏3 个月以上春播。出苗前要保持土壤湿润,一般 20 ~ 25 d 出苗。要及早间苗,第一次间苗在苗高 3 ~ 4 cm 时进行,去弱留强。以后根据幼苗生长发育间苗 1 ~ 2 次,最后一次间苗应在苗高 15 cm 时进行。

播种育苗一般在 2 月下旬至 3 月中旬进行,采用开沟条播。在苗圃地挖条状沟,深3 cm,沟距 20 ~ 30 cm,播种前在沟内灌足底水,将种子均匀撒入。每亩用种量 10 kg 左右,覆土 2 ~ 3 cm,轻轻压实,覆盖草毡。种子出苗前,要经常浇水保持土壤湿润,黄连木一般 20 ~ 25 d 出苗,出苗时揭去草毡。为提高成活率和苗木质量,要及早间苗。第一次间苗选择在苗高 3 ~ 4 cm 时进行,以后根据苗圃幼苗生长发育情况间苗 1 ~ 2 次,最后一次间苗应在苗高 15 cm 时进行。

10.1.14　漆树

【科属名称】　漆树科 Anacardiaceae,漆树属 *Toxicodendron*(Toum.)Mill.

【形态特征】　落叶乔木,高达 20 m,胸径 80 cm,树灰白色,粗糙,4 ~ 8 年后成不规则的纵裂。小枝淡黄或灰色,生棕色柔毛。叶互生,奇数羽状复叶,小叶 4 ~ 6 对,每一复叶有叶片 5 ~ 9 枚,卵状椭圆形或长圆形,长 6 ~ 13 cm,宽 3 ~ 6 cm,先端尖,基部偏斜、圆或宽楔形,全缘,叶上面常无毛或沿中脉被微柔毛,下面沿中脉被黄色柔毛,侧脉 10 ~ 15 对,叶柄长47 mm。花杂性或雌雄异株成圆锥花序,腋生,长12 ~ 25 cm,有短柔毛;花黄绿色,密而小,直径约

1 mm,花瓣长圆形,具褐色羽状脉,花时外卷;花萼裂片卵形,花盘五浅裂。雌雄异株。核果扁圆形,径 6 ~ 8 mm,棕黄色,滑,中果皮蜡质,内果皮坚硬。花瓣黄褐色,径 6 ~ 8 mm。花期 5 — 6 月,果期 9 — 10 月。

【生态学特性】　漆树性喜光,不耐庇荫,在年平均气温 8 ~ 20 ℃、年平均降水量600 mm 以上、相对湿度 60% 以上、海拔 2 000 m 以下、沙壤土、壤土、山区或平原都能生长。常生于阳坡林中,对气候、土壤适应性强,虽喜湿润,但畏水浸泡。土壤过于黏重,特别是土内有不透水中间层时,最不利于漆树根系生长,容易发生根腐病,甚至造成死亡。对气

候、土壤适应性较强。在酸性土壤上生长的漆树,生长较慢,割漆较晚,但漆的质量较好。在钙质土上生长较快,割漆较早,但漆的质量不如在酸性土壤上生长的。在阳坡和含有腐殖质的沙壤土上,产漆质量最高。在河谷两岸、地势平缓的阳坡、水分条件较好处生长较好。

【水土保持功能及利用价值】 漆树适应性强,耐瘠耐旱,对气候、土壤适应性强,根系发达,增强了土壤的透水性能,固持土壤的能力强,使土壤免受径流侵蚀,荒山、坡地、沟边都有大量栽植,不与农业争地争肥,可以调节气候,控制水土流失。速生、萌发力强,长势旺,易管理,是优良的水土保持树种。

漆树是我国重要的经济特用树种之一。树干可割生漆乳液,为优良涂料,耐水湿,保存期长,防腐性能极好,易结膜干燥,耐高温,可用以涂饰海底电缆、机器、车船、建筑、家具及工艺品等。种子可榨油。果肉可取蜡,为蜡烛及蜡纸原料。木材软硬适中,纹理美观,色调鲜艳,不易变形,易加工,耐腐朽,抗压力强,可制家具、雕刻、工艺品等用。叶含单宁,可提制栲胶,根、叶可提取单宁或制漂白剂。花果入药,可止咳、消淤血、杀虫等。

【栽植培育技术】 漆树可采用播种繁殖、埋根繁殖和嫁接育苗。

种子繁殖:果实黄褐色时,一般选择 12~20 年生长旺盛的漆树作为采种母树,晾 3~5 d,由于漆树种子外皮附有 1 层蜡质,不易透水透气,所以播前需对种子进行人工脱蜡和催芽处理。处理方法是:将种子放入 40~50 ℃的草木溶液中浸泡 3~5 d,然后用力搓洗,直至种子变为黄白色或手捏感觉不再光滑时,用水淘洗干净,再用冷水浸泡 24 h,保湿,在 5 ℃的低温条件下储藏 20 d 后即可播种。也可以把漆籽与湿粗沙(1∶1)混合,用力搓揉,待种子手感不再光滑时,用水除种子表面蜡质,将湿沙及种子铺成 10~15 cm 厚摊晾 2~3 d,阴干后加入细沙(种子与粗细沙比例为 1∶3),保持湿润进行沙藏。2—3 月点播,株行距 15 cm×30 cm,种子 7~8 粒/穴。大木漆类播种量 6~10 kg/亩,小木漆类播种量 15~20 kg/亩。覆盖草木灰约 3 cm 厚,盖草。15 d 后幼苗出土,可揭草,隔 10~15 d 除草间苗,留 2~3 株/穴。产苗量 1 万~1.5 万株/亩,1 年生苗高 40 cm。

埋根繁殖:漆树的根具有很强的萌芽和发根能力,首先采集根段。在休眠期选择 6~13 年生的漆树,在原栽漆树周围,挖取部分根茎,或在起苗移栽时,取部分直径在 0.5~1.5 cm 的须根备用。将所取根条截成 12~15 cm 长,并粗细分级;其次进行催芽。在苗床上开 20 cm 深、25 cm 宽的斜沟,把根段分级成把置于沟中,把与把之间相距 5 cm,大头朝上,覆土,土壤高出插根 3 cm 左右,保持土壤相对含水量在 50%左右,经过 20~30 d 的催芽,即可分批取出发芽的插根,后进行扦插。在苗床上每隔 40~20 cm 深的沟,沟的一边修成 50°的斜坡,将根的大头朝上放在斜坡上,每隔 15 cm 放 1 根,覆土,使萌芽露出床面,稍压实土,使土壤与插根接触紧密,有利于生根,需注意保持土壤潮湿和适当遮阴。株行距 10~15 cm×40~50 cm,根芽一般不应露出地面,如嫩芽过长,且已形成绿叶,则应露出土外。

嫁接育苗:采用"丁"字形芽接,从树液开始大量流动起到出伏都可以嫁接,最好在 7—8 月进行嫁接。砧木应选用 1~3 年生的健壮漆苗,接口地方的直径应达 1.2~2 cm。

造林方法:树冠较大的造林株行距为 4~5 m×4~5 m,树冠较小的为 3 m×3 m,小乔木型的为 2 m×2 m,"四旁"造林株距在 1.5 m×1.5 m 左右。

10.1.15　构树

【科属名称】 桑科 Moraceae,构树属 *Broussonetia papyrifera* LVent.

【形态特征】 落叶乔木或灌木状,高达 16 m。
乔木,高 10~20 m;树皮暗灰色;小枝密生柔毛。叶
螺旋状排列,广卵形至长椭圆状卵形,长 6~18 cm,
宽 5~9 cm,先端渐尖,基部心形,两侧常不相等,边
缘具粗锯齿,不分裂或 3~5 裂,小树之叶常有明显
分裂,表面粗糙,疏生糙毛,背面密被茸毛,基生叶脉
3 出,侧脉 6~7 对;叶柄长 2.5~8 cm,密被糙毛;托
叶大,卵形,狭渐尖,长 1.5~2 cm,宽 0.8~1 cm。花
雌雄异株;雄花序为葇荑花序,粗壮,长 3~8 cm,苞

片披针形,被毛,花被 4 裂,裂片三角状卵形,被毛,雄蕊 4 枚,花药近球形,退化雌蕊小;雌
花序球形头状,苞片棍棒状,顶端被毛,花被管状,顶端与花柱紧贴,子房卵圆形,柱头线
形,被毛。聚花果直径 1.5~3 cm,成熟时橙红色,肉质;瘦果具与果等长的柄,表面有小
瘤,龙骨双层,外果皮壳质。花期 4—5 月,果期 6—7 月。

【生态学特性】 喜光,适应性强,耐干旱瘠薄,也能生于水边,多生于石灰岩山地,也
能在酸性土及中性土上生长;耐烟尘,抗大气污染力强。

【水土保持功能及利用价值】 构树根系再生力强,须根极为达,部分根还可形成根
瘤菌,在土壤中形成网络坚固结构,固土固沙效果很好,能牢固锁住泥土,防止水土流失;
地上丛生植株能够形成良好的保护结构,减少风蚀是石漠化治理的理想树种之一。

构树适应性强,是环境条件恶劣的工矿区优先选择的水土保持、绿化树种,也可作为
华东园林绿化树种。构树生长快,剥皮后的树干燃烧值高,是极好的薪材,可以有效地缓
解水土保持重点地区人民的日常燃料问题。大面积种植构树,对加固堤防,治理水土流
失,改善生态环境等,都将起到积极的作用。

构树用途很广,树皮富含纤维,为造纸优质原料。乳液、根皮、树皮、叶、果实及种子可
入药,乳汁可治癣及神经性皮炎;构树叶营养丰富,蛋白质含量高达 20%~30%,氨基酸、
维生素、碳水化合物及微量元素等营养成分也十分丰富,经科学加工后可用于生产畜禽饲
料,也可制农药、作绿肥。叶捣碎浸汁可治棉蚜。

【栽植培育技术】 构树可用分根、插条、压条和种子育苗等方法繁殖,但以种子育苗
为好。育苗方法与一般小粒种子的树种相似,最好随采随播,10 月采集成熟的构树果实,
装在桶内捣烂,进行漂洗,除去渣液,便获得纯净种子,稍晾干即可干藏备用。圃地宜选择
在背风向阳的空旷地,要求疏松、肥沃、排水良好的沙质土壤。因构树种子细小,48 万~
50 万粒/kg,所以育苗时整地要细致,在秋季翻犁一遍,去除杂草、树根、石块。圃地起畦
后每公顷施堆肥或厩肥 15 000~22 500 kg,与石灰约 450 kg 混合后翻入土中作基肥,采用
窄幅条播,播幅宽 68 cm,行间距 20~25 cm,深 2~3 cm。用种量为 12~18 kg/hm²,将种子
与细土(细沙)按 1:1 的比例混匀后撒播,然后覆土 0.5 cm,撒上细碎的厩肥,以不见种子
为度。畦面要盖上一层草,保持土壤湿润。种子发芽达 40%时,可在阴天或早、晚两段时

间揭草,构树苗期病虫害较少,1 年生苗达 40 cm 时可出圃定植。

产苗 18 万株/hm² 左右。构树苗长到 40 cm 后可上山种植,四季均可。初植密度为 2 505株/hm² 左右,在石山或半石山上栽植,尽可能选择土层深厚、肥沃的地方打穴种植,穴的规格为 50 cm×50 cm×30 cm,种植前清除穴内的石块和杂质,施足底肥,回填土。然后将苗置于穴的中央,让根系舒展,填土一半时压实,浇足定根水。

10.1.16 刺楸

【科属名称】 五加科 Araliaceae,刺楸属 *Kalopanax* Miq.

【形态特征】 落叶乔木,高约 1 m,最高可达  30 m,胸径达 70 cm 以上,树皮暗灰棕色;小枝淡黄棕色或灰棕色,散生粗刺;刺基部宽阔扁平,通常长 5~6 mm,基部宽 6~7 mm,在苗壮枝上的长达 1 cm 以上,宽 1.5 cm 以上。叶片纸质,在长枝上互生,在短枝上簇生,圆形或近圆形,直径 9~25 cm,稀达 35 cm,掌状 5~7 浅裂,裂片阔三角状卵形至长圆状卵形,长不及全叶片的 1/2,苗壮枝上的叶片分裂较深,裂片长超过全叶片的 1/2,先端渐尖,基部心形,上面深绿色,无毛或几无毛,下面淡绿色,幼时疏生短柔毛,边缘有细锯齿,放射状主脉 5~7 条,两面均明显;叶柄细长,长 8~50 cm,无毛。圆锥花序大,长 15~25 cm,直径 20~30 cm;伞形花序直径 1~2.5 cm,有花多数;总花梗细长,长 2~3.5 cm,无毛;花梗细长,无关节,无毛或稍有短柔毛,长 5~12 mm;花白色或淡绿黄色;萼片无毛,长约 1 mm,边缘有 5 小齿;花瓣 5,三角状卵形,长约 1.5 mm;雄蕊 5;花丝长 3~4 mm;子房 2 室,花盘隆起;花柱合生成柱状,柱头离生。果实球形,直径约 5 mm,蓝黑色;宿存花柱长 2 mm。花期 7—10 月,果期 9—12 月。

【生态学特性】 喜光,对气候适应性较强,喜土层深厚、湿润的酸性土或中性土,多生于山地疏林中,常与其他常绿或落叶阔叶树混生成林,速生。

【水土保持功能及利用价值】 刺楸耐寒、耐旱、耐盐碱。树体高大,叶大,具有很好的截留降雨作用,防冲刷,叶回归林地,增加土壤的有机质,提高土壤的通透性;深根性、速生,固土作用明显;根蘖能力强,栽植成活率高,有明显的保持水土的功能。

边材黄白色或浅黄褐色,心材黄褐色,轻韧致密,纹理细致,有沙,种子有光泽,耐摩擦,易加工,为优良的珍贵用材,供家具、乐器、雕刻、车辆、造船、桥梁、建筑等用。树皮、根皮及枝入药,有清热祛痰、收敛镇痛之效。种子含油量达 38%,可榨油,供制肥皂等用。树皮及叶含鞣质,可提取栲胶。嫩叶可食。

【栽植培育技术】 播种繁殖或根插繁殖。种子三棱形,外种皮革质坚硬,未经处理的气干种子有深休眠现象,采用鲜种室内沙藏法直至播种前 1 个月,再进行阶段变温处理,即晚上露天堆放(温度 -3~8 ℃),白天热水浸种(间断 3 次保持 25~30 ℃水温,每次 1 h,每次间隔 3~4 h),连续 1 周后沙藏直至播种。刺楸是肉质根,根插繁殖要选择排水良好的立地条件,防止根腐现象发生,影响育苗成活率。

10.1.17　楤木

【科属名称】　五加科 Araliaceae,楤木属 *Swida*

【形态特征】　灌木或小乔木,高 2~8 m,树皮
灰色;小枝灰棕色,疏生多数细刺;刺长 1~3 mm,基
部膨大;嫩枝上常有长达 1.5 cm 的细长直刺。叶为
二回或三回羽状复叶,长 40~80 cm;叶柄长 20~
40 cm,无毛;托叶和叶柄基部合生,先端离生部分线
形,长约 3 mm,边缘有纤毛;叶轴和羽片轴基部通常
有短刺;羽片有小叶 7~11 枚,基部有小叶 1 对;小
叶片薄纸质或膜质,阔卵形、卵形至椭圆状卵形,长
5~15 cm,宽 2.5~8 cm,先端渐尖,基部圆形至心形,

稀阔楔形,上面绿色,下面灰绿色,无毛或两面脉上有短柔毛和细刺毛,边缘疏生锯齿,有
时为粗大齿牙或细锯齿,稀为波状,侧脉 6~8 对,两面明显,网脉不明显;小叶柄长 3~
5 mm,顶生小叶柄长达 3 cm。圆锥花序长 30~45 cm,伞房状;主轴短,长 2~5 cm,分枝在
主轴顶端指状排列,密生灰色短柔毛;伞形花序直径 1~1.5 cm,有花多数或少数;总花梗
长 0.8~4 cm,花梗长 6~7 mm,均密生短柔毛;苞片和小苞片披针形,膜质,边缘有纤毛,前
者长 5 mm,后者长 2 mm;花黄白色;萼片无毛,长 1.5 mm,边缘有 5 个卵状三角形小齿;花
瓣 5,长 1.5 mm,卵状三角形,开花时反曲;子房 5 室;花柱 5 枚,离生或基部合生。果实球
形,熟时黑色,直径 4 mm,有 5 棱。花期 6—8 月,果期 9—10 月。

【生态学特性】　喜光,适应性强,耐阴耐寒,但在阳光充足、温暖湿润的环境下生长
更好。空气湿度在 30%~60%,喜肥沃而略偏酸性的土壤。

【水土保持功能及利用价值】　侧根发达,固土作用强,有效防治土壤侵蚀;萌发力
强,较易繁殖。在退耕还林工程中是首选的树种,水土保持效益明显。种子含油量 20%
以上,供制皂用油。根皮入药,有活血散淤、健胃、利尿功效,可治胃炎、肾炎及风湿疼痛。

【栽植培育技术】　可用种子、扦插繁殖。

(1)种子繁殖:每年 9—10 月在中龄树上采收成熟种子,将种子放入 25~30 ℃的温水
中浸泡 4~6 h,搓洗种子,洗去抑制种子发芽的分泌物,捞出沥干,拌入干净细沙,种子与
沙的比例为 1:5,湿度保持在 60%~7%,拌匀后装入木箱内,把种子移到 0~5 ℃的冰箱、
冷柜等容器中,恒温冷藏 1 个月,打破休眠,促种子萌发。2 月上旬为最佳播种时期。

(2)扦插繁殖。栽种前 10~15 d,深翻田地,耕作层深 30~35 cm,晒垡碎土并做垄
(畦)。垄栽:垄面宽 40 cm,沟宽 30 cm,每垄种 1 行,株距 25 cm。畦栽:畦面宽 1 m,沟宽
30 cm,畦面上种 3 行,行距 50 cm,株距 25 cm。1—2 月楤木萌发新芽前,挖取野生楤木作
种苗,或于 3—4 月采挖野生楤木根部萌发的小苗作种苗。栽种时在垄(畦)面开沟或挖
穴均可,将种苗根部埋入土中,压实表土,并使新芽外露。种苗栽好后及时灌溉,垄(畦)
面上覆盖草帘保湿,以促进根系发育。待种苗有新根长出,茎枝顶端萌发新芽或小苗有心
叶长出时,拆去草帘进行正常田间管理。

楤木耐肥性差,种苗栽种时田间不能用有机肥作底肥,以免烧根死苗。种苗活稳后

15~20 d 可在垄(畦)面上开沟施腐熟有机厩肥作底肥,3 000~4 000 kg/亩。楤木幼芽长到 2~5 cm 时,及时以氮、磷、钾复合肥作追肥,45~50 kg/亩。施肥后均应及时灌水,以促进植株对养分的吸收。

楤木茎干上布满皮刺,当植株长到 1~1.5 m 高,垄(畦)面封行时及时剪除垄(畦)间横向生长的枝条,保持植株向上生长,控制株高在 2~3 m 以内,以利采割芽苞。楤木栽种后能持续收获 10~15 年至老株茎干枯死。

10.1.18 大叶白蜡

【科属名称】 木樨科 Olea-ceae,白蜡树属 *Fraxinus* L.

【形态特征】 落叶乔木,高 10~12 m;树皮灰褐色,纵裂。芽阔卵形或圆锥形,被棕色柔毛或腺毛。小枝黄褐色,粗糙,无毛或疏被长柔毛,旋即秃净,皮孔小,不明显。羽状复叶长 15~25 cm;叶柄长 4~6 cm,基部不增厚;叶轴挺直,上面具浅沟,初时疏被柔毛,旋即秃净;小叶 5~7 枚,硬纸质,卵形、倒卵状长圆形至披针形,长 3~10 cm,宽 2~4 cm,顶生小叶与侧生小叶近等大或稍大,先端锐尖至渐尖,基部钝圆或楔形,叶缘具整齐锯齿,上面无毛,下面无毛或有时沿中脉两侧被白色长柔毛,中脉在上面平坦,侧脉 8 对,下面凸起,细脉在两面凸起,明显网结;小叶柄长 3~5 mm。圆锥花序顶生或腋生枝梢,长 8~10 cm;花序梗长 2~4 cm,无毛或被细柔毛,光滑,无皮孔;花雌雄异株;雄花密集,花萼小,钟状,长约 1 mm,无花冠,花药与花丝近等长;雌花疏离,花萼大,桶状,长 2~3 mm,4 浅裂,花柱细长,柱头 2 裂。翅果匙形,长 3~4 cm,宽 4~6 mm,上中部最宽,先端锐尖,常呈犁头状,基部渐狭,翅平展,下延至坚果中部,坚果圆柱形,长约 1.5 cm;宿存萼片紧贴于坚果基部,常在一侧开口深裂。花期 4—5 月,果期 7—9 月。

【生态学特性】 大叶白蜡喜光,耐侧方庇荫,对温度的适应范围较广,具有较强的抗寒能力,耐 47.6~-36.8 ℃ 的温度,幼时也耐阴,树冠开展,枝叶茂密。深根性,根系发达,喜湿润肥沃的土壤,具有较强的抗干旱能力。适应性较强,在酸性或石灰性土壤上均能生长,耐轻度盐碱,在含盐量 0.7% 的土壤上也能生长,深根性,根系发达,萌蘖力强,生长快,寿命长。材质优良,韧性强,白色细致,年高生长量可达 1 m,胸径生长量达 1 cm。3 年后生长加快,20 年后缓慢,萌芽力很强。大叶白蜡 6~7 年开始结实,雌雄异株,结实成熟后,不马上脱落,直到第二年春季才落地。

【水土保持功能及利用价值】 主侧根发达,须根很多,防冲固土作用很强。枝叶茂密,冠幅开张较大,叶大,阻截降雨,降低雨滴对地面的打击作用强。叶大且叶柄粗,不易腐烂。林内具有较厚的枯枝落叶,对于吸收雨水、防止形成地表径流、增加土壤的渗透性具有良好的作用,是山地中山及低山优良的水土保持和水源涵养树种之一。白蜡适应性强,耐干旱,耐瘠薄,寿命长,抗烟尘能力强,根系发达,固土能力强,是营造水土保护林和沙区农田防护林及农林间作的良好树种,对 SO_2 有较强的抗性。

此外,白蜡是优良的用材树种,嫩叶是优质饲料,枝叶可放养白蜡虫取蜡,种子可榨油,白蜡是工业、医药和文化教育用品等方面的原材料;白蜡皮、叶均可入药;白蜡树形优美,枝条横展,枝叶繁茂,树冠圆形或倒卵形,广泛地应用于庭院绿化和行道绿化。

【栽植培育技术】 大叶白蜡以播种育苗和植苗造林为主。

播种育苗:种子用普通干藏或密封干藏法在低温 0~5 ℃ 条件下储藏,种子处理采用低温层积催芽法。北方在秋冬季播种,采用床作或垄作,播种量 3~5 kg/亩,覆土厚度为 3~4 cm,南方在春季播种,一般用床作。苗期生长比较缓慢,1 年生苗地径 0.4 cm 以上,苗高 50~150 cm。产苗量 1.5 万~3 万株/亩。

植苗造林为主。选择 10~12 年生健壮母树采种,一般在 9 月中下旬,当翅干燥,果皮由黄绿色变为黄褐色时,选择生长健壮、结实良好、无病虫害的树木作为母树进行采种。充分干燥,装入麻袋备用。播前翻耕整地,平整做床,播种时间分秋季播种和春季播种。秋播,采种后即可播种,播后灌水,11 月降雪覆盖,翌年春季出苗整齐。若春播,前在 2 月初将种子水浸 1~2 d 混湿沙催芽,当种子 30% 裂嘴时,即可播种。按 50 cm 的行距,开沟 5~6 cm,撒播种子,播种量 60~75 kg/hm²,大苗培育:当今大叶白蜡造林或城镇绿化都用 2~3 年的大苗。1 年生苗木换床,按 0.5 m×0.5 m 株行距栽植,在每年秋季或春季 4—5 月换床,苗木移栽成活率达 99% 以上。

造林:因大叶白蜡生长较慢,宜植纯林或与穗槐混交造林,既能割条编筐,又能改良土壤。如营造防护林,应选择大叶白蜡 1 年生大苗和 1~2 年生窄冠杨树(新疆杨、箭杆杨等),行间混交,收效较好。春秋两季均可造林。造林时做到边起苗,边栽植,边浇水。

10.1.19 绒毛白蜡

【科属名称】 木樨科 Oleaceae,白蜡树属 *Fraxinus* L.

【形态特征】 高大落叶乔木,30 年生树高达 23.5 m,胸径 64 cm,为奇数羽状复叶,小叶 3~9 枚,以 5 枝居多,叶长卵形先端尖,基部宽楔形,不对称,叶长 1~8 cm,宽 2~2.7 cm,边缘有细锯齿,叶背有绒毛;雌雄异株,雌花为圆锥状聚伞花序,着生于去年生小枝上,无花瓣,萼片 4~5 裂,雄蕊 2~3 枚,极短,花药金黄色。雌花柱头成熟时 2 裂,呈粉红色,先花后叶,4 月中旬开花,花期 1 周,果实为单翅果,长 2 cm 左右,果实比果翅略长,果翅下延至果实上部,翅端微凹。花期 4 月,果期 10 月。种子长条形,长约 1 cm,两端稍尖,5 月结果,11 月中旬成熟。

【生态学特性】 喜光,年平均气温 12 ℃,1 月平均温度 4 ℃,极端最高气温 40 ℃,极端最低气温 -18 ℃,全年无霜期 238 d 的条件下,均能种植生长;耐水涝,在连续水泡 30 d 的情况下,生长正常;不择土壤,耐盐碱,在含盐量 0.3%~0.5% 的土壤上均能生长;绒毛白蜡适应性很强,喜温暖、湿润、耐寒、耐涝、耐盐碱、耐干旱,在绝对最低气温 -18 ℃、水中浸泡 40 d、含盐量 0.3%~0.5%、地下水矿化度 60 g/L 的黏土情况下均能生长。抗病虫害、抗有害气体能力强。绒毛白蜡速生性较强,寿命长,树形优美,树冠较大,叶绿荫浓,在我国的华北及西北东南部地区广泛应用,是优良的行道树、城镇绿化和生态用材林树种。特别在干旱、少雨、较寒冷或地下水位高的涝洼地、重工业区以及盐碱含量较重的地区,是城镇绿化和生态防护的首选树种。

【水土保持功能及利用价值】 绒毛白蜡耐盐碱,抗涝,环境适应性强,是黄河中下游及长江下游地区优良的抗盐碱防护林树种。该树枝繁叶茂,树体高大,属深根性树种,固土作用、防风性能、调节小气候等功能较强。

本种枝繁叶茂,树体高大,对城乡环境适应性强,具有耐盐碱、抗涝、抗有害气体和抗病虫害的特点,是城市绿化优良树种,尤其对土壤含盐量较高的沿海城市更为适用。目前已成为天津、连云港等城市的重要绿化树种之一。

【栽植培育技术】 绒毛白蜡的种子 10 月成熟,成熟后要及时采收。播种时间冬春均可,以冬播较好,可免去种子处理的工序,也易干藏,特别是在无浇水条件的地方更应冬播。冬播时开沟,行距 50~60 cm,浇水造墒,待水渗下后播种,播种深度 2~3 cm,然后覆土起垄,垄高 20 cm。翌春种子发芽时,平垄去土,小苗很快出齐。夏播于 4 月下旬,种子用 40~50 ℃温水浸泡 24 h 后,置于室内催芽,室温保持 25 ℃,每天用温水冲洗 1~2 次,种子裂嘴即播。条播行距 20~25 cm,每亩地播种量 5~8 kg,覆土 1.5 cm,一年生苗高 50 cm。也可进行插条育苗,1~2 年生枝春插,成活率较高。

10.1.20 蒙古栎

【科属名称】 壳斗科 Fagaceae,栎属 Quercus L.

【形态特征】 落叶乔木,高达 30 m,树皮灰褐色,纵裂。幼枝紫褐色,有棱,无毛。顶芽长卵形,微有棱,芽鳞紫褐色,有缘毛。叶片倒卵形至长倒卵形,长 7~19 cm,宽 3~11 cm,顶端短钝尖或短突尖,基部窄圆形或耳形,叶缘 7~10 对钝齿或粗齿,幼时沿脉有毛,后渐脱落,侧脉每边 7~11 条;叶柄长 2~8 mm,无毛。雄花序生于新枝下部,长 5~7 cm,花序轴近无毛;花被 6~8 裂,雄蕊通常 8~10 枚;雌花生于新枝上端叶腋,长约 1 cm,有花 4~5 朵,通常只 1~2 朵发育,花被 6 裂,花柱短,柱头 3 裂。壳斗杯形,包着坚果 1/3~1/2,直径 1.5~1.8 cm,高 0.8~1.5 cm,壳斗外壁小苞片三角状卵形,呈半球形瘤状突起,密被灰白色短绒毛,伸出口部边缘呈流苏状。坚果卵形至长卵形,直径 1.3~1.8 cm,高 2~2.3 cm,无毛,果脐微突起。花期 4—5 月,果期 9 月。

【生态学特性】 喜光,喜温凉气候,耐寒性强,可耐-50 ℃低温,年平均温度 0 ℃以下、年降水量 300~450 mm、生长期 100 d 的地区亦可生长。对土壤要求不严,酸性、中性或石灰岩的碱性土壤上都能生长,耐瘠薄,不耐水湿。根系发达,有很强的萌蘖性。人为破坏严重的山地,蒙古栎能在干燥阳坡、土体发育不全的粗骨土上成林,生长速度中等偏慢。种子或萌芽更新。

【水土保持功能及利用价值】 喜光,耐寒性强,耐干旱瘠薄,抗病虫害,生长速度中等,固土、抗风,是北方水土保持和荒山造林树种之一。树皮厚,抗火性强,为东北夏绿阔叶林的重要建群种。

木材坚硬耐腐,但干后易裂,可供建筑、器具、胶合板等用。树皮入药,有清热、解毒、利湿功效,主治肠炎、腹泻、痢疾、黄疸、痔疮等症。橡实含淀粉可以酿酒。树皮、壳斗、叶均可以提制栲胶,叶含蛋白质12.4%,可饲柞蚕;种子含淀粉47.4%,可酿酒或作饲料,树皮入药有收敛止泻及治痢疾之效。

【栽植培育技术】 种子繁殖。具体方法是:每年9月下旬,采集当地有光泽、饱满个大、种仁乳黄、种壳内皮红褐色、无虫孔、无霉烂的种子进行晾晒,晾晒期间对该种子喷施杀虫剂防虫,可以采取有机磷农药进行浸种24 h或拌种,再进行储藏,挖坑1 m深左右,一层沙土一层种子,中间设通风孔,防止种子发热,种子储藏最好在上冻前1~2 d内完成。

秋播10月上旬至11月上旬,春播4月中旬至5月中旬,土地解冻后,即可播种,将储存的种子从沙子中筛出,浸泡24~48 h,进行催芽,采取撒播、条播、点播。撒播将种子均匀撒在苗床上,覆土4~5 cm镇压;条播种植,开沟深2~3 cm,株距2 cm,播种量为每公顷337.5 kg,将种子均匀撒在沟内覆土4~5 cm镇压。点播株行距8 cm×10 cm,深度为5~6 cm,每穴放1粒种子,种脐向下,覆土4~5 cm镇压。播种前浇足底水。为了防止病虫害的发生,可喷施杀菌灵、祛菌特、石硫合剂、溴氰菊酯、氯氰菊酯等。为了适应上山造林的需要,采取春季断根或换床的方法,减少主根长度,增加毛细根数量。

10.1.21 青冈栎

【科属名称】 壳斗科 Fagaceae,青冈属 *Cyclobalanopsis* Oerst.

【形态特征】 常绿乔木,高达20 m,胸径可达1 m。小枝无毛。叶片革质,倒卵状椭圆形或长椭圆形,长6~13 cm,宽2~5.5 cm,顶端渐尖或短尾状,基部圆形或宽楔形,叶缘中部以上有疏锯齿,侧脉每边9~13条,叶背支脉明显,叶面无毛,叶背有整齐平伏白色单毛,老时渐脱落,常有白色鳞秕;叶柄长1~3 cm。雄花序长5~6 cm,花序轴被苍色绒毛。果序长1.5~3 cm,着生果2~3个。壳斗碗形,包着坚果1/3~1/2,直径0.9~1.4 cm,高0.6~0.8 cm,被薄毛;小苞片合生成5~6条同心环带,环带全缘或有细缺刻,排列紧密。坚果卵形、长卵形或椭圆形,直径0.9~1.4 cm,高1~1.6 cm,无毛或被薄毛,果脐平坦或微凸起。花期4—5月,果期10月。

【生态学特性】 耐阴,喜温暖潮湿气候,有一定耐寒性,为壳斗科常绿种分布最北者;喜肥沃土壤,适于酸性基岩山地,亦在石灰岩山地形成单优群落,生态幅度甚广。生长中速,萌芽力强,天然更新旺盛。对气候条件反应敏感,叶子色泽会随天气变化而变化。晴天叶子为深绿色;叶色变红,预示将会下雨;雨过天晴,叶子又恢复到原本的深绿色。

【水土保持功能及利用价值】 具有多层次的林分结构,林冠系统庞大,叶面积指数大,不同密度的林分地上部分(包括林冠层、林下植被层和枯枝落叶层)均有较好的持水能力;树体高大,长势好,主干端直,枯枝落叶量大,凋落物易分解,林地具有较好的土壤结构状况、孔隙状况、水分和养分状况,土壤的持水能力和渗透性能好,减少地表径流,起到良好的水源涵养与固持水土的作用。青冈生长中速,萌芽力强,天然更新旺盛,是良好的园林观赏树种,可与其他树种混交成林,或作境界树、背景树。也可作"四旁"绿化、工厂绿化、防火林、防风林、绿篱、绿墙等树种。

木材灰红褐色或褐黄色,质地坚硬,加工不易,容易产生裂纹,具有耐腐、耐磨等优良材性,为运动器械、工具柄、桩木、车工、高级地板、建筑、车辆用材、家具面板、工艺品用材。属于再生性经济林资源,可循环采伐,是栽培黑木耳、长裙竹荪的最佳原料;种子含淀粉,可酿酒或浆纱;壳斗、树皮含鞣质。

【栽植培育技术】 播种繁殖:宽幅条播种方法——条宽 10~15 cm,条距 30 cm,沟深 10 cm。沟内施足基肥,填些细土,再插入种子。池杉幼苗出土力弱,覆土不宜太厚,以 2 cm 左右为宜。覆土后随即覆盖 1 层稻草或地膜,以利保墒并防止土壤板结。条沟播种 30~50 粒/m,播种 120~150 kg/hm²,折合带壳种子 300~350 kg。

秋季落叶后至春芽萌动前进行移植,需带土球,并适当修剪部分枝叶,栽后充分浇水。对大树移植,需采用断根缩坨法,促使根系发育,以利成活。

10.1.22 麻栎

【科属名称】 壳斗科 Fagaceae,栎属 *Quercus* L.

【形态特征】 落叶乔木,高达 30 m,胸径达 1 m,树皮深灰褐色,深纵裂。幼枝被灰黄色柔毛,后渐脱落,老时灰黄色,具淡黄色皮孔。冬芽圆锥形,被柔毛。叶片形态多样,通常为长椭圆状披针形,长 8~19 cm,宽 2~6 cm,顶端长渐尖,基部圆形或宽楔形,叶缘有刺芒状锯齿,叶片两面同色,幼时被柔毛,老时无毛或叶背面脉上有柔毛,侧脉每边 13~18 条;叶柄长 1~5 cm,幼时被柔毛,后渐脱落。雄花序常数个集生于当年生枝下部叶腋,有花 1~3 朵,花柱 30 壳斗杯形,包着坚果约1/2,连小苞片直径 2~4 cm,高约 1.5 cm;小苞片钻形或扁条形,向外反曲,被灰白色绒毛。坚果卵形或椭圆形,直径 1.5~2 cm,高 1.7~2.2 cm,顶端圆形,果脐突起。花期 3~4 月,果期翌年 9~10 月。

【生态学特性】 喜光,深根性,喜湿润气候,耐寒,耐旱;对土壤要求不严,耐干旱瘠薄。但不耐盐碱土,适生湿润、肥沃、排水良好的中性微酸性沙壤土,适宜在山沟、山麓地带生长。常成纯林或与松树类混生。种子或萌蘖繁殖。

【水土保持功能及利用价值】 麻栎适应性强,耐干旱瘠薄,深根性,抗风力强,萌芽力强,生长较快,根系发达,主根明显,是深根性树种,对半风化母质状土壤的穿透力很强,主根深可达 3~4 m,对改良壤物理性状、增加土壤的渗透性具有明显的效果。该树枝大、冠大,叶厚坚实,树冠的空间体积较大,在拦截降水、减少雨水对地表的打击力方面具有较好的作用。

枝叶茂密,叶大、革质、厚而坚,粗纤维较多,落叶不易破碎,也不易腐烂,在一般情况下,自然腐烂需3~4年,腐烂速度较慢,在接近郁闭的林内,每年可产生6~7 cm厚的新枯落物。麻栎寿命长,耐干旱瘠薄,在同样条件下比油松、侧柏、刺槐等树种生长旺盛,生物量高,林相稳定,水土保持效果能相应持久。萌芽力很强,萌条生长较快,砍伐后的萌芽林,早期速生,多代砍伐,仍能形成较好的林相。

麻栎是我国著名的硬阔叶优良用材树种,木材坚重,耐久,耐湿,纹理美观,可供建筑、车、船、家具、枕木等用;叶可饲养柞蚕;枝及朽木是培养香菇、木耳、银耳的好材料;种子含淀粉,可入药、酿酒和作饲料;油制肥皂;总苞及树皮含单宁。

【栽植培育技术】　育苗:选择地势高燥、平坦、有排灌条件的沙壤土作育苗地。

播种前深翻、施基肥,而后平整,按宽1.2 m、高20 cm、长5 m左右做苗床。播种前将种子浸水1~2 d(每天换1~2次水),捞出后摊放在阴凉处,每天喷水至部分种子萌芽即可取出播种。播种时将种子均匀地撒在播种沟内,而后覆土3~4 cm厚。浙江3月播种,播种量150~250 kg/亩,产苗20 000~30 000株/亩。出苗后要及时进行中耕除草、间苗、浇水、施肥和病虫防治等工作,达到苗全、苗旺。种子发芽力可保持1年。

造林技术:造林地选择土层深厚、坡度在25°以下的山地。按株行距定点进行块状整地,挖除杂草、灌丛,块状平面直径60 cm以上。而后挖30 cm×30 cm×30 cm的栽植穴。植苗造林一般在春季进行,移植须带土球,栽植深度比根颈深2~3 cm,每亩栽植300~400株。

抚育管理:造林头年松土除草3次,分别在4—5月、6月和8月进行。第2年抚育2次,分别在4月和6月。第3年抚育1次,在6月进行。如苗木干形不良,造林后第3年进行平茬,即在麻栎停止生长季节,用利刀或修枝剪从基部平地面截掉,翌年选留1株直立粗壮的萌芽条抚育成林。麻栎要及时修枝,培养优良干形,提高木材品质,在休眠期进行,即把枯死枝、衰弱枝、病虫枝及竞争枝剪掉。

10.1.23　白桦

【科属名称】　桦木科 Betulaceae,桦木属 *Betula* L.

【形态特征】　乔木,高10~27 m,胸径达80 cm;树皮纸质成层剥裂,白色,内皮呈赤褐色;枝灰红褐色,光滑,密生黄色树脂状腺体,小枝红褐色;冬芽卵形或椭圆状卵形。叶互生,纸质稍厚,三角状卵形、长卵形、菱状卵形或宽卵形,长3~7 cm,宽2.5~5.5 cm,先端渐尖,有时呈短尾状渐尖,基部截形、宽楔形或楔形,有时微心形,边缘具重锯齿,有时具缺刻状重锯齿或单齿,上面于幼时疏被毛和腺点,成熟后无毛、无腺点,下面果枝无毛,密生腺点,侧脉5~7
对;叶柄瘦,梗长1~2.5 cm,无毛。花单性,雌雄同株;雄葇荑花序2~4个簇生,雌葇荑花序单生,雌花每3朵生于苞腋,无花被。果序单生,圆柱形或矩圆状,散生黄色树脂状腺体;果苞长 5~7 mm,背面密被短柔毛,至成熟时毛渐脱落,边缘具短纤毛,基部楔形或宽楔形,中裂片三角状卵形,顶端渐尖或钝,侧裂片卵形或近圆形,直立、斜展至向下弯,如为直立或斜展时,则较中裂片稍宽且微短,如为横展至下弯时,则长及宽均大于中裂片。小坚果两侧具有膜质翅,长 1.5~3 mm,宽 1~1.5 mm,背面疏被短柔毛,膜质翅较果长 1/3,较少与之等长,与果等宽或较果稍宽。成熟时果苞脱落,果序轴纤细宿存。花期 5—6 月,果期 8—9 月。

【生态学特性】　白桦喜光,适应性强,耐瘠薄,耐严寒,喜 pH 值 5~6 的酸性土壤。深根性,生长快,30 年生的白桦树高可达 12 m,胸径可达 16 cm,为迹地更新先锋树种。

【水土保持功能及利用价值】　白桦耐瘠薄土壤,适应性强,在沼泽地、干旱阳坡和湿润的阴坡都能够生长,寿命较短,萌芽性强,天然更新良好。在原始林被采伐后或火烧迹地上,常与山杨混生构成次生林的先锋树种。树皮洁白,树姿优美,可作庭园绿化树种。是东北林区主要阔叶树种之一,是水土保持优良树种。树皮光滑洁白,有独特的观赏价值,可作为园林绿化及风景树种。

白桦木材黄白色,纹理直,结构细但不耐腐,可以作胶合板、枕木、矿柱、车辆、建筑等用材。干叶羊喜食。树皮能入药,具有清热利湿、祛痰止咳、消肿解毒的功效,主治肺炎、痢疾、腹泻、黄疸、肾炎、尿路感染、慢性气管炎、急性扁桃腺炎、牙周炎、急性乳腺炎、痒疹、烫伤等症。树皮还能提取桦皮油及栲胶。桦油供化妆品香料用。树干汁液可制饮料。木材和叶可作黄色染料。

【栽植培育技术】　播种繁殖:9 月采集种子,风干后装袋内储藏于室内通风阴凉处。翌年 4 月播种,播种前用 2 倍于种子的沙拌种催芽 1 周,也可不经处理直接播种。因种子细小,多用床播,播前灌水,覆土 1~5 mm 厚,床面覆盖塑料薄膜来保温保湿,约 1 周后小苗出土,待苗出齐后可撤去膜,但需要设架遮阴,以后及时浇水间苗。

10.1.24　旱柳

【科属名称】　杨柳科 Salicaceae,柳属 *Salix* L.

【形态特征】　乔木,高达 10 m,胸径 80 cm 以上;树皮老时黑灰色,深纵裂。枝直立或开张,幼时淡黄色或绿色,光滑。枝斜上,大枝绿色,小枝黄绿色或带紫红色。叶互生,披针形,长 5~10 cm,宽 5~15 mm,先端渐尖或长渐尖,基部楔形,边缘有明显的细锯齿,上面绿色,下面带灰白色;叶柄长 2~8 mm;托叶早落。花单性,雌雄异株,葇荑花序先叶或与叶同时开放,花序轴有长柔毛,基部有 2~3 枚小叶片;苞片卵形,全缘,外侧中下部有白色短柔毛,

黄绿色;腺体 2 个,背腹各 1 个;雄花具 2 个雄蕊,花丝基部有长毛,花药黄色。蒴果 2 瓣开裂;种子极小,暗褐色,基部有簇毛。花期 4—5 月,果期 5—6 月。

【生态学特性】　旱柳喜光,不耐阴;耐极端最低温度 -39.12 ℃,无冻害;耐水湿,短期水淹没顶不致死亡;对土壤适应性较强,雄花枝在河流两岸及山谷、沟边生长尤好;在土层

深厚、地势高燥的地区也能正常生长,萌芽力强,生长迅速。在干旱、沙丘地造林成活率低,叶枝植株易干梢死亡或长成小老树。能在含盐量 0.5% 以下的盐渍化土壤上生长。对 SO_2 有较强的抗性,对 Cl_2 及 HCl 气体抗性较差;发芽早,落叶迟,年生长期长。生长快,寿命 50~70 年。

【水土保持功能及利用价值】　　旱柳对土壤要求不严,在干旱瘠薄的沙地、低湿河滩和弱盐碱地上均能生长,而在肥沃、疏松和潮湿的土壤上最适宜。树根发达,侧根和须根密集如网,枝干萌芽力强,因而能固持土壤,枝干韧性较大,不易风折,不怕沙压,不怕水淹,树皮在洪水浸泡时,能够很快长出新根,悬浮于水中。它是黄河流域、华北平原"四旁"绿化,营造用材林、防护林的优良树种之一。此外,旱柳木材白色、轻软、纹理直,不耐腐,供建筑、胶合板、造纸等用;树皮含鞣质,可提取栲胶,枝条烧炭供绘图及制火药用,枝条供编织,枝皮可造纸;花期早而长,是早春蜜源植物之一。柳叶及皮含有水杨糖苷,可药用作解热剂;树冠丰满美观,枝叶柔软嫩绿,适宜植于河岸、湖边、池畔,自古以来是重要的园林绿化与庭院观赏树种,也可作为行道树和湖泊固堤树种。

【栽植培育技术】　　播种育苗:种子在 4 月成熟时随采随播,如在常温下储藏 3~5 d,种子即丧失生命力。播前灌足底水,用量 3.8~7.5 kg/hm²,细沙覆盖,厚度以不见种子为宜,覆草,出土期经常洒水保持床面湿润,出苗量 4 万~5 万株/亩,当年苗高可达 60~100 cm,栽植时间在冬季落叶至翌年早春芽萌动之前。当树龄较大出现衰老现象时,可以进行平头状重剪更新。树的病虫害主要包括柳锈病、烟煤病、腐心病和天牛等,应注意及早防治。

扦插育苗:插条应用 1 年生扦插苗干为宜;生长健壮、发育良好的幼树上的壮条,也可应用。粗度 0.8~1.5 cm,穗长 15~20 cm。秋采的插穗要窖藏过冬。春季扦插在芽萌发前进行。株行距为(20~30)cm×(30~40)cm;垄式扦插,垄距 50~60 cm,每垄 2 行,距离 15 cm。1 年生扦插苗平均高生长不低于 2.5m。

压条育苗:休眠期将母株根部的健壮枝条压入土中,经一段时间后,即能发芽生根,然后与母株分离,移植再行培养。

造林方法:造林密度根据立地条件不同而定,一般采用 1.5 m×1.5 m 或 1.5 m×2 m。

10.1.25　苦木

【科属名称】　　苦木科 Simaroubaceae,苦木属 *Picrasma* Bl.

【形态特征】　　落叶乔木;树皮紫褐色,平滑,茎、枝皮极苦。复叶长 15~30 cm,小叶长 9~15 cm,卵状披针形或宽卵形,具不整齐粗锯齿,先端渐尖,基部楔形,上面无毛,下面幼时沿中脉和侧脉有柔毛,后无毛;托叶披针形,早落。雌雄异株,复聚伞花序腋生,花序轴密被黄褐色微柔毛;萼片 5 片,卵形或长卵形,被黄褐色微柔毛;花瓣与萼片同数,卵形或宽卵形;雄花雄蕊长为花瓣的 2 倍,与萼片对生;雌花雄蕊短于花瓣;花盘 4~5 裂;心皮 2~5 枚,分

离。核果蓝绿色,长 6~8 mm,萼片宿存。花期 4—5 月,果期 6—9 月。

【生态学特性】 自然状态下,生长速度缓慢。适生于海拔 1 400~2 400 m 的山坡、山谷、水溪及村边较潮湿处,以偏碱性或微碱性土壤或石山居多,其母岩为页岩和石灰岩。

【水土保持功能及利用价值】 抗逆性好、耐干旱、耐瘠薄、抗虫害,树冠浓密,落叶丰富,覆盖土壤能力强,根系发达,具有良好的经济效益。

苦木有抗癌活性成分,它的植物碱的各种制剂对呼吸系统、消化系统和泌尿系统的感染、外伤感染和脓肿等有显著疗效;兽医用苦木皮治牛咳嗽、胃炎、大小肠热症、炭疽病等,民间还有以苦木作土农药,杀灭蔬菜及园林害虫。随着现代医学技术的发展,人类对苦木的各种生物碱的不断研究、开发、利用,发现它对保障人类的身体健康起着越来越重要的作用,需求量越来越大。

【栽植培育技术】 栽培地应选择灌溉方便、排水良好的杂木林,次生林山区沟谷地、缓坡地带,坡度不超过 10°~15°,肥沃的棕色森林土、砂质土。播种前进行整地。适宜种植时间为 4—10 月。选阴雨天或晴天下午太阳偏斜时,按行距 20~25 cm 开沟条播,株距可依土质肥瘠、管理粗细、排灌难易而定。种子播入沟内后,覆土 2~3 cm,镇压即可。

10.1.26　板栗

【科属名称】 壳斗科 Fagaceae,栗属 *Castanea* Mill.

【形态特征】 落叶乔木,高 20 m,胸径 80 cm,冬芽长约 5 mm,小枝灰褐色,托叶长圆形,长 10~15 mm,被疏长毛及鳞腺。叶椭圆形至长圆形,长 11~17 cm,宽稀达 7 cm,顶部短至渐尖,基部近截平或圆,或两侧稍向内弯而呈耳垂状,常一侧偏斜而不对称,新生叶的基部常狭楔尖且两侧对称,叶背被星芒状伏贴绒毛或因毛脱落变为几无毛;叶柄长 1~2 cm。雄花序长 10~20 cm,花序轴被毛;花3~5 朵聚生成簇,雌花 1~3 朵发育结实,花柱下部被毛。成熟壳斗的锐刺有长有短,有疏有密,密时全遮蔽壳斗外壁,疏时则外壁可见,壳斗连刺径 4.5~6.5 cm;坚果高 1.5~3 cm,宽 1.8~3.5 cm。花期 4—6 月,果期 8—10 月。

【生态学特性】 中国特产树种,大多分布在丘陵山地的谷地、缓坡和河滩地。垂直分布由平原至海拔 2 800 m。喜光树种,光照不足会引起减产衰枯,严重时树冠内部小枝枯死,抗寒,较抗旱,不耐涝,板栗对土壤要求不严,土壤适应性广泛,在除极端的砂土或黏土外的土壤上均可生长。适宜 pH 值 4.6~7.0 的土壤,以土层深厚湿润、排水良好、含有机质多的沙壤或沙质土为最好,喜微酸性或中性土壤,在钙质土和碱性土上生长不良。在过于黏重、排水不良处亦不宜生长。幼年生长较慢,以后加快,实生苗一般 5~7 年开始结果,15 年左右进入盛果期。深根性,根系发达,根蘖力强。寿命长,可达 200~300 年。对有毒气体有较强抵抗力。

【水土保持功能及利用价值】 板栗为深根性树种,根系发达,根萌蘖力强,具有较强的固土能力,枝茂叶大,枯落物易腐烂,可有效地改良土壤,并对防止冲刷及水源涵养起到积极的作用。板栗对 SO_2 有中等抗性,可用于污染地区、山区绿化造林和作为水土保持林树种。

板栗树冠圆广,枝茂叶大,树冠开阔,宜在公园、坡地孤植或群植,用作城市观赏果树,也可用作山区绿化造林和水土保持树种。板栗是一种材果兼用树种,板栗营养丰富,味美可口,富含淀粉和糖,素有"木本粮食"树种之称。尤其是我国北方的板栗具有甜、香、糯的特点,是传统的出口商品。木材坚硬耐磨,纹理直,耐湿,抗腐,但结构较粗,易遭虫蛀;可供桥梁、枕木、舟、车、地板、家具、农具等用。树皮和总苞含鞣质12%以上,可提制栲胶,是良好的栲胶原料,叶也可饲养柞蚕;又是良好的蜜源植物。板栗果、壳、根、皮均可入药。

【栽植培育技术】　主要用播种、嫁接法、繁殖分蘗亦可。

播种育苗:将板栗种与 5~10 倍湿沙(含水 6%~7%)拌匀,堆放于阴凉、通风处,堆积厚度不要超过 40 cm,经常翻动检查,沙的含水率保持在 6%~7%,20~30 d 后,天气变冷再行窖藏。有冷库设备的可放入保鲜用的聚乙烯袋中,不扎口,置于 0~4 ℃的环境下存放。点播种子放平,种尖朝一个方向,播后覆湿润土 3~5 cm,稍加镇压,播种量在南方 100~125 kg/亩,北方 75~100 kg/亩,株行距 15 cm×40 cm,产苗量 1 万株/亩,1 年生苗高 40~60 cm。

嫁接育苗:春季枝接,比其他果树略晚,一般在砧木萌芽前后至幼叶展出 2~3 片叶时为宜,主要采用劈接、皮下接、切接和插皮舌接等方法。

建园方法:建园应选择半阳坡、阳坡或开阔的地段。立地条件较好的地方栽植株行距 4 m×6 m,立地条件较差的地方栽植株行距 3 m×4 m。授粉树品种配置一般可按 1:1 比例隔行配置,或按 1:2 比例配置,每 2 行主栽品种配 1 行授粉树。

板栗在我国已有 2 000 多年的栽培历史,各地品种很多。繁殖应注意选用当地适宜的优良品种。板栗适应性强,栽培管理容易,产量稳定,深受广大群众欢迎,华北地区的群众把板栗称作"铁杆庄稼",是绿化结合生产的良好树种。

10.1.27　辽东栎

【科属名称】　壳斗科 Fagaceae,栎属 Quercus L.

【形态特征】　落叶乔木,高 5~10 m。树皮暗褐色;幼枝无毛,灰绿色。单叶互生,倒卵形至椭圆状倒卵形,长 5~17 cm,宽 2.5~10 cm,先端圆钝,基部耳形或圆形,边缘有 5~7 对波状圆齿,幼时沿叶脉有毛,老时无毛,侧脉 5~7 对;叶柄长 2~4 mm。花单性,雌雄同株;雄花成柔黄花序,生于叶腋;雌花通常 3 朵集生或单生叶腋,壳斗浅怀形,包围坚果约 1/3,直径 1.2~1.5 cm,高约 8 mm;苞片小,卵形,扁平;坚果卵形至长卵形,直径 1~1.3 cm,长 1.7~1.9 cm,无毛;果脐略突起。

【生态学特性】　壳斗及果喜光,耐侧方庇荫,耐寒性在栎类中最强,深根性,主根发达,耐干旱瘠薄,幼年生长缓慢,后加速,寿命长,萌生力强,对立地条件要求不严,在土层深厚的山腹生长良好,适宜中性至微酸性土壤。

辽东栎的分布区为温带、暖温带湿润、半湿润气候带,其分布高度随气候的干旱程度自东向西呈上升趋势,在辽东半岛海拔为 200~300 m,在华北地区则为 500~1 700 m,在宁夏、甘肃上升到 800~2 300 m。辽东栎为阳性树种,喜生于山地阳坡、半阳坡和山脊处,有时也生于阴坡或半阴坡。喜温湿,但也能抗寒、耐干旱和贫瘠生境。

【水土保持功能及利用价值】　辽东栎适应性强,生态幅宽,有性繁殖力强,故林下实生苗及幼树较多,自我更新良好,可形成相对稳定的顶级群落。辽东栎除做建群种外,有时也作为群落优势种出现在山杨林、白桦林或华山松林内,形成混交林。在山地陡峭的悬崖上,有时也形成小面积的片林,对陡坡的水土流失具有保护作用。可做庭园绿化观赏树种,可孤植、丛植或群植。抗病虫害。

辽东栎木材结构较粗,边材黄褐色,心材深褐色,气干密度 0.83 g/cm³,叶含蛋白质 17.97%,种子含淀粉 51.3%、单宁 8.3%;叶可饲柞蚕,种子可酿酒或作饲料。其果实经浸泡后猪喜食,焙干、粉碎或脱单宁后与其他精料混合,可替代玉米,牛、猪、羊均喜食。叶干枯后,粉碎,牛喜食,落叶山羊喜食。

【栽植培育技术】　播种繁殖:辽东栎果实成熟后由绿色变为灰褐色,可采种,采种时间为 9 月下旬,种子成熟后会从壳斗内自然脱落,采种不能从地上捡,从树枝上采回后不能暴晒和烘烤,需要阴干。阴干的籽种放在干燥、通风处储藏。圃地播种前用硫酸亚铁、敌杀死等对土壤进行消毒杀虫处理。20 m×20 m 打畦,畦高 20 cm、宽 30 cm。辽东栎可采用春播,时间为 4 月左右;也可采用秋播,时间在 9 月下旬至 10 月上旬。种子催芽用 60 ℃ 温水浸种 10 min 或用冷水浸种 24 h,同时用硫酸亚铁、敌杀死 5% 的剂量浸泡进行杀虫处理,然后在室内混沙(种沙比为 1:3)催芽堆置,每周翻动 1 次,随时观察,有感病籽种检出并及时烧毁,待种子咧嘴 30% 以上即可播种。一般采用苗床条播。开沟深 5~8 cm,覆土 3 cm,最好覆腐殖质含量高的腐殖土,发芽率在 96% 以上种子,可培育壮苗 27 万株/hm² 左右。

移植苗培育:在前一年的秋季,对定植用的地块施基肥,做成宽 40 cm 的垄。当春季土壤化冻 20 cm 深时开始定植 1 年生苗木,株距 40~60 cm。培育过程中,适时进行中耕除草,适当追肥,发现病虫害及时防治。

10.1.28　槲树

【科属名称】　壳斗科 Fagaceae,栎属 *Quercus* L.

【形态特征】　落叶乔木,高达 25 m,树皮暗灰褐色,深纵裂。小枝粗壮,有沟槽,密被灰黄色星状绒毛。芽宽卵形,密被黄褐色绒毛。叶片倒卵形或长倒卵形,长 10~30 cm,宽 6~20 cm,顶端短钝尖,叶面深绿色,基部耳形,叶缘波状裂片或粗锯齿,幼时被毛,后渐脱落,叶背面密被灰褐色星状绒毛,侧脉每边 4~10 条;托叶线状披针形,长 1.5 cm;叶柄长 2~5 mm,密被棕色绒毛。雄花序生于新枝叶腋,长 4~10 cm,花序轴密被淡褐色绒毛,花数朵簇生于花序轴上;花被 7~8 裂,雄蕊通常 8~10 个;雌花序生于新枝上部叶腋,长 1~3 cm。壳斗杯形,包着坚果 1/2~1/3,连小苞片直径 2~5 cm,高 0.2~2 cm;小苞片革质,窄披针形,长约 1 cm,反曲或直立,红棕色,外面被褐色丝状毛,内面无毛。坚果卵形至宽卵形,直径 1.2~1.5 cm,高 1.5~2.3 cm,无毛,有宿存花柱。花期 4—5 月,果期 9—10 月。

【生态学特性】　槲树为强阳性树种,喜光、耐旱、抗瘠薄,适宜生长于排水良好的沙质壤土,在石灰性土、盐碱地及低湿涝洼处生长不良。华北山地多见于海拔 500 m 以下阳坡处,深根性树种,萌芽、萌蘖能力强,寿命长,有较强的抗风、抗火和抗烟尘能力,但其生长速度较为缓慢。

【水土保持功能及利用价值】　槲树适应性强,耐瘠薄土壤,多分布于辽东低山丘陵区,由于根系粗壮发达,隐芽寿命长,具有自然更新速度快和寿命长等特点,是辽东重要的先锋造林树种,槲树对土壤质地要求不严,在黏土、黏壤地、壤土、粉沙壤地上都能生长良好,是退耕还林和土地复垦的优良树种,尤其是在阳坡和半阳坡土层较薄的低山丘陵区生长良好。主根长度可达 4 m 以上,能广泛地吸收土壤深层水分,抗干旱、抗风能力强,且萌芽力强,固土能力较强,可与其他树种混交成单层结构和复层结构生态林,是水源涵养林和水土保持林优良乡土树种。

槲树树干挺直,叶片宽大,树冠广展,寿命较长,叶片入秋呈橙黄色且经久不落,可孤植、片植或与其他树种混植,季相色彩极其丰富,是北方重要的园林树种。

槲树叶可养柞蚕,且含有丰富的类黄酮、绿原酸、鞣质等多酚类生理活性物质,具有独特的防腐和保健功能,可代替笼布蒸馒头、包粽子。木材坚实,供建筑、枕木、器具等用,亦可培养香菇。壳斗及树皮可提栲胶。坚果脱涩后可供食用。

【栽植培育技术】　种子繁殖:9 月中旬观察,当橡实表皮变黄,易从总苞上掉落时及时采收,采回后按 10 cm 厚堆积于地表,勤翻动。存放于 1~3 ℃的冷窖内或冰箱中。也可将种子均匀混于 3 倍的湿沙内,放入 1~3 ℃的环境中。到次年 4 月上旬或中旬,将种子放入 15~20 ℃场所。3 月下旬至 4 月中旬,用施耕犁旋翻 20 cm 深,按 60 cm 垄距起垄,再用木碌压平垄尖。4 月中旬,湿藏的种子已发芽,即可播种。用开沟器或窄板镐,顺垄表开深为 6~8 cm 的沟,向沟内浇足水。待水下渗后,按 5~8 cm 厚的种距将种子平放沟底,覆土 5~7 cm 厚,稍踩实垄表。

10.1.29　紫椴

【科属名称】　椴树科 Tiliaceae,椴树属 *Tilia* L.

【形态特征】　落叶乔木,高达 30 m,胸径达 1 m。冠卵圆形,幼枝黄褐色,老枝灰色或暗灰色。树皮深纵裂,呈片状剥落,皮多纤维、含黏液,小枝常曲折成"之"字形。嫩枝初时有白丝毛,很快变秃净,顶芽无毛,有鳞苞 3 片。叶阔卵形或卵圆形,长 4.5~6 cm,宽 4~5.5 cm,先端急尖或渐尖,基部心形,稍整正,有时斜截形,上面无毛,下面浅绿色,脉腋内有毛丛,侧脉 4~5 对,边缘有锯齿,齿尖突出 1 mm;叶柄长 2~3.5 cm,纤细,无毛。聚伞花序长 3~5 cm,纤细,无毛,有花 3~20 朵;花柄长 7~10 mm;苞片狭带形,长 3~7 cm,宽 5~8 mm,两面均无毛,下半部或下部 1/3 与花序柄合生,基部有柄长 1~1.5 cm;萼片阔披针形,长 5~6 mm,外面有星状柔毛;花瓣长 6~7 mm;退化雄蕊不存在;雄蕊较少,约 20

枚,长 5~6 mm;子房有毛,花柱长 5 mm。果实卵圆形,长 5~8 mm,被星状茸毛,有棱或有不明显的棱。花期 7 月,果期 9 月。

【生态学特性】　紫椴喜光,稍耐侧方庇荫,较耐寒,主要分布区年平均气温 2~8 ℃,冬季极端最低气温一般在 −30 ℃ 以下,极端最高气温在 35 ℃ 以上,≥10 ℃ 积温 2 200~2 600 ℃,平均降水量 350~1 000 mm。该树喜生于湿润、肥沃、深厚的山腰、山腹的阴坡、半阴坡,阳坡也有生长。不耐干旱、不耐盐碱,在山地棕壤上生长良好,在干旱、沼泽、盐碱地和白浆土上生长不良。其伐根萌芽性强,深根性,根系密。

【水土保持功能及利用价值】　紫椴萌芽性强,根系深且发达,具有较强的水土保持功能,具有改良土壤、提高肥力的作用,是北方营造水土保持用材林的理想树种,可配置在湿润、疏松、深厚、肥沃的山地缓坡的中下部阴坡、半阴坡,可与针叶树种混交,适宜与紫椴混交的树种有红松、油松、水曲柳、核桃楸、辽栎、蒙古栎等。与针叶树混交可以起到防病、防虫、提高林分生产力的效果。东北地区椴树红松林是生产力较高的林型之一。该树枯枝落叶分解快,具有改良土壤、提高土壤肥力的作用。该树属深根性树种,固土能力强,且树高冠大,其防风、改善小气候作用大。

紫椴是优良的阔叶用材树种和园林观赏树种。木材轻软,纹理致密,有光泽,不翘裂,富有弹性,加工性能良好,用途十分广泛。又因木材无特殊气味,故常用作木桶、蒸笼、箩筐的佳料。该树是优良的蜜源植物,椴花蜜,香而有淡白色、味芳香,为特级质优蜂蜜,深受国内外欢迎。花可入药,有发汗、镇静。和解毒之功效。果实可供工业榨油。种子可榨油,树皮纤维可织麻袋和混纺织布。

紫椴树体庞大,树干通直,树皮光滑,枝条平展,树冠卵形或圆形,树叶美丽,树姿清幽,夏日黄花满树,该树树姿美,花白色,繁而茂,盛开时清香,秋季叶变红,十分美丽,加之椴树抗烟、抗毒性强,适宜工矿区种植,虫害少,是理想的行道树和庭院绿化树种。

【栽植培育技术】　播种育苗、扦插育苗与分蘖育苗均可。

播种育苗:在种子成熟后,采集调制出纯净的种子,水浸 2~3 d 即可播种,越冬注意浇防冻水,也可用草或树叶覆盖苗床。播种育苗,秋播,春季去掉覆盖物,保湿,在 4 月中下旬开始出苗。春播前,应先对种子进行消毒,常用 0.5% 的 $CuSO_4$ 液浸一昼夜,或用 0.3% 高锰酸钾溶液浸几分钟,50 ℃ 的温水浸种 24 h 左右,后用清水洗净,再进行催芽处理。混沙催芽即温水浸泡 48 h,捞出稍阴干再混 2 倍湿沙,搅拌均匀,然后放在室内或保温窖内,温度要保持在 5~15 ℃,后期天气温暖,即可移至室外露天催芽。夜间盖上草帘,白天掀开。待种子胚芽萌动,约有 1/3 的种子开始裂嘴时,即可播种。高温处理法即用 50 ℃ 的温水浸种,经一昼夜后捞出,用 1:2 的种子与湿沙混拌,放在室温 20~28 ℃ 的地方,每天翻动 1~2 次。播种多采用垄式条播,播种量 15~18 kg/亩,覆土厚度为 2 cm,小苗出齐 20 d 后,可进行间苗。定苗不得晚于 6 月末。垄播留苗数 40 株/m,床播适宜留苗株数 2.8 万株/亩。1 年生出圃时的苗木平均苗高 40~50 cm 以上,平均地径 0.4 cm 以上。

压条育苗:休眠期将母株根部的健壮枝条压入土中,经一段时间后即能生根,然后与母株分离,移植再行培养。

扦插育苗:若进行硬枝扦插,秋季应选取 1 年生健壮萌芽条,进行越冬沙藏,来年春季扦插可提高成活率。若进行嫩枝扦插,6 月采取当年嫩枝并以浓度 100 ug/g 萘乙酸沾湿其下端,然后扦插在具有一定湿度和温度的塑料大棚内,并加强管理,可获得好的效果。

分蘗育苗:紫椴侧根发达,萌蘗力很强,在土壤水分较充足的情况下,根部容易发出不定芽,长成萌蘗苗。采用断根方法,促使根系产生根蘗苗,是培育苗木的一个途径。

造林方法:造林株行距一般采用 1.5 m×2 m、1.5 m×1.5 m。可进行萌芽更新。

10.1.30 蒙椴

【科属名称】 椴树科 Tiliaceae,椴树属 Tilia L.

【形态特征】 落叶小乔木,高 10 m,树皮淡灰色,有不规则薄片状脱落;嫩枝无毛,顶芽卵形,无毛。叶阔卵形或圆形,长 4~6 cm,宽 3.5~5.5 cm,先端渐尖,常出现 3 裂,基部微心形或斜截形,上面无毛,下面仅脉腋内有毛丛,侧脉 4~5 对,边缘有粗锯齿,齿尖突出;叶柄长 2~3.5 cm,无毛,纤细。聚伞花序长 5~8 cm,有花 6~12 朵,花序柄无毛;花柄长 5~8 mm,纤细;苞片窄长圆形,长 3.5~6 cm,宽 6~10 mm,两面均无毛,上下两端钝,下半部与花序柄  合生,基部有柄长约 1 cm;萼片披针形,长 4~5 mm,外面近无毛;花瓣长 6~7 mm;退化雄蕊花瓣状,稍窄小;雄蕊与萼片等长;子房有毛,花柱秃净。果实倒卵形,长 6~8 mm,被毛,有棱或有不明显的棱。花期 7 月,果期 9 月。

【生态学特性】 主产华北,东北及内蒙古也有分布,在北方山区落叶阔叶混交林中常见。喜光,也相当耐阴;耐寒性强,喜冷凉湿润气候及肥厚而湿润之土壤,在微酸性、中性和石灰性土壤上均生长良好,但在干瘠、盐渍化或沼泽化土壤上生长不良。适宜山沟、山坡或平原生长。生长速度中等偏快。深根性,萌蘗能力强,不耐烟尘。

【水土保持功能及利用价值】 蒙椴枝叶繁茂,具有良好的截留降水的功能,可形成枯枝落叶层,防止雨水直接击打地表,并能吸收大量降水。该树根系发达,主根深,固土能力强,对改良表土的物理性状,增加降水入渗具有较好效应,是一个很好的水源涵养林树种。因树型较矮,只宜在公园、庭院及风景区栽植,不宜作行道树。

【栽植培育技术】 多用播种法繁殖,分株、压条也可以。种子有很长的后熟性,采收后需沙藏 1 年,度过后熟期后开始播种。在种子沙藏的 1 年多时间内要保持一定湿度,并需每隔 1~1.5 月倒翻 1 次,使种子经历"低温—高温—低温—回温"的变温阶段,到第三年 3 月中旬前后有 20% 左右种子发芽时再播。幼苗畏日灼,需进行适当遮阴。也可将其与豆类间作,既可以起到遮阴效果,又能节省搭架费用,还能增加土壤肥力。幼苗主干易弯,而萌蘗力强,故需加强修剪养干工作。4~5 年生苗高达 2 m 左右可出圃定植;若要较大规格的苗木,则要留圃培养 7~8 年。定植后应注意及时剪除根蘗,并逐步提高主干高度。常见病虫害有吉丁虫及鳞翅目昆虫的幼虫危害,老树易患腐朽病,均应及时防治。

10.1.31　鹅耳枥

【科属名称】　榛科 Corylaceae,鹅耳枥属 *Carpinus* L.

【形态特征】　落叶小乔木或灌木状,高达 5 m,树冠紧密而不整齐。树皮灰褐色,浅裂。小枝褐色,无毛。冬芽红褐色。叶卵形或椭圆状卵形,长 2.5 ~ 5 cm,先端渐尖,基部圆形或近心形,叶缘有重锯齿,表面光亮,下面沿叶脉有长毛,叶柄长 0.3 ~ 1 cm,有毛。侧脉 8 ~ 12 对。雌雄同株,雄花无花被;雌花序长 3 ~ 5 cm,苞片覆瓦状排列,每苞片有 2 花;每花基部有一大苞片和一小苞片,果熟时形成叶状果苞,花被与子房贴生。果穗稀疏,下垂;果苞叶状,偏长卵

形,长 6 ~ 20 cm,基部有短柄,内侧近全缘,有一内折短裂片,雄蕊外侧有不规则缺刻或粗锯齿或 2 ~ 3 个粗裂片;坚果卵圆,具肋条,疏生油腺点。花期 4—5 月,果期 9—10 月。

【生态学特性】　鹅耳枥稍耐阴,耐干旱,喜中性土壤,耐瘠薄,喜生于背阴山坡及沟谷中,喜肥沃湿润的中性及石灰质土壤,向阳山坡也能生长。

【水土保持功能及利用价值】　鹅耳枥可在干燥阳坡或林下生长,抗旱性强,为良好的水土保持林树种。萌芽力强,多呈丛状生长,所以枝叶稠密,截留降水多。由于萌枝从基部生长,枯落物多且不易被风吹走,枯落物腐烂后形成较厚的腐殖质层,有效地改良土壤,并对防止冲刷及水源涵养起到积极作用。

本种枝叶茂盛,叶形秀丽,果穗奇特,颇为美观,可植于庭园观赏,尤宜制作盆景。木材坚硬致密,可供家具、农具及薪材等用。种子含油量 15% ~ 20%,食用或工业用,树皮及叶含有鞣质,可提取栲胶。

【栽植培育技术】　播种繁殖和扦插繁殖。用种子繁殖。以采后即插为宜,因种子寿命短,不耐储藏。11 月中旬扦插,次年 4 月上旬出土,但成苗率不高,幼苗纤弱须遮阴。当年生苗高 5 ~ 15 cm,第三年春进行分栽,苗木平均高可达 100 cm,平均基径为 1.5 cm。扦插繁殖,采用 2 年生苗侧枝于 3 月中旬扦插,当年平均苗高 8 cm,最高可达 17 cm。

10.1.32　栾树

【科属名称】　无患子科 Sapindaceae,栾树属 *Koelreuteria* Laxm.

【形态特征】　落叶乔木,高达 20 m,树冠近圆球形或伞形,树皮灰褐色,细纵裂。小枝稍有棱,无顶芽,皮孔明显。奇数羽状复叶,有时部分小叶深裂而为不完全的 2 回羽状复叶,互生,小叶 7 ~ 15 枚,卵形或卵状椭圆形,长 3 ~ 8 cm,宽 2.5 ~ 3.5 cm,叶缘不规则锯齿,近基部常有深裂片,背面沿脉有毛。花小,金黄色;顶生圆锥花序,金黄色,松散,长 25 ~ 40 cm。蒴果三角状卵形,长 4 ~ 5 cm,成熟时红褐色或橘红色。花期 5—6 月,果期 9—10 月。

【生态学特性】　喜光,耐半阴,耐寒,耐干旱瘠薄,对土壤要求不严;喜生于石灰质土

壤,也能耐盐渍及短期积水;深根性,萌蘖能力强;生长速度中等,幼树生长较慢,以后渐快。有较强的抗烟尘能力。

【水土保持功能及利用价值】 栾树根深叶茂,羽状复叶柄不易腐烂,具有枯落物多而厚的特性,其适于生长在坡基及坡谷堆积物处,不仅可以固持土壤及石块,而且还能拦截坡面冲刷下来的泥土。该树具有一定枯落物的环境,天然更新良好,可以自我调节林分的密度与林分状况,林分的水土保持效益比较稳定。对 SO_2 有较强的抗性,对 Cl_2 及 HCl 气体抗性较差。深根性,有抗风能力,是很好的水土保持树种。

木材较脆,易加工,可作板料、器具等。叶可提取栲胶,亦可作青色染料,花可作黄色染料,叶可提制栲胶;种子含油率24.37%~38.6%,可制作润滑油和肥皂。

【栽植培育技术】 繁殖以播种为主,分蘖、根插也可以。种子千粒重125~150g。秋季果实熟时采收,及时晾晒去壳净种。因种皮坚硬不易透水,如不经处理第二年春播,常不发芽或发芽率很低,故最好当年秋季播种,经过一冬后第二年春天发芽整齐。也可用湿沙层积埋藏越春播。一般采用垄播,垄距60~70 cm。因种子出苗率低(约为20%),故用种量要大,一般每10 m² 用种0.5~1 kg。条播行距20 cm,覆土厚度为1~1.5 cm,当幼苗长到5~10 cm高时要间苗,约每10 m² 留苗120株,秋季苗木落叶后即可掘起入沟假植,翌年春季分栽。由于栾树树干往往不易长直,后可采用平茬养干的方法养直育苗。苗木在苗圃中一般要经2~3次移植,每次移植适当剪短主根及粗的侧根,以促发须根,使出圃定植后容易成活。产苗量1万~1.2万株/亩,1年生苗高40~80 cm。栾树适应性强,病虫害少,对干旱、水湿及风雪都有一定的抵抗能力,故栽培管理较为简单。

10.1.33 黄檀

【科属名称】 蝶形花科 Fabaceae,黄檀属 *Dalbergia* L.f.

【形态特征】 落叶乔木,乔木,高10~20 m;树皮暗灰色,呈薄片状剥落。幼枝淡绿色,无毛。羽状复叶长15~25 cm;小叶3~5对,近革质,椭圆形至长圆状椭圆形,长3.5~6 cm,宽2.5~4 cm,先端钝或稍凹入,基部圆形或阔楔形,两面无毛,细脉隆起,上面有光泽。圆锥花序顶生或生于最上部的叶腋间,连总花梗长15~20 cm,径10~20 cm,疏被锈色短柔毛;花密集,长6~7 mm;花梗长约5 mm,与花萼同疏被锈色柔毛;基生和副萼状小苞片卵形,被柔毛,脱

落;花萼钟状,长2~3 mm,萼齿5枚,上方2枚阔圆形,近合生,侧方的卵形,最下一枚披针形,长为其余4枚之倍;花冠白色或淡紫色,长倍于花萼,各瓣均具柄,旗瓣圆形,先端微缺,翼瓣倒卵形,龙骨瓣关月形,与翼瓣内侧均具耳;雄蕊10枚,成5+5的二体;子房具短

柄,除基部与子房柄外,无毛,胚珠 2~3 粒,花柱纤细,柱头小、头状。荚果长圆形或阔舌状,长 4~7 cm,宽 13~15 mm,顶端急尖,基部渐狭成果颈,果瓣薄革质,对种子部分有网纹,有 1~2 粒种子;种子肾形,长 7~14 mm,宽 5~9 mm。花期 5—7 月。

【生态学特性】 生于山地林中或灌丛中,山沟溪旁及有小树林的坡地常见,海拔 600~1 400 m。喜光,耐干旱瘠薄,不择土壤,但以在深厚、湿润、排水良好的土壤生长较好,忌盐碱地;深根性,萌芽力强。

黄檀对立地条件要求不严。在陡坡、山脊、岩石裸露、干旱瘦瘠的地区均能生长。本树种为阳性树种,低海拔的平原或丘陵地区,海拔 600 m 以下的荒山荒地和采伐地的阳坡、半阳坡,常年气温较高,干湿季明显,土壤为褐色砖红壤和赤红壤等土壤类型,均可造林。

【水土保持功能及利用价值】 山区、丘陵、平原都有生长,零星或小块状生长在阔叶林或马尾松林内。喜光,耐干旱瘠薄,在酸性、中性或石灰性土壤上均能生长。深根性,具根瘤,能固氮,是荒山荒地的先锋造林树种,天然林生长较慢,人工林生长快速。耐干旱瘠薄,各类土壤皆可生长,且深根性、萌芽性强,具有较强的水土保持功能。此外,其木材纹理斜,结构均匀、坚韧,干燥微裂,耐冲击,富弹性,可供车辆、滑轮、工具柄、单双杠、枪托、手榴弹柄、乐器、家具等用;可为紫胶虫寄主树。

【栽植培育技术】 育苗:选健壮母树,当荚果呈现黄褐色时,采回予以暴晒,开裂脱粒,除净杂质,装入布袋或麻袋中,藏于高燥处,以待播种。选择肥沃疏松、排灌方便、少病虫害的水稻田等做圃地,按一般要求做好苗床,在 2—3 月播种。采用条播,条距 25~30 cm,种子千粒重 100~120 g,每亩播种量 5~7 kg。用 1~2 年生苗,出圃造林。

造林:黄檀为喜光深根树种,对土壤要求不甚严格,酸性、中性或石灰性土壤都能生长,山区、丘陵均可造林。但要培育商品林,应选土层深厚肥沃的阳坡或半阳坡有生长较慢、分枝多的特性,为促进树高生长,阳坡或半阳坡密度宜稍大,株行距 1.5 m×1.5 m~2 m×2 m。可用挖大穴,六径以上,深度 40 cm,回填表土。造林可在 2—3 月进行,选择雨后阴天造林为好。

抚育管理:造林后,须加强抚育培养工作,每年中耕除草 2 次。郁闭后,每隔 2~3 年需割灌挖翻 1 次,发现被压木、损折木,结合疏伐予以伐除。

10.1.34 臭檀

【科属名称】 芸香科 Rutaceae,吴茱萸属 *Evodi* J.R.et C. Forst

【形态特征】 乔木,高达 15 m。嫩枝暗紫红色。叶有小叶 5~9 片,小叶薄纸质,披针形或卵状椭圆形,长 7~15 cm,宽 2~6 cm,顶部长渐尖,基部阔楔形或近圆形,通常一侧略偏斜,散生油点,叶缘有明显的圆或钝裂齿,叶面仅中脉有甚短的疏毛,叶背沿中脉两侧有疏长毛或仅在脉腋上有略卷曲的丛毛。雄花序短小,圆锥状聚伞花序,通常宽不超过 5 cm;雌花序略较大,宽不过 8 cm,花序轴密被灰白色略斜展的短毛;雄花花蕾卵形,长 3.5~4 mm,花瓣长约 4.5 mm,雄蕊长约 6 mm,花丝下半部被白色长柔毛,退化雌蕊近圆球形,顶部 5 深裂,线状裂片约与不育子房等长,密被毛;雌花的退化雄蕊甚短,长为子房长的 1/4~1/6,鳞片状,心皮背部密被短毛。果序圆锥形,高 2~5 cm,宽 3~5 cm,稀较大,分果瓣紫红色,长7~8 mm,背部几无毛,两侧面被疏毛。顶端有长3~5 mm 的芒尖,内果皮软骨质,蜡黄色,顶部渐狭长尖,内、外果皮约等厚,每分果瓣有2 种子;种子长3~4 mm,宽2.5~3 mm,褐黑色,有光泽,种脐线状,纵贯种子的腹面。花期6—7月,果期9—10月。

【生态学特性】　喜光树种,耐盐碱,抗海风,深根性,喜生于山崖或山坡上。

【水土保持功能及利用价值】　臭檀主根发达,深根性,根系发达,穿透能力强,具有较强的固土能力。臭檀边材淡黄色,心材灰褐色,有光泽,纹理美丽,木质坚硬,可供制家具及农具;果实药用及榨油,含油率达39.7%,属干油性,半透明,有光泽,适用于油漆工业;枝叶含芳香油;树皮含鞣质,均可提取利用。树木可作庭园观赏树种。

【栽植培育技术】　臭檀种子沙藏越冬、秋播效果最佳,不但发芽率高,而且出苗快、出苗整齐;成苗率高,苗木生长期长,生长健壮,抗性强。11 月中旬将种子混以3 倍的湿沙,放入花盆内保持湿度;然后将花盆置于室外背风向阳,宽、深各50 cm 的坑内,上面盖土至地表。3 月中旬土壤解冻后,将干藏的种子用温水浸泡24 h,捞出后混以2 倍的湿沙,放在背风向阳处,上盖湿布片进行催芽。春播时,在催芽的同时将苗床灌足底水。苗床为平床,床宽1.2 m,长根据苗圃情况灵活掌握。7~8 d 后部分种子发芽,此时开沟条播。播种沟宽4~6 cm,深1.5~2.0 cm,沟间距20 cm,覆土厚1.5~2.0 cm,播后将床面整平,上盖塑料薄膜或稻草。

10.1.35　白檀

【科属名称】　山矾科 Symplocaceae,山矾属 *Symplocos* Jacq.

【形态特征】　落叶小乔木或灌木。嫩枝被灰白色毛,老枝无毛。叶膜质或薄纸质,宽倒卵形、椭圆状倒卵形或卵形,长3~11 cm,宽2~4 cm,先端急尖、渐尖或骤窄渐尖,基部宽楔形或近圆形,边缘有细尖锯,长3~11 cm,宽2~4 cm,上面无毛或被微柔毛,下面被柔毛或仅脉上被柔毛;中脉在叶面1/2 以上处平,1/2 以下处凹下,侧脉在叶面平坦或微凸起,4~8 对,在近叶缘处分叉或网结;叶柄长3~5 mm。圆锥花序长5~8 cm,被柔毛,苞片早落,条

形,有褐色腺点;花萼5 裂,长2~3 mm,萼筒倒圆锥形,褐色,无毛或被疏柔毛,裂片半圆形或卵形,稍长于萼筒,淡黄色,有纵纹,具缘毛;花冠白色,长4~5 mm,5 深裂几达基部;雄蕊40~60 枚,花丝长短不一,基部连成五体雄蕊,子房顶端圆锥形,2 室,花盘具5 凸起的腺点。核果熟时蓝色,卵形或近球形,稍偏斜,长5~8 mm,宿存萼裂片直立。

【生态学特性】　产于东北、华北、华中、华南、西南各地,生于海拔760~2 500 m 的山

坡、路边、疏林或密林中;朝鲜、日本、印度也有分布,北美有栽培。喜光也稍耐阴,喜温暖湿润的气候和深厚肥沃的沙质壤土;深根性树种,适应性强,耐寒,抗干旱瘠薄,以阳坡和近溪边湿润处生长最为良好。

【水土保持功能及利用价值】 白檀耐干旱瘠薄;根系发达,固土能力强,对改良土壤物理性能、增加土壤的渗透性能有明显的效果;萌发力强,易繁殖,是保持水土的先锋树种。白檀材质细密,供细木工及建筑用;种子油供制油漆、肥皂用;叶药用,治乳腺炎、淋巴腺炎、疝气等症;根皮与叶作农药用。

【栽植培育技术】 采用播种繁殖。选择壮年白檀树作为采种母树,采种时间为9月下旬至10月上旬,切忌掠青早摘。采后果实需要堆沤3~5 d,待果皮软熟后装入布袋反复搓洗,除去果皮及杂质得到种子。种子千粒重140 g左右,含水量应保持在30%左右,忌失水,不宜日晒或干藏。种子在播前或处理前应吸足水。种子透水性良好,浸种24 h后,种子吸水量可达到30%~40%。白檀种子的强迫性休眠可用酸蚀处理,一般用比重1.84的浓硫酸酸蚀5.5 h后置流水中冲洗18 h,减少种壳对种胚的约束,增加种皮的透气性。用赤霉素处理可调控解除种子的生理休眠。酸蚀和赤霉素两者配合,在强烈人工或自然变温条件下,能使白檀当年播种出苗率达到44%左右;单一方法处理过的种子当年发芽率不太高,要待第二年方可萌发。

播种时间为4月中下旬,播种方法为人工撒播或条播,可播种12~24 g/m²,覆土宜浅。条播行距20 cm,播种沟深8 cm,先在沟底施已腐熟的基肥,基肥上盖6 cm厚的园土,然后播种。若进行芽苗移栽,可加大播种密度,播种量为75~100 kg/亩。播种后覆土厚1.5 cm,最好用稻草覆盖,可起到保湿、抑制杂草的作用,盖草厚度以能保证苗床不过干过湿为度。

10.1.36 毛梾

【科属名称】 山茱萸科 Cornaceae,梾木属 *Swida* Opiz.

【形态特征】 落叶乔木,高6~15 m;树皮厚,黑褐色,纵裂而又横裂成块状;幼枝对生,绿色,略有棱角,密被贴生灰白色短柔毛,老后黄绿色,无毛。冬芽腋生,扁圆锥形,长约1.5 mm,被灰白色短柔毛。叶对生,纸质,椭圆形、长椭圆形或阔卵圆形,长4~12 cm,宽1.7~5.3 cm,先端渐尖,基部楔形,有时稍不对称,上面深绿色,稀被贴生短柔毛,下面淡绿色,密被灰白色贴生短柔毛,中脉在上面明显,下面凸出,侧脉4对,弓形内弯,在上面稍明显,下面凸起;叶柄长3.5 cm,幼时被有短柔毛,后渐无毛,上面平坦,下面圆形。伞房状聚伞花序顶生,花密,宽7~9 cm,被灰白色短柔毛;总花梗长1.2~2 cm;花白色,有香味,直径

9.5 mm;花萼裂片4枚,绿色,齿状三角形,长约0.4 mm,与花盘近于等长,外侧被有黄白色短柔毛;花瓣4,长圆披针形,长4.5~5 mm,宽1.2~1.5 mm,上面无毛,下面有贴生短柔毛;雄蕊4枚,无毛,长4.8~5 mm,花丝线形,微扁,长4 mm,花药淡黄色,长圆卵形,2室,

长 1.5~2 mm,丁字形着生;花盘明显,垫状或腺体状,无毛;花柱棍棒形,长 3.5 mm,被有稀疏的贴生短柔毛,柱头小、头状,子房下位,花托倒卵形,长 1.2~1.5 mm,直径 1~1.1 mm,密被灰白色贴生短柔毛;花梗细圆柱形,长 0.8~2.7 mm,有稀疏短柔毛。

核果球形,直径 6~7 mm,成熟时黑色,近于无毛;核骨质,扁圆球形,直径 5 mm,高 4 mm,有不明显的肋纹。花期 5 月,果期 9 月。

【生态学特性】　较喜光树种,喜生于半阳坡、半阴坡,生长在峡谷和荫蔽密林中的,由于光照条件差,树冠发育不良,虽主枝较高大,但结实很少,甚至只开花不结实。深根性树种,根系扩展,须根发达,萌芽力强,对土壤一般要求不严,能在比较瘠薄的山地、沟坡、河滩及地堰、石缝里生长。土壤 pH 值 6.3~7.5 范围内,生长发育正常。在水土流失严重、土壤干燥瘠薄的陡坡地上,生长发育受到限制,树干低矮,结果期推迟,产量低,病虫害严重。对气温的适应幅度较大,能忍受−23 ℃的低温和 43.4 ℃高温。在年降水量 450~1 000 mm,无霜期 160~210 d 的条件下,生长良好。

【水土保持功能及利用价值】　毛梾为喜光树种,喜深厚肥沃土壤,耐干旱瘠薄。树冠大,枝叶茂密,且耐平茬,繁茂的枝叶有效地截持降雨,削弱雨滴对地表土壤的直接击溅,防止林下土壤侵蚀。枯落物多,增加了地表的糙度,削减雨水的冲刷力,起到了拦蓄、分散、阻碍地表径流的作用,改善了土壤的理化性质,增强了土壤的保水、保土能力。毛梾为深根性树种,主根和侧根均很发达,能够有效地固定土壤,防止水土流失,是配置坡面防护林、沟头防蚀林以及崖边固土的理想水土保持树种。果肉和种子可榨油,果含油 31%~41%,可供食用及工业用,又可药用,治皮肤病,又可作饲料及肥料;木材坚硬,纹理细致,可作家具、农具、车轴、车梁、雕刻、工具柄、建筑等用。叶及树皮均可提制栲胶,叶还可作饲料。

【栽植培育技术】　播种繁殖:选生长健壮、丰产性强、无病虫害、树龄 15~30 年的树作母树,于 9—10 月,当果实由青变黑、变软时收获,晾干,置于干燥通风处储藏。种子在播种前需除去果皮和脱脂。可将干果用冷水或热水浸泡、揉搓。如外皮尚有油脂,可加沙继续揉搓,洗净后阴干播种。此外,也可用 50~60 ℃的温水浸种 2~3 次,每次 30 min,冷却,置室内催芽,当有 50%露出白头时,即可播种。用苗床,春、秋播均可,行距 30 cm,播幅 3~5 cm,播量为 150~225 kg/hm²,覆土 2~3 cm。秋播时,在上冻前灌水 2~3 次,以利来年春发芽、出苗。春季植物萌发前挖长 10~18 cm、粗 0.5~1 cm 的根,段按 15~20 cm 的行距插入苗床,覆盖干草保持土壤湿润。

嫁接:采用枝接或芽接。枝接于 3 月下旬至 4 月下旬,芽接于 7 月下旬至 8 月中旬进行。砧木选 1~2 年生基径 1~2 cm 的实生苗。接穗和芽应选自母树上的 1 年生枝条。

移栽:将苗圃中高为 80~100 cm 的苗连根挖出后及时栽于大田中。油用的株行距以 6 m×6 m 或 6 m×8 m 为好,栽种 300~450 株/hm²;饲用的应密植,株行距 2 m×2 m,约 2 500 株/hm²。

10.1.37　枸骨

【科属名称】　冬青科 Aquifoliaceae,冬青属 Ilex L.

【形态特征】　常绿灌木或小乔木,高 0.6~3 m;幼枝具纵脊及沟,沟内被微柔毛或变

无毛,2 年生枝褐色,3 年生枝灰白色,具纵裂缝及隆起的叶痕,无皮孔。叶片厚革质,二型,四角状长圆形或卵形,长 4~9 cm,宽 2~4 cm,先端具 3 枚尖硬刺齿,中央刺齿常反曲,基部圆形或近截形,两侧各具 1~2 刺齿,有时全缘,叶面深绿色,具光泽,背面淡绿色,无光泽,两面无毛,主脉在上面凹下,背面隆起,侧脉 5 对或 6 对,于叶缘附近网结,在叶面不明显,在背面凸起,网状脉两面不明显;叶柄长 4~8 mm,上面具狭沟,被微柔毛,托叶胼胝质,宽三角形。花序簇生于 2 年生枝的叶腋内,基部宿存鳞片近圆形,被柔毛,具缘毛;苞片卵形,先端钝或具短尖头,被短柔毛和缘毛;花淡黄色,4 基数。雄花:花梗长 5~6 mm,无毛,基部具 1~2 枚阔三角形的小苞片;花萼盘状;直径约 2.5 mm,裂片膜质,阔三角形,长约 0.7 mm,宽约 1.5 mm,疏被微柔毛,具缘毛;花冠辐状,直径约 7 mm,花瓣长圆状卵形,长 3~4 mm,反折,基部合生;雄蕊与花瓣近等长或稍长,花药长圆状卵形,长约 1 mm;退化子房近球形,先端钝或圆形,不明显的 4 裂。雌花:花梗长 8~9 mm,果期长达 13~14 mm,无毛,基部具 2 枚小的阔三角形苞片;花萼与花瓣像雄花,退化雄蕊长为花瓣的 4/5,略长于子房,败育花药卵状箭头形;子房长圆状卵球形,长 3~4 mm,直径 2 mm,柱头盘状,4 浅裂。果球形,直径 8~10 mm,成熟时鲜红色,基部具四角形宿存花萼,顶端宿存柱头盘状,明显 4 裂;果梗长 8~14 mm。分核 4,轮廓倒卵形或椭圆形,长 7~8 mm,背部宽约 5 mm,遍布皱纹和皱纹状纹孔,背部中央具 1 纵沟,内果皮骨质。花期 4—5 月,果期 10—12 月。

【生态学特性】 喜光,喜酸性土壤,根系发达,萌芽性强,耐干旱瘠薄,在荒裸之地生长良好。

【水土保持功能及利用价值】 枸骨根系发达,萌芽性强,耐干旱瘠薄,在荒裸之地生长良好,具有较强的水土保持功能,枝叶茂密,叶形奇特,果红艳,供观赏,园林已有栽培或作刺篱。此外,木材坚韧,供雕刻;入药能清热降火。

【栽植培育技术】 扦插种植:①插床选择。南北向洼地,土为石灰岩红壤土。先将地块整平做床,按宽 1.2 m,其长度视计划扦插苗数所需而定。床上均匀铺过筛的素心黄土,厚 10 m。②插穗剪取。选择长年生长在向阳处的健壮母株,剪取隔年生无病害的粗壮枝条,有 1~4 个节,长 5~10 cm。用锋利枝剪剪取,上部留 2 片叶,捆扎好后,放阴凉处备用。③操作。先将扦插床浇一次透水,然后把插穗按 3 cm×3 cm 的株行距插入基质中,其深度为插穗的 1/3。注意插后用中指顺插穗入土处轻轻压实,之后浇一次透水,使插穗与基质紧密结合。④管理。扦插后的管理主要是水分控制。

10.1.38 山杨

【科属名称】 杨柳科 Salicaceae,杨属 *Populus* L.

【形态特征】 乔木,高 20 m;树冠圆形或近圆形;树皮光滑,淡绿色或淡灰色;老树基部暗灰色。小枝赤褐色。叶芽顶生,卵圆形,光滑,微具胶黏,褐色;叶互生,短枝叶为卵圆形、圆形或三角状圆形,长 3~8 cm,宽 2.5~7.5 cm,基部圆形、宽圆形或截形,边缘具波状浅齿;萌发枝的叶大,长达 13.5 cm;叶柄扁平,长 1.5 ~ 5.5 cm。花单性,雌雄异株,荑黄花序;常先叶开放,无花被,苞片深裂,褐色,具疏柔毛;雄蕊 5 ~ 12 枚,花药带红色;具杯状花盘,边缘波形,柱头 2 裂,每裂又 2 深裂,呈红色,近无柄。蒴果椭圆状纺锤形,通常 2 裂。种子细小,基部具丝状毛。花期 4—5 月,果期 5—6 月。

【生态学特性】 中生植物,生于山地阴坡或半阴坡,在森林气候区生于阳坡。

【水土保持功能及利用价值】 属于夏绿阔叶林建群种,并常与白桦形成混交林。浅根性,根蘖繁殖力极强。常与实生苗相结合,形成华北山区护坡自然林。它是我国北部山区营造水土保持林及水源林的最佳树种。木材暗白色,质轻软。有弹性,可作造纸原料、火柴杆、民用建筑用材等。

【栽植培育技术】 山杨是天然杂种,种子稀少且播种后苗木参差不齐,故很少采用播种繁殖。主要采用埋条、扦插、嫁接留根、分蘖等方法繁殖。其中,播种繁殖的具体方法是 5 月初蒴果裂嘴时及时采种,将采集的蒴果摊放在阳光充足、通风良好的室内摊床上,一天搅拌 1 次,防止发霉。蒴果摊放 5 ~ 6 d 种子出来后用木棒敲打过筛,调制好的种子存放在 0 ~ 5 ℃冰箱里备用。

山杨播种地必须选择平缓、排水良好、前茬是针叶树的地块,绝不能重茬,菜地、豆茬地不宜选用。播种前 7 d 用 3%硫酸铁液进行土壤消毒,施用量 415 kg/m²,喷液 7 d 后可进行播种。播种前 1 ~ 2 d 浇好底水,表土 15 cm 内没有干土为止。山杨每公顷播种量为 715 kg,种子与湿沙混拌,采用滚筒式播种器进行条状播种,播种后用干稻草或草帘子覆盖。出苗前的管理主要是灌水,保持土壤湿润。出苗后的管理是防止暴雨和冰雹的危害,并防止猝倒型立枯病和山杨灰斑病等病害。一般每平方米保留 100 ~ 150 株,在山杨育苗正常的情况下,第一年适当密植多培育苗木,第二年换床,第三年上山造林,其成活率高。

10.1.39　欧美杨

【科属名称】 杨柳科 Salicaceae,杨属 *Populus* L.

【形态特征】 落叶乔木,高 30 多 m。干直,树皮粗厚,深沟裂,下部暗灰色,上部褐灰色,大枝微向上斜伸,树冠卵形;萌枝及苗茎棱角明显,小枝圆柱形,稍有棱角,无毛,稀微被短柔毛。芽大,先端反曲,初为绿色,后变为褐绿色,富黏质。单叶互生,叶三角形或三角状卵形,长 7 ~ 10 cm,长枝萌枝叶较大,长 10 ~ 20 cm,一般长大于宽,先端渐尖,基部截形或宽楔形,无或有 1 ~ 2 腺体,边缘半透明,有圆锯齿,近基部较疏,具短缘毛。上面暗绿色,下面淡绿色,叶柄侧扁而长,带红色。雄花序长 7 ~ 15 cm,花序轴光滑,每花有雄蕊 15 ~ 25,苞片淡绿褐色,不整齐,丝状深裂,花盘淡黄绿色,全叶缘,花丝细长,白色,超出花盘,雌花序有花 45 ~ 50 朵,柱头 4 裂。果序长达 27 cm;蒴果卵圆形,长约 8 mm,先端锐尖,2 ~ 3 瓣裂。雌雄异株。雄株多,雌株少。花期 4 月,果期 5—6 月。

【生态学特性】 欧美杨喜光和湿润的气候条件,在多种土壤上都能生长,在土壤肥沃、水分充足的立地条件下生长良好,有较强的耐旱能力,在年降水量 500~900 mm 的地区生长良好,在年降水量 200~1 300 mm 的地区亦能正常生长。耐寒性能较差,在最低气温-41 ℃时有冻害,华北平原是最佳适生地区。在土层深厚、肥沃、湿润的壤土或沙壤土上生长良好;在干旱瘠薄的地方,或低湿盐碱地、粗沙土、积水茅草地,不宜选用,否则多形成"小老树"。

【水土保持功能及利用价值】　欧美杨是环境整治的先锋树种,可以用于"三北"防护林和农田防护林网的建设以及城乡绿化,并且是良好的用材树种。木材白色中稍带淡黄褐色,纹理直,年轮明显,晚材带宽。木材物理力学性质中等,容重 0.5 g/cm³。木材易干燥,易加工。锯、刨、旋切均容易,但锯解时,易起毛夹锯。油漆和胶结性能良好。木材可作文化用纸的纸浆,此外,适作火柴盒、火柴杆、农具、家具、包装箱,建筑用作檩、门等。

【栽植培育技术】　扦插育苗:扦插密度以 30 cm×30 cm 或 30 cm×40 cm 较好。扦插后,一般于 4 月上旬开始发芽生长。为了提高扦插成活率和促进幼苗生长,在插穗萌芽前后到成活稳定的一段时间内,每 10~15 d 灌溉 1 次。天气特别干旱或苗木速生期间,可适当增加灌溉次数。苗木速生期间(6 月中旬至 9 月底),每 10~15 d 追肥 1 次,每次追化肥5~12.5 kg/亩。追肥时进行灌溉,以充分发挥肥料的效用,也可追施人粪尿。还要适时中耕除草,促进苗木生长,提高苗木质量。

整地深度一般与苗木大小、土壤质地有关,一般整地深度 50 cm 即可。"四旁"栽植,选用大苗、壮苗以保证造林成活,初植密度越大,则初期生长越快,但 4 年后,则相反,变为密度越小,生长越快。9 年后的木材材积生长,以株行距为 5 m×5 m 的最好。

播种育苗:杨树种子无须催芽处理,随采随播。播种前开沟并灌足底水后条播,播后不覆土,但必须保持床面湿润,花蕊及花蕊放大播种后几个小时即可发芽,发芽率一般为80%~90%。

10.1.40　青杨

【科属名称】　杨柳科 Salicaceae,杨属 *Populus* L.

【形态特征】　乔木,高达 30 m。树冠阔卵形;树皮初光滑,灰绿色,老时暗灰色,沟裂。枝圆柱形,有时具角棱,幼时橄榄绿色,后变为橙黄色至灰黄色,无毛。芽长圆锥形,无毛,紫褐色或黄褐色,多黏质。短枝叶卵形、椭圆状卵形、椭圆形或狭卵形,长 5~10 cm,宽 3.5~7 cm,最宽处在中部以下,先端渐尖或突渐尖,基部圆形,稀近心形或阔楔形,边缘具腺圆锯齿,上面亮绿色,下面绿白色,脉两面隆起,尤以下面为明显,具侧脉 5~7 条,无毛,叶柄圆柱短枝叶形,长 2~7 cm,无毛;长枝或萌枝叶较大,卵状长圆形,长 10~20 cm,基部常微心形,叶柄圆柱形,长 1~3 cm,无毛。雄花序长 5~6 cm,雄蕊 30~35 枚,苞片条裂;雌花序长 4~5 cm,柱头 2~4 裂;果序长 10~15(20) cm。蒴果卵圆形,长 6~9 mm,3~4 瓣裂,稀 2 瓣裂。花期 3—5 月,果期 5—7 月。

【生态学特性】 青杨性喜温凉湿润,比较耐寒,生长快,萌蘖性强。分布区年平均降水量 300~600 mm,在绝对最低温度-30 ℃的地方仍能开花结实。对土壤要求不严,适生于土壤深厚、肥沃、湿润、透气性良好的沙壤土、河滩冲积土上,也能在砂土、砾土及弱碱性的黄土、栗钙土上正常生长。在低湿地、黏重土壤、常年积水地生长不良,甚至死亡。在盐碱含量大的土壤上不能生长。根系发达,垂直分布在地表至 0.7 m 处,水平分布范围一般为 3~4 m,因而具有一定的抗旱能力。

【水土保持功能及利用价值】 青杨树冠丰满,干皮清丽,是西北高寒荒漠地区重要的庭荫树、行道树,并可用于河滩绿化、防护林、固堤护坡及用材林,是良好的水土保持树种,常和沙棘造林,可提高其生长量。

青杨展叶极早,在北京 3 月中旬即萌芽展叶,新叶嫩绿光亮,使人尽早感觉春天来临的气息。

【栽植培育技术】 扦插、播种均可。选用生长健壮、发育良好、侧芽萌发少、无病虫害的一年生苗干的中下部、基部做插穗。插穗长 15~20 cm,粗 0.5~1.5 cm。插前用水浸泡 2~3 d,使插穗含水量保持在 55%以上。春季育苗时,可随采随插。也可在秋季落叶后采集,沙藏至翌年扦插。育苗地要深翻细耕,把插穗直插土中。扦插深度以外露 1~2 芽,高出地面 2~3 cm 为宜。株行距依培育苗木大小而定,一般培育高度在 2 m 以上的苗木,以 30 cm×50 cm 为宜,插后踏实、浇透水。1 年生苗,全年灌水 5~7 次,追肥 2 次,注意松土除草、防治病虫害,及时抹芽和修枝。8 月以后停止灌水施肥,结冻前冬灌 1 次。

10.1.41　毛白杨

【科属名称】 杨柳科 Salicaceae,杨属 *Populus* L.

【形态特征】 乔木,高达 30 m。树皮幼时暗灰色,壮时灰绿色,渐变为灰白色,老时基部黑灰色,纵裂,粗糙,干直或微弯,皮孔菱形散生,或 2~4 连生;树冠圆锥形至卵圆形或圆形。侧枝开展,雄株斜上,老树枝下垂;小枝(嫩枝)初被灰毡毛,后光滑。芽卵形,花芽卵圆形或近球形,微被毡毛。长枝叶阔卵形或三角状卵形,长 10~15 cm,宽 8~13 cm,先端短渐尖,基部心形或截形,边缘深齿牙缘或波状齿牙缘,上面暗绿色,光滑,下面密生毡毛,后渐脱落;叶

柄上部侧扁,长 3~7 cm,顶端通常有 2 腺点。短枝叶通常较小,长 7~11 cm,宽 6.5~10.5 cm,卵形或三角状卵形,先端渐尖,上面暗绿色有金属光泽,下面光滑,具深波状齿牙缘;叶柄稍短于叶片,侧扁,先端无腺点。雄花序长 10~14 cm,雄花苞片约具 10 个尖头,密生长毛,雄蕊 6~12 枚,花药红色;雌花序长 4~7 cm,苞片褐色,尖裂,沿边缘有长毛;子房长椭圆形,柱头 2 裂,粉红色。果序长达 14 cm;蒴果圆锥形或长卵形,2 瓣裂。花期 3 月,果期 4 月。

【生态学特性】 毛白杨喜光,耐寒性较差,在早春昼夜温差悬殊的地方,树皮常发生冻裂。在年平均气温 7~16 ℃,最低温度-32.8 ℃,年降水量 300~1 300 mm 范围内均可

生长。在高温、多雨的气候条件下,易受病虫危害,生长较差。在特别干旱的低洼积水的盐碱地、茅草丛生的沙荒地上,造林后根系发育不良,生长很差。

【水土保持功能及利用价值】　毛白杨在防风固沙、防冲护岸、保持水土、防止污染以及维持和恢复生态平衡方面有显著的作用,可以营造农田防护林。对 SO_2 有较强抗性。毛白杨是我国特有的优质乡土树种,分布面积广,主要分布在我国的华北地区、东北和西北的部分地区,集中分布在黄河中下游地区,而这一地区正是树种资源贫乏的地区,生态环境条件差,林业极不发达,木材严重短缺,毛白杨以其材质优良,适应性和抗逆性强,深受人民的喜爱,是我国北方广大地区的重要造林树种。此外,毛白杨材质好,运用广泛;毛白杨为我国特产,树干耸立通直,枝条开展,叶片宽大,荫浓,可用作绿荫栽植。

【栽植培育技术】　播种育苗:毛白杨种子稀少,仅在其分布中心河南中部、北部、山东西部等地可采到成熟种子。种子无须催芽处理,随采随播。播前开沟并灌足底水后条播,播后不覆土,但必须保持床面湿润,播种后几个小时即可发芽。播种量一般为 0.7~1 kg/亩。发芽率一般为 80%~90%。由于播种后苗木参差不齐,生产上较少采用。

嫁接育苗:砧木可用加拿大杨和小叶杨,切接、腹接、芽接均可。①扦插时,芽必须朝南,这样可免遭北风的危害,同时可以避免抚育管理时碰伤幼苗。②扦插时,切不可动上部的接穗,以免接穗松动,破坏愈伤组织,降低成活率。③扦插时及时浇水,决不能过夜。第 1 次浇水要浇透,甚至可连灌 2 次,以便使插穗与土壤密结。④砧木的芽要随时抹去,而三倍体毛上的抹芽必须遵循循序渐进的原则,只有当苗木长到 1.5 m 以上时,其 1/3 苗高以下部位即 50 cm 以下,才开始抹芽。以后随着苗干向上生长,抹芽部位也随之上升,直到 2.0~2.5 m。扦插育苗毛白杨不易生根,一般成活率低于 50%。采集苗条浸水 3~10 d 后,剪截,上端封蜡,扦插,成活率可达 70%~90%。

留根育苗:在毛白杨苗木出圃后,适当松土、施肥,在原来的行间做床,以便灌水和管理。翌春,留下的根可长出萌条,进行间苗、摘除侧芽等管理措施。留根育苗可连续采用 5 年。

埋条育苗:采用 1 年生粗 2~3 cm 的种条。①垄床埋条:把种条平埋在垄床两侧的半坡上,其高度在灌溉时,以不淹没埋条为宜,覆土厚度为 2~3 cm,并稍加镇压。②点状埋条:在苗床上形成深 3 cm、宽 5~10 cm 的小沟 2 条,行距 50 cm,把粗细一致的长种条平放在沟内,每隔 10~15 cm 远,用湿土堆一排球大的土堆。

造林方法:造林密度,依立地条件、混交方式、抚育措施、经营目的和林木生长的发育阶段不同而有区别。土壤肥沃、水分充足、抚育管理及时,造林密度要稀;否则,造林密度要密些。毛白杨造林的初植密度一般以 3 m×3 m 为宜,在 1~2 年内进行间作,促进林木生长,6 年时再间伐 1 次,使密度变为 6 m×6 m。

10.1.42　小叶杨

【科属名称】　杨柳科 Salicaceae,杨属 *Populus* L.

【形态特征】　乔木,高达 20 m,胸径 50 cm 以上。树皮幼时灰绿色,老时暗灰色,沟裂;树冠近圆形。幼树小枝及萌枝有明显棱脊,常为红褐色,后变黄褐色,老树小枝圆形,细长而密,无毛。芽细长,先端长渐尖,褐色,有黏质。叶菱状卵形、菱状椭圆形或菱状倒

卵形,长 3~12 cm,宽 2~8 cm,中部以上较宽,先端突急尖或渐尖,基部楔形、宽楔形或窄圆形,边缘平整、细锯齿,无毛,上面淡绿色,下面灰绿或微白,无毛;叶柄圆筒形,长 0.5~4 cm,黄绿色或带红色。雄花序长 2~7 cm,花序轴无毛,苞片细条裂,雄蕊 8~9 枚;雌花序长 2.5~6 cm;苞片淡绿色,裂片褐色,无毛,柱头 2 裂。果序长达 15 cm;蒴果小,2 瓣裂,无毛。花期 3—5 月,果期 4—6 月。

【生态学特性】　垂直分布多生于 2 000 m 以下,最高可达 2 500 m;多生长于溪河两侧的河滩沙地,沿溪沟可见。多数散生或栽植于"四旁"。喜光树种,不耐庇荫,适应性强,对气候和土壤要求不严,耐旱、抗寒、耐瘠薄或弱碱性土壤,在砂、荒和黄土沟谷也能生长,但在湿润、肥沃土壤的河岸、山沟和平原上生长最好,在栗钙土上生长不好,在沙壤土、黄土、冲积土、灰钙土上均能生长。在山沟、河边、阶地、梁峁上都有分布。在长期积水的低洼地上不能生长。在干旱瘠薄、沙荒茅草地上常形成"小老树"。不耐庇荫。根系发达,固土抗风能力强。最适宜生长在湿润、肥沃土壤、河滩地以及河流冲积土上。

【水土保持功能及利用价值】　生长比较迅速,具有旺盛的萌芽力,易于插条繁殖。根系发达,能耐干旱瘠薄,抗风蚀,耐水蚀。沙地上小叶杨实生幼林的主根深达 70 cm 以上,侧根水平展开,须根密集。由插条长成的大树,根不明显,侧根发达,向下伸展达 1.7 m 以上。有的地方,风蚀严重土层被吹蚀 6 cm,根系裸露,仍可生长。所以,小叶杨是我国北方营造防风固沙林、水土保持林的重要树种。木材在杨属中属于较好的,纹理直,易加工,材质韧,耐摩擦,结构也较细腻,可作建筑、器具、造纸或民用材。

【栽植培育技术】　当果实变黄,部分果实裂口,开始吐出白絮时,即可采收,可剪采果穗,亦可收集下落种子。种子采集后,置于室内席子或小泥地上,摊铺厚 5 cm 左右,每日翻动 5~6 次,2~3 d 后果实全部裂口,可用竹竿抽打脱粒净种。晾晒至种子含水量 4%~5%,置于干燥、低温条件下密封保存。每 30~50 kg 果穗可得纯种 1 kg,种子 110 万~200 万粒/kg。小叶杨种子容易丧失发芽力,一般随采随播。播种前灌足底水,等表皮稍干后,用平耙将床面(或垄面)2~3 cm 的表土充分耙平耢碎后,均匀撒播种子,随后覆盖细沙 2~3 mm,再用木磙镇压一次。或播种后用扫帚顺苗床轻拉一遍,再加镇压,最后用细眼壶洒水即可。每亩播种 0.50~1 kg。

插条育苗插穗采集与处理:春、秋两季均可采集。插条选择 1 年生扦苗为宜,或生长健壮、发育旺盛的幼、壮龄母株 1 年生健壮枝条。粗度 0.80~1.50 cm,穗长 15~20 cm。秋季采集的插穗要坑藏、窖藏、沙堆储藏过冬。春季扦插于 3 月上中旬进行,扦插前,可将插穗放入清水浸泡 3 d 或在活水中浸泡 5 d 以促进生根发芽。扦插后及时灌水坐苗。幼苗生根前灌水 1~2 次。以后每 10~15 d 灌水 1 次。6—7 月结合灌水追肥 2~3 次并抹芽修枝。秋季扦插在落叶后至封冻前进行。采用直插扦入,插后覆土 6~10 cm,翌春发芽前将土刨开。同时要中耕改土,增施有机肥料,加强苗期管理。扦插育苗密度为,带状育苗株距 20~30 cm,行距 30~40 cm,扦插 7 000~9 000 株/亩。采用垄式扦插时,每垄 2 行,行距

20 cm,株距 15 cm,垄距 40~50 cm,扦插 12 000~15 000 株/亩。

造林技术:小叶杨适宜浅山、丘陵、沟谷、山间零星平地、河漫滩、河岸缓坡、沙滩荒地、丘间底地等。主要采用植苗造林与插干造林,也可埋条造林。

植苗造林:用 1 年生大苗或 2 年生苗木造林,适当深栽(穴深 40~60 cm),根系舒展,踩踏坚实。干旱地区造林需落水栽植或栽植前将苗木根系放入流水中浸泡 5~7 d,促进苗木吸水,提高成活率。

插扦造林:矮干造林选用 1~2 年生、粗 2 cm 的健壮枝干,截为 40~50 cm 枝段,深植植苗穴中,地上留 3~5 cm,踩踏坚实。高干造林选健壮枝 2 m 左右,大头直径 4.50 cm,深植 50~80 cm,踩踏坚实,植后需灌水坐苗。

造林密度:一般 2 m×3 m、2 m×4 m 或 3 m×5 m,小叶杨与沙棘、紫穗槐、柠条等灌木混交,有利于小叶杨生长,其密度依立地条件或混交配置方式而定。

10.1.43　新疆杨

【科属名称】 杨柳科 Salicaceae,杨属 *Populus* L.

【形态特征】 新疆杨高 15~30 m,树冠窄圆柱形或尖塔形;树皮为灰白色或青灰色,光滑少裂;萌条和长枝叶掌状深裂,基部平截;短枝叶圆形,有粗缺齿,侧齿几对称,基部平截,下面绿色几无毛;叶柄侧扁或近圆柱形,被白绒毛。雄花序长 3~6 cm;花序轴有毛,苞片条状分裂,边缘有长毛,柱头 2~4 裂;雄蕊 5~20 枚,花盘有短梗,宽椭圆形,歪斜;花药不具细尖。蒴果长椭圆形,通常 2 瓣裂。仅见雄株。雌花序长 5~10 cm,花序轴有毛,雌蕊具短柄,花柱短,柱头 2 个,有淡黄色长裂片。蒴果细圆锥形,长约 5 mm,2 瓣裂,无毛。花期 4—5 月,果期 5 月。

【生态学特性】 喜光,耐严寒,耐干热,不耐湿热,抗风力强,适应大陆性气候。耐盐碱,可以在土壤含盐量小于 6 g/L 时正常生长,在含盐量 0.5%以上的盐碱地或无灌溉条件的戈壁沙地、沼泽地、黏土地等生长不良。25~30 年可采伐利用。

【水土保持功能及利用价值】 新疆杨主要分布于我国北方干旱、高寒地区,该地区树种较少,作为高大乔木的新疆杨在防风固沙、水土保持、水源涵养、维持西部的生态环境中具有举足轻重的作用。木材材质较好,在新疆南疆及伊犁地区,普遍用于建筑、家具等;树皮灰绿,光滑少裂,树冠窄,树姿美观,堪称树木中的"白雪公主",可广泛应用于城乡绿化,常用作行道树、"四旁"绿化及防护林。新疆杨材质较好,可供建筑、家具等用。

【栽植培育技术】 扦插育苗:选用 1~2 年生的实生苗枝条,大树树干基部的 1 年生萌芽条或插条苗。秋季落叶后采条,将种条与湿沙层积于室外的沟中,最上层盖沙 30~40 cm。经过湿沙储藏越冬,种条处于良好的通气和低温(0~5 ℃)条件下,有利于皮层软化和物质转化。秋采春插,较春采春插、秋采秋插的成活率提高 2~3 倍,地径粗提高 20%~30%。插穗以粗 1~2 cm、长 20~25 cm 为宜。

嫁接育苗:可在胡杨上嫁接新疆杨。选择直径1 cm左右的1~2年生胡杨萌条作砧木,选择与砧木同样粗的新疆杨枝条作接穗,环状断皮,进行接套。套上保留一个完整的饱满芽,并将同样粗的砧木平茬剥皮后,迅速将扭活的接套由接穗上取下来套在砧木上,亦可先取下一定数量的接套放入盛水的盒中,再套在砧木上,对紧对严。此法多用于春、夏季节。皮下接即选用直径3 cm以上的胡杨萌芽条作砧木,先锯去砧木的树干,后将剪好的长10~15 cm、粗0.4~0.8 cm、有3~6个健壮芽的接穗粗的一头削成斜形,直插在砧木的皮下,每一个砧木视其大小,分别在形成层的一周插2~6个,然后用塑料带绑扎,并用泥密封。嫁接的部位越低越好,嫁接后的新疆杨初期生长很快。

造林方法:新疆杨冠小,一般条件下,5年生冠幅1.5 m,10年生冠幅2.5 m,15年生冠幅3~4 m,造林密度可密些。防护林株行距1.5 m×2 m,小径级2 m×2 m,大径级4 m×4 m。

10.1.44　山丁子

【科属名称】　蔷薇科 Rosaceae,苹果属 *Malus* Mill.

【形态特征】　乔木,高达10~14 m,树冠广圆形,幼枝细弱,微屈曲,圆柱形,无毛,红褐色,老枝暗褐色;冬芽卵形,先端渐尖,鳞片边缘微具绒毛,红褐色。叶片椭圆形或卵形,长3~8 cm,宽2~3.5 cm,先端渐尖,稀尾状渐尖,基部楔形或圆形,边缘有细锐锯齿,嫩时稍有短柔毛或完全无毛;叶柄长2~5 cm,幼时有短柔毛及少数腺体,不久即全部脱落,无毛;托叶膜质,披针形,长约3 mm,全缘或有腺齿,早落。伞形花序,具花4~6朵,无总梗,集生在小枝顶端,直径5~7 cm;花梗细长,1.5~4 cm,无毛;苞片膜质,线状披针形,边缘具有腺齿,无毛,早落;花直径3~3.5 cm;萼筒外面无毛;萼片披针形,先端渐尖,全缘,长5~7 mm,外面无毛,内面被绒毛,长于萼筒;花瓣倒卵形,长2~2.5 cm,先端圆钝,基部有短爪,白色;雄蕊15~20枚,长短不齐,约等于1/2花瓣;花柱5枚或4枚,基部有长柔毛,较雄蕊长。果实近球形,直径8~10 mm,红色或黄色,柄洼及萼洼稍微陷入,萼片脱落;果梗长3~4 cm。花期4~6月,果期9~10月。

【生态学特性】　生于山坡杂木林中及山谷阴处灌木丛中,海拔50~1 500 m。喜光,耐寒性极强(有些类型能抗−50 ℃的低温),耐瘠薄,不耐盐,深根性,寿命长,多生长于花岗岩、片麻岩山地和淋溶褐土地带海拔800~2 550 m的山区。山荆子适生于除盐碱地以外的山丘、平原地区,在不同的生态条件下,各地又有不同的适宜类型。

【水土保持功能及利用价值】　山丁子适应性强,耐寒、耐旱力均强,深根性,是良好的水土保持植物。春天白花满树,秋天红果累累,经年不凋,甚为美观,可栽作庭园观赏树。木材纹理通直、结构细致,用于印刻雕版、细木工、工具把等;嫩叶可代茶,还可作家畜饲料。生长茂盛,繁殖容易,耐寒力强,中国东北、华北各地用作苹果和花红等砧木。果可酿酒,出酒率10%。叶含鞣质5.56%,可提制栲胶,也可作饲料。

【栽植培育技术】　山荆子一般采用播种法繁殖。选择当年新采的山荆子种子,要求籽粒饱满,发芽率在90%以上。层积处理时间一般在11月末至翌年1月末,种子层积前先用清水浸泡24 h,使其充分吸收水分。然后将浸好的种子与细沙按1:5的比例混拌均匀,水分达到手握成团不散即可,装入编织袋中。平放至室外阴凉处50 cm深的坑中,上埋土与地表平略凸为好。每年3月下旬为最佳播种时间,播种前先做育苗床,深翻耙平,床宽1 m,长10 m,高10 cm。浇透水,用40%的五氯硝基苯粉剂和65%的代森锌粉剂按1:1混合,进行床面消毒,按8 g/m² 用药量加细土4 kg拌匀,撒于床面。取层积好的种子连沙子一起均匀撒在床面上,然后用1:1的细土和细沙子覆在种子上面,覆土0.5 cm,播种量为每平方米100 g。最后用竹篾支拱,上覆盖宽1.2 m的塑料薄膜。播种后7 d左右幼苗开始出土,白天温度不超过30 ℃,夜间温度不低于12 ℃,保持床面土壤湿润。苗长出3~6片叶时可进行移栽,移栽过晚会影响幼苗成活率。移栽前半个月应注意控制浇水,并通风炼苗。移栽前1周撤下地膜,喷1次60%代森锌500倍液防治立枯病。还可喷施1次叶面肥,以利幼苗生长。苗圃地应选择背风向阳、地势平坦、灌水排水方便、地下水位在1~1.5 m以下的沙质壤土或轻黏壤土的地段,结合深翻整地,每亩施用经腐熟发酵的牛马粪3 000 kg,然后做成行距50 cm的垄。在垄上开深15 cm的沟,随后向沟中灌水,把幼苗栽于沟两侧,形成大垄双行,株距6~7 cm,苗栽后随即培土封垄,以利缓苗,以后每隔4 d左右灌水或喷水1次,30 d内保持土壤不见干。移栽10 d后,及时喷1次50%的多菌灵1 000倍液与吡虫啉1 000倍液混合,防治病虫害。苗期还应及时除草、松土,视苗木长势进行1次土壤追肥或叶面喷肥。

10.1.45　白榆

【科属名称】　榆科 Ulmaceae,榆属 *Ulmus* L.

【形态特征】　落叶乔木,高15~25 m,胸径100 cm,在干旱瘠薄的地方呈灌木状。树冠卵形或近圆形;树皮暗灰色,不规则纵裂。小枝黄褐色、灰褐色或紫色。花芽近圆形,叶芽卵形。叶互生,矩圆状卵形或矩圆状披针形,长2~7 cm,宽1.2~3 cm,先端渐尖或尖,基部近对称或稍偏斜,圆形、微心形或宽楔形,边缘具不规则的锯齿或为单锯齿;叶柄长2~8 mm,花先叶开放,两性,簇生于去年生枝上;花萼4裂,紫红色,宿存;雄蕊4枚,花药紫色。翅果近圆形或卵圆形,黄白色,长1~1.5 cm,果核位于翅果的中部或微偏上。花期4月,果期5月。

【生态学特性】　白榆是早中生喜光树种,幼龄时侧枝多向阳排成2列。耐寒性强,在冬季绝对低温-48 ℃的严寒地区也能生长。抗旱性强,在年降水量不足200 mm的荒漠地区可以生长,不耐水湿,喜湿润、深厚和肥沃的土壤,也能够生长在干旱瘠薄的固定沙丘和栗钙土上。耐盐碱性强,耐瘠薄,较耐盐碱,能在含盐量0.5%以下的盐渍化土壤上生长。根系发达,不耐水湿,在地下水位过高或排水不良的洼地,主根常常腐烂。生长快,

20~30 年成材。寿命长。

【水土保持功能及利用价值】 白榆抗旱性强,在年降水量不足 200 mm、空气相对湿度小于 50% 的荒漠地区能够正常生长。耐盐碱性强,在含 0.3% 的氯化物盐土和含 0.35% 的苏打盐土上还能够生长。根系发达,具有强大的主根和侧根,抗风力强。此外,对烟、SO₂、Cl₂ 及 HCl 等有毒气体抗性较强,是营造防风林、水土保持林和盐碱地造林的主要树种。

白榆树干通直,树形高大,绿荫较浓,果密且美,是北方重要的城乡绿化树种,可以做行道树、庭荫树、绿篱和"四旁"绿化树种,老茎残根萌芽力强,可制作盆景。白榆木材纹理直,结构较粗,材质坚硬,花纹美观,可供建筑、家具、农具等用。种子含油率达 25.5%,可榨油供食用,或肥皂及其他工业用油。树皮含纤维 16.14%,纤维坚韧,可代麻用,制绳索、麻袋、人造棉。树皮可入药,具有利水、通淋、消肿的功效。主治小便不通、水肿等;羊和骆驼喜食其叶。叶还可制土农药,是一种杀虫杀菌剂。

【栽植培育技术】 繁殖以播种为主,种子容易失去发芽能力,宜采后即播。若当年不播,晾干,密封干藏。播种时不必进行催芽处理。在播前不必做任何处理,床播或大田播。在大畦育苗,条播行距 20 cm,沟深 3~5 cm,播种量 5~7 kg/亩,覆土厚 1~1.5 cm。苗高 4~6 cm 时开始间苗、定苗,亩留白榆苗约 3 万株。

扦插育苗:选用 1 年生苗干作种条,秋末冬初或翌年春季扦插,株行距 20 cm×30 cm,插条上端露出地面,踩实后灌透水。插条生根成活后,萌芽较多,可及时疏芽,也可于萌高 2~3 cm 时,选留壮条,其余的全部剪掉,促进留条的生长。

嫁接育苗:选用当年生地径 0.6~1.5 cm 的壮苗作砧木,选优良无性系的 1 年生、发育充实、粗 3~4 mm、具 2~3 个芽的长枝作接穗,在其饱满芽背面下削成长 1~1.5 cm 的平滑斜面,在其相反的一面削一刀。扒开砧木根表土,从根颈黄色处剪断,削成光斜面,用手捏,使砧木韧皮部与木质部分离。使剪口顶部高位面皮层与木质部分离成袋状,将削好的插穗插入砧木皮部,勿使皮部破裂。插入后用湿润土培高,其高度稍高于接穗 1 cm,保持口处湿润。亦可分蘖育苗。

造林方法:直播造林穴距 1 m,行距 1.5 m,播种量 20 粒/穴,覆土厚度为 0.5~1.5 cm。植苗造林采用 2~3 年生大树造林,造林密度 1 m×2 m 或 1.5 m×2 m,7~8 年后开始定期间伐,保留 130 株/亩左右,20 年时保留 100 株/亩左右。

在盐碱地造林时,轻盐碱地上可在头年冬天挖 50 cm×50 cm 的穴,疏松土壤,围埝蓄水,洗碱脱盐,秋季植树。重盐碱地造林可采用挖深沟、修窄台田的办法,先灌水洗盐或蓄淡水压碱,使土壤含盐量降到 0.3% 以下,然后挖大穴栽苗。沙地造林可在沙丘迎风坡下部以及丘间低地,采用 2~3 年生大苗,深栽 1 m 以上,不用设沙障,生长好,成活率高。

10.1.46 朴树

【科属名称】 榆科 Ulmaceae,朴属 *Celtis* L.

【形态特征】 落叶乔木,高达 20 m。树皮平滑,灰色。一年生枝被密毛。叶互生,革质,宽卵形至狭卵形,长 3~10 cm,宽 1.5~4 cm,先端急尖至渐尖,基部圆形或阔楔形,偏斜,中部以上边缘有浅锯齿,三出脉,上面无毛,下面沿脉及脉腋疏被毛。花杂性(两性花和单性花同株),1~3朵生于当年枝的叶腋;花被片4枚,被毛;雄蕊4枚,柱头2个。核果单生或2个并生,近球形,直径4~5 mm,熟时红褐色,果核有穴和突肋。花期4—5月,果期9—11月。

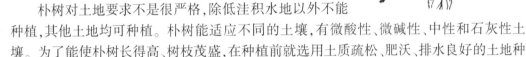

【生态学特性】　朴树多生长于海拔100~1 500 m的路旁、山坡、林缘处。喜光,稍耐阴,耐寒。适温暖湿润气候,适生于肥沃平坦之地。对土壤要求不严,有一定耐干旱能力,亦耐水湿及瘠薄土壤,适应力较强。深根性,抗风力强。寿命较长,在中心分布区常见200~300年生的老树。抗烟尘及有毒气体。

朴树对土地要求不是很严格,除低洼积水地以外不能种植,其他土地均可种植。朴树能适应不同的土壤,有微酸性、微碱性、中性和石灰性土壤。为了能使朴树长得高、树枝茂盛,在种植前就选用土质疏松、肥沃、排水良好的土地种植为好。

【水土保持功能及利用价值】　朴树是深根性树种,具有较强的固土作用。树冠宽广,绿荫浓,具有较好的防风性能及截留雨水、减少雨水对地表的打击力功能。

朴树树冠圆满宽广、树荫浓密繁茂,适合公园、庭院、街道、公路等作为遮阴树,是很好的绿化树种,也可以用来防风固堤。朴树具有极强的适应性,且寿命长,因整体形态古雅别致,是人们所喜爱和接受的盆景及行道树种,栽植于草坪、旷地或街道两旁。且在现代化的环境状态下,其对二氧化硫、氯气等有毒气体具有极强的吸附性,对粉尘也有极强的吸滞能力,具有明显的绿化效果,且造价低廉,所以在城市、工矿区、农村等得到了广泛的应用。木材坚硬,纹理直,但较粗糙,供家具、建筑、枕木、砧板、鞋楦等用。茎皮纤维可供造纸及人造棉原料;果可榨油;树皮及叶入药。

【栽植培育技术】　朴树种植通常以播种繁殖为主。朴树种子一般9月成熟,采收后应将种子擦洗干净,阴干沙藏。第二年3—4月进行分床培育,播种前先浇足底墒水,然后将先前的种子洗净后埋入土中,播种不宜太深,1.5~2 cm为宜。在进行育苗时,需在土壤表面覆盖一层地膜,保持土壤有适合的温度和湿度,一般10 d左右可以培育好树苗。朴树出苗后要将地膜揭开,对树苗进行拔苗、除草、施肥等管理措施。在培育期间,要注意对朴树树苗进行整形修剪,使其干形通直、冠形匀美。大苗移植时要带土,防止因缺少水分枯萎而死。在培育过程中要注意沙朴棉蚜、沙朴木虱等主要虫害防治工作。

10.1.47　厚朴

【科属名称】　木兰科 Magnoliaceae,木兰属 *Magnolia* L.

【形态特征】　落叶乔木,高达20 m,树皮厚。顶芽窄卵状圆锥形,无毛。幼叶下面被白色长毛,叶近革质,7~9聚生枝端,长状倒卵形,长22~45 cm,先端骤短尖或钝圆,基部楔形,全缘微波状,下面被灰色毛及白粉;叶柄粗,长2.5~4 cm,托叶痕长约为叶柄的2/3。花芳香,径10~15 cm。梗粗短,被长柔毛,离花被片下1 cm处具苞片痕;花被片9~12片,肉质,外轮3,淡绿色,长圆状倒卵形,长8~10 cm,盛开时常外卷,内2轮渐小,白色,倒卵匙形,具爪,花盛开时直立;雄蕊约 72 枚,长 2～3 cm,花药长 1.2～1.5 cm,内向开,花丝红色;雌蕊群椭圆状卵圆形,长 2.5～3 cm。聚合果长圆状卵圆形,长 9～15 cm;蓇葖具长 3～4 mm 的喙。种子三角状倒卵形,长约 1 cm。花期 5—6 月,果期 8—10 月。

【生态学特性】 厚朴为喜光的中生性树种,幼龄期需荫蔽;喜凉爽、湿润、多云雾、相对湿度大的气候环境。在土层深厚、肥沃、疏松、腐殖质丰富、排水良好的微酸性或中性土壤上生长较好。常混生于落叶阔叶林内,或生于常绿阔叶林缘。根系发达,生长快,萌生力强。5 年生以前生长较慢,20 年生高达 15 m,胸径达 20 cm,15 年开始结实,20 年后进入盛果期。寿命可长达 100 余年。

【水土保持功能及利用价值】 根系发达,有一定抗旱、抗烟、耐盐碱能力,寿命长,是我国大部分地区优良的保持水土、防风固沙、改良土壤的主要树种。具有涵养水源、保持水土、调节径流等生态效益。抗逆性好,耐干旱瘠薄,抗病虫害,生长迅速,郁闭快,树冠浓密,落叶丰富,覆盖土壤能力强,根系发达。

厚朴具有较高的经济价值,木材材质轻软细致,可供板料、家具、细木工等用材;也可用作煤矿壁材;树皮、枝皮、种子、花均可药用,药效好;具有温中益气、燥湿、祛痰功能,治腹胀、呕吐、积食、痢疾、多咳喘等症;厚朴还可用作行道树和园林树;种子含油量 35%,可供制皂。

【栽植培育技术】 采种育苗:10 月下旬当纺锤形聚合果壳露出红色种子时,连柄将果实采下,晾晒 1～2 d 后,用干沙混合储藏或装入麻袋存放在干燥通风处。翌年 2 月下旬取出种子,在室内用冷水浸 3～5 d,再用粗沙将红色种揉搓、冲洗干净。圃地每公顷施腐熟厩肥 600 担或枯饼肥 3 000 kg,再每公顷撒硫酸亚铁 75～120 kg 或生石灰 450～600 kg 消毒,耙平做床。播种前先开横沟,沟宽沟距 20～25 cm,沟深 5～8 cm。播种用点播法,每沟点播 10～15 粒种子,每公顷用种量 180～225 kg。覆土厚 3～4 cm,并盖草保湿。当大部分种子发芽出土后揭草,并及时中耕、除草和追肥、灌溉。当年秋末冬初时苗高约 35 cm,不分枝,有粗大的主根。2～3 年后移栽到已经下足基肥、土壤消毒和深犁耙平做床的新圃地上,按株行距 25 cm 的规格挖穴移栽。移栽前要在幼苗主根长 20 cm 处剪去过长主根,促其增生侧根和细根。移栽后要及时搞好除草、松土、施肥、灌溉等田间管理。秋末冬初或翌年 3 月苗高约 1 m 时即可出圃。

造林整地:坡度在 15° 以下的山场全垦。坡度在 16°～25° 的水平带状条垦,坡度 25° 以上的穴垦。全垦、条深 20～25 cm,挖掉草兜、树兜和石块,打碎土块。按株行距 2 m×2 m 或 2 m×3 m(1 185～2 490 株/hm²) 的密度挖树穴,穴长、宽、深为 70 cm×70 cm×40 cm,并将表土、底土分别堆放。植树时每穴施腐熟农家肥 1 担或枯饼肥 1～1.5 kg,先将肥与底拌匀后填入穴底 10～15 cm,再将树苗入穴,舒展根系后再把拌肥的底土、表土填平和压实,最后盖一层松土,以高出地面 10 cm 为限。苗木入土深度比在圃地时深 3～4 cm。

抚育管理:幼林在前 5 年生长较慢,第 6 年快。故在前 5 年内,每年的 4—5 月和 8 月下旬至9月要进行2次松土、除草和追肥。此外,为加速幼林生长,凡全垦和条垦的林地应农林间作,间种大豆、绿豆、豇豆、蚕豆、豌豆等豆科作物,既可以耕代抚,增加收入,又可使豆科作物的根瘤菌为林地固氮增肥。每年作物收获时割秆留根为林地增肥。15年后可用分段环状剥皮再生,剥皮出售,3~4年后可再次环状剥皮创收,长期永续利用。

10.1.48 黄檗

【科属名称】 芸香科 Rutaceae,黄檗属 *Phellodendron* Rupr.

【形态特征】 落叶乔木,高达22 m,胸径100 cm;树冠开阔呈广圆形;树皮厚,淡灰色或浅灰褐色,木栓层发达,内皮鲜黄色。树冠偏球形,枝条粗壮,小枝橙黄色或黄褐色。冬芽密被黄褐色短毛。小叶5~13片,纸质,对生,卵状椭圆形至卵状披针形,长5~12 cm,宽3.5~4.5 cm,先端长渐尖,叶缘有细锯齿,齿间有透明油点。花序顶生,近黄绿色。核果球形,浆果状,径约1 cm,成熟时蓝黑色,破碎后有较浓的单宁酸臭味。每果有种子5粒或较少。种子扁卵形,长5~6 mm,灰黑色。花期5~6月,果期10月。

【生态学特性】 喜光,不耐阴,耐-40 ℃的严寒,不耐涝,不宜在黏土地方造林,亦不适宜在干旱、瘠薄或过于水湿地方造林;喜湿润、深厚、肥沃而排水良好的土壤,能耐轻度盐碱。深根性,萌生能力很强,抗风力强。

【水土保持功能及利用价值】 黄檗为深根性树种,萌生能力很强,抗风及抗烟尘能力均较强,可用于营造防护林及水源涵养林,对 Cl_2、HCl 气体有较强的抗性。

黄檗是我国东北林区三大珍贵硬阔叶用材树种之一,木材宜作上等家具、胶合板及各种工业用材,栓皮层为优质软木工业原料,可制瓶塞及某些抗震、隔音、绝缘的配件,内皮、果实作染料,种子油可制肥皂及机械润滑油,为良好的蜜源树种;黄檗树干的内皮(去栓皮)可入药。

【栽植培育技术】 播种育苗:当年采集的种子,若行秋播,可不进行催芽处理。若行春播,种子则应进行雪埋法催芽处理。亦可春季露天埋藏,冬季将种子妥善储存于室内。垄播,垄底宽60~70 cm,顺垄做成两行,行距15~20 cm,沟深5~6 cm,将种子均匀地撒播于沟内,用熏土和细土混合盖种,覆土厚度为1.7~3 cm,在风大干旱的地区或沙质土壤的圃地上土可稍厚,然后盖草。

扦插育苗:在树液未萌动前剪取大树伐根1年萌条,低温保湿储藏,于4月末或5月初剪成10 cm长插穗扦插。或6—8月高温雨季节,选取健壮枝条,剪成长15~18 cm的枝段,斜插于苗床,经常浇水,保持一定的湿度,培育至第2年冬季移栽。

埋根育苗:北方于黄檗休眠期选择手指粗的嫩根,剪成长15~18 cm的小段,斜埋于选好的地方,也可窖藏至翌年春解冻栽植(埋时不能露出地面)。栽后浇水,30 d后发芽出苗,1年后移栽。萌芽更新大树砍伐后,树根周围萌生许多嫩枝,可培土,使其生根后截离母树,进行移栽。

造林方法:造林时应适当密植,有利于主干生长,以300株/亩左右为宜。

10.1.49　香椿

【科属名称】　楝科 Meliaceae,香椿属 *Toona* Roem.

【形态特征】　落叶乔木,高达25 m,胸径70 cm。
树皮褐色至灰褐色,呈不规则条状纵裂,片状剥落。
叶互生,羽状复叶,长30~50 cm;小叶16~20个,卵
状披针形或卵状长圆形,长9~15 cm,宽2.5~4 cm,
先端尾尖,基部一侧圆形,一侧楔形,全缘或疏细齿,
两面无毛,下面常粉绿色,侧脉18~24对;小叶柄长
0.5~1 cm。大型圆锥花序疏被锈色柔毛或近无毛;
花萼5齿裂或浅波状,被柔毛;花瓣5枚,白色,多层
长圆形,长4~5 mm;雄蕊10枚,5枚退化;花盘无
毛,近念珠状。蒴果窄椭圆形,长2~3.5 cm,深褐色,具苍白色小皮孔,种子上端具膜质长
翅。花期6—7月,果期10—11月。

【生态学特性】　香椿喜温,不耐庇荫,耐寒性较差,适宜在平均气温8~10 ℃的地区
栽培,抗寒能力随树龄的增加而提高。用种子直播的1年生幼苗在-10 ℃左右可能受冻。
香椿喜光,较耐湿,深根性,对土壤的酸碱性要求不甚严,在低洼积水地、重盐碱(pH 值
8.5以上)或特别干旱、瘠薄山地、沙地不宜栽植,适宜生长于河边、宅院周围肥沃湿润的
土壤上,一般以沙壤土为好。对 Cl_2、HCl 气体抗性较差。

【水土保持功能及利用价值】　香椿为深根性树种,固土能力较强,适应能力强,抗逆
性好,耐干旱、耐瘠薄、抗病虫害,生长迅速,能及早郁闭,树冠浓密,落叶丰富,覆盖土壤能
力强,根系发达,具有巨大的经济效益,是水土保持和防护林营造树种。

香椿叶清热解毒,健胃理气,润肤明目,杀虫。主治疮疡、脱发、目赤、肺热咳嗽等病
症。经常食用可以提高机体免疫功能,润泽肌肤。椿芽是一种木本蔬菜,含有丰富的维生
素 C、胡萝卜素等物质,有助于增强机体免疫功能,并有很好的润滑肌肤的作用,是保健美
容的良好食品。可涩血止痢、止崩,香椿燥湿清热,收敛固涩,可用于治疗久泻久痢、肠痔
便血、崩漏带下等病症;祛虫疗癣,香椿具有抗菌消炎、杀虫的作用,可治蛔虫病、疮癣、疥
癞等病。种子含油率达38.5%,是一种优良的木本食用油;枝叶、根、皮、果均可入药;树干
耸立,树冠开展,嫩叶红艳,荫浓,可作庭荫树和行道树,在园林中用作上层骨干树种。

此外,香椿为速生树种,是上等的家具用材,号称"中国的桃花心木"(桃花心木为中
美洲、古巴产的世界名贵木材),价值是杨树的1~2倍。

【栽植培育技术】　播种繁殖:采种阴干后,储藏在通风干燥室内。种子寿命短,储藏
1年以上时,发芽率丧失。因此,播种前要将种子在30~35 ℃温水中浸泡24 h,捞起后,置
于25 ℃处催芽。至胚根露出时播种(播种时的地温最低在5 ℃左右)。上海地区一般在
3月上中旬,出2~3片真叶时间苗,4~5片真叶时定苗,行株距为25 cm×15 cm。

分蘖繁殖:分株繁殖可在早春挖取成株根部幼苗,植在苗地上,当翌年苗长至2 m左
右,再行定植;断根分蘖可于冬末春初,在成树周围挖60 cm深的圆形沟,切断部分侧根,

后将沟填平,由于香椿根部易生不定根,因此断根先端萌发新苗,次年即可移栽。椿苗育成后,都在早春发芽前定植。大片营造香椿林时,行株距 7 m×5 m。植于河渠、宅后时,都为单行,株距 5 m 左右。定植后要浇水 2~3 次,以提高成活率。

扦插育苗:嫩枝和硬枝扦插均可。落叶后选粗 1~1.5 cm 的 1 年生苗干,剪成 15~20 cm 长的插穗,上口距顶端芽 1~1.5 cm,冬季沙藏,长出愈伤组织后扦插。春季采条基部用 ABT 生根粉溶液处理。冲洗后催根,长出愈伤组织后扦插。

矮化密植:这是近年来发展的一种栽培方式。它的育苗方法与普通栽培相同,只是在栽植密度和树型修剪方面不同。一般每公顷栽 90 000 株左右。树型可分为多层型和丛生型两种,多层型是当苗高 2 m 时摘除顶梢,促使侧芽萌发,形成 3 层骨干枝,第 1 层距地面 70 cm,第 2 层距第 1 层 6 cm,第 3 层距第 2 层 40 cm。这种多层型树干较高,木质化充分,产量较稳定;丛生型是苗高 1 m 左右时即去顶梢,留新发枝只采嫩叶不去顶芽,待枝长 20~30 cm 时再抹头。特点是树干较矮,主枝较多。

造林方法:香椿是一种喜光速生树种,需要相当大的营养空间,每亩栽植密度宜为 160~200 株。

10.1.50 楤木

【科属名称】 五加科 Araliaceae,楤木属 *Swida Aralia* L.

【形态特征】 灌木或小乔木,高 1.5~6 m,树皮灰色;小枝灰棕色,疏生多数细刺;刺长 1~3 mm,基部膨大;嫩枝上常有长达 1.5 cm 的细长直刺。叶为二回或三回羽状复叶,长 40~80 cm;叶柄长 20~40 cm,无毛;托叶和叶柄基部合生,先端离生部分线形,长约 3 mm,边缘有纤毛;叶轴和羽片轴基部通常有短刺;羽片有小叶 7~11 片,基部有小叶 1 对;小叶片薄纸质或膜质,阔卵形、卵形至椭圆状卵形,长 5~15 cm,宽 2.5~8 cm,先端渐尖,基部圆形至心形,

稀阔楔形,上面绿色,下面灰绿色,无毛或两面脉上有短柔毛和细刺毛,边缘疏生锯齿,有时为粗大齿牙或细锯齿,稀为波状,侧脉 6~8 对,两面明显,网脉不明显;小叶柄长 3~5 mm,稀长达 1.2 cm,顶生小叶柄长达 3 cm。圆锥花序长 30~45 cm,伞房状;主轴短,长 2~5 cm,分枝在主轴顶端指状排列,密生灰色短柔毛;伞形花序直径 1~1.5 cm,有花多数或少数;总花梗长 0.8~4 cm,花梗长 6~7 mm,均密生短柔毛;苞片和小苞片披针形,膜质,边缘有纤毛,前者长 5 mm,后者长 2 mm;花黄白色;萼无毛,长 1.5 mm,边缘有 5 个卵状三角形小齿;花瓣 5 片,长 1.5 mm,卵状三角形,开花时反曲;子房 5 室;花柱 5 枚,离生或基部合生。果实球形,黑色,直径 4 mm,有 5 棱。花期 6—8 月,果期 9—10 月。

【生态学特性】 生于森林、灌丛或林缘路边,垂直分布于海滨至海拔 2 700 m。喜光,适应性强,耐阴耐寒,但在阳光充足、温暖湿润的环境下生长更好。空气湿度在 30%~60%,喜肥沃而略偏酸性的土壤。

【水土保持功能及利用价值】 侧根发达,固土作用强,减少或避免了土壤侵蚀;萌发

力强,较易繁殖。在退耕还林工程中是首选的树种,水土保持效益明显。种子含油量20%以上,供制皂用油。根皮入药,有活血散留、健胃、利尿功效,可治胃炎、肾炎及风湿疼痛。

【栽植培育技术】　种子繁殖:每年9—10月从中龄树上采收成熟种子,将种子放入25~30℃的温水中浸泡4~6 h,搓洗种子,洗去抑制种子发芽的分泌物,捞出沥干,拌入干净的细河沙,种子与沙的比例为1:5,湿度保持在60%~7%,拌匀后装入木箱内,把种子移到0~5℃的冰箱、冷柜等容器,恒温冷藏1个月,打破休眠,促种子萌发。2月上旬为最佳播种时期。

扦插繁殖:冬春及夏季,选择粗壮、无病虫害、芽眼好、直径2~4 cm的2年生枝条,剪成20~30 cm长的节段,每节有芽3~8个的插条短枝,用农膜或蜡封顶后,用0.1 g生根粉加水15 kg浸插条基部20~30 min,捞出晾干后扦插育苗。冬春扦插,地面应覆盖农膜保温保湿,到夏季应搭棚遮阳。

10.1.51　杜梨

【科属名称】　蔷薇科 Rosaceae,梨属 Pyrus L.

【形态特征】　乔木,高达10 m,树冠开展,枝常具刺;小枝嫩时密被灰白色绒毛,2年生枝条具稀疏绒毛或近于无毛,紫褐色;冬芽卵形,先端渐尖,外被灰白色绒毛。叶片菱状卵形至长圆卵形,长4~8 cm,宽2.5~3.5 cm,先端渐尖,基部宽楔形,稀近圆形,边缘有粗锐锯齿,幼叶上下两面均密被灰白色绒毛,成长后脱落,老叶上面无毛而有光泽,下面微被绒毛或近于无毛;叶柄长2~3 cm,被灰白色绒毛;托叶膜质,线状披针形,长约2 mm,两面均被绒毛,早
落。伞形总状花序,有花10~15朵,总花梗和花梗均被灰白色绒毛,花梗长2~2.5 cm;苞片膜质,线形,长5~8 mm,两面均微被绒毛,早落;花直径1.5~2 cm;萼筒外密被灰白色绒毛;萼片三角卵形,长约3 mm,先端急尖,全缘,内外两面均密被绒毛,花瓣宽卵形,长5~8 mm,宽3~4 mm,先端圆钝,基部具有短爪。白色;雄蕊20枚,花药紫色,长约花瓣之半;花柱2~3枚,基部微具毛。果实近球形,直径5~10 mm,2~3室,褐色,有淡色斑点,萼片脱落,基部具带绒毛果梗。花期4月,果期8—9月。

【生态学特性】　杜梨耐寒,耐干旱,耐水涝,水浸数月不死,耐盐碱,可以在土壤含盐量小于4 g/L时正常生长,对SO_2有较强的抗性。适应能力强,生长虽较慢,但寿命很长。

【水土保持功能及利用价值】　杜梨能适应不同类型水土保持林的特殊环境,为干旱、瘠薄区防护林和荒沙造林的优良水土保持树种。此外,杜梨木材可供雕刻,树皮可提制栲胶及作黄色染料,供纸、绢、棉的染色及食品着色用,果实可食用、酿酒,为北方使用最广的梨砧木;杜梨可入药,称棠梨。杜梨冠大荫浓,春季白花点点,秋日果实累累,为夏季理想的遮阴树种。

【栽植培育技术】　播种育苗:覆土厚度为3 cm,条播或撒播均可,播种深度为1~

1.5 cm,亩播种量 35~50 kg。产苗量 1 万~1.5 万株/亩,1 年生苗高 40 cm。

分蘖育苗:生产上习惯用杜梨的根蘖苗作砧木进行嫁接。具体方法是在树冠投影边缘开沟断根,然后填土平沟促发根蘖。加强肥水管理,就地嫁接。为了保护母树,一年不能取苗过多,且切根部位也需逐年变换方位。

造林方法:杜梨实生苗主根发达,侧根少而弱,移栽后成活慢,缓苗期长。生产上常在杜梨幼苗长出 2 片真叶时,切断主根先端,然后再进行移植。

10.1.52 山桃

【科属名称】 蔷薇科 Rosaceae,桃属 Amygdalus L.

【形态特征】 落叶乔木,高 10 m;树冠开展,树皮暗紫色,光滑;小枝细长,直立,幼时无毛,老时褐色。叶片卵状披针形,长 5~13 cm,宽 1.5~4 cm,先端渐尖,基部楔形,两面无毛,叶边具细锐锯齿;叶柄长 1~2 cm,无毛,常具腺体。花单生,先叶开放,直径 2~3 cm;花梗极短或几无梗;花萼无毛;萼筒钟形;萼片卵形至卵状长圆形,紫色,先端圆钝;花瓣倒卵形或近圆形,长 10~15 mm,宽 8~12 mm,粉红色,先端圆钝,稀微凹;雄蕊多数,几与花瓣等长或稍短;
子房被柔毛,花柱长于雄蕊或近等长。果实近球形,直径 2.5~3.5 cm,淡黄色,外面密被短柔毛,果梗短而深入果洼;果肉薄而干,不可食,成熟时不开裂;核球形或近球形,两侧不压扁,顶端圆钝,基部截形,表面具纵、横沟纹和孔穴,与果肉分离。花期 3—4 月,果期 7—8 月。

【生态学特性】 山桃喜光,耐高温,较耐寒,在 -25 ℃ 以下低温易受冻害,耐干旱,不耐涝,山桃原野生于各大山区及半山区,对自然环境适应性很强,一般土质都能生长。对土壤要求不严。较耐盐碱,土壤中缺铁易发生黄化病。

【水土保持功能及利用价值】 山桃枝叶重叠,丛间交错,能较大限度地截持降雨,侧根发达,枝叶繁茂,根系发达,具有较强的固土能力和保持水土的作用,是优良的水土保持树种。据测定,根径小于 0.8 cm 根系的抗拉强度为 173 kg/cm²。山桃对 SO_2 有较强的抗性,对 Cl_2 及 HCl 气体抗性较差。耐平茬,萌蘖力强,生物产量高,是一种理想的生物能源。

山桃木材可供细木工用材,可作砧木,也可嫁接观赏树种,果可以生食,也可以熬糖、酿酒或制成果脯,桃核可制玩具、雕刻等用,枝条可用于编织,并可作造纸和造棉的原料,桃仁油可制肥皂、润滑油、油漆,也可作高级食用油;桃叶、桃花、桃枝、桃根、桃胶、碧桃干(未成熟的桃做成干果)、桃肉均可入药。山桃花期长,花繁色艳,适宜庭院门前栽植,为华北、西北早春观花树种。

【栽植培育技术】 播种育苗:秋播无须催芽,播种应在土壤未封冻前进行。春播宜在秋季采收种子后水浸 5~7 d,然后混沙层积,低温(4 ℃)沙藏处理 150 d。春播前先在阳光下摊晒。待种壳裂嘴后播种,播种方法为条播和点播。产苗量约 1 万株/亩,1 年生苗高 40 cm。

压条育苗:休眠期将母株根部的健壮枝条压入土中。经一段时间后,即能生根,然后将枝条与母株分离,移植再行培养。

造林方法:春季直播造林,3 000 穴/hm²,每穴 3~5 粒,播种量 37.5~60 kg/hm²,覆土厚度为 5~10 cm。

10.1.53　桃

【科属名称】　蔷薇科 Rosaceae,桃属 *Amygdalus* L.

【形态特征】　落叶小乔木,高 3~8 m;树冠宽广而平展;树皮暗红褐色,老时粗糙呈鳞片状;小枝细长,无毛,有光泽,绿色,向阳处转变成红色,具大量小皮孔;冬芽圆锥形,顶端钝,外被短柔毛,常 2~3个簇生,中间为叶芽,两侧为花芽。叶片长圆披针形、椭圆披针形或倒卵状披针形,长 7~15 cm,宽 2~3.5 cm,先端渐尖,基部宽楔形,上面无毛,下面在脉腋间具少数短柔毛或无毛,叶边具细锯齿或粗锯齿,齿端具腺体或无腺体;叶柄粗壮,长 1~2 cm,常具 1枚至数枚腺体,有时无腺体。花单生,先叶开放,直径 2.5~3.5 cm;花梗极短或几无梗;萼筒钟形,被短柔毛,稀无毛,绿色而具红色斑点;萼片卵形至长圆形,顶端圆钝,外被短柔毛;花瓣长圆状椭圆形至宽倒卵形,粉红色,罕为白色;雄蕊 20~30 枚,花药绯红色;花柱几与雄蕊等长或稍短;子房被短柔毛。果实形状和大小均有变异,卵形、宽椭圆形或扁圆形,直径 5~7 cm,长与宽几乎相等,色泽变化由淡绿白色至橙黄色,常在向阳面具红晕,外面密被短柔毛,稀无毛,腹缝明显,果梗短而深入果洼;果肉白色、浅绿白色、黄色、橙黄色或红色,多汁,有香味,甜或酸甜;核大,离核或黏核,椭圆形或近圆形,两侧扁平,顶端渐尖,表面具纵、横沟纹和孔穴;种仁味苦,稀味甜。花期 3—4 月,果实成熟期因品种而异。

【生态学特性】　桃树喜光,一般品种可耐-22~-25 ℃低温,较耐旱,不耐涝,多数品种在积水 1~3 d 时会造成落叶,甚至死亡。对土质选择不严,在贫瘠山地和石灰性土壤上均能适应,对盐碱土有较强的抗性,适宜的土壤 pH 值为 4.5~7.5。浅根性,生长迅速但寿命短,根部萌发力强,可以萌蘖更新。在黏重或过于肥沃的土地上易引起徒长、流胶等。

【水土保持功能及利用价值】　桃对 SO_2、Cl_2 有较强抗性,对盐碱土有较强的抗性,对土质选择不严,在贫瘠山地和石灰性土壤均能适应,可作为工矿区域水土保持和绿化树种。此外,桃是深受人们喜爱的水果之一,不仅外观艳丽、肉质细嫩,而且营养丰富。果实除鲜食外,还可制成糖水罐头、速冻水果、桃脯、桃酱、桃干、桃汁等多种制品;桃树干上分泌的胶质,俗称桃胶,可用作黏结剂等,为一种聚糖类物质。桃树着花繁密,烂漫芳菲,其果悬于枝叶之间,鲜红的果在绿叶衬托下,典雅、大方、美观,具有较高的观赏价值。

【栽植培育技术】　播种育苗:砧木多用毛桃,北方则用山桃,偶有用杏、李、梅作砧木的。种子 7 月底采收,堆放后熟,洗净阴干,随即播种或用湿沙层积至秋季播种。种子与湿沙的比例为 1:(3~5),搅拌均匀,在高燥、背阴处分层堆积或窖内堆积,并保持 2~7 ℃,

堆积时间 80~100 d。点播株行距 15 cm×30 cm 或(5~10) cm×50 cm,覆土后上面可盖塑料薄膜。

扦插育苗:春季用硬枝扦插,梅雨季节用软枝扦插。扦插枝条必须生长健壮,充实。硬枝扦插时间以春季为主,插条按 20 cm 左右斜剪,为防止病害侵染和促进生根,插条下端最好用杀菌剂 50% 多菌灵 600~1 200 倍液,用吲哚丁酸 750~4 500 mg/L 快速蘸进行扦插,株行距 4 cm×30 cm,扦插深度以插条长度的 2/3 为宜。

嫁接育苗:7—8 月即可芽接。选复芽或叶芽作接芽,不可用花芽或盲芽,以套芽接或环状嵌芽接效果好。接后立即浇水,在接芽萌发前圃地经常保持湿润,发芽后应追施 1 次速效肥,如芽接未成活,深秋或翌年 2—3 月再行切接。

造林方法:建园要选择通风向阳、地势较高、通气性良好的沙土或沙壤土。栽植密度要根据品种长势、立地条件及所采取的技术措施确定。常用的栽植株行距为 4 m×4 m。

10.1.54　山楂

【科属名称】　蔷薇科 Rosaceae,山楂属 *Crataegus* L.

【形态特征】　落叶乔木,高达 6 m,树皮粗糙,暗灰色或灰褐色;刺长 1~2 cm,有时无刺;小枝圆柱形,当年生枝紫褐色,无毛或近于无毛,疏生皮孔,老枝灰褐色;冬芽三角卵形,先端圆钝,无毛,紫色。叶片宽卵形或三角状卵形,稀菱状卵形,长 5~10 cm,宽 4~7.5 cm,先端短渐尖,基部截形至宽楔形,通常两侧各有 3~5 羽状深裂片,裂片卵状披针形或带形,先端短渐尖,边缘有尖锐稀疏不规则重锯齿,上面暗绿色有光泽,下面沿叶脉有疏生短柔毛或在脉

腋有髯毛,侧脉 6~10 对,有的达到裂片先端,有的达到裂片分裂处;叶柄长 2~6 cm,无毛;托叶草质,镰形,边缘有锯齿。伞房花序具多花,直径 4~6 cm,总花梗和花梗均被柔毛,花后脱落,减少,花梗长 4~7 mm;苞片膜质,线状披针形,长 6~8 mm,先端渐尖,边缘具腺齿,早落;花直径约 1.5 cm;萼筒钟状,长 4~5 mm,外面密被灰白色柔毛;萼片三角卵形至披针形,先端渐尖,全缘,约与萼筒等长,内外两面均无毛,或在内面顶端有髯毛;花瓣倒卵形或近圆形,长 7~8 mm,宽 5~6 mm,白色;雄蕊 20 枚,短于花瓣,花药粉红色;花柱 3~5 枚,基部被柔毛,柱头头状。果实近球形或梨形,直径 1~1.5 cm,深红色,有浅色斑点;小核 3~5 个,外面稍具棱,内面两侧平滑;萼片脱落很迟,先端留一圆形深洼。花期 5—6 月,果期 9—10 月。

【生态学特性】　山楂适应性强,生于海拔 100~1 500 m 的山坡林边或灌丛中,喜凉爽、湿润的环境,既耐寒又耐高温,在 -36~43 ℃ 均能生长。喜光也能耐阴,一般分布于荒山秃岭、阳坡、半阳坡、山谷,坡度以 15°~25° 为好。耐旱,水分过多时,枝叶容易徒长。对土壤要求不严格,但在土层深厚、质地肥沃、疏松、排水良好的微酸性沙壤土上生长良好。

【水土保持功能及利用价值】　山楂根系发达,萌蘖性强,可作嫁接山里红及苹果等砧木,是东北和华北等地水土流失治理中常用的经济林树种。树冠整齐,叶茂花繁,果实

鲜艳可爱,是良好的观花、观果的绿化树种。果实酸甜可口,含糖量14%左右;含维生素C,100 g鲜果中含维生素C 72.8~89 mg;可生食或作果酱、果糕,也可入药,具有消食化滞、散瘀止痛的功能。主治食积、消化不良、小儿疳积、细菌性痢疾、产后腹痛、高血压等症。

【栽植培育技术】　种子繁殖:成熟的种子须经沙藏处理,挖50~100 cm深沟,将种子以3~5倍湿沙混匀放入沟内至离沟沿10 cm为止,再覆沙至地面,结冻前再盖土至地面30~50 cm,第2年6—7月将种子翻倒,秋季取出播种,也可第3年春播。条播行距20 cm,开沟4 cm深,宽3~5 cm,播种200~300粒/m,播后覆薄土,上再覆1 cm厚沙,以防止土壤板结及水分蒸发,播种量375~450 kg/hm²。

扦插繁殖:挖出根蘖,栽于苗圃进行嫁接。春季将粗0.5~1 cm根切成12~14 cm根段,扎成捆,以湿沙培放6~7 d,斜插于苗圃,灌小水使根和土壤密接,15 d左右可以萌芽,当年苗高达50~60 cm时,可在8月初进行芽接。

嫁接繁殖:春、夏、秋均可进行,用种子繁殖的实生苗或分株苗均可作砧木,采用芽接或枝接或靠接,以芽接为主。播种苗高至10 cm时间苗,移栽行株距为60 cm×15 cm。结合秋季耕翻施入有机肥,从开花至果实旺盛期可于叶面喷无机肥。定期整形剪枝、耕翻除草、刨去根蘖、培土等。

10.1.55　苹果

【科属名称】　蔷薇科Rosaceae,苹果属 *Malus* Mill.

【形态特征】　乔木,高可达15 m,多具有圆形树冠和短主干;小枝短而粗,圆柱形,幼嫩时密被绒毛,老枝紫褐色,无毛;冬芽卵形,先端钝,密被短柔毛。叶片椭圆形、卵形至宽椭圆形,长4.5~10 cm,宽3~5.5 cm,先端急尖,基部宽楔形或圆形,边缘具有圆钝锯齿,幼嫩时两面具短柔毛,长成后上面无毛;叶柄粗壮,长1.5~3 cm,被短柔毛;托叶革质,披针形,先端渐尖,全缘,密被短柔毛,早落。伞房花序,具花3~7朵,集生于小枝顶端,花梗长1~
2.5 cm,密被绒毛;苞片膜质,线状披针形,先端渐尖,全缘,被绒毛;花直径3~4 cm;萼筒外面密被绒毛;萼片三角披针形或三角卵形,长6~8 mm,先端渐尖,全缘,内外两面均密被绒毛,萼片比萼筒长;花瓣倒卵形,长15~18 mm,基部具短爪,白色,含苞未放时带粉红色;雄蕊20枚,花丝长短不齐,约等于花瓣之半;花柱5枚,下半部密被灰白色绒毛,较雄蕊稍长。果实扁球形,直径在2 cm以上,先端常有隆起,萼洼下陷,萼片永存,果梗短粗。花期5月,果期7—10月。

【生态学特性】　苹果能够适应大多数的气候,苹果能抵抗-40 ℃的霜冻。苹果是一种喜光植物,充足的光照有利于植株的正常生长和结果,还有利于改善果实品质,通常4—10月,平均气温12~18 ℃,最适合苹果生长。苹果适宜生长于土层深度、排水良好、有机质丰富的沙质土壤,土壤酸碱度以微酸性和中性为宜,土壤的盐碱性应该低于0.15%,

如果 pH 值在 7.8 以上,那么很容易发生缺乏叶绿素的现象。

【水土保持功能及利用价值】　苹果也是一种对土壤适应性较强的高产果树。一般山岗薄地、河滩沙荒地和轻度盐碱地,经过适当改良后,都可进行成片栽培,是立地条件困难区域的水土保持经济树种。苹果与葡萄、香蕉、柑橘通称为世界四大水果;苹果春日花白润红晕,秋季硕果鲜艳,是观赏、经济树种,可植于公园、绿地、庭园,供赏花食果。

【栽植培育技术】　嫁接育苗:砧木可选用山丁子、海棠类等。嫁接可在春、夏、秋季进行。播种当年,砧木苗地径在 0.4 cm 以上时,采用"丁"字形芽接。矮化自根砧苗可用压条、扦插等方法繁殖矮化自根砧木。等达到嫁接粗度后,在矮化砧木上芽接或枝接所需品种。嫁接部位要离地面 15 cm 以上。矮化中间砧苗应在实生乔化砧木近地面 10 cm 处芽接栽培品种,再在相对方向芽接矮砧。

造林方法:应按不同品种间授粉亲和性来选择授粉树,授粉树株应占总定植株数的 15%~20%,主栽品种与授粉品种的比例为 4:1,每 4~5 行主栽品种栽 1 行授粉树,或隔 4~5 株栽 1 株授粉树。中冠树果园株行距为 4 m×5 m,山地果园可密些,肥沃平地可稀些。小冠树密植园株行距为 3 m×3 m。短枝型品种或矮化砧、矮化中间砧苗木可适当密植,乔化砧果苗可稀植。

10.1.56　沙果

【科属名称】　蔷薇科 Rosaceae,苹果属 *Malus* Mill.

【形态特征】　落叶小乔木,高 4~6 m;小枝粗壮,圆柱形,嫩枝密被柔毛,老枝暗紫褐色,无毛,有稀疏浅色皮孔;冬芽卵形,先端急尖,初时密被柔毛,逐渐脱落,灰红色。叶片卵形或椭圆形,长 5~11 cm,宽 4~5.5 cm,先端急尖或渐尖,基部圆形或宽楔形,边缘有细锐锯齿,上面有短柔毛,逐渐脱落,下面密被短柔毛;叶柄长 1.5~5 cm,具短柔毛;托叶小,膜质,披针形,早落。伞房花序,具花 4~7 朵,集生在小枝顶端;花梗长 1.5~2 cm,密被柔毛;花直径

3~4 cm;萼筒钟状,外面密被柔毛;萼片三角披针形,长 4~5 mm,先端渐尖,全缘,内外两面密被柔毛,萼片比萼筒稍长;花瓣倒卵形或长圆倒卵形,长 8~13 mm,宽 4~7 mm,基部有短爪,淡粉色;雄蕊 17~20 枚,花丝长短不等,比花瓣短;花柱 4,基部具长绒毛,比雄蕊较长。果实卵形或近球形,直径 4~5 cm,黄色或红色,先端渐狭,不具隆起,基部陷入,宿存萼肥厚隆起。花期 4—5 月,果期 8—9 月。

【生态学特性】　适宜生长于山坡阳处、平原砂地,海拔 50~2 800 m。根系强健,萌蘖性强,生长旺盛,抗逆性强。沙果喜光,喜温凉气候,喜肥沃湿润沙质土及壤土,适生于微酸性至微碱性土壤上,较山荆子耐涝。适生范围广,在土壤排水良好的坡地生长尤佳,对土壤肥力要求不严,要求土壤排水良好。

【水土保持功能及利用价值】　沙果由于喜光,常栽植于山坡向阳处和平原沙地,是沙地栽植的首选水土保持经济作物。此外,沙果肉软、味甜,可食,能健胃助消化,不耐储

藏,可制干果、果丹皮及酿酒;沙果树皮和根可药用。

【栽植培育技术】　沙果属长日照植物,不同播期产量不同,早播者产量高,晚播者产量低,故播种宜早不宜晚。幼苗较耐寒,能耐 -6.6 ℃ 低温,个别品种能耐 ~15 ℃ 低温,因此播种一般在10月上旬;冷凉山区旱地可在9月中下旬播种。种子休眠期达3~4个月,秋季采收的种子用 0~5 ℃ 的温度层积催芽 40~80 d,翌年春季温度升至 15~20 ℃ 时取出播种,10~20 d 发芽出土。亩播种量 3~5 kg。播种育苗覆土厚度为 1~2 cm,秋播不需要处理,且发芽整齐。

嫁接砧木选用山荆子、海棠果、苹果实生苗、根蘖苗。若选用矮化砧木如 EM7、EM26、MM106 等,树体更紧凑,更易提前结果。可以通过平茬和加强水肥管理来培育健壮根蘖苗,春季将母株掘出,分成若干个有枝有根的完整苗木,直接剪干接枝或将根蘖苗再栽植培养1年后嫁接即可长成果树。

10.1.57　梨树

【科属名称】　蔷薇科 Rosaceae,梨属 *Pyrus* L.

【形态特征】　乔木,高达 5~8 m,树冠开展;小枝粗壮,圆柱形,微屈曲,嫩时密被柔毛,不久脱落,2年生枝紫褐色,具稀疏皮孔;冬芽卵形,先端圆钝或急尖,鳞片边缘及先端有柔毛,暗紫色。叶片卵形或椭圆卵形,长 5~11 cm,宽 3.5~6 cm,先端渐尖稀急尖,基部宽楔形,稀近圆形,边缘有尖锐锯齿,齿尖有刺芒,微向内合拢,嫩时紫红绿色,两面均有绒毛,不久脱落,老叶无毛;叶柄长 2.5~7 cm,嫩时密被绒毛,不久脱落;托叶膜质,线形至线状披针形,先端渐尖,边缘具有腺齿,长 1~1.3 cm,外面有稀疏柔毛,内面较密,早落。伞形总状花序,有花 7~10 朵,直径4~7 cm,总花梗和花梗嫩时有绒毛,不久脱落,花梗长 1.5~
3 cm;苞片膜质,线形,长 1~1.5 cm,先端渐尖,全缘,内面密被褐色长绒毛;花直径 2~3.5 cm;萼片三角形,先端渐尖,边缘有腺齿,外面无毛,内面密被褐色绒毛;花瓣卵形,长1.2~1.4 cm,宽 1~1.2 cm,先端常呈啮齿状,基部具有短爪;雄蕊 20 枚,长约等于花瓣之半;花柱 5 枚或 4 枚,与雄蕊近等长,无毛。果实卵形或近球形,长 2.5~3 cm,直径 2~2.5 cm,先端萼片脱落,基部具肥厚果梗,黄色,有细密斑点,4~5 室;种子倒卵形,微扁,长6~7 mm,褐色。花期4月,果期8—9月。

【生态学特性】　梨具有耐寒、耐旱、耐涝、耐盐、抗腐烂病等特点。冬季最低温度在 -25 ℃ 以上的地区,多数品种可安全越冬。根系发达,喜光喜温,宜选择土层深厚、排水良好的缓坡山地种植,尤以沙质壤土山地为理想。根系发达,垂直根深可达 2~3 m 以上,水平根分布较广,约为冠幅2倍。栽植早熟品种(夏季品种)地区的无霜期不能短于 135 d,栽植中晚熟品种地区其无霜期至少需要 150 d。梨在各种土质上都能结果,但土质不同梨的品质也有较大差别。梨树对土壤酸碱适应性较广,pH 值在 5~8.5 范围内均能正常生长,以 pH 5.8~7 为最适宜;梨树耐盐碱性也较强,土壤含盐量在 0.2% 以下生长正常,达

0.3%以上时,根系生长受害,生育明显不良。

【水土保持功能及利用价值】　耐瘠薄、耐盐碱、耐旱,对土壤要求不严,使梨树有较强的适应性,是一些立地条件比较差地区的优选水土保持经济树种。春天开花,满树雪白,树姿也美,也是观赏结合生产的树种。此外,梨是我国重要的果树之一,梨花洁白如玉,冷艳幽香,在园林绿地中广为栽培,可赏花食果。

【栽植培育技术】　嫁接育苗:北方多以杜梨为砧木。3—4 月采用枝接,6—7 月皮下接,7—9 月芽接,12 月至翌年 3 月室内接。

造林方法:梨树栽植密度,依种类和品种的生物学特性、砧木特性以及各地的自然条件(地势、土壤、气候)等而异,各地应因地制宜、因树制宜,合理密植,如地势平坦、土质肥沃可适当密植,株行距 3 m×5 m。在沙滩、山地栽植每亩密度为 40~60 株。建园时须配置 2 个以上品种的授粉树,授粉树占主栽品种的比例为 10%~20%。

10.1.58　山杏

【科属名称】　蔷薇科 Rosaceae,李属 *Prunus* L.

【形态特征】　乔木或小乔木,高 1.5~5 m;树冠开展,皮暗灰色,纵裂,小枝暗紫红色,有光泽;无顶芽,腋芽和花芽 2~3 个簇生于叶腋。单叶,互生,宽卵形至近圆形,长 3~6 cm,宽 2~5 cm,先端渐尖或短骤尖,基部截形,近心形,稀宽楔形,边缘有钝浅锯齿,下面脉腋有柔毛;托叶膜质,极微小,早落。花两性,单生,近无柄,先叶开放,花瓣 5 枚,粉红色,宽倒卵形,雄蕊多数,长短不一;心皮 1 枚,子房 1 室,具 2 胚珠。核果近球形,直径约 2 cm 稍扁,密被柔毛,顶

端尖,果肉薄,干燥,离核;果核扁球形,平滑,腹棱与背棱相似,腹棱增厚有纵沟,边缘有 2 平行的锐,背棱增厚有锐棱。花期 3—4 月,果期 6—7 月。

【生态学特性】　山杏是中生乔木,适应性强,喜光,根系发达,深入地下,具有耐寒、耐旱、耐瘠薄的特点。在 -30~-40 ℃的低温下能安全越冬生长,在 7—8 月干旱季节,当土壤含水率仅为 3%~5%时,山杏却叶色浓绿,生长正常。根系发达,萌生力强,结实早,在深厚的黄土或冲积土上生长良好,在低温和盐渍化土壤上生长不良。定植 4~5 年开始结果,10~15 年进入盛果期,寿命较长。花期遇霜冻或阴雨易减产,产量不稳定。对土壤条件要求不严,耐瘠薄,耐黏质土壤,多散生于向阳石质山坡,栽培或野生。常生于干燥向阳山坡上、丘陵草原或与落叶乔灌木混生,海拔 700~2 000 m。

【水土保持功能及利用价值】　山杏喜光,是我国北方优良的水土保持植物,耐寒,对土壤适应性强,耐干旱瘠薄,根系发达,是我国北方荒山造林的先锋树种和优良的水土保持林树种,耐烟尘毒气,为黄河流域重要的乡土树种;属深根系且根系发达,所以也是北方广泛用于坡面植被恢复的主要树种之一。据测定,每公顷山杏枯落物干重为 0.79 t,每公顷枯落物蓄水 1.57 t。粉红花朵稠密而美丽,是园林绿化的优良树种。山杏木材可做家具,叶可作为饲料,果实未成熟时可以食用,树皮可提取单宁和树胶,杏仁可供食用或作润

滑油和化妆品的原料,山杏仁油可掺和干性油作食用油,也可作肥皂、润滑油的原料,在医药上常用作软膏剂、涂布剂和注射药的溶剂等。山杏仁入药,具有去痰、止咳、定喘、润肠的功效,主治咳嗽、气喘、肠燥、便秘等症。山杏为良好的蜜源植物;树根、树皮、树枝、树叶、花、果均可入药。

【栽植培育技术】　通常播种繁殖。具体方法为:春播或秋播,春播一般在 4 月下旬,土壤解冻后进行,播种采用条播,行距 30 m,沟深 2~3 cm,播种量为 1 950 kg/hm²,播种时将种子均匀撒入沟内,覆土 2 cm,压后灌溉。秋播一般在 10 月上旬进行,直接播种,方法及要求与春播相同,秋播后灌足冬水。春季播种 15~20 d 幼苗出土,4~5 片真叶时要及时定苗,留优除劣,当年苗高平均可达 60 cm。定苗后要及时进行松土除草,全年松土除草 5 次;幼苗生长旺期要加强施肥,追施化肥或农家肥,第一次松土、除草后及时浇水,8 月底前停止灌溉和施肥,以防苗木徒长,造成越冬干梢。山杏生长期常见的虫害有红蜘蛛、蚜虫,危害枝叶,可用氧化乐果或敌敌畏等无公害药剂防治。

10.1.59　杏

【科属名称】　蔷薇科 Rosaceae,杏属 *Armeniaca* Mill.

【形态特征】　乔木,高 5~8 m;树冠圆形、扁圆形或长圆形;树皮灰褐色,纵裂,多年生枝浅褐色,皮孔大而横生,1 年生枝浅红褐色,有光泽,无毛,具多数小皮孔。叶片宽卵形或圆卵形,长 5~9 cm,宽 4~8 cm,先端急尖至短渐尖,基部圆形至近心形,叶边有圆钝锯齿,两面无毛或下面脉腋间具柔毛;叶柄长 2~3.5 cm,无毛,基部常具 1~6 腺体。花单生,直径 2~3 cm,先叶开放;花梗短,长 1~3 mm,被短柔毛;花萼紫绿色;萼筒圆筒形,外面基部被短柔毛;萼片
卵形至卵状长圆形,先端急尖或圆钝,花后反折;花瓣圆形至倒卵形,白色或带红色,具短爪;雄蕊 20~45 枚,稍短于花瓣;子房被短柔毛,花柱稍长或几与雄蕊等长,下部具柔毛。果实球形,稀倒卵形,直径约 2.5 cm 以上,白色、黄色至黄红色,常具红晕,微被短柔毛;果肉多汁,成熟时不开裂;核卵形或椭圆形,两侧扁平,顶端圆钝,基部对称,稀不对称,表面稍粗糙或平滑,腹棱较圆,常稍钝,背棱较直,腹面具龙骨状棱;种仁味苦或甜。花期 3—4 月,果期 6—7 月。

【生态学特性】　杏树喜光,耐-30~-25 ℃低温,耐旱,一般土壤均可栽植。深根性,耐瘠薄,对水和肥的要求不严。较耐盐碱,在总盐量 0.2%时也能发育正常。在平原、高山、丘陵和沙荒、盐碱地以及黏壤土、壤土、沙壤土、沙砾土上,都能正常生长。

【水土保持功能及利用价值】　杏树抗旱耐瘠,根深叶茂,枝干强劲,不择水土,在许多恶劣环境条件下生长良好。它既可以绿化荒山沙地,也可美化庭院"四旁",对于改善生态环境有重要意义,是植树造林绿化荒山的先锋树种,是水土保持优先选择的树种之一。杏果早熟、甘美,还可制杏干、杏脯、杏酱、杏汁、杏酒、杏糖水罐头、杏青梅、杏话梅、果丹皮等,杏仁营养丰富,是食品工业的重要原料;杏仁也是重要的中药材。杏早春开花,娇艳美丽,初夏果实,艳丽诱人,为赏花观果园林绿化树种。

【栽植培育技术】 播种育苗:杏核都可用来播种,实生苗多作砧木用。秋播,种子不经处理,直接在定植地上按一定的行距穴播,覆土厚度为10 cm,踏实。或在能灌溉的平地上建立苗床,开沟点播,覆土厚度为5~7 cm,于夏、秋季即可芽接。在秋季进行沙藏层积处理,春季土壤解冻后,同上述方法播种。

嫁接育苗:4月切接,8月芽接。砧木用1~2年生的实生苗,种子的处理、播种和嫁接等方法,均与桃同。嫁接成活的幼苗,在移植前最好在秋季用锹铲三面断去侧根,以促其多生须根。春、秋季在根旁开沟施肥。

造林方法:选择栽培品种应根据本地条件。距城市近或交通便利的,应种植以鲜食为主的品种,交通不便的深山区应种植仁用杏品种。栽植密度根据立地条件选择,一般为4 m×3 m,生产上目前多采用3 m×4 m或2 m×4 m的株行距。

10.1.60 海棠

【科属名称】 蔷薇科 Rosaceae,苹果属 *Malus* Mill.

【形态特征】 落叶小乔木,高可达8 m;小枝粗壮,圆柱形,幼时具短柔毛,逐渐脱落,老时红褐色或紫褐色,无毛;冬芽卵形,先端渐尖,微被柔毛,紫褐色,有数枚外露鳞片。叶片椭圆形至长椭圆形,长5~8 cm,宽2~3 cm,先端短渐尖或圆钝,基部宽楔形或近圆形,边缘有紧贴细锯齿,有时部分近于全缘,幼嫩时上下两面具稀疏短柔毛,以后脱落,老叶无毛;叶柄长1.5~2 cm,具短柔毛;托叶膜质,窄披针形,先端渐尖,全缘,内面具长柔毛。花序近伞形,

有花4~6朵,花梗长2~3 cm,具柔毛;苞片膜质,披针形,早落;花直径4~5 cm;萼筒外面无毛或有白色绒毛;萼片三角卵形,先端急尖,全缘,外面无毛或偶有稀疏绒毛,内面密被白色绒毛,萼片比萼筒稍短;花瓣卵形,长2~2.5 cm,宽1.5~2 cm,基部有短爪,白色,在芽中呈粉红色;雄蕊20~25枚,花丝长短不等,长约花瓣之半;花柱5枚,稀4枚,基部有白色绒色,比雄蕊稍长。果实近球形,直径2 cm,黄色,萼片宿存,基部不下陷,梗洼隆起;果梗细长,先端肥厚,长3~4 cm。花期4—5月,果期8—9月。

【生态学特性】 海棠性喜阳光,不耐阴,忌水湿。海棠花极为耐寒,对严寒及干旱气候有较强的适应性,所以可以承受寒冷的气候,一般来说,海棠在-15 ℃也能生长得很好,完全可以放在室外,不过如果特别寒冷,比如-30 ℃或-40 ℃,就要注意采取保护措施了。海棠喜阳,适宜在阳光充足的环境生长,如果长期置于阴凉的地方,就会生长不良,所以一定要保持充足的阳光。

【水土保持功能及利用价值】 海棠耐干旱、耐盐碱,是适用于厂矿绿化的水土保持树种。此外,果味甜而带酸,可鲜食和制成糖水罐头、蜜饯、果冻、果酱等;海棠花花枝繁茂,美丽动人,是著名的观赏花木。宜配置在门庭入口两旁、亭台、院落角隅,堂前、栏外和窗边。在观花树丛中作主体树种,下配灌木类海棠,后衬以常绿乔木,妖媚动人;亦可植于

草坪边缘、水边池畔、园路两侧,可作盆景或切花材料。

海棠可食用,含有糖类、多种维生素及有机酸,可用于治疗消化不良、食积腹胀之症。海棠味甘微酸,甘能缓中,酸能收涩,具有收敛止泄、和中止痢之功用,能够治疗泄泻下痢、大便搪薄等病症。

【栽植培育技术】 播种育苗:种子休眠期达 3~4 个月,秋季采收的种子用 0~5 ℃的温度层积催芽,翌年春季温度升至 15~20 ℃取出播种,10~20 d 发芽出土。播种量 3~4 kg/亩。覆土厚度为 1~2 cm。秋播不需要处理,且发芽整齐。

嫁接育苗:嫁接常以野海棠作砧木,北方则用山荆子。3 月进行切接,接穗选择 1 年生枝,取其中段带 2 个饱满的芽,接后细土盖没接穗,1 年生苗高 80~100 cm。亦可分株、压条、根插育苗。

造林方法:移植在落叶后至发芽前进行,中、小苗留宿土或露根移植,大苗宜带泥球。冬季截去顶端,促使翌春长出 3~5 条主枝,第 2 年冬再将主枝顶端截之,养成骨干枝,以后只修过密枝、内向枝、重叠枝。

10.1.61 櫻桃

【科属名称】 蔷薇科 Rosaceae,樱属 *Cerasus* Mill.

【形态特征】 乔木,高 2~6 m,树皮灰白色。小枝灰褐色,嫩枝绿色,无毛或被疏柔毛。冬芽卵形,无毛。叶片卵形或长圆状卵形,长 5~12 cm,宽 3~5 cm,先端渐尖或尾状渐尖,基部圆形,边有尖锐重锯齿,齿端有小腺体,上面暗绿色,近无毛,下面淡绿色,沿脉或脉间有稀疏柔毛,侧脉 9~11 对;叶柄长 0.7~1.5 cm,被疏柔毛,先端有 1 个或 2 个大腺体;托叶早落,披针形,有羽裂腺齿。花序伞房状或近伞形,有花 3~6 朵,先叶开放;总苞倒卵状椭圆
形,褐色,长约 5 mm,宽约 3 mm,边有腺齿;花梗长 0.8~1.9 cm,被疏柔毛;萼筒钟状,长 3~6 mm,宽 2~3 mm,外面被疏柔毛,萼片三角卵圆形或卵状长圆形,先端急尖或钝,边缘全缘,长为萼筒的一半或过半;花瓣白色,卵圆形,先端下凹或二裂;雄蕊 30~35 枚,栽培者可达 50 枚;花柱与雄蕊近等长,无毛。核果近球形,红色,直径 0.9~1.3 cm。花期 3—4 月,果期 5—6 月。

【生态学特性】 樱桃喜光,幼龄期抗寒性弱,在北京地区幼苗生长越冬须防寒保护,一般在 3~4 年可露地越冬。忌涝,不耐碱性土壤或瘠薄黏土,适合于年平均气温 10~12 ℃、一年中高于 10 ℃的时间有 150~200 d、土壤 pH 值 6.0~7.5 的地区栽培。土壤含盐量超过 0.1%时,不宜栽培甜樱桃。果实发育期极短,从花谢至果熟,早、中熟品种需 30~40 d,晚熟品种需 40~50 d。

【水土保持功能及利用价值】 樱桃由于耐干旱贫瘠,是适宜地区的水土保持经济树种。果香甜,各地广作果树栽培,也可用作庭院观赏。此外,木材坚硬致密,磨光性能好,可用作家具原料,果实营养丰富,色泽艳丽,风味独特,是商品价值极高的果品;樱桃的果实、果核、根、叶等含有一定的药用成分;樱桃早春开花,洁白芬芳,可植于公园、绿地、庭园、草坪,供观赏。

【栽植培育技术】　嫁接育苗:枝接和芽接均可,枝接时间在 3 月下旬至 4 月上旬。芽接时期应比其他果树芽接时期稍早,晚接不易离皮,在 7 月中下旬比较适宜。

扦插育苗:用硬枝扦插不易生根,故多用软枝扦插。扦插时间一般比其他树种稍早,即在 6 月上中旬比较适宜。扦插时期过晚,则木质化程度高,不易生根。插条采用 1 年新生枝条。插床要用塑料薄膜覆盖。插壤要用纯粗沙。插后喷水,应遵循次数勤而量少的原则,否则容易使插条剪口腐烂。

分株繁殖:常采用堆土压条、水平压条和直接分株 3 种方法。堆土压条法为秋末或春初,在选好的母树基部堆 30~50 cm 高的土堆,使树干基部发生的萌蘖生根形成新的植株。翌年秋天或第 3 年春天,将生根植株剪断取下,直接定植在园中或用作砧木。一般每株母树每年可获取 5~10 株新苗。水平压条法,水平压条一般于 7—8 月进行,选靠近地面且有较多侧枝的萌条,将其呈水平状态放入沟中,用木钩固定,然后填土压实。待生根后,于秋天或翌年春天分段将已生根的枝条剪断,分出新株。

造林方法:主栽品种与授粉树的比例为 2∶1,隔行或隔株定植,株行距一般为 2 m×3 m。

10.1.62　毛樱桃

【科属名称】　蔷薇科 Rosaceae,樱属 *Cerasus* Mill.

【形态特征】　落叶灌木,稀小乔木,通常高 0.3~1 m,稀呈小乔木状,高可达 2~3 m。小枝紫褐色或灰褐色,嫩枝密被绒毛到无毛。冬芽卵形,疏被短柔毛或无毛。叶片卵状椭圆形或倒卵状椭圆形,长 2~7 cm,宽 1~3.5 cm,先端急尖或渐尖,基部楔形,边有急尖或粗锐锯齿,上面暗绿色或深绿色,被疏柔毛,下面灰绿色,密被灰色绒毛或以后变为稀疏,侧脉 4~7 对;叶柄长 2~8 mm,被绒毛或脱落稀疏;托叶线形,长 3~6 mm,被长柔毛。花单生或 2

朵簇生,花叶同开,近先叶开放或先叶开放;花梗长达 2.5 mm 或近无梗;萼筒管状或杯状,长 4~5 mm,外被短柔毛或无毛,萼片三角卵形,先端圆钝或急尖,长 2~3 mm,内外两面内被短柔毛或无毛;花瓣白色或粉红色,倒卵形,先端圆钝;雄蕊 20~25 枚,短于花瓣;花柱伸出与雄蕊近等长或稍长;子房全部被毛或仅顶端或基部被毛。核果近球形,红色,直径 0.5~1.2 cm;核表面除棱脊两侧有纵沟外,无棱纹。花期 4—5 月,果期 6—9 月。

【生态学特性】　毛樱桃喜光,耐寒,耐旱,耐瘠薄及轻碱土。

【水土保持功能及利用价值】　毛樱桃树冠截持降水量为枝叶鲜重的 28.95%。根系水平分布直径可达 1.5 m,能增强土体抗拉、抗剪力,对重力和水平等侵蚀具有明显的减轻作用,为保持水土、防风固沙和荒山瘠薄地带优良的先锋造林树种。毛樱桃果实可用于酿果酒、榨果汁、晒果干、制果脯以及加工成罐头等,种仁含油率 43%,可制肥皂、润滑油等。

毛樱桃叶是很好的饲料。6年生能产枝条 3.1 t/hm²,则相当于 2.07 t 标准煤热量。枯落叶具有较高的肥料价值。也可作桃、李的矮化砧木。毛樱桃核仁可入药。毛樱桃树姿美观,花色艳丽,气味芬芳,花、果十分美丽,盛花灿若云霞,盛果丹实满枝,宜作观赏树种。

【栽植培育技术】　播种育苗:采集充分成熟的果实,放在缸内沤烂果肉,用水清洗后捞出。春季垄播,垄宽 60 cm,每垫 2 行,行距 10 cm,株距 3~5 cm,覆土厚度为 2~3 cm。播种量 15~20 kg/亩。1 年生苗高 5~10 cm。

扦插育苗:硬枝扦插可剪取 1 年生的枝条,长 10~15 cm,在苗床上覆塑料薄膜并在上遮阴扦插。

10.1.63　火炬树

【科属名称】　漆树科 Anacardiaceae,盐肤木属 *Rhus* L.

【形态特征】　灌木或小乔木,树高 8~10 m。树皮黑褐色,稍有不规则纵裂。分枝少;小枝粗壮,密被长绒毛;奇数羽状复叶互生,小叶 9~23 片,长椭圆状披针形或披针形,长 5~12 cm,先端长渐尖,基部圆形或宽楔形,叶缘有整齐锯齿,叶表面绿色,背面粉白,两面被密柔毛;叶轴无翅;雌雄异株,顶生直立圆锥花序,长 10~20 cm,花小,密生,淡绿色。花单性异株,花部 5 基数;子房 1 室;小核果扁球形,被红色短刺毛,聚为紧密的火炬形果穗,种子扁圆形,黑褐色,种皮坚硬。花期 5—7 月,果期 8—11 月。

【生态学特性】　火炬树喜光、喜湿,耐寒,对土壤适应性强,耐干旱瘠薄,耐水湿,耐盐碱,喜生于河谷沙滩、堤岸及沼泽地边缘,又能生于干旱、石砾多的山坡荒地。无直根,水平根发达,根蘖萌发力极强,生长快,但寿命短,一般 10~15 年开始枯枝衰老。但自然根蘖更新非常容易,只需稍加抚育,就可恢复林相,是良好的护坡、固堤及封滩、固沙的先锋树种。近年在华北、西北山地已推广作水土保持及固沙树种。

【水土保持功能及利用价值】　火炬树根系较浅,水平根很发达,根萌发能力极强,水平根发达,一般多分布在 10~50 cm 的土层中,根上密生不定芽,能寻找空隙萌生根蘖苗,生长快、郁闭早,可以迅速扩大和形成郁闭度较高的生物群落,3 年生火炬树,其树冠截留降雨量为 11.3%~25.5%,地表径流量比对照减少 85.7%,土壤冲刷量减少 91.8%,因而具有很强的截持水流和减少地表径流的能力,在干旱条件下具有较强的忍耐饥渴能力,一旦墒情好转就会立即恢复光合作用继续生长,适合坡耕地和梯田的退耕还林,是一种良好的护坡、固堤及封滩、固沙的水土保持树种。叶量较大,枯落物较多,是较好的涵养水源林、水土保持林树种和良好的伴生树种,也是荒山绿化的先锋树种。

火炬树具有较强的抗旱能力,有人认为火炬树的抗旱性明显地强于臭椿、侧柏、刺槐和油松。为了保持其速生性,不宜在太干旱瘠薄的地段选择火炬树造林。火炬树生长迅速,郁闭早,成材快,用于营造薪炭林,平均 2~3 年可利用 1 次,每次产薪材 300~500 kg/亩。但是火炬树根萌发能力极强,所以具有一定的侵占性,在一些地区谨慎选用或选用适宜的混合树种。

火炬树雌花序和果序均红色而形似火炬,十分艳丽,叶秋季变色,鲜红色艳,形似火炬而得名,为著名的秋色树种,可营造风景林和行道树。树皮、叶含有单宁,是制取鞣酸的原料;果实含有柠檬酸和维生素 C,可作饮料;种子含油蜡,可制肥皂和蜡烛;木材黄色,纹理致密美观,可雕刻、旋制工艺品;根皮可药用。木材可作细木工及装饰用材。枝干含水量高,油脂少,不易燃烧等,是理想的封山育林树种和天然的护林防火隔离带树种。

【栽植培育技术】 播种育苗:由于种子外种皮有一层坚硬的蜡质,秋季采果脱粒去皮,春播前以 85 ℃热水浸种,待自然冷却后用手揉搓,去掉蜡质。再用 45 ℃的温水浸泡24 h,捞出后混沙催芽,种沙比例为 1:2,上面覆盖塑料薄膜。以后每天翻动 2~3 次,待2~3 d 后,种子有一半裂嘴时即可播种。条播行距 25~30 cm,亩播种量 1.5 kg 左右,覆土厚度为 1 cm,播后 7 d 苗木出齐。苗高 10~15 cm 时进行间苗,株距 1.5 cm,1 年生苗高可达 2 m,地径 1~1.5 cm。

扦插育苗:夏季进行嫩枝扦插,插入沙土中,注意保持空气湿度。

埋根育苗:将大树粗度在 0.5~1.5 cm 以上的根取出,截成 15~20 cm 长的根段,按株行距 15 cm×50 cm 进行埋根,覆土厚度为 2 cm。

留根育苗:春季大苗移走后,每隔 20~30 cm 将留在土壤中的根切断,然后将圃地整平,做好畦并浇水。追肥可于 7 月下旬进行。1 年生苗高可达 2~2.5 m,出苗量 8 000株/亩。

分蘖育苗:在树冠投影边缘开沟断根,然后填土平沟促发根蘖。加强肥水管理。为了保护母树,1 年不能取苗过多,且切根部位也需逐年变换方位。

造林方法:造林株行距梯田为 2 m×2.5 m,坡耕地为 2 m×2 m。一年四季均可造林。栽植采用"三埋两踩一提苗"的方法。一般不需要修剪,如需枝叶繁茂,可于 2—4 月发芽前平茬。

10.1.64 阿月浑子

【科属名称】 漆树科 Aancardiaceae,黄连木属 Pistacia L.

【形态特征】 小乔木,高 5~7 m;小枝粗壮,圆柱形,具条纹,被灰色微柔毛或近无毛,具突起小皮孔,幼枝常被毛。奇数羽状复叶互生,有小叶 3~5枚,通常 3 枚;叶柄上面平,无翅或具狭翅,被微柔毛或近无毛;小叶革质,卵形或阔椭圆形,长 4~10 cm,宽 2.5~6.5 cm,顶生小叶较大,先端钝或急尖,具小尖头,基部阔楔形,圆形或截形,侧生小叶基部常不对称,全缘,有时略呈皱波,叶面无毛,略具光泽,叶背疏被微柔毛;叶无柄或几无柄。圆锥花序长 4~

10 cm,花序轴及分枝被微柔毛,具条纹,雄花序宽大,花密集;雄花:花被片 3~5 枚,长圆形,大小不等,长 2~2.5 mm,膜质,边缘具卷曲睫毛;雄蕊 5~6 枚,长 2~3 mm;雌花:花被片 3~5 枚,长圆形,长 2~3 mm,膜质,边缘具卷曲睫毛;子房卵圆形,长约 1 mm,花柱长约

0.5 mm。果较大,长圆形,长约 2 cm,宽约 1 cm,先端急尖,具细尖头,成熟时黄绿色至粉红色。

【生态学特性】　阿月浑子喜光,不耐庇荫,可耐−32.8 ℃的低温和 43.8 ℃的高温,极耐旱,在年降水量 80 mm 的干旱地区可正常生长,对土壤要求不严,在瘠薄的山石上亦可生长,不耐盐碱,寿命长达 300~400 年,生长较缓慢,1 年生苗高约 15 cm。

【水土保持功能及利用价值】　阿月浑子适应性强,可广泛地应用于半沙漠和丘陵山地造林,是西部干旱荒漠区很好的防风固沙造林绿化树种。阿月浑子为珍贵的木本油料树种和干果树种,果实是世界著名干果之一。木材细密坚固,色泽美观,含单宁 5% ~12%,可提炼鞣料,种子含油率为 54.5% ~60%,为优质食用油,也可应用于工业及药用。干果味道鲜美,是食用价值很高的坚果和食品工业的优良原料;阿月浑子果、叶、外种皮、油均可药用;阿月浑子树形美观,可应用于城市园林绿化。

【栽植培育技术】　播种育苗:播种季节春、秋均可。春季播种需进行沙藏 45~60 d 的催芽处理。注意检查沙藏的湿度和通气性。点播,沟深 5~6 cm,亩播种量 80 kg。覆土厚度为 3~5 cm。播后 7 d 出土,30 d 苗木可出齐。

嫁接育苗:用黄连木、清香木做砧木。采用芽接、皮下枝接、切接,播种苗 2~3 年生时,于生长季节均可嫁接,大树高接应按 5:1 配置雌雄花接穗。亦可压条、分蘖育苗。

造林方法:以直播造林为主。植苗造林栽植宜带土球,造林株行距 3 m×3 m、6 m×6 m 或 4 m×5 m。应注意配置授粉树,雌雄比例为(10~12):1,生长条件差的可按 3:1 配置雄株。

10.1.65　核桃

【科属名称】　胡桃科 Juglandaceae,胡桃属 *Juglans* L.

【形态特征】　落叶乔木,高达 30 m。树冠广卵形至扁球形。树皮灰白色,老时深纵裂。1 年生枝绿色,无毛或近无毛。小叶 5~9 片,椭圆形、卵状椭圆形至倒卵形,长 6~14 cm,基部钝圆或扁斜,全缘,幼树及萌芽上之叶有锯齿,侧脉常在 15 对以下,表面光滑,背面脉腋有簇毛,幼叶背面有油腺点。雄花为葇荑花序,生于上年生枝侧,花被 6 裂,雄蕊 20 枚;雌花 1~3 朵成顶生穗状花序,花被 4 裂。核果球形,径 4~5 cm,果核近球形,有毛,果核黑色,坚果表面刻沟深,坚果内隔厚而硬。花期 4—5 月,果期 9—11 月。

【生态学特性】　核桃性喜光,喜温暖凉爽气候,耐干冷,不耐湿热。在年平均气温 8~14 ℃,极端最低气温−25 ℃以上,年降水量 400~1 200 mm 的气候条件下能正常生长。喜深厚、肥沃、湿润而排水良好的微酸性至微碱性土壤,可以在 pH 值 4.6~8.2 的各种土壤上生长,在瘠薄、盐碱、酸性较强及地下水过高处均生长不良。深根性,有较粗大的肉质直根,故怕水淹。

【水土保持功能及利用价值】　核桃为深根性树种,根系发达,主根明显,具有较强的固土保水能力及防风作用。核桃树冠庞大雄伟,枝叶茂密,绿荫覆地,加之灰白洁净的树干,是良好的庭荫树,孤植、丛植于草地或园中隙地都很合适。因其花、果、叶的挥发气味具有杀菌、杀虫的保健功效,也可成片、成林栽植于风景疗养区。核桃仁含多种维生素、蛋白质和脂肪,是营养丰富的滋补强壮剂,还可作糕点、糖果等原料;其含油量达 60%～70%,是优良的食用油之一,也可用于制药、油漆等工业。核桃木材优良,坚韧致密而富有弹性,纹理美,有光泽,不翘不裂,耐冲撞,是优良家具用材。核桃壳制成粉后既可作为化妆品的添加剂,也可作为机械表面的打磨剂,同时也是优良的砧木。

【栽植培育技术】　播种育苗:北方多春播,暖地可秋播。春播前应催芽处理,一般在播前层积沙藏 30～35 d,也可在播前用冷水浸种 7～10 d,每天换一次水。一般采用点播,穴距 10～15 cm,覆土约 6 cm,种子应尖端向侧方,并使纵脊垂直地面,这样幼苗较易出土。当年苗高 30～75 cm,在北方冬季要壅土防寒。2 年生苗高 1.5～1.8 m,具有良好的根系。

嫁接繁殖:可用芽接和枝接法。芽接较易成活,一般在 6～7 月进行。嫁接应在 6—8月,以 8 月中下旬成活率最高,达 80%以上,6 月上中旬至 7 月中旬成活率 60%。7 月以前嫁接,能够安全越冬,8 月上中旬以后嫁接要注意防冻。枝接应在砧木发芽后进行,因砧木在萌芽前伤流量大,嫁接很难愈合成活,而砧木在发芽展叶后伤流量很少,有利愈合。核桃一般要求每年施 3 次肥,秋末施基肥,5 月下旬及 7 月上旬各施一次追肥。

造林方法:密度依经营目的确定,用材林 3 m×3 m,农林间作用材林 2 m×14 m,材果间用林 5 m×5 m,农林间作材果间用林 4 m×14 m。直播造林播种量为 3 粒/穴,出苗后选留一个健壮植株培育成材。

10.1.66　薄壳山核桃

【科属名称】　胡桃科 Juglandaceae,山核桃属 *Carya* Natt L.

【形态特征】　大乔木,高可达 50 m,胸径可达2 m,树皮粗糙,深纵裂;芽黄褐色,被柔毛,芽鳞镊合状排列。小枝被柔毛,后来变无毛,灰褐色,具稀疏皮孔。奇数羽状复叶长 25～35 cm,叶柄及叶轴初被柔毛,后来几乎无毛,具 9～17 枚小叶;小叶具极短的小叶柄,卵状披针形至长椭圆状披针形,有时成长椭圆形,通常稍成镰状弯曲,长 7～18 cm,宽 2.5～4 cm,基部歪斜阔楔形或近圆形,顶端渐尖,边缘具单锯齿或重锯齿,初被腺体及柔毛,后来毛脱落而常在脉上有疏毛。雄性菜荑花序 3 条 1 束,几乎无总梗,长 8～14 cm,自去年生小枝顶端或当年生小枝基部的叶痕腋内生出。雄蕊的花药有毛。雌性穗状花序直立,花序轴密被柔毛,具 3～10 雌花。雌花子房长卵形,总苞的裂片有毛。果实矩圆状或长椭圆形,长 3～5 cm,直径 2.2 cm 左右,有 4 条纵棱,外果皮 4 瓣裂,革质,内果皮平滑,灰褐色,有暗褐色斑点,顶端有黑色条纹;基部不完全 2 室。5 月开花,9—11 月果成熟。

【生态学特性】　薄壳山核桃较喜光,耐水湿,较不耐旱,为深根性树种,较速生。

【水土保持功能及利用价值】　薄壳山核桃冠大荫浓,是山区绿化和改善生态环境的水土保持林树种。耐水湿,适合河流沿岸、湖泊周围及平原地区"四旁"栽植。薄壳山核桃为世界著名的高档干果、油料树种和材果兼用优良树种。坚果为干果食用及榨油的原料,其树干通直,材质坚实,纹理细致,富有弹性,不易翘裂,为制作家具的优良材料;薄壳山核桃树体高大雄伟,枝叶茂密,树姿优美,在园林中是优良的上层骨干树种。

【栽植培育技术】　播种育苗:果实采收后摊放于室内通风处,待多数外果皮开裂后,取出种子,出籽率50%~75%。春、秋均可播种,秋播通常在土壤结冻前播完即可,春播宜早,可在3月中旬播种。

嫁接育苗:嫁接所用的砧木一般为核桃。在华北寒冷地区用核桃楸,在长江流域多采用野核桃,在山东、陕西采用枫杨。

扦插育苗:选用1年生的健壮枝条,插穗长17~20 cm,普通方法扦插,成活率90%以上。

根插育苗:结合苗木出圃进行采根,再行假植,春季进行扦插,种根直径1 cm,长10 cm。插根以床插为宜,根的上剪口一定要埋入床面以下0.5~1 cm处。

压条育苗:休眠期将母株根部的健壮枝条压入土中,经一段时间后即能生根,然后将枝条与母株分离,移植再行培养。

造林方法:移植在落叶后或发芽前进行,大苗带泥球,1~2年生小苗需多留侧根和须根,并及时蘸泥浆,以免根系失水而影响成活。株行距5 m×7 m或6 m×8 m较合适。

10.1.67　枣

【科属名称】　鼠李科 Rhamnaceae,枣属 Ziziphus Mill.

【形态特征】　落叶小乔木,稀灌木,高达10余m;树皮褐色或灰褐色;有长枝、短枝和无芽小枝(新枝,比长枝光滑),紫红色或灰褐色,呈"之"字形曲折,具2个托叶刺,长刺可达3 cm,粗直,短刺下弯,长4~6 mm;短枝短粗,矩状,自老枝发出;当年生小枝绿色,下垂,单生或2~7个簇生于短枝上。叶纸质,卵形,卵状椭圆形,或卵状矩圆形;长3~7 cm,宽1.5~4 cm,顶端钝或圆形,稀锐尖,具小尖头,基部稍不对称,近圆形,边缘具圆齿状锯齿,上面深绿色,无

毛,下面浅绿色,无毛或仅沿脉多少被疏微毛,基生三出脉;叶柄长1~6 mm,或在长枝上的可达1 cm,无毛或有疏微毛;托叶刺纤细,后期常脱落。花黄绿色,两性,5基数,无毛,具短总花梗,单生或2~8个密集成腋生聚伞花序;花梗长2~3 mm;萼片卵状三角形;花瓣倒卵圆形,基部有爪,与雄蕊等长;花盘厚,肉质,圆形,5裂;子房下部藏于花盘内,与花盘合生,2室,每室有1胚珠,花柱2半裂。核果矩圆形或长卵圆形,长2~3.5 cm,直径1.5~2 cm,成熟时红色,后变红紫色,中果皮肉质,厚,味甜,核顶端锐尖,基部锐尖或钝,2室,具1或2枚种子,果梗长2~5 mm;种子扁椭圆形,长约1 cm,宽8 mm。花期5—7月,果期8—9月。

【生态学特性】 枣树喜光,耐热,喜旱,耐寒,耐干瘠,耐涝和耐轻度盐碱,适应性强,适宜 pH 5.5~8.0 的土壤。

【水土保持功能及利用价值】 枣对多种有毒气体抗性强,耐旱、耐寒、耐干瘠,是山区优良的水土保持树种。枣树的木材坚硬致密,纹理细,木材密度大,材质优良;枣的果实味甜,含有丰富的维生素 C,除供鲜食外,常可以制成蜜枣、红枣、熏枣、黑枣、酒枣及牙枣等蜜饯和果脯,还可以作枣泥、枣面、枣酒、枣醋等,为食品工业原料。枣又供药用,有养胃、健脾、益血、滋补、强身之效,枣仁和根均可入药,枣仁可以安神,为重要药品之一。枣树花期较长,芳香多蜜,为良好的蜜源植物。

【栽植培育技术】 分蘖育苗:在树冠投影边缘开沟断根,然后填土平沟促发根蘖。加强肥水管理。为了保护母树,一年不能取苗过多,且切根部位也需逐年变换方位。在 4 月上旬将分蘖苗与母株分离另植。

嫁接育苗:常用的砧木有野枣、枣和酸枣。嫁接方法有劈接、切接、皮下接和芽接、嫩梢接、腹接、隐接、搭接、舌接等。

造林方法:苗木应选择根系完整、株高 1 m 以上的壮苗,短截后采用保湿包装、运输到种植园。一般措施为泥蘸根加湿草袋或湿麻袋包装,最后用塑料薄膜包严捆扎。春季适当晚栽,可以明显地提高生长率和生长势,生产上栽植枣树应掌握在枣树萌芽前栽完,又尽量接近萌芽期,这是提高枣树春栽成活率的有效措施。定植时间一般在发芽前 5~10 d。

10.1.68 柿

【科属名称】 柿树科 Ebenaceae,柿树属 *Diospyros* L.

【形态特征】 落叶大乔木,通常高达 10~14 m 以上,胸高直径达 65 cm,高龄老树有高达 27 m 的;树皮深灰色至灰黑色,或者黄灰褐色至褐色,沟纹较密,裂成长方块状;树冠球形或长圆球形,老树冠直径达 10~13 m,有达 18 m 的。枝开展,带绿色至褐色,无毛,散生纵裂的长圆形或狭长圆形皮孔;嫩枝初时有棱,有棕色柔毛或绒毛或无毛。冬芽小,卵形,长 2~3 mm,先端钝。叶纸质,卵状椭圆形至倒卵形或近圆形,通常较大,长 5~18 cm,宽 2.8~

9 cm,先端渐尖或钝,基部楔形,钝,圆形或近截形,很少为心形,新叶疏生柔毛,老叶上面有光泽,深绿色,无毛,下面绿色,有柔毛或无毛,中脉在上面凹下,有微柔毛,在下面凸起,侧脉每边 5~7 条,上面平坦或稍凹下,下面略凸起,下部的脉较长,上部的较短,向上斜生,稍弯,将近叶缘网结,小脉纤细,在上面平坦或微凹下,连结成小网状;叶柄长 8~20 mm,变无毛,上面有浅槽。花雌雄异株,但间或有雄株中有少数雌花,雌株中有少数雄花的,花序腋生,为聚伞花序;雄花序小,长 1~1.5 cm,弯垂,有短柔毛或绒毛,有花 3~5 朵,通常有花 3 朵;总花梗长约 5 mm,有微小苞片;雄花小,长 5~10 mm;花萼钟状,两面有毛,深 4 裂,裂片卵形,长约 3 mm,有睫毛;花冠钟状,不长过花萼的 2 倍,黄白色,外面

或两面有毛,长约 7 mm,4 裂,裂片卵形或心形,开展,两面有绢毛或外面脊上有长伏柔毛,里面近无毛,先端钝,雄蕊 16～24 枚,着生在花冠管的基部,连生成对,腹面 1 枚较短,花丝短,先端有柔毛,花药椭圆状长圆形,顶端渐尖,药隔背部有柔毛,退化子房微小;花梗长约 3 mm。雌花单生叶腋,长约 2 cm,花萼绿色,有光泽,直径约 3 cm 或更大,深 4 裂,萼管近球状钟形,肉质,长约 5 mm,直径 7～10 mm,外面密生伏柔毛,里面有绢毛,裂片开展,阔卵形或半圆形,有脉,长约 1.5 cm,两面疏生伏柔毛或近无毛,先端钝或急尖,两端略向背后弯卷;花冠淡黄白色或黄白色而带紫红色,壶形或近钟形,较花萼短小,长和直径各 1.2～1.5 cm,4 裂,花冠管近四棱形,直径 6～10 mm,裂片阔卵形,长 5～10 mm,宽 4～8 mm,上部向外弯曲;退化雄蕊 8 枚,着生在花冠管的基部,带白色,有长柔毛;子房近扁球形,直径约 6 mm,多少具 4 棱,无毛或有短柔毛,8 室,每室有胚珠 1 颗;花柱 4 深裂,柱头 2 浅裂;花梗长 6～20 mm,密生短柔毛。果形多种,有球形、扁球形、球形而略呈方形、卵形等,直径 3.5～8.5 cm 不等,基部通常有棱,嫩时绿色,后变黄色、橙黄色,果肉较脆硬,老熟时果肉柔软多汁,呈橙红色或大红色等,有种子数颗;种子褐色,椭圆状,长约 2 cm,宽约 1 cm,侧扁,在栽培品种中通常无种子或有少数种子;宿存萼在花后增大增厚,宽 3～4 cm,4 裂,方形或近圆形,近平扁,厚革质或干时近木质,外面有伏柔毛,后变无毛,里面密被棕色绢毛,裂片革质,宽 1.5～2 cm,长 1～1.5 cm,两面无毛,有光泽;果柄粗壮,长 6～12 mm。花期 5—6 月,果期 9—10 月。

【生态学特性】　柿树喜温暖湿润气候,也耐干旱,深根性树种,根系强大,吸水、吸肥的能力强,故不择土壤,在山地、平原、微酸、微碱性的土壤上均能生长;也很能耐潮湿土地,但以土层深厚肥沃、排水良好的富含腐殖质的中性壤土或黏质壤土最为理想。

【水土保持功能及利用价值】　柿树适应性强,能在自然条较差的山区生长,对土壤要求不高,经济寿命长,可达百年,是水土流失区致富的重要树种。该树属深根性树种,根系强大,固土能力强,且枝叶繁茂,提高地面覆盖率较强,对调节小气候、改善环境具有重要作用。

柿树是极好的园林结合生产树种,既适宜于城市园林,又适宜于山区自然风景点中配置应用。材质坚韧,不翘裂,耐腐;可制家具、农具及细工用。果实的营养价值较高,有"木本粮食"之称,有降血压、治胃病、醒酒的作用。除少数品种外,一般脱涩后可生食。柿果除食用外,又可加工成柿酒、柿醋、柿饼等。在制柿饼的过程中又可产生柿霜,甘甜可口并有治喉痛、口疮的效果。

【栽植培育技术】　用嫁接法繁殖,砧木在北方、西南地区多用君迁子,在江南多用油柿、老鸦柿及野柿。枝接时期应在树液刚开流动时为好,芽接应在生长缓慢时期,方法以方块芽接法为好。定植期可在深秋或初冬,株距以 6～8 m 为宜,但在园林中不受此限制。定植后应在休眠期施基肥,在萌芽期、果实发育期和在花芽分化期施追肥,并适当灌溉,避免干旱,可减少落果,提高产量。柿树的结果枝发自结果母枝的顶芽及其下附近的 1～2个芽,故在早春修剪时,多行疏剪,不行短剪。修剪时应将病虫枝、枯枝或细弱的小冗枝剪除。

10.1.69　君迁子

【科属名称】　柿树科 Ebenaceae,柿树属 Diospyros L.

【形态特征】　落叶乔木,高可达 30 m,胸高直径可达 1.3 m;树冠近球形或扁球形;树皮灰黑色或灰褐色,深裂或不规则的厚块状剥落;小枝褐色或棕色,有纵裂的皮孔;嫩枝通常淡灰色,有时带紫色,平滑或有时有黄灰色短柔毛。冬芽狭卵形,带棕色,先端急尖。叶近膜质,椭圆形至长椭圆形,长 5~13 cm,宽 2.5~6 cm,先端渐尖或急尖,基部钝,宽楔形以至近圆形,上面深绿色,有光泽,初时有柔毛,但后渐脱落,下面绿色或粉绿色,有柔毛,且在脉上较

多,或无毛,中脉在下面平坦或下陷,有微柔毛,在下面凸起,侧脉纤细,每边 7~10 条,上面稍下陷,下面略凸起,小脉很纤细,连接成不规则的网状;叶柄长 7~15 mm,有时有短柔毛,上面有沟。雄花 1~3 朵腋生,簇生,近无梗,长约 6 mm;花萼钟形,4 裂,偶有 5 裂,裂片卵形,先端急尖,内面有绢毛,边缘有睫毛;花冠壶形,带红色或淡黄色,长约 4 mm,无毛或近无毛,4 裂,裂片近圆形,边缘有睫毛;雄蕊 16 枚,每 2 枚连生成对,腹面 1 枚较短,无毛;花药披针形,长约 3 mm,先端渐尖,药隔两面都有长毛;子房退化;雌花单生,几无梗,淡绿色或带红色;花冠壶形,长约 6 mm,4 裂,偶有 5 裂,裂片近圆形,长约 3 mm,反曲;退化雄蕊 8 枚,着生花冠基部,长约 2 mm,有白色粗毛;子房除顶端外无毛,8 室;花柱 4,有时基部有白色长粗毛。果近球形或椭圆形,直径 1~2 cm,初熟时为淡黄色,后则变为蓝黑色,常被有白色薄蜡层,8 室;种子长圆形,长约 1 cm,宽约 6 mm,褐色,侧扁,背面较厚;宿存萼 4 裂,深裂至中部,裂片卵形,长约 6 mm,先端钝圆。花期 5—6 月,果期 10—11 月。

【生态学特性】　君迁子生于海拔 1 500 m 以下的沿溪涧河滩、阴湿山坡地的林中或林缘。君迁子性强健,阳性,耐寒,耐干旱瘠薄,很耐湿,抗污染,深根性,须根发达,喜肥沃深厚土壤,但对瘠薄土、中等碱性土及石灰质土有一定的忍耐力,对二氧化硫抗性强。根系发达但较浅。生长较迅速。

【水土保持功能及利用价值】　君迁子适应性强,生态幅广,在土壤干旱、土层瘠薄等地区营造君迁子可起到水土保持作用。该树根系发达,分布浅,具有较强的抗冲蚀作用。

君迁子树干挺直,树冠圆整,适应性强,可供园林绿化用。果实脱涩后可食用,亦可干制或酿酒、制醋;种可入药。嫩枝的涩汁可作漆料。木材坚重,纹理细致美丽,耐水湿,耐磨损,可作家具、文具以及纺织工业上的木梭线轴用。树皮、树枝可提取栲胶。

【栽植培育技术】　播种繁殖:将成熟的果实晒干堆放待腐烂后取出种子,可混沙储藏或阴干后干藏,至翌春播种;播前应浸 1~2 d,待种子膨胀再播。当年较粗的苗即可作柿树的砧木行芽接,或在翌年春季行枝接、在夏季行芽接。

10.1.70　杜仲

【科属名称】　杜仲科 Eucommiaceae,杜仲属 Eucommia Oliv.

【形态特征】　落叶乔木,高达 20 m,胸径约 50 cm;树皮灰褐色,粗糙,内含橡胶,折断拉开有多数细丝。嫩枝有黄褐色毛,不久变秃净,老枝有明显的皮孔。芽体卵圆形,外面发亮,红褐色,有鳞片 6~8 片,边缘有微毛。叶椭圆形、卵形或矩圆形,薄革质,长 6~15 cm,宽 3.5~6.5 cm;基部圆形或阔楔形,先端渐尖;上面暗绿色,初时有褐色柔毛,不久变秃净,老叶略有皱纹,下面淡绿,初时有褐毛,以后仅在脉上有毛;侧脉 6~9 对,网脉在上面下陷,在下面稍

突起;边缘有锯齿;叶柄长 1~2 cm,上面有槽,被散生长毛。花生于当年枝基部,雄花无花被;花梗长约 3 mm,无毛;苞片倒卵状匙形,长 6~8 mm,顶端圆形,边缘有睫毛,早落;雄蕊长约 1 cm,无毛,花丝长约 1 mm,药隔突出,花粉囊细长,无退化雌蕊。雌花单生,苞片倒卵形,花梗长 8 mm,子房无毛,1 室,扁而长,先端 2 裂,子房柄极短。翅果扁平,长椭圆形,长 3~3.5 cm,宽 1~1.3 cm,先端 2 裂,基部楔形,周围具薄翅;坚果位于中央,稍突起,子房柄长 2~3 mm,与果梗相接处有关节。种子扁平,线形,长 1.4~1.5 cm,宽 3 mm,两端圆形。早春开花,秋后果实成熟。

【生态学特性】　杜仲通常生于海拔 300~2 500 m 地带。喜阳光充足、温和湿润气候,不耐庇荫;耐低温,北京地区可栽培,适应性较强,在疏松、排水良好的酸性土、中性土、微碱性土及钙质土上均能生长。在过湿、过干、过于贫瘠或强酸、重碱土上生长不良。根系浅而侧根发达,萌蘖性强,也可利用零星土地或"四旁"栽培。

【水土保持功能及利用价值】　杜仲喜光、不耐阴,能耐严寒,喜生于土壤肥沃、深厚且排水良好、温暖湿润、阳光充足的环境中,在酸性、中性及微碱性土壤上均可正常生长。杜仲根系发达,固土能力强,耐干旱,是优良的水土保持树种,是黄河、淮河中上游平原沙区和丘陵山地防风固沙树种。

杜仲是我国特产名贵中药材,树皮入药,有补肝肾、健筋骨和降血压等功用。杜仲的皮、叶、雄花还是很好的保健型调味品,配方烹饪或加工成各种功能性保健菜肴、食品等。美味保健菜肴的烹饪可用杜仲雄花茶、杜仲叶茶或杜仲皮用水浸泡后的浸提液。杜仲胶具有绝缘、绝热、抗酸碱侵蚀等性能,是制造海底电缆的好材料,为工业用胶原料树种,也是一种亚麻酸油含量很高的经济材种,全树除木质部外,各组织和器官均含有杜仲胶;种子含油率达 27%;木材结构细,不翘不裂,供造船、建筑、家具等用。杜仲树干通直,树形整齐、优美,叶色浓绿,为良好的园林绿荫树及行道树种。

【栽植培育技术】　播种育苗:将杜仲种子装入塑料编织袋,悬挂于通风凉爽处,于 12 月下旬直接入畦播种。或于 10 月底采下后,悬挂储存,12 月下旬用清水浸 1~2 d,每天换 1 次清水,最后一次换水时加少许硫酸铜或代铵(锌)、多菌灵,以灭病菌捞出滤至以播种时能撒开不粘手,直接入畦播种。杜仲子寿命为 1 年,种子发芽率与成熟度、新鲜度关系密切,老熟的种子发芽率低,春播芽率则更低。选择沙田或沙壤田,播前反复耕耙 2~3 遍。在最后一次耕耙前撒复合肥"打茬口"。做成 1 m 畦,沟深 20~25 cm,沟内施圈肥或撒复合肥及菜饼,也可用人畜尿粪打底,覆土低于畦面 1.52 cm。在施有基肥的沟内按

5 cm间放 1 粒种子或稀稀匀匀地撒在沟内,过密者则拣起另摆稀处。覆草木灰混合土或细土 1.5~2 cm。上顺沟向平铺稻、茅草保温。盖草不必过厚,以免苗齐后掀草时顺势带出幼苗。稻草畦后,招引老鼠极快,老鼠咬吃杜仲籽极为严重,必须即时投药诱杀老鼠。出苗 15~20 d 前,即用 1:3的呋喃丹和黄土拌和撒畦面,毒杀地老虎。苗基本出齐即去稻草、茅草,再撒一次 1:4的寿辰百虫粉和草木灰及细土。产苗量 1.5 万~2 万株/亩,1 年生苗高 50~70 cm。

扦插育苗:扦插床土以沙质壤土为宜。春季扦插,在枝条萌动前 15 d,采 1 年生枝条作插穗,插穗长 10~20 cm,去梢,基部两面反切,株行距 10 cm×10 cm,并搭荫棚遮阴。因硬枝生根不易,春、夏应采用嫩枝扦插,成活率80%。

压条育苗:在春季树液流动时,将 3~4 年生的根蘖条压入土中,15~30 d 后即可生根,秋季分植。

留根育苗:起苗时,使 2/5 的根残留土内,可萌生新植株。

插根育苗:剪取粗 0.5 cm 以上、长 10~15 cm 的根。用塑料棚催芽后,进行垄栽。

造林方法:一般株行距为 2 m×2 m 或 2 m×3 m,亦可直播造林。

10.1.71　石榴

【科属名称】　石榴科 Punicaceae,石榴属 Punica L.

【形态特征】　落叶灌木或小乔木,高 2~7 m,小枝四棱形,平滑,顶常成尖锐长刺;幼枝具棱角,平滑,老枝近圆柱形;叶对生,纸质,矩圆状披针形,长 2~8 cm,宽 1~3 cm,先端短尖、钝尖或微凹,基部短尖至稍钝形,光亮无毛,有柄短。花大,1 至数朵生于枝顶或腋生;花萼钟状,红色或淡黄色,萼筒长 2~3 cm,先端 5~8 裂,裂片略外展,卵状三角形,长 8~13 mm,外面近顶端有 1 黄绿色腺体,边缘有小乳突;花瓣通常大,红色、黄色或白色,与萼片同数,长

1.5~3 cm,宽 1~2 cm,顶端圆形;花丝无毛,长达 13 mm;花柱长超过雄蕊;浆果近球形,直径 5~12 cm,通常为淡黄褐色或淡黄绿色,有时白色,稀暗紫色;种子多数,钝角形,红色至乳白色,肉质。花期 5—7 月,果期 9—10 月。

【生态学特性】　石榴喜光,喜温暖,稍耐寒,耐旱。适宜最低温度−17 ℃,低于−17 ℃时会出现嫩枝冻害,应采取防寒防冻措施。以排水良好而较湿润的沙壤土或石灰质土壤为宜。寿命长,80 年的老树仍可结果。耐瘠薄,对土壤要求不严格,在山地、平原、黏土、碱地以及 pH 4.5~8.2 的土壤上均能生长。生长旺盛,抗病虫害能力强。

【水土保持功能及利用价值】　石榴适应性强,耐旱耐瘠薄,对土壤要求不严,根系发达,根际易生根蘖;枝叶稠密,小枝柔软不易风折,能有效地截留和减弱地表径流,防止土壤冲刷,起到很好的水土保持功能,具有良好的生态效益。喜光,喜温暖气候,有一定的耐寒能力,不适宜山区种植,是观赏树及果树。

石榴还具有较高的经济价值,外种皮供食用,是一种常见果树,果味酸甜,可生食或加

工成清凉饮料;石榴汁含有多种氨基酸和微量元素,有助消化、抗胃溃疡、软化血管、降血脂和血糖、降低胆固醇等多种功能。果皮入药,治慢性下痢及肠痔出血等症;根皮可驱绦虫或蛔虫,花有止血、明目功能;树皮、根皮和果皮均含多量鞣质(20%~30%),可提取栲胶。石榴夏季开花,花色美丽,花期长,到了仲秋果实变成红黄色,悬于碧枝之间,十分别致,故石榴为优良园林绿化树种。

【栽植培育技术】 播种育苗:种子阴干后可沙藏,也可干藏,含水量降至10%的种子在低温下干藏可保存2年。石榴内种皮木质,发芽较慢,种子无生理休眠习性,干藏种子在播种前浸种4 h,2—3月播种,条播,覆土厚度为15 cm。

扦插育苗:休眠枝扦插在3月下旬进行,插入土中2/3,插后充分浇水,并保持土壤湿润。半熟枝宜在6—7月扦插,插穗长10~20 cm,带叶4~5片,插入土中5~6 cm,株行距10 cm×30 cm。插后随即遮阴,保持叶片新鲜,插后15~20 d生根。

分蘖育苗:可在早春4月芽萌动时,挖取健壮根蘖苗分栽。春、秋季均可进行压条,不必刻伤,芽萌动前用根部分蘖枝压入土中,经夏季生根后割离母株,秋季即可成苗。露地栽培应选择光照充足、排水良好的场所。生长过程中,每月施肥1次。需勤除根蘖苗和剪除死枝、病枝、密枝和徒长枝,以利通风透光。

嫁接育苗:优良品种采用嫁接育苗,以春季和秋季嫁接最为适宜,砧木为石榴。

压条育苗:休眠期将母株根部的健壮枝条压入土中,经一段时间后即能发芽生根,然后将枝条与母株分离,移植再行培养。

造林方法:春、秋两季均可栽植。株行距为2 m×4 m。石榴性健强而多分枝、耐修剪,应于春、秋两季进行摘芽及整枝、整形修剪。石榴是在结果母枝上抽生新梢的,顶生花芽最易结果,修剪时注意不可将结果母枝短截。

10.1.72 文冠果

【科属名称】 无患子科 Sapindaceae,文冠果属 *Xanthoceras* Bunge.

【形态特征】 落叶灌木或小乔木,高2~5 m;小枝粗壮,褐红色,无毛,顶芽和侧芽有覆瓦状排列的芽鳞。叶连柄长15~30 cm;小叶4~8对,膜质或纸质,披针形或近卵形,两侧稍不对称,长2.5~6 cm,宽1.2~2 cm,顶端渐尖,基部楔形,边缘有锐利锯齿,顶生小叶通常3深裂,腹面深绿色,无毛或中脉上有疏毛,背面鲜绿色,嫩时被绒毛和成束的星状毛;侧脉纤细,两面略凸起。花序先叶抽出或与叶同时抽出,两性花的花序顶生,雄花序腋生,长12~20 cm,直立,总花梗短,基部常有残存芽鳞;花梗长1.2~2 cm;苞片长0.5~1 cm;萼片长6~7 mm,两面被灰色绒毛;花瓣白色,基部紫红色或黄色,有清晰的脉纹,长约2 cm,宽7~10 mm,爪之两侧有须毛;花盘的角状附属体橙黄色,长4~5 mm;雄蕊长约1.5 cm,花丝无毛;子房被灰色绒毛。蒴果长达6 cm;种子长达1.8 cm,黑色而有光泽。花期春季,果期秋初。

【生态学特性】 文冠果为中生植物,喜光,耐半阴,耐-41.4 ℃的低温,耐旱,不耐涝,适应性较强,耐瘠薄,对土壤要求不严,适宜的土壤 pH 值 7.5~8,根系发达,寿命长,萌芽力强。

【水土保持功能及利用价值】 文冠果根系发达,寿命长,萌芽力强,具有早结实、产量高、抗病虫害等特性,是绿化荒山、保持水土的优良树种。根系主要集中在 0~60 cm 深的土层中,固土作用显著。文冠果是我国北方地区很有发展潜力的木本油料树种。种子含油 30.8%,种仁含油 56.36%~70.0%,与油茶、榛子相近。除了油供食用和工业用外,油渣含有丰富的蛋白质和淀粉,可以用作提取蛋白质或氨基酸的原料,经加工也可以作精饲料。木材棕褐色,坚硬致密,花纹美观,抗腐性强,可作器具和家具。花是蜜源。果皮可提取工业上用途较广的糠醛。文冠果春天白花满树,有秀丽光洁的绿叶相衬,花期可持续 20 d,故为北方著名的观赏树种,可配植于草坪、路边、山坡。

【栽植培育技术】 种子繁殖:一般在 8 月中旬,当果皮由绿褐色变为黄褐色,1/3 以上的果实果皮开裂时采种。采下的果实除掉果皮,放在阴凉通风处晾干种子,然后装入容器储藏,种子千粒重一般为 600~1 250 g。育苗地应以地势平坦、土质肥沃、土层较厚、排水良好、管理方便的沙壤土为最好,沙土和黏土作育苗地,要适当增施腐熟堆肥和厩肥。每公顷施农家肥 2 500~3 000 kg,种子处理可采用湿沙埋藏法和快速催芽法。湿沙埋藏法是选背风向阳的地方,挖深 30 cm、宽 1 m 的平底坑。把种子与 2~3 倍的湿沙混拌放入坑内,再在上面覆盖约 20 cm 厚的湿沙。次年播种前半个月左右,在背风向阳处另挖深度为 50 cm 左右的斜底坑,将混沙的种子从埋藏坑内取出,再斜堆在上述坑内,倾斜面向着太阳,利用日光进行高温催芽。经常翻动种子和补充水分,以保持湿润。晚间以草席覆盖催芽坑。经过 10 d 左右的高温催芽,有 20%左右的种子裂嘴时播种。快速催芽法是临时处理种子的方法。具体方法是在播种前 7 d 左右,将选出的种子用 45 ℃温水浸种任其自然冷却,3 d 后捞出装入筐篓内,上面盖 1 层湿草帘,放在 20~25 ℃的温室内催芽,每天翻动 1~2 次,并注意保持适宜湿度。待种子有 2/3 裂嘴时进行播种,或选出裂嘴的种子分期播种。播种一般在 4 月中旬到 5 月上旬。每公顷需种子 225~300 kg。开 15~20 cm、宽 3~4 cm 深的长条沟,在沟内每 15~20 cm 点 1 粒种子,覆土厚度 2~3 cm。及时灌水,全年一般要耕作除草 3~4 次。

插根育苗:是在春季利用文冠果起苗后残留在地下的粗 0.4 cm 以上的根系或掐取部分老树的根,截成长 10~15 cm 的根段作为插根。插根地要深耕 20~25 cm,每公顷施基肥 45 000 kg,做成床或垄。插根的株行距为 15 cm,开窄缝栽植,插根顶端要低于地表 2~3 cm。插根 15~20 d 开始萌发出土,选留一个健壮的,其余全部摘除。平均苗高可达 60 cm 以上。

分蘖育苗:春秋两季在距离树根部 1 m 处开环形沟,切断根系,促其分蘖长出根蘖苗,翌年即可出圃造林。

造林方法:植苗造林——造林株行距为 2 m×2 m,种子产量最高,以后分阶段进行疏伐,每亩最后保留 70 株。土壤瘠薄地段造林株行距 1.5 m×2 m,土壤肥沃地段造林株行距 3 m×3 m 或 4 m×4 m。直播造林——春季播种,株行距同植苗造林,播 4~5 粒/穴,种脐平放,播种量 7.5~19.5 kg/hm²,覆土厚度 3~4 cm。分根造林——挖取健壮母树的根,截成长 30 cm、粗 0.5 cm 以上的根段,挖穴栽入,覆土厚度 5 cm。

10.1.73　华北五角枫

【科属名称】　槭树科 Aceraceae,槭属 *Acer* L.

【形态特征】　落叶乔木,高可达 20 m,小枝无毛,棕灰色或灰色。单叶,对生,叶长 6~8 cm,宽 9~11 cm,基部近心形或平截,叶常掌状 5 裂,裂深达叶片中部,有时 3 裂或 7 裂,裂片卵形,先端渐尖或尾尖,全缘,上面光绿色,背面淡绿色,下面叶脉或脉腋被黄色柔毛,叶柄长 4~6 cm。顶生复伞房花序;花瓣淡黄色,椭圆形或椭圆状倒卵形,长约 3 mm;萼片黄绿色,长圆形;雄蕊 8 枚,生于花盘内侧。翅果淡黄色,扁平,卵圆形,长 2~2.5 cm,翅长圆形,两翅开展成锐角或近钝角,翅长约为小坚果的 2 倍,长达 2 cm。花期 5 月,果期 9 月。

【生态学特性】　五角枫喜光,稍耐阴;喜温凉湿润气候;适应性强,抗旱,耐严寒,耐贫瘠,在中性、酸性、石灰性土壤上能生长,但在土层深厚、肥沃、疏松、湿润的山地褐土上生长最好;生长速度中等,深根性;很少病虫害。

【水土保持功能及利用价值】　五角枫为深根性树种,根系密集,有良好的固土作用;枝叶密度大,截留降雨能力强,有效地削弱了降雨对土壤的击溅作用,减少了土壤侵蚀,延长了产生地表径流的过程;枯落物较多,对改良土壤、涵养水源、增强土壤下渗能力具有良好的作用,水土保持作用显著。

五角枫冠大荫浓,树姿优美,嫩叶红色,秋季叶又变成黄色或红色,为优良的园林绿化树种。木材坚韧细致,材质优良,纹理美观,有光泽,可供家具、乐器、胶合板、建筑、车辆及细木工用材。嫩叶可作菜和代茶;茎皮可作人造棉及造纸原料,也可提制栲胶;种子榨油,可供工业原料及食用。

【栽植培育技术】　主要采用播种繁殖,翅成熟后脱落期较长,逐渐随风飘落,故应及时采集;采后晾晒 3~5 d,去杂后装袋,所得纯净翅果即为播种材料。在播种前种子用湿水浸泡 1 d 或湿沙层积催芽;1 年生苗高为 60~80 cm,园林、城镇绿化苗木 2 年生即可出圃;移植在秋季落叶后至春季芽萌动前进行,大苗移植需带土球,还需适当修剪。

10.1.74　接骨木

【科属名称】　接骨木科 Sambucaceae,接骨木属 *Sambucus* L.

【形态特征】　落叶灌木或小乔木,高 5~6 m;老枝淡红褐色,具明显的长椭圆形皮孔,髓部淡褐色。羽状复叶有小叶 2~3 对,有时仅 1 对或多达 5 对,侧生小叶片卵圆形、狭椭圆形至倒矩圆状披针形,长 5~15 cm,宽 1.2~7 cm,顶端尖、渐尖至尾尖,边缘具不整齐锯齿,有时基部或中部以下具 1 枚至数枚腺齿,基部楔形或圆形,有时心形,两侧不对称,最下 1 对小叶有时具长 0.5 cm 的柄,顶生小叶卵形或倒卵形,顶端渐尖或尾尖,基部楔形,具长约 2 cm 的柄,初时小叶上面及中脉被稀疏短柔毛,后光滑无毛,叶搓揉后有臭气;托叶狭带形,或退化成带蓝色的突起。花与叶同出,圆锥形聚伞花序顶生,长 5~11 cm,宽 4~14 cm,具总花梗,花序分枝多成直角开展,有时被稀疏短柔毛,随即光滑无毛;花小而密;萼筒杯状,长约 1 mm,萼齿三角状披针形,稍短于萼筒;花冠蕾时带粉红色,开后白色或淡黄色,筒短,裂片矩圆形或长卵圆形,长约 2 mm;雄蕊与花冠裂片等长,开展,花丝基部稍肥大,花药黄色;子房 3 室,花柱短,柱头 3 裂。果实红色,极少蓝紫黑色,卵圆形或近圆形,直径 3~

5 mm;分核 2~3 枚,卵圆形至椭圆形,长 2.5~3.5 mm,略有皱纹。花期一般 4—5 月,果熟期 9—10 月。

【生态学特性】 接骨木适应性较强,对气候要求不严;喜向阳,但又能稍耐阴蔽。以肥沃、疏松的土壤为好。喜光,亦耐阴,较耐寒,又耐旱,根系发达,萌蘖性强。常生于海拔 540~1 600 m 的林下、灌木丛中或平原路旁。根系发达,忌水涝。

【水土保持功能及利用价值】 接骨木根系发达,萌生力强,具有良好的水土保持功能,同时可作观赏绿化树种。此外,茎叶可入药,还可供观赏。

【栽植培育技术】 催芽播种:接骨木种子具有休眠特性,需高温低温交替处理。将种子在 9 月上旬按 1:3 的种沙比拌种,保持相对含水量 60%,露天沙藏至第二年 4 月中旬。取出种子按 10 g/m² 的用种量进行撒播,然后在种子上撒播种子质量 0.5% 的五氯硝基苯毒土,覆土 0.5 cm。

苗期管理:①间苗定苗。一般出苗后 20 d 进行第 1 次间苗,株距 10 cm;出苗后 35 d 进行第 2 次间苗,株距 15 cm;出苗后 50 d 定苗,株距 25 cm。②除草。生长前期苗木细弱,应及时除去杂草,后期接骨木生长较快,封行早,杂草较少。③水肥管理。苗木生长旺期每隔 7~10 d 施 1 次氮肥,3~5 kg/亩。8 月上旬最后 1 次施肥,每亩喷施磷酸二氢钾 1~2 kg,以利于枝干充实,安全越冬。④越冬管理。9 月下旬,接骨木苗高可达 1.7 m,地径 2 cm,10 月中下旬,将接骨木 1 年生苗连根掘起,置于地窖内,根部对齐,用沙覆根部,堆成长条状,最后在根部浇水,保持窖温-3~5 ℃,储至翌年待植。

10.1.75 马桑

【科属名称】 马桑科 Coriariaceae,马桑属 *Coriaria* L.

【形态特征】 落叶小乔木或灌木,高 1.5~2.5 m,分枝水平开展,小枝四棱形或成四狭翅,幼枝疏被微柔毛,后变无毛,常带紫色,老枝紫褐色,具显著圆形突起的皮孔;芽鳞膜质,卵形或卵状三角形,长 1~2 mm,紫红色,无毛。叶对生,纸质至薄革质,椭圆形或阔椭圆形,长 2.5~8 cm,宽 1.5~4 cm,先端急尖,基部圆形,全缘,两面无毛或沿脉上疏被毛,基出 3 脉,弧形伸至顶端,在叶面微凹,叶背突起;叶短柄,长 2~3 mm,疏被毛,紫色,基部具垫状突起物。总状花序生于 2 年生的枝条上,雄花序先叶开放,长 1.5~2.5 cm,多花密集,序轴被腺状微柔毛;苞片和小苞片卵圆形,长约 2.5 mm,宽约 2 mm,膜质,半透明,内凹,上部边缘具流苏状细齿;花梗长约 1 mm,无毛;萼片卵形,长 1.5~2 mm,宽 1~1.5 mm,边

缘半透明,上部具流苏状细齿;花瓣极小,卵形,长约0.3 mm,里面龙骨状;雄蕊 10 枚,花丝线形,长约1 mm,开花时伸长,长 3~3.5 mm,花药长圆形,长约2 mm,具细小疣状体,药隔伸出,花药基部短尾状;不育雌蕊存在;雌花序与叶同出,长 4~6 cm,序轴被腺状微柔毛;苞片稍大,长约 4 mm,带紫色;花梗长1.5~2.5 mm;萼片与雄花同;花瓣肉质,较小,龙骨状;雄蕊较短,花丝长约 0.5 mm,花药长约 0.8 mm,心皮 5 枚,耳形,长约 0.7 mm,宽约 0.5 mm,侧向压扁,花柱长约 1 mm,具小疣体,柱头上部外弯,紫红色,具多数小疣体。果球形,果期花瓣肉质增大包于果外,成熟时由红色变紫黑色,径 4~6 mm;种子卵状长圆形。

【生态学特性】　马桑生于海拔 400~3 200 m 的灌丛中,适应性很强,能耐干旱瘠薄的环境,在中性偏碱的土壤生长良好。

【水土保持功能及利用价值】　马桑根具固氮根瘤菌,耐干旱瘠薄,可在石质山地、贫瘠荒坡形成单优群落,为优良水土保持树种。茎皮、根皮及叶含单宁;种子含油率 20%,供油漆和制皂用;全株含马桑碱,有毒,可作土农药;全株为农家绿肥,含氮 1.896%、磷0.19%、钾 0.89%。

【栽植培育技术】　7—9 月采种子播种育苗后移植。选择海拔 400~500 m 的山地建立永久性育苗基地,或在林间育苗。平原和丘陵地区可选择比较荫蔽的地方做苗圃。施饼肥 50~75 kg/亩,或腐熟厩肥 3 500~4 000 kg/亩与过磷酸钙 15~25 kg/亩混合翻入土中。3 月播种,播前种子放入 40 ℃温水中(自然冷却)浸一昼夜,捞出阴干再用 0.5%福尔马林消毒,条播的条距 20 cm,播种量 6~10 kg/亩;撒播播种量 7~10 kg/亩。播后用焦泥灰拌以菌根土或完全用菌根土覆盖,厚约 1 cm。

10.1.76　山胡椒

【科属名称】　樟科 Lauraceae,山胡椒属 *Lindera* Thunb

【形态特征】　落叶灌木或小乔木,高可达 8 m;树皮平滑,灰色或灰白色。冬芽(混合芽)长角锥形,长约 1.5 cm,直径 4 mm,芽鳞裸露部分红色,幼枝条白黄色,初有褐色毛,后脱落成无毛。叶互生,宽椭圆形、椭圆形、倒卵形到狭倒卵形,长 4~9 cm,宽 2~4(6) cm,上面深绿色,下面淡绿色,被白色柔毛,纸质,羽状脉,侧脉每侧(4)5~6 条;叶枯后不落,翌年新叶发出时落下。伞形花序腋生,总梗短或不明显,长一般不超过 3 mm,生于混合芽中的总苞

片绿色膜质,每总苞有 3~8 朵花。雄花花被片黄色,椭圆形,长约 2.2 mm,内、外轮几相等,外面在背脊部被柔毛;雄蕊 9 枚,近等长,花丝无毛,第三轮的基部着生 2 具角突宽肾形腺体,柄基部与花丝基部合生,有时第二轮雄蕊花丝也着生一较小腺体;退化雌蕊细小,

椭圆形,长约 1 mm,上有一小突尖;花梗长约 1.2 cm,密被白色柔毛。雌花花被片黄色,椭圆或倒卵形,内、外轮几相等,长约 2 mm,外面在背脊部被稀疏柔毛或仅基部有少数柔毛;退化雄蕊长约 1 mm,条形,第三轮的基部着生 2 个长约 0.5 mm 具柄不规则肾形腺体,腺体柄与退化雄蕊中部以下合生;子房椭圆形,长约 1.5 mm,花柱长约 0.3 mm,柱头盘状;花梗长 3~6 mm,熟时黑褐色;果梗长 1~1.5 cm。花期 3—4 月,果期 7—8 月。

【生态学特性】　山胡椒喜光,稍耐寒,耐干旱瘠薄土壤,对土壤适应性广。生于海拔 900 m 左右以下山坡、林缘、路旁。阳性树种,稍耐阴湿,抗寒力强,以湿润肥沃的微酸性沙质土壤生长最为良好。

【水土保持功能及利用价值】　山胡椒深根性,萌芽性强,生于山野荒坡上,荒坡灌草丛中常见,具有显著的水土保持功能,是先锋树种,可在贫瘠的阳坡种植。木材供小器具、家具用;叶、果可提芳香油;种子榨油可制皂或作润滑油;根入药治风湿麻痹、劳伤、水肿;叶能温中散寒、清热解毒。

【栽植培育技术】　种子繁殖:可于果熟期 8—9 月随采随播,也可采种后储藏至翌春播种。播前要在选好的苗圃地上施足基肥,细致整地,在保证不受晚霜危害的前提下,宜适当早播。适当早播可增加幼苗生长时间,增强抗性。河南适宜春播时间一般在 3—4 月,最佳时期在 3 月中旬至 4 月中旬。

10.2　灌藤植物

10.2.1　柠条

【科属名称】　蝶形花科 Papilionaceae,锦鸡儿属 *Caragana* Fabr.

【形态特征】　落叶灌木,高 1~3 m,常多数丛生。一般 3~5 枝,幼枝密生绢毛。托叶花枝硬化成刺状,偶数羽状复叶排列,互生,叶柄有灰白色柔毛,小叶 5~10 对,先端小叶成刺状,倒卵形或近椭圆形,长 3~10 mm,全缘,尖端有刺。花梗长约 1 cm。花萼筒状,长 10~15 mm,萼齿三角形,果圆筒形,稍扁。花期 5 月,果期 6—7 月。

【生态学特性】　极喜光,适应性很强,既耐寒又抗高温。但当年生幼苗一般怕晒而耐冻,夏季能耐 55 ℃的地温。极耐干旱,既耐大风干旱,又耐土壤干旱,但不耐涝。是干旱草原、荒漠草原地带的旱生灌木。

萌芽力强,幼林平茬可促进生长,4~5 年生植株平茬后,次年枝条丛生,当年高达 1~1.5 m,成林母树平茬后的萌发更新力也强。寿命较长,生长发育随年龄而变化,播种当年生长缓慢。且第二年高生长加快,第三年开始分枝形成灌丛。株高和地茎生长的速度以 5 年生时最快,5~6 年生一般高 2~3 m,而主干和树冠的生长则以 10 年生时最大。一般天然灌丛 3 年开始结实,在水分条件较好的丘间低地,人工林 3 年可开花结实。通常于造林 5~6 年进入分枝和开花结实,7~8 年以后进入结实盛期,20年高生长停滞,干径生长趋缓,30年后进入衰老期,立地条件好,树龄可达70年以上。

【水土保持功能及利用价值】 柠条萌芽性强,极耐干旱瘠薄,是优良的水土保持树种。株丛高大,枝叶稠密,根系发达,8年生高2 m的植株可覆盖4 m² 的地面。柠条可减少地表径流63%,减少地表土冲刷66%。当沙地遭受风蚀根系裸露时,仍可正常生长,是我国荒漠、半荒漠及干草原地带营造防风固沙林、水土保持林的重要树种,被广泛地应用于我国"三北"地区的荒漠、半荒漠、干草原及沙荒地区营造水土保持和固沙造林。

柠条其枝干含有油脂,外皮有蜡质,干湿均能燃烧,是良好的薪材。春季萌芽早,枝梢柔嫩,骆驼和羊喜食,春末夏初,连叶带花都长于5 mm,是牲畜的好饲料。枝干的皮层很厚,富含纤维,5—6月采条剥皮,制成"毛条麻",可供拧绳、织麻袋等。此外,柠条也为优良蜜源植物。

【栽植培育技术】 直播造林:该方法成本低,效率高,春、夏、秋均可,但以雨季最好。种子随熟随采,无须处理,当年种子发芽率在90%左右,储存3年的种子其发芽率为收获后1~2年种子发芽率的30%~40%。

鱼鳞坑法:适用于30°以上的陡坡。堆土定坬法适用于低缓坡地、容易积水的地方。条状密播法,在坬边、沟头、地畔、梯田埂下坡营造保护带时采用。

育苗造林:7月上旬当年种子成熟后,荚果未开裂前及时采种,晒干,脱粒、去杂后播种,以排灌良好的沙壤土最为适宜,结合整地施有机肥作基肥。播前对种子进行催芽处理,条播,沟深2~3 cm,宽10 cm,行距20 cm,窄行距,宽播幅,播种量112.5~150 kg/hm²,覆土2~3 cm。仅在土壤过于干旱时适当浅灌,苗期不要多灌水。生长期适当追肥,前期以氮肥为主,中后期加大磷钾肥比重,施肥量180~225 kg/hm²,苗高30~40 cm时,即可出圃造林。在沙区营造防护林时,可与小叶杨、樟子松等树种带状混交,在黄土丘陵沟壑区营造水土保持林,亦可采用带状混交。造林密度因经营目的、立地条件不同而异,造林后封禁,一般4年生为平茬最适年龄,若长期不平茬,反而会引起衰退。第一次平茬,茬口应高出地面2~3 cm,以免损伤萌生枝条的发芽点,以后平茬可与地面平齐。

10.2.2 胡枝子

【科属名称】 蝶形花科 Fabaceae,胡枝子属 *Lespedeza* Michx

【形态特征】 落叶灌木,高达2 m;老枝灰褐色,嫩枝黄褐色或绿褐色,有细棱并疏被短柔毛。复叶互生;托叶呈条形;顶生小叶较大,宽椭圆形、倒卵状椭圆形、矩圆形或卵形,长1.5~5 cm,宽1~2 cm,先端圆钝,微凹,或有锐尖,具短刺尖。基部宽楔形或圆形,下面疏生平伏柔毛,侧生小叶较小。花两性,总状花序腋生,全部成为顶生圆锥花序,花萼杯状,萼齿与萼筒近等长;花冠紫色;二体雄蕊。荚果卵形,两面微凸,长5~7 mm。花期7—8月,果期9—10月。

【生态学特性】　喜光,耐寒,耐干旱瘠薄,根系发达,适应力强,根部具根瘤,属林下耐阴中生灌木,分布于温带落叶阔叶林地区,为栎林灌木层的优势种,也见于林缘,常与榛子一起形成林缘灌丛。分布于我国东北、华北;朝鲜、日本、俄罗斯也有分布。

【水土保持功能及利用价值】　具有固氮性能,是防风固沙、保持水土、涵养水源、改良土壤的优良树种。

可作饲用植物及绿肥植物,羊最喜食幼嫩叶,山区牧民常采收它的枝叶作为冬春补喂饲料。具有耐修剪、抗污染等特性,可作树篱、花篱供观赏。蜜源植物,花期较长,每公顷产蜂蜜40~60 kg,是山区、半山区的主要蜜源植物。全草入药,具润肺解热、利尿、止血的功效,同时也是很好的编织材料,枝条可编筐,可压制纤维板或作薪炭,嫩叶可代茶饮用。种子含油量高,可榨取工业用油。

【栽植培育技术】　播种繁殖:9—10月当荚果黄褐色时采种,采集的荚果晾干后搓掉果柄,清除杂物后,装袋储藏在干燥通风处。选中性的沙质壤土做育苗地,要深翻,一般不浅于30 cm。翻后做床或畦。播种前3 d用“两开一凉”的热水浸种(用2份开水、1份凉水,当水温降到50 ℃时,边倒水边搅拌种子)浸24 h后捞出,放入箩筐内,保持一定温度和湿度的条件下催芽,当种子裂嘴1/3时即可播种。一般采用开沟条播,按20~30 cm开沟,覆土0.5~1 cm,每公顷播种量30 kg。也可以插条育苗,首先选取粗0.5~1 cm的萌条,截成约20 cm的插穗,秋季或被早春扦插均可。植苗造林:选取根系良好的截干壮苗在水土流失的坡地,采用水平沟、水平阶整地进行穴植。穴径30 cm,深30~50 cm,每穴植苗1~2株,栽后浇水并覆土保墒。直播:在春播或夏天雨季播种,雨季效果更好。播前同样要进行种子处理,穴播或条播。穴播时,穴径30 cm,深20 cm,每穴播10~15粒。条播时开沟后,每米播70~80粒,播后覆土1~2 cm,稍镇压即可。

10.2.3　连翘

【科属名称】　木樨科 Oleaceae,连翘属 *Forsythia* Vahl

【形态特征】　落叶灌木,高4 m,枝干直立,或伸长梢带蔓性而下垂,小枝圆形,稍四棱,土黄色或灰褐色。叶半革质,单叶或三出复叶,先端小叶大,其余叶小,卵形至矩圆状卵形,长3~10 cm,宽2~5 cm,先端渐尖或锐尖,基部宽楔形或圆形,边缘除基部外有锐锯齿。叶柄长约1 cm,花冠展开花黄色,径2.5 cm。果狭卵圆形或长椭圆形,长1.5~2 cm,先端有短喙,一侧稍扁,果梗长1~1.5 cm,熟时2瓣裂。种子棕色,狭椭圆形,扁平,有膜质翅。花期3—5月,果期7—9月。

【生态学特性】　连翘喜光,较耐阴,耐寒,耐干旱瘠薄,对土壤要求不高,对 Cl_2 及 HCl 气体抗性较差。

【水土保持功能及利用价值】　连翘耐寒,耐干旱瘠薄,是良好的水土保持植物,连翘林分具有良好的蓄水保墒作用。林地土壤入渗速率是无林地的3倍,能够减少地面径流,保持水土。根系集中分布在60 cm深的表层,纵横交织在一起,对土壤有很强的固结作用。根系发达,可固堤护岸,宜作水土保持林树种。

连翘春季的嫩枝叶和秋季的老枝叶可作为饲料,枝叶是一种好的肥料,枝条适宜编织,连翘籽含油率达 25%~33%,是绝缘油漆工业和化妆品的良好原料;连翘果实、根、茎、叶均可入药;也是我国北方早春的观花灌木。

【栽植培育技术】　播种育苗:2 月中下旬浸种,混沙催芽,待芽露白时播种,3 月底至 4 月上旬将种子播在整好的苗床内,行距 30 cm。覆土厚度 1~2 cm,再覆草保持土壤湿润。播种量 9 kg/亩,产苗量 3 万~4 万株,15 d 左右出苗。在苗高 15~20 cm 时间苗。按 10 cm 的株距定苗。1 年生苗高 30~40 cm。

压条育苗:连翘易生根。在雨季到来之前,将母株上较长的当年生枝条向下压弯,埋入母株附近的土中深 3~4 cm,并灌足水。压条生根的植株应在落叶后挖出。剪掉过长的枝条后假植于沟中埋土防寒,翌年春季挖出栽植,也可于翌年春季剪挖离母株,带根定植。

分蘖育苗:早春萌芽前或秋末落叶后,将母株四周萌芽发出的幼苗带根挖掘起来,选择壮苗。单株移植到造林地定植。

扦插育苗:由于连翘播种发芽率较低,育苗以扦插为主。硬枝扦插应在早春发芽前采 1 年生粗 1~1.5 cm 枝条作插穗,且多于节处剪插穗。插穗长 10~18 cm,插于露地,株行距 15 cm×40 cm 不需特殊管理。半硬枝扦插则在 5 月中旬采带叶的半硬枝作插穗。嫩枝扦插采用顶尖,插时尖端的中片叶可保留。在高湿的小环境内扦插,如插入露地苗床中,要在遮阴条件下覆盖塑料薄膜,以保证空气湿度。2~3 年可以出圃。

10.2.4　蒙古莸

【科属名称】　马鞭草科 Verbenaceae,莸属 *Caryopteris* Bunge

【形态特征】　落叶灌木,高 0.3~1.5 m。小枝带紫褐色,幼时被灰色柔毛。叶条状披针形,长 1~6 cm,宽 2~4 cm,全缘,背面密生灰白色绒毛。聚伞花序腋生,无苞片和小苞片,花冠蓝紫色,下唇中裂片大,长约 1.5 mm,边缘流苏状;子房无毛。蒴果椭圆状球形,无毛。花果期 7—9 月。

【生态学特性】　喜光,抗旱,耐寒,耐修剪,萌生能力强。

【水土保持功能及利用价值】　蒙古莸具有很好的园林景观效果,且节水耐旱。蒙古莸具较强的抗逆性,抗旱、抗寒、抗沙埋、抗风蚀、抗病虫害,具有较强的水土保持功能,为西北干旱、半干旱沙区,山东、黄土高原干旱区非常宝贵的耐旱灌木资源,可作为干旱沙区优良固沙和水土保持树种。

蒙古莸花可提取芳香油;全草入药,消食理气,祛风湿,活血止痛。

【栽植培育技术】　有性繁殖:蒙古莸种子繁殖容易,在适宜的条件下易处理结实,且种子结实率大,饱满,极适合于种子繁殖。无性繁殖:蒙古莸的萌发力和成枝力均很强。插条选间苗株,嫁接取母株上生长健壮的 1 年生枝条,切成长 10~15 cm 插条。最适宜春季扦插繁殖。插条可不经任何处理,即可生根。成活率也可达85%以上。蒙古莸萌蘖力极强,扦插繁殖、分株繁殖均可。

10.2.5 花椒

【科属名称】 芸香科 Rutaceae,花椒属 Zanthoxylum L.

【形态特征】 落叶灌木或小乔木,高 3~7 m。果、枝、果瓣及种子、叶、干均有香味。树皮黑棕色,上有许多瘤状突起。奇数羽状复叶互生,小叶卵状长椭圆形,细锯齿,齿缝有透明的油点,叶柄两侧有皮刺。蓇葖果紫红色,果瓣径 4~5 mm,散生微凸起的油点,顶端有甚短的芒尖或无;种子长 3.5~4.5 mm。花期 4—5 月,果期 8—9 月。

【生态学特性】 花椒喜光,光照不足时,生长差,结实少,耐寒力差,在 -18 ℃ 以下时,枝易受冻。1 年生苗常因低温而受冻害,大树可耐-25 ℃ 的低温。当年降水量 600 mm 时常引起叶片萎蔫或脱落。花椒对土壤要求不严,不宜在低温的黏淤土地栽植。花椒有较强萌芽能力,耐修剪,抗烟尘及病虫危害。

【水土保持功能及利用价值】 花椒为荒山、荒滩造林的良好树种,具有固土护坡、减少地表径流的功能,是良好的水土保持植物。

花椒的根、茎、叶、花、果实都含有大量的麻味素和芳香油,以果皮含量最高;花椒可药用,具有促进食欲、治疗慢性胃炎等功效;花椒树姿优美,枝叶芳香,红果繁密,用作庭院或刺篱绿化。

【栽植培育技术】 播种育苗:种壳不易透水,不经储藏的种子易发霉腐烂,失去发芽力,采种后应及时处理和储藏。翌年 3 月下旬至 4 月中旬播种。播种后经常保持土壤湿润,出苗期间防止土壤板结。苗木怕水、怕涝,幼苗时尽量少灌溉,雨季要排水防涝。幼苗高 3~5 cm 时进行间苗,株距 10~15 cm。产苗量 1.5 万~2 万株/亩,1 年生苗高 60 cm。

嫁接育苗:皮下腹接、切腹法、切接法、芽接法。影响花椒嫁接成活的主要因素是嫁接时间与温湿度。湿度过低,细胞分生能力弱,不能形成愈伤组织。而高温干燥季节蒸发量大,接穗易失水。花椒属的种都可以互为砧木,成活率都很高。

分蘖育苗:将花椒的萌蘖分割出来,成为独立的新植株。分株花椒苗结果早,变异小,但其寿命要比实生苗短一些。在春季花椒发芽之前,用小刀在 1~2 年生分蘖苗的基部将皮层环剥去一小段,埋于土内,经过一个生长季节后,切离母株即可。

10.2.6 榆叶梅

【科属名称】 蔷薇科 Rosaceae,桃属 Amygdalus L.

【形态特征】 落叶灌木或小乔木,高 2~5 m。小枝细,紫褐色。单叶互生,呈椭圆形至倒卵形,长 3~6 m,先端渐尖,基部宽楔形,边缘有重锯齿,叶柄长 5~6 cm。因叶似榆树叶而得名。花粉红色,直径为 2~3 cm。核果球形,红色,有毛,直径为 1~1.5 cm。花先叶或与叶同时开放。花期4月,果期7—9月。

【生态学特性】　榆叶梅喜光,耐–40 ℃的低温,耐干
旱瘠薄,不耐涝,对土壤要求不严,耐轻度盐碱。

【水土保持功能及利用价值】　榆叶梅多生于疏林地,
耐干旱瘠薄,具有固土保水功能,抗烟尘,对 SO₂ 有中等抗
性,对 Cl₂ 及 HCl 气体抗性较差。

榆叶梅春季花大色艳,尤其盛花时,深浅不一的桃红
色花朵密布于半球形的树冠上,灿烂夺目,美丽壮观。夏
季红果鲜艳。是北方重要的早春花木树种,它还可以用作
切花,在北方园林中有大量的栽培。

【栽植培育技术】　播种育苗:秋播或种子沙藏至翌
年春播种,也可浸泡3~4 d,混沙后置于2~5 ℃温度条件下,58~60 d 大部分种子开始
发芽;嫁接育苗:砧木多选用1~2年生的山杏,枝接及芽接均可;扦插育苗:6—7月选
取当年生半木质化枝条梢段果枝插穗,每插穗留3~5片叶,用50 mg/L 吲哚丁酸浸泡
枝的基部30 min,经20 d 即可生根,生根率可达80%以上。若以枝条中段作插穗,则生
根率较低。

10.2.7　锦鸡儿

【科属名称】　蝶形花科 Papilionaceae,锦鸡儿属 *Caragana* Fabr.

【形态特征】　落叶灌木,高2 m。枝皮剥落,内
皮深褐色,枝条直立或展开,茎直立,小枝细长有棱。
偶数羽状复叶,散生,倒卵形。花单生,花冠蝶形,黄
色带红色。荚果扁平,长3~3.5 cm。花期4—5月,
果期7—8月。

【生态学特性】　锦鸡儿喜光,耐寒,耐干旱瘠
薄,适应性强,可生于岩石缝中。根深,有根瘤。

【水土保持功能及利用价值】　锦鸡儿耐干旱
瘠薄,根深,有根瘤,是优良的水土保持林和改良土
壤树种。多年生小叶锦鸡儿对降雨平均截留率为54%,可增加林地的蓄水量,减少径流
量和冲刷量,能有效地固定流沙,具有生物篱的作用(生物带本身的固土保水作用)。对
Cl₂ 及 HCl 气体有中等抗性。

锦鸡儿叶、果、种子可作饲料和肥料,花、种子可食,花是很好的蜜源,种子可酿工业用
酒,小叶锦鸡儿可用于造纸,得浆率为75%左右,枝条可制纤维板或供编织;锦鸡儿根及
花可入药;锦鸡儿春末夏初开黄色带红色花,花冠蝶形,花、叶、荚果美丽,可供观赏或作绿
篱,是良好的园林绿化树种。

【栽植培育技术】　播种育苗:种子采收后晒干干藏,播种不需特殊处理。用雄蕊花
枝于50~60 ℃的温水浸泡5 min,而后用温水浸泡24 h,即可播种。

条播:行距25 cm,覆土厚度2~3 cm,每亩播种量3.5~7 kg,播后5~7 d 出土。

压条育苗:压条一般在6—10月进行,选择优良植株上的粗壮藤条埋压。压条时要埋1~2个芽节,并在入土部分不剥刻伤,入土深度10~15 cm。若9—10月压条,于翌年3—4月生根移栽。亦可分蘖育苗和根插育苗。

造林方法:可直播造林和植苗造林。直播造林季节春、夏、秋均可。每亩造林密度一般不低于400丛。

10.2.8　狭叶锦鸡儿

【科属名称】　蝶形花科 Fabaceae,锦鸡儿属 *Caragana* Fabr.

【形态特征】　矮灌木,高 15~70 cm。树皮呈灰绿色或灰黄色。枝条细而短,有纵棱,幼时疏生柔毛;长枝上的托叶和叶轴均硬化成针刺状,笔直或向下弯曲,长 3.5~7 mm。小叶 4 枚,假掌状排列,条状倒披针形,长 4~11 mm,宽 1~1.5 mm,先端有针尖,无毛。花单生,花梗较短,长 5~10 mm,中下部有关节;花萼筒状,长 5~5.6 mm,无毛,基部稍偏斜,萼齿三角形,有针尖,长为筒的 1/4;花冠黄色,14~20 mm;旗瓣圆形或阔倒卵形,有短爪;翼瓣上端较阔,稀截形,爪为瓣片的 1/2 以下,耳矩状,长为爪的 1/2 以下;龙骨瓣具较长的爪,耳短而钝;子房无毛。荚果圆筒形,长 20~25 mm,宽 2.5~3 mm,两端渐尖。花期5—6月,果期9—10月。

【生态学特性】　狭叶锦鸡儿对土壤适应性很强,抗旱、抗寒,能抵御-40~-30 ℃的低温,抗热、抗风沙,抗逆性很强。生长在山坡、石山坡或沙质或沙壤土上,是沙漠、草原地带冬夏的一种较好的饲料用灌木。

【水土保持功能及利用价值】　防蚀保土性能强,耐风蚀,是我国荒漠、半荒漠及干草原地带营造防风固沙林、水土保持林的重要树种。

狭叶锦鸡儿是沙漠草原地带冬夏的一种较好的饲料用灌木。

【栽植培育技术】　播种、育苗造林均可。

10.2.9　杞柳

【科属名称】　杨柳科 Salicaceae,柳属 *Salix* L.

【形态特征】　丛生落叶灌木,高 3~4 m。枝条细长柔韧,小枝黄绿色或紫红色,光滑或幼时有毛,老枝渐变成红褐色。叶披针形,常对生,长 3~13 cm,叶缘细腺齿,渐向基部疏生。背面微有白粉。雌雄异株。花序长 3~4 cm,苞片褐色,外面有长柔毛。子房和果密被毛。种子极小。花期3—5月,果期4—6月。

【生态学特性】　杞柳喜光,耐水湿,耐干旱,耐盐碱,适生于沙质有水的湿地。

【水土保持功能及利用价值】　杞柳根系发达,主侧根粗大,须根密集,在土壤中形成根网,盘结土壤,具有护岸、护堤、固土保水、改良盐碱地的功能。

杞柳枝条柔软、韧性强,是编织的好原料,枝皮纤维可造纸,杞柳含有水杨酸,供药用。

【栽植培育技术】 播种育苗:种子无休眠现象,一般随采随收集随播种。干旱地区采用低床育苗,要求土壤细碎,播前灌足底水。条播或撒播,每亩播种量0.5~0.8 kg。细沙覆盖,使种子似露非露,留苗量1万~6万株/亩。

扦插造林:杞柳扦插成活率高,生长快,一般不进行育苗。春季、夏季、秋季都可进行插条造林。插条长30~40 cm,随剪条随扦插,成活率高。可插2~3穗/穴,株距0.5~1.5 m。秋季或春季扦插造林,扦插2~3穗/穴,株行距(1~1.5) m×3 m。

10.2.10 沙枣

【科属名称】 胡颓子科 Elaeagnaceae,胡颓子属 *Elaeagnus* L.

【形态特征】 落叶灌木或小乔木,高5~10 m。幼枝银白色,老枝栗褐色,有刺。叶椭圆状披针形至狭披针形,长4~8 cm,先端尖或钝,基部广楔形,两面均有银白色鳞片,背面更密;叶柄长5~8 mm。花1~3朵生于小枝下部叶腋,花被筒钟状,外面银白色,里面黄色,芳香,花柄甚短。果椭圆形,径约1 cm,熟时黄色,果肉粉质。花期6月,果期9—10月。

【生态学特性】 沙枣喜光,耐寒性强、耐干旱也耐水湿又耐盐碱,耐瘠。可以在土壤含盐量小于0.3%、pH值8.7时正常生长,主要耐硫酸盐,对氯化物盐类抗性较差。主要生长于西北干旱风沙区,或年降水量不足250 mm,但有水源灌溉的绿洲及地下水位较浅的地区。5年左右开花结果。

【水土保持功能及利用价值】 沙枣耐寒、耐低温、耐高温、极耐旱,浅根性,水平根系发达,耐风沙、耐瘠薄、耐盐碱,是优良的水土保持植物。沙枣林地前沿风速6.23 m/s,林内的风速减少到2.44 m/s,降低风速60%,林外相对湿度为28%,林内为54%。经过1个冬春,林外积沙厚27~33 cm,林内则为0~4 cm。根系具有根瘤菌,能固氮,增加土壤中氮素含量,提高土地肥力,是我国北方沙荒地和盐碱地上防风固沙、改良土壤、保持水土的先锋树种。

沙枣果实可以酿酒、酿麻、做酱油、制果酱、熬糖,沙枣叶可作饲料,沙枣花是很好的蜜源,沙枣材可作家具等,花可制香精;沙枣果实、树皮、树胶、花皆可入药;沙枣也可作为特色园林树种。

【栽植培育技术】 播种育苗:春季播种,播前需催芽处理,一般在12月至翌年1月。将种子淘洗干净,掺等量细沙混合均匀,放入事先挖好的种子处理坑内。或按40~60 cm厚堆放地面,周围用沙埋成埂,灌足水,待水渗下或结冰后,覆沙20 cm越冬。未经冬藏催芽的种子,播前可先在 50 ℃的温水中浸泡 2~3 d 后,在室外向阳处摊铺,覆盖麻袋或塑料薄膜,保湿催芽。或采用马粪催芽,当部分种子露嘴时即可播种,但发芽出土不及经混沙冬藏催芽处理得好。春播为 3 月中下旬至 4 月中旬,秋播为 10 月下旬至 11 月上旬。秋播种子不必催芽处理,播后灌水越冬。条播行距 25~30 cm,播种深度 3~5 cm,每亩播种量 30~50 kg。6 月上旬间苗,苗距 5 cm,保留 3 万~4 万株/亩。1 年生苗高 60 cm。

造林方法:一般造林株行距为 1.5 m×2 m 或 1 m×3 m。多移植苗造林。在地下水位不超过 3 m 的沙荒滩地造林,可不灌水,成活率高,生长良好。地下水位深时,必须有灌溉条件,方可造林。

10.2.11 白刺

【科属名称】 蒺藜科 Zygophyllaceae,白刺属 *Nitraria* L.

【形态特征】 落叶灌木,高 0.5~1 m。多分枝,弯曲或直立,有时横卧。小枝灰白色,尖端刺状。叶在嫩枝上 4~6 个簇生,长 6~15 mm,宽 2~5 mm,全缘,先端圆钝,有小突尖,基部窄楔形。花小,黄绿色,蝎尾状花序。果锥状卵形,顶端尖,长 4~5 mm。花期 5—6 月,果期 7—8 月。

【生态学特性】 既耐高温又耐寒冷,耐干旱、盐碱、沙埋、风蚀,是荒漠和半荒漠地区广泛分布的植物,多生长在轻盐渍化的低沙地、湖盆边沿沙地上,在较高的盐渍化严重的沙土上亦有生长。分枝能力强、匍匐生长,能积沙成丘。根系发达,主根明显。

【水土保持功能及利用价值】 白刺分布在荒漠绿洲边缘,能积沙形成白刺沙滩,为荒漠草原、沙区防风固沙的优良植物。白刺根系深达 4~5 m,平卧枝上的不定根非常发达,每株根系总长度约为茎高的 30 倍,纵横交错的根系网形成了固结土体的拉力网。3 年生的白刺林株高 30 cm,根系深 150 cm。

白刺果实味酸甜,可以食用也可入药,具有健脾胃、滋补强壮、调经活血的功效,主治身体瘦弱、气血两亏、脾胃不和、消化不良、月经不调、腰腿疼痛等症。嫩枝嫩叶霜后牲畜可食用,果实营养丰富,种仁、果核可供榨油,枝、叶也可作为羊、牛、马和骆驼的饲料。白刺可营造薪炭林,其生长快、耐干旱、耐盐碱、耐沙埋的特性已广为人知。

【栽植培育技术】 播种育苗:白刺的种皮由石细胞组成,非常坚硬,播种前需催芽。沙藏处理 30 d,或冷水浸种 10 d 均可,但以热水浸种后在背风向阳处混沙堆放较好。一般需在播种 30 d 前进行。播种量 15~20 kg/亩(去掉果肉)。播种到出苗需要较长时间。1 年生苗可用于造林。

分蘖育苗:在树冠投影边缘开沟断根,然后填土平沟,促发根蘖。加强肥水管理。为了保护母树,一年内不能取苗过多,且切根部位也需逐年变换。

造林方法:造林株行距 0.5 m×1 m、1 m×1.5 m、1 m×2 m、2 m×2 m。1~3 株/穴,随立地条件和造林目的而定。直播造林、分根造林都可。

10.2.12 沙蒿

【科属名称】 菊科 Asteraceae,蒿属 *Artemisia* L.

【形态特征】 半落叶灌木,高 0.5~1 m。多分枝,缝裂,2~3 年生枝条绿色,老枝外皮黑色。叶黄绿色,嫩时绿色,多少肉质,无毛,长 3~7 cm,宽 2~4 cm,羽状全裂,裂片 2~3 对,狭条形。叶柄基部扩大,长 1.5~3 cm,宽约 1.5 mm,头状花序多数,在茎及枝上排成复总状花序,有短梗及条形苞叶。花期 7—9 月,果期 10 月。

【生态学特性】 耐干旱,耐寒,根系发达,生于荒漠和半荒漠的沙丘间地。

【水土保持功能及利用价值】 沙蒿耐干旱、耐寒,根系发达,植于沙丘上,耐风吹、露根及沙埋,有良好的固沙作用。沙蒿可食用,白沙蒿种子可提取干性油脂、沙蒿粉,黑沙蒿全株均可入药;沙蒿为很好的能源树种,白沙蒿是我国西北、华北、东北荒漠、半荒漠地区的晚秋和冬春特有的济困牧草。

【栽植培育技术】 直播造林:种子成熟时果壳由灰黄色变为黑褐色,种子成熟不易脱落,采种期长。选择种壳黑褐色、粒大、饱满、发芽率高的种子,晒干储存。其播种从春季土壤解冻后开始,至 7 月底以前都可进行,过晚则不利于幼苗越冬。播种可单播,也可与花棒、沙拐枣、毛条和沙枣混播。播后要镇压保墒。单播量为 1~1.25 kg/亩,混播量为 0.5 kg/亩,育苗播种量为 2~3 kg 亩。覆土厚度 1~2 cm,以不见种子为度。带状种植,要与风向垂直设带,带宽 20~30 cm,带距 3 m。扦插造林春、秋季或雨季均可进行。用 1 年生的萌发枝条作插穗,带状穴插,带宽 1 m,带距 3 m,穴距 50 cm,2 束/穴,每束 6~8 根。

植苗造林:移栽采用带状沟植或带状穴植,带宽 1 m,带距 3 m,株行距 50 cm×90 cm。片状造林株行距 1.0 m×1.5 m 或 0.6 m×1.5 m;带状造林 2~4 行为一带,株行距 0.5 m×1.0 m,带距视地形而异,一般 5~10 m,沙丘迎风坡可 2~3 m,带间种植牧草。扦插造林采用 1 年生萌生枝作插穗,春、秋、夏三季均可进行。

10.2.13 玫瑰

【科属名称】 蔷薇科 Rosaceae,蔷薇属 *Rosa* L.

【形态特征】 落叶丛生灌木,高 2 m。枝较粗,呈灰褐色,密生皮刺及刺毛。羽状复叶,小叶 5~9 枚,椭圆形,长 2~5 cm,先端急尖,有皱纹。花单生或 3~6 朵集生,花径 6~8 cm,紫红色或白色,单瓣和重瓣,芳香。蔷薇果扁球形,径 2~2.5 cm,红色。花期 5—9 月,果期 9—10 月。

【生态学特性】 玫瑰喜光,耐寒,耐旱,忌水涝,对土壤要求不严,在含有腐殖质、排水良好的中性或微酸性轻壤土上生长和开花最好。在阴处生长不良,开花稀少。不耐积水,遇涝则下部叶片变黄枯落,甚至死亡。

【水土保持功能及利用价值】 玫瑰耐低温,耐旱,对土壤要求不高,无主根,根系发达,是良好的水土保持植物。4~5年生玫瑰树冠截留水量为 1.5 t/hm²,林地枯落物干重达 7.35 t/hm²,可吸收水分 5.78 t/hm²。根系分布幅度为 2.1 m,分布深度为 40~60 cm,侧根、须根发达,可形成较大网络而固持土体。玫瑰枯枝落叶丰富,可明显改善土壤的理化性状。可充分利用适生区山地、阳坡埝地、山坡沟谷种植玫瑰,是这些地区保持水土、发展经济的有效措施。

玫瑰是集药用、食用、美化、绿化于一身的木本植物。玫瑰花蕾含挥发油 0.03%,其中,香茅醇含量达 60%。除药用外,近年来,国内外尤其是欧洲国家将玫瑰提取物玫瑰香油用于天然化妆品、食品、饮料、酒类的加工。玫瑰花色繁多,从春季到秋季花开不断,而且香味持久,芬芳浓烈。玫瑰适应性强,柔媚而不失风骨,适宜做花篱,也适宜在花坛、坡地种植。

【栽植培育技术】 分蘖育苗:选择生长健壮、无病虫害的植株进行伤根,以促进玫瑰根部萌蘖,在休眠期进行分株。挖取根蘖苗进行移栽。每坑栽植 1 丛,浇足水。地上留茎 20~30 cm 高,剪去上部。

扦插育苗:选取当年生健壮、无病虫害的硬枝,径 0.5~0.8 cm,剪成长 12~16 cm 的插条,有 3~4 节。在沙质插床上,按 5 cm×10 cm 的株行距进行扦插,插入深度为插条的 1/2。冬季扦插必须用地膜覆盖,于 4 月中旬揭除地膜,进行常规苗床管理,于 4 月下旬可带土移栽。目前多采用嫩枝全光喷雾扦插,6 月中下旬扦插,20~30 d 生根。扦插密度 600~700 株/m²。

压条育苗:休眠期将母株根部的健壮枝条压入土中,经一段时间后即能生根,然后将枝条与母株分离,移植再行培养。

造林方法:栽植地要选择地势高、排水良好的地方。扦插苗于立夏前后移栽,按 1 m×1 m、0.8 m×1.5 m 或 1 m×2 m 的株行距栽植。第一次于 4 月中旬采花前进行追肥,以促进花蕾饱满充实。第二次在 5—6 月摘花后追施 1 次有机肥和磷肥。于 7 月开花后至入冬前剪去多余枝、老枝、密生枝,以促使抽生新枝。4~5 年后应进行 1 次更新复壮修剪。每年 8 月上中旬,每墩株丛保留少量生长健壮的枝条,其余部分全部铲除,重新分株栽植。

10.2.14 欧李

【科属名称】 蔷薇科 Rosaceae,蔷薇属 *Rosa* L.

【形态特征】 落叶灌木,高 0.5~1.5 m。分枝多,小枝细,褐色。花纵剖叶矩圆状倒卵形或椭圆形,长 2.5~5 cm,宽 1~2 cm,先端急尖,基部宽楔形,边缘有细密锯齿,互生,有 1 对线形托叶。花与叶同时开放,1~2 朵生于叶腋,直径 1~2 cm,花梗长约 1 cm,花瓣白色或微带红色。核果近球形,无沟,直径约 1.5 cm,鲜红色,有光泽,味酸,核平滑。花期 4 月,果期 7—8 月。

【生态学特性】 欧李喜光,极抗寒,耐低温,极抗旱,耐瘠薄,耐盐碱,适宜的土壤 pH 值 7~8,适应性强。

【水土保持功能及利用价值】 欧李极耐寒、极耐旱、耐瘠薄、耐盐碱,适应性强,是优良的水土保持植物。4 年生中高欧李林分,林冠可截持 $1.88 \sim 2.57$ t/hm² 降雨,4 年生欧李林地内的枯枝落叶层厚 $1.0 \sim 1.8$ cm,枯落物干重达 $0.8 \sim 2.4$ t/hm²,一次最大枯落物蓄水量为 $2.0 \sim 4.3$ t/hm²,可有效地拦截地表径流。根系发达,固土性能好,能提高土壤肥力,改善土壤物理性质。

果实可鲜食或酿酒,种仁可榨油,可作为薪炭林,其嫩枝、嫩叶是优质牲畜饲料;欧李种子可入药。欧李春末花朵繁茂,入秋则果实鲜红且小巧玲珑,是花、果观赏价值俱高的小灌木。

【栽植培育技术】 播种育苗:采集成熟果实,调制出种子,在阴凉、通风处储藏。翌春播种,种子需层积催芽 60 d,种子有 15% 破壳露芽即可播种。或种子用 40 ℃ 的温水浸泡 24 h 后,换冷水浸泡 $3 \sim 5$ d,每天换水 1 次,捞出,放在 $10 \sim 20$ ℃ 的室内催芽,当种子有 1/3 裂嘴时即可播种。按 15 cm×40 cm 株行距穴播,$2 \sim 3$ 粒/穴,每亩播种量 10 kg,覆土厚度 $3 \sim 4$ cm,出苗率可达 70%。

扦插育苗:可选用枝条和根段进行扦插。于 5 月下旬进行扦插,当年生枝条半木质化时采穗,插条长度 $8 \sim 10$ cm,用河沙作基质,优良单株的扦插成活率可达 60%。根插选用 $0.3 \sim 1$ cm 粗的根,于 3 月中旬进行扦插。

嫁接育苗:于春季可采用劈接法或搭接法嫁接,亦可高头换接。

分蘖育苗:欧李根蘖多,可于早春萌动时进行。

埋根育苗:在落叶后发芽前均可进行。最好于 11 月挖取直径 $0.5 \sim 1$ cm 粗的根,剪成长 $18 \sim 20$ cm 的段,进行沙藏,翌年 3 月上旬育苗,株行距 15 cm×35 cm,上端与地面平,再覆 1 cm 厚的土,以防暴晒。

造林方法以带状造林为宜,每带 3 行,带间距 2 m,带内株行距为 1 m×1.5 m。

10.2.15 虎榛子

【科属名称】 桦木科 Betulaceae,虎榛子属 *Ostriopsis* Decne.

【形态特征】 丛生落叶灌木,高 4 m。树皮淡灰色,幼枝浅褐色,老枝灰褐色,叶宽卵形或椭圆状卵形,长 $2 \sim 6$ cm,边缘具粗重锯齿,叶柄长 $3 \sim 10$ cm,坚果宽卵形,长 $4 \sim 6$ mm。果序总状,下垂,由 $4 \sim 10$ 多枚果组成,着生于小枝顶端,花期 4—5 月,果期 6—8 月。

【生态学特性】 虎榛子喜光,耐阴,耐旱,耐瘠薄,可在陡坡、石砾地上生长,根系发达,萌芽力强,为黄土高原的主要灌木树种。

【水土保持功能及利用价值】 虎榛子喜光、耐阴、耐旱、耐瘠薄,根系发达,萌芽力强,是山坡或黄土沟岸良好的水土保持植物。虎榛子枝叶茂盛,枝叶重叠,丛间交错,密度大,林冠能较大限度地削减雨滴动能,减轻雨滴溅蚀地表土壤。10 年生虎榛子林地枯落物厚度可达 3.4 cm,平均枯落物 5.5 t/hm²,吸水量可达 24.0 t/hm²。根系发达,为华北、西北山坡或黄土沟岸水土保持林树种。

虎榛子种子蒸、炒后可食,亦可榨油,含油量 10%,供食用和制肥皂用。树皮含鞣质5.95%,叶含鞣质 14.88%,可提取栲胶。虎榛子林地可做薪炭林。

【栽植培育技术】　播种育苗:播前用 60~70 ℃的温水浸种,搅拌使水降温至 10~20 ℃,再浸泡 24~48 h,当种子膨胀后捞出果苞及小坚果播种。在苗床上条播,深 3~4 cm,行距 20~25 cm,覆土厚度 2~3 cm,每亩播种量 10 kg。播后 10 d 后出苗,当苗果枝高 3~4 cm 时间苗。1 年生苗高 40~50 cm。

分蘖育苗:榛子宜采用分蘖育苗。从株丛的母根上取一部分既有根系又有分枝的新植株。

压条育苗:休眠期将母株根部的健壮枝条压入土中,经一段时间后即能生根,然后将枝条与母株分离,移植再行培养。

造林方法:榛子造林株行距 2 m×2 m,榛子应带状栽植,带间距 2.5~2.8 m,带内栽 2行,株行距为 1 m×1 m。按 8∶1 的比例配置授粉树,或几个品种混栽。榛子多用多干丛状树形或少干丛状树形,直播造林,穴播,3~5 粒/穴。

10.2.16　榛子

【科属名称】　榛科 Corylaceae,榛属 *Corylus* L.

【形态特征】　灌木,稀为小乔木,高可达 7 m;皮呈灰褐色,具光泽;枝呈暗灰褐色,光滑,具细裂纹,散生黄色皮孔;小枝黄褐;冬芽卵球形,边缘具白色缘毛。叶互生,圆卵形或倒卵形,长 3~13 cm,宽 22~10 cm,先端平截或凹缺,中央具三角状骤尖或短尾状尖裂片,基部多心形或宽楔,或两侧稍不对称,边缘具不规则的重锯齿,在中部以上尤其在先端常有小浅裂;叶面被短柔毛,沿脉较密,侧脉5~8 对;叶柄长 1~2 cm。花单性,雌雄同株;果苞钟状,外面具突起细条棱,生红褐密被短柔毛间有疏长柔毛及红褐色刺毛状腺体,全部包被坚果,通常较果长 1 倍,上芽卵部浅裂,具 6~9 个三角形裂片,边缘多全缘,两面被密短柔毛及刺毛状腺体。花期 4—5 月,果期 9 月。

【生态学特性】　属于喜光灌木,生于向阳山地、多石的沟谷两岸、林缘和采伐迹地。因其萌芽力强,常成为灌丛。

【水土保持功能及利用价值】　对土壤适应性强,生长快,萌芽力强,3~4 年生就可以开花结实,为优良水土保持树种。榛的木材可做手杖、伞柄或作薪炭等用。树皮、叶和果苞均含鞣质,可提制栲胶。叶可作柞蚕饲料,嫩叶晒干储藏,可做冬季猪的饲料,种子含淀粉 15%,可加工成粉制糕点,也可以供食用。种子含油率为 51.6%,可榨油或制作营养药品。种仁入药,具有调中、开胃、明目的功能。榛子也是很好的护田灌木。

【栽植培育技术】 可种子繁殖或分蘖繁殖,其栽培品种大果榛子的栽培技术如下:挖直径 70~80 cm、深 60~70 cm 的坑,每坑施腐熟农家肥 25 kg,其上放一些秸秆,表土回填。榛树栽植距离一般不小于 3 m,最大也不要超过 6 m,需配置授粉树,榛树是异花授粉植株,适宜栽植时间通常为 5 月初至 5 月中旬,栽植前苗木根系用生根粉水浸泡 24 h。栽时将苗放在穴正中,将根系舒展开,轻提苗木地径处 3~4 cm,不能深栽。栽后在苗木周围做土埂,浇透水,而后覆地膜,防止水分蒸发,增加地温,提高成活率栽后定干,分单干形和丛状形。土肥水条件好的地块宜作单干树形,定干高度 60 cm;反之,宜作丛状树形,定干高度 30~40 cm。当年定植的幼苗,要加强水肥管理,使其生长发育健壮,萌发一定数量枝条,木质化程度良好,防止徒长。秋季落叶,需要进行培土防寒,培土高达植株的 1/2 即可。翌年春天撤去防土,一般第 2 年起就不用培土防寒。

10.2.17　胡颓子

【科属名称】 胡颓子科 Elaeagnaceae,胡颓子属 *Elaeagnus* L.

【形态特征】 常绿灌木,高 3~4 m。树枝开展。小枝褐锈色,被鳞片,具棘刺。叶厚革质,椭圆形或矩圆形,叶缘微波状,表面绿色,有光泽,背面银白色。叶柄粗壮,呈褐锈色。花银白色,簇生 1~3 朵,花被圆筒形或漏斗形。浆果,果实椭圆形,成熟时红色。花期 5 月,果期 9 月。

【生态学特性】 胡颓子喜光,耐阴,抗寒性尚强,耐瘠薄,适应性很强,对土壤要求不严,在中性、酸性或石灰质土壤上均能生长。

【水土保持功能及利用价值】 胡颓子树冠浓密,落叶丰富,且易分解,具有改良土壤的性能,能够提高土壤的保水、保肥能力,为保持水土、防风固沙、改良土壤的优良先锋树种。

胡颓子果可食,可制作蜜饯、果酱,可酿酒,花可提取芳香油,也可作调香原料,茎皮纤维是造纸和制纤维板的原料;根、果、叶均可入药;花朵秀丽芳香,果实鲜艳美观,适作庭院丛植观果灌木,作绿篱亦佳,是以赏果为主的桩景材料,极耐修剪。

【栽植培育技术】 播种育苗:采种后堆放后熟,洗净,阴干,随即播种。种子千粒重 20 g,发芽率 50%。条播行距 20 cm,覆土厚度 1.5 cm,土上盖草,保持床面潮湿,30 d 后发芽出土,搭棚遮阴。

扦插育苗:于梅雨季节,取半木质化枝作插穗,长 10 cm,留叶 3~4 片,直插,深 1/2,遮阴,经常保持棚内湿润。

造林方法:野外采挖宜在秋末春初进行。移植小苗宜带宿土,大苗宜带泥球。不需特殊管理。

10.2.18　大花溲疏

【科属名称】 虎耳草科 Saxifragaceae,溲疏属 *Deutzia* Thunb.

【形态特征】 灌木,高达 2 m。树皮通常灰褐色。叶卵形,长 2.5~5 cm。先端急尖或短渐尖,基部圆形,缘有小齿,表面散生星毛,背面密被白色星状毛。化白色,较大,径

2.5~3 cm,1~3 朵聚伞状花序;雄蕊 10 片,花丝端部两侧具钩齿牙;花柱 3 枚,长于雄蕊;萼片披针形,比花托长。蒴果半球形。花期 4 月中下旬,果期 6 月。

【生态学特性】　喜光,稍耐阴,耐寒,耐旱,对土壤要求不严,萌蘖力强。

【水土保持功能及利用价值】　本种花朵大而开花早,颇为美丽,宜植于庭院。

【栽植培育技术】　可用播种、分株等法繁殖。

10.2.19　小花溲疏

【科属名称】　虎耳草科 Saxifra-gaceae,溲疏属 *Deutzia* Thunb.

【形态特征】　灌木,高达 2 m。小枝疏生星状毛。叶卵形至狭卵形,长 3~8 cm,先端短渐尖,基部广楔形或圆形,缘有短芒状尖齿,两面疏生星状毛。花白色,较小,径约 1.2 cm;萼裂片稍短于筒部;花丝顶端无牙齿;花柱 3 枚,短于雄蕊;花序伞房状,具花多数。花期 5—6 月。

【生态学特性】　多生于山地林缘及灌丛中。性喜光,稍耐阴,耐寒性强。

【水土保持功能及利用价值】　与大花溲疏类似。花虽小而繁密,且正是初夏花季节,宜植于庭院观赏。

【栽植培育技术】　扦插、播种、压条、分株繁殖,每年落叶后对老枝条进行分期更新,以保持植株繁茂。

10.2.20　小檗

【科属名称】　小檗科 Berberidaceae,小檗属 *Berberis* L.

【形态特征】　落叶多枝灌木,高 2~3 m。幼枝紫红色,老枝灰褐色,有沟槽和刺。叶全缘、菱形或倒卵形,在短枝上簇生。花单生或 2~5 朵成短总状花序,黄色,下垂,花瓣边缘有红色纹晕。浆果红色,宿存。花期 5—6 月,果期 9—10 月。

【生态学特性】　小檗喜光,耐半阴,耐寒,耐旱,适应性强,对水分要求不高,苗期土壤过湿会烂根。

【水土保持功能及利用价值】　小檗枝叶茂密,树冠截持降水作用很强,具有抗旱、抗寒、抗风沙的特性,在防风固沙、保持水土和涵养水源方面发挥着重要作用。林地枯落物最大吸水量 3.17 t/hm^2。小檗秋末叶及嫩枝为牛等牲畜喜食的饲料,为燃料价值很高的资源,树皮含有大量的黄色素,可提取染料,鲜果或干果可食用;小檗树皮含小檗碱,供药用;春开黄花,秋结红果,是花果皆美的观赏树种,也是城市园林绿化、公路两侧绿化隔离带的优良树种。

【栽植培育技术】　播种育苗:种子千粒重12.3 g。采种后洗净果肉,放于通风干燥处晾干,干藏,在常温下种子储藏1年后,发芽率未见降低。可采用秋播或低温沙藏至翌年3月下旬。高垄或床面条播,每亩播种量3.5~5.5 kg,播种深度1~1.5 cm,20 d即可出苗,而秋播以露地苗床播种为主。1年生苗高15~20 cm。东北地区1年生苗需防寒越冬。

扦插育苗:扦插可在6—8月选当年生芽眼饱满的半硬枝条,剪成长10~12 cm的插穗,插入土中1/2,需搭棚遮阴或全光照喷雾。

压条育苗:休眠期选用接近地面容易弯曲且生长健壮的1~2年生的枝条,环割皮层。割伤处理后埋压土中并固定,然后在其周围培土,待其根系生长健壮后,与母树割离,移植再行培养。

分蘖育苗:早春萌芽前或秋末落叶后,将母株四周萌芽发出的幼苗带根挖掘起来,选择壮苗,单株移植。

造林方法:移栽可在2—3月或10—11月进行,裸根或带土坨均可。造林株行距1 m×1 m。小檗萌蘖性强,耐修剪。定植时,可强修剪,以促发新枝,入冬前或早春前疏剪过密枝或截短长枝,花后控制生长高度,使株形圆满。也可采用根蘖苗造林和直播造林。

10.2.21　鸡桑

【科属名称】　桑科 Moraceae,桑属 *Morus* L.

【形态特征】　灌木或小乔木,树皮灰褐色;叶卵形,长5~14 cm,宽3.5~12 cm,先端急尖或尾状,基部楔形或心形,边缘具粗锯齿,不分裂或3~5裂,表面粗糙,密生短刺毛,背面疏被粗毛;叶柄长1~1.5 cm,被毛;雄花序长1~1.5 cm,被柔毛,雄花绿色,具短梗,花被片卵形,花药黄色;雌花序球形,长约1 cm,密被白色柔毛,雌花花被片长圆形,暗绿色,花柱很长,柱头2裂,内面被柔毛;聚花果短椭圆形,直径约1 cm,成熟时红色或暗紫色。花期3—4月,果期4—5月。

【生态学特性】　鸡桑耐寒,抗风,但不耐水湿。

【水土保持功能及利用价值】　鸡桑根系发达,耐旱、耐瘠薄,是良好的水土保持树种。鸡桑茎皮纤维可造纸或制人造棉;果实味酸甜,可生吃或酿酒;种子油可制肥皂和润滑油。

【栽植培育技术】　一般采用扦插繁殖,成活率90%以上。最佳扦插时间是2月下旬至3月中旬。可选用上年生粗壮无病害枝,用中下部枝条剪成10 cm左右小段,每段上留2~3个冬芽,下段剪成钝斜面,上面在芽上方0.5 cm处下剪,剪成马蹄形,然后将插条按30 cm株距竖直插入,回填细土压紧,并用潮沙覆盖。

10.2.22　细叶小檗

【科属名称】　小檗科 Berberidaceae,小檗属 Berberis L.

【形态特征】　落叶灌木,高达 2 m。小枝细而沟槽,紫褐色;刺常部分分叉而较短小。叶倒披针形,长 2~4.5 cm,先端尖,基部楔形,通常全缘,表面亮绿色,背面叶互生灰绿色。花黄色,8~15 枚,多成下垂总状花序;果卵状椭圆形,长约 1 cm,亮红色。

【生态学特性】　细叶小檗喜光、耐寒、耐瘠薄,能耐 -42 ℃极端低温,适生于疏松肥沃的褐土、山地灰褐土、山地棕色森林土上。该灌木主侧根明显,萌蘖力强,耐平茬。

【水土保持功能及利用价值】　细叶小檗适于配置在阴坡、半阳坡,营造水土保持护坡林,并进行封育,成林后每 3~4 年平茬 1 次。该木枝叶茂密,树冠截持降雨作用强,截留降水率在 25.0%~57.1%,根系发达,具有较强固土作用,可提高土壤的透水性,减少超渗径流。可用于城镇绿化,常配置于建筑物门口、窗下或庭前,丛植于草坪、池畔、花坛、岩石假山间,或作花刺篱或作盆景;根和茎可提取黄连素。

【栽植培育技术】　播种育苗:8—9 月采种,揉搓淘洗除去果皮、杂质,即得种子,晾干储藏。秋播、春播均可。若春播种子,宜冬季沙藏 60 d,气温 15 ℃时,整地做床,按 15~20 cm 的行距开沟,顺沟条播,覆土 1.0~1.5 cm,轻压,出苗前保持土壤湿润。当年苗高 30 cm 左右,可移植。扦插育苗:早春尚未萌动前剪取 1 年生枝条,剪成 6~8 cm 的插穗,上口剪平,下口剪成 45°斜面,除去下部余刺与叶片,插穗放在含有生根粉的溶液中浸泡 36 h,浸泡基部深度 4 cm 左右。

扦插育苗:扦插可干插和湿插,干插可直接将插穗按株行距 5 cm×5 cm 密度扦插入土中,扦插深度为 3~5 cm,插完立即浇透水 1 次。湿插即苗床先灌足水,待水下渗后,立即将插穗按上述密度直插,插后可根据情况数日后再灌 1 次水。插后在苗床搭设塑料小拱棚,5 月下旬撤膜,6 月下旬待扦插幼苗长至 12 cm 高时,即可移栽大田,移栽前在苗床浇 1 次透水,使苗床湿润,以便带土移栽,移栽后立即浇 1 次透水,当苗高可达 40 cm,基部分叉 3~4 枝,可出圃栽植。

10.2.23　丁香

【科属名称】　木樨科 Oleaceae,丁香属 Syringa L.

【形态特征】　落叶灌木或小乔木。因其花筒细长如钉,且芳香四溢而得名。假二叉分枝,冬芽卵球形,有芽鳞。叶对生、全缘或分裂,羽状复叶。春、夏开花,花两性,圆锥花序顶花生或腋生于前年生的小枝上,花丛庞大,芳香。花期 4—5 月,果期 8—10 月。

【生态学特性】　丁香喜光,耐低温,耐旱,忌大肥大水。花枝肥大,不易形成花芽,水大会落叶致死。

【水土保持功能及利用价值】　丁香耐低温、耐旱,是良好的水土保持植物。丁香枝叶茂盛,能较好地截留天然降水,4年生以上的丁香林地一般不发生水土流失。丁香根系发达,根量丰富,能网罗周围土粒,具有固土作用,但其根系的抗拉强度不如山桃和淡竹,是华北及东北地区沟溪谷地、半阳坡、山地阳坡优良的水土保持林树种。对SO_2有较强的抗性。丁香木材坚韧细致,耐水湿,耐腐朽,纹理美观。嫩叶可食用,加工后可代茶叶,花可提取芳香油,种子可榨油。作为燃料,花叶丁香火力旺。可作为饲料、绿肥。丁香树干、枝条、种子可供药用;丁香花色多样,花期较长,北方城市多用于绿化。

【栽植培育技术】 播种育苗:采集完全成熟的种子,可以秋播。条播,每亩播种量6~9 kg,10~20 d出苗,出苗率为90%。留苗量2万株/亩。1年生苗高0.5~0.8 m。

扦插育苗:于花后1个月采半木质化枝条作插穗,穗长12~15 cm,有2~3对芽。插于封闭、高湿的插床中,30~40 d开始生根,8月中旬生根率达80%,根系发达。扦插也可在深秋采条,混沙开沟储藏,翌年春扦插。

嫁接育苗:常用芽接或枝接。砧木多用小叶女贞或水蜡。芽接多在6月下旬至7月中旬进行。秋、冬季采条,露地埋藏至翌春萌芽前进行枝接。枝接成活的接芽可于当年萌芽生长,但较少形成花芽,因此第二年萌芽前需在距地面30~40 cm处将枝条截短,促其萌发侧枝,使枝条生长成熟并能正常开花结实。

分蘖育苗:11月中下旬或3月中旬,自母株附近采集萌蘖幼树,先行假植,于4月上中旬栽植。

压条育苗:休眠期将母株根部的健壮枝条压入土中,经一段时间后即能生根,然后将枝条与母株分离,移植再行培养。

造林方法:于春季萌芽前裸根移栽定植,造林株行距4 m×4 m。因根系浅,栽植穴不可过深。雨季及时排水防涝。丁香树势强健,栽植后为恢复树势,可将地上部重剪,第二年即可萌发大量新枝。每隔2~3年可进行枝条重剪更新,否则开花部位上移,集中于树体顶端。而部分枝条空裸无花。30年以上的植株可于地上留30~50 cm后平茬,2年之内复壮见花。

10.2.24 紫丁香

【科属名称】 木樨科 Oleaceae,丁香属 *Syringa* L.

【形态特征】 灌木或小乔木,高可达4 m;枝条粗壮无毛。叶广卵形,通常宽度大于长度,宽5~10 cm,先端锐尖,叶基心形楔形,全缘,两面无毛。圆锥花序长6~15 cm;花萼钟状,有4齿;花冠堇紫色,4裂开展;花药生于花冠筒中部或中上部。蒴果长椭圆形,顶端尖,平滑。花期4月。

【生态学特性】 喜光,稍耐阴,荫蔽地能生长,但花量少或无花;耐寒性较强;耐干旱,忌低温。喜湿润、肥沃、排水良好的土壤。

【水土保持功能及利用价值】 紫丁香主根明显,侧根发达,须根丰富,特别是侧根相

互盘根错节,在土体中形成根系网,对土壤起着有力的网络、固结作用。该树枝叶繁茂,林冠可有效截持降水,减少林下降水强度,削弱雨滴对土壤的直接击溅,延缓雨滴到达地面的时间及减少地表径流速度等。紫丁香耐旱,对土壤要求不高,是治理水土流失、绿化荒山荒坡的先锋树种,采取自然封育后,紫丁香是较早出现的树种之一。紫丁香枝叶茂密,花美而香,是我国北方各地园林中应用最普遍的花木之一。广泛栽植于庭院、机关、厂矿、居民区等地。常丛植于建筑前、茶室凉亭周围;散植于园路两旁、草坪之中;于其他种类丁香配植成专类园,形成美丽、清雅、芳香、青枝绿叶,花开不绝的景区,效果极佳;也可盆栽、促成栽培、切花等用。种子入药,花提制芳香油,嫩叶代茶。

【栽植培育技术】　播种、扦插、嫁接、分株、压条繁殖,播种苗不易保持原有暗灰卵形状,但常有新的花色出现;种子须经层积,翌年春天播种。夏季用嫩枝扦插,成活率很高。嫁接为主要繁殖方法,华北以小叶女贞作砧木,采用靠接、枝接、芽接都可;华东偏南地区,实生苗生长不良,高接于女贞上使其适应。

10.2.25　金银木

【科属名称】　忍冬科 Caprifoleaceae,忍冬属 *Lonicera* L.

【形态特征】　落叶灌木,高达 5 m。小枝髓黑色后变中空,幼时具微毛。叶卵状椭圆形至卵状披针形,长 5~8 cm,端渐尖,基宽楔形或圆形,全缘,两面疏生柔毛。花成对腋生,总花梗短于叶柄,苞片线形;相邻两花的萼筒分离;花冠唇形,花先白后黄,芳香,花冠筒 2~3 倍短于唇瓣;雄蕊与花柱均短于花冠。浆果红色,合生。花期 5 月,果期 9 月。

【生态学特性】　性强健,耐寒,耐旱,喜光也耐阴,喜湿润肥沃及深厚的壤土。

【水土保持功能及利用价值】　金银木树势旺盛,枝叶丰满,枯落物多,可起到拦蓄、分散、阻碍地表径流的作用,该树种根系发达,主根明显,具有较强的固土作用。金银木初夏开花有芳香,秋季红果缀枝头,是一良好的观赏灌木,孤植或丛植于林缘、草坪、水边均很合适。

【栽植培育技术】　播种、扦插繁殖,管理粗放,病虫害少。

10.2.26　木槿

【科属名称】　锦葵科 Malvaceae,木槿属 *Hibiscus* L.

【形态特征】　灌木,高 3~4 m。小叶被星状毛。叶菱状卵形,长 3~6 m,宽 2~4 m,顶端常 3 裂,基部楔形,叶缘有不整齐钝齿,叶被有疏星状毛或几无毛;叶柄长 0.5~

2.5 cm。花单生叶腋,花径 5~8 cm,单瓣或重瓣,有
淡紫、白、红等色。蒴果卵圆形,密被星状毛。花期
7—10 月,果期 9—11 月。

【生态学特性】　喜光亦稍耐阴,喜温暖气候,
也颇耐寒。萌蘖性强,耐修剪,对 SO_2、Cl_2 等抗性
强,扦插繁殖。花期果长,但每一朵花只开一天,故
有"朝花夕损"之说。花大、色艳,花期长,为优良的
园林树种。

【水土保持功能及利用价值】　木槿耐干旱,也
耐水湿,萌蘖性强、耐修剪,对 SO_2、Cl_2 等抗性强,具有较强的水土保持功能,是工矿区优
选水土保持植物。木槿盛夏季节开花,开花时满树花朵,花色丰富,娇艳夺目,花期长达 5
个月,适用于公共场所花篱、绿篱及庭院布置。墙边、水滨种植也很适宜。

【栽植培育技术】　扦插繁殖:春季发芽前剪条扦插,成活极易。单瓣品种可取得种
子,干燥后春季播种也可。木槿喜光,也耐半阴,喜温暖湿润气候,北方寒冷地区宜栽于背
风向阳处,耐干旱,抗尘力强。耐修剪,用作绿篱材料时,长至适当高度宜进行修剪。用于
观花时则应培养树姿,使着花繁多。一般均用于庭园中地栽观赏,虽较耐旱,但仍需给予
充足的水分,以利枝叶茂密、多开花,并应在定植时施以基肥,供多年生长开花所需。

10.2.27　小叶女贞

【科属名称】　木樨科 Oleaceae,女贞属 *Ligustrum* L.

【形态特征】　花灌木,高 2~3 m。小枝密生细
柔毛,叶薄革质,椭圆形或倒卵状长圆形,长 1.5~
5 cm,宽 0.8~1.5 cm,无毛,顶端钝,基部楔形;叶柄
有短柔毛。圆锥花序长 7~22 cm,有细柔毛;花白
色,芳香,无柄;花冠筒和裂片等长,花药略伸出花冠
外。核果宽椭圆形,黑色,长 8~9 mm。花期 7—8
月,果期 10—11 月。

【生态学特性】　耐寒性好,耐水湿,喜温暖湿
润气候,喜光、耐阴。深根性树种,须根发达,生长
快,萌芽力强,耐修剪。对大气污染的抗性较强,对 SO_2、Cl_2、HCl 及铅蒸汽均有较强抗性,
也能忍受较高的粉尘、烟尘污染。果枝对土壤要求不严,以沙质壤土或黏质壤土栽培为
宜,在红、黄壤土中也能生长。对气候要求不严,小叶女贞能耐-12 ℃的低温,但适宜在湿
润、背风、向阳的地方栽种,尤以在深厚、肥沃、腐殖质含量高的土壤上生长良好。

【水土保持功能及利用价值】　小叶女贞是良好的水土保持植物,根系发达,对气候、
土壤要求不严。四季婆娑,枝干扶疏,枝叶茂密,树形整齐,亦是园林中常用的观赏树种,
可于庭院孤植或丛值,或作为行道树。

【栽植培育技术】　播种或扦插繁殖。种子沙藏或干藏,春季播种,若干藏则播前需
用热水浸种,经 4~5 d 催芽即可播种。扦插采用硬枝扦插,于春季进行。

10.2.28　金叶女贞

【科属名称】　木樨科 Oleaceae，女贞属 Ligustrum L.

【形态特征】　落叶或半常绿灌木。叶色金黄，单叶对生，叶薄革质，常椭圆形，端锐尖或钝，基部圆形或阔楔形，圆锥花序，花梗明显，裂片镊合状排列，花冠筒比花冠裂片短，花白色。

【生态学特性】　喜光，喜温暖，稍耐阴，但不耐寒冷。在微酸性土壤上生长迅速，中性、微碱性土壤亦能生长。萌芽力强，适应范围广。具有滞尘抗烟的功能，能吸收 SO_2，适应厂矿、城市绿化。

【水土保持功能及利用价值】　枝叶耐修剪，耐干旱与瘠薄土壤，具有较强的水土保持功能。可与紫叶小檗及红苋草、绿苋草等植物形成色调对比强烈的模纹花坛和植物造景。在色彩上亮丽明快，也是分车带、草坪绿地造景、建筑物周围绿化的良好树种。

【栽植培育技术】　大量快速繁殖金叶女贞，提高其扦插成活率至关重要。需要特别注意的是扦插的成活率与扦插的基质，插穗木质化程度及扦插的时间有很大关系：扦插基质用粗沙土比用细沙土生根率高，插穗木质化的比半木质化的生根率高，夏季扦插比秋季生根率高。

10.2.29　牛奶子

【科属名称】　胡颓子科 Elaeagnaceae，胡颓子属 Elaeagnus L.

【形态特征】　灌木，高 4 m，常具刺。幼枝密被银白色鳞片。叶卵状椭圆形至长椭圆形，长 3～5 cm，叶表幼时有银白色鳞片，叶背银白色杂有褐色鳞片。花黄白色，有香气，花被筒部较裂片长，2～7朵成腋生伞形花序。果近球形，径 5～7 mm，红色或橙红色。花 4—5 月，果期 9—10 月。

【生态学特性】　性喜光，略耐阴。

【水土保持功能及利用价值】　牛奶子根系发达，具有较强的固土、保水和持水能力。果可食，亦可入药或加工酿酒用。可作绿篱及防护林的下木。

【栽植培育技术】　多采用播种繁殖。

10.2.30　夹竹桃

【科属名称】　夹竹桃科 Apocynaceae，夹竹桃属 Nerium

【形态特征】　灌木，体内具乳汁和水汁（折断流出）。单叶，叶革质，轮生，侧脉羽状，密而平行。伞房状聚伞花序顶生；萼片内面基部具腺体；花冠漏斗形，具副花冠；雄蕊 5

枚,生于冠筒中上部,花药不露出;无花盘。离生心皮雌蕊。蓇葖果 2 枚,平行并生,长圆形。

　　灌木高 3 m;幼枝具棱。叶革质,3~4 轮生,条状披针形,长 11~18 cm,宽 2~3 cm,光绿无毛,具多数细密平行的侧脉,近水平横出。花序顶生,总花梗长 3 cm,花梗长 7~10 mm;花冠红色至粉红色,常为重瓣,径 4~5 cm,裂片倒卵形,副花冠多裂。蓇葖果长 10~20 cm,径 6~9 mm,具细纵条纹;种子顶端具黄褐色绢质毛。花期夏秋季,罕见结果。

　　【生态学特性】　喜光,喜温暖、湿润气候,不耐寒;耐旱能力强,对土壤要求不严,在碱性土上也可生长。

　　【水土保持功能及利用价值】　花冠部分展开,适应性较强,管理粗放,适宜于矿区、公路边坡等地防护与植被重建,具有良好的水土保持功能。

　　【栽植培育技术】　花期长,插条、压条繁殖,易成活。

10.2.31　黄栌

　　【科属名称】　漆树科 Anarcardiaceae,黄栌属 Cotinus（Tourn.）Mill.

　　【形态特征】　落叶灌木或小乔木,高达 5~8 m。树冠圆形,树皮暗灰褐色。小枝紫褐色,被蜡粉。单叶互生,通常倒卵形,长 3~8 cm,先端圆或微凹,全缘,无毛或仅背面脉上有短柔毛,侧脉顶端常 2 叉状;叶柄细长,1~4 cm。花小、杂性,黄绿色;成顶生圆锥花序。核果肾形,径 3~4 mm。果序长 5~20 cm,有多数不育花的紫绿色羽毛状细长花梗宿存。花期 4—5 月,果期 6—7 月。

　　【生态学特性】　喜光,也耐半阴;耐寒,耐干旱瘠薄和碱性土壤,但不耐水湿,以深厚、肥沃、排水良好之沙质土壤生长最好。生长快;根系发达,萌蘖性强,砍伐后易形成次生林,对 SO_2 有较强的抗性,对氯化物抗性较差。

　　【水土保持功能及利用价值】　黄栌喜光,略耐阴,抗旱,耐瘠薄,稍耐寒,能适应各种恶劣自然环境,在岩石裸露的干旱阳坡或无土的石缝里都能生长,其造林保存率高,根系发达,落叶量大,既能遮盖地表,减少径流,又能增加腐殖质,改良土壤。萌芽强,耐平茬,是西北地区水土保持、水源涵养、农田防护林的理想树种。黄栌叶子秋季变红,鲜艳夺目,著名的北京香山红叶即为本种。每逢秋季,层林尽染,游人云集,初夏花后有淡紫色羽毛状的伸长花梗宿存树上很久,成片栽植时,远望宛如万缕罗纱绕林,故名有“烟树”之称。在园林应用中宜丛植于草坪、土丘或山坡,亦可混植于其他树群。尤其是常绿树群中,可为园林增添秋色。木材可提制黄色燃料,并可作家具及雕刻用材等;树皮也可提制栲胶;枝叶入药,能消炎、清湿热。

　　【栽植培育技术】　繁殖以播种为主,压条、根插、分株也可进行。种子成熟早,6—7

月即可采收,采回藏于沟内,至 8—9 月间播种;如不沙藏,则在播种前浸泡种 2d,捞出后晒干即可播种。播前灌足底水,覆土 1.5~2 cm,每公顷播种量约为 187.5 kg,在北京,苗床需覆草或落叶防寒越冬,春暖后撤去覆草,约 3 月底可出苗,也可将种子沙藏越冬,至翌年春播。幼苗生长迅速,当年苗可达 1 m 左右,3 年后即可出圃定植。黄栌苗木须根较少,移栽时应对枝进行强修剪,容易保持树势平衡。栽培粗放,不需精细管理,夏秋雨水多时,易生霉病,可用波尔多液或石灰硫黄合剂喷布防治。

10.2.32 黄荆

【科属名称】 马鞭草科 Verbenaceae,牡荆属 *Vitex* L.

【形态特征】 灌木或小乔木。小枝四棱形,密被灰白色绒毛。叶为掌状复叶,小叶 5 片,稀 3 片,小叶卵状长椭圆形至披针形,全缘或疏生浅齿,背面密生灰白色短绒毛。顶生聚果伞圆锥状花序,长 8~27 cm,花序梗密生白色绒毛;花萼钟形,顶端具 5 齿,外面被灰白色绒毛;花冠淡紫色,二唇形,长 5~10 mm;雄蕊 4 枚,2 强,伸出花冠外;子房近无毛。核果近球形,径约 2 mm,宿萼接近果实的长度。

【生态学特性】 喜光,能耐半阴,好肥沃土壤,但亦耐干旱、耐瘠薄和寒冷。萌蘖力强,耐修剪。

【水土保持功能及利用价值】 黄荆耐干旱、耐瘠薄和寒冷,萌蘖力强,耐修剪,是良好的水土保持植物。树形疏散,叶茂花繁,淡雅秀丽,最适宜植于山坡、湖塘边、游路旁点缀风景。园林中作盆栽的多是从山区挖取老桩,上盆后稍加整理即可观赏。管理比较粗放,也很适合家庭盆栽观赏。茎皮可制人造棉;花和枝叶可提取芳香油;茎、叶入药,可治痢疾,蜜源植物;枝供编织。

【栽植培育技术】 花枝繁殖用播种、扦插、分株均可。

10.2.33 荆条

【科属名称】 马鞭草科 Verbenaceae,牡荆属 *Vitex* L.

【形态特征】 落叶灌木或小乔木,高 5 m。树皮灰褐色,小枝四棱形,密生灰白色绒毛。叶有长柄,掌状,有 5 片叶子,间有 3 片,中间小叶最大,两侧依次渐小,小叶椭圆状卵形至披针形,先端渐尖,基部楔形,全缘或有少数锯齿。圆锥花序顶生,长 10~27 cm,花萼钟状,花冠淡紫色。果球形,黑色。花期 6—8 月,果期 8—10 月。

【生态学特性】 荆条耐寒,耐旱,耐瘠薄,在酸性、中性和微碱性土壤上均能生长,在半阳坡石缝中也能生长。

【水土保持功能及利用价值】 荆条主根不明显,侧根发达,须根少,穿透力强,分布深,具有固土作用,保水固土能力极强,是荒山绿化的先锋树种。荆条是很好的蜜源植物,枝干可作燃料,嫩枝绿叶是很好的绿肥原料,1~2 年生新条是优良的编织原料,茎皮可造纸及制人造棉,花和枝叶可提取芳香油,种子可制作香皂;荆条果实、根、茎、叶均可入药;

荆条叶为掌状,花清雅,是装点风景区、庭院的观赏材料,根际生长弯曲,疙瘩别致,可用于盆景、根雕和装饰品。

【栽植培育技术】 播种育苗:饱满种子易脱落,采种不宜过晚,当果实呈黄褐色时应立即采集。种子无胚乳,属深休眠类型,宜用沙藏法打破休眠,沙藏天数为 60～180 d。春季将沙藏种子取出,放于向阳处并盖湿麻袋催芽。于 4 月中下旬播种。每亩播种量 2 kg,覆土厚度 0.5～1 cm,轻镇压。也可大田撒播。

分蘖育苗:荆条适应性强,很少人工育苗,常采用挖取自生根部的分蘖苗分栽。

造林方法:春、秋季均可栽植,栽植株行距 0.5 m×1 m、1 m×1.5 m 或 1 m×2 m。直播造林,秋季进行带状或穴状整地,株行距 1 m×1 m,翌年 3 月上旬播种。播种 15～20 粒/穴。如果土壤干燥,最好等雨后直播,成活稳定后间苗,选留 1～2 株/穴。

10.2.34 毛条

【科属名称】 蝶形花科 Papilionaceae,锦鸡儿属 *Caragana* Fabr.

【形态特征】 落叶灌木,高 1.5～3 m。树皮金黄色,有光泽。幼枝有棱。小叶 12～18 片,羽状排列,长 7～13 mm,宽 3～6 cm。花浅黄色。荚果较短披针形,长 20～30 mm,宽 6～7 mm。花期 5—6 月,果期 6—7 月。

【生态学特性】 不耐旱,在湿润的土壤上生长良好,但过湿则生长不良。具有根瘤,可改良土壤。萌芽力强。寿命较长,树龄可达 70 年以上。

【水土保持功能及利用价值】 毛条根系发达,有根瘤菌,萌芽能力强,沙埋后能发不定根,防风固沙作用大,为西北荒漠、半荒漠、干草原及沙荒地区营造水土保持林、防风固沙林和改良土壤的重要树种之一。此外,毛条嫩叶是很好的饲料和肥料。枝条又是燃料和编织材料。可营造薪炭林和饲料林。毛条开花繁茂,是良好的蜜源植物。

【栽植培育技术】 播种育苗:在干燥、通风条件下储存至第三年,发芽率为 91%。储存 6 年的种子,发芽率 30%。条播行距 25 cm,种子一般不处理。春、夏、秋均可播种,但以雨季最好。覆土厚度 2～3 cm。每亩播种量 10 kg,产苗量 3 万～4 万株,1 年生苗高 30 cm以上。

造林方法:可采用直播造林,一般多在 7—9 月的雨季进行,造林 2 年后一般不再进行抚育即可成林。

10.2.35 花棒

【科属名称】 蝶形花科 Papilionaceae,岩黄蓍属 *Hedysarum* L.

【形态特征】 落叶灌木,茎高 7 m。树皮紫红色,常呈纤维条状雌蕊。奇数羽状复叶,小叶长 1~4 cm,宽 0.3~0.7 cm,窄矩圆形,全缘,先端尖。总状花序,腋生,有长花梗。荚果串珠状,有 2~3 个荚节,种子淡黄色。花期 5—10 月,果期 8—10 月。

【生态学特性】 花棒喜光,耐干冷气候,耐-31.6 ℃的低温和 40~50 ℃的高温,沙面温度达 74 ℃时仍可生长。耐干旱,产区年降水量多在 200 mm 以下,耐贫瘠,抗风蚀,沙埋后不定根的萌发力特别活跃。抗盐碱,花棒可以在土壤含盐量小于 5 g/L 时正常生长。对土壤要求不严,适宜沙质、壤质和黏壤质土或沙滩、戈壁滩地。幼龄株在风蚀超过10 cm时即干枯死亡。

【水土保持功能及利用价值】 花棒喜光,耐干冷气候,耐干旱,耐贫瘠、抗风蚀、抗盐碱,是优良的水土保持树种。花棒从冠顶到地面是一个枝叶重叠的立体网络,降水时,雨滴从冠顶到地面的降落过程中,经过数次阻拦,到达地面时基本消失,比高灌层的乔木防治土壤流失的效果好,为我国西北荒漠、半荒漠以及干草原地带固沙造林的优良树种。1年生幼树能忍耐风蚀深度 15~20 cm。成年植株风蚀露根 1 m 仍能生长。花棒沙埋后可萌发出不定根,生长更加旺盛,当梢头被沙埋 20 cm,能穿透沙层发出新芽。5 年生植株根幅达 10 m 以上,庞大的冠幅交织在一起,形成紧密的防护林,能有效地防止风沙对地表吹蚀,控制沙丘移动。有根瘤,既可保持水土,又能改良土壤,枯枝落叶可以肥地。

花棒树干为优良的薪炭材。树皮可制麻绳、织麻袋。种子可食用、油用和饲料用。叶子发甜,适口性好,缺草年份可以直接放牧,也可以作牲畜的越冬饲料。花棒种子可以食用,也可以作抓膘的饲料。花棒还是很好的蜜源植物。

【栽植培育技术】 播种育苗:当荚果由绿色变成灰色时即可采种,种子发芽率保存期较长,5 年的种子发芽率在 80%以上。3 月上旬至 4 月上旬播种,于播种前 5~10 d,用温水浸泡种子 2~3 d 后,混湿沙堆放催芽,适当加水,并保持湿润。当 10%种子露白时,即可播种。或在 40~50 ℃温水中浸种 2~3 d,捞出即播,但不如前者好。播种量6~8 kg/亩,产苗量 2 万~3 万株/亩。1 年生苗高 0.8~1 m。

扦插育苗:可结合平茬复壮,采集 1~2 年生的萌生枝条,选用粗 0.7~1.5 cm 的枝段,截成长 50~60 cm 的插穗,放在清水中浸泡 24 h,取出即可扦插。插条露出地面 1~2 cm。

扦插造林:在年降水量 300 mm 的沙区,可结合平茬进行扦插。选择 0.7~1.5 cm 粗枝段,截成长 40~60 cm 的插穗,浸水 1~2 d,即可挖坑插条。水分条件好的丘间低地或滩地上,扦插成活率高,生长好。

直播造林:适宜穴播和条播,5 月下旬至 6 月下旬雨季播种,播种量为 7.5~15 kg/hm^2。在干旱区的流动沙丘上则宜于植苗造林,株行距 1 m×1 m 或 2 m×2 m。

植苗造林:初植株行距一般为 1 m×2 m。

10.2.36 沙冬青

【科属名称】 蝶形花科 Papilionaceae,沙冬青属 *Ammopiptanthus* Cheng f.

【形态特征】 落叶灌木,高 1.5~2 m。多分枝,树皮黄色,枝粗壮。掌状三出复叶,稀单叶,小叶菱状椭圆形,长 2~3.8 cm,宽 6~20 mm,先端急尖或钝,基部楔形。萼筒状,花瓣黄色,长约 2 cm。荚果长椭圆形,长 5~8 cm,宽 1.6~2 cm,种子 2~5 粒,球状肾形,直径约 7 mm。花期 4 月,果期 5—7 月。

【生态学特性】 沙冬青耐寒,耐旱。在旱季吸水力高于柠条、杨柴、花棒、沙枣。

【水土保持功能及利用价值】 沙冬青耐寒,耐旱,是良好的固沙植物。沙冬青不仅有极强的耐蚀性,而且由于其冠大,地上部分枝叶多,阻沙性也较好。沙冬青大冠幅、枝叶多的特点是其优良固沙性的重要原因。对沙冬青阻沙性进行调查,一般单株成年沙冬青高约 1.5 m,冠幅为 2 m 左右,其固定的沙堆高度可达 52 cm,长约 5 m,宽 4 m 以上。沙冬青枝叶茂密,极耐干旱,为北方沙区、干旱丘陵地带重要的造林树种,抗沙压,可在流沙地边缘生长,是组成防风固沙林的优良灌木树种。沙冬青产籽量高,种子含有丰富的亚油酸,其含量远高于花生油、向日葵油、大豆油、油菜油等的含量,沙冬青枝叶入药,同时也是我国西北荒漠地区唯一的超旱生常绿阔叶灌木。

【栽植培育技术】 选 10~15 年生母树采种。种子千粒重 42.83 g,干藏,发芽率 85%~90%。种子耐储藏,密封储藏 15 年的种子发芽率为 68%。用 50~60 ℃的水浸种,浸泡时间 4~6 h,不宜长,种子吸胀后播种。种子吸水力强,发芽快,出土整齐,可直播造林,每亩播种量 4.5~5.5 kg,覆土厚度 2~3 cm,播种后 5~6 d 即可出土发芽。

10.2.37 细枝岩黄芪

【科属名称】 蝶形花科 Fabaceae,岩黄芪属 *Hedysarum* L.

【形态特征】 落叶灌木,高达 7 m;茎和下部枝紫红色或黄褐色,树皮剥落,多分枝;嫩枝绿色或黄绿色具纵沟,平伏的短柔毛或近无毛。单数羽状复叶互生,下部叶具小叶 7~11 枚,上部的叶具少数小叶,最上部的叶轴完全无小叶;托叶中部以上彼此连合,早落;小叶矩圆状椭圆形或条形,长 1.5~3 cm,先端渐尖或锐尖,基部楔形,上面密被红褐色腺点和平伏的短柔毛,下面密被平伏的柔毛。花两性,总状花序腋生,花少数,排列疏散;花紫红色,长 15~

20 mm,花萼钟状筒形。荚果有荚节 2~4 节,荚节近球形,膨胀,密被白色毡状柔毛。花期 6—8 月,果期 8—9 月。

【生态学特性】 旱生沙生半灌木,为荒漠和半荒漠地区植被的优势植物或伴生植物,在固定及流动沙丘均能生长。喜光,耐旱,根系发达,幼龄树生长快,寿命长,树龄可达 70 年以上。造林 3~4 年开始少量开花结实,5~6 年后结实量增多。一般每隔 3~4 年有一个丰收年。

【水土保持功能及利用价值】　细枝岩黄芪喜光,耐旱,主、侧根都很发达,主根伸展到含水率高的沙层,即加速向水平生长,一旦水分消耗过多,主根就再向垂直方向发展。5~6年生的植株,根幅达10 m左右,有时有好几层水平根系网,扩大吸收面以适应干旱生境。它适应流沙环境,喜沙埋,抗风蚀,耐严寒酷热,极耐干旱,生长迅速,根系发达,枝叶繁茂,萌芽力强,防风固沙作用大,是西北沙荒漠、半荒漠以及干草原地带固沙造林的优良先锋树种。

细枝岩黄芪是沙区优良饲料和绿肥。枝叶骆驼和羊喜食,风干嫩枝叶含粗蛋白16.4%、粗脂肪2.71%、粗纤维23.03%。树干可以用作农具柄。茎皮纤维强韧,可以搓麻绳、织麻袋。枝条含油脂,活力旺,是优良的薪柴。一、二年生的萌条光滑通直,可以编笆造房,经久耐用。种子可以榨油。花期长,是优良的蜜源树种。

【栽植培育技术】　通常种子、扦插繁殖。种子繁殖的方法为:10月中下旬当荚果变为灰色时采收,采集的果实要及时摊晒,去掉枝叶杂质后再晒一遍,然后放在通风干燥处储藏,种子可保存5年。苗圃地以选择地下水位深、排水良好的沙壤土为宜,播种前5~10 d,把种子用温水浸泡2~3 d后,在室温下按种子、河沙1:2的比例混合均匀,用水洒湿进行催芽,每天洒水1次,保持湿润,当有少量种子开始裂口露白时,即可播种。每公顷播种量1 020 kg。种子在4月下旬播种,一般采用大田式育苗。播种前先灌足底水,待水落干后拉线开沟条播。行距30 cm,带距40~50 cm,深3~4 cm,覆土后轻轻镇压整平,10~15 d左右苗木基本出齐。苗木出土后,每15 d松土除草1次,7月底停止。在苗期,除非土壤过于干旱,尽量不要浇水,浇水过量,常出现死苗现象。当年秋季可出圃造林。

10.2.38　黑沙蒿

【科属名称】　菊科 Compositae,蒿属 Artemisia L.

【形态特征】　多年生半灌木,高50~100 cm,主茎不明显,多分枝。老枝外皮暗灰色或暗灰褐色,当年生枝条褐色至黑紫色,具有纵条棱。叶稍肉质,一或二回羽状全裂,裂片丝状条形,长1~3 cm,宽0.3~1 mm;茎上部叶较短小,3~5全裂或不裂,黄绿色。头状花序多数,卵形,通常直立,具短梗及丝状条形苞叶,枝端排列成开展的圆锥花序;总苞片3~4层,宽卵形,边缘膜质;有花10余个,外层雌性,能育;内层两性不育。瘦果小,长卵形或长椭圆形,千粒重0.18 g。花果期8—11月。

【生态学特性】　黑沙蒿一般于3月上中旬开始萌动,6月形成新枝,7~9月为生长盛期,8月开花,9月结实,9月下旬至11月初果实逐渐成熟,10月下旬至11月初时转枯黄、脱落。黑沙蒿具有广泛的生态可塑性。在干旱、半干旱沙壤土分布较广,它生长在固定、半固定沙丘或覆沙梁地、砂砾地上。抗旱、抗瘠薄性强,能生长在水分极少、养分不足的流动沙丘上。黑沙蒿耐寒性强,可在-30 ℃条件下安全过冬。不耐涝,积水1个月,会导致死亡。黑沙蒿耐埋,沙埋只要不超过顶芽,即能迅速生长不定根而生存。

【水土保持功能及利用价值】　黑沙蒿具有发达的根系,主根一般扎深 1~2 m,侧根分布于 50 cm 左右深度的范围内。老龄时,根系分布十分扩展,据调查,天然 12 年生黑沙蒿,地上部分高 90 cm,冠幅 170 cm,根深达 350 cm,根幅达 920 cm,侧根密布在 130 cm 沙层内。庞大的根网有助于固定沙土而免于侵蚀。黑沙蒿茎、枝萌芽力强,被沙埋后仍可抽新枝而形成较大的地上部分,其覆盖度高,可有效覆盖地表,起到防风固沙、截留降水、减少地表径流和土壤侵蚀的作用。栽植黑沙蒿之后,风速和沙流量均大为减低,且细土粒增多,肥力提高。因此,黑沙蒿为西北、华北地区沙漠、沙地良好的固沙植物。

黑沙蒿在季节性饲料平衡中有一定意义,是骆驼主要饲草。黑沙蒿叶的蛋白质和胡萝卜素含量都相当高,氨基酸含量均高于一般的精料,仅次于苜蓿干草粉。鲜嫩时适口性不佳,除骆驼外,其他家畜一般不食,但在冬季和早春,适口性提高,骆驼和羊均喜食,是家畜的主要饲草。黑沙蒿草场适于放牧利用,刈割可提高适口性。也可与其他草混合或单独调制成青贮饲料,晒制干草或粉碎成粉。黑沙蒿除饲用外,还可做优良的固沙植物,可栽植为带状生物防护带或制作成沙障固沙。黑沙蒿种子含油率较高,约占干重的 27.4%,是一种暗褐色碘值较高的不饱和脂肪酸,可制成油漆。另外,也可入药,其根可止血,茎叶和花蕾有清热、祛风湿、拔脓之功效;种子利尿。

【栽植培育技术】　种子繁殖和分株插条繁殖,自然生长的黑沙蒿以种子繁殖为主。种子繁殖可用人工直播或飞机播种。人工直播时选择沙土或壤土,播前精细整地,耙耱整平,施足底肥,多用带状整地。飞机播种撒播后要进行轻度拉、划、踏等地面处理,以利种子着床出苗。播种时选粒大、饱满、发芽率高的种子,春、夏季播种,且越早越好。可单播或混播,单播量 3.75 kg/hm²,播深 1 cm 左右,浅覆土或不覆土,以地面不见种子为度。分株插条繁殖常用于固沙,其法为将 2~3 年生的黑沙蒿幼嫩根苗分为 2~3 小株,移栽。一般于秋季进行,在迎风坡下部,垂直主风向处栽植。株行距 0.3 m×0.4 m。也可沟植,能起机械固沙、生物固沙作用。黑沙蒿一般 4~7 年为繁殖盛期,寿命一般为 10 年左右,最长可达 15 年。黑沙蒿具有再生性,衰老的黑沙蒿生机减弱,平茬可助其复壮,使枝条数量增加 1.4 倍,叶量增加 5.2 倍。平茬宜在秋末春初萌动前,与主风向垂直方向进行,注意不要成片刈割,以免造成风蚀。

10.2.39　叶底珠

【科属名称】　大戟科 Euphorbiaceae,白饭树属 *Flueggea* Willd.

【形态特征】　落叶灌木,高 1~3 m,多分枝;小枝浅绿色,近圆柱形,有棱槽;全株无毛;单叶,互生,纸质,椭圆形或长椭圆形,稀倒卵形,长 1.5~8 cm,宽 1~3 cm,先端急尖至钝,基部钝至楔形,全缘或具有不整齐的波状齿或细锯齿,下面浅绿色;叶柄长 2~8 mm;花小,雌雄异株,簇生于叶腋;雄花 3~18 朵簇生;花梗长 2.5~5.5 mm;萼片通常呈椭圆形、卵形或近圆形,长 1~1.5 mm,宽 0.5~1.5 mm,全缘或具不明显的细齿;雌花花梗长 2~1.5 mm;萼片椭圆

形至卵形,长 1~1.5 mm,近全缘;蒴果三棱状扁球形,直径约 5 mm,成熟时淡红褐色,有网纹,3 片裂;果梗长 2~15 mm,基部常有宿存的萼片;种子卵形而一侧扁压状,长约 3 mm,褐色而有小疣状凸起。花期 3—8 月,果期 6—11 月。

【生态学特性】 叶底珠适应性极为广泛。耐寒、抗旱、抗瘠薄。喜深厚肥沃的沙质壤土,但在干旱瘠薄的石灰岩山地上也可生长良好。

【水土保持功能及利用价值】 因其抗旱、耐瘠薄,分布广,适应性极强,根系发达,是很好的水土保持树种。叶底珠枝叶繁茂,花果密集,花色黄绿,果梗细长,叶入秋变红,有良好的观赏价值;茎皮纤维坚韧,可供纺织原料;枝条可编制用具;花和叶供药用,祛风活血,补肾强筋,对中枢神经系统有兴奋作用,可治面部神经麻痹、小儿麻痹后遗症、眩晕、耳聋、神经衰弱、嗜睡症、阳痿等;根皮煮水,外洗可治牛、马虱子危害。

【栽植培育技术】 播种繁殖,也可扦插、分株繁殖。用种子繁殖,第一年育苗,第二年才能收获。3 年之后亩产超过 5 000 kg。播种前要施足底肥,可用 1%过磷酸钙或腐熟人粪尿。每亩用种子 2 kg 左右,播种方式为大垄播种。播种方法有两种:一种是株距 2~4 cm,后期生长不开时开始间苗移栽;另一种为按 20 cm 株距播种,以后不用间苗进行移栽。分株法一般在秋季落叶后、早春萌动前进行,把整株挖起,用利刀把分蘖枝条带根从母株上分离,每棵母株一般分离 3 株为宜,分别把子株进行移栽,这种方法成活率很高。冬季要割去老茬,施足底肥,到了第三年还要进行移栽定植,因为蟠根可以造成营养不良,从而影响产量。

10.2.40 枸杞

【科属名称】 茄科 Solanaceae,枸杞属 *Lycium* L.

【形态特征】 多分枝灌木,高 1 m,栽培可达 2 m 多。细枝长,常弯曲下垂,有纵条棱,具针状棘刺。单叶互生或 2~4 枚簇生,卵形、卵状菱形至卵状披针形,长 1.5~5 cm,端急尖,基部楔形。花单生或 2~4 朵簇生叶腋;花萼常 3 中裂或 4~5 齿裂;花冠漏斗状,淡紫色,花冠筒稍短于或近等于花冠裂片。浆果红色、卵状。花果期 6—11 月。

【生态学特性】 喜温暖,较耐寒;对土壤要求不严,耐干旱、耐碱性都很强,忌黏质土及低湿条件。

【水土保持功能及利用价值】 枸杞具有较强的适应性,根系发达,萌发力强,是干旱、沙荒、盐碱地水土保持造林及防风固沙造林的先锋树种。

枸杞花朵紫色,花期长,入秋红果累累,缀满枝头,状若珊瑚,颇为美丽,是庭院秋季观果灌木。可供池畔、河岸、山坡、径旁、悬崖石隙以及林下、井边栽植;根干虬曲多姿的老株常作树桩盆景,雅致美观。果实、根皮可入药,嫩叶可作蔬菜食用。

【栽植培育技术】 种子育苗:以春播为好,播前将干果在水中浸泡 1~2 d。搓除果皮和果肉,在清水中漂洗出种子,捞出稍晾干,然后与 3 份细沙拌匀,在室内 20 ℃条件下催芽,待种子有 30%露白时,按行距 40 cm 开沟,沟深为 1~1.5 cm,沟宽 6 cm,将催芽后种子拌细土或细沙撒于沟内,覆土 1~2 cm,轻踩后浇水,播种量 3.75~6 kg/hm²。前期要多浇水以加速幼苗生长,后期可浇水或不浇水可促进木质化。苗高 20~30 cm 进行定苗,株距 12 cm,当苗木根茎粗大于 0.6 cm 时,即可出圃移栽。

扦插育苗:扦插育苗于春季发枝前,选 1 年生枝条的徒长枝,截成 15~20 cm 长的插条,每段插条要具有 3~5 个芽,上端切成平口,下端削成斜口并用 ABT 生根粉将插条浸泡 24 h,以利生根。然后按行株距 30 cm×15 cm 斜插苗床中,保持土壤湿润,以利成活。

苗木移栽:移栽春秋季均可,春季在 3 月下旬至 4 月上旬,秋季于 10 月中下旬,按穴距 230 cm 挖大穴,每穴 3 株,穴内株距 35 cm,也可按 170 cm 距离挖穴,每穴种 1 株,栽后踏实灌水。

10.2.41　酸枣

【科属名称】　鼠李科 Rhamnaceae,枣属 Ziziphus Mill.

【形态特征】　落叶灌木或小乔木高 1~3 m,大乔木高 10~20 m。枝上附有托叶变成的刺,枝上刺多为双生,长刺为直刺,短刺向下反转弯曲。叶互生,椭圆形、卵圆形或披针形,叶茎偏斜,叶表光滑无毛有光泽,叶缘钝尖或细圆锯齿,叶柄短。花黄绿色或绿黄色,聚伞花序。核果矩圆形或近球形,果肉薄,味酸。种子扁球形。花期 6—7 月,果期 9—10 月。

【生态学特性】　酸枣喜光,可耐-30 ℃的低温,耐旱,可以在干旱、瘠薄的荒山,甚至连草难以生长的地方生长。对土壤要求不严,在石质山地、沙质土、黏土、盐碱地以及 pH 值 6~8 的地方均可生长。

【水土保持功能及利用价值】　酸枣适应性强,抗风,耐旱,耐瘠薄,根系发达,可在植被稀少、造林难度大的地方栽植,为水土流失严重的干旱丘陵地造林的先锋树种。酸枣常用作嫁接枣树的砧木。枣树是我国栽培最早的果树,已有 3 000 年的栽培历史,品种很多。由于结果早,寿命长,产量稳定,农民称之为"铁杆庄稼"。是园林结合生产的良好树种,可栽作庭荫树。果实富含维生素 C、蛋白质和各种糖类,可生食和干制加工成多种食品,也可入药,种仁即中药"酸枣仁",有镇静安神之功效,畅销国内外。木材坚重,纹理细致,耐磨,家具及细木工的优良用材。花期长,是优良的蜜源树种。

【栽植培育技术】　播种育苗:春季播种前,种子必须经冷冻处理。春播在土壤解冻后,秋播在 10 月下旬进行。每亩播种量 5 kg,苗期要注意间除病弱及过密苗。产苗量 1 万~1.5 万株/亩,1 年生苗高 35 cm。

插根育苗:春秋季将根挖出,截成长 17 cm 的根段,插后覆土,厚度为 30 cm 左右,干旱时应注意浇水。

嫁接育苗:早春选择健壮植株的根作砧木,挖至距离地面 7 cm 深处,将根剪去上部,于断面正中切 2~3 cm 深,将接穗截成长 7 cm,在接穗下部接芽两侧果枝各削 2~3 cm 楔形斜面,削面要一刀削成。撬开砧木切口,随即将接穗插入,接后绑紧,并用湿土将接穗埋严,而后盖 7 cm 厚的土。

造林方法:早春发芽前或晚秋进行,造林株行距 1 m×2 m。

10.2.42　河朔荛花

【科属名称】　瑞香科 Thumelaeaceae,荛花属 *Wikstoemia* Endl.

【形态特征】　落叶灌木,高 1 m。茎直立,多分枝,枝纤细,幼时淡绿色。有棱,后变深褐色。叶近革质,对生,披针形,长 2~6 cm,宽 3~8 mm,上面绿色,下面浅绿色;花黄色,穗状或圆锥花序,顶生或腋生,被灰色短柔毛。花被筒状,长 8~10 mm,裂片 4 片,近圆形。果卵形。花期 5—7 月,果期 9—10 月。

【生态学特性】　河朔荛花喜光,耐干旱,耐贫瘠,在酸性土以及阳坡、半阳坡常见。

【水土保持功能及利用价值】　河朔荛花喜光、耐干旱、耐贫瘠,可作为阳坡保持水土的灌木树种。河朔荛花茎皮纤维柔韧,可造蜡纸、打字纸和钞票纸等高级文化用纸,或做人造棉。种子含油脂,可制皂。河朔荛花叶可消肿,根可镇痛。叶和种子均有毒,可作杀虫农药。

【栽植培育技术】　播种育苗:果实成熟期较长,采收后果实堆放 1~2 d,充分软熟后装入布袋,置于水中揉搓、淘洗,取得果核。种子千粒重约 33 g,3 万粒/kg。种子不宜日晒,存放时间不宜超过 7 d,宜随采随播。运输时需要混以湿润的锯末。储藏宜混湿沙,至翌年春季播种。撒播或条播,播种量 5~6.5 kg/亩,发芽 50 d 可移栽至大田,1 年生苗可出圃。

10.2.43　柽柳

【科属名称】　柽柳科 Tamaricaceae,柽柳属 *Tamarix* L.

【形态特征】　落叶灌木或小乔木,高 3~7 m,树皮红色。叶披针形至卵形,鳞片状,长 1~3 mm。枝条下垂。5—6 月开粉红色花或紫红色,8—9 月再开 1 次,也有 1 年开 3 次花的,故有"三春柳之称"。花期 5—6 月和 8—9 月,果期 10 月。

【生态学特性】　柽柳喜光,不耐庇荫,耐干旱、耐水湿,抗风,耐盐碱,大树可在含盐量 1%的重盐碱地上生长,可以在土壤含盐量小于 50 g/L 时生长正常,并降低土壤的含盐量。柽柳萌蘖性能强,耐割及沙埋。

【水土保持功能及利用价值】　柽柳耐干旱、耐水湿、抗风、耐盐碱,是优良的盐碱地造林树种,也具有防风固沙作用。柽柳细嫩枝条及叶是良好的牲畜饲料、绿肥和重要的燃料,柽柳枝条含单宁,可提取鞣料制皮革;枝叶入药;柽柳树形美观,可供作庭院绿化,沿海栽植可以防潮护堤,为沿海城市的优良绿化树种,亦可供绿篱之用。嫩枝、叶入药(药材名:西河柳),具有疏风解表、透疹的功效,主治麻疹不透、感冒、风湿关节痛、小便不利等症;外用治风疹搔痒。

【栽植培育技术】 播种育苗:2—3月播种,播前先漫灌床面,漫灌后堵住水口。带果壳的种子播种量6.5 kg/亩,均匀撒在水面上,然后轻轻地拍击覆在水面上的种子,再撒上一层薄薄的细土,以后每2~3 d漫灌1次,播种后3 d,大部分发芽出土,10 d后可大水漫灌,灌溉次数减少。留苗量500株/m²,1年生苗高50 cm以上。多枝柽柳产苗量5万~8万株/亩,1年生苗高60 cm。

扦插育苗:选择1年生萌芽条或苗干作插条,直径1~1.5 cm,剪成长20 cm的插穗。春插或秋插均可,但秋插成活率较高。秋插应在插穗上端封土成堆,翌年春扒开。春插时,插穗在地面露出3~5 cm,亦可插2~3个/穴。1年生苗高可达1.5 m。

造林方法:植苗造林时,2~3株/穴,造林株行距1.5 m×2 m。扦插造林时,选取1~2年生直径1 cm左右的枝条,剪成长30~35 cm的插穗,倾斜插入穴内,上剪口与地面平或露出1 cm左右,造林季节在3—4月或10—11月,以秋插成活率较高。埋条造林时,适宜在地下水位较高的河滩地及土壤含水量高的地方进行,将种条波浪形埋入土内,深20 cm。

10.2.44　麻黄

【科属名称】 麻黄科 Ephedraceae,麻黄属 *Ephedra* Tourn.ex L.

【形态特征】 落叶小灌木,高20~40 cm,木质茎极短,常横卧于地上。小枝圆,直伸或微曲,对生或轮生,节间长雌球花3~4 cm,径约2 mm。叶膜质鞘状,2片对生于节上。雌雄异株。雄球花由多数密集的雄花构成复穗状,苞片长为4对。种子成熟时苞片肉质红色,长方状卵形或宽卵形,黑红色或灰棕色,长5~6 mm,径2.5~3.5 mm,表面常有细皱纹,种脐半圆形,较明显。花期4—5月,果期6—7月。

【生态学特性】 麻黄喜光,耐干旱,耐盐碱,适应性强,常生于干草原及沙荒地,萌生力强。

【水土保持功能及利用价值】 麻黄适应性强,耐干旱,为干旱地区多石的山坡、山顶、干草原、沙漠、沙荒地优良的固沙植物。麻黄属植物可用作薪炭材,肉质苞片可食用,在内蒙古、新疆及甘肃河西走廊,由于植物成分单纯、贫乏,可食的饲料不多,麻黄在春秋季节可作为牧草;麻黄为重要的药用植物,是我国提制麻黄素的主要原料。枝叶、茎均可入药。

【栽植培育技术】 播种育苗:采摘的浆果状假果应当及时放到水里揉搓,滤去肉质苞片,留下纯净种子,晾晒后种子含水率在8%以下时置于通风、干燥、阴凉处。种子千粒重7.1~10 g,种子发芽率34%~82%。在内蒙古4月中旬播种,4月下旬可出苗。每亩播种量5~10 kg,条播行距20~25 cm,覆土厚度1~2 cm,膜果麻黄不能超过1 cm播后覆地膜。1 年生苗高 15~25 cm。出苗量 25 万~40 万株/亩。移栽株行距 20 cm×30 cm,密度 1 万~1.5 万株/亩。亦可扦插育苗和分蘖育苗。

造林方法:植苗造林株行距 1 m×2 m。亦可分株造林。

10.2.45 蚂蚱腿子

【科属名称】 菊科 Asteraceae,蚂蚱腿子属 *Myripnois* Bunge

【形态特征】 灌木,高 1 m。枝被柔毛。单叶互生,披针形或卵状披针形,长 2~5 cm,宽 0.5~2 cm,全缘,三出脉,两面近无毛。花先叶开放,两性花和单性花异株;头状花序单生于侧生短枝顶;总苞片 1 层,5~8 片,近等长;花序托小,每一花序含 4~9 花;两性花花冠白色,下部管状,顶端不规则 2 裂,外唇 3~4 短裂,内唇全缘或 2 裂;雌花舌状,淡紫色;花药基部箭形,具小尾;子房密被毛。瘦果长圆形或圆柱形,长约 5 mm,具 10 条纵棱,冠毛多数,长约 8 mm。花期 4 月,果期 5—6 月。

【生态学特性】 耐半阴,耐土壤瘠薄。

【水土保持功能及利用价值】 蚂蚱腿子耐土壤瘠薄,具有一定的水土保持功能。植株低矮,早春开花,适合冷凉地区栽植观赏,可用于基础种植,或作疏林下木。

【栽植培育技术】 播种繁殖。

10.2.46 杜鹃

【科属名称】 杜鹃花科 Ericaceae,杜鹃花属 *Rhododendron* L.

【形态特征】 常绿或落叶灌木,高 2 m。主枝单生或丛生。单叶互生,全缘,叶长 3~5 cm,宽 2~3 cm。花两性,顶生、侧芽生或腋生,单花或多花组成总状伞形花序,花冠钟形、漏斗形、蝶形等。蒴果开裂,种子有狭翅。花期 1—2 月,果期 10 月。

【生态学特性】 杜鹃喜凉爽、湿润气候,忌酷热干燥,适宜 pH 5.5 至局部 6.5 的酸性肥沃壤土,不宜栽植于石灰质及黏土中。常绿类型杜鹃在空气湿润的寒冷气候中亦可生长。耐阴、耐瘠薄,有菌根,在菌根土中较易成活。

【水土保持功能及利用价值】 植株矮小,枝条密集,根盘结,是长江中上游地区中山地带水源涵养和水土保持的优良树种。叶和花有香味,可提炼芳香油,有的树种花可食用,叶和树皮可提取栲胶,乔木类型的木材结构细,纹理直,可做手工艺品;杜鹃的根、花、叶均可入药;杜鹃花是我国十大名花之一,是世界著名观赏植物,北方多用于盆景。

【栽植培育技术】 播种育苗:种子细小,一般播种量为 1.5 kg/亩,播种要均匀,覆盖一层薄薄的碎苔藓或薄细土,并喷洒水雾,盖上塑料薄膜,15~20 d 即可发芽,以后逐渐去掉覆盖物。1 年生苗高 10 cm,一般培育 3~4 年后出圃。

扦插育苗:春、夏、秋皆可扦插,以夏季梅雨季节效果最好。5—6 月剪取当年生半硬质枝条(隔年生枝条难生根)长 10 cm,顶端留叶 1~2 片,插入以蛭石或河沙为基质的畦内,喷水并设棚遮阴。温度保持在 25 ℃,60~70 d 生根,生根后顶部抽梢,如形成花蕾要及时摘除,以利抽生枝条。9 月减少遮阴。

嫁接育苗:落叶类型的嫁接宜在 4 月进行,常绿类型宜于落花之后进行嫁接。嫩枝劈接应扎袋,忌阳光直射,2 个月可去袋。

压条育苗:对于扦插不易成活的品种应进行压条育苗,将生长强盛的枝条下端表皮削去,压入湿润的土中,待其完全生根后,与母株切断,而成独立植株。

10.2.47　木芙蓉

【科属名称】　锦葵科 Malvaceae,木槿属 *Hibiscus* L.

【形态特征】　落叶灌木或小乔木,高达 5 m。小枝密被星状毛及细绵毛。叶卵圆状心形,宽 10~15(22) cm,5~7 裂,裂片三角形,先端渐尖,具钝圆锯齿,上面疏被星状细毛,下面密被星状细绒毛,基脉 7~11 枚;叶柄长 5~20 cm;托叶披针形,长 5~8 mm。花单生;花梗长 5~8 cm,近端具节;小苞片 8 片,条形,长 1~1.6 cm,裂片卵形;花初开时白色或淡红色,后为深红色,径约 8 cm,基部具髯毛;雄蕊柱长 2.5~3 cm。果扁球形,径约 2.5 cm,被淡黄色刚毛及绵毛。种子被长柔毛。花期 8—11 月。

【生态学特性】　茎皮纤维洁白柔韧,耐水湿;喜光、喜肥沃湿润土壤。耐修剪。

【水土保持功能及利用价值】　具有一定的水土保持功能。可供纺织、清热解毒、消肿排脓、止血之效。晚秋开花,制绳索及造纸等用。叶、花及根皮入药,花色艳丽,为著名观赏树种。

【栽植培育技术】　用扦插、压条及分根繁殖。

10.2.48　山荆子

【科属名称】　蔷薇科 Rosaceae,苹果属 *Malus* Mill

【形态特征】　小乔木或乔木,高达 10 m;树皮灰褐色,枝红褐色或暗褐色,芽卵形,红褐;叶片椭圆形、卵形,长 2~7 cm,宽 1.2~3.5 cm,先端渐尖或尾状渐尖,基部楔形或圆形,边缘有细锯齿;托叶披针形,早落。花两性,伞形花序,有花 4~8 朵;花梗长 1.5~4 cm,花直径 3~3.5 cm;萼片和花瓣各 5 枚,花瓣卵形、倒卵形或椭圆形,长 1.5~2.2 cm,基部有短爪,白色,雄 15~20 枚,花药黄色,基部合生,有柔毛,比雄蕊长。梨果近球形,外皮光滑,直径 8~10 mm,红色或黄色,花萼早落。花期 5 月,果期 9 月。

【生态学特性】　喜肥沃、潮湿的土壤,常见于落叶阔叶林区的流两岸谷地,为河岸杂木林的优势种;也见于山地林缘及森林草原带的沙地。

【水土保持功能及利用价值】　山荆子喜光、抗寒、抗旱、耐瘠薄土壤,是北方山地优良的水土保持树种。此外,山荆子花期早,花朵多,果艳丽,具有较高的观赏价值,也可以嫁接苹果,也是现代城乡绿化的优良树种之一和水土流失区经济林树种之一。山荆子果可酿酒,出酒率 10%。嫩叶可代茶叶用。叶含有鞣质,可提取栲胶。又因为生长健壮、耐寒力强、繁殖容易,它也是我国东北、华北各地苹果、花红、海棠花等的砧木;在欧美多作杂交亲本用于耐寒品种的育种。

【栽植培育技术】　种子繁殖。具体方法是:山荆子种子 9 月下旬成熟,直接在树上采摘果实。用水沤或搓碎果皮、果肉,清水冲洗,滤去果肉,漂去瘪粒,净出种子,晒干,使种子含水量控制在 10% 左右。10 月下旬浸泡种子,将精选好的种子先用 0.3% 的高锰酸钾溶液浸种 30 min 消毒后,捞出冲洗净,再用凉水浸种 1~2 d,待种子充分吸水后,捞出混拌 3 倍湿润细沙。在上冻前,选择地势高燥、背风向阳、排水良好、地下水位低处挖深0.5 m、宽 0.5 m 的长条坑。将坑底铺一层草帘片,上铺 10 cm 细河沙,四周用细眼铁丝网或草帘片围好,将混拌好的种子放入坑中,中间竖一直径 15 cm 秫秸把以利通气,总厚度不超过 30 cm,其上面再覆 10 cm 细沙,最上面盖一层草帘,最后用土封坑,厚 0.5 m 左右,高出地面,培成土丘状。种子第二年 4 月上旬取出,将种子和沙子的混合物摊晒于背风向阳处,用草帘和塑料盖上,每天翻动一次,湿度保持在 60% 左右,温度保持在 10~20 ℃,待有 30% 种子裂嘴时即可播种。

育苗地宜选在质地疏松、土层深厚呈中性或微酸、土质肥沃、排水良好的沙壤土。不宜重茬。翻地前每公顷施腐熟的农家肥 75~90 m³,打垄前每公顷施入二铵 375 kg 和过磷酸钙 225 kg。播种前土壤要用五氯基苯 200 倍混沙(6 g/m²),撒扬垄面消毒,平均地温达到 10 ℃时,即可播种,播种以 5 g/m² 为宜。将种子均匀撒到垄面上,镇压 1 次,上覆0.5 cm细土,再覆 1 cm 细沙,再镇压 1 次。播种后立即喷灌浇水,从播种到苗出齐,保持垄面土壤湿润;生长初期少量多次浇水;7—8 月速生期,每隔 2~3 d 浇 1 次透水,保持根系层润;生长后期控制浇水。及时进行人工除草和间苗,注意防治立枯病和黄化病。第二年春天出圃。

10.2.49　北五味子

【科属名称】　北五味子科 Schisandraceae,北五味子属 *Schisandra* Michx.

【形态特征】　落叶藤本,茎长达数米,不易折断,树皮褐色;小枝无毛,稍有棱。叶互生,倒卵形或椭圆形,长 5~10 cm,先端急尖或渐尖,基部楔形,叶缘疏生细齿,叶表有光泽,叶背淡绿色,叶柄及叶脉常带红色,网脉在叶表下凹,在叶背凸起。花单性异株,乳白或带粉红色,芳香,径 1.5 cm;雄蕊 5 枚。浆果球形,熟时深红色,聚合成下垂之穗状。花期5—6月,果期8—9月。

【生态学特性】　喜光,耐半阴,喜阴湿环境,在不同的生长发育阶段对外界环境条件要求不同,忌低洼地,在自然界常缠绕树而生,多生于山之阴坡。

【水土保持功能及利用价值】　北五味子抗逆性强,少病害,生长迅速,繁殖容易,经济价值高,容易被开发利用,在乔灌混交林中适当配置北五味子,不仅可减少林木病害发生,也可治理水土流失。北五味子分蘖能力强,栽后2~3年,可分蘖2~3株。主根不明显,侧根及须根十分发达,多分布在30 cm土层中,串根能力极强,根系可构成一个稠密分根群。因此,北五味子具有强的固土能力,是荒山绿化、控制水土流失、开发山地资源的优良植物。果肉甘酸,种子辛苦而略有咸味,五味俱全故名为"五味子"。果实入药,治肺虚喘咳、泻痢、盗汗等。

【栽植培育技术】　播种、压条。

10.2.50　野葛

【科属名称】　蝶形花科 Fabaceae,葛属 *Pueraria* DC.

【形态特征】　粗壮藤本,长可达 8 m,全体被黄色长硬毛,茎基部木质,有粗厚的块状根;羽状复叶具 3 小叶;小叶 3 裂,偶尔全缘,顶生小叶宽卵形或斜卵形,长 7~15 cm,宽 5~12 cm,先端长渐尖,侧生小叶斜卵形,稍小,上面被淡黄色、平伏的疏柔毛,下面较密;小叶柄被黄褐色茸毛;总状花序长 15~30 cm,中部以上有较密集的花,花序轴的节上聚生 2~3 花,苞片线形至披针形;花萼钟形,长 0.8~1 cm,被黄褐色茸毛;花冠长 1~1.2 cm,紫色,旗瓣倒卵形,基部有 2 耳及 1 黄色硬痂状附属体,具短柄,翼瓣镰形,龙骨瓣镰状长圆形,与翼瓣近等长;荚果长椭圆形,长 5~9 cm,宽 0.8~1.1 cm,扁平,被褐色长硬毛。花期 9—10 月,果期 11—12 月。

【生态学特性】　喜温暖湿润的气候,喜生于阳光充足的阳坡。对土壤适应性广,除排水不良的黏土外,山坡、荒谷、砾石地、石缝都可生长,而以湿润和排水通畅的土壤为宜。耐酸性强,土壤 pH 值 4.5 左右时仍能生长。略耐旱,年降水量 500 mm 以上的地区可以生长。耐寒,在寒冷地区,越冬时地上部冻死,但地下部仍可越冬,第二年春季再生。

【水土保持功能及利用价值】　葛藤易生易长,是良好的覆被植物,4 年生的野葛林地树冠可截持降水 5.03 t/hm²。林地枯落物吸水量 4.85 t/hm²,减少径流 60%~82%,减少侵蚀量 62%~89%。由于葛藤枝叶茂密,枯枝落叶量大,改良土壤作用强,能拦蓄地表径流,防治土壤侵蚀,葛藤林地降雨后在地面停滞的时间短,渗入土壤速度快,从根本上防止了土壤侵蚀。葛藤扎根深,根茎发达,特别适用于荒坡土地的开发利用,是优良的水土保持、改良土壤的植物之一。葛藤茎和叶可作饲草。根的淀粉含量较高,可达 40% 左右,提取后可供食用。茎蔓可作编织材料,韧皮部的纤维精制后可制绳或供纺织。葛花清凉解毒、消炎去肿,可入药。葛根粉是传统的保健食品。有生津止渴、清热除燥、解酒醒酒、治脾胃虚弱之功效;生饮对风火牙痛、咽喉肿痛有特殊效果。嫩叶可炒食或做汤喝;根块可蒸食还可做成葛根粉。

【栽植培育技术】 扦插繁殖:选择粗壮、节间比较密、有节 3~4 个的种藤,长 18 cm 左右。扦插分为春季、夏季和秋季。春季扦插在 3 月春分节前后为宜,夏季扦插在 4 月中下旬至 5 月上中旬,秋季扦插在 9 月上旬至 10 月上旬,春、秋季扦插用竹片插拱盖薄膜保温,促进发根发藤。夏季扦插,为了防大雨和太阳暴晒,要盖遮阳网,有利于扦插苗的成活。扦插好后要淋一次水,并立即用竹片插拱盖好薄膜或遮阳网,膜(网)四周用泥压紧。如土壤干燥 5~7 d 再淋水一次。

埋条育苗:可在雨季选择健康未开花的 1 m 长的枝条,按一定的穴距挖成深 7~8 cm 的沟。将枝条埋入沟中,露出叶部和生长点,浇水后覆土。

压条育苗:采用健壮的枝条,每 2~3 节埋 1 节在水中,覆土厚度 10~15 cm,待长出新根后将枝条切离母株成为新株。压条育苗在雨季进行。

造林方法:可采用直播、埋条和分根造林方式。直播可行春播、夏播和秋播。大面积造林采用条播,小面积和破碎地段采用点播。条距 60~70 cm,点播的穴规格为 50 cm× 50 cm、70 cm×70 cm,每穴播 3~5 粒种子,覆土厚度 3~4 cm。无性繁殖可用埋条和压条育苗方法。分根造林于春季或秋季从母树上挖取 1~2 年生根蘖苗,造林株行距 4 m× 4 m。

10.2.51 南蛇藤

【科属名称】 卫矛科 Celastraceae,南蛇藤属 *Celastrus* L.

【形态特征】 落叶藤本,小枝具疏皮孔。单叶互生,近圆形或倒卵状椭圆形,聚伞花序腋生。蒴果球形,黄色,成熟后裂开,白色种子外裹鲜红假种皮。花期 4—5 月,果期 9—10 月。

【生态学特性】 喜光,亦耐半阴,抗寒,耐旱,对土壤要求不严,以肥沃、湿润、排水良好的土壤为佳。

【水土保持功能及利用价值】 南蛇藤抗寒,耐旱,对土壤要求不严,是北方土石山区常见的乡土藤本植物,具有较好的植被恢复和水土保持功能。叶片秋季经霜变成红色或黄色,蒴果裂开露出红色的假种皮,形如红花,引人注目,颇为美观。可作为棚架、墙垣、岩壁的攀缘材料,亦可在溪边、湖畔、坡地种植,不立支架;养成灌木,观赏效果亦佳。此外,根、茎、叶、果均可入药,亦可作杀虫农药;茎皮可制优良纤维;秋季剪下果枝插瓶,装点居室,可以保持较久的观赏时间。

【栽植培育技术】 播种繁殖秋播或将种子沙藏后春播均可,扦插用软枝或硬枝均易成活。园林中常栽于棚架附近,攀附于棚架之上;或靠墙垣而立,人工辅助促其攀升;栽于山石缝隙之中,更显十分自然。本种缠绕性很强,若有树木被它缠绕,一般幼树常被绞杀而死,故应随时注意检查,防止被它攀附。

10.2.52　紫藤

【科属名称】　蝶形花科 Fabaceae,紫藤属 *Wisteria* Nutt.

【形态特征】　大型藤本,长达 20 m;茎粗壮,左旋;嫩枝黄褐色,被白色绢毛,后无毛;奇数羽状复叶长 15 ~ 25 cm;卵状椭圆形至卵状披针形,上部小叶较大,长 5 ~ 8 cm,宽 2~4 cm,先端渐尖至尾尖,基部钝圆或楔形或歪斜,嫩叶两面被平伏毛,后无毛;小叶柄长 3~4 mm,被柔毛;小托叶刺毛状,宿存;总状花序发自去年短枝的腋芽或顶芽,长 15~30 cm,径 8~10 cm,先叶开放;花梗细,长 2~3 cm;花萼杯状,长 5~6 mm,宽 7~8 mm,密被细绢毛;花冠紫色,长 2~2.5 cm,旗瓣反折,基部有 2 枚柱状胼胝体;  荚果线状倒披针形,成熟后不脱落,长 10~15 cm,宽 1.5~2 cm,密被灰色茸毛;种子褐色,扁圆形,径 1.5 cm,具光泽。花期 4—5 月,果期 5—8 月。

【生态学特性】　对气候和土壤的适应性强,较耐寒,能耐水湿及瘠薄土壤,喜光,较耐阴。以土层深厚,排水良好,向阳避风的地方栽培最适宜。主根深,侧根浅,不耐移栽。生长较快,寿命很长。缠绕能力强,它对其他植物有绞杀作用。

【水土保持功能及利用价值】　紫藤有萌发力强、分枝多,对土壤要求不严,生长速度快,耐旱等特点,是较好的水土保持树种。紫藤春季紫花烂漫,别有情趣,是优良的观花藤木植物;藤花蒸食,清香味美;紫藤花可提炼芳香油,并有解毒、止吐泻等功效。紫藤的种子有小毒,含有氰化物,可治筋骨疼,还能防止酒腐变质。紫藤皮具有杀虫、止痛、祛风通络等功效,可治筋骨疼、风痹痛、蛲虫病等。

【栽植培育技术】　紫藤繁殖容易,可用播种、扦插、压条、分株、嫁接等方法,主要用播种、扦插,但因实生苗培育所需时间长,所以应用最多的是扦插,包括插条和插根。插条繁殖一般采用硬枝插条。3 月中下旬枝条萌芽前,选取 1~2 年生的粗壮枝条,剪成 15 cm 左右长的插穗,插入事先准备好的苗床,扦插深度为插穗长度的 2/3。插后喷水,加强养护,保持苗床湿润,成活率很高,当年株高可达 20~50 cm,两年后可出圃。插根是利用紫藤根上容易产生不定芽。3 月中下旬挖取 0.5~2.0 cm 粗的根系,剪成 10~12 cm 长的插穗,插入苗床,扦插深度保持插穗的上切口与地面相平。其他管理措施同枝插。播种繁殖是在 3 月进行。11 月采收种子,去掉荚果皮,晒干装袋储藏。播前用热水浸种,待开水温度降至 30 ℃左右时,捞出种子并在冷水中淘洗片刻,然后保湿堆放一昼夜后便可播种。或将种子用湿沙储藏,播前用清水浸泡 1~2 d。

10.2.53 小叶鼠李

【科属名称】 鼠李科 Rhamnaceae,鼠李属 *Rhamnus* L.

【形态特征】 灌木,高 1.5~2 m。枝、叶对生或近对生,或叶在短枝上簇生,枝端及分叉处有针刺。叶棱状倒卵形或棱状椭圆形,稀倒卵状圆形或近圆形,大小变异很大,长 1.2~4 cm,宽 0.8~2 cm,顶端钝尖或近圆形,基部楔形或近圆,叶缘具圆齿状细锯齿,两面无毛或表面疏被短柔毛,背面脉腋窝孔内有疏微毛。花通常数朵簇生于短枝上。果倒卵状球形,径 4~5 mm。种子背侧有长为种子 4/5 的纵沟。花期 4—5 月,果期 6—9 月。

【生态学特性】 喜光,耐干旱、贫瘠,常生于向阳山坡和山脊。

【水土保持功能及利用价值】 小叶鼠李耐干旱贫瘠,是干旱地种植的优良树种。此外,树皮、果实及根可作为绿色染料。种子榨油供润滑油用。

【栽植培育技术】 用扦插、压条及分根繁殖。

10.2.54 马甲子

【科属名称】 鼠李科 Rhamnaceae,马甲子属 *Paliurus* Tourm.ex Mill.

【形态特征】 灌木,高达 6 m。幼枝密被锈色柔毛,后脱落。叶卵圆形、卵形或卵状椭圆形,长 3~6 cm,宽 2~5 cm,先端圆钝或微凹,基部宽楔形或近圆,稍偏斜,具细锯齿,无毛或沿脉被锈色柔毛,嫩叶下面密被锈色柔毛,后脱落;叶柄长 5~9 mm,被毛,基部具 2 枚紫红色直刺,长 0.4~1.7 cm。聚伞花序,腋生,被黄色绒毛;萼片宽卵形;花瓣匙形,较萼片短;花盘圆形,5~10 齿裂。果杯状,被黄褐色绒毛,周围有 3 浅裂木栓质窄翅,径 1~1.8 cm;果梗被棕褐色绒毛。花期 5—9 月,果期 9—10 月。

【生态学特性】 生于石灰岩山地灌丛中。适应性强,耐干旱、湿热,也耐贫瘠、低温;萌芽力强,树体高大,病虫害少,寿命长。与枳相比,无柑橘类相同的病虫害;生长迅速,幼苗定植 3 年即可高达 1.52 m;枝叶茂密,枝刺丛生、粗壮,既可防止人畜践踏,又可起风障作用,有利于改善小气候。

【水土保持功能及利用价值】 马甲子较耐干旱、贫瘠,病虫害少,寿命长,生长较快,木材坚硬,枝叶浓密,枝刺多而粗硬,可有效防止人畜践踏。种子含油率 16%,油可制蜡烛。根、枝、叶、花、果均可药用,有祛风去湿、解毒消肿、活血止痛之效。常植为绿篱,具有良好的水土保持功能,是优良的果园绿篱树种。

【栽植培育技术】　马甲子果实于8—9月陆续成熟,成熟果实呈淡黄色至黑色。一般果实青转黄果实成熟时呈淡黄色至褐色,应及时采收,一般在7月下旬至8月上旬开始采收,至8月下旬至9月上旬结束。采收后摊开晾干,干藏。马甲子果实为核果,果肉内层坚硬,不易吸水,严重影响种子的发芽。因此,播种前需进行预处理。处理方法有两种:一是将果实装于编织袋内,置于流水中浸泡3~4 d,待果内充分吸水后,捞起连果实一起播种;二是用碾米机将核果破碎,取出种子,用种子播种。注意用碾米机破碎果实时以不碾破种子为度。出籽率10%左右。也可将破碎的果肉连同种子一起播种。

常规大田育苗方法作床育苗。于2—3月播种。用果实播种每亩播100~130 kg,用种子播种量4~5 kg/亩。1年生苗高30~50 cm,地径0.2~0.5 cm,出苗量12万~15万株/亩。1年生苗可出圃栽植。

初春在马甲子苗春芽萌动前起苗栽植,在种绿篱带的位置开挖50 cm宽、50 cm深的种植沟,适当施有机肥,回填土后种植,种成2行,"品"字形栽植,株行距以20~25 cm为宜。栽植后3年左右即可长成高2 m左右、宽80 cm左右的绿篱。

10.2.55　菝葜

【科属名称】　百合科 Liliaceae,菝葜属 *Smilax* L.

【形态特征】　攀缘灌木;根状茎粗厚,坚硬,为不规则的块状,径2~3 cm,长可达5 m,疏生刺;叶薄革质,干后通常红褐色或近古铜色,圆形、卵形或宽卵形,长3~10 cm,宽1.5~6 cm,下面通常淡绿色,较少苍白色;叶柄长5~1.5 mm,占全长的1/2~2/3,具宽0.5~1 mm的鞘,几乎全部具卷须,脱落点近卷须;伞形花序生于叶尚幼嫩的小枝上,具十几朵或更多的花,常呈球形;总花梗长1~2 cm,花序托稍膨大,近球形,较少稍延长,具小苞片;花绿黄色,外花被片长3.5~4.5 mm,宽1.5~2 mm,内花被片稍狭;雄花中花药比花丝稍宽,常弯曲;雌花与雄花大小相似,有6枚退化雄蕊;浆果,径0.6~1.5 cm,熟时红色,有粉霜。花期2—5月,果期9—11月。

【生态学特性】　菝葜喜光,稍耐阴,耐热、耐旱、耐瘠薄。在各种土壤中均能生长,以在疏松肥沃的沙质土中长势良好。

【水土保持功能及利用价值】　菝葜耐热、耐旱、耐瘠薄,枝繁叶茂。根系发达,是较好的水土保持植物。菝葜果色红艳,可用于攀附岩石、假山,也可作地面覆盖。根状茎及叶入药,祛风利湿,解毒消肿;根状茎主治风湿关节痛,跌打损伤,胃肠炎,痢疾,消化不良,糖尿病,乳糜尿,白带,癌症;叶外用治痈疖疔疮,烫伤。根状茎还可以提取淀粉和栲胶,或用来酿酒;近代研究还有降血糖、抗肿瘤、抗炎等作用。

【栽植培育技术】　菝葜既可用分株、扦插、压条等方法无性繁殖,也可用种子进行有性繁殖。无性繁殖时,应特别注意季节和繁殖部位的正确选择。如分株植栽时应待地下茎长出分蘖条后,截取部分块茎及其所生的分蘖条进行栽植;扦插时最好选择地下茎切块做插条,并于春或秋季置埋土中;压条时则应选择在雨季进行。

10.2.56 凌霄

【科属名称】 紫葳科 Bignoniaceae,凌霄属 *Campsis* Lour.

【形态特征】 攀缘藤本;茎木质,表皮脱落,枯褐色,以气生根攀附于他物之上;叶对生,奇数羽状复叶;小叶 7~9 片,卵形或卵状披针形,先端尾状渐尖,基部阔楔形,两侧不等大,长 3~6 cm,宽 1.5~3 cm,侧脉 6~7 对,两面无毛,边缘有粗锯齿;叶轴长 4~13 cm;小叶柄长 5~10 mm;顶生疏散的短圆锥花序,花序轴长 15~20 cm;花萼钟状,长 3 cm,分裂至中部,裂片披针形,长约 1.5 cm。花冠内面鲜红色,外面橙黄色,长约 5 cm,裂片半圆形;雄蕊着生于花冠筒近基部,花丝线形,细长,长 2~2.5 cm,花药黄色,个字形着生;花柱线形,长约 3 cm,柱头扁平,2 裂。蒴果先端钝。花期 5—8 月,果期 10 月。

【生态学特性】 凌霄喜光、喜温暖湿润的环境,稍耐阴。喜排水良好土壤,较耐水湿,并有一定的耐盐碱能力。

【水土保持功能及利用价值】 凌霄枝繁叶茂,根蘖能力强,是良好的水土保持树种。凌霄枝繁叶茂,入夏后朵朵红花缀于绿叶中次第开放,十分美丽,很好的垂直绿化植物。茎、叶、花入药,有泻血热、破血淤的功能。

【栽植培育技术】 由于凌霄不易结果,很难得到种子,所以一般不用种子繁殖,主要用扦插法进行繁殖。扦插容易成活,春、夏都可进行。选择粗壮的 1 年生枝条,剪成长 10~15 cm 插条,剪去叶片,斜插入整好的地里,用塑料薄膜覆盖,使其温度保持在 23~25 ℃,湿度保持在 60%,20 d 即可生根。也可压条或分根繁殖。

10.2.57 芭茅

【科属名称】 禾本科 Gramineae,甘蔗属 *Saccharum* L.

【形态特征】 秆直立,粗壮,高 2~4 m 或 4 m 以上。茎粗 2 cm。叶鞘均长于节间。圆锥花序大型,长 30~60 cm,主轴无毛;穗轴节间长 3~6 mm,顶端稍膨大,具长丝状纤毛;无柄小穗披针形,长 3.5~4 mm,基盘具远较小穗为短之柔毛。花药长 1.8 mm。有柄小穗与无柄小穗相似,小穗柄长 3~3.5 mm,具长丝状毛。花、果期 5—10 月。

【生态学特性】 适应性强,耐旱耐涝。多生于山坡和河岸草地,最适宜于潮湿、疏松而肥沃的溪边及山谷等地。

【水土保持功能及利用价值】 芭茅植株茂密,根系发达,茎叶密集,能固结土壤,保持水土,是固沟护坡的"能手"。一般可以减少地表径流 70%,还可拦泥淤地、蓄土保肥,是优良的保土植物。能够拦截泥沙,减缓地表径流,起到拦泥淤地的作用。提高了土壤肥力,增加了生产力。芭茅不仅能固岸护滩,而且经济价值高,用途广,茎秆可打箔子作为搭棚和建房的材料,又可作燃料。茎、叶可造纸、人造棉,嫩时又是牛、马的好饲料。

【栽植培育技术】 芭茅分蘖力强,繁殖容易,方法有两种:地下茎埋植法——冬春埋植地下茎要与水流成垂直方向;每隔 0.7~1.0 m 开一横沟,把地下茎平埋于沟内,覆土 10~15 cm 即可。压秆繁殖法——一般在 7 月利用当年长出的茎秆进行埋植,压土厚 10~15 cm,梢部露出地面 20~30 cm,茎部长出新根,但长势细弱多不采用。

10.2.58　葡萄

【科属名称】 葡萄科 Vitaceae,葡萄属 *Vitis* L.

【形态特征】 落叶藤木,长 20 m,茎粗壮,皮片状剥落,有间断性卷须。叶圆卵形,3~5 裂,基部心形,边缘有粗锯齿,圆锥花序与叶对生,小花淡黄色,杂性异株。浆果球形或椭圆形,成串下垂,色彩多种。花期 4—5 月,果期 8—9 月。

【生态学特性】 葡萄喜光,根系深且发达,耐旱,对土壤要求不严,在砾、石、黏质土和沙壤土上,不论微酸、中性或微碱均能生长优良,但 pH 值低于 4 时生长显著不良,甚至死亡,必须施石灰。pH 值高于 8.3~8.7 时易出现黄叶病。

【水土保持功能及利用价值】 葡萄根系深且发达,耐旱,对土壤要求不严,是良好的水土保持经济作物。用作立体绿化、棚架绿化。葡萄果味鲜美,葡萄果、根与藤茎均可供药用。

【栽植培育技术】 扦插育苗:硬枝扦插一般在 3 月上、中旬进行,插条采集可结合冬季修剪,选取品种纯正、丰产质佳、长势强盛而无病虫害的 1 年生粗壮枝蔓,长 10~15 cm,有 3 节 3 芽,分级沙藏。翌年春芽长 10 cm 时留 1 壮芽,并立支柱。嫩枝扦插则利用夏季剪下的半木质化新梢做扦插材料,剪成 2~3 节为 1 段进行扦插。

压条育苗:休眠期将母株根部的健壮枝条压入土中,经一段时间后即能生根,然后将枝条与母株分离,移植再行培养。

10.2.59　山葡萄

【科属名称】 葡萄科 Vitaceae,葡萄属 *Vitis* L.

【形态特征】 落叶藤本,长达 30 cm。茎皮红褐色,老时条状剥落;小枝光滑,或幼时有柔毛,髓心红褐色;卷须间歇性与对生。叶互生,近圆形,长 7~15 cm,3~5 掌状裂,基部心形,缘具粗齿;两面无毛或背面稍有柔毛;叶柄长 4~8 cm。花小,黄绿色;圆锥花序大而长。浆果椭球形或圆球形,熟时黄绿色或紫红色,有白粉。花期 5—6 月,果期 8—9 月。

【生态学特性】 喜光,喜干燥及夏季高温的大陆气候;冬季需要一定低温,但严寒时又必须防寒。以土层深厚,排水良好而湿度适中的微酸性至微碱性沙质或砾质壤土生长

最好。耐干旱,怕涝,如降雨过多,空气潮湿,则易生病害,
且易引起徒长、授粉不良、落果或裂果等不良现象。深根
性,主根可深入土层 2~3 m。生长快,结果早。一般栽后
2~3 年开始结果,4~5 年后进入盛果期。寿命较长。

　　【水土保持功能及利用价值】　山葡萄主根明显,可深
入土层 2~3 m,侧根发达,枝叶繁茂,具有较强的固土、护
土作用。

　　葡萄是很好的园林棚架植物,既可观赏、遮阴,又可结
合果实生产。庭院、公园、疗养院及居民区均可栽植,但最
好选用栽培管理粗放的品种。果实多汁,营养丰富,富含
糖分和多种维生素,除生食外,还可酿酒及制葡萄干、汁、粉等。种子可榨油;根、叶及茎蔓
可入药,有安胎、止呕之效。

　　【栽植培育技术】　可用扦插、压条、嫁接或播种等法。扦插、压条都较易成活。嫁接
在某些砧木上,往往可以增强抗病、抗寒能力及生长势。葡萄作为果园栽培。管理精细、
严格,分棚架式、篱壁式、棚篱式等;修剪更随品种特性不同而有差异。近年利用副梢结
果,使之一年多次结果,可提高产量。

10.2.60　蛇葡萄

　　【科属名称】　葡萄科 Vitaceae,蛇葡萄属 *Ampelopsis* Michx.
　　【形态特征】　落叶藤本;幼枝有柔毛,髓心白
色,卷须分叉。单叶,纸质,广卵形,长 6~12 cm,基
部心形,通常 3 浅裂,偶为 5 浅裂或不裂,缘有粗齿,
表面深绿色,背面稍淡并有柔毛。聚伞花序与叶对
生,梗上有柔毛;花黄绿色。花期 5—6 月,果期 8—
9 月。

　　【生态学特性】　性强健,耐寒。
　　【水土保持功能及利用价值】　与山葡萄类似。
在园林绿地及风景区可用作棚架绿化材料,颇具野
趣。果可酿酒;根、茎入药,有清热解毒、消肿驱湿之功效。
　　【栽植培育技术】　可用扦插、压条、播种等。

10.2.61　中华猕猴桃

　　【科属名称】　猕猴桃科 Actinidiaceae,猕猴桃属 *Actinidia* Lindl.
　　【形态特征】　落叶藤本。小枝幼时密生灰棕色柔毛,老时渐脱落;髓大,白色,片状。
叶纸质,圆形、卵圆形或倒卵形,长 5~17 cm,顶端突尖、微凹或平截,缘有刺毛状细齿,表
面仅脉上有细毛,背面密生灰棕色星状绒毛。花乳白色,后变黄色,径 3.5~5 cm。浆果椭
球形或卵形,长 3~5 cm,有棕色绒毛,黄褐绿色。花期 6 月,果熟期 8—10 月。

【生态学特性】 喜阳光,略耐阴;喜温暖气候,也有一定耐寒能力,喜深厚肥沃湿润而排水良好的土壤。在自然界常生于山地林内或灌木丛中,垂直分布达海拔 1 850 m。

【水土保持功能及利用价值】 猕猴桃枝叶繁茂,攀缘能力强,具有较强的护坡固土能力。花大、美丽而芳香,是良好的棚架材料,既可观赏又可有经济收益,最适合在自然式公园中配置应用。果实含多种糖类和维生素,可生食或加工成果汁、果酱、果脯、罐头、果酒、果晶等饮料和食品。其果汁对致癌物质亚硝基吗啉的阻断率高达 98.5%,故有益于身体保健作用。根、藤、叶均可入药,有清热利水、散淤止血之效。茎皮及髓含胶质,可作造纸胶料。花可提取香料。

【栽植培育技术】 通常用播种法繁殖。将成熟的浆果捣烂,在水中用细筛淘洗,取出种子后阴干保存。播种前与湿沙混合装入盆内,保持温度在 2~8 ℃,经沙藏 50 d 后即可播种。在北京地区,以 4 月上旬播种为宜。幼苗在冬季应埋土防寒。定植时应设棚架以利攀缘,有利于通风透光,增加产量。此外也可用扦插法繁殖。

10.2.62 牛叠肚

【科属名称】 蔷薇科 Rosaceae,悬钩子属 *Rubus* L.

【形态特征】 落叶灌木,高 1~2 m,茎直立;小枝黄褐色至紫褐色,无毛,具直立针状皮刺,微具棱角。单叶,互生;托叶线形,长约 6 mm,基部与叶柄合生,早落;叶柄长 2~5 cm,具疏柔毛和钩状小皮刺;叶片广卵形至圆卵形,长 5~12 cm,宽 4~8 cm,基部心形或微心形,先端急尖或微钝,边缘常为 3~5掌状浅裂至中裂,各裂片卵形或长圆状卵形,先端急尖或稍钝,边缘具有整齐粗锯齿,表面无毛,背面沿叶脉具疏柔毛或近无毛,中脉具小皮刺或无。花 2~

6 朵簇生于枝顶成短伞房状花序,或 1~2 朵生叶腋;花梗长 5~10 mm,具柔毛;花直径 1~1.5 cm;萼筒杯状,外被短柔毛,萼裂片三角状卵形,先端渐尖,全缘,外面具短柔毛,内面密被白色柔毛;花瓣卵状圆形,白色;雄蕊多数,长约 5 mm;心皮多数,无毛。聚合果近球形,直径约 1 cm,花期 6 月,果期 8—9 月。

【生态学特性】 生于海拔 100~1 100 m 的山坡灌丛、林缘及林中荒地。分布于我国东北及华北;朝鲜和日本也有分布。牛叠肚抗旱,抗寒,适应性强。

【水土保持功能及利用价值】 牛叠肚主根发育明显,入土深,侧根发达,具有较强固土能力。牛叠肚是丰富的 SOD 原料植物;果实可用于制作果酒、果酱、果汁等,还可入药,有补肾的功效,茎皮纤维可供造纸,全株含鞣质,可提取栲胶。果实含糖分、有机酸、维生素 C、盐类和果胶等成分。

　　【水土保持功能及利用价值】　主要依赖种子繁殖。

10.2.63　中国地锦

　　【科属名称】　葡萄科 Vitaceae,爬山虎属 *Parthenocissus* Planch.

　　【形态特征】　藤本,卷须短而多分枝,具吸盘。
单叶,宽卵形,长 8~18 cm,通常 3 裂,基部心形,叶
缘有粗齿,背面脉常有柔毛;下部枝的叶有全裂为 3
小叶者。果球形,径 6~8 mm,熟时蓝黑色,有白粉。
花期 6 月,果期 9—10 月。

　　【生态学特性】　喜阴,耐寒,对土壤及气候适
应性强,生长快,对 Cl_2 抗性强。

　　【水土保持功能及利用价值】　中国地锦对土
壤及气候适应性强,生长快,优美的攀缘植物,常用
于垂直绿化建筑物的墙壁、围墙、假山等,入秋叶色变红、格外美观。中国地锦在园林上应
用很广泛,不仅可对建筑物墙面立体绿化、公路护坡,还可用作地被栽培,其生长快,病虫
害少,春季幼叶翠绿可人,秋季叶色转红或黄,十分艳丽,观赏性很强,而且管理粗放,不需
特别维护,是城市绿化的优良爬藤植物,也可作厂矿或街道的绿化材料。

　　【栽植培育技术】　压条:压条可于春季进行,将老株枝条弯曲埋入土中生根。第二
年春,切离母体,另行栽植。扦插:硬枝扦插于 3—4 月进行,将硬枝剪成 10~15 cm 一段
插入土中,浇足透水,保持湿润。嫩枝扦插取当年生新枝,在夏季进行。小苗成活生长一
年后,即可移栽定植。栽时深翻土壤,施足腐熟基肥。当小苗长至 1 m 长时,即应用铅丝、
绳子牵向攀附物。

10.2.64　锦带花

　　【科属名称】　忍冬科 Caprifoliaceae,锦带花属 *Weigela* Thunb.

　　【形态特征】　灌木,高达 3 m。枝条开展,小枝
细弱,幼时具 2 列柔毛。叶椭圆形或卵状椭圆形,长
5~10 cm,端锐尖,基部圆形至楔形,缘有锯齿,表面
上有毛,背面尤密。花 1~4 朵成聚伞花序;萼片 5
裂,披针形,下半部连合;花冠漏斗状钟形,玫瑰红
色,裂片 5 片。蒴果柱形,种子无翅。花期 4~5
(6)月。

　　【生态学特性】　喜光,耐寒,对土壤要求不严,
能耐瘠薄土壤,但以深厚、湿润而腐殖质丰富的壤土
生长最好,忌水涝;对氯化氢抗性较强。萌芽力、萌蘖力强,生长迅速。

【水土保持功能及利用价值】　锦带花枝叶繁茂,根系发达,生长迅速,郁闭覆盖能力强,具有强大的固土、保水和持水能力。锦带花枝叶繁茂,花色艳丽,花期长达两月之久,是华北地区春季主要花灌木之一。适于庭院角隅、湖畔群植;也可在树丛、林缘作花篱、花丛配置;点缀于假山、坡地也甚适宜。

【栽植培育技术】　常用扦插、分株、压条法繁殖,为选用新品种可用播种法繁殖。休眠枝扦插在春季2—3月露地进行;半熟枝扦插于6—7月在荫棚地进行,成活率都很高。种子细小而不易采集,除为了选育新品种及大量育苗外,一般不常用播种法,10月果实成熟后迅速采收,脱粒,取净后密藏,至翌春4月撒播。栽培容易,生长迅速,病虫害少,花开于1~2年生枝上,故在早春修剪时,只需剪去枯枝和老弱枝条,每隔2~3年行一次更新修剪,将3年生以上老枝剪去,以促进新枝生长。花后及时摘除残花,增进美观,并能促进枝条生长。早春发芽前施一次腐熟堆肥,则可年年开花茂盛。

10.2.65　杠柳

【科属名称】　萝藦科 Asclepiadaceae,杠柳属 Periploca Bunge

【形态特征】　木质藤本,茎平滑无毛。叶披针形,长5~9 cm,宽1.5~2.5 cm。聚伞花序有数花;花冠紫红色,花直径1.5~2 cm,花冠裂片中间加厚,反折,内侧被疏柔毛。果双生,长7~12 cm,径约5 mm。花期5—6月,果期8—9月。

【生态学特性】　喜光,适应性强,耐寒、耐旱;繁殖力强。生于低山丘陵灌丛中。

【水土保持功能及利用价值】　耐寒、耐旱,繁殖力强,常成片出现,是北方土石山区常见的乡土藤本植物,具有较好的植被恢复和水土保持功能。每年春季能截留大量淤沙,厚度一般为6~7 cm。茎部被沙埋时,其茎部也能萌发出大量的水平根,倒伏的茎被沙埋后,能多处生根形成新的株丛。属园林绿化和水土保持树种。杠柳茎、皮、根均可药用,其中含有的杠柳素、香树精等成分,药用价值较高,有祛风湿、通经络、强筋骨等功效,可治风寒湿痹、关节肿瘤、关节炎等症。根皮浸出液可杀死蚜虫。杠柳根茎萌力强,又多枝丛生,可逐年连续采割或平茬,是很好的薪炭树种。

【栽植培育技术】　包括种子繁育、分株繁育、扦插繁育。分株繁育方法主要在培养种质资源时应用,繁殖速度较慢。扦插繁育方法工序比较烦琐,而且成活率较低,一般不宜应用。种子繁育方法是杠柳大面积育苗所采用的主要方法。造林可采用植苗造林和直接播种造林两种方法,通常以植苗造林为主。造林前要整地起垄,行距130~150 cm。隔垄栽种,株距70~100 cm,植苗密度为6 000~10 000株/hm²。直播造林要提前作垄,播种时间最好在6月进入雨季时,在下透雨后进行,或提前座水播种。造林成活或出苗后,要中耕除草2~3次。第二、三次中耕可只铲树间,不铲空垄,保存空垄上的杂草可防止当年秋季及第二年春季风蚀危害的产生。待次年夏季结合中耕时,再全面清除。

10.2.66　六月雪

【科属名称】　茜草科 Rubiaceae,六月雪属 Serissa Comm.

【形态特征】　常绿或半常绿丛生灌木,高不到 1 m。叶对生或成簇生状,卵形或狭椭圆形,全缘。花白色带红晕,单生或多朵簇主,花冠漏斗状,长约 0.7 cm。花期 5—6月,果期 8—9 月。

【生态学特性】　性喜阳光,也较耐阴,忌狂风烈日,对温度要求不严,在华南为常绿,西南为半常绿。耐旱力强,对土壤要求不严。盆栽宜用含腐殖质、疏松肥沃、通透性强的微酸性湿润培养土,生长良好。

【水土保持功能及利用价值】　花盛开时,宛如满树雪花,雅洁可爱,宜作花坛、花篱,还可作花境配植。若交错植于山岩之间,花时如同绣谷,也可作盆栽观赏。对土壤要求不严,耐旱力强,具有一定的水土保持功能。全株味苦、微甘,性凉。可入药。

【栽植培育技术】　以扦插为主,也有分枝和压条。通常采用扦插繁殖,可在 3—4 月间采硬枝扦插,也可在 6—7 月间采嫩枝插。对扦插基质要求不严,最好用充分腐熟的腐殖土与河沙各半掺匀,放在水泥地上暴晒消毒 1~2 d,然后装入扦插容器。这类扦插基质含一定的天然激素和营养物质,有利于插穗生根成活并迅速健壮生长。对丛生性的多年老株也可在春季分株繁殖。一些天然自生的老桩周边往往发生许多根蘖苗,可挖取作繁殖材料。病害有花叶病,虫害有蚜虫等。

10.2.67　马棘

【科属名称】　蝶形花科 Papilionaceae,木蓝属 Indigofera L.

【形态特征】　落叶小灌木。小叶 7~11 枚,椭圆形、倒卵形,长 1~1.5 cm,顶端圆或微凹,基部圆或宽楔形,两面均花瓣被白色"丁"字毛。总状花序腋生,较叶长;花冠淡红色或紫红色,荚果圆柱形,长 1.5~3 cm。花期 6 月,果期 8—9 月。

【生态学特性】　抗旱,耐贫瘠。

【水土保持功能及利用价值】　马棘抗旱、耐瘠薄,早春可萌发大量嫩枝叶,成长后生长力强,根系发达,覆盖度高,具有较强的水土保持功能,是南方坡面植被恢复常用的灌木品种。

枝叶、果实均是牛、羊的优质青饲料;根供药用,能清凉解表、消肿散结、活血祛瘀,用于感冒咳嗽,扁桃体炎,颈淋巴结结核,小儿疳积,痢疾、痔疮;外用治疗疮。

【栽植培育技术】　马棘每年 12 月种子成熟,种植以每年 4—6 月和 9—10 月为最佳。也可从母树剪取枝条快速繁殖。每年春季萌发前,需在露地塑料大棚育苗,每平方米播种量 10 g,当苗高 30 cm,平均温度稳定在 10~15 ℃时,即可移栽。

10.2.68 蔓卫矛

【科属名称】 卫矛科 Celastraceae,矛属 *Euonymus* L.

【形态特征】 常绿藤本,茎匍匐或攀缘,能随处生根。叶对生,薄革质,长卵形至椭圆状倒卵形,聚伞花序,花小,绿白色。蒴果近球形,黄红色,种子有橘红色假种皮。花期 5—6 月,果期 10 月。

【生态学特性】 喜阴湿环境和温暖的气候,不甚耐寒冷和干旱;若生长在干燥、瘠薄之处,叶质增厚,色黄绿,气根增多。近年来大量栽培。

【水土保持功能及利用价值】 枝叶繁茂,叶色浓绿,秋叶霜红,有较强的攀缘能力,是优良的攀缘绿化材料。园林中可攀附于岩石、假山、墙壁之上,进行立体绿化,可美化建筑、点缀山石,增加自然情趣。

【栽植培育技术】 繁殖可用播种和扦插等法。种子采收后可以立即进行秋播,也可以采收后沙藏到次年春播。扦插可在春、夏、秋季进行,硬枝、软枝均可。栽培管理比较简单,无特殊要求。

10.2.69 山莓

【科属名称】 蔷薇科 Rosaceae,悬钩子属 *Rubus* L.

【形态特征】 落叶灌木,高 1~2 m,小枝红褐色,有皮刺,幼枝带绿色,有柔毛及皮刺。叶卵形或卵状披针形,长 3.5~9 cm,宽 2~4.5 cm,顶端渐尖,基部圆形或略带心形,不分裂或有时作 3 浅裂,边缘有不整的重锯齿,两面脉上有柔毛,背面脉上有细钩刺;叶柄长约 1.5 cm,有柔毛及细刺;托叶线形、基部贴生在叶丽上。花白色、直径约 2 cm,通常单生在短上;萼片卵状披针形、有柔毛、宿存。聚合果球形,直径 1~2 cm,成熟时红色。花期 4—5 月,果期 5—6 月。

【生态学特性】 生长在溪边、路旁或山坡草中;我国北自河北、陕西,南至广东、云南等地均有分布。山莓对土壤要求不严,适应性强。

【水土保持功能及利用价值】 山莓主根发育明显,入土深,侧根发达,具有较强固土能力。是丰富的 SOD 原料植物;果实可用于制作果酒、果酱、果汁等,还可入药,有补肾的功效,茎皮纤维可供造纸,全株含鞣质,可提取栲胶。果实含糖分、有机酸、维生素 C、盐类和果胶等成分。果含有机酸,熟后可食及酿酒;根入药,有活血散瘀、止血作用。

【栽植培育技术】 主要依赖种子繁殖。

10.2.70 茅莓

【科属名称】 蔷薇科 Rosaceae,悬钩子属 *Rabus* L.

【形态持征】 落叶灌木、高约 1 m,有短柔毛及倒皮刺。单数羽状复叶,小叶通常 3 枚,有时 5 枚、小叶菱状宽卵形至宽倒卵形,长 5~5 cm,宽 2~5 cm、顶端圆钝,边缘浅裂,有不整齐粗锯齿,上面疏生柔毛,背面密生白色绒毛;叶柄、叶轴有柔毛及小皮刺。伞房花序顶生或腋生,有花数朵;总花序梗和花柄密生柔毛及小皮刺;花红色或紫红色,直径约 1 cm;萼片卵状披针形至三角状卵形,顶端尖,外面有柔毛、边缘及内面密生柔毛。聚合果球形,直径不到 1 cm,红色。花期 5—6 月,果期 7—8 月。

【生态学特性】 分布很广,生长在山坡、路旁及灌丛中;我国各地都有分布。

【水土保持功能及利用价值】 茅莓主根发育明显,入土深,侧根发达,具有较强固土能力。是丰富的 SOD 原料植物;果实可用于制作果酒、果酱、果汁等,还可入药,有补肾的功效,茎皮纤维可供造纸,全株含鞣质,可提取栲胶。果实含糖分、有机酸、维生素 C、盐类和果胶等成分。果酸甜可食,亦可熬糖和酿酒;叶及根皮提栲胶,入药有清热解毒、祛风收敛的效能。

【栽植培育技术】 主要依靠种子繁殖。

10.2.71 野皂荚

【科属名称】 云实科 Caesalpiniaceae,皂荚属 *Gleditsia* L.

【形态特征】 灌木或小乔木,高 2~4 m。枝条灰白色,有褐色突出的皮孔,幼枝密生短柔毛,有刺,刺长 1.5~5 cm,单一或 2 个短分枝。一回和三回羽状复叶同生于一枝上;二回羽状复叶有羽片 2~4 对;小叶 10~20 片,长圆形,上部小叶比下部小叶小得多,叶脉在两面皆不显著。花杂性,穗状花序腋生或顶生;萼钟状,长 3~4 mm,裂片 4 枚,长卵形;雄花具雄蕊 6~8 枚,花丝基部被长柔毛,红棕色,顶端有短喙;柄长 2~2.5 cm。种子 1~3,长椭圆形,扁平,褐色。花期 5—6 月,果期 8—9 月。

【生态学特性】 分布极广,自中国北部至南部以及西南均有分布。多生于平原、山谷及丘陵地区,分布在海拔 1 000 m 左右,适生区年降水量在 600~800 mm。喜在石灰岩风化的褐土性石灰土上生长,对坡向选择不严,但阴坡的生物量往往比阳坡大。抗旱性极强,在土层薄、石砾多的低山石灰岩区,可以发育成优势植物群落。喜光,不耐庇荫;适于碱性钙质土生长;深根系,侧根发达,根萌蘖力强,种子发芽率高。

【水土保持功能及利用价值】 野皂荚根系发达,据报道,1 m² 样方中分布在土层 10~20 cm 的根系量为 2 171 g,20~40 cm 根系生物量 1 539 g,40~60 cm 根系生物量 1 200 g,地下部根系生物量占总生物量的 60.4%,年枯落物量为 1 148 kg/hm²。因此,野皂荚固土保水及改良土壤效果好,在荒山上营造野皂荚并封禁,对改善生态环境和水土保持将会起到良好的作用。野皂荚枝干韧性强,农村一般用作编筐,也可作薪炭材,枝条燃烧时火力强且易燃。幼枝上的刺可入药。

【栽植培育技术】 用播种法繁殖——野皂荚种子 10 月下旬成熟,这时荚果变成黄褐色,荚果采收后,平铺地面晾晒,用棍棒敲打,风选筛净,选择饱满种子储藏。春季育苗一般在 3 月下旬,可用容器直径 5 cm,长 14 cm,进行塑料容器育苗,7—8 月苗高 10~20 cm 时,即可上山造林。若直播造林,播种时间以雨后直播最好,播前凉水浸种 10 h,沿等高线开沟,播种沟深 15 cm,沟宽 50 cm,将开沟的草根扒到沟外缘,每米均匀播种 100 粒左右,覆土 2 cm。造林后,因苗幼小,需注意中耕除草,消灭草荒。

10.2.72　络石

【科属名称】 夹竹桃科 Apocynaceae,络石属 *Trachelospermum* Lem.

【形态特征】 常绿藤本,茎具气根。叶椭圆形或长圆状披针形,长 2~10 cm,宽 1~4.5 cm,表面无毛,背面有柔毛。花序腋生;花萼 5 深裂,花后反卷;花冠白色,有香气。蓇葖果,长 15~20 cm。花期 4—6 月,果期 8—10 月。

【生态学特性】 络石适应性极强,对土壤要求不严。它喜光,稍耐阴、耐旱,耐水淹能力也很强,耐寒性强。抗污染能力强。络石生长快,叶长革质,表面有蜡质层,对有害气体如二氧化硫、氯化氢、氟化物及汽车尾气等光化学烟雾有较强抗性。它对粉尘的吸滞能力强,能使空气得到净化。络石耐贫瘠,喜肥。它萌蘖力强,耐修剪。

【水土保持功能及利用价值】 络石适应性极强,对土壤要求不严,根系发达,它喜光,稍耐阴、耐旱,耐水淹能力也很强,耐寒性强。抗污染能力强。生长快、耐贫瘠,萌蘖力强,是良好的水土保持植物,并且具有藤本攀缘能力,也是植被覆盖和垂直绿化的良好植物。络石四季常青,花皓洁如雪,幽香袭人。可植于庭园、公园、院墙、石柱、亭、廊、陡壁等攀附点缀,十分美观。因其茎触地后易生根,耐阴性好,所以它也是理想的地被植物,可作疏林草地的林间、林缘地被。同时,络石叶厚革质,具有较强的耐旱、耐热、耐水淹、耐寒性,适应范围广。可作污染严重厂区绿化、公路护坡等环境恶劣地块的绿化首选用苗。由于络石耐修剪,四季常青,也可与金叶女贞、红叶小檗搭配作色带、色块绿化用。观赏药用价值高。络石自古就是一味中药,其茎叶晒干名络石藤,主要功效是祛风通络,凉血消痈肿。因其花形别致又浓香,作为观赏花卉栽培。茎皮纤维可制人造棉。

【栽植培育技术】 用播种、扦插、压条等方法繁殖。12 月上旬采种,暴晒使蓇葖开裂,取出种子密藏,2—3 月条播,覆土 1 cm 许,5 月中下旬发芽出土,及时间苗,抚育,成苗率极高。扦插在 6—7 月进行,以半熟枝作插穗,剪成 8~15 cm 长,具 3~4 节,上部留叶 2~3 对,插入土中 1/2,插后压实,充分浇水,搭棚遮阴,经常保持一定湿度,约 20 d 发根。休眠压条行于 2—3 月间,6—7 月则用半熟枝压条,地压、盆压均宜,压入土中深度一般 3 cm 左右,8—9 月间与母株割离,越冬须防寒。移栽在春季进行,3~4 年生苗要带宿土,大苗须带泥球,移时可剪去过长的藤蔓,以利操作,又可减少叶面蒸腾,提高成活率。栽后应立即支架攀缘。

10.2.73 太行铁线莲

【科属名称】 毛茛科 Ranunculaceae,铁线莲属 *Clematis* L.

【形态特征】 落叶或半常绿藤本,长约 4 m。
叶常为二回三出羽状复叶,小叶卵形或卵状披针形,长 2~5 cm,全缘或有少数浅裂,叶表暗绿色,叶背疏生短毛或近无毛,网脉明显。花单生于叶腋,无花瓣;花梗细长,于近中部处有 2 枚对生的叶状苞片;萼片花瓣状,常 6 枚,乳白色,背有绿色条纹,径 5~8 cm;雄蕊暗绿色,无毛;子房有柔毛,花柱上部无毛,结果时不延伸。花期夏季,花白色。

【生态学特性】 喜光,单侧庇荫时生长更好。
喜肥沃疏松、排水良好的石灰质土壤。耐寒性较差;在华北常盆栽,温室越冬。

【水土保持功能及利用价值】 太行铁线莲能积累土壤有机质,常与乔木、灌木和草本混生,具有改良土壤,涵养水源及保持水土的作用。种子含油 18%,可供工业用。本种花大而美,是点缀院墙、棚架、围篱及凉亭等垂直绿化的好材料,亦可于假山、岩石相配或作盆栽观赏。

【栽植培育技术】 用播种、压条、分株、扦插及嫁接等法繁殖。种子在成熟采收后应先层积,然后秋播或春播。压条和分株繁殖,国内普遍采用而以前者为主。于 4—5 月间将枝蔓压入土内或盆中,入土部分至少应有 2 个节,深约 3 cm,封土后砸实并压一砖块,经常保持湿润,1 年以后即可隔离分栽。对于变种或园艺品种,多用扦插或嫁接法繁殖,尤以后者为多。扦插宜于夏季在冷床内进行。嫁接时可用实生苗作砧木,通常在早春于土内行根接,待成活后再栽于露地。

10.2.74 灌木铁线莲

【科属名称】 毛茛科 Ranunculaceae,铁线莲属 *Clematis* L.

【形态特征】 直立小灌木。单叶对生,具短柄;叶片薄革质,狭三角形或披针形,长 2~3.5 cm,宽 0.8~1.4 cm,边缘疏生牙齿,下部常羽状深裂或全裂,上面几无毛,下面有微柔毛;叶柄长 3~8 mm。聚伞花序腋生,长 2~4.5 cm,含 1~3 花;总花梗长 1~2.5 cm;花萼钟形,黄色,萼片 4,狭卵形,长 1.3~1.8 cm,宽 3.5~8 mm,顶端渐尖,边缘有短绒毛;无花瓣;雄蕊多数,无毛,花丝披针形;心皮多数。瘦果近卵形,长约 4 mm,密生柔毛,羽状花柱长约 2 cm。

【生态学特性】 分布在甘肃、陕西、山西、河北北部和内蒙古南部,生于山坡灌丛中。喜光,单侧庇荫时生长更好。喜肥沃疏松、排水良好的石灰质土壤。耐寒性较差。

【水土保持功能及利用价值】 灌木铁线莲根系发达,落叶量大,易腐烂,固土及改良土壤作用比较突出。铁线莲是一种优良垂直绿化植物,可美化庭园,棚架,点缀假山,也可作切花。

【栽植培育技术】 主要依靠种子繁殖。

10.2.75 华蔓茶藨子

【科属名称】 虎耳草科 Saxifragaceae,茶藨子属 *Ribes* L.

【形态特征】 落叶灌木,高可达 2 m。老枝紫褐色,皮常剥落;小枝灰绿色,幼时有柔毛。叶卵形,宽约 4 cm,宽稍大于长,3~5 裂,裂片阔卵形,基部截形或心形,边缘锯齿粗钝,两面疏生柔毛。花雌雄异株,簇生;雄花 4~9 朵,黄绿色,杯状,芳香;雌花 2~4 朵,子房无毛。浆果近球形,萼筒宿存;果梗有节。花期 4—5 月,果期 8—9 月。

【生态学特性】 普遍野生于山野;长江流域及陕西、山东等地较为常见。

【水土保持功能及利用价值】 华蔓茶藨子枝繁叶茂,落叶量大,易腐烂,根系发达,具有良好的水土保持和改良土壤功能。

果实可酿酒或作果酱。根全年可采,为中药。

【栽植培育技术】 主要依赖种子繁殖。

10.2.76 华北绣线菊

【科属名称】 蔷薇科 Rosaceae,绣线菊属 *Spiraea* L.

【形态特征】 为落叶直立灌木,高可达 2 m,枝条密集,小枝有棱及短毛。单叶互生,卵形,椭圆状卵形或长圆状卵形,长 3~8 cm,宽 1.5~3.5 cm,先端急尖或渐尖,基部广楔形、圆形或浅心形,边缘有不整齐重锯齿或单锯齿,表面深绿色,无毛,稀沿叶脉有疏短柔毛,背面浅绿色,无毛或被短柔毛。复伞房花序顶生于当年生直立新枝上,花多数,无毛;苞片披针形或线形,微被短柔毛;花直径 5~6 mm;萼筒钟状,内面密被短柔毛,萼裂片三角形;花瓣卵形,长 2~3 mm,宽 2~2.5 mm,先端圆钝,白色,花蕾期呈粉红色;雄蕊 25~30 枚,长于花瓣;花盘圆环状,有 8~10 个大小不等的裂片;子房被短柔毛,花柱比雄蕊短。蓇葖果几乎直立,开展,无毛或沿腹缝被短柔毛,花柱顶生,直立或稍斜,常具反折萼片。花期 6 月,果期 7—8 月。

【生态学特性】　生于山坡杂木林中、林缘、山谷、多石砾地及石崖上,海拔 100~600 m。喜光也稍耐阴,抗寒,抗旱,喜温暖湿润的气候和深厚肥沃的土壤。萌蘖力和萌芽力均强,耐修剪。

【水土保持功能及利用价值】　华北绣线菊枝繁叶茂,根系发达,对绿化山区、保持水土、改善环境,均有显著效能。枝繁叶茂,叶似柳叶,小花密集,花色粉红,花期长,自初夏可至秋初,娇美艳丽,是良好的园林观赏植物和蜜源植物。

【栽植培育技术】　播种、分株、扦插均可。

10.2.77　葛藟

【科属名称】　葡萄科 Vitaceae,葡萄属 *Vitis* L.

【形态特征】　藤本,枝条细长,幼枝被灰白色绵毛,后变无毛。叶宽卵形或三角状卵形,长 4~12 cm,宽 3~10 cm,不分裂,顶端短尖,基部宽心形或近截形,边缘有波状小齿尖,表面无毛,背面主脉上有柔毛,脉腋有簇毛。圆锥花序细长,有白色绵毛。浆果球形,熟后变黑色。花期 5—6 月,果熟期 9—10 月。

【生态学特性】　生于山坡、林边或路旁灌丛中。

【水土保持功能及利用价值】　葛藟枝叶繁茂,根系发达,具有较强的护坡、固土能力。果实味酸,不能生食;根、茎和果实供药用。

【栽植培育技术】　可用扦插、压条、播种等方法繁殖。

10.2.78　白刺花

【科属名称】　蝶形花科 Papilionaceae,槐属 *Sophora* L.

【形态特征】　半常绿落叶灌木,高 1~2.5 m。小枝黄褐色,有长刺。奇数羽状复叶,长 2~6 cm,小叶椭圆形,长 5~8 mm。有短尖头,托叶针刺状。总状花预生,花冠白色或蓝白色。荚果串珠状,长 2~6 cm,宽 4 mm,有长喙,果皮近革质,开裂,种子 1~5 粒。花期 5—6 月,果期 8—10 月。

【生态学特性】　白刺花喜光,不耐阴,耐旱,耐瘠薄,在沙壤土上生长良好,在阳坡可形成群落,土壤要求不严,一般在瘠薄、深厚、沙质土壤上均能生

长,在以氯化物为主的含盐量 0.4% 以内的土壤条件下也可正常生长。

【水土保持功能及利用价值】 白刺花耐旱、耐瘠薄,是北方干旱地区优良的水土保持植物。白刺花林地比荒坡减少径流量 70.1%,减少冲刷 93.3%。具有保水、固沙功能,常用作水土保持及荒山绿化林树种。白刺花可食,也是一种理想的薪材,其花、根、叶可入药,白刺花花色淡雅,群植供观赏。目前,白刺花大部分处于野生状态,近年来我国北方一些地区已开始人工栽培用于绿化。

【栽植培育技术】 播种育苗:当荚果变成黄褐色即可采收,储存于干燥、阴凉的室内。秋播或春播。播前用 70 ℃ 温水浸种催芽,种子硬粒可用开水浸种,充分搅拌,冷却后浸泡 2~4 d。每亩播种量 4~5 kg,覆土厚度 2~3 cm。雨季播种不得迟于 7 月。可扦插育苗。

植苗造林:造林选在排水良好、向阳的山坡谷地、沙滩,株行距 4 m×4 m,开春和入冬前各浇水 1 次,雨季注意排水。

直播造林:白刺花直播造林,春、夏、秋季均可,每穴播 10~15 粒,覆土厚度 2~3 cm,每穴留苗 3~5 株,播 1 000 穴/hm²,行距 2 m,穴距 0.5 m。

10.3 草本植物

10.3.1 白花草木樨

【科属名称】 蝶形花科 Papilionaceae,草木樨属 *Melilotus* Mill.

【形态特征】 主根发达,入土 150 cm 以上。主根上部发育成根颈,主根、侧根均可着生根瘤。茎高 1~4 m,直立,无毛或稍有毛,圆柱形,中空。叶为羽状三出复叶,中间小叶具短柄,小叶细长,椭圆形、长圆形、倒卵状等,长 1.5~3 cm,宽 0.6~1.1 cm,边缘有疏锯齿;托叶很小,锥形或条状披针形。总状花序,叶腋生,具 40~80 朵花,花白色。荚果,具 1~2 粒种子。种子有坚硬种皮,黄色至褐色。千粒重 2~2.5 g,种子 40 万~50 万粒/kg。

【生态学特性】 适应性很强,耐旱、耐寒、耐瘠薄、耐盐碱。根系发达,入土深,根幅宽,能吸收土壤深层水分;幼苗期耗水少,平均每株每日耗水 1.037~1.148 g。临界凋萎湿度,因土质不同而异。在轻壤土上,第一片真叶凋萎度 8.59%,第二片复叶期为 6.9%,3~5 片三出复叶期 5%~5.7%。在分枝期,在土壤含水量降到 5.8% 仍能生长,2.1% 才枯萎。久旱则落叶休眠,可维持 30 d 左右,有水分时则恢复生长。蒸腾系数为 570~770,比苜蓿(615~848)低。在降水量 360 mm 地区生长良好。种子在 3~4 ℃ 能发芽,第一片真叶能耐 −4 ℃ 的短期低温。地表降到 −6.7 ℃ 也无碍。第一年发育健全的植株,冬季能耐 −30 ℃ 的严寒。在新疆,−40 ℃ 的严寒下,越冬率达 70%~80%。萌动后突然的降温,易造成死苗。抗寒性与入土深度有关,在茎粗 0.2~1 cm 时,入土深度不到 1.5 cm 即受冻害死亡。对土壤的适应性很广。黄土、黏土、沙土、瘠薄碱性土均可生长。在粗沙土上能旺盛生长,北京温榆河畔粗沙土,有机质 0.01%,草木樨株高达 1.3~1.5 m,每公顷产鲜草 30 t。耐盐碱能力高于紫花苜蓿。0~22 cm 土层内含盐量为 0.144%~0.30% 时,生长良好;含盐量 0.488%~0.521% 时,生长受阻;在氯盐 0.2%~0.3% 及苏打盐 0.2% 时都能生长良好。苗期的耐盐性不如发育成熟的植株。第一年不如第二年。适宜 pH 值 7~9,但 pH 值 6.2~6.8 时也能生长良好,pH 值在 4~4.5 则出苗不良。不耐水淹,地面积水 20~30 cm 深的水层,持续 2~3 d 就会死亡。地下水位在 40 cm 尚能生长,再高就会烂根。

【水土保持功能及利用价值】　白花草木樨主根发达,适应性很强,耐旱、耐寒、耐瘠薄、耐盐碱,是优良的水土保持草种。由于具有广泛的适应性和较强的抗逆性,因此常被作为先锋植物用以改良瘠薄地和盐碱地,它进行一些废弃地和坡面的植被恢复、生态防护。也是我国北方改良天然草地和建立人工草地的主要必播豆科牧草之一。种子落粒性强,虽然是 2 年生植物,但可一次播种多年利用。抗旱性强,植株高大,生长快,具有较强的水土保持功能。

【栽植培育技术】　可在瘠薄土壤上播种,并适于与农作物轮作、间作,还适于与林木间作,果草间作。在石质山区也常采用草木樨、沙打旺、苜蓿条状混播,控制水土流失,生产牧草,改良土壤。春、夏、秋均可播种,在干旱地区以夏、秋播种最好,秋播不能晚于 7 月中旬,以利越冬。也可冬天寄籽播种。春播最好在早春解冻后抢墒播种,以提高当年产量。可条播、穴播、撒播,还可飞播。新鲜种子硬实率高,有的高达 80% 以上,播前去荚果壳,或做必要处理,提高发芽率。单播每公顷 11.25~18.75 kg,收种 7.5~15 kg/hm²。播种深度 2~3 cm,行距 20~30 cm 或 45~60 cm。苗期生长缓慢,要注意除草。

白花草木樨和其他豆科牧草一样,应多施磷、钾肥,一般施过磷酸钙 225~375 kg/hm²。株高 50 cm 即可刈割,留茬高度 10~13 cm,过低影响再生,雨天不能割草,以免造成根颈腐烂而死亡。最后一次刈割在初霜时进行,过晚影响越冬。产鲜草 22.5~45 kg/hm²。

10.3.2　毛叶苕子

【科属名称】　蝶形花科 Papilionaceae,野豌豆属 *Vicia* L.

【形态特征】　根系发达,主根深达 0.5~1.2 m,分枝多。茎四棱,细软,攀缘,全株密生银灰色长绒毛,茎长 2~3 m 以上,草丛高 40 cm 左右。偶数羽状复叶,具小叶 10~16 片,顶端有分枝的卷须;小叶长圆形或披针形,长 1~3 cm,宽 3~6 mm,托叶戟形。总状花序,腋生,总花梗长,花 10~30 朵,排列于长梗上的一侧,花冠蝶形,蓝紫色。荚果,长圆形,较小,长约 3 cm,淡黄、光滑,含种子 2~8 粒。种子黑色,千粒重 25~30 g,每千克种子 3 万~4 万粒。

【生态学特性】　本草属冬性向春性过渡的植物。生长期较箭筈豌豆长,开花、种子成熟均较晚,分枝力强,达 20~30 个,二次分枝 10 多个。耐寒力较强。山西雁北秋季-5 ℃霜冻下仍能正常生长。发芽要求最适宜温度为 20 ℃,返青 2~3 ℃,现蕾 15 ℃左右,开花 15~20 ℃。能耐短期-20 ℃低温。耐旱力也较强。年降水量不少于 450 mm 地区均可栽培。虽抗干旱,但发芽要求水分较多,土壤水分不能低于 17%,降水量少,生长缓慢。不耐水淹。淹水 2 d 即有 20%~30% 死亡。不耐高温。超过 30 ℃,生长不良,最适在 20 ℃生长。对土壤要求不严。喜沙质壤土,黏重瘠薄均可生长。耐盐碱性强,能耐 pH 值 8.5 的碱性土壤和含盐量 0.25% 的轻盐化土壤。也耐酸性土壤,pH 值 5~5.5 的红壤上也可很好生长。不耐潮湿和排水不良。耐遮阴,在果树林下或高秆作物行间生长良好。对磷、钾肥敏感,施钼、硼、锰等微量元素增产显著。

【水土保持功能及利用价值】 毛叶苕子耐旱、耐寒、耐盐碱、耐阴、耐瘠薄,对土壤要求不严;生长快、覆盖度大,是优良的水土保持植物。苕子茎叶繁茂,是稻麦良好的下茬作物,翻青压肥对增加土壤有机质、改良土壤有很好的作用。其花期长,色美也可用作蜜源及绿化植物。苕子茎叶柔软,适口性好,各种家畜都喜食;苕子的种子粉碎后也是优质精料,还可制淀粉和酒精。

【栽植培育技术】 该草春、秋播均可,每公顷播种量 45~60 kg。用温水浸种可提高发芽率。撒播、条、点播均可。条播行距 30~40 cm,采种用行距大于 45 cm,穴播穴距 25 cm 左右,播 4~5 cm。也可和大麦、燕麦、黑麦、黑麦草混播,可提高产草量。春播,华北、西北以 3 月中至 5 月初为宜;秋播,北京地区 9 月上旬以前为好。陕中、晋南也可秋播。采种用播量减半。新疆当年收种子出苗率仅 50% 左右,需处理。

苗期生长慢,注意及时除草。在 50% 以上荚果成熟即可采种收获,每公顷产种子 450~900 kg。

10.3.3　金花菜

【科属名称】 蝶形花科 Fabaceae,苜蓿属 *Medicago* L.

【形态特征】 金花菜为 1 年生或越年生草本植物。主根细小,侧根发达。茎丛生,匍匐或稍直立,高 30~100 cm,有棱,中空,表面光滑,分枝 4~8 个,自主茎基部叶腋中抽出。三出复叶,小叶圆形或倒心形。顶端钝圆或稍凹,上部叶缘锯齿状,下部楔形。托叶卵形,有细裂齿,叶面浓绿色,背面淡绿色。总状花序,从茎上部叶腋抽出,具 2~8 朵花,花冠黄色。荚果螺旋状,通常卷曲 2~3 圈,边缘有疏刺,刺端钩状,每荚有种子 3~7 粒,种子肾形,黄色或黄褐色,千粒重 2.5~3.2 g。

【生态学特性】 金花菜喜温暖湿润气候,不耐寒,1 月为 2 ℃等温线以南的地区可种植。种子发芽的最适温度为 20 ℃左右。幼苗在−3 ℃受冻害,−6 ℃大部死亡,生长期间在−12~−10 ℃也会受冻。植株地上部在初花盛花期生长最快,初花期在 3 月下旬至 4 月中旬,盛花期在 4 月上旬至 4 月下旬,种子成熟于 5 月下旬至 6 月上旬,全生育期约 240 d。金花菜喜肥沃土壤,在一般排水良好的黏土和红壤都能较好地生长,但以排水良好的沙壤土和壤土生长最好。耐碱性较强,土壤 pH 值 5.5~8.5,含氯盐 0.2% 以下也能较好生长。

【水土保持功能及利用价值】 金花菜茎丛生,枝叶茂盛,可有效覆盖地表,减少地表径流的土壤流失,发挥水土保持功能。金花菜是品质优良的栽培牧草。它茎叶柔嫩,适口性好,猪、牛、羊、家禽等都喜食,是优良的家畜饲料。金花菜一般每公顷产鲜草 45 000~52 500 kg,高者可达 75 000 kg 以上,鲜草主要利用时期在 4—5 月,如制成干草粉或青贮料,家畜全年均可利用。金花菜每百克嫩茎叶含水分 87.5 g,蛋白质 5.9 g,脂肪 0.1 g,碳水化合物 9.7 g,钙 168 mg,磷 64 mg,铁 7.6 mg,胡萝卜素 3.48 mg,维生素 B 0.1 mg,维生素 B2 0.22 mg,尼克酸 1.0 mg,维生素 C 85 mg 等。且在不同生长时期,营养成分含量也是不同的,一般其粗纤维含量低,蛋白质含量高。金花菜还可作绿肥作物种植,其嫩茎叶可食用。

【栽植培育技术】 种子繁殖。单播或与水稻、棉花、小麦轮作。播种期为 9 月上旬至 10 月上旬,玉米、棉花套种在 9 月下旬。带荚种子播量为 75~90 kg/hm² 或去荚种子 15~22.5 kg/hm²,套作带荚种子 37.5~45 kg/hm²,留种田可适当减少播量。播种时先浸种 24 h,然后用磷肥拌种播种。稻田在收获前 5~20 d,排水后开沟条播或穴播,在棉田收获前撒播,也可与大麦、油菜、蚕豆间作、混种。播种时要求土壤湿润,而在整个生育期中要求无积水。排水不良时,植株生长缓慢,分枝少,产量低。金花菜需肥较多,特别是磷钾肥,冬前追施 N、P、K 复合肥 5~10 kg。

10.3.4 草木樨

【科属名称】 蝶形花科 Fabaceae,草木樨属 *Melilotus* Mill.

【形态特征】 2 年生或 1 年生草本。主根深达 2 m 以下。茎直立,多分枝,高 50~120 cm,最高可达 2 m 以上。三出复叶,小叶椭圆形或倒披针形,长 1~1.5 cm,宽 3~6 mm,先端钝,基部楔形,叶缘有疏齿,托叶条形。总状花序腋生或顶生,花小,长 3~4 mm;花萼钟状,具 5 齿;花冠蝶形,黄色,旗瓣长于翼瓣。荚果卵形或近球形,长约 3.5 mm,成熟时近黑色,具网纹,含种子 1 粒。

【生态学特性】 草木樨的生态幅度很广,从寒温带到南亚热带,从沙滩到高寒草原,都有分布,喜生于温暖而湿润的沙地、山坡、草原、滩涂及农区的田埂、路旁和弃耕地上。在我国主要分布于东北、华北、西北、山东、江苏、安徽、江西、浙江、四川和云南等地。草木樨耐寒、耐旱、耐高温、耐酸碱和土壤贫瘠。对土壤的要求不严,沙土、黏土、盐碱土均可生长,可适应的 pH 值为 4.5~9。草木樨适应的降水范围为 300~1 700 mm,可耐 -40 ℃ 的低温和 41 ℃ 的高温。草木樨依赖种子繁殖,主要靠自播和风力传播,种子硬实率较高,主要通过种子寄存于土壤中越冬而提高萌芽率。1 年生的草木樨,当年即可开花结实完成其生命周期;2 年生的草木樨当年仅能处于营养期,翌年才能开花结实。2 年生草木樨在温带地区一般于 4 月中旬至 5 月中旬返青,6 月初至 7 月初开花,7 月中旬至 8 月底结实,生育期为 98~118 d;在亚热带地区一般在 3 月底至 4 月初返青,5 月中旬至 7 月底开花,8 月初至 9 月中旬结实,生育期长达 183~230 d。

草木樨为直根系草本植物,地上分枝能力依靠茎枝叶腋的芽点,故放牧或刈割时留茬不宜太低。一般留茬以 15 cm 左右为好,每年可刈割 2~3 次。

【水土保持功能及利用价值】　草木樨是绿化荒坡、荒沟、荒山的先锋草种,它能迅速恢复地面植被、改良土壤结构、提高地力、拦蓄径流、防止冲刷、保持水土,对改善生态环境有显著的作用。种植草木樨后可使土壤中小于 0.001 mm 和 0.001~0.005 mm 的微团聚体数量明显减少,0.05~0.25 mm 的微团聚体数量增加,孔隙度增大,土壤结构和能透性明显改善;同时可使土壤中盐分含量、pH 值、交换性钠和碱化度明显降低,有机质含量显著增加。

在坡地上种植草木樨可较荒地和休闲地减少地表径流 12.5%~54.2%,减少土壤冲刷量 16%~43.0%。草木樨与农作物轮作,较一般倒茬减少地表径流量 66.8%~69.7%,减少土壤冲刷量 64.68%,且轮作可提高后茬作物产量。草木樨与玉米带状间作(带宽 10 m),比不间作草木樨的玉米可减少径流量 42.0%,减少土壤冲刷量 52.0%。此外,草木樨对红土堆积面泻溜和防止沟床冲刷具有很好的防治作用。因此,草木樨在黄河中游黄土丘陵沟壑区治理荒山、荒沟、荒坡可发挥重要作用。在荒漠风沙地区草木樨的防风固沙能力也较强。

草木樨是干旱半干旱地区改良退化土壤的一种优良牧草。草木樨开花前,茎叶幼嫩柔软,马、牛、羊、兔均喜食;开花后经加工调制成干草或青贮可喂养牲畜。草木樨既可青饲、青贮,又可晒制干草、制成草粉,其饲料或干物质中含的总能、消化能、代谢能和可消化蛋白含量较高,尤其籽实的粗蛋白质含量高达 31.2%,是一种良好的蛋白质饲料。

草木樨除具有很高的饲用价值外,草木樨还含有挥发油,还作为蜜源植物。草木樨枝叶繁茂,根系发达,具有良好的水土保持功能,故可用作水土保持植物。草木樨根系发达,根瘤多,且根、茎、叶等富含氮、磷、钾、钙和多种微量元素,是草粮轮作、间种品种或压制绿肥的优良植物种。

此外,草木樨能清热解毒、杀虫化湿,主治暑热胸闷、胃病、疟疾、痢疾、淋病,皮肤疮疡、口臭和头痛等多种病症;其根(别称臭苜蓿根)能清热解毒,主治淋巴结结核,因而也可用于中医药。

【栽植培育技术】　草木樨靠种子繁殖。它适应性强,对土壤要求不严,但它喜阳光,最适于在湿润肥沃的沙壤地上生长,山区、平原均可栽种。播种前必须采取措施擦破种皮,以提高其发芽率和出苗效果,或模拟其天然繁殖方式,采取冬季播种,以使翌年春季出苗整齐一致。播种方式可采取穴播、条播、撒播和飞播等方式,一般在早春顶凌播种,也可在春雨前后或晚秋播种(立冬前,地温低于 2 ℃),条播行距 30~50 cm,播深以 2~3 cm 深为宜,播种后要及时镇压。播种量视播种方式而定,一般 15~37.5 kg/hm²,撒播和条播要多些,穴播要少些。草木樨出苗 1 个月后要除草,当年封冻前和次年返青后要中耕 1 次,有条件的地方可灌溉 1 次。

10.3.5　罗布麻

【科属名称】　夹竹桃科 Apocynaceae,罗布麻属 *Apocynum* L.

【形态特征】　直立草本或半灌木,高 1.5～3 m,最高可达 4 m,具乳汁;枝条对生或互生,圆筒形,光滑无毛,紫红色或淡红色。叶对生,仅在分枝处为近对生,叶片椭圆状披针形至卵圆状长圆形,顶端具短尖头,基部急尖至钝,叶缘具细牙齿,两面无毛;叶柄基部及腋间具腺体,老时脱落。花小,排列成顶生或侧生圆锥聚伞花序,一至多歧,花梗被短柔毛;苞片膜质,披针形;花萼深裂,裂片披针形或卵圆状披针形,两面被短柔毛,边缘膜质;花冠圆筒状钟形,紫红色或粉红色,花冠裂片卵圆状长圆形,每裂片内外均具 3 条明显紫红色的脉纹;雄蕊着生在花冠筒基部,与副花冠裂片互生,花药箭头状,基部具耳,花丝短,密被白茸毛;雌蕊花柱短,花药黏合且与柱头合生,药室基部有距;花盘环状肉质,顶端不规则 5 裂,基部合生,分离。蓇葖果,种子多数,卵圆状长圆形,黄褐色,顶端有一簇白色绢质的种毛。花期 4—9 月,果期 7—12 月。

【生态学特性】　罗布麻耐寒、耐旱,也耐暑热,抗盐碱能力很强。常生于河岸沙质地、山沟砂地、多石的山坡、沙漠边缘、戈壁滩及盐碱地。罗布麻对土壤要求不严,但以地势较高、排水良好、土质疏松、透气性沙质壤土生长良好;地势低洼、易涝、易干旱的黏质土和石灰质的地块不宜栽种。

【水土保持功能及利用价值】　罗布麻具极强的抗逆性,耐旱、耐寒、耐暑、耐盐碱、耐大风。其根系发达,入土深,能穿过含盐的表土层直达地下水层,在年降水量不足100 mm,地下水埋深不超过 4 m,30 mm 以下土壤含盐量不超过 1% 的盐碱地和沙荒地上都能生长,宿根能成活 30 年以上。在一般作物不能生长的沙荒盐碱地上种植罗布麻,能绿化荒滩、防风固沙、防止水土流失、抑制沙漠扩展及治理盐碱地,是一种优良的水土保持经济植物。

茎皮纤维可为纺织、造纸等工业的原料,是西北地区最重要最具特色的一种纤维植物资源。叶汁可作饮料,根茎枝叶所含乳胶液可提炼橡胶;罗布麻花多,色鲜艳,花芳香,花期长,是良好的蜜源植物,其花蜜呈琥珀色,味甜质优。此外,罗布麻还有很高的药用价值,性微寒,味苦甘,能清热降火,平肝息风,主治头痛、眩晕、失眠、脑震荡遗症、浮肿等症;叶含罗布麻苷,具有强心作用,可用于治高血压等症。

【栽植培育技术】　种子繁殖、根茎繁殖和分株繁殖。繁殖时选择地势较高、排水良好、土质疏松、透气性好的沙质壤土为宜。整地前施足底肥,一般施腐熟厩肥,全面深耕,深 30～40 cm,耙细整平,做成畦床,按 8 m×1.2 m 做畦,畦高 8～18 cm、宽 30～40 cm,两畦之间留作业道 40 cm 左右,并在两畦之间增设隔离带,以防止和减少水土流失。整地完成后可播种或根茎、分株繁殖。

种子繁殖:播种时间东北地区宜在 4 月中旬至 5 月上旬;华北、西北地区宜在 3 月中旬至 4 月上旬。播种前将种子装入布袋,用清水浸泡 24 h(期间换水 1～2 次),取出摊开,放在 15 ℃的地方,盖上潮湿的遮盖物(如麻袋、布袋等),当有 50% 的种子露白即可播种。播种时先将种子拌入 1∶10 的清洁细沙,在畦上开沟条播,行距 30 cm,沟深 0.5～1 cm,将种子均匀地撒入沟内,之后覆土 0.5 cm,稍镇压后浇水,再覆盖草帘或稻草等保湿。待小苗欲出土时在傍晚或多云的天气撤去覆盖物,培育 1 年即可移栽。

根茎繁殖:选取 2 年生以上的根茎,切成 10 ~ 15 cm 长的小段,按株距 30 cm、行距 25 cm 开穴,穴深 10 ~ 15 cm,穴口宽 15 cm,每穴平栽 2 ~ 3 个根段,覆土 10 cm,浇水。华北地区 3 月中旬、东北地区 4 月中旬栽培,30 d 左右陆续出苗。分株繁殖:在植株枯萎后或在春季萌动前,将根茎及根从株丛中挖出进行移栽。当罗布麻苗高达 5 ~ 6 cm 时中耕除草,每年 3 ~ 4 次,并根据土壤的含水量适时进行灌溉。在苗高 10 cm 时进行第一次追施氮肥 45 ~ 75 kg/hm²;6 月下旬至 7 月中旬进行第二次追肥,每公顷施磷肥 150 kg、钾肥 75 kg,然后浇 2 次水,7 月下旬停止施肥。罗布麻根茎的萌生能力强,每年可收割 2 ~ 3 次。

10.3.6　黄芩

【科属名称】　唇形科 Labiatae,黄芩属 Scutellaria L.

【形态特征】　多年生草本;根茎肥厚,肉质,棕褐色,伸长而分枝。茎基部伏地,上升,高 30 ~ 120 cm,钝四棱形,具细条纹,近无毛或微被柔毛,绿色或带紫色,自基部多分枝。单叶对生,叶坚纸质,披针形至线状披针形,全缘,上面暗绿色,下面色较淡,密被下陷的腺点;叶柄短,腹凹背凸,被微柔毛。总状花序顶生,于茎顶聚成圆锥花序;花梗与序轴均被微柔毛。花唇形,花冠紫色、紫红色至蓝色,外面密被具腺柔毛,内面在囊状膨大处被短柔毛;冠筒近丛部明显膝曲,冠檐 2 唇形,上唇盔状,先端微缺,下唇中裂片三角状卵圆形,两侧裂片向上唇靠合;雄蕊花丝扁平;花柱细长,先端锐尖,微裂;花盘环状;子房褐色,无毛。小坚果卵球形,黑褐色,具瘤,腹面近基部具果脐。花期 7—10 月,果期 8—10 月。

【生态学特性】　野生于山顶、山坡、林缘、路旁、草坡、撂荒地等向阳较干燥的地方。喜温暖,耐严寒,成年植株地下部分可忍受 -30 ℃ 低温。耐旱怕涝,地内积水或雨水过多,生长不良,重者烂根死亡。排水不良的土地不宜种植。以中性和微碱性的壤土和沙质壤土为好,忌连作。5—6 月为茎叶生长期,10 月地上部枯萎,翌年 4 月开始重新返青生长。

【水土保持功能及利用价值】　黄芩根系发达,能保持土壤;而且株丛基部伏地,地上部分生长较旺盛,可很好地覆盖地面,起到控制水土流失的功能。根茎为清凉性解热消炎药,对上呼吸道感染,急性胃肠炎等均有功效,少量服用有滋补健胃的作用。黄芩可治疗植物性神经的动脉硬化性高血压,以及神经系统的机能障碍,可消除高血压的头痛、失眠、胸闷等症,外用有抗生作用。因而,黄芩是优良的药用植物。此外茎秆可提制芳香油,也可代茶用。黄芩花紫红色至蓝色,花期长,可作蜜源植物,也可美化环境,是城市绿化的较好的植物材料。

【栽植培育技术】　种子繁殖和分根繁殖。繁殖时应选阳光充足、土层深厚、排水良好及地下水位较低的沙质壤土或腐殖质壤土栽培,也可种在幼果树行间等一切闲散土地。每公顷施厩肥 37 500 kg 加过磷酸钙 300 kg,黄芩为深根植物,要求深耕细耙,整平做畦,畦宽 120 cm,长短不限。

种子繁殖黄芩花期长达 3 个多月,种子成熟期很不一致,且极易脱落,需随熟随收,最后可连果枝剪下,晒干打下种子,去杂备用。在 15~18 ℃ 的温度下,湿度适宜,播种后约 11 d 出苗。播种采用条播,可春播也可秋播,春播于 4 月中旬,秋播于 8 月中旬。播前用 40~45 ℃ 温水浸泡种子 56 h,捞出置于 20~25 ℃ 条件下保温催芽,待大部分种子裂口时即可播种。条播时按行距 30~40 cm 开 2~3 cm 的浅沟,将种子均匀地撒入沟内,覆土盖平,镇压后浇水,每公顷播种量 7.5~11.25 kg,播种后经常保持土壤湿润,以利出苗。出苗前后都要保持土壤湿润,苗高 1 cm 时,结合松土除草按株距 2~3 cm 定苗,苗期生长缓慢,植株较小,要经常松土除草,保持畦内表土层松软无杂草。在 6 月底或 7 月初,每公顷追施过磷酸钙 300 kg 加硫酸铵 150 kg,在行间开沟施下,施后覆土,若干旱时浇水。如不收种子,为促使根部生长,可剪去花枝。第二年返青后和 6 月下旬各施追肥 1 次,其他管理同第一年。

分根繁殖在采收季节或春季,选择 2~3 年生黄芩健壮无病虫害的未发芽的植株,挖取根茎,剪去主根药用,将根茎按自然形状用刀劈开,按行株距 30 cm×20 cm 栽植。以早春栽苗成活率高。

10.3.7　山野豌豆

【科属名称】 蝶形花科 Papilionaceae,野豌豆属 *Vicia* L.

【形态特征】 根系强大,主根发达。2 年后主根入土达 2 m 以上,粗达 0.4~0.5 cm,80% 根系集中在 30 cm 以上土层中,主根生密集浅粉色根瘤;有根茎,每株主茎可水平生长 8~12 条根茎,每隔 4~5 cm,根茎向上形成新芽,发育成独立植株。茎匍匐,长 80~200 cm,株丛高度为 50~60 cm,茎粗 0.2~0.4 cm,能形成二次分枝。偶数羽状复叶,小叶因栽培条件和发育时期叶形变化很大,小叶 8~21 个,顶端圆钝有微凹,并有细尖,小叶面积 0.8~1.5 cm^2。总状花序,腋生,每花序有小花 10~40 朵,花紫色。荚果矩形,两端尖,棕色或深棕色,无毛,内含种子 2~4 粒。种子球形,黑褐色有花斑,直径 3.5~4 mm。千粒重 16~18 g。

【生态学特性】 山野豌豆具有适应性强、耐寒、耐旱、耐瘠薄、营养丰富、病虫害少的优良特性。

【水土保持功能及利用价值】 本草虽属中旱生植物,但成年植株抗旱性强。依靠强大的根系和根茎,吸收土壤下层水分,地面覆盖度大。减少表层水分蒸发,保持了土壤水分,表层土壤绝对含水量比苜蓿地高,同时茂密的茎叶也有效地防止大雨对土壤表面冲刷,减少土壤流失。所以,山野豌豆也是防风固沙、保持水土的良好植物。营养丰富、抗寒、耐旱,是优质牧草;花期长,花色鲜艳,是草坪、庭院美化的理想植物。该草不仅是优良水土保持植物,而且是优良牧草。

【栽植培育技术】 种子小,种皮坚硬,透水性差,硬实率高达 50%~70%,发芽率低,须进行处理。条播,行距 60 cm,播量 52.5~75 kg/hm²。该草一年可刈割 2 次,以花蕾期刈割为好。留茬高度 4~5 cm,过低影响再生。山野豌豆茎叶繁茂,产草量高。人工栽培山野豌豆,春、夏、秋均可播种。河北围场春播,采用腹麦、芥花作保护作物,也可以和老芒麦、无芒雀麦、披碱草、冰草等禾本科牧草混,既可改善牧草品质,也使细长茎蔓有了依附,减少地面郁闭,防止下部叶片脱落,从而提高了产量。还可以用茎枝扦插的方法进行无性繁殖。

种子成熟不一致,待大部分荚果呈黄褐色时及时收割,种子产量不高,结实不集中,每公顷收种子 1 200 kg,收获要及时,过晚易炸荚落粒。但也有硬实率高、匍匐性强等不良特性,给栽培、收获带来一定困难。但这属于野生习性,通过驯化选择、育种可以逐步改善某些不良特性。

10.3.8 麦冬

【科属名称】 百合科 Liliaceae,沿阶草属 *Ophitopogin* Ker-Gawl.

【形态特征】 须根较粗壮,根的顶端或中部常膨大成为纺锤状肉质小块根。叶丛生于基部,狭线形,叶缘粗糙,长 10~30 cm,宽因品种不同粗细有异。花茎常低于叶丛,稍弯垂,短小的总状花序,小花淡紫色,5—9 月开花。

【生态学特性】 喜温暖和湿润气候,稍耐寒,冬季-10 ℃的低温植株不会受冻害,但生长发育受到抑制,影响块根生长,在常年气温较低的山区或华北地区,虽亦能生长良好,但块根较小而少。宜稍荫蔽,在强烈阳光下,叶片发黄,对生长发育不利。但过于荫蔽,易引起地上部分徒长,对生长发育也不利。干旱和涝洼积水对麦冬生长发育都有显著的不良影响。宜土质疏松、肥沃、排水良好的壤土和沙质壤土,过沙和过黏的土壤,均不适于栽培麦冬。忌连作,需隔 3~4 年才能再种。

【水土保持功能及利用价值】 麦冬类植物,四季常绿,生态适应性广,我国各地资源丰富,阴处、阳地均能生长良好,繁殖又容易,是理想的观叶地面覆盖植物。麦冬类可片植、丛植,也可应用于街头绿地,尤其是植于古典庭园中的山石旁、石缝隙中、台阶两侧,起到较好的防护作用,因此,古时文人称它为"沿阶草"。

【栽植培育技术】 一般采用分株法繁殖,于 4 月上旬将母株挖起,切去块根后分植。也可播种育苗,于 10 月果熟时收下即播,约 50 d 可出苗,出苗率通常达 80%,1~2 年培育成大苗后即可用作地被。播种苗长势好,整齐繁茂。麦冬类植物抗性均强,既可生长在阳光下,也可在阴处生长,在阴湿处生长叶面有光泽。喜肥沃排水良好的土壤,但亦能耐瘠薄的土壤,在种植早期应增施肥料,可加快其生长,尽早覆盖地面。

10.3.9 萱草

【科属名称】 百合科 Liliaceae,萱草属 *Hemerocallis* L.

【形态特征】 宿根植物,株高 30 cm 左右。花高 50~60 cm,顶端生蝎尾状圆锥花序,有花 6~10 朵,花形喇叭状,高脚碟形,花被 6 片,在盛开时向外翻卷,花橘红色、浅黄色等,6—7 月开花。叶狭长剑形,斜展或拱形下弯,基部两列状。地下茎以分蘖方式分枝成丛生状。果椭圆形,成熟后自动开裂,10 月以后逐渐干枯。地下根茎宿存。

【生态学特性】 萱草耐干旱,除 5—7 月花葶抽生期过分干旱时注意灌溉外,一般不需浇水。

【水土保持功能及利用价值】 萱草叶柔软开展,覆盖面积大,花大且色彩艳丽,又较耐阴,宜于疏林地和林缘片植。它的盛花期较长,又是花卉淡季,可为庭园增添夏季色彩。又可丛植于岩石园及角隅处以增添雅致。

【栽植培育技术】 播种或分株繁殖。分株春秋均可进行,种植后 1 年即能开花,供分株用的植株应选用花期早、花葶花蕾多,无病虫的植株。母株挖起后,剪去根部枯残部分,稍阴干后贮放在冷凉之处。萱草种植后,一般 3~5 年分株,根深可达 30 cm。为促进萱草多开花,种植前土壤要进行翻耕,一般每穴施有机肥 1~1.5 kg,穴距一般 40~50 cm。1 年施 3 次追肥。3 月新叶萌动时,结合中耕除草,施催苗肥;5 月花葶抽生,可施重肥;6—7 月盛花期施追花肥,以利花后分蘖。

10.3.10 苦荬菜

【科属名称】 菊科 Compositae,莴苣属 *Lectuca* L.

【形态特征】 主根纺锤形,分叉,入土深达 2 m 多。茎直立,株高 1.5~3 m,上部多分枝,光滑;主茎粗 1~2 cm,个别达 3 cm。初期由短缩茎上长出大量基生叶,无明显叶柄,叶片大,长 30~60 cm,宽 2~8 cm;叶形变化大,全缘或齿裂至羽裂。北京地区 7 月抽茎,茎生叶较小,互生,基部多抱茎,长 10~25 cm。头状花序,生于枝顶,排列成圆锥状;舌状花,淡黄色,8 月上旬始花,开花自上而下,花期长,

30~40 d,甚至更长。瘦果,长约 6 mm,成熟呈紫黑色,扁平,其上有一束由萼退化而成的较长的白色绒毛。千粒重 1~1.5 g。根、茎、叶都布满乳汁管,折断即流出白色浆液。

【生态学特性】 该草适应性很强,喜温又抗寒,喜水肥怕涝,再生性强,抗病虫害。

当土壤温度5~6 ℃时,种子能发芽,15 ℃以上生长加快,25~35 ℃生长最快。幼苗可忍耐-2 ℃低温,成株晚秋遇-5~7 ℃低温,显微冻,午后能恢复正常。现蕾开花时抗寒性较差。对水分要求较多。水分充足生长快。但不抗涝,低洼积水或水淹易烂根死亡。在沙地上栽培一定要注意适时浇水,否则,易萎蔫,严重影响生长。对土壤要求不严。微酸、微碱土壤都可种植,但以排水良好的有机质多而肥沃的壤土上生长最好。不耐干旱和贫瘠,瘠薄型沙土上生长瘦弱。水肥充足能获得高产。施底肥,刈割后追施速效氮肥显著增产。再生性很强。抗病虫害能力强。较耐阴,可在果林行间种植。还能耐轻度盐碱。

【水土保持功能及利用价值】　苦荬菜适应性很强,喜温又抗寒,喜水肥怕涝,再生性强,抗病虫害,较耐阴,对土壤要求不严,具有一定的水土保持功能。

【栽植培育技术】　南方秋播越年生,北方春播1年生。种子小而轻,顶土力量小,故要求精细整地,水分适宜。水分不足应先浇水后播种。北方都是春播,3—6月均可播种,但宜早不宜晚。一般采用直播,多在土壤化冻后或顶凌播种,条播,行距30 cm,播深2~3 cm,播量11.25~15 kg/hm²,播后镇压。也可寄籽越冬,春天出苗早。也可育苗移栽,育苗要提前1个月,用阳畦、塑料薄膜覆盖育苗。4~5片真叶可移栽,能提早20~30 d收割利用。移栽可穴栽,每穴2~4株苗,行距25 cm,穴距15 cm,栽后浇水。南方也可秋播或夏季复种。为便于灌溉,适合畦作,一般畦宽2 m,长5~10 m。本草生长快,高产,需肥也比较多。充足的氮肥才能枝多、叶大、产量高。磷、钾不足易倒伏,生长慢;故应施足腐熟有机肥作底肥,每次刈割后应追施腐熟人粪尿和速效化肥,结合灌水,以补充消耗,促进再生。

本草适于密植,适当密植易获高产,过稀影响产量,易使茎干老化,适口性变差。直播通常不间苗,几株丛生一起也能生长良好,过密可适当疏苗。当株高达40~50 cm时,即可收割利用。以后每隔20~40 d再刈割一次,刈割要及时,使其保持在生理幼龄阶段,生活力旺盛,伤口愈合快。过晚刈割,粗纤维增加,茎基部老化,生活力降低,伤口愈合及再生都缓慢,影响产量质量。留茬高度也很重要。留茬太低(齐地面割)再生缓慢,留茬以4~5 cm为宜。最后一次应齐地面割。刈割以上午进行为好,刀口经日晒后很快愈合封闭,不会流汁液过多,有利于再生。一次刈割不能太多,堆积存放易发热变质,甚至产生亚硝酸,毒害畜禽。

10.3.11　小冠花

【科属名称】　蝶形花科Fabaceae,小冠花属 *Coronilla* L.

【形态特征】　多年生草本植物。根系发达,黄白色,主根和侧根都长有根瘤,根上有不定芽,可进行无性繁殖。茎直立或斜升、中空,具条棱,质地柔软,长90~150 cm,草丛高60~110 cm。奇数羽状复叶,互生,小叶9~25片,长圆形,先端圆形或微凹,基部楔形,全缘,光滑无毛,无柄或近无柄;托叶小,锥状。伞形花序,腋生,总花梗长15 cm,由14~22朵分两层呈环状紧密排列于花梗顶端;小花花冠蝶形,粉红色,后变为紫色。荚果细长指状,长2~8 cm,荚上有节3~13个(多数4~6节),每节内有1粒种子;种子成熟后节易脱落,种子红褐色,近柱形或棒状,种皮坚硬,多硬实,千粒重3.1~4.1 g。

【生态学特性】　小冠花适应性广,抗逆性强,抗寒、耐旱、耐瘠薄、又耐高温。对土壤要求不严,贫瘠坡地、盐碱地、房前屋后、路旁均可种植,其侧根和根蘖芽穿透力强,它可以在路面、矿区、在砾石地上发芽。小冠花耐盐性强,适于中性、偏碱性土壤,一般能在 pH 值 6 以上和盐分为0.5%的土壤环境中生长。

【水土保持功能及利用价值】　小冠花根系发达,根系主要分布在 15~40 cm 深的土层中,主根粗长,深可达 2 m,侧根横向分布达 2.5~3 m,分布面积可达 24 m²,其强大根系具有固土保水作用。小冠花具根蘖特性,发枝性强,枝叶繁茂,覆盖度大,其单株覆盖面积 4~8 m²,既能防旱保墒、抑制杂草、压盐,又能护堤、护坡,防止水土流失,因而是优良的水土保持、小流域治理及护坡植物。在西北黄土高原丘陵沟壑区可防止水土流失;在公路、铁路两旁种植,可减少冲刷,保护路基;在河堤、渠道旁种植,可护坡保堤;在开采矿区可防止土壤侵蚀,因而宜在水土流失区推广种植。小冠花多根瘤,固氮能力强,是很好的果园覆盖植物和绿肥作物,加入草田轮作,改土肥田增产效果显著。小冠花花期长达 5 个月,蜜腺发达,也是很好的蜜源植物;其花多而鲜艳,枝叶茂盛,又可作美化庭院、净化环境的观赏植物。在沙区种植可以防风固沙、减少风沙危害;在盐碱地上可减少水分蒸发,抑制盐分上升,收到改良盐碱地的作用。粗老茎秆是群众的燃料来源。

【栽植培育技术】　直播:播前要精细整地,施底肥;种子多用热水、浓硫酸浸种或擦破种皮的方式处理以提高发芽率。早春和雨季均可播种,条播、撒播或穴播均可,行距1 m,覆土深度 1~2 cm。条播播种量 3.75~5.25 kg/hm²,穴播播量为 0.12~0.16 kg/hm²。初次种植小冠花的土地还应进行根瘤菌接种。播后注意苗期要勤中耕除草,移栽后还要及时灌水 1~2 次,中耕松土 2~3 次,当植株封垄后可粗放管理。第二年后,如果植株过密,可隔行或隔株挖去部分植株,以促进开花、结实。多变小冠花产草量高,再生性能好,每年可刈割 4~5 次,刈割留茬高度不宜低于 10 cm。

根栽:在春季土地开始解冻时或雨季,截取 10~15 cm(含 4~5 个根蘖芽)的鲜根,按1 m×1 m 的距离斜插埋入 4~6 cm 土中,然后镇压并浇水 1 次。每公顷用根量 15 kg。地冻前也可将根寄植在 6~9 cm 深的土层中,压实并盖以枯草,翌春能提前萌发。

分株繁殖:挖取每株根茎周围萌发的新根苗进行移栽。此法较种子直播生长快,成活率高,易全苗。春、夏、秋季均可移栽。

枝条扦插:选取生长健壮的母株枝条,割取枝条并切成 15~20 cm(含 4~5 个节)的小段作插穗,斜插入土中,地上露出 1~2 个节,浇水压实或在雨季扦插,经 15~20 d 就可生根长出新苗。一单株可截取 500~800 个插条。为提高插条成活率,最好于现蕾前或收籽后制取插条,并选择枝条中部以上部分作插条。

10.3.12　异穗苔草

【科属名称】　莎草科 Cyperaceae,苔草属 *Carex* L.

【形态特征】　多年生草坪植物,具有横走的细长根状茎。秆棱柱形,纤细。叶片从基部生出,短于秆,宽 2~3 mm,基部具褐色叶鞘。夏秋间抽穗开花,穗状花序卵形,具有小穗 3~4 个,上部 1~2 枚为雄性,其余为雌花,狭圆柱形。果囊卵形至椭圆形,膨大三棱形,橙黄色后变褐色。小坚果倒卵形,长 2.5~3 mm。

【生态学特性】　异穗苔草喜冷凉气候,耐寒能力很强,耐阴能力特别强,在郁闭度达 80% 的乔木下仍能生长正常,而且叶片色泽浓绿,观赏效果好。在建筑物背阴处,它也能生长得十分茂盛。能耐盐碱土,在含有氯化钠 1%~1.3%、pH 值 7.5 的土壤上仍能生长,沙土、壤土、黏土都能适应。它不耐低剪,剪得太低会使其绿化效果逊色,不耐践踏,踩踏后不易再生。

【水土保持功能及利用价值】　异穗苔草常作为封闭式草坪广泛栽培应用,并把它栽植于乔木之下、建筑物背阴处以及花坛、花径的边缘,受到人们的喜爱。它也是阴湿处的优良护坡保土地被植物,栽植在河边、湖坡、池旁十分理想。它的茎叶柔软,含有丰富的营养成分和充足的水分,牲畜适口喜吃,一般可作放牧地及饲料加以利用。

【栽植培育技术】　异穗苔草繁殖大都采用栽植根状茎等营养繁殖方法,此法形成草坪迅速,获得绿化效果容易。栽植季节 4—9 月。移栽草苗后应及时喷灌水分及拔除杂草,它对水分的要求迫切,水分充足生长就茂盛,水分不足则生长缓慢。它容易向上生长,成形草坪必须定期进行剪草,一般不让其超过 15 cm,剪草高度不宜过低,以离地面 6~8 cm 为佳。异穗苔草也可采用播种方法繁殖。它的种子采收应注意掌握时机,过早种子不成熟,过迟种子易落粒。播种前应把种子装袋放在自来水处冲洗,洗去种子外层的物质,一般需要冲洗 4 d,即 96 h,也可采用浸泡方法。冲洗后应摊开晾干,然后掺细沙播种。处理过的种子可以提早出苗,还可提高出苗率 50%。播种量为 6~8 g/m²。播种春、秋两季均可进行。异穗苔草养护管理期间除了定期喷水和拔除杂草外,生长期内应适当喷施尿素或硫酸铵等氮肥,以促进其叶色美观。缺乏氮肥时叶片常呈黄绿色,影响绿化效果。

10.3.13　白颖苔草

【科属名称】　莎草科 Cyperaceae,苔草属 Carex L.

【形态特征】　多年生草坪植物,具细长横走根状茎,秆基部黑褐色。叶片短,秆呈棱形,长 5~1.5 cm,宽 0.5~1.5 mm,叶色浓绿,属于细叶草类。穗状花序,卵形或矩圆形,小穗 5~8 个,密生,卵形或宽卵形长 5~8 mm,雌雄同序。坚果,宽椭圆形,长约 2.5 mm。一般 3 月初返青,11 月下旬进入休眠期,全年绿色期 260~270 d。

【生态学特性】　白颖苔草喜冷凉气候。耐寒能力较强,在 -25 ℃ 低温条件下能顺利越冬。耐干旱能力亦强,在干旱平地、小丘陵、山坡上都能生长。它亦耐瘠薄,在贫瘠的荒废地及路边土壤上都能生长,但在肥沃湿润的土壤上生长最佳。它的耐阴能力属于中等,它的耐低剪能力优于异穗苔草,因此可形成人们喜爱观赏、价值较高的草坪。它的耐践踏性不如野牛草和结缕草。它不耐炎热高温,在入夏抽穗开花后草色很差,直到9月气温凉爽方能重新恢复生机。

【水土保持功能及利用价值】　由于白颖苔草叶绿、纤细,且外形整齐美观,因此园林部门以及绿化单位多用它作观赏和装饰性草坪,又可用作人流量不多的公园、庭园、街道绿地、花坛四周、喷泉外圈等绿化材料。由于它春季返青比其他草早,茎叶适口,因此,在我国北方地区,常用它作为早春牛、羊等牲畜的放牧地。

【栽植培育技术】　白颖苔草常采用播种及营养繁殖两种方法。它的种子为小坚果,坚果的外层具有不透气、不透水的特性,播前坚果必须进行处理。处理的方法是把种子装入布袋或麻袋内,捆紧袋口挂在自来水龙头下面,用水直接冲洗种子,一般冲洗 4 d,即 96 h 后取下,摊在地上晾干,然后拌入细沙播种,发芽率可以提高 50% 左右。播种量为 7~10 g/m²,春秋两季均可进行播种。出苗后幼苗生长缓慢,应及时松土清除杂草。营养繁殖可采用铺种草块及栽植根状茎等,不管哪种方法,栽后均必须勤灌溉、勤除杂草,方能使新建草坪逐渐成长起来。经常喷水和适当喷施尿素氮肥,可使草坪植物叶色保持浓绿。一般从 4 月开始,定期进行剪草,以便控制生殖枝的萌出及高度,通常剪草留草高度以 3~4 cm 为宜。

10.3.14　马蔺

【科属名称】　鸢尾科 Iridaceae,鸢尾属 *Iris* L.

【形态特征】　多年生草本,地下根茎粗短,根簇生,细而坚韧,根茎基部具棕褐色纤维状老叶鞘。叶簇生,狭线形,先端渐尖,长 30~40 cm,宽 8 mm,多少扭转。花茎长,近上端有 3 片对折叶状苞片。花蓝色,1~3 朵,花被 6 片,外 3 片向外下垂,中部有黄色纹,内 3 片直立。蒴果室背开裂,种子多数,红褐色。花期 4 月,果熟 6—7 月。

【生态学特性】　马蔺是一种耐重盐碱的植物,其种子在含盐量 0.44% 条件下正常发芽;含盐量 0.51% 时,发芽率明显下降,含盐量达 0.75% 丧失发芽能力。萌发后的幼苗在土壤含盐量达 0.27%、pH 值达 7.9~8.8 的条件下仍能正常生长并开花结实,是难得的盐碱地绿化和改良的好材料。

【水土保持功能及利用价值】　马蔺适应性广,抗逆性强。马蔺的抗盐碱性和抗寒、抗旱能力已使其成为荒漠草原和盐生草甸的主要植被,也比较适合干燥、土壤沙化地区的水土保持和盐碱地的绿化改造。马蔺顽强的生命力及其耐粗放管理,使其非常适合我国北方和西部的城乡绿化以及水土保持,在绿地、道路两侧、绿化隔离带现应用也较多,其市场应用前景也非常广阔。

【栽植培育技术】 马蔺既可种子繁殖,又可分株繁殖。播种繁殖在春季、夏季和秋季均可进行。播种前先对种子进行浸种,一般可用 30~40 ℃的温水浸泡 24 h,可缩短种子出苗期,种子发芽的适宜温度范围在 15~30 ℃,在适宜的土壤水分、温度条件下播种约 25 d 开始萌动发芽,35 d 开始破土出苗,播种量一般每亩 4~5 kg,马蔺播种当年就可形成繁茂的植被,春播当年可分蘖,第三年开花,并可结实。若用成株进行分株繁殖,在春季花后、夏季、秋季均可进行,分根成活率很高,一般每隔 2~4 年进行一次,新苗生长迅速,管理也较粗放。

10.3.15 宽叶景天

【科属名称】 景天科 Crassulaceae,景天属 *Sedum* L.

【形态特征】 多年生草本,根如胡萝卜,肉质。茎高 20~40 cm,全株有时被微乳头状突起。叶对生,或有时互生或 3 叶轮生,倒卵形至匙形,长 4~5 cm,宽 2~2.5 cm,顶端圆钝,基部狭楔形,边缘上部有疏锯齿。花序聚伞状;花紧密;萼片呈条形,长 3~4 mm,顶端钝;花瓣呈黄色,椭圆状披针形,长 6~6.5 mm,顶端渐尖;雄蕊长 4~5 mm;鳞片细小,近四方形;蓇葖上部成星芒状横展,腹面隆起。

【生态学特性】 耐寒、耐旱,适合露地、保护地栽培,以选择排水良好的沙质肥沃中性土壤最佳。

【水土保持功能及利用价值】 宽叶景天耐寒耐旱,广泛用于园林绿化,丛植、造型片植,与其他植物组成色块或点缀于草坪,效果更好,也可用来做花镜背景材料。在北方干旱少雨地区常用于公路两侧及中央隔离带绿化。管理粗放,植被覆盖和植物景观效果较好。

【栽植培育技术】 栽培地要选择阳光充足,排水条件良好,含有腐殖质稍多的沙土或沙质壤土。土壤的 pH 为中性或偏酸性,土层稍厚。选地后深翻 30~40 cm,然后打碎耙平着坡向作成高畦。畦高 15~25 cm,畦宽 1~1.2 m,将畦面耙平、耙细以备播种。种子繁殖多采用先集中育苗然后移栽,育苗播种的时间春秋两季均可,室外育苗宜秋播,9 月下旬至 10 月中旬;温室或塑料大棚育苗可在春季播种,3 月下旬至 4 月中旬播种。播种量一般为 2~3 g/m²,覆土 0.2~0.3 cm,浇透水,加强苗后管理。1 年后进行移栽。根茎繁殖可采用宽叶红景天,先切大根茎下部较大的根,除去泥土。将根茎剪成 3~5 cm 长的根茎段。阴凉通风处 1~2 d,使伤口表面愈合。以秋栽为宜,栽植时间为 9—10 月,栽时先开沟,沟深 10~15 cm,行距 20~25 cm,覆土 6~10 cm,稍加镇压。用种子繁殖的幼苗,要经常保持土壤湿润,干旱时及时浇水;生长过程中较耐干旱,注意排水,防止积水。苗期施少量追肥,以促进幼苗快速生长,在有条件情况下可施少量有机肥作基肥。

10.3.16 华北景天

【科属名称】 景天科 Crassulaceae,景天属 Sedum L.

【形态特征】 根块状,其上常生有似胡萝卜的小块根。茎多数,倾斜,高 10~15 cm,不分枝,着叶多。叶互生,肉质,条状倒披针形至倒披针形,长 1~3 cm,宽 3~7 mm,顶端渐尖,基部渐狭,边缘有疏牙齿或深而狭的浅裂,几无柄。伞房花序,直径约3 cm;花紧密,花梗较花长;萼片 5 片,披针形,长 3~4 mm;花瓣 5 片,浅红色,卵状披针形,长约 5 mm,开展;雄蕊 10 枚,较花瓣短,花丝白色,花药紫色;鳞片正方形,微小;心皮 5,卵状披针形,花柱直立。

【生态学特性】 喜温暖,阳光充足,通风环境,耐干旱。

【水土保持功能及利用价值】 华北景天耐干旱,花期长,可广泛用于园林绿化,一般丛植、造型片植。若点缀于草坪,效果更好。也可用来做花镜背景材料。在北方干旱少雨地区常用于公路两侧及中央隔离带绿化,管理粗放,植被覆盖和植物景观效果较好。

【栽植培育技术】 用不定芽或扦插繁殖,在每年春季花期后,结合修枝进行插枝繁殖。

10.3.17 雏菊

【科属名称】 菊科 Compositae,雏菊属 Bellis L.

【形态特征】 1、2 年生栽培。植株低矮,叶基呈匙形,叶镶嵌明显,叶均塌地而生。头状花序,外围为舌状花,中心为管状花瓣,花梗长 10~15 cm,花色有白、粉红、深红等色,每株可抽花序 10 余个。花期3—6月。

【生态学特性】 喜光植物,生性强健,生长快速,植株低矮,叶基呈匙形,叶镶嵌明显,叶均塌地而生。

【水土保持功能及利用价值】 雏菊是典型的矮化密集型花卉,从早春至初夏既是布置毛毡花坛的优良花卉材料,更是观花地被的优良品种。雏菊可群植于草坪一角、道路两侧,各色雏菊也可自成花境。

【栽植培育技术】 采用播种法繁殖,一般于 9 月初播于苗床,11 月后移雏菊耐寒,一般在华东地区冬季绿叶覆盖土面,露地栽花坛或片植于树坛等处。越冬。单株抽花序多。喜肥沃土壤,栽培地需多施稀薄氮肥,生长季节每半月施肥 1 次。雏菊种子在春夏之交成熟,如不及时采收,则种子易霉烂,因此,应抓紧晴天采收种子。雏菊留种应选择优良植株,以防止品种退化。

10.3.18　藿香蓟

【科属名称】　菊科 Compositae,藿香蓟属 Agerarum L.

【形态特征】　丛生状,全株被白色柔毛,有臭味。叶互生,卵形至圆形,边缘有钝圆锯齿。头状花序,聚伞状着生于枝顶,小花筒状,淡紫色、浅蓝色或白色等。瘦果具冠毛。花期 7—10 月。

【生态学特性】　喜光植物,生性强健,生长快速,几乎全年开花。一年生草本,高 30~60 cm,全株披粗毛,具特殊气味;叶阔披针形,先端尖,不规则锯齿缘,互生;花为顶生头状花序,紫蓝色;蒴果黑色。

【水土保持功能及利用价值】　植株覆盖效果较好,花朵繁茂,花期长,色彩淡雅,能耐半荫,是良好的园林观花地被。藿香蓟有高、矮不同的类型,高的可作花境材料,矮种可布置花坛。全草还是药用植物。

【栽植培育技术】　通常春季播种,约 2 周可发芽,出苗率高。亦可于冬春在室内,采用扦插法繁殖。藿香蓟不耐寒,喜温暖气候,要求阳光充足,在酷暑时生长受到抑制。适应性强,能大量自播繁殖,分株能力强,也耐修剪。植株伏倒后,着地处能够生根。种植株行距离一般为 20 cm。

10.3.19　金盏菊

【科属名称】　菊科 Compositae,金盏菊属 Calendula L.

【形态特征】　2 年生栽培。株高 20~30 cm,叶互生,长条匙形,早春开花前叶密生于基部,开花后,花莛上长出稀疏的叶片。头状花序,圆盘形,如婷婷玉立的灯盏,金黄色或橘黄色,花茎 5~10 cm,花期 4—6 月,有单瓣、重瓣两种类型。

【生态学特性】　喜阳光充足,亦稍耐阴。对土壤要求不严。

【水土保持功能及利用价值】　金盏菊植株低矮整齐,花色艳丽,花期长,适应性强,管理粗放,是理想的观花地被。可直播于林缘、草地边、路边等处,亦可点缀岩石园,颇具风趣。

【栽植培育技术】　采用播种法于 9 月播种,1 周后即出苗。金盏菊耐寒,又耐瘠薄土壤。在华东地区冬季绿叶覆盖地面,早春一片金色花朵,若提早于 8 月播种,开花可提前至 12 月份。初夏花期结束,从基部将花莛剪去,秋天还会再开花。金盏菊花期长,开花多,应注意增施追肥。为了提高品种质量,开花时应注意选留花大色优的重瓣品种,作为留种的母株。

10.3.20　孔雀草

【科属名称】　菊科 Compositae,万寿菊属 Tagetes L.

【形态特征】 茎直立,自基部分枝,分枝斜开展,或密丛状。羽状叶深裂,裂片披针形,边缘具锯齿,齿端常具长细芒,齿基部具油腺。花梗自叶腋间抽出,顶端头状花序单生,舌状花金黄色或橙黄色,带红斑,舌片近圆形。瘦果黑色,线条形。植株高 30~50 cm,花期 7—9 月,果熟期为 9—10 月。

【生态学特性】 孔雀草性喜阳光,但在半荫处亦能开花。植株易倒伏铺地,迅速覆盖地面。耐移植,栽培容易,适应性强,一般园土均能生长,管理粗放。花大色艳,植株较矮,花期长,耐旱,最宜作花坛边缘材料或花丛、花境等栽植,也可盆栽观赏。

【水土保持功能及利用价值】 枝叶和花都有良好的覆盖效果,是理想的观花地被植物材料。可用作花坛或路边条行栽植,草坪边缘亦可种植。

【栽植培育技术】 播种与扦插均可。一般在 3 月下旬至 4 月下旬直播,也可先播于苗床,待苗长至 5 cm 高时移栽 1 次,长至 7~8 叶片时即可定植。扦插可在 6—7 月进行,取长 10 cm 左右的嫩枝作插穗。

10.3.21 玉帘

【科属名称】 石蒜科 Amaryllidaceae,葱兰属 *Zephyranthes* Herb.

【形态特征】 具鳞茎,长卵圆形。株高 15~20 cm,叶基生,肉质线形,暗绿色,叶倾斜直立,叶长 20 cm 左右。花葶中空,单生,花被 6 片,白色,椭圆状披针形,花径 3~4 cm,花期 7—9 月,气候适宜时,花可开至 11 月。蒴果,籽黑色。

【生态学特性】 玉帘地下鳞茎似晚香玉或独头蒜的鳞茎。叶片肉质线形,暗绿色。株高 30~40 cm。花梗短,花茎中空,单生,花被 6 片,花冠直径 4~5 cm,花瓣长椭圆形至披针形。

【水土保持功能及利用价值】 玉帘植株低矮整齐,花朵洁白可爱,花期长,冬季叶暗绿。除成片栽植外,还可沿路边行栽,也可与韭莲混栽,效果令人眩目。

【栽植培育技术】 一般采用分株方法,于春季分栽子球,3~4 株栽于一穴,当年即可开花。玉帘喜光亦耐阴,适应性强,在肥沃的土壤中生长繁茂,几年后才需更新分栽,且可年年开花。养护管理粗放,耐寒性较强。

10.3.22 马蹄金

【科属名称】 旋花科 Convolvulaceae,马蹄金属 *Dichondra* J.R.et G.Forst.

【形态特征】 多年生草本植物,植株低矮,须根发达,具较多的匍匐茎,能节间着地生根,全株仅高 5~15 cm。叶片扁平,基生于根部,具细长叶柄,肾形,外形大小不等,表面无毛,直径仅 1~3 cm。夏秋开花,虽有种子,但结实率不高。

【生态学特性】 马蹄金喜光及温暖湿润气候。对土壤要求不严,但在肥沃之处,生

长茂盛。它能耐一定的低温,华东地区栽培,在-8 ℃的低温条件下,仅发现草层上部的部分叶片表面变褐色,但仍能安全越冬。它又能耐一定的炎热及高温,在42 ℃的气温下仍能安全越过夏季。马蹄金亦能耐干旱,在土壤含水量仅为4.8%时,叶片出现垂萎的情况下,一旦进行浇水养护,约1周后,垂萎的叶片又会重新恢复正常生长。它的耐践踏性,比中华结缕草和马尼拉结缕草强。总之,马蹄金在长江流域以南栽培尚佳,一般情况下尚能适应。

【水土保持功能及利用价值】　马蹄金草层低矮,植丛密集,侵占力极强,杂草较少,一旦形成新草坪,养护管理粗放,因此各地多应用于小面积花坛、花径及山石园作观赏草坪栽培甚受人们喜爱。亦可用它布置庭园绿地及小型活动场地。马蹄金在国外通常用作优良地被绿化材料或固土护坡植物栽培。

【栽植培育技术】　马蹄金虽可采用种子播种繁殖,但实际在生产中,主要是用它的匍匐茎来繁殖。用匍匐茎繁殖时,畦面仅需作常规整地,通常采用1:8的比例分栽,如繁殖地杂草较多,则宜缩小分植比例和系数,使马蹄金尽早全面覆盖地面,抑制杂草生长。分栽时用手把草皮块撕成5 cm×5 cm大小的小草块,贴在地面上,稍覆土压紧,随即进行灌溉浇水即可。如按1:8比例分栽,一般经过2~3个月的夏季生长期,即可全面覆盖地面,春、秋两季分栽草块,生长期略长于夏季旺盛生长期。

马蹄金匍匐茎在保湿条件下,生长迅速,侵占能力很强,这就决定了它的耐粗放管理特点。但在新栽草块没有全面覆盖地面期间,必须挑除杂草2~3遍,这是繁殖马蹄金的关键,也是最花费人工的工作,挑除杂草越早进行越省工。

马蹄金性喜氮肥,平时结合灌溉或利用雨天,适量增施尿素化肥,每亩用量2.5 kg左右。干旱时应注意保持土壤湿润,则有利于马蹄金的生长。马蹄金草皮栽培2~3年后,通常由于它的地下根茎密集在一起,容易造成土壤板结,影响透气和渗水,可视情况进行刺孔,增加疏松度。同时增加肥土,适当浇水,使草根恢复活力。亦可采用刀片划线切割草根,使土层疏松透气性能恢复。马蹄金抗病虫害能力亦较强,仅发现有轻度的叶点霉和立枯丝核菌发生,虫害方面有斜纹夜蛾、蜗牛等轻度危害。

10.3.23　费菜

【科属名称】　景天科 Crassulaceae,景天属 *Sedum* L.

【形态特征】　多年生草本,茎高20~50 cm,直立,不分枝。叶互生,长披针形至倒披针形,长5~8 cm,宽1.7~2 cm,顶端渐尖,基部楔形,边缘有不整齐的锯齿,几无柄。聚伞花序,分枝平展;花密生;萼片条形,不等长,长3~5 mm,顶端钝;花瓣黄色,椭圆状披针形,长6~10 mm;雄蕊较花瓣为短;心皮卵状矩圆形,基部合生,腹面有囊状突起。蓇葖果成星芒

状排列,又开几乎水平排列。

【生态学特性】 费菜耐寒、耐旱,适合露地、保护地栽培,以选择排水良好的沙质肥沃中性土壤最佳。

【水土保持功能及利用价值】 费菜耐干旱、耐寒,花期长,可广泛用于园林绿化,一般丛植、造型片植,与其他彩叶地被组成色块。若点缀于草坪,效果更好。也可用来做花镜背景材料。全草药用。本种分布广阔,叶大小变异很大。

【栽植培育技术】 播种育苗:定植前每亩施有机肥 3 000 kg 及多元素复混肥 50 kg,深耕细耙,整成 2~2.5 m 宽畦面。播种定植可采用扦插育苗或播种育苗。播种育苗每 100 m² 用种子 50 g,可供 1 亩地用苗,播期 3 月底至 4 月初,120 d 左右即可移栽定植。

扦插育苗:剪取 8~15 cm 枝条,去掉基部叶片,扦插入土 3~5 cm,浇透水,20~30 d 即可移栽定植,也可按定植密度直接扦插,定植密度为行距 25 cm,穴距 15 cm,每穴 2~3 株。田间管理当嫩枝生长至 20 cm、茎粗 0.6 cm 左右时即可采收。每收割一次后,结合浇水每亩施尿素 5 kg,磷酸二氢钾 2 kg,并经常保持土壤湿润。

病虫害防治:费菜表面有蜡质,病害较少,注意防治蚜虫,发现后可用低残留农药喷洒 1~2 次。

10.3.24　二月蓝

【科属名称】 十字花科 Cruciferae,诸葛菜属 *Orychophragmus* Bge.

【形态特征】 高可达 30~50 cm。下部叶近圆形,有叶柄,而上部叶则生于花莛上,近三角形,抱茎而生。总状花序顶生,小花十字形,蓝紫色,2 月下旬起陆续开花直至 5 月中旬。角果,种子褐色,成熟后易开裂,自行落地。

【生态学特性】 耐寒性、耐阴性较强,有一定散射光即能正常生长、开花、结实。对土壤要求不严。

【水土保持功能及利用价值】 二月蓝是冬季和早春的优良地被种类,宜栽于林下、林缘、住宅小区、高架桥下、山坡或草地边缘。可在公园、林缘、城市街道、高速公路或铁路两侧的绿化带,适于片植或丛植,也可配植在草坪的一角,又适合于路边栽种,山石园的石旁亦可丛栽,可增添田野风光。

【栽植培育技术】 播种繁殖:因其有自播能力,一次播种后,不需年年播种。二月蓝极耐寒,秋天它的叶片就长成 5 cm 大小的苗,以此越冬,早春大地复苏后迅速抽出花莛,开蓝色的小花。二月蓝喜光亦耐阴,无须特殊管理,仅在秋季播种时如遇干旱,则须浇透水分,否则冬季叶小苗弱,影响第二年抽薹,且低矮花少。二月蓝不耐踩踏、栽培地应以封闭管理为好。

10.3.25　香根草

【科属名称】 禾本科 Gramineae,岩兰草属 *Vetiveria* Bory.

【形态特征】 多年生草本植物,株丛紧密、丛生、无芒、坚韧、叶面平滑。香根草不能授粉,也不能结籽,无根茎,无匍匐茎,依靠根段和截枝无性繁殖。根呈网状、海绵状须根,上面着生 0.5~1.5 m 高的直立中空茎。叶剑形,较硬,狭长,长约 75 cm,宽 8 mm 以下,光滑,边缘有锯齿状凸起,花为圆锥花序,周长 15～30 cm,细尖紧密,无芒,异性同株,两侧对称扁平,3 枚雄蕊,两枚柱头,小穗和雄蕊由小花梗连接。

【生态学特性】　香根草能适应各类土壤条件,在非常贫瘠、紧实、强酸(pH 值 4)、强碱(pH 值 11)、甚至具有重金属毒害的土壤上都能生长。香根草网状根系发达,耐火、耐旱、耐涝,对病虫害抵抗力强,其根内所含挥发性芳香油可驱赶鼠类及其他有害动物。香根草不能传粉受精,只能无性繁殖,不会给农田形成杂草。多年生草本植物,一旦形成篱笆后,几年内不需要维护。

【水土保持功能及利用价值】　香根草是撂荒地的先锋植物,具有较强的水土保持功能。沿等高线植香根草在保护土壤、保持土壤肥力,拦蓄径流方面有很好的效果。香根草只要种植成 50 cm 宽的长带即可有效控制径流冲刷。在非灌溉地区农用坡地使用等高耕做法,并在小块地经营地采用香根草篱笆,形成生物拦挡屏障,从而使整个山坡防止侵蚀。香根草还能起到对污水与富营养化水体的净化。还可以用作饲料、造纸原料、绿肥、培养基以及制造工艺品等。

【栽植培育技术】　香根草具有发达的根系,必须用锹或铲挖出,切忌用手拔出。栽植时将一簇秧苗从根到茎分成若干小簇,地上部分留 20 cm,其余剪去,以减少蒸发,防止枯干,创造一个更好的成活机会,根部留 8～10 cm,而后种植。苗圃地最好选择在水坝或水沟附近,草行横过水流,这里水灌溉了草,同时草拦蓄了泥沙。

10.3.26　百脉根

【科属名称】　蝶形花科 Papilionaceae,百脉根属 *Lotus* L.

【形态特征】　主根强壮、深长,圆锥形,侧根发达。茎枝丛生,细弱,直立或斜生,茎长为 60～90 cm,幼时疏被长柔毛。奇数羽状复叶,2 个小叶生于叶轴基部,似托叶,卵形或卵圆形,长 3～20 mm,宽 3～12 mm,先端锐尖,全缘,无毛,称为"五叶草"。顶生伞形花序,有小花 4～8 朵;花黄色,蝶形花冠,长 1～1.3 cm。荚果圆柱形,角状,状似鸟趾,又称"鸟趾豆"。果长 2.5～3.2 cm,干后褐色,每荚有种子 10～15 粒。种子小,近肾形,呈棕色。千粒重 1～1.2 g。

【生态学特性】　喜温暖湿润气候。根系强大,入土深,有较强抗旱能力。不耐长期积水,要求排水良好。有很强生态可塑性,适应多种生境条件。在世界广泛分布,可与其他禾本科牧草、豆科牧草组成良好混播草地,能在瘠薄土壤、微酸、微碱土壤及干旱地区生长,土壤 pH 值以 6.2～6.5 较好。种子成熟后,茎叶仍保持嫩绿色。该草中等寿命,可利用 5 年左右。在北京地区,春播。6 月上旬开花,下旬结荚,7 月上旬种子成熟,11 月中旬枯黄,翌年 4 月中旬返青,5 月中旬开花,6—7 月盛花至 8 月,花期长达 3 个月,边开花,边结荚,荚成熟不一致。植株较矮小,茎半匍匐,从根颈发生的枝数较少,但分枝旺盛,花期草丛高 40~60 cm,北方夏季炎热时,生长良好。

【水土保持功能及利用价值】 百脉根根系强大,入土深,能够有效固持表土;有较强抗旱能力,耐瘠薄,是优良的先锋植物;茎叶繁茂,覆盖度大,能够有效防止水土流失。花朵艳丽,花期长,景观好,草丛低,耐刈割,是理想的城市绿化和水土保持植物。适宜在庭院、绿地中央、道路两旁、河堤两岸种植,是绿化美化与饲用相结合最佳的草种。百脉根草质柔软,适口性好,营养价值高,经常作为放牧利用,且耐牧,放牧期长。夏季草丛不衰败,各种家畜均喜食,可作为牛、羊、猪、禽、兔、鹿等动物的优质饲草。

【栽植培育技术】 种子小,幼苗生长慢,易受其他杂草抑制。因此,要求整地精细,创造良好的幼苗生长条件。种子硬实率高,需进行种子处理。春播、夏播、秋播均可,但较宜秋播。播前要用相应的根瘤菌拌种。播种量为 6.0~11.25 kg/hm²,播深 1 cm。播前施足底肥。有越冬问题的地区,播种不能过晚。可以和无芒雀麦、鸭茅、黑麦草等禾本科牧草混播,组成良好的放牧场或打草场。用茎扦插也可生根成活。结实性好,但结实期长,成熟不一致,熟后易爆裂,收种困难。好种子田,收种子可达 150 kg/hm² 左右。

我国北方一般刈割 2~3 次,江苏可收 5 次。一般在初花期刈割为好,留茬高度 8~10 cm。为异花授粉,设置蜂群有利结实。根腐病为主要病害,还有菌核病、叶锈病等。

10.3.27 籽粒苋

【科属名称】 苋科 Amaranthceae,苋属 *Amaranthus* L.

【形态特征】 株高多 2~3 m,最高超过 3.5 m。根系发达。茎直立、粗壮,一般茎粗 2~3 cm,最粗可超过 5 cm,茎光滑,具沟棱,植株绿色或红色。单叶,互生,具长柄,全缘,网状脉,叶片长椭圆形、卵圆形或披针形,大小悬殊。花极小,单性,雌雄同株,每朵花有 1 个苞片和 5 个萼片,苞片比萼片长,顶端有短芒;大型圆锥花序腋生和顶生,由多数穗状花序组成,直立,长达 60~120 cm,花簇在花序上排列很密。胞果,卵形,盖裂。种子细小,扁圆形,有白色、黄白色、黑色,黑色种子有光泽。千粒重 0.5~1.2 g。

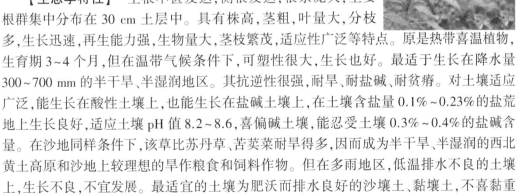

【生态学特性】 主根不甚发达,侧根发达,根系庞大,主要根群集中分布在 30 cm 土层中。具有株高,茎粗,叶量大,分枝多,生长迅速,再生能力强,生物量大,茎枝繁茂,适应性广泛等特点。原是热带喜温植物,生育期 3~4 个月,但在温带气候条件下,可塑性很大,生长也好。最适于生长在降水量 300~700 mm 的半干旱、半湿润地区。其抗逆性很强,耐旱、耐盐碱、耐贫瘠。对土壤适应广泛,能生长在酸性土壤上,也能生长在盐碱土壤上,在土壤含盐量 0.1%~0.23% 的盐荒地上生长良好,适应土壤 pH 值 8.2~8.6,喜偏碱土壤,能忍受土壤 0.3%~0.4% 的盐碱含量。在沙地同样条件下,该草比苏丹草、苦荬菜耐旱得多,因而成为半干旱、半湿润的西北黄土高原和沙地上较理想的旱作粮食和饲料作物。但在多雨地区,低温排水不良的土壤上,生长不良,不宜发展。最适宜的土壤为肥沃而排水良好的沙壤土、黏壤土,不喜黏重土壤。

【水土保持功能及利用价值】 籽粒苋侧根发达,根系庞大,主要根群集中分布在

30 cm 土层中,能够有效地固持表土;叶量大,分枝多,生长迅速,再生能力强,生物量大,茎枝繁茂,能够快速实现地表覆盖,防止水土流失;其抗逆性很强,耐旱、耐盐碱、耐贫瘠,对土壤适应广泛,是优良的水土保持植物。

【栽植培育技术】　籽粒苋可春播,春旱严重可夏播麦茬苋。可直播,也可育苗移栽。栽培技术环节如下:

选茬整地——因其种子非常小,必须精细整地,以利发芽出土。前茬最好是豆茬、麦茬、马铃薯及玉米茬,以及排水良好,比较肥沃的前茬。新垦荒地更好。

适时播种——春播应稳定在 14 ℃左右。河南 4 月中,河北 4 月末,东北 5 月中上旬,北京 4 月 20 日前后;北方春天为抢墒也可适当早播。春旱夏播（6 月初）。实际播量 750 g/hm²,育苗栽播量可减半。直播用人工、机械均可,又可分条播、穴播、撒播。出苗容易。收种子行距 60~70 cm,株距 20 cm 为宜,收草行距减半,株距减半,覆土 1~2 cm,不可过厚。育苗栽要提前 15~20 d,苗高 10~15 cm 可移栽。午后阴雨天进行或浇水。最好用地膜覆盖,可提高质量,提高产量 20%左右。

间苗定苗——苗高 8~10 cm 可间苗,15~20 cm 可定苗,密度大小要看用途和肥力。青饲密度要大,采种用要小。土壤肥则小,土壤贫瘠则大,最好垄作,保苗 7.5 万~15 万株/hm²,青饲地可留苗 30 万株。

中耕除草——幼苗生长慢,要注意除草,可结合间、定苗进行。进入生育中期,生长加快,形成稠密冠层,自行抑制杂草。

追肥——籽粒苋生长快,产量高,鲜重 112.5 t/hm²以上,甚至超 150 t,干物质 15 t 以上。以每公顷产干物质 11.25~15 t 计,需从土壤中吸收氮素 225~300 kg/hm²,是吸肥很强的植物,必须补充土壤养分消耗。有条件施 30 t/hm²农家肥作底肥,生育期追施尿素 150~187.5 kg/ hm²或二铵 150 kg。

灌溉排水——籽粒苋耐旱不耐涝。苗期太旱应适当灌水保苗,以后可少灌或不灌。但要求排水良好,雨后过湿要注意排水。沙地栽培特别要注意水、肥的及时供应。

培土——株高达 1~1.5 m 时,应结合中耕培土,培土不可过早,过早易引起根颈部发病腐烂。

防治病虫害——为防害虫（主要是蝼蛄、地老虎等）可在播前用呋喃丹处理土壤或拌种。播后可用敌百虫制毒饵诱杀。中期出现烂根现象,可用多菌灵加五氯硝基苯,按 1:1 制成 0.2%的药土,撒于根际,结合培土埋过病斑,每公顷用毒土 300~450 kg。试验表明,在菜园土、垃圾土上种植籽粒苋易得病毒病。春天苗高 30~40 cm 时,地面过湿易烂根颈死亡。食叶害虫可用敌敌畏等防治。总的看,苋抗病力强,发现病株,拔除埋掉,穴内喷洒石灰水即可。留种田应打掉旁侧枝芽,以保证主花序穗大籽粒饱满。

适时采收——苋为无限花序,种子成熟不一致,适时采收很重要。刈割青饲最好在现蕾期到初花期,大致播后 50 d,高 1 m。第一次割后留茬 30 cm,1 个月后可第二次刈割,条件好还可割第三次。青贮多在鲜草产量最高时一次低茬刈割。

收种——当花序中部种子基本成熟时即可全部采收,用手触摸有落粒现象即可收获。要提高种子产量可采用打顶打杈措施。但只要是水、肥、温度适宜,成熟主穗收获后,让侧枝小穗充分生长发育,继续开花结实,可以获得第二批成熟的种子,从而大大提高总产量。

10.3.28 半枝莲

【科属名称】 马齿苋科 Portulacaceae，马齿苋属 Portulaca L.

【形态特征】 高 15~20 cm，茎叶肉质，叶圆筒形。花着生于茎顶，花色丰富，有紫红、大红、黄紫红、粉红、橘红、橙黄、浅黄、纯白及多种复色和单瓣与复瓣等花色品种，自 3 月初至 9 月底陆续开花不绝。

【生态学特性】 开花多少、大小与日光密切有关，中午烈日下花朵怒放，色彩鲜艳，傍晚和阴天，花关闭或开花少。蒴果，种子黑色，7—9 月陆续成熟，自行裂开，种子散落。

【水土保持功能及利用价值】 半枝莲花色丰富，植株低矮整齐，可在充满阳光的道路两侧组成花境，也可在平坦的草坪一角自然散布，繁花成片，别有情趣。

【栽植培育技术】 播种或扦插均极易成活。播种于 4 月中旬直播或播于苗床，一般播后 80 d 左右即开花。生长季节均可扦插，成苗率极高。半枝莲为强喜光植物，生长期喜温暖气候，要求疏松、排水良好的肥沃土壤。夏季遇低温、暴雨天气，植株生长不良，且容易腐烂，但酷热干旱天气生长也受阻。半枝莲种子一成熟就裂开，采收种子应分批进行。

10.3.29 草木樨状黄芪

【科属名称】 蝶形花科 Fabaceae，紫云英属 Astragalus L.

【形态特征】 多年生草本，高 60~150 cm。根深，茎直立，多分枝，具条棱。叶较稀少，单数羽状复叶，具小叶 3~7 片，小叶长圆形或条状长圆形，先端截形或微凹，基部楔形，全缘，两面被短柔毛；托叶离生，三角形或披针形。总状花序腋生，花小，多数而疏生；花冠蝶形，粉红色或白色，旗瓣近圆形，翼瓣比旗瓣稍短，龙骨瓣带紫色。荚果近圆形，表面有横纹，无毛；种子 4~5 颗，肾形，暗褐色。花期 7—8 月；果期 8—9 月。

【生态学特性】 草木樨状黄芪为广旱生植物，从森林草原、典型草原带到荒漠草原带都有分布。常作为伴生种出现在宁夏中部的花针茅、戈壁针茅荒漠草原区；也见于黄土高原丘陵、低山坡地的长芒草、大针茅群落；在内蒙古东部沙地，可混生在榆树、黄柳、冷蒿或叉分蓼、褐沙蒿群落中，形成草原带的沙地草场；在毛乌素沙地、腾格里沙漠等地区，则与柠条锦鸡儿、黑沙蒿、沙鞭、老瓜头及 1 年生沙生植物组成沙地放牧草场；在蒙古高原东部近草甸草原地带，散生在羊草、大针茅草原刈割草场中，也可见于碎石质、砾质轻砂或沙壤质的山坡、山麓、丘陵坡地及河谷冲击平原盐渍化的沙质土上或固定、半固定沙丘间的

低地。草木樨状黄芪 5 月返青,6 月下旬至 7 月上旬现蕾,7—8 月开花,8 月中旬至 10 月上旬果实成熟。

【水土保持功能及利用价值】　根深耐旱,可作为沙区及黄土丘陵地区水土保持草种。草木樨状黄芪为中上等豆科牧草。春季幼嫩时马、牛、羊喜食;开花后茎秆粗老,适口性降低。骆驼四季均喜食,为抓膘牧草。另可作为沙区及黄土丘陵地区水土保持草种,茎秆可做扫帚。

【栽植培育技术】　种子繁殖:整地要求精细,地面要平整,土块要细碎。播种前应进行种子处理。春播宜在 3 月中旬到 4 月初进行,无论春播或夏播,都会受到荒草的危害,秋播时墒情好,杂草少,有利出苗和实生苗的生长。冬季寄籽播种较好,省时省力又省工,且翌年春季出苗齐全。播深以 1.5~2 cm 为宜。播种方法可条播、穴播和撒播。条播行距以 20~30 cm 为宜,穴播以株行距 25 cm 为宜,条播播种量为 11.25 kg/hm^2,穴播为7.5 kg/hm^2,撒播为 15 kg/hm^2。为了播种均匀,可用4~5 倍于种子的沙土与种子拌匀后播种。

10.3.30　狗牙根

【科属名称】　禾本科 Gramineae,狗牙根属 *Cynodon* Rich.

【形态特征】　多年生草本,低矮草本。具白色有节的地下根状茎及匍匐茎,节间长短不等,须根细而坚韧。秆匍匐地面,多分枝,长可达 2 m,茎多节,每条匍匐茎上有 24~35 节或更多节。节下着生不定根,向上生初直立生殖枝,高 10~30 cm,叶片细长似狗牙,绿色带白粉,长 5~10 cm,宽 3 mm。叶鞘光滑,叶舌短,具小纤毛,叶片条形。穗状花序,3~6 枚呈指状生于茎顶,小穗排列于穗轴的一侧,灰绿色或绿紫色,含 1 小花,颖具 1 中脉形成背脊,外稃与小穗等长,具 3 脉,脊上有毛;内稃约与外稃等长,具 2 脊。种子细小,千粒重 0.25~0.3 g。

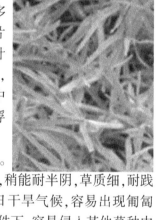

【生态学特征】　多生长于村庄附近、道旁河岸、荒地山坡。狗牙根的适应性、生长势和扩展性强,狗牙根为春性禾草,喜光,稍能耐半阴,草质细,耐践踏,在排水良好的肥沃土壤中生长良好。由于须根浅生,遇夏日干旱气候,容易出现匍匐茎嫩尖或叶片等成片干枯。此草侵占力较强,在肥沃的土壤条件下,容易侵入其他草种中蔓延扩大。在微量的盐碱地上,亦能生长良好。此草春天返青较早,观赏期可达 260 d。在日平均气温为 24 ℃以上生长最好,6~9 ℃时生长缓慢,-2~4 ℃地表茎叶枯黄,-14 ℃时地上部分即枯死。以其匍匐茎和根茎越冬,次年靠这些部分上的休眠芽萌发生长。能耐较长时间的干旱,但生物量低;也能耐长时间的水淹。对土壤要求不严格。从轻沙土到黏重土均能适应。但湿润、排水良好的中等黏重土最宜。如氮肥供应充足,能在粗沙土上生长。对土壤酸碱度要求也不严格。土壤酸碱度对其影响不大,酸性及弱碱性土壤均能良好生长。过酸(pH 值5.5),施石灰有利生长。因此,该草能在各种土壤里生长。

　　一般情况下,狗牙根靠根茎和匍匐茎扩展蔓延,形成致密草皮,具有强大营养繁殖能力,竞争力强。适宜条件下蔓延迅速,日均生长速度达 0.91 cm,最快达 1.4 cm。匍匐茎的节向下生成不定根;节上腋芽向上发育成地上枝条,并于基部形成分蘖节;从节上分生侧枝(平均4条),还从分蘖节上产生新的匍匐茎。当条件不适宜时,匍匐茎只向前伸长,而不形成不定根和地上枝。

【水土保持功能及利用价值】 狗牙根根系发达,须根细而坚韧,具有根状茎和匍匐枝,新老匍匐茎在地面上向各个方向延伸,纵横穿插,交织成网,覆盖地面,形成密集的草皮,覆盖于地表,起拦泥、滞留、分流作用,有效地固持了地表土壤,防止水土流失。狗牙根根系发达,根量多,地下部干重达 20 t/hm²,因此,狗牙根固土能力强,耐践踏,与杂草竞争力强,是优良的固土、护坡、护路、护坝固渠的水土保持植物和草坪植物。试验表明,在30 ℃的土坡上分别种植盖度为 100%、80%、60%、40%、20%狗牙根草坪,在 25 mm/h 的人工降雨强度下测定出土壤的侵蚀度分别为 0、21%、44%、65%、98%,即随着盖度的增加土壤侵蚀强度下降。

狗牙根草质好,茎软、味浓、微甜,叶量多,营养丰富,狗牙根的粗蛋白质、无氮浸出物及粗灰分等的含量较高,特别是幼嫩时期,粗蛋白质含量占干物质的 17.58%。狗牙根为优等牧草,适口性好,各种家畜均喜食。黄牛、水牛、马、山羊、兔喜食,嫩时猪、禽也采食。狗牙根再生快,根茎发达,春天返青草,恢复生长快,是良好的放牧型草场,但也可用以调制干草或制作青贮料。其生长势强,每年可刈割 3~4 次,一般每公顷可收干草 2 250~3 000 kg,在肥沃的土壤上,每公顷可刈制干草 7.5~11.25 t。狗牙根一旦建植,不易清除,因此,不宜作轮作牧场。

【栽植培育技术】 营养繁殖和种子繁殖。狗牙根种子细小,播前需要精细整地。狗牙根在低温下发芽差,在日平均气温 18 ℃发芽最好,各地照此温度确定播期。播量 4.5~10 kg/hm²,播后 10~14 d 出苗。狗牙根的根系较浅,气候干旱时要及时浇水。狗牙根种子繁殖难度较大,多用营养繁殖方法。营养繁殖主要采用分株移栽、切茎撒压、块植法和条植法等。分株移栽法即是挖取其草皮,分株,在整好土地上挖穴栽植,栽植时注意植物和芽向上。

切茎撒压法的具体方法是,早春将其匍匐茎和根茎挖起切成 6~10 cm 长小段,撒于整好的土地里,再用石碾镇压,使其与土地良好接触,便可以成活发芽生长。块植法即把挖起的草皮切成小块,在要栽植的土地上挖相应的小穴,把草皮块放入穴内,填实即可。

条植法即按行距 0.6~1 m 挖沟,将切碎的根茎放入沟中,枝稍露出土面,盖土压盖即可。栽后视土壤墒情浇水以利成活。

10.3.31 黑麦草

【科属名称】 禾本科 Gramineae,黑麦属 *Lolium*.

【形态特征】 多年生,具细弱根状茎。入土不深,多数根系分布在 15 cm 土层中。丛生,分蘖多,一般单株分蘖 50~60 个,单株种植可达 200~300 个。疏丛型。茎直立,光滑,中空,株高 80~100 cm,具 3~4 节,质软,基部节上生根。叶片深绿,叶脉明显,叶面光泽,叶在芽中成折叠状;叶舌膜质,短而不明显;叶耳细小;叶鞘光滑,长于节间或与节间等长,紧包茎

秆。穗状花序直立或稍弯,长 10~20 cm,宽 5~8 mm;每小穗有小花 7~11 朵,小穗扁平,轴节间长约 1 mm,互生于主轴两侧,嵌生在主轴弯槽里。外颖无芒,内颖短于小穗。种子扁平,外稃无芒,内稃与外稃等长。花果期 5—7 月。千粒重 1.5~2 g。

【生态学特征】 喜温暖湿润气候,适宜生长在降水量 1 000~1 500 mm,且冬无严寒,夏无酷暑的地区。生长最适温度为 20 ℃,低于 10 ℃生长缓慢,高于 35 ℃也停止生长;在温度 15 ℃,日照强,短日照有利分蘖。黑麦草不耐遮阴。适宜在排水良好、肥沃的壤土生长。要求 pH 值 6~7。再生能力强,适于放牧或刈割。寿命短,一般 4~5 年即枯死。但管理条件好,也可经久不衰。英国就有 20 多年的黑麦草草地,常年放牧,保持旺盛的生命力。生长发育迅速,南方 3 月底 4 月初分蘖,4 月底抽穗,5 月初开花,6 月上种子成熟;北京 3 月中、下旬返青,5 月分蘖盛期,5 月下旬抽穗,6 月下旬种子成熟,11 月枯黄,生长期可达 250 d 左右。日照长影响始花期,而温度的不适则影响着花序的发育速度和孕穗。

【水土保持功能及利用价值】 黑麦草的根系从二叶期开始就产生次生根,并迅速生长。到成熟前根系的深度可达 104~110 cm 左右,发达的根系可以加深活土层,固持土壤,使土壤团粒水稳性、分散特性和团粒结构得到明显的改善,以提高土壤抗蚀性,减少地表径流量。且黑麦草具有抗酸、耐盐碱及抗寒等优点,可以向坡地、黄土丘陵山地及盐碱地扩展,提高植被覆盖率,扩大水土保持面积。黑麦草根系发达,分蘖性强,具有较强的抗逆性和较广的适应性,对改良低产土壤具有一定的作用。

多年生黑麦草是人工牧草地的种植材料,还可以作为草坪栽培。在公园、庭园及小型绿地上,常把多年生黑麦草用作"先锋草种",以便迅速形成急需的草坪,或早日改变环境面貌。由于多年生黑麦草能抗二氧化硫等有害气体,可把它作为冶炼工业地区周围的净化草坪应用。

【栽植培育技术】 选择土质疏松、质地肥沃、地势较为平坦、排灌方便的土地进行种植。播种前对土地进行全面翻耕,并保持犁深到表土层下 20~30 cm,精细重耙 1~2 遍,并清除杂草,破碎土块后镇压地块,使土壤颗粒细匀,孔隙度适宜。开沟做畦,沟深 30 cm,宽 30 cm,畦的方向依地形定以便于排灌,没畦宽 2~3 m。施足底肥,亩施 1 000~1 500 kg 的农家肥或 40~50 kg 钙镁磷肥。将整理好的土地以 1.5~2 m 进行开墒待用。按 1.2~1.5 kg/亩进行播种。

播种:长江流域及其以南地区以秋播为宜,播种期在 9—11 月,也可在 3 月播种。北京以秋播效果好(8—9 月)。播种方法有条播、点播、撒播 3 种,一般以条播为主,辅以点播和撒播。条播:将整理好待用的土地以 1.5~2 m 进行开墒,以行距 20~30 cm,播幅 5 cm,按 1.2~1.5 kg/亩的播种量进行播种,覆土 1 cm 左右,浇透水即可;零星地块用点播的方法进行,其方法是:按塘距离 15 cm×15 cm,按 1 kg/亩左右(每塘穴 8~12 粒)的播种量进行播种,覆土 1 cm 左右,浇透水即可。可与三叶草如红三叶、白三叶混播,也常用无芒雀麦、鸭茅、牛尾草,再加上其他豆科牧草组成多元混播草地,可以调节营养不足,生长期不均,培养地力的矛盾。

管理:由于黑麦草分蘖能力强,生长速度快,科学管理,能充分发挥产量优势。好的黑麦草草地,每隔 6~8 周即可轮牧一次,产干物质 22 500~28 500 kg/hm²。在幼苗期要及时清除杂草,每一次收割后要进行松土。

施肥:美国一般对混播草地每年施氮肥 200 kg/hm² 及相应的磷、钾肥,施氮肥可以增加黑麦草在混播草地中的数量。施肥必须在收割后两天进行,以免灼伤草茬。

灌溉:黑麦草需水较多,特别在分蘖期、拔节期,抽穗开花期水分不足影响产量。我国北方种植黑麦草,要注意灌溉;南方,灌水可以降低地温,利于越夏,促进生长。

病虫害防治:北方春播黑麦草须防治地下害虫,如蛴螬、金针虫;苗期易发生锈病、赤霉病。

收获:刈割草地,一般在抽穗期刈割,调制干草,此时消化率、营养水平最高。

10.3.32　草地早熟禾

【科属名称】　禾本科 Gramineae,早熟禾属 *Poa* L.

【形态特征】　多年生植物,自然株高 20~50 cm,具发达的匍匐根状茎。秆疏丛生,直立,高 50~90 cm,具 2~4 节。叶鞘平滑或糙涩,长于其节间,并较其叶片为长;叶舌膜质,长 1~2 mm,蘖生者较短;叶片线形,扁平或内卷,长 30 cm 左右,宽 3~5 mm,顶端渐尖,平滑或边缘与上面微粗糙,蘖生叶片较狭长。圆锥花序金字塔形或卵圆形,长 10~20 cm,宽 3~5 cm;分枝开展,每节 3~5 枚,微粗糙或下部平滑,二次分枝,小枝上着生 3~6 枚小穗,基部主枝长 5~10 cm,中部以下裸露;小穗柄较短;小穗卵圆形,绿色至草黄色,含 3~4 小花,长 4~6 mm;颖卵圆状披针

形,顶端尖,平滑,有时脊上部微粗糙,第一颖长 2.5~3 mm,具 1 脉,第二颖长 3~4 mm,具 3 脉;外稃膜质,顶端稍钝,具少许膜质,脊与边脉在中部以下密生柔毛,间脉明显,基盘具稠密长绵毛;第一外稃长 3~3.5 mm;内稃较短于外稃,脊粗糙至具小纤毛;花药长 1.5~2 mm。颖果纺锤形,具 3 棱,长约 2 mm。花期 5—6 月,7—9 月结实。

【生态学特征】　草地早熟禾喜冷凉、湿润气候,5 ℃时开始生长,北方一般 3 月中旬返青,-5~-2 ℃进入枯黄期。最适生长气温为 15~27 ℃,有极强的抗寒能力,在-38 ℃条件下也可安全越冬,但在高温、高湿环境下易感病。喜充足阳光。夏季高温时,抗热性差的品种生长缓慢。草地早熟禾要求土壤有良好的排水能力,土壤疏松肥沃,pH 微酸性,在贫瘠的白浆土、褐色土、黄土及石砾土,轻度化学物污染,油垢或混有生活垃圾的杂土上通过改变亦可建成合格的草坪。草地早熟禾喜光性强,在阳光下生长旺盛,也有少数品种耐阴性强如午夜,在疏林和灌木中常成为优势草种而形成厚密的草层。

草地早熟禾其耐旱性强,久旱时呈现萎焉或处于休眠"假死"状态,一旦获得充足的水份,便能迅速恢复生长。草地早熟禾耐涝力也较强,其根茎大多集中于地表层,洪涝时不容易发生腐烂和坏死。根状茎繁殖迅速,再生力强,耐践踏,耐低修剪。苗期生长缓慢。

【水土保持功能及利用价值】　草地早熟禾也是一种优良的水土保持植物,可用于道路、河岸、水库建设中,具有固堤护坡,防止水土流失的作用。草地早熟禾在我国北方广泛推广,成为草坪绿化的重要草种。主要用于铺建运动场、高尔夫球场、公园、路旁草坪、铺水坝地等是重要的草坪草。草地早熟禾是牲畜重要的放牧草,干草为牲畜优良的补饲草。

【栽植培育技术】 播种:草地早熟禾最适发芽温度为 22~25 ℃,春秋两季播种为宜,北方春季播种宜早,秋季更佳。因种子比较轻又细小,顶土能力差,种植之前要深耕细耙,精细整地。草地早熟禾的生长年限比较久,所以种植之前要施足底肥。可以条播和撒播,播深 1~2 cm,控制播深,保证出芽率。播种量可控制在 10~15 g/m²,播后 10~21 d 出苗,60~75 d 可成坪。

管理:草地早熟禾的苗期容易生杂草,所以及时除草,在成坪之后每年要进行 1~2 次除草工作。要适时浇水施肥。成坪之后进行合理修剪,最适修剪高度为 2.5~5.0 cm。生长点低的品种能够忍受很低的修剪高度。

10.3.33 白三叶

【科属名称】 蝶形花科 Fabaceae,车轴草属 *Trifolium* L.

【形态特征】 多年生草本植物。叶层高 15~45 cm,多在 25 cm 以下。主根短,但侧根和不定根发育旺盛。茎细长,光滑无毛,主茎短,具许多节,茎节着地生根,可由节上生出匍匐茎,匍匐茎长 30~60 cm,能节节生根长叶。掌状三出复叶,互生,从根颈和匍匐茎节生出,叶柄细长直立,小叶倒卵形,叶面多有"V"形白斑,叶缘有微锯齿,叶面光滑;托叶椭圆形,膜质,包于茎上。叶腋里有腋芽,可发育成花或分枝的茎。头型总状花序,圆形,聚生于茎顶端或自叶腋处长出,小花众多,一般 40~100 朵,总花梗长;花冠白色或粉红色,异花授粉,花冠宿存。荚果狭长而细小,每荚含种子 1~7 粒,常为 3~4 粒;种子小,肾形或卵形,黄色或浅棕色,千粒重 0.5~0.7 g。

【生态学特征】 白三叶草再生力强,适应性较广,能在不同的生境条件下生长。白三叶喜温暖湿润气候,喜充足阳光,也较耐遮阴,具有较强耐热性和抗寒性,不耐干旱和长期积水。生长适宜气温 19~24 ℃,适宜年降水量 600~1 200 mm。白三叶草耐贫瘠,对土壤的要求不严,以壤质偏砂土壤为宜;有一定的耐酸性,但耐盐碱性较差,适应的 pH 值 4.5~8.0,pH 值 6~6.5 时,对根瘤形成有利。

【水土保持功能及利用价值】 白三叶繁殖快,种子落地后,能较快生长更新成草丛;而且其茎节再生能力强,能节节生根长叶,于叶腋再长出新的匍匐茎向四周蔓延,形成密集叶层,侵占性强,单株占地面积可达 1 m² 以上,因而是荒地与生产建设用地上的水土保持的先锋植物。白三叶根系发达,枝叶茂密,固土力强,也是风蚀地和水蚀地理想的水土保持植物;同时也可作为保护河堤、公路、铁路、防止水土流失的良好草种。

白三叶是一种优良的刈牧兼用型牧草,它叶量大,草质柔嫩,适口性好,各种家畜都喜采食,具有很高的饲用价值;其营养价值和消化率均高于苜蓿和红三叶草,为豆科牧草之冠。白三叶供草季节长,且耐践踏、重牧,也耐刈割,适于放牧利用。白车轴草全草可入药,味微甘,性平,具有清热凉血,安神镇痛,祛痰止咳的功效。其所含的异黄酮类物质具有抗癌作用。从白车轴草中提取的大分子物质多糖,具有提高免疫力,抗肿瘤,抗衰老,降血脂等一系列药用和保健功能。白三叶还是良好的绿肥植物、水土保持植物、飞机场及运动场草皮植物,同时被作为草坪植物广泛应用于城乡、庭院、公路和公园绿化。

【栽植培育技术】　主要用种子繁殖,也可采用分株无性繁殖。白三叶种子小,硬实率高,播前要精细整地,清除杂草,施足基肥,同时破除种子硬实。春秋均可播种,我国南方春播在3月中旬前,秋播宜在10月中旬前。千粒重0.5~0.7 g,约145万粒/kg。单播播种量3.75~7.5 kg/hm²,与多年生黑麦草、狗尾草等禾草混播时播种量为1.5~4.5 kg/hm²,条播行距15~30 cm,覆土1.0~1.5 cm,也可飞播。苗期应及时清除杂草,白车轴草的主根和侧根上着生有大量根瘤,能固定空气中的氮素,种植过程中不需施用氮肥,在刈割后入冬前或早春追施钙镁磷肥或过磷酸钙加石灰以获得高产稳产。

10.3.34　红三叶

【科属名称】　蝶形花科 Fabaceae,车轴草属 *Trifolium* L.

【形态特征】　红三叶草是短期多年生草本植物,平均寿命4~6年。主根达1~1.5 m,侧根发达,根瘤多。主茎直立或半直立,高30~90 cm,有10~30个分枝,呈丛状。三出掌状复叶,叶柄长,小叶卵形或长椭圆形,长2.5~4 cm,宽1~2 cm,叶面具灰白色"V"字形斑纹,下面有长柔毛,边缘细锯齿;托叶卵形,先端锐尖二花序腋生,头型总状花序,聚生于茎梢或腋生在花梗上,每个花序小花数一般为100个左右。具大型总苞,总苞卵圆形,花萼筒状。花冠蝶形,花红色或紫色。荚果小,每荚内含种子一粒;种子椭圆形或肾形,棕黄色或紫色,千粒重1.5~2 g,花果期5—9月。

【生态学特征】　红三叶喜温暖湿润气候,抗寒力中等,不耐高温干旱,夏天不太热,冬季不寒冷的地区生长良好,最适宜的生长温度是20~25 ℃,在我国南方夏季高温干旱时期往往生长停滞甚至死亡。红三叶耐潮湿,短期淹水仍能生长,对土壤的要求,以排水良好,土质肥沃并富含钙质的黏壤土为最适宜,中壤土次之,在贫瘠的沙土地上生长不良。红三叶较耐酸性,但耐碱性较差,喜中性至微酸性土壤,适宜的 pH 值为5.5~7.5,土壤含盐量高达0.3%则不能生长,强酸、强碱及地下水位过高的地区,不适宜红三叶草生长。贫瘠沙土生长不良。属长日照植物,只有在光照14 h以上才能开花结实。

【水土保持功能及利用价值】　红三叶主根入土较深,侧根发达,并且叶分布密实,能够很好地防止雨滴对表层土壤的击溅作用,具有较好的水土保持功能。

固土能力强,枝繁叶茂,地面覆盖度大,保土作用大,可作为水土保持植物在山坡地栽培。营养生长期较耐阴蔽,宜在林地树间种植,可护土并增进土壤微生物繁殖,促进林木生长。

红三叶营养丰富,蛋白质含量高,现蕾期和开花期分别为20.4%和15.0%,作饲用时草质柔嫩多汁,适口性好,多种家畜都喜食。可以青饲、青贮、放牧、调制青干草、加工草粉和各种草产品,是良好的放牧或刈割型豆科牧草,其放牧利用期长达6~7个月,人工草地北方每年可刈割3次,南方可刈割4~6次。红三叶花期长达30~50 d,是良好的蜜源植物。根瘤众多,孕蕾至开花期根瘤固氮活性高,每公顷能给土壤增加氮素150 kg左右,肥力相当于每公顷施用 30 000~37 500 kg 厩肥。根茬能给土壤遗留大量的有机质,增强地力,宜于中长期草田轮作。在北方,常见播于路边及一些公共绿地,可以免于修剪养护管理,但是不耐人为践踏。

红三叶含挥发油、香豆酸、水杨酸及蛋白质、矿物质、维生素 C 等。香豆酸在植株枯败后能产生败坏翘摇素,有抗凝血的作用,可作抗凝血剂;制成软膏,可作治疗局部溃疡用。红三叶草含有的异黄酮成分可作为人体抗氧化剂使用。

【栽植培育技术】　种子繁殖:红三叶草春夏秋季均可播种,最适宜的生长温度为19~24 ℃。春季播种可在 3 月中下旬气温稳定在 15 ℃以上时播种。秋播一般从 8 月中旬开始至 9 月中下旬进行。秋季墒情好,杂草生长弱,有利于红三叶草生长成坪,因此秋播更为适宜。播种前需将果树行间杂草及杂物清除,翻耕 20~30 cm 将地整平,墒情不足时,翻地前应灌水补墒。

南方多秋播,以 9 月为宜,不宜过迟,北方宜春播。播种方法可条播,也可以撒播、混播和单播。条播行距 30 cm,播深 1~2 cm,播量 11.25~15 kg/hm²,播后要耱地镇压。红三叶幼苗期生长慢,竞争力差,要注意防除杂草,出苗前如土壤遇水板结宜破除板结层。红三叶草和鸭茅、多年生黑麦草、牛尾草混播效果好,播种方式以隔行播种为宜。此外,也可撒播或飞播,飞播 1~2 年内即可建成大面积优质的人工草场。

红三叶可分为晚熟型和早熟型两个类型。前者抗寒性强,生长发育缓慢,植株粗壮、产量较高,生长年限较长,北方春播不能开花结实;耐寒性较弱,生长发育较快,植株较矮、分枝较少,再生迅速。

10.3.35　苇状羊茅

【科属名称】　禾本科 Gramineae,羊茅属 *Festuca* L.

【形态特征】　多年生草本。根系发达而致密,多数分布于 10~15 cm 的土层中。茎秆、叶鞘及叶都较粗糙。秆成疏丛型,直立,高 50~140 cm。叶量多,多数为基生叶,色深绿,叶条形,长 30~50 cm,宽 0.6~1 cm。圆锥花序稍开展,直立或上端下垂,长 20~30 cm,小穗卵形,长 15~18 mm,4~5 小花,常淡紫色;颖窄披针形,有脊,具 1~3 脉;内稃、外稃披针形,外稃具 5 脉,无芒或具小尖头;内稃与外稃等长或稍短,脊上具短纤毛,花药条形,长约 4 mm。颖果为内外稃贴生,不分离,深灰或棕褐色。花期 7—9 月。种子千粒重 2.51 g。

【生态学特征】　苇状羊茅普遍表现适应性强,生长繁茂,对我国北方暖温带的大部分地区及南方亚热带都能适应,是该地区建立人工草场及改良天然草场非常有前途的草种。苇状羊茅是适应性最广泛的植物之一,能在多种气候条件下和生态环境中生长。苇状羊茅抗寒又耐热,能在冬季-15 ℃条件下安全越冬,夏季可耐 38 ℃的高温;除砂土和轻质土壤外,苇状羊茅可在多种类型的土壤上生长,有一定的耐盐能力,可耐 pH 值 4.7~9.5 的酸碱度。因此它具有更广泛的适应性而著称。但苇状羊茅最适宜在年降雨量 450 mm

以上和海拔 1 500 m 以下的温暖湿润地区生长,在肥沃、潮湿、黏重的土壤上最繁茂,最适的 pH 值在 5.7~6,苇状羊茅长势旺盛,生长迅速,发育正常,春季返青早,秋季可经受 1~2 次初霜冷冻。每年可生长 27~280 d。

【水土保持功能及利用价值】 根系发达而致密,多数分布于 10~15 cm 的土层中,可很好地固持表土,防止流失;对土壤适应性很广,耐旱亦耐湿,耐盐碱也耐酸性土壤,是优良的水土保持草种。苇状羊茅属于粗草类型,枝叶繁茂,生长迅速,可快速覆盖地表,发挥水土保持功能,近年来广泛地用于交通线路的护坡与河岸、塘库的护堤,在水土流失防治中扮演了重要角色。

苇状羊茅叶量丰富,草质较好,适口性和利用价值较高。茎叶干物质中含粗蛋白质 15.4%、粗脂肪 2%、粗纤维 26.4%、无氮浸出物 44%、粗灰分 12%,其中钙 0.68%、磷 0.23%。饲草品质中等。苇状羊茅再生性强,在中等肥力的土壤条件下,一年可刈割 3~4 次。适宜刈割青饲、调制干草,也适宜放牧,草食家畜均喜采食。

【栽植培育技术】 种子繁殖:苇状羊茅较易建植,在春季或秋季皆可播种,以秋播为宜,当地温达 5~6 ℃时种子即可正常发芽,地温达 8~10 ℃时幼苗生长发育迅速并一致,秋播不宜过迟,一般掌握使幼苗越冬时达到分蘖期,以利越冬。播前须精细整地,施足底肥。作为牧草使用,宜选用未感染植物内生菌的种子。条播,行距 20~30 cm,播种量 22.5~30.0 kg/hm²,播深 2~3 cm,播后适当镇压。作为水土保持、护坡使用,播种量 30~45 g/m²。苇状羊茅还可和白三叶、红三叶、紫花苜蓿、沙打旺混播,以建立高产优质的人工草地。苇状羊茅苗期生长缓慢,应注意中耕除草,有条件的每年越冬前追施磷肥,返青和刈割后追施氮及适时浇水,可有效的提高产草量和改善品种。苇状羊茅一年可刈割 3~4 次,产鲜草 30 000~45 000 kg/hm²。苇状羊茅种子成熟时易脱落,采种可在蜡熟期,当 60% 的种子变成褐色时就可收获。种子发芽率可保持 4~5 年,此后发芽率急剧下降,生产上应注意保种。

10.3.36 碱茅

【科属名称】 禾本科 Gramineae,碱茅属 *Puccinellia* Parl.

【形态特征】 多年生草本。秆直立,丛生或基部偃卧,节着土生根,高 20~60 cm,径约 1 mm,具 2~3 节,常压扁。每节具 2~6 分枝;分枝细长,平展或下垂,下部裸露,微粗糙。叶鞘长于节间,平滑无毛,顶生者长约 10 cm;叶舌长 1~2 mm,截平或齿裂;叶片线形,长 2~10 cm,宽 1~2 mm,扁平或对折,微粗糙或下面平滑。圆锥花序开展,长 5~15 cm,宽 5~6 cm,每节具 2~

6 分枝;分枝细长,平展或下垂,下部裸露,微粗糙,基部主枝长达 8 cm;小穗柄短;小穗含 5~7 小花,长 4~6 mm;小穗轴节间长约 0.5 mm,平滑无毛;颖质薄,顶端钝,具细齿裂,第一颖具 1 脉,长 1~1.5 mm,第二颖长 1.5~2 mm,具 3 脉;外稃具不明显 5 脉,顶端截平或钝圆,与边缘均具不整齐细齿,基部有短柔毛;第一外稃长约 2 mm;内稃等长或稍长于外稃,脊微粗糙;花药长约 0.8 mm。颖果纺锤形,长约 1.2 mm。花果期 5—7 月。

【生态学特征】 生于海拔 200~3 000 m 轻度盐碱性湿润草地、田边、水溪、河谷、低草甸、盐化沙地。喜湿润,抗寒力强,能耐-30 ℃低温,并能顺利越冬。耐旱,干旱时叶片卷成筒状,减少水分蒸发。对土壤要求不严,喜光不耐阴,特别抗盐碱,在耕层土壤总含盐量 1%~3%、pH 值 9~10 的情况下,可正常生产。春季返青早,具有耐践踏、耐牧等特性。

【水土保持功能及利用价值】　碱茅喜冷凉湿润气候,它的耐寒冷能力很强,能耐-30 ℃左右的严寒,并能顺利越冬。耐盐碱能力也很强,在 pH 值 8.6~8.8 的碱土上它仍能生长,而禾本科其他草类都很难正常生长。它既是改良碱土的植物,又是碱土上的一种指示植物。能耐干旱,每当干旱时其叶卷成筒状,以减少水分蒸发。对土壤条件要求不严,沙土、壤土至黏土都能生长,特别是在潮湿的黏土上,其他草本植物都无法生存,而它仍能正常生长。能耐贫瘠土壤,在有机质十分缺乏的土壤上也能生长,但在肥沃的土壤上生长较为茂盛,分蘖数大量增多,如果土壤既肥沃又湿润,分蘖数可比一般情况下增加 1~2 倍,而且叶片色泽浓绿。碱茅在阳光充足处生长健壮,在阴处则长势变弱。碱茅极耐盐碱,是改良盐渍荒漠化土地的好材料。试验表明,种植三年后,脱盐率可达 60%~70%。

饲用价值高。茎叶柔软,叶量大,适口性强,干草粗蛋白含量 6%,牛、羊喜食,属良等牧草。茅草是多年生草本植物,密丛性,春季返青早,具有耐践踏、耐牧等特性,是早春和晚秋理想的放牧地。园林中多用于潮湿处和盐碱地的保土植物,或一般盐碱地的粗放管理草坪植物。

【栽植培育技术】　碱茅的繁殖方法可分为播种和移栽草块两种方法。种子繁殖:播种前要精细整地,施足底肥,耙磨保墒灭草。春夏播种均可,以春播为好。条播或撒播,条播行距 30 cm,播种量每公顷为 45~52.5 kg;采种用可垄播,垄距 66 cm,每公顷播量30 kg;放牧用时,宜与其他数种牧草实行混播。播深 1~2 cm,播后覆土不宜过深,一般种子撒播后使用平耙轻轻拉平,使种子不露出即可,并使用轻滚轻轻滚压一遍,这样有利其出苗。苗期注意松土及拔除杂草播后镇压。当年生长缓慢需加强保护。

移栽草块:栽种带土小草块 1 m²,草皮可栽植 6~8 m²。应定期进行修剪,防止植株生长太高,留草高度 5~7 cm 为宜。碱茅属于不耐低剪的草坪植物,故留茬高度不宜过低。为了使它的叶片色泽保持浓绿、增加分蘖、提高覆盖度,应定期给予灌溉和施用氮肥尿素或硫酸铵。

10.3.37　鸭茅

【科属名称】　禾本科 Gramineae,鸭茅属 *Dactylis* L.

【形态特征】　多年生疏丛型草本植物。须根发达,密布于 10~30 cm 的土层内。茎直立,基部扁平,株高 70~120 cm。叶片蓝绿色,幼叶成折叠状;基部叶片密集下披,叶长 30~50 cm,宽 0.8~1.2 cm;茎上部叶片较短小;叶舌膜质,长 0.2~0.5 cm,无叶耳,顶端撕裂状;叶鞘紧闭,压扁成龙状。圆锥花序开展,小穗多着生在穗轴一侧密集成球状,簇生于穗轴的顶端,形似鸡足;每小穗有花 3~5 朵,外有短芒;颖披针形,先端渐尖,具 1~3 脉;第一外稃与小穗等长。颖果长卵形,黄褐色;种子小而轻,千粒重 0.097~1.34 g,种子 100 万粒/kg。

种子成熟后有 3~4 个月的后熟期。种子发芽率可保存 2~3 年。

【生态学特征】 鸭茅草喜温,耐旱性较强,在 10~28 ℃生长最为适宜,高于 35 ℃物质生产下降;鸭茅对低温反应敏感,6 ℃即停止生长,冬季无雪覆盖的寒冷地区难以安全越冬。鸭茅属长日照植物,耐遮阴。鸭茅对土壤要求不严,在肥沃的壤土和黏土上生长最好,但在瘠薄沙土上生长不好,对氮肥和地下水反应敏感,鸭茅不能在排水不良的土壤上生长,地下水深 50~60 cm,对其生长有利,再高则不利,不耐长期浸淹。鸭茅略耐酸不耐盐碱。在良好的条件下,鸭茅是长寿命多年生草,一般 6~8 年,多者可达 15 年,以第二、三年产草量最高。春季萌发早,一般 3 月返青,5 月抽穗开花,6 月中旬种子成熟,11 月上旬枯黄,生育期 80~90 d。在适宜条件下,生长速度快,能很快成为优势种。

【水土保持功能及利用价值】 鸭茅茎生叶和基生叶量大,茎叶茂盛,株丛覆盖地面效果好,可有效地防止水土流失。而且鸭茅较耐阴,宜与高光效牧草或作物间作、混作、套作,以充分利用光照,增加单位面积产量。在果树林下或高秆作物下种植,建立果园草地或草粮混作,能获得较好的效果,既发挥改良土壤、控制水土流失的功能,又可提高单位面积的土地利用率。

鸭茅叶量大,茎叶柔嫩,营养丰富,适口性好,牛、马、羊、兔等均喜食,幼嫩时尚可用以喂猪。鸭茅生长年限较长,管理得当,经久不衰,春季生长早,春季不休眠,适于放牧、刈割或制作干草,也可收割青饲或制作青贮料。营养期放牧最好,抽穗期用来调制干草。播种当年刈割 1 次,产鲜草 15 t/hm²,第二、三年可刈割 2~3 次,产鲜草 22.5~37.5 t/hm² 以上。鸭茅较为耐阴,可与果树结合,建立果园草地,是有发展前途的农林复合草种。

【栽植培育技术】 种子繁殖:鸭茅种子较小,千粒重 0.9~1.3 g,有种子 72 万~125 万粒/kg。幼苗期生长较慢,宜精细整地,彻底除草。播种期我国南方各地春秋皆可,而以秋播为好。春播以 3 月下旬为宜;秋播不迟于 9 月下旬,以防霜害,有利越冬。北方也以秋播为宜,雨季后 8 月效果最好。播种量在单播时每公顷 11.25~15.0 kg。与红三叶、白三叶、多年生黑麦草、狐茅等混播时,在灌溉区 8.25~10.5 kg/hm²,旱作 11.25~12.0 kg/hm²。单播以条播为好,混播时撒播、条播均可。播种宜浅,稍加覆土即可,也可用堆肥覆盖。幼苗期应加强管理,适当中耕除草,施肥灌溉。鸭茅需肥较多,每次刈割后都宜适当追肥,特别氮肥尤为重要,以施氮肥 562.5 kg/hm² 时,其产草量最高。鸭茅以抽穗时刈割为宜,且留茬不能过低。留种时宜稀播,氮肥不宜施用过多。其种子约在 6 月中旬成熟,当花梗变黄时即可收获。可收种子 225 kg/hm² 左右。

10.3.38 紫羊茅

【科属名称】 禾本科 Gramineae,羊茅属 *Festuca* L.

【形态特征】 多年生,具短根茎或具根头。疏丛或密丛生,秆直立,平滑无毛,高 30~70 cm,具 2 节。叶鞘粗糙,基部者长于而上部者短于节间;叶舌平截,具纤毛,长约 0.5 mm,叶片对折或边缘内卷,稀扁平,两面平滑或上面被短毛,长 5~20 cm,宽 1~2 mm;叶横切面具维管束 7~11 束,厚壁组织束 9~13 束,与维管束相对应,存在于下表皮内,边缘有 2 束,上表皮具较稀疏的毛。圆锥花序狭窄,疏松,花期开展,长 7~13 cm;分枝粗糙,长 2~4 cm,基部长可达 5 cm,1/3~1/2 以下裸露;小穗淡绿色或深紫色,长 7~10 mm;小穗轴节间长约 0.8 mm,被短毛;颖片背部平滑或微粗糙,边缘窄膜质,顶端渐尖,第一颖窄披针形,具 1 脉,长 2~3 mm,第二颖宽披针形,具 3 脉,长 3.5~4.5 mm;外稃背部平滑或粗糙或被毛,顶端芒长 1~3 mm,第一外稃长 4.5~5.5 mm;内稃近等长于外稃,顶端具 2 微齿,两脊上部粗糙;花药长 2~2.5 mm;子房顶端无毛。花果期 6—9 月。

【生态学特征】 喜凉爽、湿润气候,适于温暖、湿润与海拔较高的干旱地区生长,特别在潮湿的沙质土壤中生长成丰盛的草丛,在生长盛期,下部叶子常变为棕褐色。耐寒性较强,在北方,次于冰草,但较多年生黑麦草、无芒雀麦草耐寒性稍强。喜凉爽湿润条件。不耐炎热,当气温达 30 ℃时,出现轻度萎蔫,在 38~40 ℃时,植株枯萎。春秋季生长良好。但在海拔 800 m 以上的低中山地种植,则表现常绿的性状。抗病、抗虫性较强,较少受病虫害的侵袭。对土壤要求不严格,能耐瘠薄土壤,在沙质土壤生长良好,根系充分发育;在黏土、沙壤土均可种植生长。能耐酸性土壤,在土壤 pH 值 4.5 时,能够生长。但以 pH 值 6~6.5 中性土壤中生长良好。喜湿润,耐水淹,在肥沃的土壤能很快建植成稠密的草地。

【水土保持功能及利用价值】 紫羊茅具有厚密的植丛,浓绿的叶部,有适应土壤的能力,根系发达,入土深度可达 100~130 cm,但主要根层集中在 10~20 cm 土层中,是良好的水土保持植物。并以植物上部生长有限,下层发育繁盛,常用作果园覆盖植物。

紫羊茅能耐频繁的刈割,生长发育整齐,能保持一定的嫩绿颜色形成细致、植株密度高而整齐的优质草坪,与草地早熟禾、小糠草等一起混合播种,用于公园、工厂和居住区绿地。利用其叶片细、观赏价值高的特点,也可以单播或单栽在花坛边缘或岩石间隙。紫羊茅再生力强,刈割 30~40 d 后,可以迅速再生,恢复可利用的草地。利用年限长,一般可利用 7~8 年。栽培草地可利用 10 年以上,是建立人工放牧草地和混播草地的优良草种之一。

【栽植培育技术】 紫羊茅种子很轻,千粒重 0.7~1 g,种子 136 万粒/kg。发芽率高,但顶土率较小,播种时需要注意浅覆土。播种前要精细整地。根据本地气候条件,可春播、夏播或秋播。北方以雨季播种较好,出苗快,杂草危害程度较轻。条播,行距 15~30 cm,播深 1~2 cm,也可撒播,或与红三叶、白三叶、多年生黑麦草等混播。播种量 1~1.5 kg。如用于绿化草坪,播种量需 4~5 kg。播种后灌水,以保持土壤湿润,播种后 7~9 d 即可出苗,成坪后修剪高度 3~5 cm。因其不耐淹,灌水过多易引起质量下降。易染蠕虫菌病,所以要特别注意防虫。

紫羊茅前期生长很慢,须注意除草,特别春播时,除草尤为重要。播种前应施用充分的有机肥料,对根系发育,幼苗生长和促进分蘖都有明显的作用。生长初期,地上部生长缓慢,对氮肥的需要不很明显。在放牧或刈割后应及时追施氮肥,一般施硫铵 15~25 kg/亩,对于促进分蘖,恢复生长有促进作用,并可结合灌水效果明显。在酸性土壤中,苗期需要一定量的过磷酸钙,如施用 20~25 kg/亩,对于地上部和地下部的生长发育都很重要。采种时,春季不宜放牧或割草,待穗部变黄后即可采种。穗长 15~20 cm,可以采收穗部,然后刈割秸秆。颖果不易脱落,不及时收割,遇雨可能在果柄上萌发生长。

10.3.39 甘草

【科属名称】 蝶形花科 Fabaceae,甘草属 Glycyrrhiza L.

【形态特征】 多年生草本;根与根状茎粗状,直径 1~3 cm,外皮褐色,里面淡黄色,具甜味。茎直立,多分枝,高30~120 cm,密被鳞片状腺点、刺毛状腺体及白色或褐色的绒毛,叶长 5~20 cm;托叶三角状披针形,长约 5 mm,宽约 2 mm,两面密被白色短柔毛;叶柄密被褐色腺点和短柔毛;小叶 5~17 枚,卵形、长卵形或近圆形,长 1.5~5 cm,宽 0.8~3 cm,上面暗绿色,下面绿色,两面均密被黄褐色腺点及短柔毛,顶端钝,具短尖,基部圆,边缘全缘或微呈波状,多少反卷。总状花序腋生,具多数花,总花梗短于叶,密生褐色的鳞片状腺点和短柔毛;苞片长圆状披针形,长 3~4 mm,褐色,膜质,外面被黄色腺点和短柔毛;花萼钟状,长 7~14 mm,密被黄色腺点及短柔毛,基部偏斜并膨大呈囊状,萼齿 5,与萼筒近等长,上部 2 齿大部分连合;花冠紫色、白色或黄色,长 10~24 mm,旗瓣长圆形,顶端微凹,基部具短瓣柄,翼瓣短于旗瓣,龙骨瓣短于翼瓣;子房密被刺毛状腺体。荚果弯曲呈镰刀状或呈环状,密集成球,密生瘤状突起和刺毛状腺体。种子 3~11 粒,暗绿色,圆形或肾形,长约 3 mm。花期 6—8 月,果期 7~10 月。

【生态学特征】 甘草生于干旱的钙质土壤上,喜干燥气候,耐严寒,常生于干旱、半干旱沙地、河岸砂质地、山坡草地、荒漠草原、沙漠边缘、黄土丘陵地带及盐渍化土壤上。甘草适应性强,抗逆性强,适宜于土层深厚、排水良好、地下水位较低的沙质土壤栽种,忌地下水位高和涝洼地酸性土壤。土壤酸碱度以中性或微碱性为宜。

【水土保持功能及利用价值】 甘草为多年生草本,地下根和根茎极发达,具有较强的抗旱、抗寒、耐盐碱和防风固沙的能力。对土质要求不严,喜生于干旱、半干旱地区钙质土上,可起到防风固沙的作用。在草原和荒漠草原上可成为优势植物,形成片状分布的甘草群落,对覆盖地表、防止水土流失具有重要意义。

甘草地上部分是畜牧业的良好饲草,地下根和茎可入药,有解毒、消炎、祛痰镇咳之效,可用于治疗胃及十二指肠溃疡、肝炎、咽喉红肿、咳嗽、痈节肿毒等症及脾胃虚弱、中气不足、咳嗽气喘、痈疽疮毒、腹中挛急作痛、缓和药物烈性、解药毒。此外,还可应用于食品、工业、饮料、卷烟、化工酿造等行业。

【栽植培育技术】 种子和根状茎繁殖。用种子繁殖时,由于甘草种皮质硬而厚,硬实率较高,透气、透水性差,播后不易出苗,最好在播前将种皮磨破、用硫酸法处理种子或用温水浸泡后用湿沙藏 30~60 d 播种,可加速种子的萌发,或用 60 ℃温水浸泡 4~6 h,捞出后放到温暖处,用湿布覆盖,每天用清水淋两次裂口露芽时可播种。有灌溉条件的地区,4 月中旬至 8 月中旬均可播种,4、5 份为最佳播种期。无灌溉条件,春季风沙危害严重地区以 5 月下旬至 6 月上旬播种最为理想。播种深度,沙质土壤播种深度 3 cm 为宜;

壤质土播种深度 2~3 cm,黏土 1.5~2 cm。播后一般当年幼苗灌水 3~4 次,翌年生长期内灌水 2~3 次,每次灌足灌透。

用根状茎繁殖时,选粗壮的 1 年生甘草苗,去掉须根,将主根截留 30~40 cm。4 月土壤解冻后,选水肥条件较好的农田,施肥 750~1 500 kg/hm²,开沟 8~12 cm,沟间距 15~20 cm,每沟 2 株,头对头放置,株距 15~20 cm,覆土 8 cm,每公顷用苗条约 10 500 株,栽后及时浇水。甘草幼苗喜光,生长缓慢,易受杂草侵害,应注意适时拔草和浅松土。生长期要预防锈病、白粉病、褐斑病及红蜘蛛、蚜虫、地老虎等病虫害的发生。栽培 2 年以后甘草的根状茎就可布满整块地段,就不需特殊管理了。

10.3.40　垂穗披碱草

【科属名称】　禾本科 Gramineae,披碱草属 *Elymus* L.

【形态特征】　多年生疏丛型草本。株高 50~
120 cm。根茎疏丛状,须根发达。秆直立,具 3 节,基
部节稍膝曲。基部和根出的叶鞘具柔毛;叶扁平,两
边微粗糙或下部平滑,上面疏生柔毛;下面粗糙或平
滑,长 6~8 cm,宽 3~5 mm。叶鞘除基部外均短于节
间;叶舌极短。穗状花序较紧密,通常曲折而先端下
垂,长 5~12 cm,穗轴边缘粗糙或具小纤毛,基部的 1、

2 节均不具发育小穗;小穗绿色,成熟后带有紫色,通常在每节生有 2 枚而接近顶端及下部节上仅生有 1 枚,多少偏生于穗轴 1 侧,近于无柄或具极短的柄,长 12~15 mm,含 3~4
朵小花;颖长圆形,长 4~5 mm,2 颖几相等,先端渐尖或具长 1~4 mm 的短芒,具 3~4 脉,脉明显而粗糙;外稃长披针形,具 5 脉,脉在基部不明显,全部被微小短毛,第一外稃长约
10 mm,顶端延伸成芒,芒粗糙,向外反曲或稍展开,长 12~20 mm;内稃与外稃等长,先端钝圆或截平,脊上具纤毛,其毛向基部渐次不显,脊间被稀少微小短毛。颖果,种子披针形,紫褐色,千粒重 2.85~3.2 g。花果期 6—8 月。

【生态学特征】　垂穗披碱草是野生种,在我国西藏及西北、华北等地都有分布。在海拔 2 700~4 000 m 的草甸草地上常为建群种。垂穗披碱草具有广泛的可塑性,喜生长在平原、高原平滩以及山地阳坡、沟谷、半阴坡等地方,在滩地、阴坡常以优势种与矮嵩草、紫花针茅组成草甸草场,在青藏高原海拔 3 500~4 500 m 的滩地、沟谷、阴坡山麓地带,生长高大茂盛,形成垂穗披碱草草场;在稍干旱的生境,常能占领茇茇草草场的空间,形成优势层片,与茇茇草、紫花茇茇草等组成茇茇草-垂穗披碱草草场;在路旁、沟边、河漫滩地能形成大片植丛或小片群落,在灌丛草甸,高山草甸上一般散生和零星生长,往往以伴生种掺入灌丛草甸草场。垂穗披碱草抗寒性极强,对高海拔地区的高寒湿润气候条件适应能力强,其垂直分布的上限可达海拔 4 500 m。对土壤要求不严,适应性较广,各种类型的土壤均能生长,能适应 pH 值 7.0~8.1 的土壤,并且生长发育良好。抗旱力较强,不耐长期水淹,过长则枯黄死亡。分蘖力强,再生性好,耐放牧践踏。垂穗披碱草对肥料的反应敏感,适时适量追施氮肥,既可大幅度地提高产量,又可延长草地利用年限。垂穗披碱草茎叶茂盛,当年实生苗只能抽穗,生长第二年一般 4 月下旬至 5 月上旬返青,6 月中旬至 7

月下旬抽穗开花,8月中、下旬种子成熟,全生育期102~120 d。

【水土保持功能及利用价值】 垂穗披碱草根茎分蘖能力强,当年实生苗一般可分蘖2~10个,土壤疏松时,可达22~46个,生长第二年分蘖数达30~80个,形成密集的茎叶层,有效覆盖地面。垂穗披碱草具有发达的根系,根深可达1 m以上,主要分布于表层40 cm左右,对土壤的固持作用极大,可很好地防止水土流失。垂穗披碱草质地较柔软,无刺毛、刚毛,无味,易于调制干草,属中上等品质牧草。成熟后茎秆变硬,饲用价值降低。从返青至开花前,茎秆幼嫩,枝叶茂盛,马、牛、羊最喜食,尤其是马最喜食,开花后期至种子成熟,茎秆变硬则只食其叶子及上部较柔软部分。调制的青干草(开花前刈割),是冬、春季马、牛、羊的良等保膘牧草。垂穗披碱草经栽培驯化后,在青海各地广泛种植,可建立人工打草场;与冷地早熟禾、草地早熟禾混播,建立打草、放牧兼用的人工草场。

【栽植培育技术】 种子繁殖:播种前于夏、秋季深翻地,适当施入底肥,并对种子作断芒处理。春、夏、秋均可播种,寒冷地区春播为宜,气候稍暖地区可以早播或夏秋播,但宜早不宜迟。当年播种时,应对土地进行耙糖镇压。播种量种子田15~22.5 kg/hm²,生产田22.5~30.0 kg/hm²,与其他牧草混播时,其播种量不少于单播量的60%~70%。垂穗披碱草可撒播、条播。生产田条播行距15~25 cm,种子田行距25~30 cm,坡地(<25°)条播,其行向与坡地等高线平行;播深3~5 cm。有灌水条件的地区,应早播,有利于提高当年产量。垂穗披碱草苗期生长缓慢,注意消灭杂草,有条件的地方可在拔节期灌水1~2次。生长2~4年的产量较高,第五年后产量开始下降,因此,从第四年开始要进行松土、切根和补播草籽,可延长草场使用年限。

10.3.41　冰草

【科属名称】 禾本科 Gramineae,冰草属 *Agropyron* Gaertn.

【形态特征】 多年生草本,须状根,密生,根系发达,外具沙套;疏丛型,秆直立,基部的节微呈膝曲状,高30~50(80) cm,条件好可达1 m以上,茎具2~3节。叶片扁平或常内卷,叶长5~10 cm,宽2~5 mm,质较硬而粗糙,常内卷,上面叶脉强烈隆起成纵沟,脉上密被微小短硬毛。叶鞘紧包茎。穗状花序直立,长2.5~5.5 cm,宽8~15 mm,小穗无柄,水平排

列紧密呈篦齿状,含4~7朵花,长10~13 mm,颖舟形,常具2脊或1脊,具略短于颖体的芒,被短刺毛;外稃长6~7 mm,舟形,被短刺毛,顶端具长2~4 mm的芒,内稃与外稃等长。多数为异花授粉多倍体。5月末抽穗,6月中下旬开花,7月中下旬种子成熟,9月下旬至10月上旬植株枯黄。一般生育期为110~120 d。千粒重2 g,种子50万粒/kg。

【生态学特征】 多生于干燥草地、山坡、丘陵以及沙地。冰草是草原区旱生植物,具有很强的抗旱能力和耐寒性,适宜生长在干燥寒冷的地区。对土壤要求不严,从轻壤土到重壤土,以及半沙漠地带均可种植,特别喜生长在干草原区的栗钙土壤上,有时在黏质土壤上也能生长。耐瘠薄,耐盐碱,不耐涝。在酸性沼泽、潮湿的地方少见。不耐夏季高温,夏季干热时停止生长,进入休眠,秋季又开始生长,春秋两季为主要生长季节。野生的冰

草往往是草原植物的伴生种。在平地、丘陵、山坡等干旱地区常见。

冰草属长寿命牧草,一般生活在 10 年以上。播种当年根系发育旺盛,向横深发展较快,在夏季便形成大量的分蘖枝,分蘖力很强,当年分蘖达 25~55 个,并能很快形成丛状。种子自然落地,可以自生,主根入土较深,可达 1 m 左右。冰草为冬性禾草,当年形成株丛,很少发育成生殖枝。冰草返青较早,4 月中旬返青,6 月中旬开花,7 月种子成熟,种子成熟后易脱落;11 月下旬枯黄。

【水土保持功能及利用价值】　冰草须根密生,根系发达,具沙套,入土较深,分蘖力强,抗逆性高,生活 2~3 年即可形成良好的草土层,护坡、固土、保沙的性能好,作用大。同时,冰草属下繁牧草,地面覆盖能力强,可有效地防治水土流失。因而,冰草是一种良好的保水固沙植物,也是草地改良、荒山种草、沟壑治理和水土保持备受推崇的草种。

冰草草质柔软,是干旱、半干旱地区草地改良和人工草地建设的优良牧草,营养价值较高。但是干草的营养价值较差,在幼嫩时马和羊最喜食,牛和骆驼喜食草,在干旱草原区把它作为催肥牧草,但开花后适口性和营养成分均有降低。冰草对于反刍家畜的消化率和可消化成分也较高,在干旱草原区是一种优良天然牧草。冰草属下繁牧草,产量较低,宜放牧利用。种子产量很高,产量为 300~750 kg/hm²,易于收集,发芽力颇强。因此,不少地方已引种栽培,并成为重要的栽培牧草,既可放牧又可割草;既可单种又可和豆科牧草混种,建立长期型放牧草地或刈割兼用草地;每年可割 2~3 茬,产干草 3 000~3 750 kg/hm²。冬季枝叶不易脱落,仍可放牧。

【栽植培育技术】　种子繁殖:冰草春、夏、秋均可播种,主要取决于土壤墒情。播前需精细整地。整细整平,并结合耕翻施有机肥料 15 000~22 500 kg/hm² 做基肥。播期在高寒地区宜于 5—6 月播种,干旱地区宜在夏秋雨后播种,其他水热条件好的地区可早春播种。条播、撒播均可;条播行距 20~30 cm,播量 15~22.5 kg/hm²,覆土 2~3 cm。出苗后要及时中耕、除草。也可以和苜蓿等混播。种子饱满,发芽率高,出苗快而整齐。种子发芽温度在 22~25 ℃,土壤温度和水分条件适宜时,播种后 5~7 d 即可萌芽。

生长四年的草地,草根大量絮结,土壤表层密实,通透性变劣,导致产量下降,应在早春牧草萌发前用轻耙切割,改进水分、空气状况,以提高产量,延长利用年限。刈割后应趁雨天追施氮肥以保增产。冰草应注意施肥,特别是单播的冰草要注意施氮肥。冰草再生力差,播种当年冬季可轻度放牧利用,但严禁早春与晚秋啃食践踏。割草可在抽穗期进行,过迟则茎叶变粗硬,饲用价值低。一年只可割草 1 次。种子成熟后自行脱落,应于蜡熟期收获,随割随运,以免落粒损失。

10.3.42　沙打旺

【科属名称】　蝶形花科 Fabaceae,紫云英属 Astragalus L.

【形态特征】　多年生草本,高 20~100 cm。全株被丁字形茸毛。根较粗壮,暗褐色,侧根较多,主要分布于 20~30 cm 土层内,根幅达 150 cm 左右,根上着生褐色根瘤。茎多数或数个丛生,直立或斜上,有毛或近无毛。奇数羽状复叶,小叶 9~25 片,叶柄较叶轴短;小叶长圆形、近椭圆形或狭长圆形,基部圆形或近圆形,上面疏被伏贴毛,下面较密;托叶三角形,渐尖,基部稍合生或有时分离。总状花序长圆柱状、穗状、稀近头状,生多数花,每个花序有小花 17~79 朵;总花梗生于茎的上部,较叶长或与其等长;花梗极短;花萼管状钟形,被黑褐色或白色毛或黑白混生毛;花冠近蓝色或红紫色,旗瓣倒卵圆形,花翼瓣和龙骨瓣短于旗瓣,瓣片长圆形,龙骨瓣瓣片较瓣柄稍短;子房被密毛。荚果长圆形,两侧稍扁,顶端具下弯的短喙,被黑色、褐色或黑白混生毛,假 2 室,内含褐色种子 10 余粒。花期 6—8 月,果期 8—10 月。

【生态学特征】　沙打旺分布广泛,抗逆性极强,对环境适应性很强,具有抗旱、耐寒、耐瘠薄、耐盐碱、抗风沙等特点。沙打旺喜温暖气候,同时具有抗寒能力,在年平均气温 8~15 ℃,年降水量 350 mm 以上地区生长良好;茎、叶能忍受地表最低气温为−30.0 ℃。沙打旺喜光,但也能耐一定程度蔽荫。沙打旺最适宜在富含钙质的中性到微碱性排水良好,疏松通气的沙壤土上生长,但它对土壤要求不严,即使在瘠薄的山地、沙丘、滩地、砾石、河床也能生长,但不耐涝,积水环境易造成烂根死亡。沙打旺耐盐碱性强,其适宜的土壤 pH 值为 6~8。但在 pH 值 9.5~10.0,全盐量 0.3%~0.4% 的盐碱地上,也可正常生长。沙打旺属旱生、中旱生植物,具有明显的旱生结构和落叶休眠特性;根系发达,可吸收深层水分,抗旱性极强,可在 50 cm 绝干土层持续 30 d 而不死。沙打旺因其吸水能力强,故种过沙打旺的土地易形成干土层。

【水土保持功能及利用价值】　沙打旺有较强的抗风沙能力,耐沙埋沙打,故名沙打旺。适于沙壤土上生长,茎叶繁茂,覆盖面积大,扎根快,生长迅速,现已成为我国北方水土保持、防风固沙最重要植物之一。沙打旺也是黄土丘陵区治理水土流失的优良草种,在种植沙打旺的坡地上,径流减少 55.6%,泥沙减少 46.7%。沙打旺根系发达,萌蘖能力很强,根颈上萌芽最多,枝条近地面部分叶腋处也有较少萌芽,能增加土壤有机质含量,改善土壤质地,增强土壤的抗蚀性和抗冲性。沙打旺耐盐性超过紫花苜蓿,是改良中轻度盐碱地的理想植物种之一。

沙打旺再生能力强,可连续利用 4~5 年。播种当年可收鲜草 7 555 kg 左右。第二年可刈割 7 次左右,产量逐年增加。鲜嫩的沙打旺营养丰富,粗蛋白和矿物质元素等含量较高,骆驼、牛、羊、猪均喜食,喂兔可与其他牧草混喂。

沙打旺根瘤多,固氮能力强,营养元素丰富,故为极好的绿肥植物;在能源缺乏的贫困地区,沙打旺又是较好的能源植物,可作燃料和沼气用原材料。沙打旺花期长达 45~60 d,花朵繁多,花粉含糖丰富,是良好的蜜源植物。沙打旺种子入药,为强壮剂,可治神经衰弱。

【栽植培育技术】　种子繁殖:沙打旺可以单种、间作、套作、混种。播前要求精细整地,在贫瘠地块种植应施入适量的厩肥和磷肥作底肥。沙打旺一年四季均可采用撒播、条播或穴播方式进行,不同地区依据气候条件决定播种期。风沙危害严重地区以雨季和初秋播种为好。可春播的地区,春播要早,最好顶凌播种。条播行距 30 cm,播深 1~2 cm,播量 7.5 kg/hm² 左右;穴播播量 3.75 kg/hm²。在河滩或沙丘上多采用撒播。飞播要注意立地类型选择,黄土地区应选择植被盖度在 20%~40% 的地类,风沙丘则选择植被稀少,地形稍平坦的地类。沙打旺苗期生长慢,应及时除草,特别注意清除菟丝子。在瘠薄少肥地区可施磷酸钙、钾肥和钼酸肥提高产量,有条件时可灌溉;生长期间注意病虫鼠兔害。沙打旺生长年限一般为5~6年,管理好可达10年以上。

10.3.43　无芒雀麦

【科属名称】　禾本科 Gramineae,雀麦属 *Bromus* L.

【形态特征】　多年生根茎型草本。根系发达,具横走短根状茎,分布于距地表面10~18 cm的土层中,根茎可生出大量须根。茎4~6节,圆形,直立,株高50~140 cm,无毛或节下具倒毛。叶披针形,长20~30 cm,宽4~8 mm,淡绿色,一般5~6片,叶缘具短刺毛;叶鞘圆形闭合,紧包茎,长度常超过上部节间,闭合叶舌膜质;无叶耳;茎、叶、节均光滑无毛。圆锥花序,长13~30 cm,较密集,花后开展;分枝长达10 cm,细且微粗糙,穗轴每节轮生2~3个枝梗,每枝梗着生1~2个小穗,1个小穗由4~8花组成,长15~25 mm;小穗轴节间长2~3 mm,生小刺毛;两片颖均为披针形,大小不等,膜质,狭而尖锐;外稃边缘膜质,具5~7脉,顶端微缺、具短尖头或短芒,内稃短于外稃,薄如膜。颖果,种子扁平,暗褐色,呈艇形,长7~9 mm。千粒重2.4~4.0 g。花果期6—7月。

【生态学特征】　无芒雀麦是一种产量高、叶量大、品质好、耐旱、耐寒、耐牧、长寿的优良牧草。多分布于山坡、道旁、河岸。目前人工栽培的都是引入种。无芒雀麦对环境适应性强,特别适于寒冷、干燥气候,不适于高温高湿条件。在特别干旱时休眠,但仍生存。它的耐寒性强,在冬季最低温度度-48 ℃(黑龙江,有雪覆盖)越冬率为83%;对土壤要求不太严格,壤土生长好,但在轻质砂土,轻度盐碱土上均能生长;耐水淹,能耐长达50 d的水淹。无芒雀麦抗干旱,但对水分敏感,生长期间,有灌溉条件,显著提高产量,最适宜生长在降雨400 mm左右的寒冷地区。

【水土保持功能及利用价值】　无芒雀麦具有发达的地下茎,播种当年根系入土深度达120 cm,入冬前可达200 cm,第二年,根重量达每公顷12 000 kg(0~50 cm土层),是地上部的2倍。根茎多生长在15 cm土层中,可形成密集的草皮层,极好地固持土壤。在沟壑、荒山荒坡种植,能形成良好草皮层,起到防蚀固土的作用。无芒雀麦叶量丰富,营养枝多,叶片占植株总重量的49.5%,叶层主要分布在40 cm以下地方,可有效覆盖地表,防止水土流失。因而无芒雀麦是具有水土保持和渠道堤岸护坡的优良草种。

无芒雀麦的叶量大,适口性好,营养丰富,具有很高的饲用价值,各种家畜都喜食。无芒雀麦返青早,枯黄迟,持青期特长,耐放牧践踏;再生性良好,加之寿命长,可以做干草、放牧、青贮。在冷季禾草中,为优良牧草之一。它经常和苜蓿、三叶草等混播建成优质的长期割草地或刈牧兼用草地。一般在3月上中旬返青,5月下旬至6月上旬抽穗,6—7月为花果期,11月上旬枯黄。无芒雀麦属中寿命牧草,一般10年左右,管理好的可持续30年不衰。

【栽植培育技术】　种子繁殖:播种前要重新脱打成单粒,去除杂质后播种无芒雀麦

播种时期取决于当地的土壤水分状况,一般秋播效果好。收草田播量 22.5~30 kg/hm²,
行距 30~40 cm,机械播种播深 3~4 cm,播后镇压 1~2 次。除草 2~3 次,抽穗期施氮肥或
氮磷混合肥可显著提高产量和质量。种子田行距 60~90 cm,播种量 11.25 kg/hm²。无芒
雀麦种子发芽率较高,播种 10~12 d 即可出苗,35~40 d 开始分蘖,大部分处于营养生长
状态。生长期间,要注意施 N、P、K 肥料。饲用草也可以和苜蓿、三叶草、野豌豆等混播,
混播草地可适当少施 N 肥。种子成熟后易脱落,要在脱落前收获。

10.3.44　老芒麦

【科属名称】　禾本科 Gramineae,披碱草属 *Elymus* L.

【形态特征】　多年生疏丛型草本,须根密集。

秆直立或基部稍倾斜,高 60~90 cm,粉绿色,具 3~4
节,3~4 个叶片,各节略膝曲。叶鞘光滑,下部叶鞘长
于节间,叶舌短,膜质。叶片扁平,内卷,长 10~
20 cm,宽 5~10 mm,两面粗糙或下面平滑。穗状花
序疏松下垂,长 15~25 cm,具 34~38 穗节,每节 2 小
穗,有时基部和上部的各节仅具 1 枚小穗,穗轴边缘
粗糙或具小纤毛;小穗灰绿色或稍带紫色,含 4~5 枚
小花;颖狭披针形,内外颖等长,长 4~5 mm,具 3~5 脉,外稃披针形,密被微毛,具 5 脉,脉
上粗糙,背部无毛,先端渐尖或具长达 4 mm 的短芒;芒稍开展或反曲,内稃与外稃几等
长,先端 2 裂,脊被微纤毛。颖果长椭圆形,易脱落,千粒重 3.5~4.9 g。花果期 8—9 月。

【生态学特征】　老芒麦的根系发达,入土较深,可以利用土壤深层水分,抗旱性较
强。属旱中生植物,在年降水量为 400~500 mm 的地区,可行旱地栽培。在干旱地区种
植,如有灌溉条件,可提高产量。老芒麦抗寒性强,冬季气温下降至-36~-38 ℃时,仍能
安全越冬,越冬率为 96% 左右,在青海、新疆、内蒙古、黑龙江等高寒地区栽培均能安全越
冬,生长良好。老芒麦对土壤的要求不严,在瘠薄、弱酸、微碱或含腐殖质较高的土壤中均
生长良好。在 pH 值 7~8 微盐渍化土壤中也能生长,具有广泛的可塑性,能适应较为复杂
的地理、地形、气候条件。

【水土保持功能及利用价值】　老芒麦的根系发达,春播第一年,根系的分布以土层
3~18 cm 处为最密,第二年根系入土可达 125 cm,分蘖节在表土层 3~4 cm 处;第三年的
根系产量(10~50 cm)可达 9 525 kg/hm²(干重)。庞大而密集着生的根系形成根网,起着
固持表土和改善土壤结构的作用。老芒麦植株较高,叶量大而不易脱落,能有效覆盖地
表,控制水土流失,是一种优良的水土保持植物。

老芒麦植株无毛、无味、开花前期各个部位质地柔软,花期后仅下部 20 cm 处茎秆稍
硬。叶量丰富,营养成分含量丰富,消化率较高,适口性好,马、牛、羊均喜食,特别是马和
牦牛喜食,可用来放牧和制干草,干草牲畜也喜食。牧草返青期早,枯黄期迟,绿草期较一
般牧草长 30 d 左右,从而提早和延迟了青草期,对各类牲畜的饲养有一定的经济效果,而
且也是冬春季节覆盖地面,控制土壤侵蚀的水土保持牧草。老芒麦再生性稍差,在水肥条
件好时,每年可刈割 2 次。可建立单一的人工割草地和放牧地,与其他禾草、豆科牧草混

播可以建立优质、高产的人工草地。

【栽植培育技术】 种子繁殖:播种前深翻土地,交错耙糖,使地面平整,并结合翻耕施足底肥,施有机肥 15 000~22 500 kg/hm²,过磷酸钙 225~300 kg/hm²,耙磨整平地面,进行播种。干旱地区播前要镇压土地;有灌溉条件的地区,可在播前灌水,以保证播种时墒情。春、夏、秋三季均可播种,秋播则应在初霜前 30~40 d 播种,宜早不宜迟。老芒麦种子具长芒,播种前应行截芒,播种量一般为 22.5~30 kg/hm²,种子田可酌量减少;与中华羊茅、草地早熟禾、花苜宿混播时,老芒麦的播量不低于其单播量的 60%~70%。可撒播、条播。生产田条播行距 15~25 cm,种子田条播行距 25~30 cm,坡地(<25°)条播,其行向应与坡地等高线平行,覆土 2~3 cm。大面积撒播应以 0.67~1.33 hm² 为单元分区划片播种。因苗期生长缓慢,春播应预防春旱和 1 年生杂草的危害。老芒麦对水肥反应敏感,有灌溉条件的地方,在拔节、孕穗期灌水结合施肥。老芒麦属上繁草,适于刈割利用,宜抽穗至始花期进行。北方大部分地区,每年刈割 1 次;水肥良好地区,可年刈割 2 次,年产干草 200~400 kg/亩。老芒麦种子极易脱落,采种宜在穗状花序下部种子成熟时及时进行,可产种子 50~150 kg/亩。可与山野豌豆、紫花苜蓿等豆科牧草混播,建成良好的人工草地。

10.3.45 羊草

【科属名称】 禾本科 Gramineae,赖草属 *Leymus* Hochst.

【形态特征】 多年生草本。具发达的下伸或横走的根状茎,须根系,具砂套。秆散生,直立,疏丛状或单生,高 30~90 cm,一般具 2~3 节,生殖枝可具 3~7 节。叶鞘光滑,短于节间基部的叶鞘常残留呈纤维状,叶具耳,叶舌截平,纸质;叶片灰绿色或黄绿色,质地较厚而硬,干后内卷,上面及边缘粗糙或有毛,下面光滑。穗穗状花序直立,长 7~15 cm,宽 10~15 mm,
穗轴边缘具细小纤毛,节间长 6~10 mm,基部节间长可达 16 mm,小穗长 10~22 mm,含 5~10 花,通常 2 枚生于一节,上部或基部者通常单生,粉绿色,成熟时变黄,小穗轴节间平滑,长 1~1.5 mm,颖锥状,等于或短于第一花,不覆盖第一外稃的基部,质地较硬,具不明显 3 脉,背面中下部平滑,上部粗糙,边缘微具纤毛;外稃披针形,具狭窄的膜质边缘,顶端渐尖或形成芒状小尖头,背部具不明显的 5 脉,基部平滑,第一外稃长 8~9 mm;内稃与外稃等长,先端常微 2 裂。花果期 6—8 月。

【生态学特征】 羊草是广泛分布的禾草,分布的范围,南起北纬 36°,北至北纬 62°,东西跨东经 120°~132° 的广泛范围内,中国境内约占一半以上。羊草具有广泛的生物可塑性,能适应多种复杂的生境条件,我国分布的中心在东北平原、内蒙古高原的东部和华北的山区、平原、黄土高原,西北各地也有广泛的分布。主要在半干旱半湿润地区,可以发育在沙壤质和轻黏壤质的黑钙土、栗钙土、碱化草甸土和柱状碱土的生境中,为我国温带草原地带性植物的优势种。羊草对土壤的 pH 值适应范围很小,对强酸性不能适应,喜在偏碱性的条件下生长。羊草为中旱生植物,喜湿润的砂壤或轻黏壤质土壤,当干旱板结时,根茎的生长受到限制。羊草适应性强,能耐旱、耐寒、耐盐碱,能在排水不良的轻度盐化草甸土和苏打盐土上良好生长,也能在排水较差的黑土和碳酸盐黑钙土、山坡、沙地上均能正常生长。

【水土保持功能及利用价值】　羊草是多年生草本,其根茎分蘖力强,可向周围辐射延伸,纵横交错,形成根网,具发达的下伸或横走的根状茎,极好地固持土壤,避免土壤侵蚀。在沙化草原,羊草是抵御风蚀、防风固沙的好材料。羊草茎叶密集,可同时进行克隆生长和种子繁殖以扩大种群,覆盖度高达80%以上,可很好地覆盖地表,控制水土流失。

羊草茎叶并茂,所含营养物质丰富,在夏秋季节是家畜抓膘牧草,也为秋季收割干草的重要饲草。羊草草原在东北及内蒙古东部草场中,占有极重要地位,牧民把羊草评为头等饲草,认为在春季有恢复体力,夏、秋季有抓膘催肥,冬季喂青干羊草有补料的作用。以羊草为主构成的草原牧草,富有良好的营养价值,适口性高,因此,羊草被称为牲畜的"细粮"。

【栽植培育技术】　种子繁殖和根茎繁殖。种子繁殖时,播种前应进行种子清选。羊草幼苗细弱,生长缓慢,出苗后10~15 d才发生永久根,30 d左右开始分蘖,产生根茎。有性繁殖的羊草,第一年生长缓慢,翌年返青后萌发新枝条,生长速度加快,开始郁闭,但第一、第二年产量不高。翌年返青后,枝条健壮,分蘖力强,根茎芽数量多,生长速度快,第二年即可利用。第三年有性繁殖和无性繁殖的羊草产量都达到高产,第四年至第八年达到高峰。播种的第四年,草丛密度逐渐稳定,覆盖可达80%以上。

羊草具有强大的根茎,在地下形成根网。根茎具有生长点、根茎节、根茎芽等,是重要的无性繁殖器官。每个根茎节上生长新芽,出土形成地上新枝,组成新的草丛。根茎繁殖时,先对羊草草地进行松耙耕翻,深度为10~20 cm,要求土地耙细整平,土壤疏松,通气良好,排水通畅,然后将分成小段的羊草根茎,长5~10 cm,每段有2个以上根茎节,按一定的行距、株距埋入开好的土沟,可以良好的成活发育。

羊草根茎进行无性繁殖,成活率高,生长快,产草量高,是建立羊草草地的迅速途径。开始退化的草地,经过浅耕翻耙,切断根茎,增加通透性,结合灌溉、施肥等管理措施,草地生产力可以得到恢复。

10.3.46　星星草

【科属名称】　禾本科 Gramineae,碱茅属 *Puccinellia* Parl.

【形态特征】　多年生草本。须根发达,深达1 m。秆丛生、直立或基部膝曲,灰绿色,疏丛型,高30~60 cm,直径约1 mm,具3~4节,节膝曲,顶节位于下部1/3处。叶鞘短于其节间,顶生者长5~10 cm,平滑无毛;叶舌膜质,长约1 mm,钝圆;叶片长2~6 cm,宽1~3 mm,对折或稍内卷,上面微粗糙。圆锥花序长10~20 cm,疏松开展,主轴平滑;分枝2~3枚生于各节,下部裸露,细弱平展,微粗糙;小穗柄短而粗糙;小穗含2~3小花,长约3 mm,带紫色;小穗轴节间长约0.6 mm;颖质地较薄,边缘具纤毛状细齿裂,第一颖长约0.6 mm,具1脉,顶端尖,第二颖长约1.2 mm,具3脉,顶端稍钝;外稃具不明显5脉,长1.5~1.8 mm,宽约0.8 mm,顶端钝,基部无毛;内

稃等长于外稃,平滑无毛或脊上有数个小刺;花药线形,长 1~1.2 mm。花果期 6—8 月。

【生态学特征】 星星草适应性强,可塑性大,在华北、东北生长发育好,在青藏高原海拔 3 700 m 以上,年平均气温在 0~2 ℃ 地区,也能很好的生长发育。星星草耐寒,在青藏高寒牧区,冬天温度达 -38 ℃,且无积雪的情况下能良好越冬;在 -2 ℃ 就能返青;苗期在 -5~-3 ℃ 低温能照常生长,仅上部梢枯干。星星草根系发达,干旱时叶子卷成筒状,以减少蒸腾,有较强的抗旱能力。

星星草分蘖能力强,播种当年可分蘖 24~46 个,第二年可达 40~75 个,水、土、肥条件好,土壤疏松可分蘖百个以上,固有耐践踏、耐牧性强的优点。星星草对土壤要求不甚严格,并耐瘠薄,喜潮湿、微碱性土壤,在土壤 pH 8.8 时能良好生长,土壤 pH 值达 9~10 时仍能生长,在松嫩草原广布苏打盐碱土区,尤其能在盐碱湖(泡)周围及盐碱低湿地上生长,是典型的改良盐碱地的优良牧草。在青藏高原喜生于平滩地、水沟、渠道、山地阴坡、低洼沟谷等地。星星草返青早,一般 4 月上中旬返青,5 月中旬孕穗,6 月上旬开花,7 月中旬种子成熟,生长期长达 200~210 d。

【水土保持功能及利用价值】 星星草根系发达,须根多而稠密,第一年实生苗根系入土可达 60 cm 以上,第二年入土深可达 1 m,能充分固持土壤使之免于流失。星星草叶片集中在中下层,为中繁禾草,覆盖地面效果好。星星草分蘖能力强,播种第二年分蘖可达 40~75 个甚至上百个,能形成郁闭的草丛,发挥截留、分散地表径流的作用。星星草能耐盐碱,可在 pH 9~10 时仍能生长,是改良盐渍土的优良牧草。

星星草营养枝多,叶量较大,不落叶,茎叶柔软;其饲用价值高,营养丰富,含蛋白质多,抽穗期、开花期蛋白质含量为 17.00% 和 16.22%,可与紫苜蓿相比,且灰分少,粗纤维含量亦低。星星草适口性好,品质优良,为中上等牧草。青草马、牛、羊、驴、兔最喜食,开花前期的青草马、牛、羊仍喜食,制成干草粉猪也喜食。星星草春季返青早,生长快,寿命长,可利用 8 年左右,产量中等而较稳定。每年可刈割 1~2 次,一般产青草 24 000~31 500 kg/hm²,干草 5 250~6 750 kg/hm²。各种利用方式均可,适时刈割,可调制干草或放牧;栽培宜建立放牧及牧、割兼用草地。此外,星星草也是水土保持与改良盐渍化土壤的优良牧草。

【栽植培育技术】 种子繁殖:因种子小,要求精细整地,秋翻施肥、耙糖保墒灭草。土壤水分适宜,春播为好;春旱地区夏播、早秋播为宜,播前应镇压。东北地区以 7 月下旬至 8 月上旬为宜,青藏高原晚不能超过 7 月中旬,否则生长期过短,不利于越冬。采草用可行条播或撒播,条播行距 30 cm,播种量为 45~52.5 kg/hm²;采种用可垄播,垄距 66 cm,播量 30 kg/hm²;放牧用时,宜与其他数种牧草实行混播。播深 1~2 cm,播后镇压。当年生长缓慢需加强保护。混播可提高产草量。

10.3.47 紫花苜蓿

【科属名称】 蝶形花科 Fabaceae,苜蓿属 *Medicago* L.

【形态特征】 多年生草本,高 30~100 cm。根粗壮,深入土层,根颈发达。茎直立、丛生以至平卧,四棱形,无毛或微被柔毛,枝叶茂盛。羽状三出复叶,托叶大,卵状披针形,先端锐尖,基部全缘或具 1~2 齿裂,脉纹清晰;叶柄比小叶短,顶生小叶柄比侧生小叶柄略长。

小叶长卵形、倒长卵形至线状卵形,等大,或顶生小叶稍大,长 10~25 mm,宽 3~10 mm,纸质,先端钝圆,具由中脉伸出的长齿尖,基部楔形,边缘 1/3 以上具锯齿,上面无毛,深绿色,下面被贴伏柔毛,侧脉 8~10 对,与中脉成锐角,在近叶边处略有分叉;顶生小叶柄比侧生小叶柄略长。花序总状或头状,长 1~2.5 cm,具花 5~  30 朵;总花梗挺直,比叶长;苞片线状锥形,比花梗长或等长;花长 6~12 mm;花梗短,长约 2 mm;萼钟形,长 3~5 mm,萼齿线状锥形,比萼筒长,被贴伏柔毛;花冠各色:淡黄色、深蓝色至暗紫色,花瓣均具长瓣柄,旗瓣长圆形,先端微凹,明显较翼瓣和龙骨瓣长,翼瓣较龙骨瓣稍长;子房线形,具柔毛,花柱短阔,上端细尖,柱头点状,胚珠多数。荚果螺旋状紧卷 2~4 圈,中央无孔或近无孔,径 5~9 mm,被柔毛或渐脱落,脉纹细,不清晰,熟时棕色;有种子 10~20 粒。种子卵形,长 1~2.5 mm,平滑,黄色或棕色。花期 5—7 月,果期 6—8 月。

【生态学特征】 紫花苜蓿喜温暖和半湿润到半干旱的气候,耐寒性强,幼苗能耐 5~6 ℃寒冷,成株能耐-30 ℃的低温,有雪覆盖可以耐-40 ℃以下的低温。生长适宜温度 25 ℃左右。紫花苜蓿对土壤选择不严,除黏重土、低湿地、盐碱地以外,从沙土至轻黏土均能生长。但喜土质疏松、排水良好、富含钙质,pH 值 6~8 的土壤,成株苜蓿能耐 0.3%的含盐量。不耐水淹,生长期间 24~48 h 水淹,会大量死亡。紫花苜蓿抗干旱,但需水量很大。适宜生长在年降水量 500~800 mm 的地区,在温暖干燥有灌溉的条件下生长最好。夏季多雨、湿热对苜蓿的生长极为不利。年降水超过 1 000 mm 的地区不宜种植。

紫花苜蓿的生长年限因地区和品种不同而异。在干燥地区有生长 25 年以上的记载,最多有 45 年,但在潮湿地区仅 4~5 年。一般苜蓿在 3~4 年产量最高,第 7 年则有下降的趋势。

【水土保持功能及利用价值】 紫花苜蓿是优良的水土保持植物,它茎叶繁茂,根系发达,在拦截径流,防止冲刷,减少水土流失方面的作用十分显著。在同一地块上种植作物与紫花苜蓿,苜蓿地的雨水流失量仅是作物地的 1/16,土壤冲刷量仅是作物地的 1/9。中国科学院西北水土保持研究所测定,苜蓿地的冲刷量为 93 kg/hm²,农地和闲地的冲刷量为 3 570~6 750 kg/hm²。紫花苜蓿地土壤饱和含水量比空旷地增加 6.18%,土壤饱和贮水量增加 720.5 t/hm²,渗透速度是空旷地的 2.42 倍。紫花苜蓿根系发达,主根肥厚,分布于 75 cm 土层中的根量占 60%以上,主根一般入土深度达 2~6 m;30 cm 土层内须根量占总须根量的 78.26%,其固持土壤作用强。因此,在荒地荒坡及陡坡地上种植苜蓿,能大大减少土壤的冲刷量和流失量,增强土壤稳定性的抗冲能力。

紫花苜蓿茎叶营养价值高,产量高,品质好,利用方式多,适口性好,经济价值最高,有"牧草之王"的美称。紫花苜蓿可以做青刈、干草、青贮、青饲、打浆、干制成干草或干草粉利用,其营养丰富,粗蛋白质和灰分含量都比较高,营养价值可与麦麸、豆饼等精饲料相媲美。其干草营养成分中维生素含量较高。此外,还有各种色素及许多对家畜生长发育有益的未知生长素,是大小牲畜都喜食的饲草。苜蓿的根极为发达,并生有大量根瘤,增氮改土作用极为显著此外,苜蓿还是良好的蜜源植物。

【栽植培育技术】 种子繁殖:人工紫花苜蓿地需选择深厚、肥沃的土壤,播种前须整地和进行种子处理。整地务必要精细，要深耕细耙，上松下实，以利于出苗。有灌溉条件的地方，应先灌水，后播种。整地播种后要先镇压，以利保墒。种子处理可采用碾米机碾磨，或播前晒 2~3 d，或在 150~160 ℃高温下处理 15 min，以提高发芽率和出苗的整齐度。播种深度为 1~2 cm，沙性土壤可在 3 cm 左右，春播时深一些，夏播则浅。播种方法可采用穴播、地面撒播、飞播和条播。地面撒播后一般需镇压；条播用播种机，行距 20~40 cm，东北贫瘠地行距以 30~40 cm 为宜，肥沃地行距 50~60 cm 为宜，然后镇压。密行条播可很快覆盖地面，抑制杂草，提高产量、质量。宽行（带）种植，生长健壮分枝多，可提高产量、质量。播期在西北、东北和内蒙古地区以 4—7 月为宜，不适于 8 月上旬；华北地区 3—9 月播种，以 8 月为佳。土壤墒情好，以春播为好，春播尽量提早，有些地方秋播或冬播，争取早出苗，免受春旱，烈日，杂草危害，当年即可有收获。播种量根据土壤肥力和播种条件而有所不同，一般为10.5~18.75 kg/hm^2。播后需做好灌水、施肥、除草等田间管理，促进丰产稳产。紫花苜蓿的最佳刈割期为 10%开花期，刈割后一般留茬 5 cm 左右为宜。

10.3.48 黄花苜蓿

【科属名称】 蝶形花科 Fabaceae，苜蓿属 *Medicago* L.

【形态特征】 多年生草本，高 40~100 cm。主根粗壮，木质，须根发达。茎平卧或上升，圆柱形，多分枝。羽状三出复叶；托叶披针形至线状披针形，先端长渐尖，基部戟形，全缘或稍具锯齿，脉纹明显；叶柄细，比小叶短；小叶倒卵形至线状倒披针形，长 8~15 mm，宽 2~5 mm，先端近圆形，具刺尖，基部楔形，边缘上部 1/4 具锐锯齿，上面无毛，下面被贴伏毛，侧脉 12~15 对，与中脉成锐角平行达叶边，不分叉；顶生小叶稍大。

花序短总状，长 1~2 cm，具花 6~20 朵，稠密，花期几不伸长；总花梗腋生，挺直，与叶等长或稍长；苞片针刺状，长约 1 mm；花长 6~9 mm；花梗长 2~3 mm，被毛；萼钟形，被贴伏毛，萼齿线状锥形，比萼筒长；花冠黄色，旗瓣长倒卵形，翼瓣和龙骨瓣等长，均比旗瓣短；子房线形，被柔毛，花柱短，略弯，胚珠 2~5 粒。荚果镰形，长 10~15 mm，宽 2.5~3.5 mm，脉纹细，斜向，被贴伏毛；有种子 2~4 粒。种子卵状椭圆形，长 2 mm，宽 1.5 mm，黄褐色，胚根处凸起。花期 6—8 月，果期 7—9 月。

【生态学特征】 黄花苜蓿生长慢，再生性差，但抗逆性强，比紫花苜蓿抗寒、耐旱、耐盐碱、耐牧性强，是苜蓿育种中优良种子。黄花苜蓿对土壤要求不严，在黑钙土、栗钙土和盐碱土上均能良好生长，喜稍湿润而肥沃的沙壤土。耐寒、耐旱、耐风沙、抗病虫害，在一般紫花苜蓿不能越冬的地方，本种皆可越冬生长，属于耐寒的旱中生植物。适应于年积温 1 700~2 000 ℃及降水量 350~450 mm 的气候条件范围内，多生于砂质偏旱耕地、山坡、草原及河岸杂草丛中，在平原、河滩、沟谷、丘陵间低地等低湿生境的草甸中也多见，稀进入森林边缘。

【水土保持功能及利用价值】 黄花苜蓿为多年主轴根牧草，其主根发达，在干燥疏松的土壤上，主根可伸入土中 2~3 m，从而较好地固持土壤。其分枝能力甚强，分枝多，可达

20~50个,营养体繁茂,可有效增加地面覆盖,减缓地表径流和风速,防止水土流失。国外尤其在俄罗斯黄花苜蓿多在山坡种植用于固坡,效果显著。其适宜的盐含量在土壤溶液中由0.9%~1.75%不等,适合在大面积盐渍化土壤上栽培,以改良盐碱土。黄花苜蓿具有广泛分布的根系和其特有的旱生结构,使其能在干旱地区甚至沙漠地区持续生长。因此,种植黄花苜蓿对改良土壤、改善环境、提高农牧区人民生活水平、促进畜牧业具有重要意义。

黄花苜蓿为优良饲用植物。青鲜状态为各种家畜,如羊、牛、马所最喜食。牧民称其对产乳畜有增加产乳量的作用;对幼畜有促进发育的功效,还认为是一种具有催肥作用的牧草。种子成熟后的植株,家畜仍喜食。冬季虽叶多脱落,但残株保存尚好,适口性并未见显著降低,可利用较长时间。制成干草时,也为家畜所喜食。黄花苜蓿具有优良的营养价值,含有较高的粗蛋白质,但结实之后,粗蛋白质含量下降较明显。

【栽植培育技术】　黄花苜蓿的栽培技术与紫苜蓿相同。但黄花苜蓿苗期生长极缓慢,应加强管理。新种子硬实率较高,最高可达70%以上,所以播种前应进行种子处理,以提高出苗率。

黄花苜蓿其形态一般颇似紫花苜蓿,主要的区别是:黄花苜蓿的花序为黄色,荚果直或略弯呈镰刀形,而紫花苜蓿花为紫色,荚果为螺旋状。

10.3.49　紫云英

【科属名称】　蝶形花科 Fabaceae,紫云英属 *Astragalus* L.

【形态特征】　紫云英为1年生或2年生草本,主根肥大,侧根发达,主侧根均着生根瘤。多分枝,匍匐,高 10~30 cm,被白色疏柔毛。奇数羽状复叶,具7~13 片小叶,长 5~15 cm;叶柄较叶轴短;托叶离生,卵形,长 3~6 mm,先端尖,基部互相多少合生,具缘毛;小叶倒卵形或椭圆形,长 10~15 mm,宽 4~10 mm,先端钝圆或微凹,基部宽楔形,上面近无毛,

下面散生白色柔毛,具短柄。总状花序生 5~10 朵花,呈伞形;总花梗腋生,较叶长;苞片三角状卵形,长约 0.5 mm;花梗短;花萼钟状,长约 4 mm,被白色柔毛,萼齿披针形,长约为萼筒的 1/2;花冠紫红色或橙黄色,旗瓣倒卵形,长 10~11 mm,先端微凹,基部渐狭成瓣柄,翼瓣较旗瓣短,长约 8 mm,瓣片长圆形,基部具短耳,瓣柄长约为瓣片的 1/2,龙骨瓣与旗瓣近等长,瓣片半圆形,瓣柄长约等于瓣片的 1/3;子房无毛或疏被白色短柔毛,具短柄。荚果线状长圆形,稍弯曲,长 12~20 mm,宽约 4 mm,具短喙,黑色,具隆起的网纹;种子肾形,栗褐色,长约 3 mm。花期 2~6 月,果期 3~7 月。千粒重 3~3.5 g,含种子 28×10^4~30×10^4粒/kg。

【生态学特征】　紫云英喜温和气候,幼苗期 3 ℃即停止生长。-10~-5 ℃叶片出现冻害,壮株能耐-19~-17 ℃低温。紫云英对土壤要求不严,但不耐贫瘠;喜湿润和排水良好的土壤,怕干旱、盐渍,不耐盐碱,在含盐量 0.05%~0.1%生长明显受阻。紫云英发芽所需最适温度 15~25 ℃。播种后 1 周左右出苗,1 个月左右形成 6~7 片真叶,开始分枝。花期前后,茎伸长最快,终花期停止生长。南方各地 4 月上旬开花,多数 5 月上旬种子成熟。

【水土保持功能及利用价值】 紫云英是一种良好的水土保持植物。紫云英播种的第二年返青后一个半月即可全部覆盖地面,在冬春季覆盖地面达 4~5 个月之久,且根系发达,地下根茎多,可向四处蔓延,盘根错节,固结土壤力强,可以减少土壤养分的流失和雨水对土壤表层的冲刷,改善土壤生态系统,有利于保护环境。

紫云英是上等优质饲料和绿肥作物。紫云英茎叶富含蛋白质、脂肪等营养物质,纤维素少,是猪的优良青饲料,牛、羊、马、兔也喜食。既可青饲,也可调制干草、干草粉或青贮饲料。紫云英固氮能力强,固氮 111~222 kg/hm²,是南方培肥地力的主要绿肥植物。紫云英是自然界中为数较少的富硒植物种类之一,可运用其生物学特性开发紫云英有机硒产品。紫云英 3—5 月开花,花期长,花色多样,可做园林景观植物;而且其花是优良的蜜源植物。紫云英在冬春季覆盖地面达 4~5 个月之久,可以减少土壤养分的流失和雨水对土壤表层的冲刷,是冬春季优良的地被植物,可以弥补冬春季草坪草较少的缺陷。同时,紫云英全草水煎内服,可明目驱风,利尿解热,捣烂外敷或干草研成粉状调服,还可治淋病、神经病、疥癣、脓疡、痔疮、喉痛水疖等。紫云英根可治肝炎、浮肿、白带、月经不调;种子可补肾固精。

【栽植培育技术】 主要用种子繁殖。播种量 3.75~7.5 kg/hm²,撒播、穴播均可。播种时间春播以日平均气温 5 ℃以上较好;秋播以 25 ℃为宜,最早 8 月下旬,最晚到 11 月中旬,一般以 9 月上旬至 10 月中旬为宜。播种前需进行晒种、擦种、浸种及根瘤菌和磷肥拌种等处理。未播过紫云英的土地应接种根瘤菌剂,一般用量为 4 g/kg 根瘤菌。南方多采用收获后稻田直接撒播,或翻耕撒播,也可整地条播、点播。播种时施以草木灰拌磷矿粉,用人粪尿拌种,可促进萌芽与生长。紫云英生长期间注意排水。留种田选择排水良好,肥力中等,非连作沙质土地为宜。荚果 80% 变黑,即可收获。紫云英可与果树、茶、桑套种,和小麦、大麦、油菜、蚕豆间作混种。

10.3.50 野牛草

【科属名称】 禾本科 Gramineae,野牛草属 *Buchloe* Engelm

【形态特征】 多年生低矮草本。具匍匐茎。秆高 5~20 cm,细弱。叶片线形,长 10~20 cm,宽 0.1~0.2 cm。叶片两面均生有细小柔毛,灰绿色。雌雄同株或异株,雄穗状花序 1~3 枚,排列成总状;雄花序成球形,为上部有些膨大的叶鞘所包裹;雄性小穗含 2 小花,无柄,成二列紧密覆瓦状排列于穗之一侧;颖较宽,不等长,具 1 脉;外稃长于颖,白色,先端稍钝,具 3 脉;内稃约等长于外稃,具 2 脊;雌性小穗含 1 小花,常 4~5 枚簇生成头状花序,此种花序又常两个并生于一隐藏在上部叶鞘内的共同短梗上,成熟时自梗上整个脱落;第一颖位于花序内侧,质薄,具小尖头,有时亦可退化;第二颖位于花序外侧,硬革质,背部圆形,下部膨大,上部紧缩,先端有 3 个绿色裂片,边缘内卷,脉不明显;外稃厚膜质,卵状披针形,背腹压扁,具 3 脉,下部宽而上部窄,亦具 3 个绿色裂片,中间裂片特大;内稃约与外稃等长,下部宽广而上部卷折,具 2 脉。

【生态学特征】 适应性强,喜光,耐旱、耐热、耐寒、耐瘠薄。在我国东北、华北,有积雪覆盖条件下,-34 ℃仍可安全越冬。极耐旱,北方2—3月严重干旱条件下,仍不致死亡。与杂草竞争能力也很强。但在北京地区,返青较晚,枯黄早,绿期只有180~190 d,在新疆,只有160 d左右。生长迅速,野牛草当年生匍匐茎可生长40 cm,5月栽植,8月可覆盖地面70%以上。抗旱性强,适于在缺水地区或浇水不方便的地段铺植。生命力强,与杂草竞争力强,可节省人力物力。对土壤酸碱度适应范围很宽,可耐盐碱,在含盐量1%时仍能生长良好。抗病虫能力强,可减少施药量,从而减轻对环境的污染。

【水土保持功能及利用价值】 因该草具有枝叶柔软、较耐践踏、繁殖容易、养护管理粗放和抗逆性强等优点,所以被广泛用作温暖半湿润、半干旱及过渡带的草坪建植,具有良好的水土保持功能。一旦成坪,只要稍加养护,就可维持良好的草坪品质。常用于公园、墓地、体育场、机场和路边的草坪,栽种野牛草作为覆盖地面材料,既能保持水土,防止冲刷,又能增添绿色景观,现在广泛用于草坪绿地,尤其是北方干旱地区边坡与工程措施相结合实施的综合护坡工程。

野牛草具有抗二氧化硫和氟化氢等气体的性能,已广泛用于冶金、化工等污染较重的工矿企业绿地。另外,野牛草对于治疗咳嗽,喉咙痛与血液循环失调,具有良好的效用。

【栽植培育技术】 生产上有种子和营养繁殖。但由于其结实率低,采种困难,故各地多采用分株繁殖或匍匐茎埋压的办法。以春秋季繁殖栽培较好。用种子繁殖,在种植之前通常深耕20~25 cm,清除瓦砾,施入基肥。平整土地时,中部应略高于四周,一般坡度应为2%~5%。播种量14~20 g/m²,播种深度0.6~1.5 cm。如分栽,穴栽距离20 cm,分栽后立即浇水,保证湿度,通常5~7 d成活。野牛草再生能力强,生长快,植株也较高,为保证形成好的草坪,注意修剪,修剪高度3~5 cm,全年修剪3~5次。野牛草是寿命较长的草,在一般管护条件下,可保持5~7年。有的在20年以上。

栽植可在5月中旬铺植,使用间铺法,即将草皮切成约7 cm×12 cm的小块,采用铺砖的方式,各块之间相距3~6 cm,铺植面积占总面积的1/3,在铺植时要按草皮厚度在植草皮处挖去一部分土,使草皮高度与地面一致。草皮铺设后即可镇压,随后浇水,8月就能成坪了。

10.3.51 结缕草

【科属名称】 禾本科 Gramineae,结缕草属 *Zoysia* Willd.

【形态特征】 多年生草本。具横走根茎,须根细弱。秆直立,高15~20 cm,基部常有宿存枯萎的叶鞘。叶鞘无毛,下部者松弛而互相跨覆,上部者紧密裹茎;叶舌纤毛状,长约1.5 mm;叶片扁平或稍内卷,长2.5~5 cm,宽2~4 mm,表面疏生柔毛,背面近无毛。总状花序呈穗状,长2~4 cm,宽3~5 mm;小穗柄通常弯曲,长可达5 mm;小穗长2.5~3.5 mm,宽1~  1.5 mm,卵形,淡黄绿色或带紫褐色,第一颖退化,第二颖质硬,略有光泽,具1脉,顶端钝头或渐尖,于近顶端处由背部中脉延伸成小刺芒;外稃膜质,长圆形,长2.5~3 mm;雄蕊3枚,花丝短,花药长约1.5 mm;花柱2枚,柱头帚状,开花时伸出稃体外。颖果卵形,长1.5~2 mm。花果期5—8月。

【生态学特征】　喜温暖、湿润气候,气温20~25 ℃生长最为茂盛,30~32 ℃生长速度减弱,36 ℃以上生长缓慢或停止,但极少出现夏枯现象。在10~12 ℃之间开始褪色,冬季休眠。抗旱、耐热力强,可在干旱条件下生长。由结缕草形成的草坪,有很强韧度和弹性,耐磨、耐践踏、耐修剪,病害也较少。匍匐枝生长较慢,成坪慢,一旦出现空秃,恢复较慢。结缕草绿期较短,长江以南,4月上旬返青,12月上旬即渐枯黄,绿期约260 d。华北及东北南部地区,绿期只有180 d左右。

【水土保持功能及利用价值】　结缕草地上部分质地坚韧而富弹性,根系发达而形成根网,叶多而密集,形成草坪或草地后弹性好,耐践踏。结缕草由于长势旺盛,枝叶密集,盘根交错,不仅耐牧,而且在其生长过程中还能将杂草逐步挤掉,因此,它是一种优良的牧草,耐磨、耐践踏,适宜的土壤和气候条件下,结缕草形成致密、整齐的优质草坪,广泛用于温暖潮湿和过渡地带的庭园草坪、操场、运动场和高尔夫球厂、发球台、球道及机场等使用强度大的地方。结缕草具横走根茎,易于繁殖,是良好的固土护坡植物,也广泛用于滑雪场滑雪道的坡面水土流失防护,也用于庭院、公路和铁路两侧的固土护坡草坪。结缕草鲜茎叶气味纯正,耐牧性强,再生力也较好,农区农林隙地草场可连续放牧,为优质牧草。

【栽植培育技术】　结缕草对土地选择不严格,但为了保证全苗、壮苗,在播种前对土地一定要深翻、细耙、整平,并结合清除碎石、残渣施入适量有机肥料,灌1次透水。结缕草以4月下旬至5月上、中旬,当5 cm地温稳定在10 ℃以上时为播种适期。播后覆土深度最多不得超过0.3 cm,以盖严种子为宜。进行地面覆盖为提高地温,减少蒸发,节省浇水次数,保证全苗、壮苗和降低成本的重要措施。结缕草种皮含有大量蜡质,使种子吸水困难,不易发芽,因此,播前必须进行化学处理,用0.8%的氢氧化钠水溶液浸种16 h,然后用清水淘洗10~15遍,至水清为止,再用清水浸泡8 h,最后再淘洗1~2次,捞出种子晾干准备催芽播种。催芽方法:将种子用其容积2倍的湿沙拌匀,装入浅筐,搬到室外,用薄膜覆盖,保持相对湿度70%,经8~10 d种子开始萌动,即可播种。结缕草种子成熟度高,千粒重为700 mg。采取撒播或条播方法均可。结缕草播种后,一定要加强苗期管理,从种子萌芽到幼苗期,都需要有充足的水分。幼苗期要经常清除杂草,是保证幼苗苗壮生长的关键。幼苗开始分蘖时,要结合除草进行第一次疏苗,达到幼苗之间互不挤靠为宜。分蘖盛期进行定苗,条播按行距4 cm,株距按2~3 cm,撒播按2 cm×3 cm为标准留苗。间苗、定苗要在雨后或灌溉后进行。间苗、定苗后还应及时灌水,以防透风伤根。

为了保证苗期有充足的养分供应,必须进行追肥,腐熟的人粪尿或硫铵、尿素均可。侵害结缕草的病害主要是锈病,可喷洒150倍的波尔多液预防,发病后用28波美度的石硫合剂稀释液120~170倍喷洒,危害结缕草最大的虫害是蝼蛄,播种时要使用毒饵拌种,播种后要经常检查,一旦发现,及时防治。

营养繁殖一般采用分株繁殖,在生长季内均可进行。成行栽种,行距5~20 cm,3~4个月即可覆盖地面。

10.3.52　中华结缕草

【科属名称】　禾本科 Gramineae,结缕草属 Zoysia Willd.

【形态特征】　多年生禾本科草本植物。具横走根茎。秆直立,高13~30 cm,茎部常具宿存枯萎的叶鞘。叶鞘无毛,长于或上部者短于节间,鞘口具长柔毛;叶舌短而不明显;叶片淡绿或灰绿色,背面色较淡,长可达 10 cm,宽 1~3 mm,无毛,质地稍坚硬,扁平或边缘内卷。总状花序穗形,小穗排列稍疏,长 2~4 cm,宽 4~5 mm,伸出叶鞘外;小穗披针形或卵状披针形,黄褐色或略带紫色,长 4~5 mm,宽 1~1.5 mm,具长约 3 mm 的小穗柄;颖光滑无毛,

侧脉不明显,中脉近顶端与颖分离,延伸成小芒尖;外稃膜质,长约 3 mm,具 1 条明显的中脉;雄蕊 3 枚,花药长约 2 mm;花柱 2 枚,柱头帚状。颖果棕褐色,长椭圆形,长约 3 mm。花果期 5—10 月。

【生态学特征】　喜温暖、湿润气候,喜光,较耐阴湿。抗逆性强,抗旱,耐践踏,耐瘠薄,适合在黄河流域以南温暖地区生长。春季返青早,绿期长,在华东可达 270 d。适应能力较强,是我国东南沿海地区的优良暖季型草坪草,应用范围较广,可用于庭院绿地、运动场水土保持。

【水土保持功能及利用价值】　由于中华结缕草具有强大的地下茎,节间短而密,每节生有大量须根,分布深度多在 20~30 cm 的土层内,叶片较宽厚、光滑、密集、坚韧而富有弹性,抗践踏,耐修剪,还是极好的运动场和草坪用草。中华结缕草地下茎盘根错节,十分发达,形成不易破裂的成草土,叶片密集、覆被性好,具有很强的护坡、护堤效益,所以又是一种良好的水土保持植物。中华结缕草具有抗踩踏、弹性良好、再生力强、病虫害少、养护管理容易、寿命长等优点,已普遍应用于全国各地的足球场、高尔夫球场、自行车赛车场、棒球场等体育运动场地。该草形成的草坪低矮平整,茎叶纤细美观,又具一定的弹性,加上侵占力极强,易形成草皮,所以常栽种于花坛内作封闭式花坛草坪或作草坪造型供人观赏。中华结缕草鲜茎叶气味纯正,马、牛、驴、骡、山羊、绵羊、奶山羊、兔皆喜食,鹅、鱼亦食。耐牧性强,再生力也较好,农区农林隙地草场可连续放牧。

【栽植培育技术】　播种繁殖:华北地区播种期宜在雨季之后,即 7 月底 8 月初。播种前要先行种子处理,用 0.5%氢氧化钠溶液浸泡 24 h,再用清水洗净、晾干后播种。播后 10~13 d 发芽,20 多天齐苗。

营养繁殖:多采用分株法,从 5 月中旬至 8 月中旬均可进行。先将中华结缕草掘出,把盘结在一起的枝蔓分开,埋入预先准备好的土畦中,成行栽种,行距 15~20 cm,3~4 个月后可长满。如铺建草坪,也可直接起草块,草块 20 cm×20 cm,厚 5~6 cm。修建草坪时,首先要设计好排水系统,必要时要设地下排水设施,然后整地,施足底肥,去除石块。铺时草块要平,草块间留有 2~3 cm 的缝隙,用土添满、压实,喷足水即可。铺草块建草坪见效快,效果好,但必须有供应草块的草圃。草坪的养护管理十分重要。在生长旺盛季节,一个星期要修剪 1~2 次,以保证草的高度在 1~3 cm,才符合各种球类运动场草坪的要求。为了控制好球场草坪的高度,而且草色浓绿,就要加强草坪的喷水及施肥的管理工作(一般施用颗粒状的混合肥)。唯有在良好的养护条件下,同时增加修剪的次数,才能达到草坪生长不高,而且健壮生长,枝叶浓绿。

10.3.53　细叶结缕草

【科属名称】　禾本科 Gramineae,结缕草属 *Zoysia* Willd.

【形态特征】　多年生草本。具根状茎和匍匐枝,
须根多,分布较浅。秆纤细,高 5~10 cm。叶鞘无毛,
叶片丝状内卷,嫩绿色,长 2~6 cm,宽 0.5 mm。紧密裹
茎;叶舌膜质,长约 0.3 mm,顶端碎裂为纤毛状,鞘口具
丝状长毛;小穗窄狭,黄绿色,或有时略带紫色,长约
3 mm,宽约 0.6 mm,披针形;第一颖退化,第二颖革质,
顶端及边缘膜质,具不明显的 5 脉;外稃与第二颖近等
长,具 1 脉,内稃退化;无鳞被;花果期 6—7 月。花期
短,种子少,成熟时易脱落花药长约 0.8 mm,花柱 2 枚,柱头帚状。颖果与稃体分离。

【生态学特征】　该种对土壤要求不严,以肥沃、pH 值 6~7.8 的土壤最为适宜。细叶
结缕草适于热带、亚热带地区,喜光不耐荫,当照度不足时通常会使该草鲜重、干物重、分
蘖数、匍匐茎数、叶长、根重和密度降低,草丛高增加,影响其正常的生长发育。该草生长
适温为 20~30 ℃,耐寒能力差,在低温(5 ℃)时会停止生长,叶色变黄变枯,影响其美观。
对土壤要求不甚严格,在弱酸性到弱碱性土壤中均可正常生长。耐潮湿,但耐旱能力差,
在土壤干燥时鲜重产量显著下降,气温较低的旱季,则停止生长,表现黄绿色。喜温暖气
候,喜光,耐旱,耐热,耐践踏。绿期长,在华南地区,冬季可不枯黄,而在华中、华东及西南
地区,4 月初返青,12 月枯黄。

【水土保持功能及利用价值】　该草形成的草坪低矮平整,茎叶纤细美观,又具一定
的弹性,加上侵占力极强,易形成草皮,所以常栽种于花坛内作封闭式花坛草坪或作草坪
造型供人观赏。因其耐践踏性强,故也可用作运动场、飞机场及各种娱乐场所的美化植
物。草质柔嫩,适口性好。牛、马、羊均喜食,为优等牧草。

【栽植培育技术】　种子繁殖:细叶结缕草种籽细小,具坚硬的外壳和蜡质,在播种前
用氢氧化钠处理可提高发芽率。播种常采用水播法,即用具有活性的种籽、水、纤维材料、
甲基纤维素、染料、肥料等混合在一起,用水枪喷洒于疏松的坪床上。营养繁殖:其方法是
将草皮切下的匍匐茎或带土小草块进行分栽。

撒栽:撒栽是将匍匐茎或根茎撕开,用利刀切成 2~3 节,长为 3~5 cm 的小段,均匀铺
撒在准备好的坪床上。撒播密度以草根相互搭接、覆盖地面为宜。后加盖一层细土、木
屑、椰糠,不要让草根露出即可,接着滚压,使播种材料与土壤紧密接触,随即灌水,保持土
壤湿润,半个月左右可开始生长,4 个月左右即形成 90% 盖度的新草坪。

点栽:点栽是将撕开的匍匐茎或根茎栽到坪床,覆土压实后,浇水保持土壤湿润。由
于分栽时种植密度不同,一般 3~6 个月才能形成草皮或时间更长。这种方法生产的草皮
不平坦,弹性差。

草块分栽:草块分栽是将铲起的带地的草皮切成小块,按株行距或梅花形分栽。这种
方法生产草皮周期长,速度慢,且新草皮易形成"馒头"形突起,质量较差。条栽法,将铲
起的带土的草皮切成长条进行栽种。这种方法省工,种植速度快,但新坪易形成"草缕",

影响质量,如不尽早修剪会形成条状突起。

扦插法:扦插法是各个草皮商品生产的单位或个人经常采用的一种短期内即可获得新草皮的方法。它是在母本苗较少的情况下,将母本苗的匍匐茎和根茎撕开,切成具2~5个节,长3~5 cm的小段,斜插入疏松的坪床上,留一小段露出地面,压实后灌水,进行培育管理。这种生产繁殖法在扦插密度较高时形成草皮很快,而且草皮平坦、均匀、整齐,是生产商品草皮的主要方法。

10.3.54 狗尾草

【科属名称】 禾本科 Gramineae,狗尾草属 Setaria Beauv.

【形态特征】 一年生草本。根为须状,高大植株具支持根。秆直立或基部膝曲,高 10~100 cm,基部径达 3~7 mm。叶鞘松弛,无毛或疏具柔毛或疣毛,边缘具较长的密绵毛状纤毛;叶舌极短,缘有长 1~2 mm 的纤毛;叶片扁平,长三角状狭披针形或线状披针形,先端长渐尖或渐尖,基部钝圆形,几呈截状或渐窄,长 4~30 cm,宽 2~18 mm,通常无毛或疏被疣毛,边缘粗糙。圆锥花序紧密呈圆柱状或基部稍疏离,直立或稍弯垂,主轴被较长柔毛,长 2~15 cm,宽 4~13 mm,刚毛长 4~12 mm,粗糙或微粗糙,直或稍扭曲,通常绿色或褐黄色到紫红色或紫色;小穗 2~5 个簇生于主轴

上或更多的小穗着生在短小枝上,椭圆形,先端钝,长 2~2.5 mm,铅绿色;第一颖卵形、宽卵形,长约为小穗的1/3,先端钝或稍尖,具 3 脉;第二颖几与小穗等长,椭圆形,具 5~7 脉;第一外稃与小穗等长,具 5~7 脉,先端钝,其内稃短小狭窄;第二外稃椭圆形,顶端钝,具细点状皱纹,边缘内卷,狭窄;鳞被楔形,顶端微凹;花柱基分离;叶上下表皮脉间均为微波纹或无波纹的、壁较薄的长细胞。颖果长卵形,扁平,灰白色,具点状突起排列成的细条纹。花果期 5—10 月。

【生态学特征】 狗尾草适应性极强,分布极广。盐碱土、酸性土、钙质土、黏土、沙土都能生长。耐干旱、耐贫瘠,喜光耐阴。适生于农田、果园、苗圃、菜地及林地、路边、田埂、山坡、荒野、半湿润地区无水沙河床都有大量生长。第一年的撂荒地生长特别旺盛,是群落演替先锋植物。种子产量大,发芽率高,落地可滋生。出苗不整齐,可分批发芽,一场雨后一批。6—7 月及雨季高温出现爆发性发展,生长极其迅速,每天可生长数厘米,群众称之为"热草"。一般 4 月底 5 月初开始发芽,8 月开花结实,9 月果熟,种子易脱落,能形成大面积狗尾草草地和混生群落。

【水土保持功能及利用价值】 种子产量大,落地即可滋生,株丛密集,夏季生长旺盛,种植后可形成大面积的覆盖度高的草地,可较好地控制水土流失。狗尾草可在风沙区生长,形成较高大的群落,具有防风固沙功能,可作为先锋植物用来固定沙地。

狗尾草营养丰富,适口性好,家畜喜采食,是一种优良牧草,有很高的饲用价值与发展潜力。狗尾草可入药,具有解毒消肿、清肝明目、除热、去湿、消肿、祛风明目、清热利尿之功效。可用于风热感冒,砂眼,目赤疼痛,黄疸肝炎,小便不利;外用治颈淋巴结结核、痈癣、面癣;全草加水煮沸 20 min 后,滤出液可喷杀菜虫;小穗可提炼糖醛。在裸地上有保持水土、防风固沙、维护生态平衡的作用。群众用作饲草和燃料,科研上用作育种材料,此外还有其他用途。

【栽植培育技术】 种子繁殖:种子发芽适宜温度为 15~30 ℃。种子出土适宜深度为 2~5 cm,土壤深层未发芽的种子可存活 10 年以上。中国北方 4—5 月出苗,以后随浇水或降雨还会出现出苗高峰;6—9 月为花果期。一株可结数千至上万粒种子。野生状态下,种子可借风、流水与粪肥传播,经越冬休眠后萌发。

10.3.55 虎尾草

【科属名称】 禾本科 Gramineae,虎尾草属 *Chloris* Sw.

【形态特征】 1 年生草本。秆直立或基部膝曲,高 12~75 cm,光滑无毛。叶鞘背部具脊,包卷松弛,无毛;叶舌长约 1 mm,无毛或具纤毛;叶片线形,长 3~25 cm,宽 3~6 mm,两面无毛或边缘及上面粗糙。穗状花序 5~10 余枚,长 1.5~5 cm,指状着生于秆顶,有时包藏于顶叶之膨胀叶鞘中,成熟时常带紫色;小穗无柄,长约 3 mm;颖膜质,1 脉;第一颖长约 1.8 mm,第二颖等长或略短于小穗,中脉延伸成长 0.5~1 mm 的小尖头;第一小花两性,外稃纸质,呈倒卵状披针形,3 脉,沿脉及边缘被疏柔毛或无毛,两侧  边缘上部 1/3 处有长柔毛与稃体等长,芒自背部顶端稍下方伸出;内稃膜质,略短于外稃,具 2 脊,脊上被微毛;第二小花不孕,长楔形,仅存外稃,顶端截平或略凹,芒长 4~8 mm。颖果纺锤形,淡黄色,光滑无毛而半透明。花果期 6—10 月。

【生态学特征】 虎尾草适应性极强,耐干旱,喜湿润,但不耐淹。夏季生长快,在干旱地区大量生长在过度放牧的草原。喜肥沃,耐瘠薄,耐盐碱、盐碱化土地,夏季多雨时迅速生长,成优势种,是退化、盐碱化草地指示植物。对降雨敏感,生长季多雨即快长,发芽最低温度 7~8 ℃,12~16 ℃时 5~6 d 出苗,夏天雨季开始发芽,8 月开花结实,9 月中旬种子成熟。种子产量高,一株可达 8 万粒。

【水土保持功能及利用价值】 虎尾草为疏丛型牧草,具有匍匐茎,繁殖力强,加上匍匐枝的蔓延,其占空间能力相当强,在杂草丛生处,具有强大的竞争力,能迅速覆盖地面,防止地面水土流失,是固土护坡的最佳禾本科牧草之一。虎尾草根系发达,可固持土壤,毛根能有效改良土壤。耐盐性强,可在盐碱地上种植,是改良碱化草原的先锋植物。虎尾草草质柔嫩,营养丰富,是各种牲畜食用的优质牧草,适宜放牧,也可刈割制干草。

【栽植培育技术】 种子繁殖:在引种栽培前将小区土壤深翻 25 cm,精细整地,施厩肥并耙平至土颗粒小于 0.8 cm,便于管理,以行距为 35 cm 宽进行条播,播后轻耙覆土厚 1~2 cm,每公顷播量为 2~4 kg。

分株繁殖:以行距 40 cm、株间距 20 cm,将采自野生的植株进行分株扦插种植。待出苗及植株成活以后,采用人工薅锄 3 遍,适时松土,拔除杂草,并追施厩肥。

10.3.56　寸苔草

【科属名称】　莎草科 Cyperaceae，苔草属 *Carex* L.

【形态特征】　多年生草本。根状茎细长、匍匐。

秆高 5~20 cm，纤细，平滑，基部叶鞘灰褐色，细裂成纤维状。叶短于秆，宽 1~1.5 mm，内卷，边缘稍粗糙。苞片鳞片状。穗状花序卵形或球形，长 0.5~1.5 cm，宽 0.5~1 cm；小穗 3~6 个，卵形，密生，长 4~6 mm，雄雌顺序，具少数花。雌花鳞片宽卵形或椭圆形，长 3~3.2 mm，锈褐色，边缘及顶端为白色膜质，顶端锐尖，具短尖。果囊稍长于鳞片，宽椭圆形或宽卵形，长 3~3.5 mm，宽约 2 mm，平凸状，革质，锈色或黄褐色，成熟时稍有光泽，两面具多条脉，基部近圆形，有海绵状组织，具粗的短柄，顶端急缩成短喙，喙缘稍粗糙，喙口白色膜质，斜截形。小坚果稍疏松地包于果囊中，近圆形或宽椭圆形，长 1.5~2 mm，宽 1.5~1.7 mm；花柱基部膨大，柱头 2 个。种子千粒重为 1.3 g。花果期 4—6 月。

【生态学特征】　寸苔草属细小苔草，根茎发达，分蘖力强，返青早，生态适应性广。喜生于干草原和山地草原的路旁、沙地、干山坡，为表层沙质化土壤上的植物，寸苔草则可以成为优势植物，生长繁茂。在草原区它的大量出现可以作为退化草原的指示植物。

【水土保持功能及利用价值】　寸苔草根茎发达，根系密集于地表 30 cm 土层内，株丛返青早，可很好地防治土壤风蚀，特别是在沙化草地上，更是防治土壤侵蚀的良好植物。早春，草质柔软，具有丰富的养分，粗蛋白质含量高，适口性好，马、牛、羊、驴等家畜最喜食，骆驼喜食，是优良牧草。寸苔草不仅营养价值高，而且消化能、代谢能均较高。营养繁殖能力强，丛生，耐践踏，分布广，数量多，具有草坪植物返青早、色泽好、寿命长、地下根茎发达、耐践踏等特性。可作为草坪植物，具有广阔的应用前景。

【栽植培育技术】　可用分株法和播种法。待形成草皮后，可于早春至秋季移植或分栽。可切取 30 cm×30 cm 的草皮块或草皮卷直接铺植，也可切成或撕成小草块分栽。

10.3.57　紫竹

【科属名称】　禾本科 Poaceae，刚竹属 *Phyllostachys* Sieb.et Zucc.

【形态特征】　乔木状。竿高 4~8 m，稀可高达

10 m，直径可达 5 cm，幼竿绿色，密被细柔毛及白粉，箨环有毛，一年生以后的竿逐渐先出现紫斑，最后全部变为紫黑色，无毛；中部节间长 25~30 cm，壁厚约 3 mm；竿环与箨环均隆起，且竿环高于箨环或两环等高。箨鞘背面红褐或更带绿色，无斑点或常具极微小不易观察的深褐色斑点，此斑点在箨鞘上端常密集成片，被微量白粉及较密的淡褐色刺毛；箨耳长圆形至镰形，紫黑色，边缘生有紫黑色繸毛；箨舌拱形至尖拱形，紫色，边缘生有长纤毛；箨片三

角形至三角状披针形,绿色,但脉为紫色,舟状,直立或以后稍开展,微皱曲或波状。末级小枝具 2 叶或 3 叶;叶耳不明显,有脱落性鞘口䍁毛;叶舌稍伸出;叶片质薄,长 7~10 cm,宽约 1.2 cm。花枝呈短穗状,长 3.5~5 cm,基部托以 4~8 片逐渐增大的鳞片状苞片;佛焰苞 4~6 片,除边缘外无毛或被微毛,叶耳不存在,鞘口䍁毛少数条或无,缩小叶细小,通常呈锥状或仅为 1 小尖头,亦可较大而呈卵状披针形,每片佛焰苞腋内有 1~3 枚假小穗。小穗披针形,长 1.5~2 cm,具 2 朵或 3 朵小花,小穗轴具柔毛;颖 1~3 片,偶可无颖,背面上部多少具柔毛;外稃密生柔毛,长 1.2~1.5 cm;内稃短于外稃;花药长约 8 mm;柱头 3 枚,羽毛状。笋期 4 月下旬。

【生物学特性】 阳性,喜温暖湿润气候,耐寒,适合砂质排水性良好的土壤,对气候适应性强。可耐-20 ℃低温,耐水湿,山区及平原均可栽培。

【水土保持功能及利用价值】 耐水湿,是山区平原均可栽培的植物,具有一定的水土保持功能。宜作工艺品或庭园观赏,北京紫竹院公园即因栽植紫竹而得名。

【栽植培育技术】 紫竹栽种繁殖一般采用移植母竹或埋鞭育苗繁殖方法。移植时母竹以选择 1~2 年生,秆形较小,生长健壮的为宜。移植时,应留鞭根 30~50 cm,并带宿土,保护鞭根笋芽不受损伤。一般要切去秆梢,留分枝 5~6 盘,以便成活。于早春 2 月间移栽植为宜。移植母竹应注意覆土盖草,浇足水分,并用支架固定以防摇动。栽培的紫竹竹林一般保留 3 年生竹,采伐 4 年以上的老竹。当竹林发育生长过密时,应择老竹酌量疏伐。一年内于早春出笋前、6 月霉季竹林恢复期或秋季至少施肥 1~2 次。并注意护笋养竹、松土除草、浇水防旱等竹林抚育管理的基本措施。

10.3.58 毛竹

【科属名称】 禾本科 Poaceae,刚竹属 *Phyllostachys* Sieb.et Zucc.

【形态特征】 秆高 20 m,径 16 cm 或更粗;秆基部节间复,中部节间可达 40 cm;分枝以下秆环平,仅箨环隆起,新秆密被细柔毛,有白粉。秆箨长于节间,背部密被棕褐叶枝色毛和深褐色斑,斑点常块状分布;箨耳小,箨叶较短,长三角形至披针形,每小枝保留 2~3 片叶;叶长 4~11 cm,叶宽 0.5~1.2 cm;叶状佛焰苞长 1.6~3 cm,颖果长 2~3 cm。笋期 3 月下旬至 4 月。

【生态学特性】 在肥沃湿润的酸性土壤上生长良好;不耐贫瘠、积水淹地。

【水土保持功能及利用价值】 毛竹在南方适种地区具有一定的水土保持功能。竹材韧性强,篾性好,供建筑、胶合竹板、变性竹材、竹地板、家具、工艺美术品种;日常生活用品等;竹胶板广泛用于卡车车厢底板、建筑模板等;竹材纤维含量高,为造纸工业的好原料;笋味鲜美,除鲜食外,可制成笋干、笋衣、玉兰片或罐头;此外,鞭、根、枝,均可加工利用;又为优良绿化树种。

【栽植培育技术】 毛竹虽可种子育苗造林,但由于从育苗到成林的时间长,故一般多用移竹造林,选择 2 年生秆形较小、发枝低、竹鞭粗壮者作竹种,挖掘时按竹鞭行走方向找鞭,一般留来鞭 20~30 cm,去鞭 40~50 cm,宿土 20~30 kg,留枝 3~5 盘,削去顶梢,母竹远距离运输,必须包好扎紧。种竹要深挖穴,浅栽,务使鞭根舒展,不强求竹秆直立,竹蔸下部垫土密接,分次回土踏实,浇足定根水,设置支架。初期抚育着重除草松土、施肥、灌溉,成林后进行护笋养竹、间伐及病虫害防治。

10.3.59 淡竹

【科属名称】 禾本科 Poaceae,刚竹属 *Phyllostachys* Sieb.et Zucc.

【形态特征】 乔木状植物。高 15m,径 11 cm,节间长达 41 cm。幼秆被雾状白粉,蓝绿色,老秆暗绿色或黄绿色,节下有白粉环,秆环微隆起。箨鞘有紫褐色斑点,无白粉,无箨耳,箨舌紫色,截平,具灰色短纤毛。笋期 4 月。

【生态学特性】 适应性强,耐寒,耐瘠薄,宜栽植于河谷、湿润、肥沃土壤背风向阳处。易栽易活,成林快,出笋多,3 年可成林。

【水土保持功能及利用价值】 淡竹耐寒、耐瘠薄,适应性强,易栽易活,成林快,具有较强的水土保持功能。可为造林、用材、编制、取笋食用所用。

【栽植培育技术】 造林地选择注意选择疏松、透气、肥沃的土壤,尤以土层深厚、透气、保水、保肥能力良好的乌沙土、砂质壤土为好。普通红壤、黄壤也适应栽培。土壤有效土层厚度要求 40 cm 以上,pH 值以酸性或中性为宜。地下水位在 1 m 以下为宜。土地贫瘠浅薄、石砾过多或土壤过于黏重、透气性差,或地下水位过高,雨季易积水的造林地,都不宜发展淡竹。整地挖穴整地时间在造林之前,亦可随整随栽。整地之前首先清除林地内乔、灌木、石块等。然后按 5 m×2 m 株行距。有坡度的林地,穴的长边与等高线平行。把表土和底土分别放于穴的两侧。母竹的挖掘、运输挑选干形通直、节间长、生长健壮、无病虫害、无开花枝、出篾的代良品种淡竹母竹。母竹的年龄以 1~2 年为好,此时母竹所连竹鞭处壮龄阶段,抽笋能力强。母竹的胸围以 6~12 cm 为宜。挖掘时先挖开土层找到竹鞭,按来鞭 1 cm,去鞭 30 cm 左右长度截取竹鞭。切口要平滑,不可损伤"螺丝钉"而影响成活。视运输距离适当带土,挖起后用锋利刀口斩梢,留枝 5~7 档,切口要平滑,呈 45°,运输过程中要注意保护鞭芽与"螺丝钉",尽量缩短途中运输时间,减少水分蒸发。栽植时间一般以春季为宜,雨季亦可。栽植母竹时根据根盘大小对种植穴进行盛,穴底要平,穴宜略大。种竹宜浅不宜深,可比原入土深度再深 3~5 cm。栽时做到不紧不松,鞭土密接。同时要注意竹鞭的方向性,以保证早日郁闭成林。

10.3.60 常夏石竹

【科属名称】 石竹科 Caryophyllaceae,石竹属 *Dianthus* L.

【形态特征】 植株丛生型,株高 15~30 cm,茎、叶较其他石竹为细。簇生,光滑而具白粉,叶狭而厚,长线形,端部尖。花顶生,有时呈圆锥状聚伞花序,花色玫红、粉红或白色,有环纹或中心色较深,花冠边缘深裂至 1/3 处,基部有明显的爪,花期 6 月。蒴果矩圆形。

　　【生态学特性】　常夏石竹因常绿、耐寒,在华北地区可露地越冬,经霜冻仍常绿,耐旱、耐贫瘠且叶形优美、花色艳丽、花具芳香。

　　【水土保持功能及利用价值】　枝叶浓绿而密集,低矮且高度一致,花又能成片开放,能形成良好的地被景观,可丛栽或成片栽植作花境观赏,是值得推广的喜光地被。

　　【栽植培育技术】　以播种为主,发芽适温 20 ℃,也可利用基部萌生的丛生芽分株或扦插,则能获得地被所需大量的苗,幼苗移栽 1 次即可定植。常夏石竹性耐寒,我国华北及东北均可栽培。喜向阳通风环境,在肥沃土壤中生长良好。在阴处生长,开花不良,因常夏石竹属于喜光花卉地被植物。在华东地区冬季幼苗常绿不枯。

11 园林植物种鉴别

11.1 常绿乔木及小乔木

11.1.1 雪松

【科属名称】 松科 Pinaceae,雪松属 *Cedrus* T.

【形态特征】 常绿乔木,高可达 50~72 m,胸径达 3 m 左右;圆锥形树冠;树皮灰棕色,裂成不规则的鳞状片;大枝呈不规则轮生,平展或微下垂,小枝常下垂;1 年生长枝淡黄棕色,有毛,短枝灰色;2、3 年生枝条呈灰色、淡灰棕色或深灰色。叶针状,灰绿色,在长枝上辐射伸展,短枝上成簇生长,长 2.5~5 cm,宽 1~1.5 mm,上部较宽,先端锐尖,下部渐窄,稀背脊明显,各面有数条气孔线,幼时气孔线有白粉。雌雄异株,少数雌雄同株,雌雄球花异枝;雄球花长卵圆形,长 2~3 cm,径约 1 cm;雌球花卵圆形,长约 8 mm。球果椭圆状卵形,长 7~12 cm,径 5~9 cm,顶端圆钝,成熟时呈红褐色;种鳞为阔扇状倒三角形,背面密被棕红色短毛;种子三角状,种翅宽大,较种子为长,连同种子长 2.2~3.7 cm。花期 10—11 月;球果翌年 9—10 月成熟。

【生态学特性】 阳性树种,稍耐阴,但最好顶端有充足的光热,否则长势不佳。喜温和凉润气候,有一定耐寒能力,大苗可耐短期的-25 ℃低温;耐旱力较强,但年降水量达 600~1 200 mm 最好,在中国长江中下游一带生长最好。喜土层深厚而排水良好的土壤,微酸性及微碱性土壤亦能生长,忌积水地点。性畏烟,二氧化硫气体会使嫩叶枯萎。浅根树种,宜背风栽植。

【园林功能及利用价值】 雪松树体高大,树形优美,是世界著名的庭园观赏树种之一。雪松主干下部的大枝自近地面处平展,能形成繁茂雄伟的树冠,最适宜孤植于草坪中央、广场中心,对植于主要建筑物的两旁及园门的入口等处。此外,列植于园路的两侧,亦蔚为壮观。雪松为浅根性速生树种,平均每年生长 50~80 cm。它具有较强的防尘、减噪和杀菌能力,是工矿企业绿化良好树种。

【植物文化】 雪松也是中国江苏南京市、淮安市、山东青岛市等城市的市树。树语为高洁,寄予人生积极向上,不屈不挠。

【栽植培育技术】 繁殖栽培用播种、扦插及嫁接法繁殖。

播种法:一般 30 年生以上的雪松才能开花结实,由于种子难得,故常行条状点播。播种量约 75 kg/hm²。当年苗高约 20 cm,次春移植,注意不要伤及主根,否则会影响幼苗发育,2

年生苗高可达40 cm。扦插法:扦插繁殖法较播种法常用,插条以健壮嫩枝为好,一般选1年生枝,切成15 cm长;已木质化插条成活率降低。扦插时间为早春发芽前或雨季。

为达到即时绿化效果,在园林中常用雪松大树移植,移植期以4—5月为宜。应带土球进行移植,因其为浅耕树种,抗风性较差,定植后必须做好支撑以防被风吹歪。雪松树冠下部的大枝、小枝万万不可剪除,均应保留,使之自然地贴近地面才能凸显其优美树形。其主要病虫害有灰霉病、枯病。

11.1.2 黑松

【科属名称】 松科 Pinaceae,松属 *Pinus* L.

【形态特征】 常绿乔木,高达30~35 m,胸径达2 m。树冠幼时呈宽圆锥状,老时呈宽平伞状。幼树树皮呈暗灰色,老则灰黑色,裂成块片状脱落。1年生枝淡褐色,无毛;冬芽银白色,圆柱状。针叶2针1束,深绿色,长6~12 cm,径1.5~2 mm,粗硬,树脂道6~11个,中生。雄球花淡红褐色,圆柱状,长1.5~2 cm,聚生于新枝下部;卵圆形雌球花单生或2~3个聚生于新枝近顶端,淡紫红色或淡褐红色,直立,有梗。种子灰褐色倒卵形,长5~7 mm,径2.0~3.5 mm,连翅长1.5~1.8 cm。子叶5~10枚,多为7~8枚。花期3~5月,种子翌年10月成熟。

【生态学特性】 阳性树种,幼苗期比成年树耐阴。适生于温暖湿润的海洋性气候区域,耐干旱瘠薄,不耐水涝,不耐寒,喜生于干沙质壤土上。耐盐碱,极耐海潮风和海雾,可在pH 8的盐碱性土壤上及海滩盐土地方生长。黑松为深根性树种,生长慢,寿命长,在根上有菌根菌共生,抗病虫能力强。黑松原产于日本及朝鲜。中国山东沿海、辽东半岛、江苏、浙江、安徽等地有栽植。

【园林功能及利用价值】 黑松是优秀的盆景植物。黑松常绿,抗病虫能力强,且绿化效果好,恢复速度快,而且价格低廉,是优秀的荒山造林绿化植物。

黑松极耐海潮风和海雾,是优秀的海岸绿化树种,防风、防潮、防沙能力好,常用作防风林带及海滨浴场的风景林、行道树。其木材富松脂,坚韧耐用,可供建筑、薪炭用。黑松又可作嫁接日本五针松及雪松的砧木用。

【植物文化】 黑松树语为辟邪、松鹤延年、生气勃勃的美好寓意。

【栽植培育技术】 用种子繁殖,发芽率为85%。春播前,种子应消毒和进行催芽。当年苗高10~15 cm,4年生苗可高2 m余,大面积山地绿化时,为了提高成活率,近年来多用1~2年生苗栽植。

在园林中则常用大苗定植,黑松若任其自然生长,常难得整齐的树形,必行整形修剪工作,修剪时期可在4—5月间或秋末。

黑松对病虫害的抗性较强,主要病害有黑松枝枯病,主要虫害有松大蚜、松干蚧、松梢螟、松毛虫等。

11.1.3　赤松

【科属名称】　松科 Pinaceae,松属 *Pinus* L.

【形态特征】　常绿乔木,高可达 35 m,胸径可达1.5 m;树冠圆锥形或扁平伞形。树皮橙红色,呈不规则片状剥落;1 年生小枝橙黄色,略披白色粉末。冬芽长圆状卵形,棕褐色。叶 2 针 1 束,长 5~12 cm。雄球花圆柱形,淡棕黄色;雌球花淡红紫色。球果长卵圆形,长 3~5.5 cm,径 2.5~4.5 cm,有短柄,种鳞薄,鳞盾扁菱形,种鳞先端的刺向外斜出,不久即脱落;成熟时呈暗黄褐色或淡褐黄色。花期 4 月,球果次年 9—10 月成熟。

【生态学特性】　阳性树种,喜酸性或中性排水良好的土壤。为深根树种,抗风力强;能生于由片麻岩、花岗岩和沙岩风化的中性土、酸质土(pH 5~6)山地,但不耐盐碱土,耐潮风能力比黑松差。

【园林功能及利用价值】　在园林上可作庭园树,可孤植观赏优美树形,亦可群植,作万壑松风;其抗风力较强,是辽东半岛、山东胶东地区及江苏云台山区等沿海山地的优秀造林树种。常作为经济林,其木质坚硬,供建筑、造纸用,树干可采松脂、种子可榨油、针叶可提取芳香油。

【植物文化】　象征坚强不屈、正直、长寿、平安、吉祥。赤松是苏格兰的国树。

【栽植培育技术】　赤松以播种育苗为主,其品种则用嫁接繁殖。2—3 月播种,撒播或条播。播后用过筛后的黄心土或焦泥灰覆盖,以不见种子为宜,上盖稻草,注意保持土壤湿润。播前和播易遭猝倒病及其他病虫害。次年春即可分栽造林,时间在 2—3 月或 11—12 月进行,一般大苗移栽须带泥球。嫁接常用黑松作砧木,选粗壮的 1 年生枝条接穗。成活后逐步修去砧木枝叶。

11.1.4　圆柏

【科属名称】　柏科 Cupressaceae,圆柏属 *Sabina* M.

【形态特征】　常绿乔木,高度达 20 m,胸径达 3.5 m。树冠尖塔形或圆锥形,老树呈广卵形。幼树的枝条通常斜上伸展,老则常呈扭曲状。树皮深灰色,浅纵条薄片脱落。叶二型,即刺叶及鳞叶。鳞叶交互对生,多见于老树或老枝上;刺叶常 3 枚轮生,生于幼树之上,叶上面微凹,有 2 条白色气孔带。雌雄异株,极少同株;雄球花长 2.5~3.5 mm,黄色,椭圆形,有雄蕊 5~7 对,对生,常有 3~4 花药;雌球花有珠鳞6~8 个,对生或轮生。球果径 6~8 mm,次年或第 3 年成熟,熟时深褐色,被白色粉末,卵圆形果实有 1~4 粒种子。花期 4 月下旬,果多次年 10—11 月成熟。

【生态学特性】　喜光、耐阴,喜温凉、温暖气候及湿润土壤,耐寒、耐热。深根树种,侧根也很发达。对土壤要求不严,耐干旱、耐潮湿,但忌积水。耐修剪,易整形。生长速度中等而较侧柏稍慢,寿命极长,常见千百余年的古树。对多种有害气体抗性较强,防尘和隔音效果良好,是工矿企业防护绿地良好用苗。

【园林功能及利用价值】　在庭园中用途极广。作绿篱,行道树,还可以作桩景、盆景材料。圆柏常作为绿篱使用,因其耐阴,常栽植于建筑物北侧。中国古来多配置于寺庙、陵墓,营造庄严肃穆氛围。又因其树形优美,青年期呈整齐圆锥形,大树干枝扭曲,古拙别致,可以独树成景,是中国传统的园林树种。同时,圆柏可以群植草坪边缘作开花乔灌背景,或丛植、片植于树丛的边缘、建筑周边。

【植物文化】　象征品质坚贞、万古长青。

【栽植培育技术】　繁殖栽培用播种法、扦插法、嫁接法。播种发芽率40%,经处理种皮开裂方可播种,2~3周后发芽,1年生苗高数厘米。2年生可达30 cm,3年生高可达60 cm,即可用作绿篱用苗。圆柏可采用扦插法繁殖,但初期生长慢,为提早成苗出圃,常用嫁接法繁殖,砧木选择侧柏。圆柏移植时,注意不可伤损根部土团。

圆柏常见的病害有圆柏苹果锈病、圆柏梨锈病及圆柏石楠锈病等。这些都以圆柏为越冬寄主,冬季要做好预防和查杀。虽对圆柏本身伤害不太严重,但对苹果、梨、石楠、海棠等则危害较大,在设计中,避免在梨园、苹果等附近种植圆柏。

11.1.5　龙柏

【科属名称】　柏科 Cupressaceae,圆柏属 *Sabina* M.

【形态特征】　常绿乔木,高可达8 m,树干挺直,树冠圆柱状或柱状尖塔形,小枝扭曲上伸,如同燃烧的火炬。树干黄褐色,片状剥落。小枝在枝条的先端略呈等长的密簇,全为鳞叶排列紧密,幼时淡绿色,后呈翠绿色。球果蓝绿色,微被白色蜡粉。龙柏侧枝扭曲螺旋状抱干生长,观赏价值较高。

【生态学特性】　阳性树种,稍耐阴。喜温暖、湿润,抗寒。耐干旱,忌积水,较耐盐碱。对二氧化硫和氯等有毒气体抗性强,但对烟尘的抗性较差。

【园林功能及利用价值】　龙柏姿态雄伟壮丽,枝叶清脆油亮,在园林中场作为绿篱进行栽培。同时是公园、庭园和高速公路中央隔离带的优秀用苗。龙柏移栽成活率高,恢复速度快,生长健康旺盛。

【植物文化】　象征祥瑞长寿。

【栽植培育技术】　常采用嫁接和扦插两种方法进行栽植培育。嫁接常用2年生侧柏或圆柏作砧木,接穗选择长10~15 cm、生长健壮的母树侧枝顶梢。露地嫁接常于3月上旬即可进行,室内嫁接可提前至1—2月进行,但接后须假植保暖。扦插繁殖插穗选用侧枝顶梢,长15 cm左右,剪除下部小枝及鳞叶,插入土中5~6 cm。扦插初期忌阳光直射,需全日庇荫,待愈合后早晚逐渐增加光照,龙柏发根慢,一般需6~8个月,龙柏移植在2月中旬至3月下旬或11月上旬至12月上旬进行,带泥球移植。

龙柏喜欢大肥大水,栽植成活后,第一年,结合灌溉追肥2~3次,入秋后停止施肥。龙柏病害发生较少,常见的有梨赤星病、紫纹羽病。虫害常见的有布袋蛾。

11.1.6 女贞

【科属名称】 木樨科 Oleaceae,女贞属 *Ligustrum* L.

【形态特征】 为常绿高大乔木,高达 5~6 m,树皮灰色、光滑。枝条开展,无毛,表面有皮孔。叶革质,宽卵形至长卵形,长 6~17 cm,顶端尖,基部圆形或近圆形,全缘,上面光亮,无毛,中脉在上面凹入,侧脉 4~9 对;叶柄长 1~3 cm,无毛。圆锥花序顶生,几无柄,长 10~20 cm;花白色,花冠裂片与花冠筒近等长。核果长圆形,长 7~10 mm,径 4~6 mm,蓝紫色,成熟时呈红黑色,被白粉。花期 5—7 月,果期 7 月至翌年 5 月。

【生态学特性】 阳性树种,稍耐阴。喜温暖湿润气候,不耐寒,喜湿润,不耐水湿。适生于微酸性至微碱性的湿润土壤,不耐瘠薄。为深根性树种,须根发达,生长快,萌芽力强,耐修剪。对二氧化硫、氯气、氟化氢及铅蒸气等污染大气均具有较强抗性,也能忍受较高的粉尘、烟尘污染。对土壤要求不严,以沙质壤土或黏质壤土栽培为宜,在红、黄壤土中也能生长。对气候要求不严,能耐−12 ℃的低温,但适宜在湿润、背风、向阳的地方栽种。

【园林功能及利用价值】 女贞枝叶清秀,主干通直,茂盛婆娑,是园林中常用的观赏树种,适于孤植、丛植或作为行道树列植。因其终年常绿,夏日满树白花,又适应城市气候环境,适应性强,广泛栽植于长江流域。女贞生长快又耐修剪,也可作绿篱。

【植物文化】 "此木凌冬青翠,有贞守之操,故以贞女状之",象征永恒不变的爱和生命。

【栽植培育技术】 女贞播种繁殖育苗较容易,可采取播种、扦插繁殖。9 月果实成熟后采下,晒干,去果皮后储藏。第二年春 3 月底至 4 月初,用热水浸泡种子,然后湿放,经 4~5 d 后即可播种。扦插可春、秋进行,但以春插者成活率较高。女贞可作为砧木,嫁接繁殖桂花、丁香等色叶植物,培植金叶女贞。

11.1.7 广玉兰

【科属名称】 木兰科 Magnoliaceae,木兰属 *Magnolia* L.

【形态特征】 常绿乔木或灌木,高可达 30 m。树冠阔圆锥形。树皮通常灰白色,光滑,或有时粗糙具深沟。芽及小枝有锈色短毛。小枝具环状的托叶痕,髓心连续或分隔。叶革质,叶端钝,叶基楔形,表面具光泽,叶背有锈色短毛,叶缘稍微波状,叶柄粗,长约 2 cm。顶生花蕾;花柄上有数个环状苞片脱落痕。叶膜质或厚纸质,互生,有时密集成假轮生,全缘,稀先端 2 浅裂。托叶膜质,贴生于叶柄,在叶柄上留有托叶痕,幼叶在芽中直立,对折。花单生枝顶,很少 2~3 朵顶生,有芳香,花瓣通常 6 枚,少有达 9~12 枚,近相等,花被片有粉红色、白色或紫红色,很少黄色。聚合果成熟时通常为长圆柱状卵形,密披锈色短毛,成熟蓇葖革质或近木质,种子红

色,1~2颗,肉质,含油分。花期5~8月,果期10月。

【生态学特性】 广玉兰弱阳性,颇耐阴。喜温暖湿润气候,有一定耐寒能力,能经受短期的-19℃低温。抗污染,不耐碱土。根系深广,抗风能力强。对烟、二氧化硫等有毒气体有较强的抗性。生长速度中等,实生苗幼年生长缓慢,10年后生长逐渐加快。

【园林功能及利用价值】 树姿雄伟壮丽,叶大荫浓,花大而香,花开于顶枝,适于栽植在开敞的草坪上。宜孤植、丛植或成排种植。因其抗性强,故又是净化空气、保护环境的好树种。花、叶均可入药或提取香精。

【植物文化】 花语是生生不息、代代相传,象征着美丽、高洁、芬芳。

【栽植培育技术】 可用播种繁殖,发芽率80%~90%,发芽率高,但发芽保存能力低,适合采后即播或层积沙藏。此外亦可用扦插、压条、嫁接等法繁殖。广玉兰移植较难,通常在4月下旬至5月进行,或于9月进行,移时应适当摘叶并行卷干措施减少植物蒸发失水。广玉兰对病虫害抗性较强,几乎很少受病虫害侵袭。

11.1.8　枇杷

【科属名称】 蔷薇科 Rosaceae.,枇杷属 *Eriobotrya* Lindl.

【形态特征】 常绿小乔木,高可达10 m;小枝黄褐色,密生锈色或灰棕色绒毛,较为粗壮。叶片革质,上面深绿色具光泽,多皱,下面密生灰棕色绒毛,披针形,长15~30 cm,宽4~7 cm,先端急尖或渐尖,基部楔形或渐狭成叶柄,上部边缘有疏锯齿,基部全缘。花每数十朵聚生于顶生圆锥花序,长10~19 cm,花白色。果为浆果状梨果,长卵圆形,橙黄色。花期9—11月,果期翌年4—5月。

【生态学特性】 枇杷喜光,稍耐阴,稍耐旱。枇杷适宜温暖湿润的气候,年平均温度12~15℃为宜,不耐严寒,在生长发育过程中要求较高温度,冬季不低于-5℃,花期及幼果期不低于0℃为宜。生长快、根系分布较浅,适宜山地和丘陵生长。

【园林功能及利用价值】 枇杷既可观赏又可作为经济林。果肉柔软多汁,味甘美,果、叶可供药用。同时琵琶树姿优美,花多、果艳,常用于居住区、庭院、办公区等观赏用苗。木材红棕色,可作木梳、手杖等用。

【植物文化】 枇杷外形金黄圆润,寓意家庭团圆美满、多子多福。另外,枇杷树也是一年四季常青的,生命力很旺盛,有着希望、活力的含义。

从古时候起,因为枇杷在秋日养霜、在冬天开花、而在春天结果、在夏日成熟,所以,枇杷一直就被人们称作是“备四时之气”的佳果,也被人们视为吉祥的食物之一,并且,枇杷从唐宋时期开始就被看做是高贵、美好、吉祥、繁盛的美好象征了。

枇杷果实中含有坚核,民间常将其作为健康长寿、子嗣昌盛的象征,常将枇杷树与石榴树搭配栽植,寄托“多子多福”的美好寓意;枇杷的果实黄色如金,被誉为“黄金丸”,象征财富殷实,因此枇杷树也常与柑橘树配植,表达“招财进宝”的愿望;在园林配景中,还将枇杷树与银杏(白果)搭配,寓意“金玉良缘”的赞美与祝福之情。在绿化造景中,将现代景观与传统文化相结合,对提升地区的文化内涵有很大的帮助。杜甫诗"杨柳枝枝弱,枇杷对对香",生动地勾勒出枇杷的形、色、味。

【栽植培育技术】　枇杷繁殖以播种、嫁接为主,压条、扦插也可。优良品种多以嫁接繁殖为主,砧木用枇杷实生苗或石楠苗均可。播种一般在秋季进行,第三年春季即可进行枝接,接活后当年秋季或次年春季可移栽,栽植要选向阳避风处。移栽时应带土球,栽后宜摘除部分枝叶,并注意及时灌水,保证水分供应。

11.1.9　石楠

【科属名称】　蔷薇科 Rosaceae.,石楠属 *Photinia* L.

【形态特征】　常绿小乔木,高达 12 m,以 3~6 m 居多,圆形树冠,全体几无毛。枝褐灰色,叶片革质,长椭圆形或长倒卵形,长 8~20 cm,宽 3~7 cm,先端尖,基部宽楔形或近圆形,边缘有小锯齿,近基部全缘,上面光亮,早春幼枝嫩叶为紫红色。中脉显著,侧脉 25~30 对。白色花近圆形,复伞房花序顶生,直径 10~16 cm,果实球形,直径 5~6 mm,红色,后成褐紫色。花期 6—7 月,果期 10—11 月。

【生态学特性】　石楠喜光稍耐阴,喜温暖、湿润气候,能耐短期-15 ℃的低温,萌芽力强,耐修剪,深根性,对土壤要求不严,喜微酸性的沙质土壤。对烟尘和有毒气体有一定的抗性。

【园林功能及利用价值】　石楠在园林中常作为庭荫树或进行绿篱栽植,可修剪成球形或圆锥形等造型。在园林中孤植或基础栽植均可,丛植成低矮的灌木丛,可与红叶小檗、金叶女贞、扶芳藤、俏黄芦等组成美丽的绿篱图案。

【植物文化】　石楠花的花语为孤单寂寞,花朵紧凑而小巧,另外洁白的颜色也给人一种庄重以及威严的感觉。每年在 10 月左右但尼丁便会举办石楠花节,日本每年的 4 月举办娟花祭,人们会在家中摆放石楠花和杜鹃,用来祭奠释迦牟尼。

【栽植培育技术】　繁殖以播种为主,种子采摘后,次年春天播种。也可在秋季采取扦插和压条繁殖。新移植的石楠注意防寒 2~3 年,入冬后,特别是西北方向搭建防风屏障,为接受阳光照射,在南面向阳处留一开口。另外,为预防根部受冻,在地面上覆一层稻草。对于用作造型的石楠一年要修剪 1~2 次,如用作绿篱,应经常修剪,以保持整齐的形态。

石楠病害主要有叶斑病、灰霉病。虫害主要有介壳虫、石楠盘粉虱、白粉虱和蛀干害虫。

11.1.10　棕榈

【科属名称】　棕榈科 Palmaceae(Palmae),棕榈属 *Trachycarpus* H. Wendal.

【形态特征】　为常绿乔木,高 3~15 m,干径达 25 cm,树干圆柱形,稀分枝,树干被老叶柄基部和网状纤维,除非人工剥除,否则不易脱落,裸露树干直径 10~15 cm 或更粗。叶簇竖树干顶端,叶片近圆形,掌状裂开,深达中部;叶柄长 75~100 cm,两侧细齿明显,顶端有明显的戟突。雌雄异株,花序粗壮,多次分枝,从叶腋抽出。圆锥状花序腋生,雄花序

长约 40 cm,具有 2~3 个分枝花序;小花黄绿色、卵球形或钝三棱;雌花序长 80~90 cm,其上有 3 个佛焰苞包着,具 4~5 个圆锥状的分枝花序;雌花淡绿色球形。果实阔肾形,有脐,成熟时由黄色转成淡蓝色,被白色粉末。花期 4 月,果期 12 月。

【生态学特性】　棕榈是中国分布最广,分布纬度最高的棕榈科植物。棕榈性喜温暖湿润的气候,极耐寒,较耐阴,极耐旱,喜光,不能忍受较大日夜温差。对土壤要求不严,耐轻盐碱,抗大气污染能力强。棕榈根系较浅,易风倒,生长慢。在长江以北虽可栽培,但冬季茎须做好防寒越冬措施。

【园林功能及利用价值】　棕皮纤维可制作绳索、蓑衣、棕绷、地毡、刷子等;叶漂白后可制作扇子和草帽;未开放的花苞可供食用;棕皮、叶柄、果实、花、根等可入药;此外,棕榈树形优美,四季常绿,也是庭园绿化的优良树种。

【植物文化】　棕榈树四季常青,虽经霜而不凋,历经磨难而挺立。

【栽植培育技术】　以播种繁殖为主,在原产地可自播繁衍。种子可以随采随播,或采后置于通风处阴干,至翌年 3—4 月播种,发芽率达 80%~90%。播种量 750~1 000 kg/hm²,幼苗生长较慢,注意遮光。

用于绿化的棕榈至少要 7 年以上。在我国长江以南的地区中多作为庭院绿化植物。起苗时多留须根,小苗可以裸根,大苗需带土球,棕榈根系较浅,无主根,栽植不宜过深,否则易引起烂心,栽后穴面要保持盘子状。大苗移栽时应疏剪其 1/2 叶片,以减少水分蒸发,提高成活率。

11.1.11　蚊母树

【科属名称】　金缕梅科 Hamamelidaceae,蚊母树属 *Distylium* S.

【形态特征】　常绿乔木,栽培时常作为灌木,树冠呈球形开展,小枝略呈“之”字形曲折,嫩枝顶端被星状鳞毛;叶色浓绿,经冬不凋,总状花序长约 2 cm,花小、花药红色,卵形蒴果长约 1 cm,花期 2—4 月,果期 9 月。

【生态学特性】　阳性树种,喜湿润暖热气候,对烟尘及多种有毒气体抗性很强,较耐寒、耐阴,对土壤要求不严。

【园林功能及利用价值】　对二氧化硫及氯等有毒有害气体有很强的抵抗力,是优秀的城市及工矿区绿化及观赏树种。常植于路旁、宅院前、草坪上及大树下;可作为背景林成丛、成片栽植。亦可作为球状灌木植于住宅入口两旁;可修剪成色块绿篱栽培。蚊母树皮内含鞣质,可制作栲胶;木材坚硬,可作家具用材。

【植物文化】　叶片为蚊虫宿主,在叶面中间突起,幼虫成熟后飞走,叶面中间便形成了小洞,但对植株的健康生长并无影响,故被称为“蚊母”,其寓意奉献与无私。

【栽植培育技术】 可采用播种和扦插法进行繁殖。播种净种后干藏,翌年 2—3 月播种,发芽率达 70%~80%。扦插在 3 月用硬枝踵状插,也可在梅雨季用嫩枝踵状插。苗木移植需带土球,移植时间以 2 月下旬至 4 月上旬或 10 月中旬至 11 月下旬为宜。蚊母树一般病虫害较少,但若环境潮湿、通风差,易遭介壳虫危害。

11.1.12 四季桂

【科属名称】 木樨科 Oleaceae,木樨属 Osmanthus L.

【形态特征】 常绿小乔木,常栽植成灌木状,高达12 m,树冠开展,树皮黑褐色。小枝具纵向细条纹,嫩枝略被微柔毛或近无毛。叶对生,长椭圆形,先端渐尖或锐尖,基部楔形,边缘有细波状,叶片革质,上面深绿色,下面淡绿色。中脉及侧脉两面凸起,末端靠近叶缘处弧形连结。花为雌雄异株,伞形花序腋生,每一伞形花序有雄花 5 朵,花小,呈黄绿色,花被裂片 4,宽倒卵圆形或近圆形。雌花通常有退化雄蕊 4,与花被片互生。果球形,成熟时呈深紫色。花期 3—5 月,果期 6—9 月。四季桂一年开花数次,四季飘香,但仍以秋季为主。

【生态学特性】 四季桂为阳性树种,喜温暖湿润气候。较耐旱、耐寒,其生长适温为 20~30 ℃,冬季如无特大寒潮,一般都可露地越冬。

【园林功能及利用价值】 常植于院落、道路两旁、草坪等地,是居住区、机关单位的优良绿化树种。由于它对二氧化疏、氟化氢等有害气体抗性较强,也是工矿区防护绿地的优良花木。其根炖肉服,治虚火牙痛、喉痛。除此之外,桂花材质硬、有光泽、纹理美丽,是雕刻的良材。

【植物文化】 桂花是中国传统十大名花之一,其花色淡雅,花香浓郁,万里飘香。桂花的花语是崇高、吉祥、美好与忠贞。我国古代就以桂花的枝条寓意拔萃翰林,仕途平顺;而西方国家则将桂花枝视为荣誉。

【栽植培育技术】 多采用嫁接繁殖,压条、扦插也可。嫁接可用小叶女贞和小叶白蜡等作砧木。小叶女贞栽培广泛,成活率高,生长快,但寿命短;小叶白蜡根系脆弱,稍受损伤,就会引起死亡,因此成活率较低。压条法在春芽萌动前进行,宜选取 2~3 年生枝。扦插多在 5—6 月进行,取插穗 12 cm 长软枝,用 50 mg/L 萘乙酸浸泡 8~10 h,气温保持 25~27 ℃为宜,保持一定湿度,60 d 即可生根。

11.2 落叶乔木及小乔木

11.2.1 水杉

【科属名称】 杉科 Taxodiaceae,水杉属 Metasequoia Miki ex Hu et Cheng.

【形态特征】 高大落叶乔木,树高达 35 m,胸径达 2.5 m,干基常膨大。幼时树冠呈尖塔形,老树树冠广圆形,树皮灰色、灰褐色,树皮脱落,内皮淡紫褐色。大枝近轮生,小枝

对生。叶条形淡绿色,交互对生,呈羽状,长 0.8~3.5 cm,宽 1~2.5 mm,沿中脉有两条较边带稍宽的淡黄色气孔带。雌雄同株,单性,雄花排成总状或圆锥花序,单生于枝顶、侧方;雌花单生于枝顶,球果下垂,长 1.8~2.5 cm,径 1.6~2.5 cm,成熟前绿色,熟时深褐色;珠鳞 11~14 对,木质,盾形,交叉对生。种子扁平,周有狭翅,先端有凹缺,子叶 2 枚,下面有气孔线。花期 2 月下旬,球期 11 月。

【生态学特性】 阳性树种,喜气候温暖湿润气候,耐寒性强,耐水湿能力强,喜酸性土,在轻盐碱地可以生长,不耐贫瘠和干旱。

【园林功能及利用价值】 水杉是"活化石"树种,主干通直,姿态优美,是秋色叶树种,生长较快是速生用材植物。在园林中最适于栽植在河道、湖滨、草地,可采取列植、丛植和片植。亦可栽植于建筑物前或道路两旁作为行道树。水杉对二氧化硫有一定的抵抗能力,是工矿区绿化隔离的优良树种。

【植物文化】 水杉素有"活化石"之称。它对于古植物、古气候、古地理和地质学,以及裸子植物系统发育的研究均有重要的意义。水杉有很多寓意,形态及生命力寓意坚强、永恒、家庭和睦、人财兴旺等

【栽植培育技术】 繁殖方法主要有播种和扦插两种。由于种源缺乏的关系,常应用扦插较多。扦插分春插、夏插和秋插,而以春插为主,2~3 年出圃,用于城市园林绿化。如用以营建风景林,可用 2 年生苗,初植密度以 2 m×3 m 为宜。水杉苗期主要病虫害为立枯病及蛴螬,定植后有大袋蛾等危害,均当及时防治。

11.2.2　银杏

【科属名称】 银杏科 Ginkgoaceae,银杏属 *Ginkgo* L.

【形态特征】 落叶乔木,高达 40 m,树干高大,分枝繁茂开展,树冠广阔形,青壮年期呈圆锥形。枝分长枝与短枝,树皮灰绿或灰白色,深纵裂,剥落后呈粉绿色。主枝斜出,近轮生。叶扇形,有二叉状叶脉,顶端常 2 裂,有长叶柄;初时翠绿色,入秋后变黄。叶在长枝上螺旋状排列互生,在短枝上簇生。雌雄异株,球花生于短枝顶端,呈簇生状;雌球花具长梗,梗端常分 2 叉。椭圆形核果状种子具长柄,下垂,外种皮肉质,成熟时呈淡黄色或橙黄色,外被白色粉末;子叶常 2 枚,种子 9—10 月成熟。

【生态学特性】 银杏为阳性树种,深根性,生长较慢。对气候、土壤的适应性较宽,能适应高温多雨及雨量稀少、冬季寒冷的气候。对土壤适应性强,以中性或微酸性土为宜,不耐盐碱土及过湿土壤。

【园林功能及利用价值】 在园林中适合孤植、对植、列植、丛植和片植。银杏树形优美,叶形独特,且为秋色叶树种,秋季满树金黄,颇为美观,可作庭园点景树及行道树。

【植物文化】 作为我国古有的树种,已有千年栽培历史。银杏又名白果树,在传统神话中,白果是伏羲、女娲食用的圣药。银杏象征长寿、生命力旺盛。

【栽植培育技术】 银杏可采取播种、分蘖和嫁接等法繁殖,以用播种及嫁接法最多。

实生繁殖法:种子以采用80~90年生的母树最好,种子采后可于当年秋播或次年春播。注意播种苗圃地勿选低湿处,否则易烂茎。

分蘖繁殖:本法成活率极高。选2~3年生根,春季3月左右切离母株栽之即可。

嫁接繁殖:一般用枝接法,以选3年生皮色光泽的枝,并带有3~7个短枝作为接穗最好。

银杏移栽成活率高,早春萌芽前移栽为宜,植距以6~8 m为宜。为促进生长发育,定植后每年于春季发芽前及秋季落叶后施肥1次。银杏病害主要有缩叶病、褐腐病、疮痂病等。虫害主要有蛀螟、蚜虫、卷叶蛾等。

11.2.3 悬铃木

【科属名称】 悬铃木科 Platanaceae,悬铃木属 *Platanus* L.

【形态特征】 落叶大乔木,高可达35 m,。枝条开展,树冠广阔形。树皮灰绿或灰白色,片状剥落,剥落后呈粉绿色。叶三角状广卵形,3出或5出掌状分裂,叶裂深度约达全叶的1/3,头状花序球形通常2球一串,果径2.5 cm左右。花期4—5月,果期9—10月,坚果基部有长毛。

【生态学特性】 阳性树种,喜湿润温暖气候,较耐寒。抗性强,能适应城市街道透气性差的土壤条件,对土壤要求不高,微酸、微碱性土壤均能生长,但易发生黄化。根系分布较浅,抗风性差。抗空气污染能力较强,叶片具吸收有毒气体和滞积灰尘的作用。

【园林功能及利用价值】 本种树干高大,枝叶茂盛,生长迅速,易成活,耐修剪,素有"行道树之王"的美称,是世界著名的优良庭荫树和行道树。在园林中孤植于草坪或旷地,列植于甬道两旁,尤为雄伟壮观,又因其对多种有毒气体抗性较强,并能吸收有害气体,作为街坊、厂矿绿化颇为合适。

【植物文化】 悬铃木是南京市市树,悬铃木象征着浪漫、寂寥等。

【栽植培育技术】 可用播种及扦插法繁殖。

播种法:采球后,去掉外边的绒毛,将净种干藏至次年春播。

扦插法:于初冬或次年早春采条;冬季所剪的插条应行埋藏,于次年3—4月间行硬木扦插,成活率可达90%以上。江南温暖潮湿地带尚可用插干法,可以提早出圃。在栽植作行道树或庭荫树时,可用4年生苗,在北方于定植后的头一、二年应行裹于、涂白或包枝等防寒措施。本树易移植成活。常见的病害有枯萎病,在某些地区易生蚧壳虫。

11.2.4　毛泡桐

【科属名称】　玄参科 Scorophulariaceae,泡桐属 Paulownia Sieb. et Zucc.

【形态特征】　落叶乔木,高达 15 m,树冠宽大伞形,树干
耸直,树皮褐灰色;幼枝常具黏质短腺毛小枝,有明显皮孔。
叶片心脏形,长 20~29 cm,顶端锐尖或渐尖,基部心形,全缘
或波状 3~5 浅裂,上面毛稀疏,背面密被白色树枝状毛,有时
具粘质腺毛,叶柄常具黏质短腺毛。花序为金字塔形或狭圆
锥形,长50 cm以下,小聚伞花序具花 3~5 朵;花蕾近圆形,花
萼浅钟形,长约 1.5 cm,外面绒毛不脱落,裂至中部或过中部;
花冠紫色或蓝紫色,漏斗状钟形,长 5~7 cm,表面有腺毛,内
面几无毛,檐部 2 唇形。蒴果卵圆形,幼时密生黏质腺毛,宿
萼不反卷。花期 4—5 月,果期 8—9 月。

【生态学特性】　毛泡桐是强阳性树种,不耐阴。耐寒,能
耐-25~-20 ℃的低温。肉质根忌积水,较耐干旱与瘠薄,在中国北方较寒冷和干旱地区
尤为适宜。对镁、钙、锶等元素有选择吸收的倾向,对氯气、氟化氢、二氧化硫、硝酸雾等有
害气体有较强抗性。根系发达,分布较深,抗风能力强。树皮薄,易受日灼伤和冻害。

【园林功能及利用价值】　毛泡桐树态优美,树干通直,冠大荫浓,早春先花后叶,花
大而美,适宜作为行道树和庭荫树,叶片分泌液能净化空气,可用于道路、工矿区等绿化。
同时,植物生长迅速,6 年左右即可成材,是良好的用材林。

【栽植培育技术】　通常用埋根、播种、埋干、留根等方法进行育苗,生产上普遍采用
埋根育苗。为更多更快地繁育优良单株或无性系,有目的地培育一些新的良种,采用组织
培养的方法也是可行的。

11.2.5　梓树

【科属名称】　紫葳科 Bignoniaceae,梓树属 Catatpa L.

【形态特征】　落叶乔木,高 10~20 m;树冠伞形,树皮灰褐
色,主干通直,嫩枝被稀疏柔毛。叶对生或三叶轮生,阔卵形,长
宽近相等,长 10~30 cm,顶端渐尖,基部心形,全缘或浅波状,通
常 3~5 浅裂,叶片上面及下面均粗糙,背面基部脉腋有紫斑,侧
脉 4~6 对,基部掌状脉 5~7 条。圆锥花序顶生,花序梗微被疏
毛,长 12~20 cm。花萼绿色或紫色,花萼蕾时圆球形,花冠钟状,
内具 2 黄色条纹及紫色斑纹,长约 2 cm。蒴果细长下垂,如筷子,
长 20~30 cm,粗 5~7 mm。种子长椭圆形被毛。花期 5 月。

【生态学特性】　梓树为阳性树种,稍耐半荫。适应范围较
广,比较耐严寒,微酸性、中性以及稍有钙质化的土壤上都能正常
生长。喜深厚、肥沃、湿润的沙质土壤,能耐轻盐碱土,不耐干旱
和瘠薄土壤。抵抗污染的能力很强,对烟尘及二氧化硫等有毒有害气体抗性较强。深根

性,抗风能力强。

【园林功能及利用价值】 梓树树姿优美,冠大荫浓,宜作行道树、庭荫树。它树叶葱绿,花繁果茂,特色果实长达半年以上挂满树枝,观赏期长。它还有较强的消声、滞尘、忍受大气污染能力,是良好的生态防护林树种。

【植物文化】 所谓"桐天梓地"者是也。古来以为木莫良于梓,书以"梓材"名篇,礼以"梓人"名匠,宅旁喜植桑与梓,以为养生送死之具,故迄今又以桑梓名故乡也。帷古所谓梓者,往往兼楸而言也。

【栽植培育技术】 梓树主要采用种子育苗移栽,生产上有时也采用嫩枝扦插和分蘖繁殖育苗。播种繁殖于11月采种干藏,次年春4月条播,发芽率约40%。

梓树皮、叶具有杀虫功效,因而病虫害较少。常见病虫害主要为金龟子、蝼蛄等地下害虫。

11.2.6　光叶榉

【科属名称】 榆科 Ulmaceae,榉属 *Zelkova* Spach.

【形态特征】 落叶乔木,高达30 m,胸径达80 cm。树冠倒卵状伞形。树皮灰白色或褐灰色,小枝细,当年生枝紫褐色或棕褐色,有毛,后渐脱落。叶薄纸质至厚纸质,表面粗糙,背面密生柔毛,大小形状变异很大,卵形、椭圆形或卵状披针形,先端渐尖或尾状渐尖,基部有的稍偏斜,圆形或浅心形。边缘有锯齿,具短尖头,侧脉5~14对不等。被短柔毛。托叶膜质,紫褐色。秋季叶色变红。核果小,几无梗,直径2.5~3.5 mm,淡绿色,斜卵状圆锥形,表面具柔毛,具宿存的花被。花期4月,果期9—11月。

【生态学特性】 喜光,对土壤适应性强,光叶榉性喜温暖至高温,生长适温15~28 ℃。在酸性、中性及石灰性土壤上均可生长。不耐干旱贫瘠,忌积水,对烟尘、有害气体等有较强的抗性。具深根性,侧根多而分布广,抗风力强。生长速度中度偏慢。

【园林功能及利用价值】 树形优美,绿荫浓密,适合作行道树、园景树、防风树等。常栽植于商业区、学校或者图书馆旁,有着净化空气的作用。适宜孤植、列植、丛植,在江南园林中尤喜三五成群栽植于亭台池边,别有风情。此外,其材坚实,为一级木,可供制家具、地板、楼梯扶手之用。

【栽植培育技术】 可用播种、根插法。采摘种子后翌年春天播种,每亩播种量为6~10 kg。用作城市绿化用苗需6~8年生苗。每年冬季落叶后应整枝修剪,已修剪成各种造型的,必须随时留意整姿和修剪长枝。

11.2.7　楸树

【科属名称】 紫葳科 Bignoniaceae,梓树属 *Catatpa* L.

【形态特征】 落叶乔木,高8~12 m。倒卵状树冠,树干耸直,树皮灰褐色,纵裂。小枝灰绿色,老枝具突起。叶三角状卵形,全缘,长6~16 cm,宽达8 cm,顶端尾尖,基部截形,阔楔形或心形,有时基部具有 3~5 牙齿,叶面深绿色,叶背无毛,背面有 2 个紫色腺点。顶生伞状总状花序,花冠淡红色,内面具有 2 黄色条纹及暗紫色斑点,长 3~3.5 cm。花萼蕾时圆球形,2 唇开裂。蒴果扁平,具长毛,长 25~45 cm,宽约 6 mm。花期 4—5月,果期 6—10 月。

【生态学特性】 喜光树种,幼时耐阴,青壮年后需较多光照。喜温暖湿润气候,不耐寒冷。对土壤适应范围较广,在轻盐碱土中也能正常生长。不耐干旱,也不耐水湿,在积水低洼和地下水位过高(0.5 m 以下)的地方不能生长。对二氧化硫、氯气等有毒有害气体有较强的抗性。根蘖和萌芽能力都很强,幼苗生长比较缓慢。

【园林功能及利用价值】 树形优美、花大色艳,树干挺拔,宜作行道树和庭荫树。与建筑、山石搭配,亦显古朴、苍劲之势。楸树对二氧化硫、氯气等有毒气体有较强的抗性,隔音、阻尘能力强,是绿化城市改善环境的优良树种。

【植物文化】 宋代《埤雅》记载:"楸,美木也,茎干乔耸凌云,高华可爱。"楸树象征财源滚滚。

【栽植培育技术】 主要栽培育苗方式有播种、分蘖、埋根、嫁接。种子干藏,次年 3 月条播,发芽率 40%~50%。埋根法通常选择 3 月下旬进行,取 1~2 cm 粗的根,截成长 15 cm,斜埋床上,即可成活。

主要病害有根瘤线虫病,虫害有楸螟、大青叶蝉。

11.2.8 桑树

【科属名称】 桑科 Moraceae,桑属 Morus L.

【形态特征】 落叶乔木或为灌木,高 3~10 m 或更高。树冠倒广卵形。树皮厚,灰褐色,浅纵裂。叶卵形或广卵形,长 5~15 cm,先端尖或渐尖,基部圆形至心形,锯齿粗钝,表面鲜绿色,无毛,背面脉腋有簇毛,具柔毛。

雌雄异株,聚花果(桑葚)卵状椭圆形,长 1~2.5 cm,成熟时红色或紫黑色。花期 4—5 月,果期 5—7 月。

【生态学特性】 喜温暖湿润气候,喜光稍耐阴。耐干旱瘠薄,不耐涝。对土壤的适应性强,轻度盐碱土壤也可生长。深根性,根系发达,萌蘖能力强,耐修剪,生长较快,抗风力强,对二氧化氮、硫化氢等具有较强抗性。

【园林功能及利用价值】 桑树树冠宽阔,树叶茂密,秋季叶色变黄,颇为美观,且能抗烟尘及有毒气体,适于城市、工矿区及农村四旁绿化。适应性强,为良好的绿化及经济树种。

【植物文化】 中国古代人民有在房前屋后栽种桑树和梓树的传统,因此常把"桑梓"代表故土、家乡。

【栽植培育技术】　可用播种、扦插、压条、分根、嫁接等法繁殖。

播种法:采收种子后略行阴干,即可播种;若要第二年春播,种子须充分晒干后密封贮藏,置阴凉室内,方可播种。1年生苗可高达60~100 cm。

扦插法:硬枝插北方在3—4月进行,南方可在秋冬进行;嫩枝插在5月下旬进行。

嫁接法:切接、皮下接、芽接、根接均可,而以在砧木根颈部进行皮下接成活率最高。砧木用桑树实生苗。桑树病虫害较多,常见有桑尺蠖、桑天牛、野蚕及萎缩病等,必须及时防治。

11.2.9　小叶朴

【科属名称】　榆科 Ulmaceae,朴属 Celtis L.

【形态特征】　落叶乔木,高达20 m,树冠呈倒广卵形至扁球形。树皮光滑,灰色或暗灰色,当年生小枝淡棕色,老后色较深,通常无毛,散生椭圆形皮孔。叶革质,狭卵形至卵形,长4~8 cm,宽2~4 cm,基部宽楔形至近圆形,稍偏斜至几乎不偏斜,先端尖至渐尖,具锯齿,双面光滑。核果单生叶腋,果柄较细软,长10~25 mm,果成熟时紫黑色,近球形,直径6~8 mm。花期5—6月,果期9—10月。

【生态学特性】　喜光,稍耐阴,喜肥厚湿润疏松的土壤,也耐干旱瘠薄,耐轻度盐碱,耐水湿、较耐寒。深根性,萌蘖能力强,耐修剪,生长较慢。

【园林功能及利用价值】　树形美观,树冠圆满宽广,绿荫浓郁,适宜公园、庭园作庭荫树,可作行道树、河岸防风固堤树种。木材白色,纹理直,可供家具、农具及新柴用。

【栽植培育技术】　小叶朴用种子繁殖,秋播或湿沙层积贮藏至翌年春播。大苗移栽要带土球。幼苗干性不强,易弯曲,因此从苗木期就要注重扶架养干,防止主干弯曲。

小叶朴抗性强,病虫害较少,但在苗期要注意防治蚜虫刺吸危害。病害主要是苗期根腐病,要特别注意梅雨季节的圃地排水,可以有效避免该病害的发生。

11.2.10　国槐

【科属名称】　蝶形花科 Fabaceae (Papilionaceae),槐属 Sophora L.

【形态特征】　高大落叶乔木,高可达25 m,胸径1.5 m。树冠圆形,树皮灰褐色,纵裂,小枝绿色,具皮孔。羽状复叶,叶柄基部膨大,具钻状托叶。纸质小叶7~17枚,对生或近互生,卵形至卵状披针形,长2.5~5 cm,叶端尖,具小尖头,叶基圆形至广楔形,叶背有白色粉末及柔毛。花浅黄绿色,圆锥花序顶生。荚果串珠状,长2~7 cm,肉质,熟后不开裂,也不脱落,具种子1~6枚。6—7月开花;果10月成熟。

【生态学特性】　阳性树种,略耐阴。对气候适应性较广,喜干冷气候,也能在高温高

湿的华南地区正常生长。在石灰性、酸性及轻盐碱土上均可正常生长。对二氧化硫、氯气、氯化氢气等有害气体有较强的抗性。生长速度中等,深根性,根系发达,萌芽力强,寿命较长。

【园林功能及利用价值】 国槐主干通直,枝繁叶茂,是庭院常用的特色树种,在中国多作为行道树栽植,同时国槐是优良的蜜源植物,又是防风固沙,用材及经济林兼用的树种,对二氧化硫、氯气等有毒气体有较强的抗性。其花蕾可作染料,果肉能入药,种子可作饲料等。

【植物文化】 古代三公宰辅之位的象征:古代汉语中槐官相连。如槐鼎,比喻三公或三公之位,亦泛指执政大臣;槐位,指三公之位;槐卿,指三公九卿;槐兖,喻指三公;槐宸,指皇帝的宫殿;槐掖,指宫廷;槐望,指有声誉的公卿;槐绶,指三公的印绶;槐岳,喻指朝廷高官;槐蝉,指高官显贵。此外,槐府,是指三公的官署或宅第;槐第,是指三公的宅第。科第吉兆的象征:唐代开始,科举考试关乎读书士子的功名利禄、荣华富贵,能借此阶梯而上,博得三公之位,是他们的最高理想。因此,常以槐指代科考,考试的年头称槐秋,举子赴考称踏槐,考试的月份称槐黄。槐象征着三公之位,举仕有望,且"槐""魁"相近,企盼子孙后代得魁星神君之佑而登科入仕。此外,槐树还具有是古代迁民怀祖的寄托、吉祥和祥瑞的象征等文化意义。

【栽植培育技术】 国槐一般采用播种法育苗。10月果熟后采种,可秋播,亦可将果实晾干后,至第二年春播,每亩需种子10 kg左右。一般第5年年末,主干达3 cm以上,树冠已圆整,即可出圃或继续培养成较大植株。

11.2.11 刺槐

【科属名称】 蝶形花科 Fabaceae (Papilionaceae),刺槐属 *Robinia* L.

【形态特征】 落叶高大乔木,高达10~25 m,树冠椭圆状倒卵形。树皮灰褐色,纵裂;枝条具托叶刺;奇数羽状复叶,小叶7~19枚,椭圆形至卵状长圆形,长2~5 cm,叶端钝或微凹,有小尖头。花蝶形,白色,芳香,成腋生总状花序。荚果扁平,长4~10 cm;种子肾形,黑色。花期5月,果10—11月成熟。

【生态学特性】 为强喜光树种,不耐阴。喜较干燥而凉爽气候,生长速度很快,尤以空气湿度较大的沿海地区生长更佳。耐干旱瘠薄,能在石灰性土、酸性土、中性土以及轻度盐碱土上正常生长。在土壤水分过多处易烂根和发生紫纹羽病,致全株死亡。畏积水之处。刺槐为浅根性植物,侧根发达,但多分布于20~30 cm深的表土层中。萌蘖性强,寿命较短,自水平根系上可生出萌蘖,故在良好环境下可自然增加密度。栽植8~10年即可成材,30~50年后进入衰老期。

【园林功能及利用价值】 刺槐树冠高大,叶色鲜绿,花香且大,可作庭荫树及行道树。因其抗性强、生长迅速,故又是工矿区绿化及荒山荒地绿化的先锋树种。还是良好的蜜源植物。木材坚实而有弹性,很适于作坑木、支柱、桩木用。

【植物文化】　槐树视为吉祥树种。被认为是"灵星之精",有公断诉讼之能;还具有是古代迁民怀祖的寄托、吉祥和祥瑞的象征等文化意义。

【栽植培育技术】　可采取播种、分蘖、根插等法进行育苗,尤以播种为主。

播种法:采种后经晒干、碾压脱粒、风选后进行干藏,发芽率可达89%。一般在翌年春季3—4月进行条播。幼苗生长迅速,出苗后应及时间苗和松土、除草。定苗后要及时进行除蘖及修剪,以促使树干和树冠的形成。大苗定植后,应设立支柱,以防雨季风倒或造成根部摇动。生长季中,应注意防治虫害。

插根法:可选粗0.5~2.0 cm的根,剪成15~20 cm长进行扦插,插后盖以塑料薄膜可提高成苗率。病虫害主要有紫纹羽病,种子害虫大多是幼虫蛀食种子。

11.2.12　合欢

【科属名称】　含羞草科 Mimosaceae,合欢属 *Albizzia* Durazz.

【形态特征】　高大落叶乔木,高达16 m。树干灰褐色,主枝分支点较低。树冠扁圆形,常呈伞状。叶为2回羽状复叶互生,羽片4~12对,各有小叶10~30对,小叶线形至长圆形,长6~12 mm,宽1~4 mm,向上微斜,先端有尖头。头状花序在枝顶排成圆锥状,腋生或顶生,萼及花瓣均黄绿色,长25~40 mm,如绒缨状,花丝粉红色。荚果扁条形,长9~17 cm。花期6—7月,果9—10月成熟。

【生态学特性】　阳性树种,但树干皮薄,畏暴晒。喜温暖湿润气候,耐寒性略差。对土壤要求不严,能耐干旱、瘠薄,但不耐水涝。生长迅速,对二氧化硫、氯化氢等有害气体有较强抗性,是工矿企业绿化的良好植物。

【园林功能及利用价值】　合欢树姿优美,叶形清雅飘逸,盛夏粉色绒花挂满枝头,是难得夏季开花乔木,宜作庭荫树、行道树。可孤植、片植于林缘、草坪、山坡等地。树皮及花入药,嫩叶可食,老叶浸水可洗衣。木材质地细密,纹理通直,经久耐用,可供制造家具、农具、车船用。

【植物文化】　合欢花在我国是吉祥之花,认为"合欢蠲忿",自古以来人们就有在宅第园池旁栽种合欢树的习俗,寓意夫妻和睦,家人团结,对邻居心平气和,友好相处。清人李渔说:"萱草解忧,合欢蠲忿,皆益人情性之物,无地不宜种之。凡见此花者,无不解愠成欢,破涕为笑,是萱草可以不树,而合欢则不可不栽。"合欢花的小叶朝展暮合,古时夫妻争吵,言归于好之后,共饮合欢花沏的茶。人们也常常将合欢花赠送给发生争吵的夫妻,或将合欢花放置在他们的枕下,祝愿他们和睦幸福,生活更加美满。朋友之间如发生误会,也可互赠合欢花,寓意消怨合好。

【栽植培育技术】　繁殖栽培主要用播种法繁殖,一般3—4月播种,发芽率为70%~80%。条播种量4~5 kg/亩,在良好的培育条件下,当年苗高可达1.5~2 m。3~4年生苗可以出圃。定植后加强管理,5~6年生苗可开始开花。主要病害有腐朽病、枯萎病,主要虫害有天牛、粉蚧、翅蛾等。

11.2.13　乌桕

【科属名称】　大戟科 Euphorbiaceae,乌桕属 Sapium P.Br.

【形态特征】　落叶大乔木,高达 15 m,树冠圆球形,各部均具乳状汁液。树皮暗灰色,浅纵裂,枝广展,具皮孔,小枝纤细。叶互生,纸质,菱状广卵形,长 5~9 cm,全缘,先端骤尖,基部广楔形,两面均光滑无毛,叶柄细长,顶端有 2 腺体。花单性,雌雄同株,花序穗状,顶生,长 6~12 cm,小花黄绿色。蒴果 3 梨状球形,径 1~1.5 cm,熟时黑色,3 裂,果皮脱落;种子宿存,黑色,外被白色粉蜡。花期 5—7 月,果 10—11 月成熟。

【生态学特性】　喜光,不耐阴。具一定的耐旱、耐水湿及抗风能力,并能耐间歇性短期水淹,能适应酸性土、钙土及含盐在 0.25% 以下的盐碱,但是不耐干燥和瘠薄。主根发达,抗风力强,生长速度中等偏快,寿命较长。一般 60~70 年后逐渐衰老,在良好的立地条件下可生长到百年以上。乌桕抗火烧能力强,对二氧化硫及氯化氢等有毒气体具有一定抗性。

【植物文化】　乌桕树冠整齐,叶形秀丽,入秋叶色红艳可爱,不亚丹枫,古诗有"乌桕赤于枫,园林九月中",说明其变色早,色彩艳。冬日白色的乌桕子挂满枝头,经久不凋,也颇美观,古人就有"偶看桕树梢头白,疑是江梅小着花"的诗句。

【园林功能及利用价值】　常植于水边、池畔、缓坡、草坪,若与亭台、游廊、花墙、山石等相配,也甚为古朴。乌桕在园林绿化中可栽作护堤树、庭荫树及行道树。乌桕花期长,是良好的蜜源植物。乌桕是中国南方重要的工业油料树种。种子外被之蜡质可提制"皮油",供制蜡纸、高级香皂、蜡烛等;种仁榨取的油可供油漆、油墨等用。此外,木材坚韧致密,不翘不裂,可作车辆、家具和雕刻等用材;根皮及叶可入药。

【栽植培育技术】　繁殖一般用播种法,若想繁殖优良品种则采用嫁接法。秋季采收果实后,经暴晒脱粒后干藏,第二年早春播种,温暖地区也可当年冬播。每亩播种量约 10 kg,发芽率 70%~80%。当年苗高 50~100 cm。嫁接繁殖通常 3 月底至 4 月初可进行,取良品乌桕的母树树冠中上部 1~2 年生壮枝作接穗,1~2 年生实生苗作砧木,此外,也可用埋根法繁殖。乌桕侧枝生长强于顶枝,故树干不易长直。为了促使顶枝生长,需剪除侧芽以及增施肥料等栽培措施。乌桕移栽宜在萌芽前春暖时进行,如果苗木较大,需带土球移栽。虫害主要有樗蚕、刺蛾、大蓑蛾等幼虫吃树叶和嫩枝,要注意及时防治。

11.2.14　垂柳

【科属名称】　杨柳科 Salicaceae,柳属 Salix L.

【形态特征】　乔木,高达 18 m,树枝开展,树冠倒广卵形。树皮灰黑色,不规则开裂。小枝柔软细长下垂,淡黄褐色。叶狭披针形至线状披针形,长 9~16 cm,宽 0.5~1.5 cm,先端渐长尖,边缘具细锯齿,叶表面翠绿色,背面灰绿色,具阔镰形托叶,早落。花期 3—4

月,果熟期 4—5 月。

【生态学特性】　阳性树种,喜温暖湿润气候,较耐寒,耐水湿,但亦能生长在高燥地区。喜酸性及中性土壤,萌芽力强,根系发达,对病虫害有一定抗性。生长迅速,15 年生树高达 13 m。寿命较短,树干易老化,30 年后渐趋衰老。

【园林功能及利用价值】　垂柳姿态优美潇洒,常植于湖滨、河边固岸护堤,亦可用作行道树、庭荫树。由于其生长速度快、苗木造价较低,常作为平原造林用苗。此外,垂柳对有毒气体抗性较强,并能吸收二氧化硫,亦适用于工厂矿区绿化。柳枝柔软,枝条可编织篮、筐、箱等器具。

【植物文化】　柳通留,所以常常表示惜别,有时候它也是表达对女子的赞美,像是柳腰之说。

【栽植培育技术】　以扦插繁殖为主,亦可用种子繁殖。扦插于早春进行,选择生长快、无病虫害、姿态优美的雄株作为采条母株,剪取 2~3 年生粗壮枝条,截成 15~17 cm 长作为插穗,直播,插后充分浇水,并经常保持土壤湿润,成活率极高。垂柳主要有光肩天牛危害树干,被害严重时易遭风折枯死。此外,还有星天牛、柳毒蛾、柳叶甲等害虫,应注意及时防治。

11.2.15　枫杨

【科属名称】　胡桃科 Juglandaceae,枫杨属 *Pterocarya* Kunth.

【形态特征】　落叶大乔木,高达 30 m,胸径 1 m以上。幼树树皮浅灰色,光滑,老树树皮深纵裂。枝具片状髓,小枝灰色,具皮孔。羽状复叶之叶轴有翼,长 5~10 cm,小叶 9~23 枚,长椭圆形,缘有细锯齿,顶生小叶有时不发育。果序长 20~30 cm,下垂,果实长椭圆形,具 2 长圆形果翅。花期 4—5 月,果熟期8—9 月。

【生态学特性】　阳性树种,不耐阴。喜温暖湿润气候,也较耐寒;耐湿性强,但不宜长时间积水及水位过高之地。对土壤要求不严,在酸性至微碱性土上均可生长。深根性,主根明显,侧根发达,萌芽力强。枫杨一般初期生长较慢,3~4 年后生长速度加快,一般 60 年后开始衰老。

【园林功能及利用价值】　枫杨主干通直,冠大荫浓,在江准流域作行道树栽植,可孤植、列植、丛植、片植。由于其较耐水湿,常作才边护岸固堤用,因其深根性,亦可作防风林树种。此外,对烟尘和二氧化硫等有毒气体有一定抗性,也适合用作工矿场区绿化。枫杨叶有毒,可作农药杀虫剂。枫杨苗木可作嫁接胡桃之砧木。

【植物文化】　立于山川,朴实平凡。枫杨是一种很普遍的植物,乡间、田野、河岸、溪边等地都随处可见,其朴实无华,颇有乡土气息。枫杨有着顽强的意志、不屈的品格。

寓意风水,吉祥古树。作为速生的乡土树种,枫杨是乡村的一个标记与寄托。随着时间的推移,其与乡村之间渐渐演生出许多传奇的故事,村民们敬畏它,将之奉为风水宝树、吉祥古树。

　　寄情童年,乡愁意象。中国当代作家苏童将"故乡记忆"转变成了"恋乡情结",并在其"枫杨树"系列小说中反映。作者以景观意象的手法创设了一个灵气飞扬的"枫杨树"故乡,并以此为立足点,触摸了祖先和故乡的"脉搏",展开了一次精神的还乡。

　　【栽植培育技术】　采用种子繁殖,3月下旬或4月上旬即可播种,当年苗高1 m左右。枫杨发枝力很强,用作行道树及庭荫树时,应注意剪除干部侧枝。修剪时间一般在树液流动前的冬季或到5月展叶后再行修剪。修剪后主干上休眠芽容易萌发,要及早去除。枫杨有丛枝病、天牛、刺蛾、蚧壳虫等危害,要注意及早防治。

11.2.16　红枫

　　【科属名称】　槭树科 Aceraceae,槭树属 Acer L.

　　【形态特征】　落叶小乔木,树高2~4 m。树冠伞形枝开张,树皮平滑,灰褐色,枝条多细长光滑,淡紫绿色,老枝浅灰紫色。叶掌状,径5~10 cm,5~9深裂,基部心形,裂片披针形,先端锐尖,叶缘有重锯齿。叶柄细长,长4~6 cm,无毛。先花后叶,花杂性,紫色,伞房花序顶生。翅果展开成钝角。花期5月,果期10月。

　　【生态学特性】　喜弱光,耐半阴,不耐暴晒,易遭日灼之害。喜温暖湿润气候,耐寒性不强,对土壤要求不严,酸性、中性及石灰质土均能适应。生长速度中等偏慢。

　　【园林功能及利用价值】　红枫树姿轻盈,叶形秀丽,入秋叶色变红,是珍贵的观叶树种。常植于池边、湖畔、草坪、缓坡,或于亭廊、墙隅、山石间点缀,古朴、清逸、雅致。

　　【植物文化】　杜牧的《山行》中写到"远上寒山石径斜,白云生处有人家。停车坐爱枫林晚,霜叶红于二月花。"徐书信的"惜枫"中写到"枫红空院锁,虚度好年华。一夜霜风起,庭前尽落花"。

　　【栽植培育技术】　园艺变种常用嫁接法繁殖。嫁接可用切接、靠接及芽接等法。切接一般常用2~4年生实生苗作砧木。春天3~4月砧木发芽时进行,砧木最好在离地面50~80 cm处截断进行高接,这样当年能抽梢长达50 cm以上。靠接虽较麻烦,但成活率高。芽接春接宜选取春天发的短枝,以5~6月间砧木生长旺盛期进行,接口易于愈合;而夏季萌发的长枝上的芽适合在9月中、下旬接于小砧木上。病害主要有白粉病、褐斑病,虫害主要由叶蝉、刺蛾、天牛。

11.2.17　臭椿

　　【科属名称】　苦木科 Simarubaceae,臭椿属 Ailanthus Desf.

　　【形态特征】　落叶大乔木,高达30 m;树皮较光滑而有直纹。小枝粗壮,缺顶芽;叶痕大而倒卵形,内具9维管束痕。奇数羽状复叶,小叶13~25枚,卵状披针形,长4~15 cm,先端渐长尖,基部具1~2对腺齿,中上部全缘;背面稍有白粉,无毛或沿中脉有毛。花杂性异株,成顶生圆锥花序。翅果长 3~5 cm,熟时淡褐黄色或淡红褐色。花期4—5月,果9—10月成熟。

【生态学特性】　喜光,适应性强,分布广(北纬22°~43°),垂直分布,在华北可到海拔1 500 m,在西北可到海拔1 800 m。很耐干旱、瘠薄,但不耐水湿,长期积水会烂根致死。能耐中度盐碱土,在土壤含盐量达 0.3%情况下,幼树可生长良好,在含盐量达0.6%处亦可成活生长。对微酸性、中性和石灰质土壤都能适应,喜排水良好的沙壤土。有一定的耐寒能力,在西北能耐-35 ℃的绝对最低温度。对烟尘和二氧化硫抗性较强。根系发达,为深根性树种,萌蘖性强,生长较快,前10年每年可增高约0.7 m,20年后则渐慢,在河北一带10年生者高近10 m,胸径15 cm;20年生者高约13 m,胸径24 cm。

【园林功能及利用价值】　臭椿的树干通直而高大,树冠圆整如半球状,颇为壮观。叶大荫浓,秋季红果满树,虽叶及开花时有微臭但并不严重,故仍是一种很好的观赏树和庭荫树。在印度、英国、法国、德国、意大利、美国等国常作行道树用,颇受赞赏而称为"天堂树"。中国用作行道树的则不多见,但在北京民居四合院中则多见。因它具有较强的抗烟能力,所以是工矿区绿化的良好树种。又因它适应性强、萌蘖力强;故为山地造林的先锋树种,也是盐碱地的水土保持和土壤改良用树种。

木材轻韧有弹性,硬度适中,不易翘裂,易加工,纹理直,有光泽,在干燥的空气中较为坚实耐久,可制农具、家具、建筑等。木材的纤维较长,故为造纸的上等材料。种子可榨油,出油率可达25%;根皮可入药,用以杀蛔虫、治痢、去疮毒。叶可养樗蚕,用樗蚕丝所织之绸称为椿网或小茧绸,坚固耐久,颇为适用,但较不易染色是其缺点。

【植物文化】　臭椿是我们国家的土地上一种古老的土著。臭椿生命力顽强,分布也因此极为广泛,在我国大部分地区均有栽种,是我国常见的五大乡土树种之一。臭椿在中国绵延几千年的文化里,有着漫长的不堪的"黑历史",可谓是"臭名昭著"。《诗经·七月》里写到臭椿:"七月食瓜,八月断壶,九月叔苴。采荼薪樗,时我农夫。"说的是砍伐臭椿用来当作柴薪。一种树木只是被人砍伐当作柴禾来烧,确实是有些不成材的意味。《诗经·小雅·我行其野》中也曾写到臭椿:"我行其野,蔽芾其樗。婚姻之故,言就尔居。"诗中描写了田野里臭椿生长的枝叶茂盛,同时也描写了行路的人,因婚姻不幸在踽踽独行,在这里,枝叶茂盛的臭椿是不幸女子的背景和衬托。

【栽植培育技术】　一般用播种繁殖。当翅果成熟时连小枝一起剪下,晒干去杂后干藏,发芽力可保持2年。播前用40 ℃温水浸种1昼夜,可提前5~6 d发芽。播种量5~8 kg/亩,条播行距25~40 cm,覆土 1~1.5 cm,发芽率可达85%。种子发芽适宜温度为9~15 ℃,一般在3月上旬至4月下旬进行播种。1年生苗高达60~100 cm,地际直径0.5~1.5 cm。此外,还可用分蘖及根插繁殖。作为行道树用的大苗,要求主干通直而分枝点高。一般可在育苗的次年春进行平茬,以后要及时摘除侧芽,使主干不断延伸,到达定干高度后再让发侧枝养成树冠。春季移栽要待苗木上部壮芽膨大呈球状时进行,并要适当深栽。

11.2.18　东京樱花

【科属名称】　蔷薇科 Rosaceae,樱属 Cerasus M.

【形态特征】　落叶乔木,高 4~16 m。树皮灰褐色;小枝紫褐色,幼时有毛。叶卵状椭圆形至倒卵形,长 5~12 cm,宽 2.5~7 cm,叶先端渐急尖,叶基圆形至广楔形,叶缘有细尖重锯齿,有小腺体,叶背脉上及叶柄有柔毛,叶上面深绿色,无毛,背面沿叶脉被稀柔毛,叶柄长 1.3~1.5 cm,密被短柔毛。花序伞形总状,有花 3~6 朵,先花后叶,花白色至淡粉红色,花直径
3~3.5 cm;常为单瓣,微香;萼筒管状,长 7~8 mm,宽约 3 mm,有毛;花梗长 2~2.5 cm,有短柔毛。核果,近球形,径约 1 cm,黑色。花期 4 月,果期 5 月。

【生态学特性】　性喜光、喜湿,较耐寒,冬季极端最低温度不低于−20 ℃的地方都能生长良好,在北京能露地越冬,不耐盐碱地。生长较快但树龄较短,盛花期在 20~30 龄,至 50~60 龄则进入衰败期。

【园林功能及利用价值】　东京樱花春季先花后叶开放,满树白花,异常浪漫,但花期很短,仅 1 周左右,适宜与日本晚樱、碧桃、山桃等配置,延长花期。宜孤植于庭院、草坪;对植于建筑物两旁;列植于道路两侧;片植与缓坡、草坪、湖边等,与常绿树配置,更衬其烂漫春花。

【植物文化】　樱花是日本的国花,它寓意着武士,象征着正直、荣誉、尊重,代表的是一种骑士精神。樱花又被称为是死亡之花,它的一朵花只能连续开放一周的时间,之后就会凋落,所以日本武士会在自己辉煌的时候,而结束生命。

【栽植培育技术】　用嫁接法繁殖,砧木可用樱桃、山樱花、尾叶樱及桃、杏等实生苗,栽植时间以春季和秋季均可栽植,但以秋冬栽植为宜。主要病害有流胶病,是蛾类植物钻入树干产卵所致。主要虫害有蚜虫、红蜘蛛、蚧壳虫等。

11.2.19　紫叶李

【科属名称】　蔷薇科 Rosaceae,李属 Prunus L.

【形态特征】　小乔木,常作灌木栽植,高 5~8 m。树枝开展,多分枝,枝条细长,有时有棘刺,暗灰色;小枝暗红色,光滑。叶常年紫红色,叶片卵形、倒卵形或椭圆形,少数椭圆状披针形,长 3~6 cm,宽 2~3 cm,先端骤尖,边缘有圆钝锯齿或重锯齿,基部近圆形或楔形,叶柄长 6~12 mm。花 1 朵,稀 2 朵,淡粉红色,单生,径 2~2.5 cm,花梗长 1~2.2 cm。核果近球形或椭圆形,暗红色,直径 1~3 cm。花期 4 月,果期 8 月。

【生态学特性】　阳性树种,喜温暖湿润气候,有一定的抗旱能力,但不能长期耐干旱,较耐水湿,不耐碱。喜砂砾土,在黏质土上根系较浅,不抗风,萌生力较强。

【园林功能及利用价值】 紫叶李叶色常年紫红色,适宜与金黄色植物配置,形成色彩对比,其柱形飘逸,适宜种植于草坪、建筑一角。

【植物文化】 在校园景观设计中,选择用桃树和紫叶李等作为主干树种,搭配起来暗喻"桃李满天下",颂扬人民教师默默耕耘、无私奉献的精神。

【栽植培育技术】 一般采用扦插繁殖、芽接法、高空压条法这3种培育方式。

扦插法:选取树龄3~4年,生长健壮的树作为母树,剪取10~12 cm的健壮枝段作插穗,3~5个芽为好,一般11月下旬至12月中旬扦插。

芽接法:选择合适的砧木,可以用紫叶李、桃、山桃、毛桃、杏、山杏、梅、李等。砧木一般选用2年生实生苗,嫁接前应先短截,只保留地表上5~7 cm的树桩,6月中下旬,在选好做接穗的枝条上定好芽位,接芽应该饱满,无干尖及病虫害。

高空压条法:选择树势较强,没有病虫害的枝条,以2~4年生枝条为好。4月中旬至5月中旬进行压条,在压条上选择适合的部位划刻两道刻痕,间距约为1.5 cm,然后将刻痕间的表皮进行环剥,然后立刻套上塑料袋,在下刻痕的下部将塑料袋系死,随后将调好的沙壤土泥浆装入袋中,捏成球形,把环剥处用泥浆包裹住,使其处于泥球中部,将塑料袋上口系死。约45 d后伤口愈合并开始生根,秋末,将压条在泥球的下部剪断进行移栽。虫害主要有红蜘蛛、刺蛾和布袋蛾。常见的病害主要是细菌性穿孔病,普遍发生且危害严重,发病后影响植株正常生长和观赏性,甚至导致死亡。

11.2.20 西府海棠

【科属名称】 蔷薇科 Rosaceae,苹果属 *Malus* M.

【形态特征】 小乔木,高可达8m,树形峭立。小枝粗壮,红褐色,幼时疏生柔毛,渐脱落。叶椭圆形至长椭圆形,长5~8 cm,先端短锐尖或圆钝,基部广楔形至近圆形,缘具细锯齿,部分近于全缘,背面幼时有柔毛。花蕾红艳,开放后呈浅粉色,单瓣或重瓣;花梗长2~3 cm。果近球形,黄色,径约2 cm,基部不凹陷。花期4—5月;果期9月。

【生态学特性】 喜阳树种,不耐阴,耐寒,耐干旱,忌水湿。

【园林功能及利用价值】 海棠花花开似锦,美丽可爱。常植于建筑两旁、庭院、亭廊周围、草地、林缘都很合适。

【植物文化】 游子思乡、离愁别绪、温和、美丽、快乐。秋海棠象征苦恋。当人们爱情遇到波折,常以秋海棠花自喻。古人称它为断肠花,借花抒发男女离别的悲伤情感。花语便有"苦恋"了。

【栽植培育技术】 可采用播种、压条、分株和嫁接等法繁殖。实生苗需7~8年才能开花,且常产生变异,故园艺多用嫁接法繁殖,以海棠、山荆子为砧木,芽接或枝接均可。压条、分株多于春季进行。对病虫害要注意及时防治,在早春喷撒石硫合剂可防治腐烂病等。在桧柏较多之处,易发生赤星病,宜在出叶后喷几次波尔多液进行预防。

11.2.21　碧桃

【科属名称】　蔷薇科 Rosaceae,桃属 *Amygdalus* L.(*Prunus* L.)

【形态特征】　落叶小乔木,高达 8 m,园林上一般整形后控制在 3~4 m。树冠广而平展,树皮灰褐色,鳞片状剥落。枝条多直立生长,小枝细长,光滑有光泽。单叶互生,披针形,先端渐尖。花有单瓣、半重瓣和重瓣,先花后叶,花色有白、粉红、红和红白相间等色。

【生态学特性】　强喜阳树种,耐旱不耐湿,积水易死苗。耐寒性好,能在-25 ℃的低温下越冬。

【园林功能及利用价值】　"桃之夭夭,灼灼其华",碧桃早春开放,先花后叶,异常绚烂。适宜种植在山坡、石旁、墙隅、湖畔、景亭、草坪。中国园林中习惯以桃、柳间植于湖滨,以形成"桃红柳绿"之景。

桃仁、花、枝、叶、根均可药用,木材坚硬,可作工艺用材。

【植物文化】　碧桃是历代中国文人墨客笔下的题材。《虞美人碧桃天上栽和露》中写到:"碧桃天上栽和露。不是凡花数。乱山深处水萦回。可惜一枝如画、为谁开。轻寒细雨情何限。不道春难管。"

【栽植培育技术】　以嫁接为主,各地多用切接或盾状芽接。南方多用毛桃北方多用山桃作为砧木。如用杏砧寿命长而病虫少,唯起初生长略慢。寿星桃可作其他桃的矮化砧;郁李也有矮化性,但常需用李作中间砧。此外,还可用播种、压条法繁殖,扦插一般不用。桃树作为果园经营时,要注意早、中、晚熟品种和授粉树的搭配,株行距 3~5 m;修剪可较重,多行杯状整形,且需较多施肥、灌水等管理措施。观赏品种的栽培可稀可密,视品种习性及配景要求而定;修剪宜轻,且以疏剪为主,多整成自然开心形;施肥、灌水多在冬、春施行。桃树栽植,南方多秋植,北方多春植;要施足基肥,灌足定根水。雨季要注意排水。病虫害有蚜虫、浮尘子、红蜘蛛、桃缩叶病、桃腐病等,应及早防治。

11.2.22　日本晚樱

【科属名称】　蔷薇科 Rosaceae,樱属 *Cerasus* Mill.

【形态特征】　形态乔木,高达 10 m。干皮淡灰色,较粗糙;小枝较粗壮而开展,无毛。叶常为倒卵形,长 5~15 cm,宽 3~8 cm,叶端渐尖,呈长尾状,叶缘锯齿单一或重锯齿,齿端有长芒,叶背淡绿色,无毛;叶柄上部有 1 对腺体,叶柄长 1~2.5 cm;新叶无毛,略带红褐色。花形大而芳香,单瓣或重瓣,常下垂,粉红色或近白色;1~5 朵排成伞房花序,小苞片叶

状,无毛;花之总梗短,长 2~4 cm,有时无总梗,花梗长 1.5~2 cm,均无毛;萼筒短,无毛;花瓣端凹形;花期长,4 月中下旬开放,果卵形,熟时黑色,有光泽。

【生态学特性】　日本晚樱发育较快,树龄较短,花期较晚但花期的延续时间在各种樱花中却属最长的种类。

【园林功能及利用价值】　日本晚樱中之花大而芳香的品种以及四季开花的四季樱等均宜植于庭园建筑物旁或行孤植;至于晚樱中的大岛樱则是滨海城市及工矿城市中的良好材料。晚樱的花型颇富变化,观赏价值极高,尤其重瓣品种开花时朵朵下垂,向着游人,真可谓芳香扑鼻、艳丽多姿;在日本,一般习称为八重樱或牡丹樱。

【植物文化】　在日本,樱花被当作是团体精神和武士精神的象征而受到热爱,日本有句谚语:"花要樱花,人要武士"。即花当中樱花最突出,人当中武士最优秀。

【栽植培育技术】　繁殖栽培樱花类可用播种、扦插、嫁接、分蘖等法繁殖。

播种法:日本晚樱通常不结实,但偶尔也有结实的,用这种种子播种所产生的后代常发生变异,例如单瓣型种类可产生重瓣型的后代,垂枝型的母树可产生直生型的后代。所以在培育新品种时可利用播种法,然后进行选择,再用无性繁殖法繁殖。

扦插法:如果用一般的扦插法均不易生根,即使生根,成活率也很低。所以必须在扦插前进行埋藏处理才能有良好的效果。处理的方法中最简单易行的是在1月选平直的枝条切成30 cm长,30~50枝缚成1束,顶端向上,立埋入地中,深度以不见顶端为度,至3月见切口处生满愈伤组织后即可挖出,将先端略剪短,再插于插床上就易生根了。插活后至次年即可高达1 m,作砧木切接时上部剪下的枝条仍可作插穗用。

嫁接法:通常用切接法,可地接亦可室内掘接。在晚夏或初秋时亦可行芽接,日本晚樱的各品种以用真樱或大岛樱作砧木为好。

分蘖法:晚樱会自根颈附近发生多数萌蘖,可与母株分离移于苗圃中培养。分割后应对母株的伤口实行消毒以免病菌侵入。分割时应注意母株是否为自根树还是嫁接树。

关于定植后的栽培管理法,可按一般的树木管理法处理。在日本的经验是樱花类不耐修剪,在修剪较粗的枝条后,仍以涂抹防腐剂为好。

11.2.23　紫薇

【科属名称】　千屈菜科 Lythraceae,紫薇属 *Lagerstroemia* L.

【形态特征】　形态落叶灌木或小乔木,高可达7 m。树冠不整齐,枝干多扭曲;树皮淡褐色,薄片状剥落后干特别光滑。小枝四棱,无毛。叶对生或近对生,椭圆形至倒卵状椭圆形,长3~7 cm,先端尖或钝,基部广楔形或圆形,全缘,无毛或背脉有毛,具短柄。花鲜淡红色,径3~4 cm,花瓣6枚;萼外光滑,无纵棱。成顶生圆锥花序。蒴果近球形,径约1.2 cm,6瓣裂,基部有宿存花萼。花期6—9月,果10—11月成熟。

【生态学特性】　习性喜光,稍耐阴;喜温暖气候,耐寒性不强,北京需良好小气候条件方能露地越冬;喜肥沃、湿润而排水良好的石灰性土壤,耐旱,怕涝。萌蘖性强,生长较慢,寿命长。

【园林功能及利用价值】　紫薇树姿优美、树干光滑洁净,花色艳丽;开花时正当夏秋少花季节,花期极长,由6月可开至9月,故有"百日红"之称,又有"盛夏绿遮眼,此花红满堂"的赞语。最适宜种在庭院及建筑前,也宜栽在池畔、路边及草坪上。在昆明的金殿有明朝栽植的古树,高7 m,干径粗约1 m。在美国有的作为小型行道树用。又可盆栽观赏及作盆景用。

【植物文化】 过去有"好花不常开"的悲观论调,此花却一反常规,色丽而花穗繁茂,如火如荼,令人振奋精神、青春常在,故有"谁道花无红百日,此树常放半年华"的诗句,这是乐观主义者的赞歌了。

【栽植培育技术】 可用分蘖、扦插及播种等法繁殖,播种可得大量健壮而整齐之苗木,秋末采收种子,至翌年2—3月条播,幼苗宜稍遮阴,在北方幼苗要防寒越冬。实生苗生长健壮者当年即可开花,但开花对苗木生长有影响,故应及时摘除花蕾。在北方宜选背风向阳处栽植,早春对枯枝进行修剪,幼树冬季要包草防寒。盆栽紫薇宜在花后修剪,勿使结果,以积蓄养分,有利下年开花。

11.3　灌藤植物

11.3.1　沙地柏

【科属名称】 柏科 Cupressaceae,圆柏属 *Sabina* M.

【形态特征】 常绿匍匐性灌木,远观枝条上翘,高不及1 m。幼叶多刺叶,刺叶无明显主脉;老树多鳞叶,鳞叶交叉对生,背面中部有腺体,散发出一种"臭"味,因而又名"臭柏"。多雌雄异株;果实近球形,成熟时褐色、紫蓝色或黑色,被白粉;种子1~5粒,以2~3粒居多。

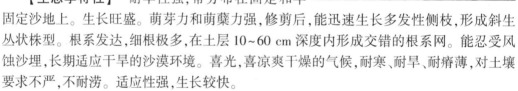

【生态学特性】 耐旱性强,常分布在固定和半固定沙地上。生长旺盛。萌芽力和萌蘖力强,修剪后,能迅速生长多发性侧枝,形成斜生丛状株型。根系发达,细根极多,在土层10~60 cm深度内形成交错的根系网。能忍受风蚀沙埋,长期适应干旱的沙漠环境。喜光,喜凉爽干燥的气候,耐寒、耐旱、耐瘠薄,对土壤要求不严,不耐涝。适应性强,生长较快。

【园林功能及利用价值】 是干旱地区良好的地被树种,常植于坡地观赏或护坡,亦可作为绿篱植物,在园林中常与景石配置。

【植物文化】 寓意着事业有成、年轻、希望和长寿,植株生命力旺盛,适应能力强,枝叶茂密,给人一种积极进取和勇于拼搏的力量。

【栽植培育技术】 播种、扦插繁殖。主要用扦插,亦可压条繁殖。栽培一般可采取露地压条法。压条取自天然生沙地柏,采取2~3年生嫩枝,条粗5~7 mm,修剪成50~60 cm长的压条。压条季节以土壤解冻后1~1.5个月内和结冰前1~2个月内两个时期为好。最好是随取枝条随压,远距离运枝条必须妥善包装,避免失水和外伤。压枝条前须先整地,灌足底水,将枝条平置于10 cm左右深土中,埋土踏实,不得露条。压条埋后1星期左右开始生根,2个月以内应保持土壤湿润,以利成活。为便利于管理,也可先行扦插育苗,然后移苗栽植。

11.3.2 铺地柏

【科属名称】 柏科 Cupressaceae，圆柏属 *Sabina* M.

【形态特征】 常绿匍匐小灌木，高可达75 cm，冠幅达 2 m，枝干贴近地面伏生，褐色，枝梢向上斜展。叶全为刺叶，3 叶交叉互轮生，长 6~8 mm，叶上面有 2 条白色气孔带，下面基部有 2 个白色斑点，叶基下延生长；球果球形，被白色粉末，内含种子 2~3 粒。

【生态学特性】 阳性树种，稍耐阴，对土质要求不严，能在干燥的沙地上生长，适生于滨海湿润气候，耐寒力、萌生力均较强，忌低湿地点。喜生于湿润肥沃排水良好的钙质土壤，耐寒、耐旱、抗盐碱，在平地或悬崖峭壁上都能生长；在干燥、贫瘠的山地上，生长缓慢，植株细弱。浅根树种，但侧根发达，萌蘖能力强、寿命长，同时，对烟尘、二氧化硫、氯化氢等有较强抗性。

【园林功能及利用价值】 在园林中可配植于岩石园或草坪一角，也是缓坡的良好地被植物，各地亦经常栽植作为盆栽观赏。日本庭园中在水面上的传统配植技法"流枝"，即用本种造成。

【植物文化】 柏树斗寒傲雪、坚毅挺拔，乃百木之长，素为正气、高尚、长寿、不朽的象征。柏树常出现在墓地，是后人对前人的敬仰和怀念。

【栽植培育技术】 铺地柏由于种子稀少，故多用扦插、嫁接、压条繁殖。休眠枝扦插于 3 月进行，插穗长 10~12 cm，剪去下部鳞叶，插入土中 5~6 cm 深，插后压实，充分浇水，搭棚遮阴，保持空气湿润，但土壤不宜过湿，插后约 100 d 开始发根。6—7 月亦可用半木质化枝扦插，但管理要求高，而且成活率不是太高。铺地柏用嫁接法繁殖，生长快，管理省工，一般于 2 月下旬至 4 月下旬行腹接，以侧柏作砧木，接后埋土至接穗顶部，成活后先剪去砧木上部枝叶，第二年齐接口截去，成活率可达 95%。如作盆栽用，为提早养成悬崖式树姿，可采用高接。压条繁殖简单易行，但繁殖系数低，因此少量繁殖可用此法。在春夏季选择生长旺盛的枝条，割伤皮层(不割也可以)，用竹签固定，上覆肥土和盖草，经常保持湿润，当年即可发根，第二年春季剪去分栽。

11.3.3 千头柏

【科属名称】 柏科 Cupressaceae，侧柏属 *Platycladus* S.

【形态特征】 丛生灌木，无主干；枝密；上伸；树冠卵圆形或球形；叶绿色。树皮薄，浅灰褐色，纵裂成条片；枝条向上伸展或斜展，幼树树冠卵状尖塔形，老树树冠则为广圆形；生鳞叶的小枝细，向上直展或斜展，扁平，排成一平面。叶鳞形，长 1~3 mm，先端微钝，小枝中央的叶的露出部分呈倒卵状菱形或斜方形，背面中间有条状腺槽，两侧的叶船形，先端微内曲，背部有钝脊，尖头的下方有腺点。

雄球花黄色,卵圆形,长约 2 mm;雌球花近球形,径约 2 mm,蓝绿色,被白粉。球果近卵圆形,长 1.5~2 cm,成熟前近肉质,蓝绿色,被白粉,成熟后木质,开裂,红褐色;中间两对种鳞倒卵形或椭圆形,鳞背顶端的下方有一向外弯曲的尖头,上部 1 对种鳞窄长,近柱状,顶端有向上的尖头,下部 1 对种鳞极小,长达 13 mm,稀退化而不显著;种子卵圆形或近椭圆形,顶端微尖,灰褐色或紫褐色,长 6~8 mm,稍有棱脊,无翅或有极窄之翅。花期 3—4 月,球果 10 月成熟。

【生态学特性】　千头柏适应性较强,耐轻度盐碱,耐干旱、瘠薄,怕涝。主要分布于中国华北、西北至华南等地。千头柏喜温暖、湿润的环境,也耐严寒。耐干燥和贫瘠。对土壤的要求不严,在酸性、中性、石灰性和轻盐碱土壤中均可生长。所以,千头柏在我国绝大部分地区都可种植。

【园林功能及利用价值】　千头柏枝条密集,分枝角度小,不需人工修剪,自然形成卵圆形或椭圆形树冠,其树形优美,是优良的城市、庭院绿化观赏树种和绿篱。千头柏具有杀菌消毒和吸尘能力,对二氧化硫、氟化氢、氯气等有较强的吸收能力,在庭园和道路两旁种植千头柏能有效的净化空气。

【植物文化】　象征常青长寿,子孙不断,延续万代。

【栽植培育技术】　千头柏采用播种繁殖,一般在 3 月下旬至 4 月中旬以前,将经过摧芽处理的种子,视种子质量开沟条播,行距 40~60 cm,沟深 2~3 cm,播幅 8~10 cm,播种沟底平整一致,播种量 10 kg/亩左右。种子均匀撒下后覆土,覆土厚度为 1~1.5 cm,以不露种子为宜。然后轻度镇压,加盖稻草或草帘。播种后视天气情况,每天适当洒水,保持种子层土壤湿润,一星期左右即可出苗。待 60% 以下种壳出土后,揭掉稻草,及时灌水,冲走种壳,防止鸟雀啄食幼芽。

11.3.4　枸骨

【科属名称】　冬青科 Aquifoliaceae,冬青属 *Ilex* L.

【形态特征】　常绿灌木或小乔木,高 3~4 m,最高可达 10 m 以上。树皮灰白色,平滑不裂;枝开展而密生。叶硬革质,矩圆形,长 4~8 cm,宽 2~4 cm,顶端扩大并有 3 枚大尖硬刺齿,中央 1 枚向背面弯,基部两侧各有 1~2 枚大刺齿,表面深绿而有光泽,背面淡绿色;叶有时全缘,基部圆形,这样的叶往往长在大
树的树冠上部。花小,黄绿色,簇生于 2 年生枝叶腋。核果球形,鲜红色,径 8~10 mm,具 4 核。花期 4—5 月,果 9—11 月成熟。

【生态学特性】　喜光,稍耐阴;喜温暖气候及肥沃、湿润而排水良好的微酸性土壤,耐寒性不强;颇能适应城市环境,对有害气体有较强抗性。生长缓慢;萌蘖力强,耐修剪。

【园林功能及利用价值】　枸骨枝叶稠密,叶形奇特,深绿光亮,入秋红果累累,经冬不凋,鲜艳美丽,是良好的观叶、观果树种。宜作基础种植及岩石园材料,也可孤植于花坛中心、对植于前庭、路口,或丛植于草坪边缘。同时又是很好的绿篱(兼有果篱、刺篱的效果)及盆栽材料,选其老桩制作盆景亦饶有风趣。果枝可供瓶插,经久不凋。经济用途枝、叶、树皮及果是滋补强壮药;种子榨油可制肥皂。

　　【植物文化】　枸骨树四季都可保持常青的姿态,寓意为吉祥,象征着美好。它的花语是平安,幸福,友好。

　　【栽植培育技术】　繁殖栽培可用播种和扦插等法繁殖。秋季(10—11月)果熟后采收,堆放后熟,待果肉软化后捣烂,淘出种子阴干。因枸骨种子有隔年发芽习性,故生产上常采用低温湿沙层积至次年秋后条播,第3年春幼苗出土。扦插一般多在梅雨季用软枝带踵插。移栽可在春秋两季进行,而以春季较好。移时须带土球。因枸骨须根稀少,操作时要特别防止散球,同时要剪去部分枝叶,以减少蒸腾,否则难以成活。枸骨常有红蜡蚧危害枝干,要注意及时防治。

11.3.5　海桐

　　【科属名称】　海桐科 Pittosporaceae,海桐属 *Pittosporum* Banks.

　　【形态特征】　常绿灌木,可作小乔木,高 2 ~ 6 m,圆球形树冠。嫩枝被褐色短毛,具皮孔。叶深绿色,革质,有光泽,聚生于枝顶,倒卵状椭圆形或披针形,长 5 ~ 9 cm,宽 1.5 ~ 4 cm,先端圆钝或微凹,基部窄楔形,边缘稍反卷,全缘。伞房花序顶生,花白色后变黄绿色,径约 1 cm,有芳香。蒴果卵圆形,长 1 ~ 1.5 cm,有棱角,熟时 3 瓣裂,露出红色种子。花期 3—5 月,果 9—10 月成熟。

　　【生态学特性】　习性喜光,也耐阴。对气候的适应性比较强,有一定耐寒性,亦能耐热。对土壤要求不严,黏土、砂土及轻盐碱土均能较好适应。萌芽力强,耐修剪。对海潮风及二氧化硫等等抗性较强。

　　【园林功能及利用价值】　经常作为绿篱或者修剪成圆球形灌木栽植。具有较强抗海潮风能力,常作为海岸防潮林、防风林栽植。其对有毒气体具有较强抗性,枝叶繁茂,可作为厂矿区绿化树种,并宜作城市防噪、防火林带灌木栽植。其可作为染色剂,其叶可代矾染色。

　　【植物文化】　海桐的寓意有很多种,但主要有 3 种。第一种:记住我,一般在与朋友和爱人分别的时候,会赠与这类的花,以此来表达出自己的心声。第二种:是做人要学会自重,因此这类花会时刻提醒人们需要谨记这一点,不可以放弃做人的底线。第三种:是学会感恩。

　　【栽植培育技术】　可用播种法、扦插法繁殖。10—11 月采收开裂蒴果,因种子外有黏汁,湿水拌草木灰搓揉出假种皮和胶质,随即播种,或洗净后混湿润沙贮藏,至第二年 3 月中旬播种。一般采用条播,种子发芽率未 50% 左右,行距约 20 cm,覆土厚约 1 cm,上盖草。1 年生苗高约 15 cm;2 年生苗高 30 cm 以上,一般 4 ~ 5 年生即可出圃定植。若要培养成海桐灌木球,应自小打顶,并注意整形。移植海桐一般在春季 3 月进行,也可在秋季 10 月前后进行,均需带土球。海桐栽培容易,不需要特别管理,但易遭介壳虫危害,要注意及早防治。

11.3.6　蔓长春花

【科属名称】　夹竹桃科 Apocynaceae,蔓长春花属 *Vinca* L.

【形态特征】　蔓性半灌木,茎偃卧,花茎直立;
除叶缘、叶柄、花萼及花冠喉部有毛外,其余均无毛。
叶椭圆形,长 2~6 cm,宽 1.5~4 cm,先端急尖,基部
下延;侧脉约 4 对;叶柄长 1 cm。花单朵腋生;花梗长
4~5 cm;花萼裂片狭披针形,长 9 mm;花冠蓝色,花
冠筒漏斗状,花冠裂片倒卵形,长 12 mm,宽 7 mm,先
端圆形;雄蕊着生于花冠筒中部之下,花丝短而扁平,
花药的顶端有毛;子房由 2 个心皮所组成。蓇葖长约 5 cm。

【生态学特性】　喜温暖湿润,喜阳光也较耐阴,稍耐寒,喜欢生长在深厚肥沃湿润的
土壤中。

【园林功能及利用价值】　蔓长春花既耐热又耐寒,四季常绿,有着较强的生命力,是
一种理想的地被植物。且其花色绚丽,有着较高的观赏价值。

【植物文化】　蔓长春花的适应能力比较强,既能忍受高温环境,又有一定的耐寒能
力,因此它的花语寓意为坚贞。此外,还有愉快的回忆和青春永驻的意思。

【栽植培育技术】　蔓长春花忌湿怕涝,盆土浇水不宜过多,过湿影响生长发育。尤
其室内过冬植株应严格控制浇水,以干燥为好,否则极易受冻。露地栽培,盛夏阵雨,注意
及时排水,以免受涝造成整片死亡。蔓长春花为喜光性植物,生长期必须有充足阳光,叶
片苍翠有光泽,花色鲜艳。若长期生长在荫蔽处,叶片发黄落叶。蔓长春花适宜肥沃和排
水良好的壤土,耐瘠薄土壤,但不能使用偏碱性、板结、通气性差的黏质土壤,这会导致植
株生长不良,叶子发黄,不开花。待其高 7~8 cm 时摘心 1 次,以后再摘心 2 次,以促使多
萌发分枝,多开花。生长期每半月施肥 1 次。蔓长春花盆栽或花坛脱盆地栽,从 5 月下旬
开花至 11 月上旬,长达 5 个多月。在花期随时摘除残花,以免残花发霉影响蔓长春花生
长和观赏价值。8—10 月为蔓长春花采种期,应随熟随采,以免种子散失。

11.3.7　大叶黄杨

大叶黄杨 *Euonymus japonicas* Thunb.,又名正木、冬青卫矛。

【科属名称】　卫矛科 Celastraceae,卫矛属 *Euonymus* L.

【形态特征】　常绿灌木可作小乔木,高可达 8 m。小枝四棱形,绿色。叶革质,有光
泽,长椭圆形至倒卵形,长 3~6 cm,宽 2~3 cm,缘有细钝齿。叶柄长约 1 cm。聚伞花序
5~12 朵花,花绿白色,4 数,腋生枝条端部。蒴果近球形,径约 8 mm,粉红色,熟时 4 瓣
裂。假种皮橘红色,全包种子。花期 6 月,果 9—10 月成熟。

【生态学特性】　喜光,耐阴,对土壤适应性强,酸性土、中性土和微碱性土均能生长,
耐干旱瘠薄。耐寒性不强,不能受 -17 ℃左右低温,黄河以南地区可露地种植。极耐修
剪整形,生长较慢,寿命长。对各种有毒气体及烟尘抗性较强。

【园林功能及利用价值】　园林中常用作绿篱及背景种植材料,亦可丛植草地边缘或列

植于园路两旁;若加以修剪成型,更适合用于规则式对称配植。
同时,亦是基础种植、街道绿化和工厂绿化的好材料。其花叶、
斑叶变种更宜盆栽用于室内装饰。

【植物文化】　古人咏黄杨诗,"飓尺黄杨树,婆要枝千重,叶
深圃翡翠,据古踞虬龙",描绘黄杨风姿。大叶黄杨的寓意是严
肃、正义;也有风水作用,就是辟邪、招财和带来祥瑞之气等。

【栽植培育技术】　采用扦插法、嫁接、压条和播种法繁
殖。春、秋两季可用硬枝扦插,夏季可用软枝扦插。上海、南
京一带常在梅雨季节用当年生枝带踵扦插,3~4周后即可生
根,成活率可达90%以上。园艺变种的繁殖,可用丝棉木作
砧木于春季进行靠接。压条宜选用2年生或更老的枝条进行,1年后可与母株分离。至
于播种法,则较少采用。

苗木移植宜在3—4月进行,小苗可裸根移,大苗需带土球。大叶黄杨适应性强,栽后
一般不需要特殊管理。按绿化上需要修剪成形的绿篱或单株。主要病虫害绢叶螟、尺蠖、
日本龟蜡介、桃粉蚜、白粉病、叶斑病、茎腐病等。

11.3.8　小叶黄杨

【科属名称】　黄杨科 Buxaceae,黄杨属 *Buxus* L.

【形态特征】　常绿灌木,生长低矮。枝繁叶茂,枝灰
白色,节间一般长3~6 mm,枝有纵;小枝四棱形,被短柔
毛。叶薄革质,倒卵形、阔椭圆形至广卵形,长2~3.5 cm,
宽5~7 mm,先端圆或微凹,基部楔形,侧脉明显凸出,有
毛。花簇生叶腋或枝端,头状,黄绿色。蒴果近球形,蒴果
长6~7 mm,无毛。花期3—4月,果7月成熟。

【生态学特性】　喜半阴,在无庇荫处生长叶常发黄。
性喜温暖,耐寒性不如锦熟黄杨。喜温暖湿润气候及肥沃
的中性及微酸性土,耐盐碱、抗病虫害,对多种有毒气体抗
性强。生长缓慢,耐修剪。

【园林功能及利用价值】　常作为绿篱或修剪成灌木球使用。抗污染能力强,能吸收
空气中的二氧化硫等有毒气体,对大气有净化作用,适合公路绿化。

【植物文化】　小叶黄杨代表着欢快活泼、积极向上。

【栽植培育技术】　可采用播种和扦插,以扦插繁殖为主。于4月中旬至6月下旬随
剪条随扦插。扦插深度为3~4 cm,扦插密度为250~300 株/m²。插前罐足底水,插后浇
封闭水,然后在畦面上做成拱棚,用塑料薄膜覆盖,每隔7 d浇1次透水,温度保持在20~
30 ℃,温度过高要用草帘遮阴,相对湿度保持在75%~85%。小叶黄杨易受到粉蚧和蚜
虫的攻击,要及早防治。

11.3.9　凤尾兰

【科属名称】　百合科 Liliaceae,丝兰属 *Yucca L.*

【形态特征】　灌木,干短,稀分枝,株高 50~
150 cm。叶密集,近莲座状簇生,表面有蜡质层,坚硬似
剑,长 40~70 cm,边缘光滑,老叶有时具疏丝。圆锥花序
高 1 m 多,每个花序着花 200~400 朵,从下至上逐渐开
放,乳白色,常带红晕,杯状,下垂。萌果干质,下垂,椭圆
状卵形,不开裂。花期 6—10 月。

【生态学特性】　喜温暖湿润和阳光充足的环境,耐
寒,耐阴,耐旱也较耐湿,对土壤要求不严,耐瘠薄。对酸
碱度的适应范围较广,耐轻度盐碱。萌蘖能力强,抗污染。

【园林功能及利用价值】　花期持久,常植于建筑
前、草坪中、花坛中央、路旁等地。叶纤维韧性强,可供制缆绳用。

【植物文化】　盛开的希望,永不言弃,柳暗花明。

【栽植培育技术】　主要包括播种、分株和扦插法。

播种法:人工授粉才可得到种子。人工授粉通常在 5 月进行,授粉后约 70 d 种子才
能成熟。当年 9 月下旬播种,经一个月出苗,出苗率约 40%,亦可将种子干藏至春季播种。

分株法:把根茎上的芽铲下后,挖沟种植。埋土后第二天浇水,头遍水要浇透,水渗下
后,及时撒一层细土保墒。7 d 左右浇第二遍水。根据土壤湿度,土壤显干时浇第三
次水。

扦插法:在春季或初夏,挖取茎杆,剥去叶片,剪成 10 cm 长,茎杆粗可纵切成 2~4
块,开沟平放,纵切面朝下,盖下 5 cm,保持湿度,插后 20~30 d 发芽。

11.3.10　十大功劳

【科属名称】　小檗科 Berberidaceae,十大功劳属 *Mahonia Nutt.*

【形态特征】　常绿灌木,高 0.5~2 m,全体无毛。
小叶狭披针形,5~9 枚,长 8~12 cm,革质有光泽,上面
暗绿色至深绿色,叶脉不显,背面淡黄色,偶稍苍白色,
叶脉隆起,叶缘有刺齿 6~13 对,小叶均无叶柄,花黄
色,总状花序 4~10 条簇生,长 3~7 cm。浆果近球形,
直径 4~6 mm,蓝黑色,被白粉。花期 7—9 月,果 9—11
月成熟。

【生态学特性】　耐阴,忌烈日暴晒,耐寒性不强。
抗干旱,极不耐碱,喜排水良好的酸性腐殖土,怕水涝。
具有较强的分蘖能力。

【园林功能及利用价值】　常作为绿篱或地被使用,栽植于庭院、林缘及草地边缘。
全株供药用,有清凉、解毒、强壮之效。

【植物文化】 十大功劳,源于它在民间医疗保健中,用途不仅仅10种。对它正确的理解应该是:这种植物的全株树、根、茎、叶均可入药,且药效卓著。依照中国人凡事讲求好意头的习惯,便赋予它"十"这个象征完满的数字,因而得名。

【栽植培育技术】 可用播种、枝插、根插及分株等法繁殖。移栽最好在4—5月或10月进行。

11.3.11　八角金盘

【科属名称】 五加科 Araliaceae,八角金盘属 *Fatsia* Dcne.et Planch.

【形态特征】 常绿灌木,高4~5 m,丛生。叶径10~30 cm,掌状7~9深裂,裂片长椭圆形,先端短渐尖,缘有齿,基部心形,表面亮绿色,背面颜色较浅。叶柄长10~30 cm。圆锥花序顶生,长20~40 cm,花小,黄白色。果实径约8 mm。花期10—11月,次年5月果熟。

【生态学特性】 喜湿暖湿润的气候,有一定耐寒力,耐阴,不耐干旱。宜种植有排水良好和湿润的沙质壤土中。

【园林功能及利用价值】 适宜配植于庭院、门旁、窗边、墙隅及建筑物背阴处,也可点缀湖滨岸边,还可成片群植于草坪边缘及林地。对二氧化硫抗性较强,适于厂矿区厂房种植。同时,八角金盘是深受欢迎的室内观叶植物,耐室内弱光环境。

【植物文化】 八角金盘象征坚强、有骨气,它的花语是八方来财、聚四方才气。

【栽植培育技术】 常用扦插法繁殖,扦插时间2—3月或梅雨季均可,要注意遮阴和保持土壤湿润,成活率较高。移栽时间以春季为宜,须带土球。

11.3.12　桃叶珊瑚

【科属名称】 山茱萸科 Cornaceae,桃叶珊瑚属 *Aucuba* Thunb.

【形态特征】 常绿灌木,高约3 m,小枝被柔毛,老枝有皮孔,白色。叶薄革质,对生,正面亮绿色,背面淡绿色,长椭圆形至阔披针形,长8~20 cm,叶端具尾尖,叶基近圆形或楔形,中上部有疏齿或近全缘,叶被有硬毛。叶柄长约3 cm。花紫色,排成总状圆锥花序,长13~15 cm。果卵圆形,暗紫色,浆果状核果,熟时深红色。

【生态学特性】 性耐阴,喜温暖湿润环境,不耐寒。

【园林功能及利用价值】 本种为良好的耐阴观叶、观果树种,宜于配植在林下及背阴处,宜盆栽或庭院中栽植,其枝叶可用于插花。叶还为奶牛的精饲料。

【栽植培育技术】 用扦插法繁殖,通常在梅雨季选2年生枝插于有遮阴的插床,约经1个月可生根。移栽宜在春季,并需带土团,栽培管理无特殊要求。

11.3.13　小蜡

【科属名称】　木樨科 Oleaceae,女贞属 *Ligustrum* L.

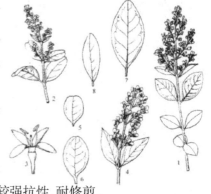

【形态特征】　半常绿灌木,高 2~4 m。小枝密生短柔毛,圆柱形,叶纸质或薄革质,卵形、椭圆形,长 2~5 cm,先端锐尖或钝或微凹,基阔楔形或近圆形,正面翠绿色,背面淡绿色,背面沿中脉有短柔毛。圆锥花序腋生,长 4~10 cm,宽 3~8 cm,花轴有短柔毛。小花白色,有芳香,花梗细而明显,花冠裂片长于筒部。核果近圆形,花期 4—5 月,果期 9—12 月。

【生态学特性】　阳性树种,稍耐阴,喜温暖湿润气候,较耐寒,北京小气候良好地区能露地栽植。耐瘠薄、耐修剪,不耐水湿。对二氧化硫等多种有毒气体有较强抗性,耐修剪。

【园林功能及利用价值】　适宜作绿篱、绿墙和隐蔽遮挡作绿屏,也可作模纹花坛材料。也可数株 1 丛,修成圆球或其他形状,对植于庭门、入口及路边,亦甚协调美观。在山石小品中作衬托树种,亦甚得体。该树老干古根,虬曲多姿,常为树桩景制作者喜爱。对有害气体抗性强,可作为工矿企业绿化用苗。果实可酿酒,种子榨油供制肥皂,树皮和叶可入药。

【栽植培育技术】　播种、扦插繁殖。

播种:洗净种子,阴干,即可播种或沙藏种子千粒重 7~8 g,发芽率 70%。早春 2 月播种,撒播,覆土厚度 0.5 cm,盖草淋水保湿。4 月中旬发芽出土,待幼苗出 2 对初生叶、高 4~5 cm 时,可移苗上容器袋培育当年苗高 30 cm 以上可出圃定植。

扦插:休眠枝扦插于 2—3 月进行,选生长健壮的 1~2 年生枝作插穗,长 10~15 cm,下端齐平,去叶插入土中 2/3,按实后淋水,加强管理;半木质化枝扦插于 6—7 月,插穗长 10~12 cm,上端留叶 2 对,插入土中 5~6 cm,搭棚遮阴,插后 1 个月左右生根发芽。移植在 10—11 月或翌年 3 月进行,一般带宿土,大苗以带土球为宜。用于绿篱或剪成球形,必须经常进行修剪。一般用 1.5 kg 袋苗来种植,种植密度 25 株/m² 左右。种后修剪整齐,按常规管理,每月施肥一次,并经常修剪,保持良好的景观。

11.3.14　火棘

【科属名称】　蔷薇科 Rosaceae,火棘属 *Pyracantha* Roem.

【形态特征】　常绿灌木,高 3 m 左右。枝拱形下垂,嫩枝被锈色毛,老枝无毛。叶倒卵形至倒卵状长椭圆形,长 1.5~6 cm,先端圆钝微凹,有时有短尖头,基部楔形,缘有圆钝锯齿,齿尖内弯,近基部全缘,两面无毛。花集成复伞房花序,径 3~4 cm,白色,径约 1 cm。果近球形,橘红色或深红色,留存枝头甚久。花期 5 月,果熟期 9—10 月。

【生态学特性】　强阳性植物,不耐寒,抗干旱,耐贫瘠,要求土壤排水良好、微酸性土。

【园林功能及利用价值】　在庭园中常作绿篱及基础种植材料,也可丛植或孤植于草地边缘或园路转角处。果枝还是瓶插材料,红果可经久不落。

【植物文化】　火棘寓意着红红火火,它的果实为红色的,就好像是火焰一样,极具观赏性。

【栽植培育技术】　一般采用播种繁殖,秋季采种后即播;也可在晚夏进行软枝扦插。移植时尽量少伤根系,或带土团。定植后要适当重剪,成活后不需精细管理。

11.3.15　金丝桃

【科属名称】　藤黄科 Guttiferae,金丝桃属 *Hypericum* L.

【形态特征】　常绿、半常绿或落叶灌木,高 0.5～1.3 m,丛状。小枝圆柱形,红色,光滑无毛。叶近无柄,长椭圆形,长 4～10 cm,宽 1～4 cm,先端尖锐至圆钝,基部渐狭而稍抱茎,表面翠绿色,背面浅绿色。主侧脉 4～6 对。花金黄色至柠檬黄色,花瓣 5,开张,三角状倒卵形,自茎端第 1 节生出,径 3～5 cm,单生或 3～7 朵成聚伞花序,萼片 5,顶端微钝,雄蕊多数,5 束,较花瓣长,花柱细长,顶端5 裂。蒴果卵圆形。花期 6—7 月,果熟期 8—9 月。

【生态学特性】　阳性树种,略耐阴,喜生于湿润、半阴沙壤土上,耐寒性不强。

【园林功能及利用价值】　可植于庭院内、假山旁及路边、草坪等处。华北多行盆栽观赏,也可作为切花材料。果及根可入药。

【植物文化】　寓意通常为迷信、报仇和娇媚的意思,人们会将这种草挂在窗户上,以此来抵挡灾难,所以它的寓意是迷信。

【栽植培育技术】　可用播种、分株及扦插等法繁殖。实生苗第 2 年即可开花。扦插多于夏秋用嫩枝插于沙床中。

11.3.16　香荚蒾

【科属名称】　忍冬科 Caprifoliaceae,荚蒾属 *Viburnum* L.

【形态特征】　落叶灌木,高可达 5 m。当年小枝绿色,无毛,2 年生小枝初时红褐色,后灰褐色至灰白色。叶纸质,椭圆形,长 4～8 cm,顶端尖,基阔楔形或楔形,边缘基部除外具三角形锯齿,初时散生短毛,后无毛,羽状脉明显,叶背侧脉间有簇毛。圆锥花序长 3～5 cm,生于幼叶的短枝之顶,花冠高脚碟状,花先叶开放,蕾时粉红色,开放后白色,有芳香,花冠筒长 7～10 mm,裂片 5 瓣,雄蕊 5 枚。核果紫红色,矩圆形。花期 3—5 月,果期秋季。

【生态学特性】　耐半阴,耐寒,喜肥沃、湿润、松软土壤,不耐瘠土和水涝。

【园林功能及利用价值】　香荚蒾花白色而浓香,于早春开花,花期约 20 d,是华北地区重要的早春花木。丛植于林缘下、草坪边、建筑物前。因耐半阴可于建筑的东西两侧或北面栽植。

【植物文化】　香荚蒾寓意至死不渝的爱。

【栽植培育技术】　多采用压条及扦插繁殖。硬枝扦插宜 6 月进行,结合控制树形修剪,选择 2~5 年生枝条,剪成长 15~20 cm 的穗条,用 100 mg/L 浓度的 ABT1 号生根粉浸泡 2 h,扦插在具有全光照间歇喷雾装置的沙床上,做好喷水,阴雨天、夜间停止喷水。45 d后生根率达 90% 以上,60 d 后可移栽大田培育。

11.3.17　猬实

【科属名称】　忍冬科 Caprifoliaceae,猬实属 *Kolkwitzia* Graebn.

【形态特征】　多分枝直立灌木,高达 3 m。猬实植株紧凑,树干丛生。干皮薄片状剥裂,小枝幼时被疏毛,老枝光滑。叶卵形至卵状椭圆形,长 3~8 cm,端骤尖或渐尖,基部圆形,全缘或具浅齿,两面疏生柔毛。伞房状聚伞花序生侧枝顶端,具 1~1.5 cm 的总花梗,花冠钟状,淡粉色至紫色,裂片 5,其中 2 片稍宽而短。果 2 个合生,其中 1 个有时不发育,果实密被黄色刺刚毛,冠以宿存的萼裂片。花期 5—6 月,果期 8—9 月。

【生态学特性】　强阳性植物,有一定耐寒力,北京能露地越冬,喜排水良好、肥沃土壤,也有一定耐干旱瘠薄能力,雨量多、湿度大的地方,常生长不良。

【园林功能及利用价值】　猬实花开茂密,初夏开花,花色娇艳,果形奇特是著名观花灌木。于园林中群植、孤植、丛植均可,宜丛植于草坪、角隅、小路边及假山旁,也可室内盆栽或作鲜切花用。

【植物文化】　猬实开花期正值初夏百花凋谢之时,夏秋全树挂满形如刺猬的小果,甚为别致,因此猬实寓意为清静、孤傲、矜持。

【栽植培育技术】　播种、扦插、分株繁殖均可。管理较为粗放,初春及天旱时及时灌水,秋冬酌施肥料,则次年开花更为繁茂,每 3 年可视情况重剪 1 次,以便控制株丛,使株形更繁茂紧密。

11.3.18　糯米条

【科属名称】　忍冬科 Caprifoliaceae,六道木属 *Abelia* R.Br.

【形态特征】　落叶多分枝灌木,高可达 2 m。株形开展,嫩枝细软,红褐色,被短毛。叶有时散煤轮生,卵形至椭圆状卵形,长 2~3.5 cm,端骤尖至长渐尖,基部宽钝至圆形,边缘有稀疏浅锯齿,背面叶脉基部密生白色柔毛。聚伞花序生于小枝上部叶腋,总花梗被短毛,花萼裂片 5,粉红色,倒卵状长圆形,长期宿存枝头。花冠白色至粉红色,具芳香,漏斗状,裂片 5 瓣,外有微毛,内有腺毛;雄蕊 4,伸出花冠。瘦果状核果。花期 7~9 月。

【生态学特性】 阳性树种,耐阴性强。喜温暖湿润气候,耐寒性较差,北京露地栽培,冬季枝梢易受冻害。对土壤要求不严,酸性、中性土均能生长,有一定的耐旱、耐瘠薄能力。适应性强,生长强盛,根系发达,萌蘖力、萌芽力均强。

【园林功能及利用价值】 花期正值少花季节,且花期特长,花香浓郁,故是不可多得的秋花灌木,可丛植于草坪、角隅、路边、假山旁,于林缘、树下作下木配植也极适宜,又可作基础栽植、花篱用。

【栽植培育技术】 用播种和扦插繁殖均可。

播种法:糯米条于 11 月采种,冬季沙藏,翌春播种,播后 30~40 d 出苗,苗床培育 1 年后移栽。扦插法简便易行,且苗子长势较快,故最为常用。

扦插法:扦插时间为 6~9 月,扦插基质为珍珠岩或者素沙土,插床宽 1 m,长度视操作需求而定,平地做床,床高 10 ~15 cm。15 天后插穗可喷发新根,1 个月后可撤去遮阴网,接受全光照,40 d 以后可以进行移栽。

糯米条常见的病害有叶斑病和白粉病。在日常养护中,一要注意营养平衡,二要注意修剪,要在保证植株正常生长的基础上,保持通风透光。常见的害虫有尺蛾和蚜虫危害,应及时防治。

11.3.19 海州常山

【科属名称】 马鞭草科 Verbenaceae,赪桐属 Clerodendrum L.

【形态特征】 落叶灌木或小乔木,高达 3~8 m。幼枝、叶柄、花序轴等有黄褐色柔毛或近于无毛。老枝灰白色,有皮孔。叶纸质,阔卵形至三角状卵形,长 5~16 cm,宽 2~13 cm,顶端渐尖,基多截形,正面深绿色,背面淡绿色,侧脉 3~5 对,全缘或有时具波状齿,全面疏生短柔毛或近无毛。伞房状聚伞花序顶生或腋生,通常 2 分枝,长 8~18 cm,花梗长 3~6 cm。

花萼蕾时白绿色,后紫红色,5 深裂,几达基部。花冠白色或带粉红色,筒细长,顶端 5 裂,花丝与花柱同伸出花冠外。核果近球形,包藏于增大的宿萼内,成熟时外果皮呈蓝紫色。7—8 月开花,9—10 月果熟。

【生态学特性】 喜光,稍耐阴,耐寒,北京在小气候条件好的地方能露地越冬,耐瘠薄,对土壤要求不高,耐旱但不耐积水。对有毒气体有较强抗性。

【园林功能及利用价值】 海州常山花果美丽,是良好的观赏花、观果树种,观赏期长,适宜栽植于水边,根、茎、叶、花均可入药。

【栽植培育技术】 用播种、扦插、分株进行繁殖。栽植时间应在春季 3—4 月,定植前施足腐熟的有机肥,然后埋土,栽后及时浇 3 遍水。对于定植后的树木,每年从萌芽至开花初期,可灌水 2~3 次,如遇夏季干旱时灌水 2~3 次,秋冬时灌 1 次封冻水。当幼树的主干长至 1.5~2 m 时,可根据需要截干,也可在主干 30 cm 以内短截,培养丛枝灌木。

11.3.20　贴梗海棠

【科属名称】　蔷薇科 Rosaceae,木瓜属 *Chaenomeles* Lindl.

【形态特征】　落叶灌木,高 0.5~2 m,枝条直立开展,小枝黑褐色,无毛,有刺,具疏生浅褐色皮孔。叶卵形至椭圆形,长 3~9 cm,宽 1.5~5 cm,先端骤尖或圆钝,基部楔形,边缘有锐齿,齿尖开展,叶表面有光泽,光滑,背面无毛或脉上稍有毛。托叶大,肾形或半圆形,边缘有尖锐重锯齿。花朱红色、粉红色或白色,先叶开放,3~5 朵簇生于二年生老枝上,花径 3~5 cm,萼筒钟状,无毛,萼片直立。果卵形至圆形,径 4~6 cm,黄色或黄绿色,有芳香,萼片脱落,花期 3—4 月,先花后叶,果熟期 9—10 月。

【生态学特性】　阳性树种,稍耐阴,有一定耐寒能力,适应性强,耐旱,耐贫瘠,但是不耐低洼和盐碱地。

【园林功能及利用价值】　是优良观花、观果灌木。枝密多刺,可作刺篱。适宜于草坪、庭院丛植或孤植,又可作为盆栽和鲜切花用。果可供药用,可制木瓜酒。

【栽植培育技术】　主要采取分株、扦插和压条法繁殖。

分株:在秋季或早春将母株掘起分割,每株 2~3 个枝干,栽后 3 年又可再行分株。一般在秋季分株后假植,以促使伤口愈合,次年春天定植。

扦插:硬枝扦插与分株时期相同,在生长季中进行嫩枝扦插,较易生根。

压条:也在春、秋两季进行,1 个多月即可生根,至秋后或次春可分割移栽。

管理较粗放,一般在开花后剪去上年枝条的顶部,只留 30 cm 左右,以促使分枝,增加明年开花数量。

11.3.21　郁李

【科属名称】　蔷薇科 Rosaceae,樱属 *Cerasus* Mill.

【形态特征】　落叶灌木,高 1~1.5 m。枝细密,小枝灰褐色、嫩绿色,光滑。冬芽 3 枚,卵形,并生,无毛。叶卵形至卵状椭圆形,长 3~7 cm,宽 1~3 cm,先端渐尖,基部圆形,边缘有锐重锯齿,表面深绿色,光滑,背面淡绿色,无毛,背脉具短柔毛,叶柄长 2~3 mm。花 1~3 朵簇生,花瓣粉红或近白色,倒卵状,径 1.5~2 cm,春天与叶同放。核果似球形,表面光滑,径约 1 cm,深红色。花期 3—4 月,果期 7—8 月。

【生态学特性】　性喜阳光充足,健壮,适应能力强,耐寒,耐干旱,耐微碱性土,对有害气体及烟尘有较强抗性。

【园林功能及利用价值】　可作花篱、花境,也可孤植、丛植、片植于林缘、草坪上、建筑旁。其果实可生食,核仁可供药用。

【植物文化】　宋·陈造《出郭》中有"夭桃艳杏虽已过,郁李金沙犹未谢"。宋·曹彦约《陪李监税饮刘园》中有"郁李齐开枝尚弱,牡丹垂谢蕊犹香"。

【栽植培育技术】　通常用分株或播种法繁殖。对重瓣品种可用山桃、毛桃作砧木,用嫁接法繁殖。

11.3.22　黄刺玫

【科属名称】　蔷薇科 Rosaceae,蔷薇属 *Rosa* L.

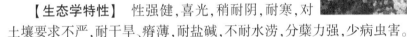
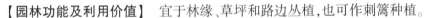

【形态特征】　落叶丛生直立灌木,高 2~3 m,枝条开展,密集,小枝褐色,有硬直皮刺,无针刺。小叶7~13 枚,广卵形至近圆形连叶柄长 3~5 cm,先端圆钝或微凹,边缘具钝锯齿,叶背面幼时被柔毛,后逐渐脱落。花单生于叶腋,黄色,重瓣或单瓣,无苞片,径4.5~5 cm。果近球形或倒卵圆形,紫褐色,径 1 cm,光滑。花期 4 月下旬至 6 月,果 7—8 月成熟。

【生态学特性】　性强健,喜光,稍耐阴,耐寒,对土壤要求不严,耐干旱、瘠薄、耐盐碱,不耐水涝,分蘖力强,少病虫害。

【园林功能及利用价值】　宜于林缘、草坪和路边丛植,也可作刺篱种植。

【栽植培育技术】　繁殖多用分株、嫁接及扦插法。因黄刺玫分蘖力强,分株繁殖方法简单、迅速,并且成活率高。

分株法:一般在春季 3 月下旬,芽萌动之前进行。将植株根部丛生的萌蘖苗带根掘出,分成若干份,每份至少带 1~2 个枝条和部分根系,然后将它们重新栽植,栽后灌透水。注意选日照充分和排水良好地方栽植,管理较为粗放。

嫁接法:因野刺玫易生根,故常作为砧木,取黄刺玫当年生枝条作接穗,于 12 月至翌年 1 月上旬嫁接。3 月中旬后分栽育苗,成活率在 40% 左右。

扦插法:雨季剪取当年生木质化枝条,插穗长 10~15 cm,留 3 枚左右叶片,插入沙中2 cm 左右。

11.3.23　珍珠梅

【科属名称】　蔷薇科 Rosaceae,珍珠梅属 *Sorbaria* A.Br.

【形态特征】　落叶直立灌木,高 2~3 m,枝条开展。羽状复叶,小叶 13~21 枚,连叶柄长 13~23 cm,小叶卵状披针形,长 4~7 cm,边缘有重锯齿,两面无毛。白色小花花瓣长圆形或倒卵形,雄蕊 20 枚,与花瓣等长或稍短。花期 6—8 月,果 9 月成熟。

【生态学特性】　喜阳,耐半阴,耐寒,耐修剪,耐贫瘠,不择土壤,有较强萌蘖性,耐修剪,生长迅速。

【园林功能及利用价值】　株形飘逸,白花清雅,开花时正值夏季少花季节,且花期较长,故园林中多喜应用,一般以丛植、列植为主。

【植物文化】　寓意努力、友情。

【栽植培育技术】　可采取分株及扦插繁殖。因种子细小,多不采用播种法。

分株法:因其萌蘖性强,分株繁殖较简便,并且成活率较高。一般选择春季萌动前进行,亦可在秋季落叶后进行。将株丛全部挖出,以 3~5 株为一丛,分成若干份,并分别栽植。5 年生以上可长成较大的冠幅。

扦插法:为提高成活率,常于 3 月和 10 月扦插,生根最快。扦插土壤园土:腐殖土:沙土=5:4:1,混合后起沟做畦。选择健壮植株当年生或二年生枝条,留 4~5 个芽或叶片,长度为 15~20 cm。扦插时,将插条的大半插入土中,土面只留最上端 1~2 个芽或叶片,扦插完成后浇一次透水。而后每天喷水,以保持土壤湿润。20 d 后减少喷水次数,防止土壤过于湿润,导致枝条腐烂,1 个月左右即生根。

11.3.24　粉花绣线菊

【科属名称】　蔷薇科 Rosaceae,绣线菊属 *Spiraea* L.

【形态特征】　落叶丛状直立灌木,高可达1.5 m。枝条开展,光滑,或幼时具柔毛。叶卵形至卵状长椭圆形,正面翠绿色,背面灰绿色或被白霜,脉上常有短柔毛长 2~8 cm,先端尖,缘有重锯齿。复伞房花序,花朵密集,被柔毛,花淡粉红色至深粉红色,稀有白色,雄蕊较花瓣长,蓇葖果半开张。6—7 月开花,8—9 月果实成熟。

【生态学特性】　喜光,开花量与光照有关,耐半阴,耐寒性强,能耐-10 ℃低温,耐瘠薄、耐干旱、不耐湿,生长季节需较多水份,但不耐水涝,抗病虫害。

【园林功能及利用价值】　可在花境、草坪及园路转角等处栽植,粉花娇艳,构成夏日佳景。

【栽植培育技术】　可采取分株、扦插或播种繁殖。

分株法:选择在 2—3 月移植,可从母株上分离萌蘖枝条分栽,也可以先培肥土,促使母株萌蘖,来年再掘起分栽。

扦插法:插条选择嫩枝、硬枝均可,但是嫩枝成活率高于硬枝。苗木扦插后,注意保湿,每天浇一次透水,午后高温及阴雨天气需注意及时通风。每周要喷洒 1 次多菌灵,预防病害发生。

播种法:一般选择春播,播前先将盆土浇透水,然后均匀地撒上种子,覆一层细土,以后注意保湿,约 1 个月出苗。由于播种苗易患立枯病,因此,常喷波尔多液进行防治。

11.3.25　月季

【科属名称】　蔷薇科 Rosaceae,蔷薇属 *Rosa* L.

【形态特征】 为常绿或半常绿灌木,高1~2 m,通常具皮刺。小叶3~5枚,连叶柄长5~11 cm,小叶广卵至卵状椭圆形,长2.5~6 cm,宽1~3 cm,先端尖,边缘具锐锯齿,两面无毛,正面呈暗绿色,表面有光泽,背面颜色较浅。叶柄和叶轴具散生皮刺和短腺毛,托叶大部贴生在叶柄上,边缘常有具腺纤毛,花常数朵簇生,稀单生,径约5 cm,颜色以深红色、粉红色至近白色为主,芳香。萼片常羽裂,边缘有腺毛,花梗长2~6 cm,有腺毛。果红色,球形至梨形,长1.5~2 cm。花期4~10月,果熟期9—11月。

【生态学特性】 月季性健强,适应性广,中国南北各地均有栽培。性喜光,但不耐暴晒,花瓣易焦枯。对土壤要求不严,以排水良好、微酸性(pH值6~6.5)土壤最好。生长季中开花不绝,春、秋两季开花尤甚。

【园林功能及利用价值】 花色娇艳,花期长,是良好的地被植物。常栽植于花坛、草坪、林缘、建筑入口等处,亦可作盆栽及切花用。花、叶及根均可药用。

【植物文化】 相传,月季花是黄帝部族的图腾植物,是中国十大名花之一。月季被誉为"花中皇后",且有坚韧不屈的精神,花香悠远。原产中国,早在汉代就有栽培,唐宋以后更是栽种不绝,历来文人也留下了不少赞美月季的诗句。唐代著名诗人白居易曾有"晚开春去后,独秀院中央"的诗句,明代诗人张新诗云"一番花信一番新,半属东风半属尘。惟有此花开不厌,一年长占四季春"。北宋韩琦对它更是赞誉有加:"牡丹殊绝委春风,露菊萧疏怨晚丛。何以此花容艳足,四时长放浅深红"。

【栽植培育技术】 月季多用扦插或嫁接法繁殖,此外还可采用分株及播种法繁殖。

扦插法:插条选择硬枝、嫩枝均可,一般在春、秋两季进行。

嫁接法:采用枝接、芽接、根接均可,砧木用野蔷薇、白玉棠、刺玫等。栽培管理比较简单,新栽植株要重剪,以后每年初冬也要根据当地气候情况适当重剪。一般老枝仅留2~4芽,这样来年就可发枝粗壮,形成丰满株形。淮河流域及其以南地区可以安全越冬,不必封土;华北地区须在初冬先灌冬水,重剪后封土保护越冬。但在小气候良好处或希望长成较高植株时,可不重剪和封土,而采用适当包草、基部培土的方法越冬。月季在生长季中发芽开花多次,消耗养料较多,因此要注意多施肥。一般入冬施1次基肥,生长季施2~3次追肥,平时浇水也可掺施少量液肥。这样既可助长发育,使叶茂花大,又可增强对病虫害的抵抗力。月季主要易受白粉病危害,宜选通风、日照良好、地势高燥处栽种,并注意经常的养护管理等。如已发生白粉病,应及早剪除病枝,集中烧毁。

11.3.26 平枝栒子

【科属名称】 蔷薇科 Rosaceae,栒子属 Cotoneaster (B.Ehrh) Medik.

【形态特征】 落叶或半常绿匍匐状灌木,植株低矮,高度不超过0.5 m。枝水平开张成整齐2列,小枝圆柱形,嫩枝粗糙被毛,老枝呈黑褐色,无毛。叶近圆形至倒卵形,长5~14 mm,宽5~9 mm,先端急尖,基部广楔形,全缘,表面暗绿色,具光泽,背面疏生平贴细毛,托叶钻形,早落。粉红色花1~2朵,近无梗,径5~7 mm,花瓣直立,倒卵形,先端圆钝。鲜红色果近球形,径4~6 mm,常具3小核。花期5—6月,果期9—10月。

【生态学特性】 喜温暖湿润的半阴环境,耐干旱、瘠薄,不耐湿热,有一定的耐寒性,怕水涝。

【园林功能及利用价值】 适宜作为基础种植材料,宿果不落,经冬红艳,甚为夺目,也可植于斜坡及岩石园中。此外,根或全株可药用。

【栽植培育技术】 以扦插及播种为主,也可秋季压条。扦插以夏季在冷床中进行为好。播种则常选择秋播,春播须对种子先层积处理,但发芽率均不高。日常管理较为粗放,必要时疏剪过密枝条。

11.3.27　鸡麻

【科属名称】 蔷薇科 Rosaceae,鸡麻属 *Rhodotypos* Sieb. et Zucc.

【形态特征】 落叶灌木,高0.5~2 m。枝开展,小枝绿色,老枝紫褐色,表面无毛。叶卵形至卵状椭圆形,对生,长4~8 cm,端锐尖或渐尖,基部圆形,边缘具尖锐重锯齿,表面皱,背面幼时有柔毛,后脱落,叶柄长3~5 mm。单花顶生,纯白色,径3~5 cm,萼片大,卵状椭圆形。核果1~4粒,倒卵形,长约8 mm,黑色或褐色,光滑。花期4—5月,果期6—9月。

【生态学特性】 喜光,耐半阴,喜湿润环境,但不耐水涝,耐寒,对土壤要求不严,在沙壤土上生长最为旺盛,喜肥。

【园林功能及利用价值】 适宜丛植于草地、路边、林缘、池边等处,也可与山石搭配。果及根可入药。

【栽植培育技术】 可用播种法和分株法繁殖,但以分株法成活率高,且开花早,故较为常用。早春将鸡麻植株挖出后分组,每组植株不少于3~4个枝条,然后对伤口进行处理,再分别进行栽植。常见的病害是叶斑病,常见害虫有红蜘蛛和蚜虫。

11.3.28　棣棠

【科属名称】 蔷薇科 Rosaceae,棣棠花属 *Kerria* DC.

【形态特征】 落叶直立灌木,高1.5~2 m,枝条开展,小枝绿色,光滑,有棱。单叶互生,叶卵形至卵状椭圆形,先端长尖,基部楔形或近圆形,重锯齿,背面略被短柔毛,有托叶。花黄色,径3~4.5 cm,单生于侧枝顶端,两性,萼片5枚,短小而全缘,花瓣5,雄蕊多数。瘦果干而小,黑褐色,苞片宿存。花期4—5月。

【生态学特性】 性喜温暖、半阴而略湿之地。

【园林功能及利用价值】 南方庭园中栽培较多,华北须选背风向阳或建筑前栽植。株形飘逸,常丛植于篱边、墙际、水畔、坡地、林缘及草坪边缘,或栽作花径、花篱或与假山配植。

【栽植培育技术】 繁殖多用分株法,于晚秋或早春进行。也可用硬枝或嫩枝分别于早春、晚夏扦插。若要大量繁殖原种,则可采用播种法。栽培管理比较简单。因花芽是在新梢上形成的,故宜隔 2~3 年剪除老枝 1 次,以促使发新枝,多开花。

11.3.29　紫叶小檗

【科属名称】 小檗科 Berberidaceae,小檗属 *Berberis* L.

【形态特征】 落叶灌木,枝丛生,幼枝淡红绿色,老枝紫褐色具条棱。叶小全缘,菱状卵形,长 5~20 mm,先端钝,紫红色到鲜红色,叶背色稍淡,如光照不足,叶色返绿。花 2~5 朵小花簇生成总状伞形花序,花黄色,小苞片略带红色,花瓣长圆状倒卵形,长 5.5~6 mm,先端微缺,基部以上腺体靠近。浆果红色,椭圆体形,长约 10 mm,稍具光泽,含 1~2 颗种子。

【生态学特性】 喜阳,耐半阴,耐寒,耐高温,耐修剪。

【园林功能及利用价值】 可用来布置花坛、花镜,与金叶女贞、大叶黄杨组成色块、色带及模纹花坛。

【栽植培育技术】 繁殖栽培主要用播种繁殖,春播或秋播均可。扦插多用半成熟枝条于 7—9 月进行,采用踵状插成活率较高。此外,亦可用压条法繁殖。定植时应进行强度修剪,以促使其多发枝丛,生长旺盛。小檗最常见的病害是白粉病。

11.3.30　牡丹

【科属名称】 牡丹科 Paeoniaceae,牡丹属 *Paeonia* L.

【形态特征】 落叶灌木,高达 2 m。分枝多而粗壮。叶通常为 2 回羽状复叶,稀有 3 小叶于近枝顶,小叶长 4.5~8 cm,狭卵形,先端 3~5 裂,基部全缘,叶背有白色粉末,光滑。花单生枝顶,花大色艳,径 10~20 cm,花型有多种,花色丰富,有紫、深红、粉红、黄、白、豆绿等颜色。花期 4—5 月,果 9 月成熟。

【生态学特性】 喜温暖,不耐酷热,较耐寒。喜光但忌暴晒,喜半阴,牡丹为深根性的肉质根,喜深厚肥沃、排水良好、略带湿润的沙质壤土,最忌黏土及积水之地,容易烂根,较耐盐碱。

【园林功能及利用价值】 在园林中常作专类花园及供重要景观节点美化用。又可植于花台、花池观赏。也可孤植或丛植于假山旁、景石边、草坪上。此外,亦可盆栽作室内观赏或作切花瓶插用。可供药用。叶可作染料,花可食用。

【植物文化】 牡丹花大且美,香色俱佳故有"国色天香"的美称,更被赏花者评为"花中之王",而从诗句"倾国姿容别,多开富贵家,临轩一赏后,轻薄万千花"中可见其评价。

【栽植培育技术】 可用播种、分株和嫁接法。栽培牡丹最重要的问题是选择和创造适合其生长的环境条件。适当肥沃、深厚而排水良好的壤土或沙质壤土和地下水位较低而略有倾斜的向阳、背风地区栽植牡丹最为理想。株行距一般 80~100 cm。定植前应先整地和施肥,植穴大小和深度 30~50 cm,栽植深度以根颈部平于或略低于地面为准。栽后应及时灌水和封土。主要病害有黑斑病、腐朽病、根腐病,以及茎腐病、锈霉病等。虫害有地蚕、天牛幼虫等。

11.3.31 木槿

【科属名称】 锦葵科 Malvaceae,木槿属 *Hibiscus* L.

【形态特征】 落叶灌木或小乔木,高 3~4 m。嫩枝密被柔毛,后脱落。叶菱状至三角状卵形,长 3~6 cm,端部常 3 裂,有明显 3 主脉,边缘具钝齿,背面脉上稍有毛。花单生叶腋,花梗被形状短柔毛,花径 5~8 cm,单瓣或重瓣,颜色有淡紫、红、白等。蒴果卵圆形,径约 15 mm,密生星状柔毛。花期 6—9 月,果期 9—11 月。

【生态学特性】 原产于东亚,中国自东北南部至华南各地均有栽培,尤以长江流域为多。习性喜光,耐半阴;喜温暖湿润气候,也颇耐寒;适应性强,耐干旱及瘠薄土壤,但不耐积水。萌蘖性强,耐修剪。对二氧化硫、氯气等抗性较强。

【园林功能及利用价值】 木槿夏秋开花,花期较长,是优良的园林夏季观花树种。常作花篱及基础种植材料,因具有较强抗性,也是工矿场区绿化的良好树种。全株各部均可入药。

【植物文化】 木槿是韩国的国花,被称为"无穷花",它拥有坚韧无比,生机勃勃的特性,象征着一种历尽磨难而矢志弥坚的民族精神。

【栽植培育技术】 繁殖栽培可用播种、扦插、压条等法,其中以扦插为主。硬枝插、软枝插均易生根。为加速育苗,园林苗圃常采用纸钵插。纸钵用两层报纸卷成筒状,高约 15 cm,直径约 4 cm,钵内装由园土、草灰和积肥混合的培养土,于 3 月中旬采 1 年生枝作插条。插好后,将纸钵在背风向阳之苗床中排列整齐。灌透水后床上覆罩塑料棚。利用日光增温,夜晚用草帘保温,约经 20 d 即可生根。4 月底或 5 月初即可将钵苗移栽露地培养,当年苗木可高达 1 m。本种栽培容易,可粗放管理。

木槿生长期间病虫害较少,病害主要有炭疽病、叶枯病、白粉病等;虫害主要有红蜘蛛、蚜虫、蓑蛾、夜蛾、天牛等。

11.3.32 锦带花

【科属名称】 忍冬科 Caprifoliaceae,锦带花属 *Cornus* L.

【形态特征】 落叶灌木,高 1~3 m。树皮灰色,枝条开展,嫩枝稍四棱,幼时具 2 列柔毛。叶椭圆形或卵状椭圆形,长 5~10 cm,先端锐尖,基部阔楔形,边缘具锯齿,表面脉上有毛,背面尤密。花单生或数朵成聚伞花序侧生于叶腋或枝顶,萼片 5 裂,披针形,下半部连合,花冠紫红色,漏斗状钟形,裂片 5 枚。蒴果柱形,疏生柔毛。花期 4—6 月。

【生态学特性】 喜光,耐寒,对土壤要求不严,耐瘠薄,怕积水,对氯化氢抗性较强。

萌芽力、萌蘖力强,生长迅速。

【园林功能及利用价值】 锦带花枝叶繁茂,花色艳丽,花期长达两月之久,是华北地区春季主要花灌木之一。适于庭园角落、湖畔片植,也可在树丛、林缘作花篱、花丛配植,点缀于假山、坡地等。

【植物文化】 锦带花的原产地就在中国,在这个蕴含丰富历史文化的中华大地上,锦带花以其灿烂夺目的身影,得到了人们的赞叹。在文人墨客的手中,锦带花的美丽充满了诗情画意。范成大曾有诗言:“小风一阵来,飘飘随舞衣。”也从侧面写出了锦带花的美丽动人。王禹也有诗句:“何年移植在僧家,一簇柔条缀彩霞。”形容锦带花枝柔长,花团锦簇。

【栽植培育技术】 常用扦插、分株、压条法繁殖,为选育新品种可采用播种繁殖。休眠枝扦插在春季2—3月露地进行,半熟枝扦插于6—7月在荫棚地进行,成活率都很高。因种子细小而不易采集,除为了选育新品种及大量育苗外,一般不常用播种法,10月果熟后迅速采收,脱粒、取净后密藏,至次年春4月撒播。

锦带栽培容易,生长迅速,病虫害少,花开于1~2年生枝上,故在早春修剪时,只需剪去枯枝或老弱枝条,每隔2~3年行1次更新修剪,将3年生以上老枝剪去,以促进新枝生长。1~2年生苗木或扦插苗均可上垄栽植培育大苗,株距50~60 cm,栽植后离地面10~15 cm平茬,定植3年后苗高100 cm以上时,即可用于园林绿化。此花病虫害不多,偶尔有蚜虫和红蜘蛛危害,可用乐果喷杀。

11.3.33 红瑞木

【科属名称】 忍冬科 Caprifoliaceae,梾木属 Cornus L.

【形态特征】 落叶灌木,高可达3 m。枝鲜红色或紫红色,光滑,幼枝常被白色粉末,髓大而白色。叶对生,卵形或椭圆形,长4~9 cm,先端尖,叶基圆形或广楔形,全缘,侧脉明显,5~6对,叶表暗绿色,叶背粉绿色,两面均疏生附生绒毛,黄白色小花排成顶生的伞房状聚伞花序。核果斜卵圆形,成熟时白色或稍带蓝色。花期5—6月,果8—9月成熟。

【生态学特性】 性喜光,强健耐寒,喜略湿润土壤。

【园林功能及利用价值】 红瑞木的枝条终年鲜红色,秋叶也为鲜红色,均美丽可观。此外尚有银边、黄边等变种。最宜丛植于庭园草坪、建筑物前或常绿树间,又可栽作自然式绿篱,赏其红枝与白果。如与棣棠、梧桐等绿枝树种配植,在冬季衬以白雪,可相映成趣,色彩更为显著。此外,红瑞木根系发达,又耐潮湿,植于河边、湖畔、堤岸上,可有护岸固土的效果。种子含油约30%,可供工业用及食用。

【栽植培育技术】 可用播种、扦插、分株等法繁殖。播种用的种子应先层积处理,以克服隔年发芽现象。插条以秋末采取沙藏越冬后早春扦插较好。移植后应行重剪,栽后初期应勤浇水。以后每年应适当修剪以保持良好树形及枝条繁茂。主要病害有叶斑病、白粉病和茎腐病。预防叶斑病,栽植不宜过密,适当进行修剪,以利于通风、透光;浇水时尽量不沾湿叶片,最好在晴天上午进行为宜。主要虫害有蚜虫。

11.3.34　天目琼花

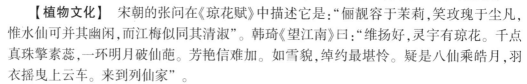

【科属名称】　忍冬科 Caprifoliaceae,荚莲属 Viburnum L.

【形态特征】　落叶灌木,高 3 m 左右。树皮暗灰色,浅纵裂,小枝具明显皮孔。叶通常 3 裂,裂片边缘具不规则的齿,广卵形至卵圆形,长 6~12 cm,生于分枝上部的叶常为椭圆形至披针形,不裂,掌状 3 出脉,叶柄顶端有 2~4 个腺体。聚伞花序复伞形,径 8~12 cm,有白色大型不孕边花,花冠乳白色,辐状。核果近球形,红色。花期 5—6 月,果期 9—10 月。

【生态学特性】　对土壤要求不严,微酸性及中性土均能生长,幼苗必须遮阴,成年苗植于林缘,生长发育正常。根系发达,移植容易成活。

【园林功能及利用价值】　天目琼花是春季观花、秋季观果的优良树种。常植于林缘、草地、入口两旁,其又耐阴,是种植于建筑北向的好树种。嫩枝、叶、果供药用。种子可榨油,供制肥皂和润滑油。

【植物文化】　宋朝的张问在《琼花赋》中描述它是:"俪靓容于茉莉,笑玫瑰于尘凡,惟水仙可并其幽闲,而江梅似同其清淑"。韩琦《望江南》曰:"维扬好,灵宇有琼花。千点真珠擎素蕊,一环明月破仙葩。芳艳信难加。如雪貌,绰约最堪怜。疑是八仙乘皓月,羽衣摇曳上云车。来到列仙家"。

【栽植培育技术】　播种在 4 月中旬进行,通常采用床面条播,先开沟,宽 10 cm,行距 15 cm,深 3 cm,播种密度为 1.5 kg/m² 均匀洒在沟内,后覆 2.5~3 cm 厚土。播种后浇一次透水,出苗后注意保持土壤湿润并适当遮阴。主要病害有叶枯病和叶斑病,虫害有叶蝉、蚜虫和红蜘蛛。

11.3.35　中华常春藤

【科属名称】　五加科 Araliaceae,常春藤属 Hedera L.

【形态特征】　常绿攀缘灌木;茎长 3~20 m,黑棕色或灰棕色,有气生根;1 年生枝疏生锈色鳞片,鳞片通常有 10~20 条辐射肋。叶片革质,在不育枝上通常为三角状长圆形或三角状卵形,箭形或稀三角形,5~12 cm长,3~10 cm 宽,先端短渐尖,基部截形,少有心形,边缘 3 裂或全缘,花枝上的叶片通常为椭圆状披针形至椭圆状卵形,略歪斜而带菱形,披针形或稀卵形,极少为圆卵形、阔卵形或箭形,5~16 cm 长,1.5~10.5 cm 宽,先端长渐尖或渐尖,基部阔楔形或楔形,很少圆形,有 1~3 浅裂或全缘,上面有光泽,深绿色,下面无毛或疏生鳞片,淡绿色或淡黄绿色,网脉和侧脉两面均明显;细长叶柄,2~9 cm 长,无托叶,有鳞片。伞形花序 2~7 个伞房状排列或总状排列成圆锥花序,或单个顶生,1.5~2.5 cm 直径,有花 5~40 朵;总花梗长 1~3.5 cm,通常有鳞片;苞片小,三角形,1~2 mm 长;花梗长 0.4~1.2 cm;花淡黄白色或淡绿白色,芳香;萼密生棕色鳞片,边缘近全缘,长 2 mm;花瓣 5 枚,三角状卵形,外面有鳞片,3~3.5 mm 长;雄蕊 5 枚,花药紫色,花丝长 2~3 mm;花盘黄色,隆起;子房 5 室;花柱全部合生成柱状。红色或黄色,果实球形,直径 7~13 mm;宿存花柱长 1~1.5 mm。花期 9—11 月,果期为翌年 3—5 月。

【生态学特性】　非常耐阴,亦可在光照充足之处生长。喜湿润、温暖环境,稍耐寒,能耐短暂的-5~-7 ℃低温。对土壤要求低,喜土壤肥沃疏松。分布地区广,北自甘肃东南部、河南、陕西南部、山东,南至江西、广东(海南岛除外)、福建,东至浙江、江苏的广大区域内均有生长,西自西藏波密。常攀缘于林缘树木、林下路旁、岩石和房屋墙壁上,庭园中也常栽培。

【园林绿化功能及利用价值】　观赏价值:中华常春藤姿态优雅,枝蔓青翠茂密,可用其气生根扎附着于墙垣上,假山,让其如同绿帘,枝叶悬垂,也可让其攀于树干上,种于树下。别具一格。茎叶含鞣酸,可以提制栲胶。

【栽植培育技术】　通常用扦插或压条法繁殖,极易生根。插穗为用来扦插的枝条。把茎杆剪成每段 5~8 cm 长,并带 3 个以上的叶节,亦可用顶梢做插穗。插穗为采于不同生境类型的中华常春藤 1~2 年生枝条。10~20 cm 长,下端剪成楔形,顶部留叶片 2~3 张。插穗生根的最适温度为 18~25 ℃,适宜的空气相对湿度为 75%~85%。

11.3.36　胶东卫矛

【科属名称】　卫矛科 Celastraceae,卫矛属 *Euonymus* L.

【形态特征】　属于灌木,半常绿,株 1~3 m高,高者达 8 m。呈灰绿色树皮;常具有 2~4 列宽阔的木栓翅小枝,着生冬芽 2 mm 左右长,圆形。叶片呈窄长椭圆形、卵状椭圆形,薄革质,少数为倒卵形,对生,4~8 cm 长,1~3 cm宽;叶片正反两面光滑无毛,叶片边缘具有不整齐的细坚齿,边缘具细锯齿;叶柄 0.6~1.2 cm长。花序为聚伞花序,疏松,2 回分支,花序上着生有 13 朵小花,花梗长 8 mm 以上;花瓣近圆形,花冠呈白绿色;萼片呈半圆形;直径约 8 mm,4 数。雄蕊着生在花盘边缘处,开花后稍有所增长,花丝极短,2 室顶裂,花药为宽阔长方形。花期 8—9 月。果实为粉红色,呈偏球形,直径约为 1 cm,蒴果,表面分布有浅沟,4 纵裂;内含种子长 5~6 mm,外形似椭圆状或阔椭圆状,种皮为浅棕色或褐色,假种皮呈橙红色,全包种子。果期 10 月。

【生态学特性】　暖温带树种,较耐寒。浅根系植物,适应性强,喜阴湿环境,常见生长在山谷、林中岩石旁。对土壤要求低,中性,酸性和石灰质土壤都能生长良好,土壤环境条件要求不高,耐修剪。产于中国安徽、山东、湖北、江苏、江西、新疆、青海、海南、广东、西藏等地,在朝鲜和日本均有分布。

【园林绿化功能及利用价值】 卫矛干枝虬曲多姿,叶葱茏繁茂,适宜观赏盆栽,也可在园林中于岩石上、老树旁和花格墙垣边配植。若在崖下、陡坡栽植,任其攀附。根和藤茎可供药用。

【栽植培育技术】 通常繁殖方式压条、扦插、播种繁殖。繁殖以播种为主,扦插育苗极易成活。

播种繁殖:采种于10月至11月初,经日晒脱壳,假种皮需用草木灰洗搓,取净后阴干储藏。多春播,条播覆土厚1 cm,行距15 cm,盖草保持湿润。4月下旬种子发芽出土,需及时揭草。幼苗喜阴,故夏秋季需遮阴,留床1年后分栽。胶东卫矛虽可行休眠枝扦插,以半木质化枝扦插成活率非常高,插穗需6月选取半木质化的新枝,基部带踵,长10 cm左右,上部留叶2~4片,具2~3节,1/2插入土中,压实压紧后充分浇水,紧接着搭棚遮阴,大约需20 d发根。

移植在春季2月下旬至4月上旬进行,移植中苗、大苗必须带土球,移植时小苗可裸根。

11.3.37 扶芳藤

【科属名称】 卫矛科 Celastraceae,卫矛属 *Euonymus* L.

【形态特征】 常绿藤本灌木,高1至数米;小枝方棱不明显。叶薄革质,椭圆形、长方椭圆形或长倒卵形,宽窄变异较大,可窄至近披针形,长3.5~8 cm,宽1.5~4 cm,先端钝或急尖,基部楔形,边缘齿浅不明显,侧脉细微和小脉全不明显;叶柄长3~6 mm。聚伞花序3~4次分枝;花序梗长1.5~3 cm,第一次分枝长5~10 mm,第二次分枝5 mm以下,最终小聚伞花密集,有花4~7朵,分枝中央有单花,小花梗长约5 mm;花白绿色,4数,直径约6 mm;花盘方形,直径约2.5 mm;花丝细长,长2~5 mm,花药圆心形;子房三角锥状,四棱,粗壮明显,花柱长约1 mm。蒴果粉红色,果皮光滑,近球状,直径6~12 mm;果序梗长2~3.5 cm;小果梗长5~8 mm;种子长方椭圆状,棕褐色,假种皮鲜红色,全包种子。花期6月,果期10月。

【生态学特性】 性喜温暖、湿润环境,喜阳光,亦耐阴。在雨量充沛、云雾多、土壤和空气湿度大的条件下,植株生长健壮。对土壤适应性强,酸碱及中性土壤均能正常生长,可在砂石地、石灰岩山地栽培,适于疏松、肥沃的沙壤土生长,适生温度为15~30 ℃。产于陕西、山西、河南、山东、安徽、江苏、浙江、江西、湖北、湖南、广西、云南等省区。

【园林绿化功能及利用价值】 扶芳藤为地而覆盖的最佳绿化观叶植物,特别是它的彩叶变异品种,更有较高的观赏价值。夏季黄绿相容,有如绿色的海洋泛起金色的波浪;到了秋冬季,则叶色艳红,又成了一片红海洋,实为园林彩化绿化的优良植物。扶芳藤有很强的攀缘能力,在园林绿化上常用于掩盖墙面、山石,或攀缘在花格之上,形成一个垂直的绿色屏障;垂直绿化配置树种时,扶芳藤可与爬山虎隔株栽种,使两种植物同时攀缘在墙壁上,到了冬天,爬山虎落叶休眠,扶芳藤叶片红色光泽,郁郁葱葱,显得格外优美;扶芳藤耐阴性特强,种植于建筑物的背阴面或密集楼群阳光不能直射处,亦能生长良好,表现出顽强的适应能力;扶芳藤培养成"球型",可与大叶黄杨球相媲美。

【栽植培育技术】　用扦插繁殖极易成活,播种、压条也可进行。栽培管理较粗放。林下或山地均可种植,以疏松、肥沃的沙质壤土为佳。种植前先整地,让土壤熟化。扦插苗生根快,根系多,一年四季均可种植。选择3月上旬到4月下旬的阴雨天或晴天下午移栽为宜。按行距25~30 cm开沟,株距约15 cm摆放,边摆30 cm×(15~20)cm开穴种植,每穴种苗1~2株,淋足定根水。苗木移栽5~6 d后即可恢复生长。

11.3.38　三叶木通

【科属名称】　木通科 Lardizabalaceae,木通属 *Akebia* Decne.

【形态特征】　落叶木质藤本植物。茎皮灰褐色,掌状复叶互生或在短枝上的簇生;叶柄直,叶片纸质或薄革质,卵形至阔卵形,先端通常钝或略凹入,基部截平或圆形,边缘具波状齿或浅裂,上面深绿色,下面浅绿色;总状花序自短枝上簇生叶中抽出,总花梗纤细,雄花:花梗丝状,萼片淡紫色,阔椭圆形或椭圆形,花丝极短,药室在开花时内弯;退化心皮长圆状锥

形。雌花:花梗稍较雄花的粗,柱头头状,具乳凸,橙黄色。果长圆形,直或稍弯,种子极多数,扁卵形,种皮红褐色或黑褐色,稍有光泽。4—5月开花,7—8月结果。

【生态学特性】　喜阴湿,耐寒,在微酸、多腐殖质的黄壤土中生长良好,也能适应中性土壤。常生长在低海拔山坡林下草丛中。茎蔓常匍匐地生长。分布于中国河北、山西、山东、河南、陕西南部、甘肃东南部至长江流域各省区。日本有分布。生于海拔250~2 000 m的山地沟谷边疏林或丘陵灌丛中。

【园林绿化功能及利用价值】　三叶木通叶、花、果美丽、春夏观花,秋季赏果,一年好景常新,是一种很好的观赏植物。茎蔓缠绕、柔美多姿,花肉质色紫,花期持久,三五成簇,是优良的垂直绿化材料。在园林中常配植花架、门廊或攀扶花格墙、栅栏之上,或匍匐岩隙翠竹之间,倍增野趣。三叶木通栽培容易,适应性强。该种根、茎和果均入药,利尿、通乳,有舒筋活络之效,治风湿关节痛;果也可食及酿酒。

【栽植培育技术】　可用种子、埋条、分根、扦插繁殖。种子繁殖生产中较少。

埋条繁殖:由于三叶木通藤茎萌芽力强,可选1~2年生枝蔓埋入土中,1个月后即可生根,一年四季均可繁殖,定植后第二年可开花结实。

分根繁殖:需在早春萌芽前进行。一兜多株的可从根部分成多株。在不剪断枝蔓的情况下,当年定植当年结果。

扦插繁殖:一年四季均可进行,选择生长健壮、无病虫害的1~2年生枝蔓,剪成长10 cm的枝条,用浓度为100 mL/kg的ABT2号生根粉浸泡2 h后,扦插到已整理好的苗床内,注意水渍、遮阴、防旱。不同扦插时期对成活率有影响,硬枝扦插春、夏、秋三季成活率都较高,而带叶的嫩枝扦插可促进苗木生根和发枝。

11.4 陆生草本植物

11.4.1 扫帚草

【科属名称】 藜科 Chenopodiaceae,地肤属 *Kochia*.

【形态特征】 为一年生草本植物。株高 50~100 cm。分枝繁多,茎粗硬,短柔毛,株丛密集成卵圆形至圆球形。淡绿色、叶互生,窄条形至线形,全缘。花小、腋生,集成稀疏的穗状花序。全株秋季变成红紫色。

【生态学特性】 适应性较强,喜光、喜温、不耐寒,耐干旱,对土壤要求低,耐碱性土壤。疏松、肥沃、含腐殖质较多的壤土利于地肤生长旺盛。原产于亚洲中部及欧洲和南部地区。分布在欧洲、亚洲和中国大陆的大部分地区。

【园林绿化功能及利用价值】 多用作花镜材料、花坛或盆栽观赏。在草地上沿坡、沿墙种植或成丛种植均宜。扁球形果实,叫地肤子,可入药。可以食用嫩茎叶,长老后可用作扫帚。

【栽植培育技术】 春季撒播于苗床繁殖,发芽整齐迅速。地肤有很强适应性,可栽种于南北各地,对土壤要求低,地边、地角、房前、屋后等区域均可种植。春季 4 月播种,使用种子繁殖。播种前浇透水,使用条播方式进行,0.5~0.8 m 行距,覆土厚度达 0.4~0.5 cm,播种量为 1.5 g/m²,播种后稍加镇压。土壤需保持湿润,出苗时间约 10 d。苗出齐后,需及时间苗、定苗,除草、松土,适时浇水,施肥,追肥 2~3 次/a。秋季果实成熟时收割,取全草,晒干后打下果实,需除去杂质后晒干,备用。耐修剪,可粗放型管理。茎叶切段后晒干即可。

11.4.2 五色苋

【科属名称】 苋科 Amaranthaceae,莲子草属 *Alternanthera* Forssk.

【形态特征】 多年生草本, 20~50 cm 高;茎基部匍匐或直立,各有一纵沟分布于两侧,下部圆柱形,上部四棱形,多分枝,贴生柔毛分布于顶端及节部。叶片矩圆倒卵形、矩圆形或匙形,宽达 0.5~2 cm,长为 1~6 cm,顶端圆钝或急尖,基部渐狭窄,有凸尖,边缘呈皱波状,红色或绿色,亦可部分绿色,混以红色或黄色斑纹,幼时有柔毛后期脱落;叶柄稍有柔毛,长达 1~4 cm。头状花序腋生及顶生,丛生 2~5 个,无总花梗,长 5~10 mm;有卵状披针形的苞片及小苞片,长达 1.5~3 mm,无毛或脊部有长柔毛,顶端渐尖;白色花被片卵状矩圆形,2 片长 3~4 mm 在外面,呈凹形,背部下半密生柔毛,1 片较短在中间,近扁平或稍凹,无毛或疏生柔毛,2 片极凹在内面,较窄且稍短,无毛或疏生柔毛;雄蕊5,条形花药,1~2 mm 长花丝,其中1~2个较短且不育;退化雄蕊带状,高达花药的中部或顶部,顶端裂成3~5个极窄条;花柱长约0.5 mm,子房无毛。花期8—9月。果实不发育。

【生态学特性】　喜阳光充足,亦耐阴。可耐较高温度,但不忍夏季酷热,且畏寒。不耐旱,不喜湿。在有霜地区作1年生栽培,需16~18株越冬母株。最适宜疏松床土,对床土适应性非常强。高湿、低温或高温、高湿易引起秧苗腐烂。原产地为巴西,目前我国各大城市均有栽培。

【园林绿化功能及利用价值】　由于叶片呈现多种色彩,布置花坛时常选用,可排成各种形状的图案,有凉血止血、清积逐瘀、清热解毒功效。全植物均可入药。五色苋耐修剪,为低矮植株。有红色、黄色、绿色或紫褐色等叶片,利用不同色彩和耐修剪的特性,经常用于布置园林图案,也可以做"欢迎光临"、"节日快乐"等字体形状。亦可在节日期间为增添节日的气氛,用不同颜色的盆栽植株体现不同的主题图案。

【栽植培育技术】　适宜扦插繁殖:摘取具有2节的枝作为插穗,插入沙、珍珠岩或土壤中,按3 cm 株距进行插穗,适合温度为22~25 ℃的插床,可在1周生根,2周就可以移栽。五色苋扦插很容易生根的优势,虽在北方不产种子,可以用扦插进行繁殖。用于花坛布置时,一般需按定植350~500株/m² 进行计列,因此按布置时段列计划,要及时扦插。北方在5—6月露地扦插,南方则3—4月就可露地扦插;其余时段可在冷床或温床上进行扦插。

11.4.3　三色苋

【科属名称】　苋科 Amaranthaceae,苋属 *Amaranthus* L.

【形态特征】　为一年生草本植物。茎直立光滑,高80~180 cm,分枝少。叶互生,暗紫色,卵圆状披针形至卵圆形,初秋顶部叶片呈带浅黄、橙黄色或鲜红色或有黄、绿、红三色。腋生穗状花序,绿色小花,卵形胞果。花期为7—9月。

【生态学特性】　耐干旱,不喜寒,适宜湿润向阳及通风良好的环境。宜排水良好而肥沃的土壤。喜欢向阳及通风良好的湿润环境,忌湿热和水涝。对土壤要求低,适生于有良好排水的肥沃土壤中,尚具耐碱性,可在排水良好的沙壤土中苗壮生长。原产地为亚洲热带地区,分布于日本、印度、中亚及中国大陆等地。

【园林绿化功能及利用价值】　适丛植,亦可作盆栽、花坛、花艺材料等,三色苋是非常优良的赏叶植物,可作篱垣、花坛背景或在道路路边区域丛植,也可在草坪之中大片种植,可与各色花草形成绚丽的图案,也可切花、盆栽之用。可入药,主治目翳、血崩、吐血、痢疾等。

【栽植培育技术】　通常通过播种法繁殖、少量可扦插繁殖,3月在温床播种,4—6月可露地直播。有很强的生命力,可粗放管理。

播种法繁殖:一般通过露地苗床直播,通常在春季5月进行。播种后需要遮光。因三色苋种子成熟后是自然落地,必须在成熟后及时采种。播后需抚育管理,保持湿润状态的土壤,温度在 15~20 ℃为宜,约一周可以出苗。在低纬度热带地区,经常冬播,于翌年的5—6 月出苗,为可变色梢叶,且具有比较长的观赏期。三色苋也可延迟播种,延迟到 7 月中旬播种。晚播的植株呈现明显矮小状态,叶片于 9 月底变红,供国庆节装饰之用。

栽植:土质以肥沃的沙质土壤或壤土最为适宜。日照和排水需良好。每 20~30 d 用豆粕、豆饼水或用三要素施肥 1 次。需足够氮肥,方可使叶色鲜艳。花坛株距 40 cm,盆栽径盆用 15~18 cm。

11.4.4　鸡冠花

【科属名称】　苋科 Amaranthaceae,青葙属 *Celosia* L.

【形态特征】　1 年生直立草本,40~90 cm 的株高。全株茎直立粗壮,无毛。分枝少,近上部扁平,有棱纹凸起,绿色或带红色。单叶互生,具柄;叶片 5~13 cm长, 2~6 cm 宽,先端长尖或渐尖,基部成柄渐窄,全缘。中部以下多花;花被片、苞片和小苞片干膜质,宿存,花序腋生及顶生,扁平鸡冠形。花有紫红、棕红、橙红、火红、金黄、淡黄、淡红、白等色,花期为 7—9 月。胞果长约3 mm,为卵形,包于宿存花被内,熟时盖裂。肾形种子,有光泽,呈黑色。

【生态学特性】　为一年生草本植物。喜充足阳光和湿热,不耐霜冻。不耐瘠薄,喜排水良好和疏松肥沃的土壤。夏、秋季直至霜降均为花期。原产南亚亚热带、东亚及热带地区。

【园林绿化功能及利用价值】　鸡冠花的品种多,株型有矮、中、高 3 种;高茎种可用于点缀、花境和树丛外缘,作干花和切花等。矮生种用于栽植盆栽或花坛观赏。形状有羽毛状、绒球状、鸡冠状、火炬状、扇面状等;花色有暗红色、鲜红色、红黄相杂色、橙黄色、紫色、白色等;叶色有深红色、红绿色、黄绿色、翠绿色等,极其好看,成为常用的夏秋季花坛用花。性味凉、甘,可入药,主治止血,凉血,治赤白下痢,痔漏下血,咳血,吐血,血淋,赤白带下,妇女崩中。

【栽植培育技术】　早春温室播种,发芽适宜温度20 ℃,发芽需 7~10 d。大球鸡冠应除去侧芽,保持一花一株。

11.4.5　千日红

【科属名称】　苋科 Amaranthaceae,千日红属 *Gomphrena* L.

【形态特征】　为 1 年生草本植物,约 50 cm 株高,具 15 cm 左右的矮生品种,全株密被纤细毛,多分枝,茎直立。单叶对生,全缘,长椭圆形。头状花序,着生枝顶,圆球形,不变色,小花干后不落。花有粉红、紫红、橙黄、金黄、白等色,花期为 8—10 月。近球形胞果,种子褐色,密被白色纤毛。

【生态学特性】　千日红对环境要求低,旱生,喜阳光、耐旱、耐干热、不耐寒,土壤宜疏松肥沃。生长适温为 20~25 ℃,也可在 35~40 ℃温度范围内良好生长,冬季温度低于 10 ℃以下时,植株或受冻害生长不良。生性强健,耐修剪,花后修剪易再萌发新枝,继续开花。原产地为美洲,是亚热带和热带地区常见花卉,普遍种植于中国长江以南。

【园林绿化功能及利用价值】　用于花坛、切花、干花、盆栽。味甘、性平,花序入药,有定喘、止咳祛痰、平肝明目功效,主治支气管哮喘,百日咳,急、慢性支气管炎,肺结核咯血等症状。

【栽植培育技术】　通用播种法繁殖,发芽适温16~23 ℃,发芽需7~10 d。3月保护地育苗,5月露地播种,初秋始花。

11.4.6　须苞石竹

【科属名称】　石竹科 Caryophyllaceae,石竹属 *Dianthus* L.

【形态特征】　多年生草本植物,高可达60 cm,全株无毛。直立茎,针形叶片,中脉明显,基部渐狭,顶端急尖。花多数,有数枚叶状总苞片,集成头状,苞片卵形,花梗极短,边缘膜质,顶端尾状尖,裂齿锐尖,花萼筒状;花瓣瓣片卵形,具长爪;子房长圆形,花柱线形;雄蕊稍露于外。蒴果长圆形、卵状,褐色种子,扁卵形,开花结果期5—10月。

【生态学特性】　耐寒,忌湿热,喜阳光充足、干燥、通风凉爽环境,夏季以半阴为宜,要求肥沃、疏松、排水良好的石灰质壤土,pH值在7~8.5,生长适温15~20 ℃,最适发芽温度为19~20 ℃。原产欧洲、亚洲、美国,由美国传入中国,中国各地有栽培供观赏。

【园林绿化功能及利用价值】　可用于花境、花台、花坛或盆栽,也可用于点缀岩石园和草坪边缘。切花观赏亦佳。大面积成片栽植时可作景观地被材料,另外石竹有吸收二氧化硫和氯气的本领,凡有毒气的地方可以多种。

【栽植培育技术】　播种、分株、扦插法繁殖。种植地宜选择排水良好的沙质土壤地块,不宜在黏性土壤种植,要求种植地光照充足,通风、排水良好;通常采用温室栽培,普通竹棚和钢架结构大棚均可满足种植需求。定植在12月至翌年1月为宜,种植前2 d浇透水,拉好60~80目遮光网,可提高定植成活,株行距20 cm×15 cm。待小苗长至有2~3对真叶时进行定植,深度为盖住种子苗营养钵基质为宜,压实后浇透水,防止苗倒伏。

11.4.7　矮雪轮

【科属名称】　石竹科 Caryophyllaceae,蝇子草属 *Silene* L.

【形态特征】　高可达30 cm,全株具白色柔毛,多分枝,上部具腺;茎自基部呈半匍匐状,有外倾性;对生叶,披针形卵状或狭椭圆形;腋生花,聚伞花序,倒心脏形花瓣,粉红色,先端二裂,花色较多,有淡紫色、白色、玫瑰色、浅粉色等,萼筒长而膨大,筒上具紫红色筋,花期5—6月,卵形蒴果,果期6—7月。

【生态学特性】　耐寒、喜肥、喜光,在富有腐殖

質的湿潤土壌上生长更佳。原産于欧洲南部,世界各地广为栽培。

【园林绿化功能及利用价值】 适作花坛、花镜,也可点缀岩石园。

【栽植培育技术】 播种繁殖,9月初播种,入冬前移植于有防寒冷设备的冷床,翌年春移植露地,因属半匍匐性故宜及早定植花坛。

11.4.8 飞燕草

【科属名称】 毛茛科 Ranunculaceae,飞燕草属 *Consolida*(DC.)S. F. Gray.

【形态特征】 1年生草本。直立茎,高达50~90 cm,自基部以上多分枝。茎下部长柄状叶,掌状三裂或细裂状,中部以上具短柄或无柄;叶片长约3 cm,线形小裂片。总状花序,各分枝顶端生;紫色、粉红色或白色花被,具细尖,长约1 cm;果长约2 cm,成熟后自动开裂,种子长约2 mm。

【生态学特性】 阳性,生长于草地、山坡、固定沙丘。飞燕草对气候的适应性较强,以湿润凉爽的气候环境较为适宜。种子发芽的适温为15 ℃,适温白天为20~25 ℃,夜间为3~15 ℃。喜光、稍能耐阴,生长期可在半阴处,花期需充分足阳光。喜肥沃、湿润、排水良好的酸性土,也能耐旱和稍耐水温,pH值以5.5~6.0为佳。原产欧洲,中国在内蒙古、云南、山西、河北、宁夏、四川、甘肃、黑龙江、吉林、辽宁、新疆、西藏等地有分布,各省均有栽培。

【园林绿化功能及利用价值】 花枝为优良花材,花形别致,色彩淡雅。或丛植,栽植花坛、花境,也可用作切花。全草及种子可入药治牙痛。茎叶浸汁可杀虫。

【栽植培育技术】 飞燕草可种子繁殖或扦插繁殖。8月下旬播种,9月中下旬进行移植1次,10月中旬定植后保温栽培,12月至翌年2月进行加温补光,可使花期提早至3—5月开放。

11.4.9 花菱草

【科属名称】 罂粟科 Papaveraceae,花菱草属 *Eschscholtzia* Cham.

【形态特征】 为2年生草本植物。株高30~60 cm,呈灰绿色,披白粉,肉质根。互生叶,深裂至全裂,羽状。顶生单花,生长梗,花径5~7 cm;亮黄色、狭扇形花瓣,基部色深。有淡黄、乳白、杏黄、橙红、金黄、橘红、橙黄、青铜、猩红、玫红、浅粉、紫褐色等品种,还有半重瓣和重瓣品种。花多黄色,花期5—6月。

【生态学特性】 较耐寒,喜冷凉干燥气候,不耐湿热,宜疏松肥沃、排水良好、土层深厚的沙质壤土,也耐瘠薄。原产美国加利福尼亚州。

【园林绿化功能及利用价值】 茎叶灰绿,花朵繁多,花色鲜艳,日照下有反光,是良好的花带、花径和盆栽材料。

【栽植培育技术】 播种法繁殖。直根性,宜直播,在冬季土壤不结冻的地区进行秋播。我国北方地区于早春在室内育苗,15~20 ℃条件下,7 d左右发芽,断霜后定植。

11.4.10　虞美人

【科属名称】　罂粟科 Papaveraceae,罂粟属 *Papaver* L.

【形态特征】　1年生草本植物。直立茎,高达
25~90 cm,披淡黄色刚毛,有分枝。互生叶,针形或
狭卵形叶片,宽1~6 cm,长3~15 cm,羽状分裂,下部
全裂,全裂片披针形和2回羽状浅裂,上部深裂或浅
裂,裂片披针形,最上部粗齿状羽状浅裂,顶生裂片通
常较大,小裂片先端均渐尖,两面披淡黄色刚毛,叶脉
在背面突起,在表面略凹;下部叶具柄,上部叶无柄。

花单生于茎和分枝顶端;花梗披淡黄色平展刚毛,花梗长10~15 cm。长圆状倒卵形
花蕾,下垂;宽椭圆形萼片,绿色,长1~1.8 cm,外披刚毛;圆形花瓣,长2.5~4.5 cm,宽倒
卵形或宽椭圆形,紫红色,基部通常具深紫色斑点;多数雄蕊,丝状花丝,深紫红色,长约
8 mm,长圆形花药,黄色,长约1 mm;倒卵形子房,无毛,长7~10 mm。宽倒卵形蒴果,无
毛,长1~2.2 cm,着不明显的肋。种子肾状长圆形,多数,长约1 mm。花果期3—8月。

【生态学特性】　生长发育适温5~25 ℃,春夏温度高地区花期缩短,昼夜温差大。夜
间低温有利于生长开花,在高海拔山区生长良好,花色更为艳丽。寿命3~5年。耐寒,怕
暑热,喜阳光充足的环境,喜排水良好、肥沃的沙壤土。不耐移栽,忌连作与积水。原产欧
洲,世界各地及中国常见栽培,观赏植物。

【园林绿化功能及利用价值】　虞美人的花多彩丰富,花瓣质薄、光洁似绸,花冠似朵
朵红云,颇为美观,花期长,适宜用于花坛、花境栽植,也可盆栽或作切花用。在公园中成
片栽植,景色非常宜人。因为一株上花蕾很多,此谢彼开,可保持相当长的观赏期。

【栽植培育技术】　播种繁殖。春、秋季均可播种,一般情况下,春播在3—4月,花期
6—7月;秋播在9—11月,花期为次年的5—6月。若为了收集种子,最好采取秋播的方
式。由于虞美人的种子细小,因此播种时,土壤要整平、打细,撒播后不必覆土,也可薄薄
地盖上一层细沙土。覆土厚度以看不见种子为宜(0.2~0.3 cm)。在华北地区,由于冬季
严寒,幼苗难以越冬,因此多采用初冬"小雪"时直播,这样可使其在春季尽早萌发生长。

11.4.11　凤仙花

【科属名称】　凤仙花科 Balsaminaceae,凤仙花属 *Impatiens* L.

【形态特征】　1年生草本,株高30~60 cm。肉
质茎,节部膨大,淡绿色或红褐色,一般与花色有关。
互生单叶,针形卵状,边缘锯齿状,叶柄基部着2个腺
点。花单生或数朵簇生于叶腋,侧向开放。萼片,两
侧较小,后面一片较大呈囊状,5枚花瓣,呈粉红、深
红、白、紫、紫红等色,形似蝴蝶,善变异,有的品种同
一株上能开数种颜色的花瓣。种子多数,圆球形,直

径 1.5~3 mm,黑褐色。花期 7—10 月。

【生态学特性】　喜阳,怕湿,耐热不耐寒。喜向阳的地势和疏松肥沃的土壤,在较贫瘠的土壤中也可生长。原产于中国、印度。中国各地庭园广泛栽培,为常见的观赏花卉。可入药,主产于江苏、浙江、河北、安徽等地。

【园林绿化功能及利用价值】　我国各地庭园广泛栽培,为常见的观赏花卉。凤仙花如鹤顶、似彩凤,姿态优美,妩媚悦人。香艳的红色凤仙和娇嫩的碧色凤仙都是早晨开放,是欣赏凤仙花的最佳时机。凤仙花因其花色、品种极为丰富,是美化花坛、花境的常用材料,可丛植、群植和盆栽,也可作切花水养。根、茎、花及种子均可入药。花入药,可活血消胀,治跌打损伤。花外搽可治鹅掌疯,又能除狐臭;种子煎膏外搽,可治麻木酸痛,活血通经,祛风除湿,活血止痛,解毒杀虫。

【栽植培育技术】　种子繁殖。3—9 月进行播种,以 4 月播种最为适宜,这样 6 月上、中旬即可开花,花期可保持两个多月。

11.4.12　三色堇

【科属名称】　堇菜科 Violaceae,堇菜属 *Viola* L.

【形态特征】　1、2 年生草本植物。茎有分枝。卵状长椭圆形叶。春夏开花,近圆形花瓣,花不整齐,通常每花有蓝、白、黄三色。现代园林栽培色彩变化多,有白、黄、橙、红、蓝、紫等色,颇美丽。蒴果,卵圆形种子。花期 4—6 月。

【生态学特性】　较耐寒,喜凉爽,在夜温 3~5 ℃、昼温 15~25 ℃ 的条件下发育良好。昼温若连续在 30 ℃ 以上,则花芽消失,或不形成花瓣。日照长短比光照强度对开花的影响大,日照不良,开花不佳。喜肥沃、排水良好、富含有机质的中性壤土或黏壤土。中国各地公园均有栽培供观赏。原产欧洲北部,中国南北方栽培普遍。作为药用植物,在河北省有少量种植。

【园林绿化功能及利用价值】　三色堇在庭院布置上常地栽于花坛上,可作毛毡花坛、花丛花坛,成片、成线、成圆镶边栽植都很相宜。还适宜布置花境、草坪边缘;不同的品种与其他花卉配合栽种能形成独特的早春景观;另外,也可盆栽或布置阳台、窗台、台阶或点缀居室、书房、客堂颇具新意,饶有雅趣。全草入药,清热解毒、散瘀、止咳、利尿,可用于咳嗽,小儿瘰疬,无名肿毒。

【栽植培育技术】　以播种繁殖为主,也可扦插和压条。7 月下旬至 9 月初播种,播前 7~14 d 对种子进行低温处理有利于萌发。播种以腐殖土、沙和园田土等量混合。发芽适温 15~20 ℃,7~10 d 发芽,具 1 枚真叶时进行移栽。花坛用苗于 10 月上旬闷入阳畦,盖蒲席、塑料薄膜越冬,冬季夜温不得低于 5 ℃。每公顷应施腐熟肥 15 000 kg,并加施氮、磷、钾肥各 105 kg 左右,其中 80% 用作基肥,20% 为追肥。适时浇水和中耕除草。

11.4.13 待霄草

【科属名称】 柳叶菜科 Onagraceae，月见草属 *Oenothera* L.

【形态特征】 多年生草本，主根粗大；丛生茎，
多分枝，长达 30~55 cm，披曲柔毛，上部幼时密生，有
时混生长柔毛，下部常紫红色。倒披针形基生叶，紧
贴地面，长 1.5~4 cm，宽 1~1.5 cm，锐尖或钝圆先端，
不规则羽状深裂下延至柄。叶柄淡紫红色，长 0.5~
1.5 cm，开花时基生叶枯萎。茎生叶灰绿色，披针形
或长圆状卵形，长 3~6 cm，宽 1~2.2 cm，先端下部的

钝状锐尖，中上部的锐尖至渐尖，基部宽楔形并骤缩下延至柄，边缘具齿突，基部细羽状
裂，侧脉 6~8 对，两面被曲柔毛；叶柄长 1~2 cm。花单生于茎、枝顶部叶腋，花蕾绿色，锥
状圆柱形，顶端萼齿紧缩成喙；花管淡红色，被曲柔毛，萼片绿色，带红色，披针形，背面被
曲柔毛，开花时反折再向上翻；花瓣粉红色至紫红色，宽倒卵形，先端钝圆，具 4~5 对羽状
脉。子房花期狭椭圆状，连同花梗长 6~10 mm，密被曲柔毛；花柱白色，伸出花管部分长
4~5 mm；柱头红色，围以花药，裂片长约 2 mm，花粉直接授在裂片上。蒴果棒状，翅间具
棱，顶端具短喙；种子每室多数，近横向簇生，长圆状倒卵形。

【生态学特性】 喜生于阳光充足处。有一定耐寒性。在我国中部及南部，可露地越冬。

【园林绿化功能及利用价值】 待霄草晚上开花，最适种于夏夜纳凉游息之处。也可
植于花丛中或小径上。种子可作优质食用油。茎皮为纤维原料。根、叶供药用，夏秋季采
收，性味苦，寒，能清热，凉血，散瘀，通大便。

【栽植培育技术】 北方春季播种，淮河以南各地，秋季或春季播种育苗。播种时，土要
耙细且平，种子撒在畦面上，用耙轻轻耙一下，盖上一薄层土，种子小，土不能盖厚，否则影响
种子萌发生长。种子播后，土壤要保持湿润。播种后 10~15 d，种子即可萌发出幼苗。

11.4.14 大花牵牛

【科属名称】 旋花科 Convolvulaceae，牵牛属 *Pharbitis*.

【形态特征】 1 年生缠绕草本植物，着长柔毛。心状
宽卵形叶，通常 3 裂，中央裂片长圆形，两侧裂片常不规
则；中央裂片基部常不向中脉凹入；叶片两面有长柔毛。
花 1~3 朵，簇生叶腋，花柄长 1~1.2 cm；线形苞片；长披针
形萼片，长 3.2 cm，基部有白色长柔毛；花冠紫红色或粉红
色，边缘常有白色的边，直径 9~10 cm。球形蒴果，三棱形
种子，凸面皱，有毛。花期 6—8 月，果期 7—9 月。

【生态学特性】 喜温暖向阳环境，不耐寒，能耐干旱
和瘠薄。以在肥沃、湿润、排水良好的土壤中生长更好。
为短日照植物，在 20 ℃条件下，经短日照处理，很快花芽
分化而开花。花通常清晨开放，不到中午即行萎缩凋谢。

原产亚洲和非洲热带,现在世界各地多有栽培。

【园林绿化功能及利用价值】 大花牵牛清晨开放,花大色艳,是夏秋重要的蔓性花卉。适用于花架、篱垣,为庭院及居室的遮阴植物。也可盆栽或作地被种植,别有风趣。花籽可入药用。

【栽植培育技术】 春天露地直播或室内盆播。播前最好先行浸种或刻伤种皮。发芽温度需 15 ℃以上。直根性,露地播种,不耐移植,幼苗时移栽,或播于花盆。设立支架,攀附其上。待新芽长出 4~5 片叶时,留 2 片叶摘心,使每盆同时可着生花蕾 10 余个,花美而大。花前要多次追肥。

11.4.15 茑萝

【科属名称】 旋花科 Convolvulaceae,茑萝属 *Quamoclit*.

【形态特征】 为 1 年生柔弱缠绕草本植物,具纤细柔嫩的蔓形长茎,高达 3~5 m;羽状线形细腻裂叶,叶子呈丝状可攀物而上。叶互生,单叶或多分裂花 1 至数朵聚生在总梗上,花冠细长,由叶腋处抽生。栽培品种除红色外,尚有粉红及红白相间星状花型,秀气喜人,花期为 7—9 月。

【生态学特性】 喜欢温暖、向阳环境,耐旱,不耐寒。原产美洲热带地区、墨西哥及印尼,现分布于我国各地。

【园林绿化功能及利用价值】 既可作林缘或空旷地片植,也可以做吊盆,花廊。主要用于药用。

【栽植培育技术】 播种繁殖。种子先用水浸 2 h 后播于花盆,保持湿度,10~15 d 发芽。发芽温度:20~30 ℃,生长适温:15~30 ℃。一般早春 4 月在露地直播,当苗高 10 cm 时定苗,种在庭院竹高笆下或棚架两旁,疏重细绳供其缠绕,美观大方。居区在楼房的,可用浅盆播种。随着幼苗生长,应及时用细线绳牵引,也可用细竹片扎成各式排架,做成各式花架盆景。生长季节,适当给以水肥。地栽茑萝每月浇 4~5 次水,开花前追 1~2 次液肥。盆栽时盆底放少量蹄片作底肥,以后每月追施 1 次液肥,并使盆土经常保持湿润状态,对土壤要求不严,宜栽于庭院和盆中。盆栽用土以肥沃的腐叶土和园土的混合土为好。

11.4.16 福禄考

【科属名称】 花荵科 Polemoniaceae,天蓝绣球属 *Phlox* Linn.

【形态特征】 1 年生草本,直立茎。顶端锐尖,下部对生叶,上部互生叶,叶面有柔毛;无叶柄。花序顶生,圆锥状聚伞状,具短柔毛,短花梗;筒状花萼,外有柔毛;花冠高脚碟状,淡红、深红、紫、白、淡黄等色,裂片圆形,比花冠管稍短。椭圆形蒴果。种子长圆形,褐色。

【生态学特性】 喜温暖,稍耐寒,忌酷暑。不耐

旱,忌湿涝,喜疏松、排水良好的沙壤土。原产墨西哥。中国各地庭园有栽培。

【园林绿化功能及利用价值】 福禄考色彩艳丽丰富,花朵茂密锦簇,株姿雅致,地栽盆植,均耐观赏。

【栽植培育技术】 分株、压条或扦插繁殖。小苗不耐移植,因此宜早不宜晚,而且尽量保持小苗的根系完好。常在出苗后4周内移植上盆,宜采用10 cm左右的小盆,以及排水良好、疏松透气的盆栽介质。

11.4.17 羽衣甘蓝

【科属名称】 十字花科 Brassicaceae,芸薹属 *Brassica* L.

【形态特征】 为2年生草本植物。长叶期具短缩茎,株高达30~40 cm,抽薹后高可达100~120 cm,倒卵圆形茎生叶,被有蜡粉叶面光滑。顶生总状花序,具小花20~40朵,异花授粉。扁圆柱状果。园艺品种有:红叶系统,顶生叶紫红色、淡紫红色或雪青色,茎紫红色;白叶系统,顶生叶乳白色、淡黄色或黄色,茎绿色。

【生态学特性】 喜冷凉气候,适宜生长发育的适温为20~25 ℃,极耐寒,能忍受多次短暂的霜冻而不枯萎,抗高温能力达35 ℃以上,转色需有15 ℃左右的低温刺激;喜充足阳光,对土壤的适应性很强。

【园林绿化功能及利用价值】 羽衣甘蓝观赏期长,叶色极为鲜艳。又因其喜冷凉气候,较耐寒,可忍受多次短暂的霜冻,在百花凋零的冬季和早春,是布置露地花坛、花台及盆栽陈设美化时不可多得的优秀用材。温暖地区作为冬季花坛的重要材料。

【栽植培育技术】 播种繁殖,8—9月露地育苗,翌年3月下旬至4月上旬定植露地观赏。平整苗床后浇足底水,播种量为15~20 g/m²,干种直播,播后覆细土0.5~1 cm。播后温度保持在20~25 ℃,苗期要少浇水,适当中耕松土,防止幼苗徒长。

11.4.18 香雪球

【科属名称】 十字花科 Brassicaceae,香雪球属 *Lobularia* Desv.

【形态特征】 多年生草本植物,木质化基部,高可达40 cm,全珠银灰色"丁"字毛,茎自基部向上分枝,条形或披针形叶片,全缘,两端渐窄。伞房状花序,花梗丝状,长圆卵形萼片;淡紫色或白色花瓣,长圆形,果瓣扁压而稍膨胀,果梗末端上翘。种子悬垂于子房室顶,长圆形,淡红褐色,温室栽培的3—4月开花,露地栽培的6—7月开花。

【生态学特性】 喜欢冷凉气候,忌酷热,耐霜寒。喜欢较干燥的空气环境,阴雨天过长,易受病菌侵染。怕雨淋,晚上保持叶片干燥。适合空气相对湿度为40%~60%。分布于地中海沿岸。中国河北、山西、江苏、浙江、陕西、新疆等省区公园及花圃有栽培。

【园林绿化功能及利用价值】 香雪球草本植物,基部木质化,但栽培的不论当年生或隔年生均不木质化,匍匐生长,幽香宜人,亦宜于岩石园墙缘栽种,也可盆栽和作地被等。

【栽植培育技术】 香雪球可种子、扦插繁殖,但一般多用种子繁殖,北方地区多为春播,一般是 3 月在温室播种育苗。香雪球种子较一般花卉种子发芽快,出苗整齐,发芽适温为 20 ℃,约 5 d 出苗,3~4 片真叶时定植上盆,6 月开花。到夏季炎热时则生长不良,开花很少,此时要剪除已开过的花枝,加强肥水管理,秋季又可再次盛开。

11.4.19 紫罗兰

【科属名称】 十字花科 Brassicaceae,紫罗兰属 *Matthiola* R. Br.

【形态特征】 1、2 年生或多年生草本,是欧洲名花之一。株高 20~70 cm,全株有灰白色星状柔毛。直立茎,多分枝。互生叶,矩圆形或倒披针形,长 3 ~ 5 cm。顶生或腋生总状花序,两侧薯片基垂囊状,花梗粗壮,花径 2 cm,长爪花瓣,瓣铺张为十字形。花有紫红、淡红、淡黄、白色等色,微香。花期依品种而不同,有春紫罗兰,4—5 月开花;夏紫罗兰,6—8 月开花;秋紫罗兰,7—9 月开花。

【生态学特性】 耐寒性不强,为半耐寒性,冬季可耐−5 ℃的低温,但生长不好,需加保护。喜光,忌炎热,夏季需凉爽的环境。忌移植,忌水涝,直根系,喜肥沃、深厚及湿润的土壤。春化现象明显。原产欧洲南部及地中海沿岸。中国南方大城市中常有引种,北方栽于庭园花坛或温室中,供观赏。

【园林绿化功能及利用价值】 紫罗兰花朵茂盛,花色鲜艳,香气浓郁,花期长,花序也长,为众多爱花者所喜爱,适宜于盆栽观赏,适宜于布置花坛、台阶、花径,整株花朵可作为花束。紫罗兰可作为冬、春两季的切花,因其耐寒性较强,加温等方面的费用少,所需劳动力也少,栽培价值较高,从定植到收获的周期短,故得以广泛应用。通常 12 月至翌年 2 月上市的是室内栽培的无分枝系,3 月下旬至 4 月上市的多是露地栽培的分枝系。一般来说,无分枝系价值较高,而重瓣的比单瓣的价格要高 2~3 倍。保健价值:能够清热解毒,美白祛斑,滋润皮肤,除皱消斑,清除口腔异味,增强光泽,防紫外线照射,紫罗兰对呼吸道的帮助很大,对支气管炎也有调理之效,还可以润喉,以及解决因蛀牙引起的口腔异味。

【栽植培育技术】 以播种繁殖为主,9 月初种子播入播种盆中,或直接播入小盆内,出苗整齐。浙江地区常秋季播于露地苗 9 月初种子播入播种盆中,或直接播入小盆内,出苗整齐。浙江地区常秋季播于露地苗床。不易结实的重瓣品种,还可扦插或分根繁殖。

11.4.20 一串红

【科属名称】 唇形科 Lamiaceae,鼠尾草属 *Salvia* L.

【形态特征】 多年生草本,常作 1、2 年生栽培,株高达 30~80 cm,直立茎,光滑。对生叶,卵形,边缘有锯齿。轮伞状总状花序着生枝顶,唇形共冠,花冠,花冠、花萼同色,花萼宿存。变种有白色、粉色、紫色等,花期 7 月至霜降。小坚果椭圆形,长约 3.5 mm,暗褐色,顶端具不规则极少数的皱折突起,边缘或棱具狭翅,光滑,果熟期 10—11 月。

【生态学特性】　喜温暖、湿润、阳光充足的环境,适应性较强,不耐寒,对土壤要求一般,较肥沃即可,而对用甲基溴化物处理土壤和碱性土壤反应非常敏感,适宜于 pH 值 5.5~6.0 的土壤中生长。耐寒性差,生长适温 20~25 ℃。15 ℃以下停止生长,10 ℃以下叶片枯黄脱落。原产巴西,我国各地广泛栽培。

【园林绿化功能及利用价值】　常用红花品种,秋高气爽之际,花朵繁密,色彩艳丽。常用作花丛花坛的主体材料。也可植于带状花坛或自然式纯植于林缘。常与浅黄色美人蕉、矮万寿菊、浅蓝或水粉色水牡丹、翠菊、矮霍香蓟等配合布置。一串红矮生品种更宜用于花坛,白花品种除与红花品种配合观赏效果较好外。一般白花、紫花品种的观赏价值不及红花品种。

【栽植培育技术】　采用播种或扦插法繁殖,以播种较多。华北地区播种季节不限,其余地区以春季为宜。一串红花期较迟,春播者 9—10 月开花,如要使花期提前或采收种子,应在 3 月初将种子播于温室或温床。播种床内施以少量基肥,将床面平整并浇透水,水渗后播种,覆一层薄土,播种后 8~10 d 种子萌发。生长约 100 d 开花,花期约两个月。扦插多用嫩枝,以 3—5 月或 9—10 月较为适宜,结合摘顶芽进行。

11.4.21　金鱼草

【科属名称】　玄参科 Scrophulariaceae,金鱼草属 *Antirrhinum* L.

【形态特征】　多年生草本,茎直立,高可达 80 cm,茎基部时有木质化、无毛,基部时有分枝,中上部被腺毛。下部叶对生,上部叶常互生;叶片无毛,全缘,具短柄,针形至矩圆状,长 2~6 cm。总状花序,顶生,密被腺毛;花梗长 5~7 mm;花萼与花梗近等长,裂片卵形,5 深裂,钝或急尖;花冠颜色呈多种,从红色、紫色至白色,长 3~5 cm,基部在前面下延成兜状,

上唇 2 半裂,直立、宽大,下唇 3 浅裂,在中部向上唇隆起,封闭喉部,使花冠呈假面状;雄蕊 4 枚,2 强。卵形蒴果,长约 15 mm,基部强烈向前延伸,顶端孔裂,被腺毛。花期长,4—8 月都可有花。

【生态学特性】　较耐寒,不耐热;喜阳,也耐半阴;喜肥沃、疏松和排水良好的微酸性沙质壤土;对光照长短反应不敏感;生长适温 16~26 ℃。原产于地中海沿岸,世界各地栽培。

【园林绿化功能及利用价值】　金鱼草为中国常见的庭园花卉,矮性种常用于花坛、花境或路边栽培观赏,盆栽观赏可置于阳台、窗台等处装饰;高性种常用作切花,也可作背景材料;全草入药,具清热凉血、消肿的功效。

【栽植培育技术】　用种子繁殖或扦插繁殖均可。种子繁殖可春播,也可秋播,但以秋播繁殖为佳,春播苗的长势不及秋播苗,且花期较短。秋播于 8 月下旬进行,因种子易受叶尖霉菌、链格孢菌等感染,幼苗易受立枯丝核菌、腐霉浸染,需要消毒处理。夏季多湿条件下,20~21 ℃时发芽率高,18~21 ℃要薄膜保湿,1~2 周可发芽。因种子极细小,播种后不需覆土,光可诱导种子萌发。苗床基质用泥炭、沙、园土各一份,或泥炭、蛭石各半为宜。苗床密度 3 000 粒/m² 大田定植用苗。若要促成栽培,可在 7 月下旬播种,8 月中旬摘心 1 次,独本栽培,12 月开花。在长出第一对叶时分苗,若迟会发生立枯病,花期也相应推迟。分苗用浅盘或木箱,3 cm×3 cm 密度为宜。5~6 cm 高时,进行二次间苗,5 cm×5 cm间距。在播种苗用量不足的情况下,或为保留重瓣不结实品种时,可扦插繁殖。在商品化生产时一般不采用此法。

11.4.22　心叶藿香蓟

【科属名称】　菊科 Asteraceae,藿香蓟属 *Ageratum* L.

【形态特征】　一年生草本植物,高达 30~70 cm或有时达 1 m,主根不明显。叶具叶柄,柄长 0.7~3 cm,5 个膜片状分离冠毛,膜片披针形或长圆形,芒状长渐尖顶端,有时截形顶端,而无芒状渐尖,花果期全年。头状花序 5~15 或更多在茎枝顶端排成直径2~4 cm的伞房或复伞房花序;花序梗被密柔毛或尘状柔毛,总苞钟状,直径 6~7 mm;总苞片 2 层,狭披针形,长 4~5 mm,全缘,顶端长渐尖,外面被较多的腺质柔毛。花冠长 2.5~3.5 mm,檐部淡紫色,5 裂,裂片外面被柔毛。瘦果黑色,有 5 纵棱,长 1.5~1.7 mm。

【生态学特性】　喜温暖及阳光充足的环境,不耐寒,酷暑期生长略受抑止。对土壤要求不严,对土壤水分和肥料要求适中,过分潮湿或氮肥过多则会开花不良。适应性强,耐修剪。原产墨西哥及毗邻地区。我国引种栽培有 150 年的历史。有许多栽培园艺品种。

【园林绿化功能及利用价值】　可用于花坛、花径、丛植、地被种植进行观赏、美化环境。株丛有良好的覆盖效果,是夏秋常用的观花植物,是优良的花坛花卉,也可丛植、片植于林缘和草地边缘,点缀于岩石园或盆栽。全草药用,性味微苦、凉,有清热解毒之效。在美洲(危地马拉)居民中,用全草以消炎,治咽喉痛。

【栽植培育技术】　幼苗出现 2~4 个分枝时进行定植盆栽。4 in(英寸)花盆栽 1 株,盆土以农肥、园田土和细沙各 1/3,混合后过筛。小苗栽完后,盆土应压实,浇足水,放阴凉处,7~10 d 后移至阳光处。这时基本缓苗,开始正常生长。

11.4.23　金盏花

【科属名称】　菊科 Asteraceae,金盏菊属 *Calendula* L.

【形态特征】　2 年生草本,株高 50~60 cm,全株被白色茸毛。互生单叶,全缘,椭圆状倒卵形或椭圆形,基生叶有柄,上部叶基抱茎。头状花序单生、茎顶,形状大,直径 4~

6 cm,舌状花一轮,或多轮平展,金黄或桔黄色,筒状花,黄色或褐色,花期 12 月至翌年 6 月,盛花期 3—6 月。瘦果,呈爪形、船形,果熟期 5—7 月。

【生态学特性】 喜生长于温和、凉爽的气候,怕热、耐寒。要求有光照充足或轻微的荫蔽、排水良好、疏松、肥沃适度的土质,有一定的耐旱力。土壤 pH 值宜保持 6~7,这样植株分枝多,开花大而密。金盏花原产欧洲南部及地中海沿岸。

【园林绿化功能及利用价值】 是良好的春季花坛、花境材料,也可作切花或盆花观赏。

【栽植培育技术】 金盏花主要用播种繁殖。常以秋播或早春温室播种,每克种子 100~125 粒,发芽适温为 20~22 ℃,盆播土壤需消毒,播后覆土 3 mm,7~10 d 发芽。种子发芽率在 80%~85%,种子发芽有效期为 2~3 年。9 月初将种子播于露地苗床,覆土略厚,保持床面湿润,极易发芽出苗,也可于春季进行播种,但形成的花常较小且不结实。

11.4.24　翠菊

【科属名称】 菊科 Asteraceae,翠菊属 Callistephus.

【形态特征】 1 年生或 2 年生草本花卉,茎被白色糙毛,株高达 30~90 cm。互生叶,中部叶匙形或卵形,有不规则粗钝锯齿,两面疏被短硬毛,具狭翅叶柄。头状花序,单生,直径 5~8 cm;舌状盘缘花,紫色,栽培种有白、红、蓝等色;盘中花筒状、黄色。黄色两性花花冠。长椭圆状瘦果,稍扁,倒披针形,花果期:5—10 月。

【生态学特性】 为浅根性植物,干燥季节需要注意水分供给。植株健壮,不择土壤,具喜肥性,肥沃沙质土壤中生长较佳,喜阳光、喜湿润、不耐涝,高温高湿易受病虫危害。耐热力、耐寒力均较差。高型品种适应性较强,随处可栽,中矮型品种适应性较差,要精细管理。

产于中国吉林、辽宁、河北、山西、山东、云南以及四川省等。生长于山坡撂荒地、山坡草丛、水边或疏林阴处,海拔 30~2 700 m。

【园林绿化功能及利用价值】 翠菊是国内外园艺界非常重视的观赏植物。国际上将矮生种用于盆栽、花坛观赏,高秆种用作切花观赏。翠菊在中国主要用于盆栽和庭园观赏较多,已成为重要的盆栽花卉之一。

【栽植培育技术】 翠菊均采用种子繁殖,条播易出苗。在 14~16 ℃条件下 4 d 发芽,10 d 左右出苗。一般多春播,也可夏播和秋播,播后 2~3 个月就能开花。可根据需要分批播种控制花期。矮型种 2—3 月在温室内播种或 3 月在阳畦内播种,5—6 月即可开花;4—5 月露地播种 7—8 月开花;7 月上旬播种,可在"十一"开花;8 月上中旬播种,幼苗在冷床中越冬,翌年"五一"开花。中型品种 5—6 月播种,8—9 月开花;8 月播种需冷床越冬,翌年5—6月开花。高型品种春夏皆可播种,均于秋季开花,但以初夏播种为宜,早播种开花时株高叶老,下部叶枯黄。翠菊幼苗期间移植2~3次,可使茎秆粗实,棵形丰满,须根繁密,抗旱、抗涝、抗倒伏。春播幼苗长高至5~10 cm,播后一个月左右时可移苗,播后两个月左右定植。育苗期间灌水2~3次,松土1次。定植后灌水2~3次,然后松土、雨后松土。一般定植后和开花前进行追肥灌水。不要连作,也不宜在种过其他菊科植物的地块播种或栽苗,以保证其健壮生长,需隔3~4年栽植1次。盆栽宜每年换新土1次。

11.4.25　波斯菊

【**科属名称**】　菊科 Asteraceae,秋英属 *Cosmos*.

【**形态特征**】　1年生或多年生草本,高达1~

2 m。无毛或稍被柔毛,多须纺锤状根,或近茎基部着不定根。叶二次羽状深裂,裂片线形或丝状线形。头状花序,单生,直径3~6 cm;花序梗长6~18 cm。总苞片外层披针形或线状披针形,近革质,淡绿色,具深紫色条纹,上端长狭尖,较内层与内层等长,长10~15 mm,内层椭圆状卵形,膜质。托片平展,上端成丝状,与瘦果近等长。舌状花紫红色,粉红色或白色;舌片椭圆状倒卵形,长2~3 cm,宽1.2~1.8 cm,有3~5钝齿;管状花黄色,长6~8 mm,管部短,上部圆柱形,有披针状裂片;花柱具短突尖的附器。瘦果黑紫色,长8~12 mm,无毛,上端具长喙,有2~3尖刺。花期6—8月,果期9—10月。

【**生态学特性**】　生长于海拔可达2 700 m以下的路旁、田埂、溪岸等地。喜温暖和阳光充足的环境,耐干旱,忌积水,不耐寒,适宜肥沃、疏松和排水良好的土壤栽植。原分布于美洲墨西哥,在中国栽培甚广,云南、四川西部有大面积归化。

【**园林绿化功能及利用价值**】　耐贫瘠,株型高大,花色较多,可用于公园、花园、草地边缘、道路旁、小区旁的绿化栽植,也可用于布置花境,重瓣品种可用于切花。全草可入药,具有清热解毒、明目化湿的功效,对急性、慢性、细菌性痢疾和目赤肿痛等症有辅助治疗的作用。

【**栽植培育技术**】　以播种繁殖为主,4月露地播种,出苗迅速,生长较快,须及时间苗,6—8月开花,6月初播种,则8—9月开花。也可于7—8月用扦插法繁殖,生根也较容易,株矮而整齐。幼苗具4片真叶时从播种盘定植于10 cm盆。生长期在干燥和向阳条件下,大多数花是红色。如果在湿润较阴的条件下,花色变成橙红色,具短花茎。种植时施足基肥,生长期不必多施肥。苗期或生长期都要摘心。夏季生长旺盛,但易倒伏,可设支架或修剪促其矮化,秋季经常开花。春播苗往往叶茂花少,夏播苗植株矮小、整齐,照常开花。

11.4.26　万寿菊

【**科属名称**】　菊科 Asteraceae,万寿菊属 *Tagetes* L.

【**形态特征**】　1年生草本,高50~150 cm。茎直立,粗壮,具纵细条棱,分枝向上平展。叶羽状分裂,长5~10 cm,宽4~8 cm,裂片长椭圆形或披针形,边缘具锐锯齿,上部叶裂片的齿端有长细芒;沿叶缘有少数腺体。头状花序单生,径 5~8 cm,花序梗顶端棍棒状膨大;总苞长 1.8~2 cm,宽 1~1.5 cm,杯状,顶端具齿尖;舌状花黄色或暗橙色;长 2.9 cm,舌片倒卵形,长1.4 cm,宽 1.2 cm,基部收缩成长爪,顶端微弯缺;管状花花冠黄色,长约 9 mm,顶端具 5 齿裂。瘦果线形,基部缩小,黑色或褐色,长 8~11 mm,被短微毛;冠毛有 1~2 个长芒和 2~3 个短而钝的鳞片。花期 7—9 月。

【生态学特性】 万寿菊生长适宜温度为 15~25 ℃,花期适宜温度为 18~20 ℃,要求生长环境的空气相对湿度在 60%~70%,冬季温度不低于 5 ℃。夏季高温 30 ℃以上,植株徒长,茎叶松散,开花少。10 ℃以下,生长减慢。可生长在海拔 1 150~1 480 m 的地区,多生在路边。万寿菊为喜光性植物,充足阳光对万寿菊生长十分有利,植株矮壮,花色艳丽。阳光不足,茎叶柔软细长,开花少而小。万寿菊对土壤要求不严,以肥沃、排水良好的沙质壤土为好。原产墨西哥及中美洲。中国各地均有栽培。

【园林绿化功能及利用价值】 万寿菊是一种常见的园林绿化花卉,其花大、花期长,常用来点缀花坛、广场、布置花丛、花境和培植花篱。中、矮生品种适宜作花坛、花径、花丛材料,也可作盆栽;植株较高的品种可作为背景材料或切花。万寿菊植株对氟化氢、二氧化硫等气体有较强的抗性和吸收作用,而且还可以引诱土壤中的线虫。药用:性苦、凉,可解毒消肿、平肝解热、祛风化痰、清热解毒、化痰止咳等。

【栽植培育技术】 播种或扦插繁殖,常用播种法繁殖,春播:在 3 月下旬至 4 月上旬在露地苗床播种,由于种子嫌光,播后要覆土、浇水。种子发芽适温为 20~25 ℃,播后 1 周出苗,发芽率约 50%。待苗长到 5 cm 高时,进行一次移栽,再待苗长出 7~8 片真叶时,进行定植。夏播:为了控制植株高度,还可以在夏季播种,夏播出苗后 60 d 可以开花。也可以在夏季进行扦插,容易发根,成苗快。从母株剪取 8~12 cm 嫩枝作插穗,去掉下部叶片,插入盆土中,每盆插 3 株,插后浇足水,略加遮阴,2 周后可生根。然后,逐渐移至有阳光处进行日常管理,约 1 个月后可开花。

万寿菊对土壤要求不严,应选土层深厚、疏松、排水透气好的土壤。当万寿菊苗茎粗 0.3 cm、株高 15~20 cm、出现 3~4 对真叶时即可移栽。移栽后要大水漫灌,促使早缓苗、早生根。

11.4.27 常夏石竹

【科属名称】 石竹科 Caryophyllaceae,石竹属 *Dianthus* L.

【形态特征】 多年生草本,高约 30 cm,全株有白霜、光滑无毛。直立茎,簇生。基部有由叶干枯后残留的线状纤维管束。对生叶,长线形,质厚,顶端锐尖,长 2.5~10 cm,两面有白霜,呈现灰绿色,鲜草仅见中脉,压干后呈现三纵脉,边缘粗糙。

花常单生或 2~3 朵生于枝的顶边缘,芳香,直径 2.5~3.5 cm;鳞片状苞片,宽卵形,顶端其突尖头;弯筒状,有纵脉,长约 2 cm,宽约 7 mm,先端裂成 5 齿,渐尖形;花瓣多色,有白色、淡红色或紫色,喉部常有紫黑色斑,先端剪裂成缕状;雄蕊 10 枚,花药底着;子房长圆状长椭圆形,花柱 2 枚,圆锥形蒴果,短于萼。种子多数,长圆状长椭圆形,具纵棱,棕色。花期 5—11 月。

【生态学特性】 常夏石竹适应性广,喜阳怕阴,耐干旱、瘠薄,抗寒性极强,可耐 -38 ℃ 的低温,对土壤酸碱度要求也不严格,pH 值在 5~8 之间的土壤都可生长。分布于奥地利至俄罗斯西伯利亚,中国贵州引种栽培。山东、江苏、河北、东北、安徽均有栽培。

【园林绿化功能及利用价值】 常夏石竹叶形优美、花色艳丽、花具芳香等优点,可作为园林绿化植物,也可用于高速公路、高架公路等路基、路坡的绿化,具有观赏性。

【栽植培育技术】 常夏石竹可采用播种、分株及扦插法繁殖。播种可于春季或秋季播于露地,寒冷地区可于春、秋播于冷床或温床。发芽适温为 15~20 ℃,温度过高则萌发受到抑制,幼苗通常经过二次移植后定植。分株繁殖多在 4 月进行,扦插可于春秋插于沙床中。

常夏石竹对土壤要求不严格,但仍要选择排水良好、地下水位低的中性地块,最好是沙质壤土或有坡度的地段。除冬季封地和夏季高温季节外,其余时间均可种植。最佳时间在立秋以后和春季开冻后,在预先准备好的地块上,按 20 cm×30 cm 的间距开穴,一般小墩(6 cm 以下)不需分劈,大苗(10 cm 以上)每墩可分 4~6 个小墩,小墩必须带有毛细根,否则不易成活。栽植深度较原苗深 1~2 cm,栽后压实,灌 1 次定根水。定根水要浇透,使根系与土壤充分接触。栽植密度要求不严,可依据不同的成坪时间要求灵活调整栽植密度。照前述密度栽植两个月即可成坪。

11.4.28　石碱花

【科属名称】 石竹科 Caryophyllaceae,肥皂草属 *Saponaria* L.

【形态特征】 多年生草本,高达 30~70 cm。主根肥厚,肉质;根茎细、多分枝。直立茎,不分枝或上部分枝。叶片椭圆形或椭圆状披针形,长 5~10 cm,宽 2~4 cm,基部渐狭成短柄状,半抱茎,微合生,边缘粗糙,顶端急尖,两面均无毛,具 3 或 5 基出脉。聚伞圆锥花序,小聚伞花序有 3~7 花;苞片披针形,长渐尖,边缘和中脉被稀疏短粗毛;花梗长 3~8 mm,被稀疏短毛;花萼筒状,长 18~20 mm,直径 2.5~3.5 mm,绿色,有时暗紫色,初期被毛,纵脉 20 条,不明显,萼齿宽卵形,具凸尖;种子圆肾形,长 1.8~2 mm,黑褐色,具小瘤。花期 6—9 月。

【生态学特性】 喜阳、耐半阴、耐寒、耐旱,生长健壮,一般生长环境和土壤均能生长良好,有自播习性。原产欧洲及西亚,地中海沿岸均有野生。我国城市公园栽培供观赏,在大连、青岛等城市常逸为野生。

【园林绿化功能及利用价值】 石碱花因其适应性强,可广泛应用于园林绿化中,做花径、花境背景,丛植于林地、篱旁,亦可作为地被植物。

【栽植培育技术】 用播种和分株繁殖。适应性强,对土壤及环境条件要求不严,但以疏松肥沃的沙质壤土为好。苗长至 4 片叶时进行栽植,春、秋生长季节,除保证足量的氮肥外,同时配合磷、钾肥的使用,以促使花蕾分化,使花大而艳,花期延长。中生花卉,早春气候转暖植株萌发前要及时浇足水;春秋季生长期应视气候而定浇水的次数。

11.4.29 楼斗菜

【科属名称】 毛茛科 Ranunculaceae,楼斗菜属 *Aquilegia* L.

【形态特征】 多年生草本植物,根肥大,圆柱形,粗达 1.5 cm,简单或有少数分枝,外皮黑褐色。茎高 15~50 cm,常在上部分枝,除被柔毛外还密被腺毛。基生叶少数,二回三出复叶;叶片宽 4~10 cm,中央小叶具 1~6 mm 的短柄,楔状倒卵形,长 1.5~3 cm,宽几相等或更宽,上部三裂,裂片常有 2~3 个圆齿,表面绿色,无毛,背面淡绿色至粉绿色,被短柔毛或近无毛;叶柄长达 18 cm,疏被柔毛或无毛,基部有鞘。茎生叶数枚,为一至二回三出复叶,向上渐变小。花 3~7 朵,倾斜或微下垂;苞片三全裂;花梗长 2~7 cm;萼片黄绿色,长椭圆状卵形,长 1.2~1.5 cm,宽 6~8 mm,顶端微钝,疏被柔毛;花瓣瓣片与萼片同色,直立,倒卵形,比萼片稍长或稍短,顶端近截形,距直或微弯,长 1.2~1.8 cm;黑色狭倒卵形种子,长约 2 mm,具微凸起的纵棱。5—7 月开花,7—8 月结果。

【生态学特性】 可耐-25 ℃严寒。生长于海拔 200~2 300 m 的山地路旁、河边或潮湿草地。喜富含腐殖质、湿润而又排水良好的土壤。性喜凉爽气候,忌夏季高温曝晒,性强健而耐寒。分布于中国青海东部、甘肃、宁夏、陕西、山西、山东、河北、内蒙古、辽宁、吉林、黑龙江。

【园林绿化功能及利用价值】 楼斗菜叶型优美,花姿独特,可丛植于花坛、花境及岩石园中,林缘或疏林下。

【栽植培育技术】 播种法繁殖为主,种子繁殖春季 1—4 月,秋季 6—12 月均可用种子播种。6—7 月种子成熟后即可播种,发芽温度 15~20 ℃,约 1 个月出苗。苗高 10 cm 时定植,株行距 30 cm×40 cm,宜选排水良好、肥沃的土壤栽培。花前可施二次追肥,夏季注意排涝降温。也可分株繁殖:春、秋栽种,春季 1—4 月、秋季 8—12 月,株行距 10 cm×13 cm,覆土 1.6 cm,浇足定根水,生长期间保持土壤湿润。

11.4.30 芍药

【科属名称】 毛茛科 Ranunculaceae,芍药属 *Paeonia* L.

【形态特征】 多年生草本植物。根粗壮,分枝黑褐色。茎无毛,高达 40~70 cm。下部茎生叶为二回三出复叶,上部茎生叶为三出复叶;小叶狭卵形,椭圆形或披针形。花数朵,生茎顶和叶腋,有时仅顶端 1 朵开放;苞片 4~5 枚,披针形,大小不等;萼片 4,宽卵形

或近圆形;花瓣 9~13 枚,倒卵形,花瓣各色,有时基部具深紫色斑块;花丝长 0.7~1.2 cm,黄色。蓇葖长 2.5~3 cm,直径 1.2~1.5 cm,顶端具喙。花期 5—6 月;果期 8 月。

【生态学特性】　耐寒,适应性强,健壮,我国北方大部分可露地越冬,喜阳光,亦耐疏荫,忌夏季酷热,喜肥,忌积水,以壤土或沙质壤土栽培为宜,尤喜富含磷质有机肥的土壤,在黏土和沙土上虽然可开花,但是生长不良,盐碱地和低洼地不能种植。在中国分布于江苏、东北、华北、陕西及甘肃南部,四川、贵州、安徽、山东、浙江等省及各城市公园也有栽培。

【园林绿化功能及利用价值】　芍药是既能药用,又能供观赏的经济植物之一。芍药是中国的传统名花,适宜布置各类花坛、花境或散植于林缘、山石畔和庭院中,也适于盆栽和提供鲜切花。芍药的块根可以入药。栽培的芍药,根掘起后刮去外皮加工即成白芍,含芍药甙、牡丹酚、β-谷甾醇、苯甲酸和草酸钙等。性微寒,味苦酸,有调肝脾和营血功能。主治血虚腹痛、胁痛、痢疾、月经不调、崩漏等症。野生的芍药,根掘起洗净即成赤芍,性微寒,味苦,有凉血、散瘀功能。种子含油量约 25%,供制皂和涂料用。

【栽植培育技术】　以分株繁殖为主,也可以播种和根插繁殖。分株繁殖是将在花圃中已生长 4~5 年的大株作母株。分株前一年要进行摘蕾,使养分 1 集中于植株。分株时先去茎叶,后挖掘,并尽可能不伤根系,去除泥土,通过根颈纵切,使每块有芽 2~3 个,有根 1 条以上。栽植期以 9 月中旬至 10 月上旬为宜,也可提前至 8 月底,以利根系早发,最迟不能过霜降,否则下种时易折断已发的根,还因气温下降,抑制根系发育,影响翌年生长。

11.4.31　荷包牡丹

【科属名称】　罂粟科 Papaveraceae,荷包牡丹属 *Lamprocapnos* Endl.

【形态特征】　为多年生草本植物。直立,高达 30~60 cm 或更高。圆柱形茎,带紫红色。叶片三角形,二回三出全裂,表面绿色,背面具白粉,两面叶脉明显;叶柄长约 10 cm。总状花序,长约 15 cm,于花序轴的一侧下垂;花梗长 1~1.5 cm;钻形或线状长圆形苞片。花基部心形;披针形萼片,玫瑰色,长 3~

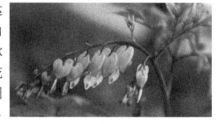

4 mm,于花开前脱落;外花瓣粉红色至紫红色,稀白色,下部囊状,具数条脉纹,上部变狭并向下反曲,长约 1 cm,宽约 2 mm,内花瓣长约 2.2 cm。花瓣片略呈匙形,先端圆形部分紫色,背部鸡冠状突起自先端延伸至瓣片基部,高达 3 mm,爪长圆形至倒卵形,长约 1.5 cm,宽 2~5 mm,白色;子房狭长圆形。胚珠数枚,花柱细,长 0.5~1.1 cm,每边具 1 沟槽,柱头狭长方形,长约 1 mm,宽约 0.5 mm,顶端 2 裂,基部近箭形。果未见。花期 4—6 月。

【生态学特性】　耐寒、忌高温,喜阴湿环境和疏松肥沃的土壤,不适沙土及黏土。忌日光直射、喜半阴,炎热夏季休眠。产中国北部(北至辽宁)、河北、甘肃、四川、云南有分布。

【园林绿化功能及利用价值】 荷包牡丹叶丛美观,花朵玲珑,色彩艳丽。可作为花丛,花境材料,或植于盆中布置庭院、会场。

【栽植培育技术】 分株、扦插、播种法繁殖均可。3—4月分株,扦插多在3月下旬,播种多在秋季,实生苗3年方可开花。地栽荷包牡丹冬季需覆盖保温。盆栽者多于3月下旬前后分栽或换盆。炎热夏季置半阴处,雨季注意防止盆内积水。霜降后移入5℃左右的低温温室。荷包牡丹花的移栽要求非常的高,每年在春天芽体刚刚萌发时是最佳移栽时间。超过这个时间或者温度的增加,移栽死亡率将会迅速增高。

11.4.32 八宝

【科属名称】 景天科 Crassulaceae,八宝属 *Hylotelephium* H. Ohba.

【形态特征】 多年生草本植物。胡萝卜状块根。茎直立,不分枝,高达30~70 cm。对生叶,长圆形至卵状长圆形,偶有互生或3叶轮生,无柄,长4.5~7 cm,宽2~3.5 cm,先端急尖、钝,基部渐狭,边缘有疏锯齿。伞房状花序顶生;花密生,直径约1 cm,花梗稍短或同长;萼片5,卵形,长1.5 mm;花瓣5,白色或粉红色,宽披针形,长5~6 mm,渐尖;雄蕊10,与花瓣同长或稍短,花药紫色;鳞片5,长圆状楔形,长1 mm,先端有微缺;心皮5枚,直立,基部几分离。花期8—10月。

【生态学特性】 喜强光和干燥、通风良好的环境,忌雨涝积水。在荫蔽处多生长不良,植株不茂盛,枝叶细长、稀疏。耐寒性强,能耐-20℃的低温。对土壤要求不严,在素沙土、沙坡土、轻黏土中均能正常生长,但在湿润、肥沃、通透性良好的沙壤土中生长最好。喜肥,也较耐贫瘠,有一定的耐盐碱能力,在pH值8.7、含盐量0.2%的土壤中可正常生长。中国云南、贵州、四川、湖北、安徽、浙江、江苏、陕西、河南、山东、山西、河北、辽宁、吉林、黑龙江等有分布。

【园林绿化功能及利用价值】 花浅红色、白色,常作观赏用。园林中常将它用来布置花坛,可以做圆圈、云卷、弧形、方块、扇面等造型,也可以用作地被植物,填补夏季花卉在秋季凋萎后没有观赏价值的空缺,是布置花坛、花境和点缀草坪、岩石园的好材料。全草药用,有清热解毒、散瘀消肿之效。治喉炎、热疖及跌打损伤。

【栽植培育技术】 扦插或分株繁殖。一般采用扦插,因该品种极易成活,可在圃地直接扦插浇水即可,喷施新高脂膜成活率更高。扦插繁殖速度快、操作简单,因此较为常用。扦插繁殖可于4—8月选取枝梢部分做插穗,插穗长5~10 cm,保留2~3枚叶片,切口以平剪、光滑为宜,插穗采集后置于蔽阴处,待切口干燥一天后,扦插至经过消毒处理后的基质中,株行距为6 cm×10 cm,保持基质湿润,即可成活,第二年可进行移栽。分株繁殖在早春萌芽前将植株连根挖出,根据植株大小分成若干小植株,分栽入事先准备好的、施有底肥的种植穴中,保持土壤湿润即可成活。

11.4.33　蜀葵

【科属名称】　锦葵科 Malvaceae,蜀葵属 *Alcea* L.

【形态特征】　多年生草本,常作 2 年栽培。株高可达 2.5 cm,少分枝,直立茎,全株被柔毛。互生单叶,叶面粗糙多皱,近圆形,具 3~7 浅裂。花单生叶腋或聚生成顶生总状花序,花大,小苞片 6~9 枚,花瓣 5 枚,呈紫红色、淡红色或白色,花萼 5 裂,花期 5—10 月。分生果扁球形,果熟期 7—10 月。

【生态学特性】　喜阳光,耐半阴,忌涝。耐盐碱能力强,在含盐 0.6% 的土壤中仍能生长。耐寒冷,在华北地区可以安全露地越冬。在疏松肥沃,排水良好,富含有机质的沙质土壤中生长良好。原产中国西南地区,在中国分布很广,华东、华中、华北、华南地区均有分布。世界各地广泛栽培。

【园林绿化功能及利用价值】　蜀葵花颜色鲜艳,给人以清新的感觉,很受人喜欢,红蜀葵特别适合种植在院落、路侧、场地布置花境的好环境。而且还可组成繁华似锦的绿篱、花墙,美化园林环境。给绿篱、花墙的主人带来一种温和的感觉。宜于种植在建筑物旁、假山旁或点缀花坛、草坪,成列或成丛种植。矮生品种可作盆花栽培,陈列于门前,不宜久置室内。也可剪取作切花,供瓶插或作花篮、花束等用。入药可清热,解毒,排脓,利尿。

【栽植培育技术】　蜀葵通常采用播种法繁殖,也可进行分株和扦插法繁殖。分株繁殖在春季进行,扦插法仅用于繁殖某些优良品种。生产中多以播种繁殖为主,在华北地区以春播为主。

11.4.34　芙蓉葵

【科属名称】　锦葵科 Malvaceae,木槿属 *Hibiscus* L.

【形态特征】　多年生草本,高达 1~2 m,茎粗壮,斜出,丛生,光滑被白粉。互生单叶,叶长 8~22 cm,叶背及柄生灰色星状毛,叶形多变。基部圆形,缘具梳齿。花大,直径 28 cm,单生茎上不叶腋,花色玫瑰红或白色,花萼宿存。花期 6—9 月。

【生态学特性】　喜阳,略耐阴,宜温暖湿润气候,忌干旱,耐水湿,在临近水边的肥沃沙质壤土中生长繁茂。喜温耐湿,抗寒,耐热,北京地区可露地越冬。原产美国东部。中国北京、青岛、上海、南京、杭州和昆明等城市有栽培,供园林观赏用。

【园林绿化功能及利用价值】　宜栽于河坡、池边、沟边,为夏季重要花卉,芙蓉葵花朵硕大,花色鲜艳美丽。植株耐高温湿热的能力强,管理简单。园林绿化中可用大型容器组合栽植,或地栽布置花坛,花境,也可绿地中丛植、群植。

【栽植培育技术】　用播种、扦插、分株和压条等法繁殖。多采用扦插法,于生长期间取半木质化的枝条,插入湿润沙壤土中,约 1 个月生根。萌发力和生长势均强,开花多,花期长,生长期应补充磷、钾肥;播种繁殖宜在 32 ℃恒温催芽,成熟的种子在适宜的土壤、水分、温度条件下三四天即可出苗,播种苗生长强健,早春播种,当年可少量见花,秋季播种,翌年即可正常开花;分株繁殖,春秋两季均可进行,再生能力极强。春季分株宜在即将萌芽时,秋季宜在停止生长时操作。成年植株宜每 3~4 年分栽 1 次,以保株姿匀称健壮,花繁叶茂。

11.4.35　随意草

【科属名称】　唇形科 Lamiaceae,随意草属 *Physostegia virginiana* L.

【形态特征】　多年生草本植物,株高 60 ~ 120 cm,地上茎直立、丛生,有根茎,地上茎直立呈四棱状。长椭圆至披针形对生叶,缘具锯齿,呈亮绿色。穗状花序聚成圆锥花序状,顶生,长 20 ~ 30 cm,单一或分枝。唇形花冠,花序自下端往上逐渐绽开,小花密集。如将小花推向一边,不会复位,因而得名。小花玫瑰紫色。花期夏季、持久。有白、粉色、深桃红、红、玫红、雪青、紫红或斑叶变种。

【生态学特性】　喜温暖,耐寒性较强。喜阳光充足的环境,但不耐强光暴晒,生长适温 18~28 ℃。荫蔽处植株易徒长,开花不良。宜疏松、肥沃和排水良好的沙质壤土。夏季干燥则生长不良。喜湿润,不耐旱。原产地北美洲,在中国,华东地区随意草分布较为广泛。

【园林绿化功能及利用价值】　随意草株态挺拔,造型别致,叶秀花艳,园林绿地中广泛应用。常用于花坛、草地,可成片种植,也可盆栽。株型整齐,花期集中,可用于秋季花坛,亦可用于花境或作切花。还可以用于硅藻泥材料。

【栽植培育技术】　分株、扦插或播种繁殖。分株:宜在春季萌发前进行,一般 3 年左右分株一次。春、秋季为分株适期,只要切取成株长出的幼株或地下根茎另植即可。亦可在秋季剪取健壮新芽,扦插于排水良好的砂床,待发根后再移植;扦插:只要在生长季节都可以进行。通常在 4—5 月取当年萌发的新梢 10 cm 左右,插于砻糠灰或直接插于土中。在口径 20 cm 的盆中,每盆扦插 2~3 株,扦后保湿,约 2 周生根。新梢长至 10 cm 左右时,仅需保留 2 节,将顶梢摘去,以控制株高,并促其分枝。播种:因随意草结实率不高,种子稀,播种繁殖的方法很少使用。

11.4.36　桔梗

【科属名称】　桔梗科 Campanulaceae,桔梗属 *Platycodon* A. DC.

【形态特征】　多年生草本,高达 40~120 cm,无毛,有白色乳汁。圆锥状根,肉质肥大,黄褐色外皮。茎直立,单一或分枝。互生或轮生叶,宽卵形、椭圆形或披针形,长 2.5~6 cm,宽 1~3 cm,先端尖或急尖,基部楔形,边缘有不规则锐齿,下面被白粉;无柄或近于无柄。花单生或数朵生于枝端;花萼钟状,5 裂 裂片三角状披针形;花冠蓝色或蓝紫色,宽钟状,先端

5 裂,裂片三角形;雄蕊 5 枚,花丝短,基部膨大;子房下位,花柱圆柱形,柱头 5 裂。蒴果倒卵圆形,顶端 5 瓣裂。种子多数,卵形,有 3 棱,黑褐色。花期 7—9 月,果期 8—10 月。

【生态学特性】 喜凉爽气候,耐寒、喜阳光。宜栽培在海拔 1 100 m 以下的丘陵地带,半阴半阳的沙质壤土中,以富含磷钾肥的中性夹沙土生长较好。主要分布于东北、华北、华东、华中各省以及广东、广西、贵州、云南东南部、四川、陕西等区域。

【园林绿化功能及利用价值】 园林中多植于花坛、花境、岩石园中,亦可作切花或盆栽观赏,根可入药:宣肺,利咽,祛痰,排脓。用于咳嗽痰多,胸闷不畅,咽痛,音哑,肺痈吐脓,疮疡脓成不溃。在中国东北地区常被腌制为咸菜,在朝鲜半岛被用来制作泡菜。

【栽植培育技术】 播种繁殖。种子寿命为 1 年,在低温下贮藏,能延长种子寿命。0~4 ℃干贮种子 18 个月,其发芽率比常温贮藏提高 3.5~4 倍。种子发芽率 70%,在温度 18~25 ℃,有足够湿度,播种后 15 d 出苗。通常采用直播,也可育苗移栽,直播产量高于移栽,且叉根少、质量好。可秋播、冬播或春播,以秋播最好。桔梗喜凉爽湿润环境,野生多见于向阳山坡及草丛中,栽培时宜选择海拔 1 100 m 以下的丘陵地带,对土质要求不严,但以栽培在富含磷、钾的中性类沙土里生长较好,追施磷肥,可以提高根的折干率。桔梗喜阳光耐干旱,但忌积水。

11.4.37　千叶蓍

【科属名称】 菊科 Asteraceae,蓍草属 *Achillea* L.

【形态特征】 多年生草本植物,匍匐根,茎细、直立,高可达 100 cm、无柄,有细条纹,叶片 2~3 回羽状全裂,头状花序多数,总苞矩圆形或近卵形,疏生柔毛;总苞片覆瓦状排列,托片矩圆状椭圆形,膜质,舌片近圆形,白色、粉红色或淡紫红色,盘花两性,管状,黄色,瘦果矩圆形,7—9 月开花结果。

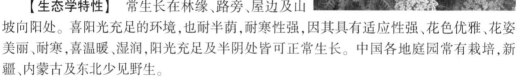

【生态学特性】 常生长在林缘、路旁、屋边及山坡向阳处。喜阳光充足的环境,也耐半荫,耐寒性强,因其具有适应性强、花色优雅、花姿美丽、耐寒,喜温暖、湿润,阳光充足及半阴处皆可正常生长。中国各地庭园常有栽培,新疆、内蒙古及东北少见野生。

【园林绿化功能及利用价值】 千叶蓍花期持久,是布置花坛的理想材料,尤其是其耐高温能力强。是夏季花坛不可多得的花材。可在花境中作带状栽植或在坡地片植,亦可盆栽或作切花。全草又可入药,有发汗、驱风之效。该种叶、花含芳香油,还可做调香原料。

【栽植培育技术】 多用播种或分株等方法进行繁殖,也可用扦插的方法进行繁殖。春、夏、秋三季均可进行。播种后保持土壤湿润,约 1 周可发芽。栽植后每天进行叶面喷水,7 d 后,芽苗定植,成活率 98%,再坚持叶面喷水 14 d,至发芽 3~4 芽。

11.4.38　木茼蒿

【科属名称】　菊科 Asteraceae,茼蒿属 Glebionis Cass.

【形态特征】　灌木,高可达 1 m。枝条大部木质
化。宽卵形、椭圆形或长椭圆形叶,2 回羽状分裂。
两面无毛。叶柄有狭翼。头状花序多数,在枝端排成
不规则的伞房花序,全部苞片边缘白色宽膜质,内层
总苞片顶端膜质扩大几成附片状。舌状花。舌状花
瘦果有 3 条具白色膜质宽翅形的肋。两性花瘦果具
狭翅的肋,冠状冠毛。2—10 月开花结果。

【生态学特性】　喜凉爽、湿润环境,忌高温。耐寒力不强,在最低温度 5 ℃以上的温暖地
区才能露地越冬。喜肥,要求富含腐殖质、疏松肥沃、排水良好的土壤,中国各地均有栽培。

【园林绿化功能及利用价值】　木茼蒿枝叶繁茂,株丛整齐,花色淡雅,花期长,为早
春缺花季节的重要切花材料或盆栽。装饰门厅,布置会场。若将其与碧桃、迎春、天竺葵
合置于花坛上,花色斑斓,相映成景。也可独自丛栽,可背后衬以常绿的松柏配景。中国
各地公园或植物园常栽培作盆景,供观赏。

【栽植培育技术】　木茼蒿不结实,以扦插繁殖为主,周年均可进行,但多依所需开花
期而定。“五一”开花者,可在 9—10 月扦插,室内养护;需要早春开花者,6 月扦插。选枝
条做插穗,插穗长 6~8 cm,插入装有沙土的浅盆中,入土深 3 cm,覆盖塑料薄膜,保持温
湿度,10 d 左右即可生根。育成的扦插苗上盆时,可用肥沃的腐殖叶土做盆土,栽于盆
中,苗高 10 cm 左右时摘心,促其分枝形成丰满株形。

11.4.39　荷兰菊

【科属名称】　菊科 Asteraceae,紫菀属 Aster L.

【形态特征】　多年生宿根草本,株高 50 ~
100 cm,全株被粗毛,上部呈伞房状分枝。叶狭披针
形至线状披针形,近全缘,基部稍抱茎,无黏性茸毛。
头状花序伞房状着生,花较小,舌状花 1~3 轮,淡蓝
紫色或白色,总苞片线形,端急尖,微向外伸展,花期
8—10 月。

【生态学特性】　喜通风湿润的生长环境,它的
适应性很强,能够耐干旱、贫瘠和寒冷,喜欢阳光能够照射到的环境。荷兰菊对土壤的要
求十分宽松,即使土壤中营养物质不富余也能生长,但更喜欢在肥沃疏松的沙质土壤中生
长。荷兰菊在中国各地广泛栽培。

【园林绿化功能及利用价值】　荷兰菊花繁色艳,适应性强,植株较矮,自然成形,盛
花时节又正值国庆节前后,故多用作花坛、花境材料,也可片植、丛植,或作盆花或切花。
荷兰菊适合盐碱地区大面积栽培,应用于花坛、花镜表现出众。盆栽室内观赏和布置花
坛、花境等。更适合作花篮、插花的配花。若以多彩荷兰菊为主花瓶插,点缀餐桌、窗台、

显得十方娇媚,可增添几分浪漫色彩。如以百合作主材,配上荷兰菊、长寿花、春羽、蓬莱松,画面十分经盈活泼。

【栽植培育技术】　播种、扦插、分株繁殖均可。播种繁殖于春季进行,发芽适温15 ℃,2周可出苗。扦插繁殖在4—5月进行。分株繁殖在春季断霜后或秋季花后均可进行,一般每3年可分株1次。荷兰菊喜欢阳光充足的生长环境,需要选择在向阳处进行养护。在温度方面,荷兰菊喜欢温暖的环境,耐寒也可以耐高温,冬季还是比较容易过冬的,东北地区也可以露地过冬的。荷兰菊是比较耐修剪的,在生长的过程中,适时的修剪,可以使荷兰菊多分枝,多开花。为了使荷兰菊多开花,植株旺盛生长,需要保持水肥的供应,但是如果水肥过多,就有可能出现徒长,要合理浇水施肥。

11.4.40　大金鸡菊

【科属名称】　菊科 Asteraceae,金鸡菊属 *Coreopsis* L.

【形态特征】　多年生草本,高可达 30~70 cm,具纺锤状根。茎直立,无毛或基部被软毛,上部有分枝。叶较少数,在茎基部成对簇生,有长柄,叶片匙形或线状倒披针形,基部楔形,顶端钝或圆形,长 3.5~7 cm,宽 1.3~1.7 cm;茎上部叶少数,全缘或 3 深裂,裂片长圆形或线状披针形,顶裂片较大,长 6~8 cm,宽 1.5~2 cm,基部窄,顶端钝,叶柄通常长 6~7 cm,基部膨大,有缘毛;上部叶无柄,线形或线状披针形。头状花序在茎端单生,径 4~5 cm。总苞片内外层近等长;披针形,长 6~10 mm,顶端尖。舌状花黄色,舌片倒卵形或楔形;管状花狭钟形,瘦果圆形或椭圆形,长 2.5~3 mm,边缘有宽翅,顶端有 2 短鳞片。花期 5—9 月。

【生态学特性】　耐寒耐旱,对土壤要求不严,但耐半阴,适应性强,对二氧化硫有较强的抗性。喜阳光充足的环境及排水良好的沙质壤土。中国各地庭园常有栽培。

【园林绿化功能及利用价值】　大金鸡菊花朵繁盛鲜艳,冬叶长绿,至冬不凋,花期很长,生长健壮,栽培繁殖容易,为很好的观花常绿植物。可作花境,也可在草地边缘、坡地、草坪中成片栽植,也可作切花,还可用作地被。大金鸡菊花色鲜艳、花期长,是花境、坡地、庭院、街心花园、缀花草坪的良好美化材料。全草入药,具有清热解毒功效。花为水溶性色素,可提制着色性能良好的水溶性黄色素,用于饮料等食品的着色。

【栽植培育技术】　播种、分株或扦插法繁殖。大金鸡菊通过"风传媒"方式传播,风一吹,种子便满天飞扬。生命力和繁殖力非常强,对土壤没有任何要求,容易形成强势植物群落,大量蔓延。栽培容易,常能自行繁衍。生产中多采用播种或分株繁殖,夏季也可进行扦插繁殖。播种繁殖一般在8月进行,也可春季4月底露地直播,7—8月开花,花陆续开到10月中旬。2年生的金鸡菊,早春5月底6月初就开花,一直开到10月中旬。欲使金鸡菊开花多,可花后摘去残花,7—8月追1次肥,国庆节可花繁叶茂。

11.4.41　牛眼菊

【科属名称】　菊科 Asteraceae,牛眼菊属 Buphthalmum L.

【形态特征】　多年生草本或亚灌木,株高达
60~100 cm,全株光滑无毛,多分枝,茎基部呈木质
化,单叶;互生,为不规则的二回羽状深裂,裂片线形,
头状花序着生于上部叶腋中,花梗较长,舌状花 1~3
轮,白色或淡黄色,筒状花黄色,花期周年,盛花期
4—6 月,不结实。

【生态学特性】　喜凉爽湿润环境,阳性,不耐炎
热,怕积水怕水涝,夏季炎热时叶子脱落,耐寒力不强,冬季需保护越冬,要求土壤肥沃且
排水良好。原产于非洲加那列亚岛,主要分布于欧洲,在中国也有部分栽培。

【园林绿化功能及利用价值】　花坛、花境、丛植。盆栽观赏,或作背景绿叶材料布置。

【栽植培育技术】　栽培或逸为野生。繁殖主要以扦插为主。9—10 月扦插苗可在翌
年五一节前后开花;6—7 月扦插苗可在第二年的早春开花。扦插时选健壮嫩枝剪取约
5 cm 的一段作插穗,插于净沙或砻糠灰中,浇足水,并保持湿润,约经半月左右就能生根。
然后移植,用营养土进行盆栽。以后每生长 5 片叶摘心 1 次,共两次即可促其植株多头满
盆。植株在育蕾阶段要注意光照和磷钾肥的施入,否则易造成植株徒长、细弱而引起倒
伏、花小。此外还应防止蚜虫的侵害。

11.4.42　吉祥草

【科属名称】　百合科 Liliaceae,吉祥草属 Reineckia.

【形态特征】　多年生常绿草本植物。圆柱形匍匐根
状茎,绿白色,分枝长约 10 cm,多节,节间长 1~2 cm,节
上有膜质鳞叶 1 枚;鳞叶与节间近等长,下半部筒状抱茎,
上半部与茎分离,三角形。叶簇生根状茎末端,由于茎的
连续生长,有时在茎中部也有叶簇,簇间距离数厘米至 10
余 cm 不等,叶簇基部有革质鳞叶 3~4 枚,淡绿色,长卵状
披针形,长 1~5 cm。叶每簇 3~8 枚,线形至披针形,绿
色,长 10~38 cm,宽 0.3~3.5 cm,先端渐尖,基部渐狭成柄
状,对折;中肋在上面下凹,背面隆起。花葶近圆柱形,淡
绿色,粗约 3 mm,连花序长 5~15 cm;穗状花序长 2~
7 cm,轴紫色花密,10~20 朵;苞片膜质,淡紫色,卵形,基部长 8 mm,宽 6 mm,向上渐小。
花芳香,粉红色;花被管长约 4 mm,径约 2 mm;裂片 6 枚,长圆形,白色,近肉质,背面带紫
色,长约 7 mm,宽 2~3 mm,先端钝,向外反卷;浆果紫红色,球形,径 0.5~1.0 cm,种子每
室 2 粒,有时 1 枚不育,卵形,长约 4 mm,种皮海绵状,白色。花期 7—8 月,果期 10 月至
翌年 3 月成熟,可在母株保留至 5~6 个月而不脱落。

【生态学特性】　喜温暖、湿润,较耐寒耐阴。适应性强,对土质要求不严,以排水良

好肥沃壤土为宜。畏烈日。宜在半阴处不太郁闭的树丛下生长。在较温暖地区可露地越冬。在北方寒冷地区,冬季需保护越冬。我国西南、华南、华中及江苏、浙江、安徽、江西等省均有分布,多生于阴湿山坡、山谷或密林下,海拔 170~3 200 m。

【园林绿化功能及利用价值】　吉祥草植株造型优美,叶色翠绿,耐寒、耐阴,装入金鱼缸或其他玻璃器皿中进行水养栽培,摆放于吧台、茶几上,不失为一种精致、高雅的艺术品,亦可陶冶情操,放松心情。吉祥草根须发达,覆盖地面迅速,适作地被栽培。药用:吉祥草味苦,性平,有润肺止咳、固肾、接骨之功效。

【栽植培育技术】　用分株和播种繁殖,多采用分株法。一般在 3 月萌发前进行,盆栽时,每丛 3~5 株可用腐叶土 2 份、园土和沙土各 1 份配置盆土。吉祥草长势强壮,在全日照和浓荫处均可生长,以半阴和湿润处为佳。光照过强时叶子不绿泛黄,太阴则生长细弱不易开花。

11.4.43　万年青

【科属名称】　百合科 Liliaceae,万年青属 *Rohdea* Roth.

【形态特征】　多年生常绿草本植物,株高达 50~60 cm,地下具短而粗肥根茎,具多数纤维根。基生叶,具光泽、质厚,带状或倒披针形,全缘,常呈波状,先端急尖,基部渐狭,背面中肋凸起,花葶自叶丛中抽生,顶端的穗状花序,花小,花期为 9—10 月。果熟后呈红色。

【生态学特性】　喜温暖、湿润及半荫的环境,冬季要求阳光充足,夏季忌强光直射,不耐积水,土壤以微酸性、排水良好的沙质土和腐殖质土为宜,耐寒能力不太强,越冬温度不得低于 5 ℃。原产于中国及日本,在中国分布较广,华东、华中及西南地区均有,主要产地有浙江、江西、湖北等地。生于林下潮湿处或草地上,海拔 750~1 700 m。

【园林绿化功能及利用价值】　为良好的观叶、观果盆栽花卉,在南方温暖地区可作林下、路边地被植物。各地常有盆栽供观赏。全株有清热解毒、散瘀止痛之效。

【栽植培育技术】　以分株繁殖为主,也可用播种繁殖。分株繁殖的时间春、秋二季可进行,将原株从盆中倒出,均分成数丛另行栽植。播种繁殖可在早春 3—4 月进行盆播,经常保持盆土湿润,温度保持在 20~30 ℃,约经 30 d 即可发芽。

11.4.44　龙舌兰

【科属名称】　龙舌兰科 Agavaceae,龙舌兰属 *Agave* L.

【形态特征】　多年生常绿多肉多浆植物,丛生叶,灰绿色,肥厚,宽带状,先端尖,两缘密生细硬刺,一般要 10 余年后才能开花,花葶自叶丛抽生,高大,圆锥花序,花黄绿色,花期 5—7 月。

【生态学特性】　喜光,耐旱,不耐寒,冬季气温不能低于 5 ℃,喜排水良好,富含腐于质的沙质壤土。原产墨西哥,中国华南及西南各省区常引种栽培,在

云南已逸生多年,且在红河、怒江、金沙江等干热河谷地区以至昆明均能正常开花结实。

【园林绿化功能及利用价值】 盆栽观赏,南方露地布置花坛,也可配植于水池边、假山旁。

【栽植培育技术】 分株繁殖,春季 3—4 月在母株进行翻盆换土时,将基部萌发的脚芽分开栽植。

11.4.45 萱草

【科属名称】 百合科 Liliaceae,萱草属 *Hemerocallis* L.

【形态特征】 多年生草本植物,根状茎,粗短、具肉质纤维根,多数膨大呈窄长纺锤形。基生叶,条状披针形,成丛,长 30~60 cm,宽约 2.5 cm,背面被白粉。夏季开橘黄色大花,花葶长于叶,高达 1 m 以上;圆锥花序顶生,有花 6~12 朵,花梗长约 1 cm,具小的披针形苞片;花长 7~12 cm,花被基部粗短漏斗状,长达 2.5 cm,花被 6 片,开展,向外反卷,外轮 3 片,宽 1~2 cm,内轮 3 片宽达 2.5 cm,边缘稍作波状;雄蕊 6 枚,长花丝,着生花被喉部;子房上位,花柱细长。本种的主要特征是:根近肉质,中下部有纺锤状膨大;叶一般较宽;花早上开晚上凋谢,无香味,桔红色至桔黄色,内花被裂片下部一般有采斑。这些特征可以区别于本国产的其他种类。花果期为 5—7 月。

【生态学特性】 性强健,耐寒,华北可露地越冬,适应性强,喜湿润也耐旱,喜阳光又耐半荫。对土壤选择性不强,但以富含腐殖质、排水良好的湿润土壤为宜。适应在海拔 300~2 500 m 生长。

【园林绿化功能及利用价值】 花色鲜艳,栽培容易,且春季萌发早,绿叶成丛极为美观。园林中多丛植或于花境、路旁栽植。萱草类耐半阴,又可做疏林地被植物。药用:清热利尿,凉血止血。用于腮腺炎,黄疸,膀胱炎,尿血,小便不利,乳汁缺乏,月经不调,衄血,便血。外用治乳腺炎。

【栽植培育技术】 繁殖方法以分株繁殖为主,育种时用播种繁殖。分株繁殖于叶枯萎后或早春萌发前进行,将根株掘起剪去枯根及过多的须根,分株即可。1 次分株后可 4~5 年后再分株,分株苗当年即可开花。种子繁殖宜秋播,一般播后 4 个星期左右出苗。夏秋种子采下后如立即播种,20 d 左右出苗。播种苗培育 2 年后开花。

11.4.46 玉簪

【科属名称】 百合科 Liliaceae,玉簪属 *Hosta* Tratt.

【形态特征】 多年生宿根植物,根状茎,粗厚,粗 1.5~3 cm。卵状心形、卵形或卵圆形叶,长 14~24 cm,宽 8~16 cm,先端近渐尖,基部心形,具 6~10 对侧脉;叶柄长 20~40 cm。花葶高 40~80 cm,具几朵至十几朵花;花的外苞片卵形或披针形,长 2.5~7 cm,宽 1~1.5 cm;内苞片很小;花单生或 2~3 朵簇生,长 10~13 cm,白色,芬香;花梗长约 1 cm;雄蕊与花被近等长或略短,基部 15~20 mm 贴生于花被管上。蒴果圆柱状,有 3 棱,长约 6 cm,直径约 1 cm。花果期 8—10 月。

【生态学特性】　玉簪性强健,耐寒冷,性喜阴湿环境,不
耐强烈日光照射,要求土层深厚,排水良好且肥沃的沙质壤
土。玉簪生于海拔 2 200 m 以下的林下、草坡或岩石边。各地
常见栽培,公园尤多,供观赏。玉簪属于典型的阴性植物,喜阴
湿环境,受强光照射则叶片变黄,生长不良,喜肥沃、湿润的沙
壤土,性极耐寒,中国大部分地区均能在露地越冬,地上部分
经霜后枯萎,翌春宿萌发新芽。忌强烈日光暴晒。玉簪原产
中国及日本,分布于中国四川、湖北、湖南、江苏、安徽、浙江、
福建及广东等地。

【园林绿化功能及利用价值】　玉簪是较好的阴生植物,
可用于树下作地被植物,或植于岩石园或建筑物北侧,也可在林缘、石头旁、水边种植,具
有较高的观赏效果,常用于湿地及水岸边绿化。也可盆栽观赏或作切花用。因花夜间开
放,芳香浓郁,是夜花园中不可缺少的花卉。还可以盆栽布置室内及廊下。药用价值:玉
簪的花、根可药用。性昧甘,凉。花:清热解毒,止咳利咽,主治肺热、咽喉肿痛、胸热、毒
热。根:消肿,解毒,止血,主治痈疽、瘰疬、咽肿、吐血、骨鲠、烧伤。

【栽植培育技术】　播种或分株繁殖。播种繁殖:秋季种子成熟后采集晾干,翌春 3—
4 月播种。播种苗第一年幼苗生长缓慢,要精心养护,第二年迅速生长,第三年便开始开
花,种植穴内最好施足基肥。播种 2~3 年才能开花,家庭一般少用。分株:春季发芽前或
秋季叶片枯黄后,将其挖出,去掉根际的土壤,根据要求用刀将地下茎切开,最好每丛有
2~3 块地下茎和尽量多的保留根系,栽在盆中。这样利于成活,不影响翌年开花。

11.4.47　火炬花

【科属名称】　百合科 Liliaceae,火炬花属 *Kniphofia*.

【形态特征】　多年生草本植物。株高可达120 cm,茎
直立。草质、剑形叶,丛生。叶片中部或中上部开始向下弯
曲下垂,很少有直立;总状花序着生数百朵筒状小花,呈火
炬形,花冠橘红色,种子棕黑色,呈不规则三角形。6—10
月开花。9 月结果。

【生态学特性】　火炬花生长在海拔 1 800~3 000 m高
山及沿海岸浸润线的岩石泥炭层上,生长强健、耐寒,有的
品种能耐短期-20 ℃低温,华北地区冬季地上部分枯萎,地
下部分可以露地越冬。长江流域可作常绿植物栽培,在
-5 ℃条件下,上部叶片会出现干冻状况。喜温暖与阳光充
足环境,对土壤要求不严,但以腐殖质丰富、排水良好的壤
土为宜,忌雨涝积水。原产非洲的南部地区,中国有广泛种植。

【园林绿化功能及利用价值】　火炬花的花色、花形犹如燃烧的火把,点缀于翠叶丛
中,具有独特的园林风韵。在园林绿化布局中常用于路旁、街心花园、成片绿地中,成片成

行种植;也有在庭院、花境中作背景栽植或作点缀丛植。一些大型花品种,花枝可用于切花。通常在花序完全着色,下部小花初开时切取花枝,切花根据花枝长度分为 50 cm、60 cm、70 cm 等 3 级;储运温度调控在 2~4 ℃,切花水养期有 5~7 d。家庭栽培可用于庭院丛植或盆栽,盆栽宜用口径 22 cm 以上大盆,并选择矮化品种。

【栽植培育技术】　火炬花可采取播种和分株繁殖。播种繁殖时间宜在春、秋季,以早春播种效果最好。可先播于苗箱内,以便于管理,覆土深为 0.5 cm,发芽最适温度为 25 ℃左右,一般播后 2~3 周便可出芽。待幼苗长至 5~10 cm,即可定植。分株繁殖可用 4~5 年生的株丛,春秋两季皆可分株,一般在花后进行,以 9 月上旬为最适期。分株时从根茎处切开,每株需有 2~3 个芽,并附着一些须根,分别栽种。播种法播种发芽适温 18~24 ℃,21~28 d 出苗。

11.4.48　阔叶麦冬

【科属名称】　百合科 Liliaceae,山麦冬属 *Liriope* Lour.

【形态特征】　细长根,多分枝,有时局部膨大成纺锤形的肉质小块根,长达 3.5 cm,宽 7~8 mm;木质短根状茎。密集叶,成丛,革质,长 25~65 cm,宽 1~3.5 cm。花葶通常长于叶,长 45~100 cm。球形种子,直径 6~7 mm,初期绿色,成熟期变黑紫色。花期 7—8 月,果期 9—11 月。

【生态学特性】　生长于海拔 100~1 400 m 的山地、山谷的疏、密林下或潮湿处。喜温暖气候和较潮湿的环境,以土层深厚、肥沃疏松的沙质土壤为佳,阔叶麦冬怕涝,低洼积水和过黏的土壤不宜生长。在中国分布于广东、广西、福建、江西、浙江、江苏、山东、湖南、湖北、四川、贵州、安徽、河南等省;南方常有栽培。

【园林绿化功能及利用价值】　阔叶麦冬根系发达,耐旱,适应性强,可在林下、路边、树穴、河坡、墙角、石缝、绿篱脚下、花坛边缘等处正常生长。具有拓展绿化空间、美化景观、发挥更大生态功能的作用。块根含 8 种甾体皂甙,入药有补肺养胃、滋阴生津功能。

【栽植培育技术】　一般用分株繁殖。4 月上旬将老株掘起,剪去上部叶片,保留下部 5~7 cm 长,以 2~3 株丛植于一穴,深 6~8 cm,株距 20~30 cm,2 年后即可将地面全部覆盖。每隔 4~5 年植株拥挤时再分株。播种繁殖:极为简易,种子采下后 10 月地播,翌春出苗;春播约 50 d 出苗。播种苗培育一年即可作绿化材料。管理粗放,以选择阴湿环境为要领。4—6 月和 8—9 月生长旺盛时需施用腐熟饼肥水和少量磷、钾肥。

11.4.49　鸢尾

【科属名称】　鸢尾科 Iridaceae,鸢尾属 *Iris* L.

【形态特征】　多年生草本,地下粗壮根状茎。革质剑形叶,基部重叠互抱成 2 列,长 30~50 cm,宽 3~4 cm。花梗从叶丛中抽出,单一或二分枝,高与叶等长,每梗顶部着花 1~4 朵,花被片 6 枚,外轮 3 片较大,外弯或下垂,内有一行突起的白色须毛,称"重瓣",

内轮片较小,直立,称"旗瓣"。春季开花,花期 4—
6 月。

【生态学特性】 喜阳,耐阴,耐寒力强。在我国
大部分地区可安全越冬。喜含腐殖质丰富、排水良好
的沙壤土。3 月新芽萌发,花后地下茎有一短暂的休
眠期,霜后叶片基本枯黄。

【园林绿化功能及利用价值】 叶片青翠,花型
奇特,形若翩翩彩蝶,是庭园中的重要花卉之一,也是优美的盆花、花坛和切花用花。其花
色丰富,是花坛及庭院绿化的良好材料,也可用作地被植物,有些种类为优良的鲜切花材
料。国外有用此花做香水的习俗。也可药用:性寒,味辛、苦。具活血祛瘀、祛风利湿、解
毒、消积等功效。用于跌打损伤、风湿疼痛、咽喉肿痛、食积腹胀、疟疾等治疗。也可外用
治痈疖肿毒,外伤出血。

【栽植培育技术】 多采用分株、播种法。分株春季花后或秋季进行均可,一般种植
2~4 年后分栽 1 次。分割根茎时,注意每块应具有 2~3 个不定芽。种子成熟后应立即播
种,实生苗需要 2~3 年才能开花。栽植距离 45~60 cm,栽植深度 7~8 cm 为宜。亦可以
进行促成栽培。

11.4.50 花毛茛

【科属名称】 毛茛科 Ranunculaceae,毛茛属 *Ranunculus* L.

【形态特征】 多年生草本植物。株高 30 ~
45 cm,分枝少中空,有毛。地下具小形块根,根出叶
浅裂或深裂,裂片倒卵形,缘齿牙状,茎生叶无柄,2 ~
3 回羽状深裂,叶缘齿状。每花葶具花 1~4 朵,萼绿
色,花瓣 5 至数十枚,花径 6~9 cm,花有红、白、橙等
色。并有单瓣及重瓣之分。花期 4~5 月。

【生态学特性】 喜向阳环境和凉爽气候,不耐
寒,0 ℃即受轻微冻害。适于排水良好、肥沃疏松的
沙质壤土,喜湿润,畏积水,怕干旱。原产于以土耳其为中心的亚洲西部和欧洲东南部,在
中国大部分地区夏季进入休眠状态。盆栽要求富含腐殖质、疏松肥沃、通透性能强的沙质
培养土。

【园林绿化功能及利用价值】 花型大,色彩丰富,可作切花、盆栽观赏或花坛、花带、
林缘草地等处。

【栽植培育技术】 用播种或分球法繁殖。花毛茛不耐强光,喜半荫环境,冬季光照
要充分,春季随着气温的升高和光照的增强,应适度遮阴并加强通风。花毛茛是相对长日
照植物,所以长日照条件能促进花芽分化,花期提前,营养生长提早终止,提前开始形成球
根。短日照条件下,花期推迟,但能促进多发侧芽,增大冠幅,增多花量,进一步提高盆花
品质。生产上要根据实际需求情况进行长、短日照调控以达到花期提前或推迟的目的。

11.4.51 卷丹

【科属名称】 百合科 Liliaceae,百合属 *Lilium* L.

【形态特征】 卷丹花瓣有平展的,有向外翻卷的,故有"卷丹"美名。近宽球形鳞茎,高约 3.5 cm,直径 4~8 cm;宽卵形鳞片,白色,长 2.5~3 cm,宽 1.4~2.5 cm。茎:带紫色条纹,具白色绵毛,高达 0.8~1.5 m。散生叶,两面近无毛,矩圆状披针形或披针形,有 5~7 条脉。花 3~6 朵或更多;叶状苞片,卵状披针形;花下垂,花被片披针形,反卷,橙红色,有紫黑色斑点。狭长卵形蒴果,长 3~4 cm。花期 7—8 月,果期 9—10 月。

【生态学特性】 喜凉爽潮湿环境,日光充足的地方、略荫蔽的环境对百合更为适合。忌干旱、忌酷暑,耐寒性稍差。喜肥沃、腐殖质多的深厚土壤,最忌硬黏土,以排水良好的微酸性土壤为好,土壤 pH 值为 5.5~6.5,开花温度为 16~24 ℃。分布于山坡灌木林下、草地、路边或水旁,海拔 400~2 500 m 的地域。原产中国,各地均有栽培。

【园林绿化功能及利用价值】 可用于丛植、花坛、花境、切花,可观赏,鳞茎富含淀粉,可供食用,也可作药用。花中含有芳香油,可以作香料用。

【栽植培育技术】 卷丹有鳞茎分球、分株、鳞片扦插、播种和组织培养等繁殖方法。播种属有性繁殖,在育种上应用较多。少量或家庭培育,可采用鳞茎分球法繁殖。如中等数量的繁殖可用鳞片扦插法。分珠芽法繁殖,仅适用于少数种类,如卷丹、黄铁炮等。

11.4.52 葡萄风信子

【科属名称】 百合科 Liliaceae,蓝壶花属 *Muscari* Mill.

【形态特征】 多年生草本,株 15~30 cm 高,地下为鳞茎,外皮膜为白色,高约 1.5 cm,球径 1~3 cm。基生叶,暗绿色,稍肉质,边缘常内卷,长约 20 cm。总状花序,花朵密生于花葶上部,花冠小坛状,顶端紧缩;花蓝色或先端带白色;有白色、肉红色、淡蓝色及重瓣花品种;花期春季,花期 3—5 月,5 月中下旬蒴果成熟。

【生态学特性】 喜温暖、向阳环境,但也稍耐寒与半阴,要求富含腐殖质、疏松肥沃、排水良好的沙质壤土。原产欧洲中部的德国、波兰南部及法国,后引入中国华北地区,在江苏、河北、四川等均有栽培。

【园林绿化功能及利用价值】 园林中适宜花坛、花境、草地镶边,林下地被或岩石园点缀,株态小巧玲珑,也可作盆栽或作小切花应用。

【栽植培育技术】 播种或分栽小鳞茎繁殖。可选用国外进口鳞茎于秋冬栽培。土质以腐叶土或沙壤土为佳,栽植后保持培土湿度。待长出叶片后,可施用氮、磷、钾稀释液以促进发育。待春季花芽长出,移至日照 60%~70%处,使花茎迅速伸长。葡萄风信子适应性强,栽培管理容易,随时可移植,亦能用于冬季促成栽培。

11.4.53　郁金香

【科属名称】　百合科 Liliaceae,郁金香属 *Tulip* L.

【形态特征】　多年生草本鳞茎植物,扁圆锥形鳞茎,横茎 2~4 cm。叶、茎光滑,叶 3~5 片,全缘并呈波状,带状披针形,顶端常有少数毛。花茎顶单生,花茎 20~50 cm高,裂生花瓣 6 片,有橙、红、黄白、粉、紫及复色变化,还有重瓣和条纹品种。花夜晚闭合,白天开放。品种较多,据统计有 8 000 多种,亲缘关系极为复杂。

【生态学特性】　喜向阳和半阴环境,耐寒性极强,冬季球根可耐-34 ℃低温,但生长期适温为 5~20 ℃,最佳适温为 15~18 ℃。适宜于腐殖质丰富、排水良好的沙质壤土。忌低湿黏土壤。原产于地中海沿岸、中亚细亚、土耳其和我国新疆等地。在云南温凉地区栽培表现较好。

【园林绿化功能及利用价值】　郁金香花色丰富、迷人,花卉刚劲挺拔,叶色素雅秀丽,花朵端庄动人,惹人喜爱,可作切花、盆花,是世界著名的球根花卉。在欧美视为胜利和美好的象征,荷兰、伊朗、土耳其等许多国家珍为国花。

【栽植培育技术】　郁金香以分球繁殖为主。郁金香的鳞茎(母球)为一年生,每年更新。开花后即干枯,仅存皮膜,但在它的上面可新生出 1~3 个大鳞茎(新母球)和若干个小鳞茎(子球)。大的鳞茎(新母球)栽种后次春即可开花,小的鳞茎需要继续培养 2~3 年才能开花。未达开花的植株,只有 1 片叶子;植株发生第 2 片叶时即可开花。当花开完即将花茎剪去,不使结籽。到 6—7 月叶枯萎时,将休眠鳞茎掘起,按大小分级贮藏,放在 20 ℃的通风干燥处。于 9 月下旬至 10 月上旬按大小再重新分别栽种。

11.4.54　石蒜

【科属名称】　石蒜科 Amaryllidaceae,石蒜属 *Lycoris* Herb.

【形态特征】　多年生草本植物,近球形鳞茎,直径 1~3 cm。秋季出叶,叶狭带状,顶端钝,深绿色,中间有粉绿色带,长约 15 cm,宽约 0.5 cm。花茎约 30 cm高;总苞片 2 枚,披针形,长约 35 cm,宽约 0.5 cm;伞形花序有花 4~7 朵,花鲜红色;花被裂片狭倒披针形,长约3 cm,宽约 0.5 cm,强度皱缩和反卷,花被筒绿色,长约 0.5 cm;雄蕊显著伸出于花被外,比花被长 1 倍左右。花期 8—9 月,果期 10 月。

【生态学特性】　野生品种生长于阴森潮湿地,着生地为红壤,因此耐寒性强,喜阴,能忍受的高温极限为日平均温度 24 ℃;喜湿润,也耐干旱,习惯于偏酸性土壤,以疏松、肥沃的腐殖质土最好。有夏季休眠习性。石蒜属植物的适应性强,较耐寒。对土壤要求不严,以富有腐殖质的土壤和阴湿而排水良好的环境为好,pH 值在 6~7。在自然界常野生于缓坡林缘、溪边等比较湿润及排水良好的地方。还能生长于丘陵山区山顶的石缝、土层稍深厚的地方。野生于阴湿山坡和溪沟边;庭院也栽培。分布于中国多地。

【园林绿化功能及利用价值】 石蒜是东亚常见的园林观赏植物,冬赏其叶,秋赏其花。是优良宿根草本花卉,园林中常用作背阴处绿化或林下地被花卉,花境丛植或山石间自然式栽植。因其开花时光叶,所以应与其他较耐明的草本植物搭配为好。可作花坛或花径材料,亦是美丽的切花。石蒜鳞茎:性味辛、温,有小毒,具有解毒、祛痰、利尿、催吐等功效。用于治疗咽喉肿痛、水肿、小便不利、痈肿疮毒、瘰疬、咳嗽痰端、食物中毒等。

【栽植培育技术】 分球、播种、鳞块基底切割和组织培养等方法繁殖,以分球法为主。最简便的方法是采取分球的方式,在休眠期或开花后将植株挖起来,将母球附近附生的子球取下种植,约一、两年便可开花。易结籽的种类也可用播种法繁殖,但通常需要 2~5 年的时间才能开花。大型鳞茎类,可将大球放射状纵切成 8~16 块,插于干净砂床,三四个月即可长成新的植株。春秋季均可栽种。一般温暖地区多行秋植,北方寒冷地区常作春植,栽植深度以鳞茎顶部略盖入土表为宜。

11.4.55 葱兰

【科属名称】 石蒜科 Amaryllidaceae,葱莲属 *Zephyranthes* Herb.

【形态特征】 多年生草本。卵形鳞茎,直径约 2.5 cm,具有明显的颈部,颈 2.5~5 cm 长。叶狭线形,肥厚、亮绿色,20~30 cm 长,2~4 mm 宽。花茎中空;花单生于花茎顶端,总苞佛焰苞状带褐红色的位于其下,总苞片 2 裂顶端;花梗约 1 cm 长;白色花,外面常带淡红色;花被片 6 枚,3~5 cm 长,几无花被管,顶端具短尖头或钝,约 1 cm 宽,常有很小的鳞片近喉部;雄蕊 6 枚,长约为花被的 1/2;花柱柱头不明显 3 裂且细长。近球形蒴果,直径约为 1.2 cm,3 瓣开裂;种子扁平,为黑色。

【生态学特性】 喜阳光充足,耐低湿与半阴,宜生长在土壤肥沃、带有黏性、排水好的地点。较耐寒,0 ℃以下亦可存活较长时间,在长江流域可保持常绿。在-10 ℃左右的条件下,短时不会受冻,时间较长则会冻死。葱兰分株繁殖容易,极易自然分球,注意冬季栽培需适当防寒。葱兰原产地为南美,目前分布于温暖地区,中国华南、华中、西南、华东等地均有引种栽培。

【园林绿化功能及利用价值】 观赏:葱兰具低矮株丛、花朵繁多、花期长、全年常绿,白色繁茂的花朵高出叶端,在丛丛绿叶的陪衬下,异常美丽,花期让人感觉清凉舒适。适用于半荫处、林下或边缘作园林地被植物,也可作花镜镶边材料或花坛,成丛散植于草坪中,可组成草坪缀花,也可是供室内观赏的盆栽。

可药用:其带鳞茎的全草是一种民间草药,有息风镇静、宁心、平肝的作用,主治羊痫疯,小儿惊风。葱兰全身含多花水仙碱、石蒜碱、尼润碱等生物碱。花瓣中有云香甙。建议葱兰不要擅自食用,吃了鳞茎会引起昏睡、无力、呕吐、腹泻,需在医生指导下使用。

【栽植培育技术】　播种或分株繁殖。播种法:葱兰花后约 20 d 种子成熟,需及时采收。分株繁殖在土壤解冻后早春进行,从花盆内取出母株,抖掉多余的盆土,尽可能地分开盘结在一起的根系,用刀子把它剖开成两株或两株以上,每株都需带有相当的根系,并适当地修剪其叶片,便于成活。因处于雨季,种子在植株上就发芽的情况极易发生。播种最适宜温度介于 15~20 ℃,在整个生长期较怕热。秋播常在 9 月中、下旬以后进行。葱兰喜欢气候温暖,夏季高温、闷热(空气相对湿度大于 80%,温度大于 35 ℃)的环境不利于生长;对冬季温度要求严格,当环境在 10 ℃ 以下,葱兰停止生长,在有霜冻的地方,不能安全越冬。

11.4.56　唐菖蒲

【科属名称】　鸢尾科 Iridaceae,唐菖蒲属 *Gladiolus* L.

【形态特征】　多年生草本。球茎扁圆球形,外包有黄棕色或棕色的膜质包被,直径约 3 cm。在花茎基部互生或基生剑形叶,长 50 cm 左右,宽 3 cm 左右,基部鞘状,灰绿色,顶端渐尖,有 1 条明显而突出的中脉和数条纵脉,排成 2 列呈嵌迭状。直立花茎,50~80 cm 高,不分枝,花茎下部生有数枚互生的叶;单歧聚伞花序蝎尾状,25~35 cm 长,苞片在每朵花下均有,膜质、黄绿色,明显中脉,宽披针形或卵形,4~5 cm 长,1.8~3 cm 宽;无花梗;苞内单生花,双侧对称,有黄、白、红或粉红等色,直径 6~8 cm;条形花药,深紫色或红紫色,白色花丝,着生在花被管上;花柱长约 6 cm,具短绒毛,柱头略扁宽而膨大,3 室,子房椭圆形,中轴胎座,绿色,多数胚珠。蒴果倒卵形或椭圆形,时室背开裂于成熟期;种子有翅而扁。7—9 月花期,8—10 月果期。

【生态学特性】　喜温暖,气温不宜过高,否则对生长不利,生长适温为 20~25 ℃,不耐寒,球茎在 5 ℃ 以上的土温中可萌芽。为典型的长日照植物,光照不足开花数会减少,长日照有利于花芽分化,短日照有利于提早开花和花蕾的形成。必须在室内贮藏越冬夏花种的球根,室温不得低于 0 ℃。唐菖蒲原产地为非洲好望角,在西欧、南亚等地中海地区亦有分布。主要生产于荷兰、以色列、美国及日本等。在中国各地均有栽培。

【园林绿化功能及利用价值】　观赏价值:唐菖蒲可作为花坛、切花或盆栽。可用作监测污染的指示植物,因其对氟化氢非常敏感。人们对唐菖蒲的观赏更重视其内涵,不只在于其形其韵。唐菖蒲有十分丰富的色系:妖娆剔透粉色系,雍容华贵红色系,娟娟素女白色系,高洁优雅黄色系,烂漫妩媚紫色系,婉丽资艳橙色系,端庄明朗蓝色系,质若娟秀堇色系,犹如彩蝶翩翩复色系,古香古色烟色系。药用价值:消肿止痛,解毒散瘀,用于咽喉肿痛,跌打损伤。外用疮毒,淋巴结炎,治腮腺炎。

【栽植培育技术】　分球、切球和组织培养法繁殖。栽培土壤以肥沃、沙质壤土,pH值小于等于 7;喜肥,钾肥可提高球茎的品质和子球的数目,磷肥能提高花的质量。

11.4.57　美人蕉

【科属名称】　美人蕉科 Cannaceae,美人蕉属 Canna L.

【形态特征】　多年生草本植物,可达 1.5 m 高,全株无毛,绿色,被蜡质白粉。地上枝丛生。根茎具块状。叶柄具鞘状;互生单叶;卵状长圆形叶片。总状花序,生对或单生花;白绿色,先端带红色,萼片 3 枚;花冠大多红色,雄蕊 2~3 枚,鲜红色,外轮退化;唇瓣弯曲,披针形;蒴果,绿色,长卵形,花、果期为 3—12 月。

【生态学特性】　喜阳光、喜温,不耐寒。要求土壤肥沃、深厚,盆栽要求排水良好、疏松的土壤。生长季节经常施肥。北方贮藏在温度为 5 ℃左右的环境,需在下霜前挖起地下块茎。因其花色彩丰富、大、色艳,容易栽培,株形好。原产地为美洲、马来半岛、印度等热带地区,分布于中国大陆的南北各地以及印度等地,生长地区海拔 800 m,目前有人工引种栽培。全国各地均可栽培,霜冻后花朵及叶片凋零,不耐寒。

【园林绿化功能及利用价值】　美人蕉花色彩丰富、大、色艳,容易栽培,株形好。观赏价值高,装饰花坛,可地栽,也可盆栽,是极好的园林花卉。能吸收氯化氢、二氧化硫,以及二氧化碳等有害物质,叶片易受害,但在受害后又重新长出新叶,恢复生长很快,抗性较好。由于它的叶片反应敏感,易受害,被人们称为监视有害气体污染环境的活的监测器。具有保护环境、净化空气的作用。是绿化、净化、美化环境的首选花卉。根状茎药用功能:淡、甘、凉。安神降压,清热利湿。用于治疗神经官能症、黄疸、久痢、高血压症、咯血、带下病、缸崩、月经不调、止血、疮毒痈肿等。

【栽植培育技术】　分割块茎繁殖。露地栽培于华南地区,常年开花;春季在北方 3—4 月将分割好的块茎露地种植或盆栽。

11.4.58　罗汉竹

【科属名称】　禾本科 Poaceae,刚竹属 Phyllostachys.

【形态特征】　正常竿 8~10 m 高,直径 3~5 cm,下部曲折尾稍呈“之”字形,梢略下弯;节间 30~35 cm 长,圆柱形,幼时光滑无毛,无白蜡粉,下部略微肿胀;各环生一圈灰白色绢毛于竿下部各节,箨环之上下方,短气根生于基部第一、二节上;常自竿基部第三、四节开始分枝,各节具 1~3 枝,竿中上部各节为数至多枝簇生,其中有 3 枝较为粗长,其枝上的小枝有时短缩为软刺。畸形竿通常 25~50 cm 高,直径 1~2 cm,节间呈瓶状,短缩而其基部肿胀,2~3 cm 长;竿下部各环生一圈灰白色绢毛带于各节于箨环之上下方。

分枝习性稍高,均无刺,且为单枝,其节间明显肿胀稍短缩。箨鞘早落,干时纵肋显著隆起,背面无毛,先端有近于对

称的近截形或宽拱形;不相等箨耳,边缘具弯曲继毛,卵状披针形至大耳狭卵形,5~6 mm宽,卵形小耳,3~5 mm宽;箨舌 0.5~1 mm高,极短的细流苏状毛附着于边缘;箨片外展或直立,卵状披针形至卵形,基部稍作心形收窄,箨鞘之先端宽度稍窄,易脱落。

叶鞘无毛;镰刀形或叶耳卵形,具数条波曲继毛于边缘;极矮叶舌,边缘被极短细纤毛,近截形;叶片披针形至线状披针形,长 9~18 cm,宽 1~2 cm,下表面密生短柔毛,上表面无毛,基部宽楔形或近圆形,先端渐尖具钻状尖头。假小穗以数枚簇生或单生于花枝各节,线状稍扁,披针形,长 3~4 cm;先出叶宽卵形,长 2.5~3 mm,短纤毛于脊上,具 2 脊,先端钝。

具芽苞片 1 片或 2 片,长 4~5 mm,13~15 脉,狭卵形,急尖先端;小穗含 6~8 朵两性小花,其中顶生 2 或 3 朵,基部 1 朵或 2 朵小花常为不孕性;小穗轴节间形扁,长 2~3 mm,顶端呈杯状膨大,其边缘被短纤毛,颖仅 1 片或常无,椭圆形卵状,具 15~17 脉,6.5~8 mm长,急尖先端;外稃没毛,椭圆形卵状,具 19~21 脉,长 9~11 mm,脉间具小横脉,先端急尖;近等长的内稃与外稃,脊近顶端处被短纤毛,具 2 脊,脊间与脊外两侧均各具 4 脉,先端渐尖,顶端具一小簇白色柔毛;鳞被 3,约长 2 mm,边缘上部被长纤毛,前方两片形状稍不对称,后方 1 片宽椭圆形;花药黄色,花丝细长,6 mm 长,先端钝;宽卵形,子房具柄,长 1~1.2 mm,顶端增厚而被毛,被毛,花柱极短,约长 6 mm,柱头 3 分,羽毛状。

【生态学特性】 喜光,耐水湿植物。抗寒力较差,能耐极端 0 ℃左右低温及轻霜,喜湿暖湿润气候,冬季气温低于 4 ℃往往受冻,应保持在 10 ℃以上。热带地区北回归线以南区域,可露地安全越冬,华南北部的背风向阳区域,亦可栽培。华北至华中的广大地区,只宜盆栽,置室内或温室防寒越冬。喜光,稍耐阴墒,惧北方干燥季节的暴晒烈日。喜肥沃湿润的酸性土,要求排水良好的疏松酸性腐殖土及沙壤土。原产于中国华南,各地均有栽培。

【园林绿化功能及利用价值】 罗汉竹丛生,灌木状,秆畸形短小,四季翠绿,姿态秀丽,状如佛肚。盆栽数株,观赏效果颇佳,扶疏成丛林式,缀以山石当年成型。室内盆栽。观叶类,在园林中自成一景,古朴典雅,秆形奇特。适于公园、庭院、水滨等处种植,与崖石、假山等配置,尽显优雅。古人称四君子为"梅、兰、竹、菊",苏东坡:"宁可食无肉,不可居无竹"和"无竹则俗"等诗句,竹在园林中占有非常重要的位置。各地的气温差异较大,适宜的竹种各有不同栽培方式,罗汉竹观赏价值很高,成为观赏竹类的佼佼者,宜作露地和盆栽。同属栽培较多的有黄金间碧玉,间绿色条纹,黄色秆;佛肚竹,节短,竹型较大,节间显著膨大。罗汉竹适宜园林中栽培观赏。为优良的行道树和园林风景树而普遍推广应用。

【栽植培育技术】 采用分株繁殖。于秋季挖取部分植株分栽。北方只能在种植槽内或在温室盆栽种植,如各种竹子排列栽植,种植槽中应作砖隔墙,防止地下茎串通,使种类混杂。罗汉竹应分株种植,每年 2 月进行换土。选用微酸性的土质,以肥沃的矿质土混合使用和疏松腐叶土为好。换土时要把旧土、老根除去部分,方可长出新根。控制根部速长,要选用浅盆种植,使出土的竹笋相应横向增粗,向上慢长。夏季盆栽水分适应,雨水调匀,出土的笋多数腹肚大、节短。秋末天气干旱,水分少,出笋腹平、节长。要保持盆土相对湿润,叶片经常用清水喷洒,越冬温度大于 5 ℃。生长期内,每半月施一次腐熟液肥和钾、磷肥,促进竹佛肚和笋健壮的形成。

11.4.59　斑竹

【**科属名称**】　禾本科 Poaceae,刚竹属 *Phyllostachys*.

【**形态特征**】　乔木或灌木状竹类。竿可高达
20 m,粗达 15 cm,幼竿无毛,被不易察觉的白粉或无
白粉,有时在节下方具稍明显的白粉环;节间长达
40 cm,壁厚约 5 mm;箨环稍低于竿环。箨鞘背面黄
褐色,革质,竿有淡褐色或紫褐色斑点。疏生淡褐色
脱落性直立刺毛;箨耳大形或小形而呈镰状,有时无
箨耳,繸毛通常生长良好,或无繸毛,紫褐色;拱形箨

舌,带绿色或淡褐色,边缘生较短或较长的纤毛;带状箨片,两侧紫色,中间绿色,边缘黄
色,偶在顶端微皱曲或平直,外翻。叶耳半圆形,发达繸毛,常呈放射状末级小枝,具 2~4
叶;叶舌明显伸出,有时截形或拱形;叶片 5.5~15 cm 长,1.5~2.5 cm 宽。

花枝呈穗状,长 5~8 cm,偶可长达 10 cm,基部有 3~5 片逐渐增大的鳞片状苞片;佛
焰苞 6~8 片,叶耳近于无或小形,繸毛通常存在,短,缩小叶线状披针形至圆卵形,上端渐
尖呈芒状,基部收缩呈圆形,2 惟基部 1~3 片的苞腋内无假小穗而苞早落,每片佛焰苞腋
内具 1 枚、有时 2 枚,稀可 3 枚的假小穗小穗披针形,长 2.5~3 cm,含 1 朵或 2 朵小花;颖
1 片或无颖;小穗轴呈针状延伸于最上孕性小花的内稃后方,其顶端常有不同程度的退化
小花,节间除针状延伸的部分外,均具细柔毛;外稃长 2~2.5 cm,先端渐尖呈芒状,被稀疏
微毛;内稃稍短于其外稃,除 2 脊外,背部常于先端有微毛或无毛;鳞被菱状长椭圆形,长
3.5~4 mm,花药长 11~14 mm;花柱较长,羽毛状,柱头 3 枚。笋期 5 月下旬。

【**生态学特性**】　具有喜阳、喜温、喜湿、喜肥、惧风不耐寒等习性,生命力强。适生土
层深厚肥沃、疏松、湿润、保水性能良好的沙质土壤。静水及水流缓慢的水域中均可生长,
适温 15~30 ℃,适宜在 20 cm 以下的浅水中生长,越冬温度不宜低于 5 ℃,繁殖能力强,
斑竹生长迅速,条件适宜的前提下,可在短时间内覆盖大片水域。海拔应在 500 m 内,平
原台地、缓坡地、山间谷地均可。斑竹分布于中国黄河至长江流域各地。

【**园林绿化功能及利用价值**】　节间具紫色斑点,光芒四射的紫色,竹秆可作笛子和
工艺品,适于风景区、庭园等地方绿化。竹材坚硬,竿粗大,篾性也好,笋味略涩,为优良用
材竹种。为我国著名观赏竹。

【**栽植培育技术**】　斑竹是散生竹,竹蔸上的根和芽方可发育成竹子和竹鞭。故斑竹
繁殖用移鞭分株法和母竹移栽法。春季至夏季进行,也可将苗株盆栽或直接栽植于浅水
的池土中。按照斑竹的生长规律:春出笋、夏行鞭、秋孕育、冬休眠。斑竹 10 月的"小阳
春"栽植为最佳时机,最佳的栽植时期为当年 10 月到翌年 2 月。通常,要以嫩株、农家肥、
垃圾肥、绿肥为主。合理确定施肥量需结合斑竹需肥量。可选在冬天培土垫埂的时候施
农家肥与粗肥。当垫埂时施入,然后盖上土。速效肥中的 N、P、K 等要结合斑竹生长的需
求量在斑竹生长季节进行,主要在笋前施入,要注意把握施肥量。其施肥方法为:开沟、挖
穴,然后施入速效肥;将肥料稀释后再灌入竹笋或幼竹;在竹秆基部注射针剂,既能为其增

肥,还能起到防治病虫害的作用。

11.4.60　箬竹

【科属名称】　禾本科 Poaceae,箬竹属 *Indocalamus* Nakai.

【形态特征】　灌木状或小灌木状类。地下茎为复轴形,有横走之鞭。小型竹,秆茎与枝条相仿,直径 4~7.5 mm,竿高 0.75~2 m;节较平坦;节间约 25 cm 长,最长者可达 32 cm,中空较小,圆筒形,在分枝一侧的基部微扁,竿壁厚 2.5~4 mm,一般为绿色;节下方有红棕色贴竿的毛环,竿环较箨环略隆起。叶片披针形,长可达 45 cm,宽可超过 10 cm,叶大,散生银色短柔毛于下面,在中脉一侧生有 1 行毡毛。

箨鞘长于节间,上部无毛,宽松抱竿,下部,密被紫褐色伏贴疣基刺毛,紧密抱竿,具纵肋;箨舌厚膜质,截形,高 1~2 mm,背部有棕色伏贴微毛;箨片大小多变化,窄披针形,竿下部者较窄,竿上部者易落,稍宽。小枝具 2~4 叶;箨耳无;叶鞘紧密抱竿,有纵肋,背面无毛或被微毛;无叶耳;叶舌高 1~4 mm,截形;叶片在成长植株上稍下弯,长圆状披针形或宽披针形,长 20~46 cm,宽 4~10.8 cm,基部楔形,下表面灰绿色,先端长尖,密被贴伏无毛或短柔毛,中脉仅一侧或两侧生有一条毡毛,次脉 8~16 对,小横脉明显,形成方格状,叶缘生有细锯齿。圆锥花序长 10~14 cm,花序分枝和主轴均密被棕色短柔毛;小穗柄长 5.5~5.8 mm;小穗绿色带紫,长 2.3~2.5 cm,呈圆柱形,含 5 朵或 6 朵小花;小穗轴节间长 1~2 mm,被白色绒毛;纸质,颖 3 片,第一颖长 5~7 mm,脉上具微毛,先端钝,有 5 脉;第二颖长 7~10.5 mm,具 7 脉;第三颖长 10~19 mm,具 9 脉;第一外稃长 11~13 mm,有 11~13 脉,背部具微毛,基盘长 0.5~1 mm,其上具白色髯毛;第一内稃长约为外稃的 1/3,背部有 2 脊,先端有 2 齿和白色柔毛脊间生有白色微毛;花药约长 1.3 mm,黄色;子房和鳞被未见。笋期 4—5 月,花期 6—7 月。

【生态学特性】　箬竹为阳性竹类,喜温暖湿润气候,宜生长在排水良好、疏松的酸性土壤,耐寒性较差,故要求透气疏松、肥沃深厚、微酸至中性土壤。原产于中国,山东南部有栽培。分布于华中、华东地区及陕南汉江流域。喜在河岸和低山谷间生长。

【园林绿化功能及利用价值】　箬竹翠绿雅丽,丛状密生,适宜种植于水滨、林缘,也可点缀山石。也可作地被或绿篱,公园绿化,河边护岸。箬竹生长快,产量高、叶大,用途广泛,资源丰富,其秆可用作扫帚柄、毛笔秆、竹筷等,其叶可用作食品包装物、船篷、斗笠、茶叶衬垫等,还可用来加工制造饲料、箬竹酒、造纸及提取多糖等;其笋可制罐头或作蔬菜;其植株可作园林绿化。箬竹除大量野生外,已有人工丰产栽培。箬竹叶寒,甘。清热解毒,消肿,止血。用于衄血,吐衄,小便淋痛不利,尿血,痈肿,喉痹。箬竹笋、叶及产品,药用价值高,对癌症特有的恶液质具有防治功效。

【栽植培育技术】　箬竹繁殖可埋鞭、分株、播种,以埋鞭法速度最快,最为常用。挖穴埋鞭:根据竹鞭长度(一般 40~50 cm),挖长条穴,将竹鞭埋入,覆土后踏实,足浇水。箬竹一般生长在路边、向阳山坡或林下,喜阴湿,需一定的阳光的生长特性,并结合单轴散生型、复轴混生型竹类培育管理技术,对箬竹高产栽培主要采取以下主要技术措施:劈山整理、松土削山、施肥合理、营造纯林。栽后应及时浇水,保持土壤湿润。生长过密时,应及时疏除枯秆、老秆。

11.4.61　连钱草

【科属名称】　唇形科 Lamiaceae,活血丹属 Glechoma L.

【形态特征】　多年生草本,具匍匐茎,幼嫩时被长柔毛。叶片心形,两面有毛。轮伞花序,花少,苞片刺芒状,花萼筒状具 5 齿、长披针形,顶端芒状。花冠淡蓝色至紫色,下唇具深色斑点,花期 4—5 月。矩圆状卵形小坚果,果期 5—6 月。

【生态学特性】　生于林缘、疏林下、草地中、溪边等阴湿处,海拔 50~2 000 m。喜湿润气候,不择土壤。除青海、甘肃、新疆及西藏外,全国各地均有分布;俄罗斯、朝鲜也有。

【园林绿化功能及利用价值】　园林中可用作向阳处、半阴处和河岸溪边的地被植物。茎叶可入药,其味辛,性凉,即可口服,又可外用,具有利湿通淋、清热解毒、散瘀消肿等功效。

【栽植培育技术】　连钱草人工栽培较为容易,由于其匍匐茎逐节生根,通常采用分株、扦插、压条等无性繁殖方式。分株:于春秋季节将生有不定根的枝蔓剪下,直接栽培。扦插:剪取长 15~20 cm 的茎蔓作插穗,在生长季当温度达 15 ℃ 以上时进行扦插,扦插后 1 周左右即可生根成活。

11.4.62　匍匐剪股颖

【科属名称】　禾本科 Poaceae,剪股颖属 Agrostis L.

【形态特征】　多年生直立草本,高 30~35 cm,具根状茎或短缩的根茎头。秆细弱,丛生,基部微有膝曲。叶鞘通常超过节间,表面平滑。圆锥花序长椭圆形或较狭窄,长约 6 cm,宽 1~3 cm,第一颖长 1.8~2 mm,脊上微粗糙;外稃与颖近等长,膜质,无芒;基盘无毛;内稃长为外稃之半;花药狭线形,长 0.8~1 mm。花期 8 月。

【生态学特性】　喜冷凉湿润气候。耐阴、耐寒、耐热、耐瘠薄、较耐践踏、耐低修剪、剪后再生力强。略强于草地早熟禾,不如紫羊茅。耐盐碱性强于草地早熟禾,不如多年生黑麦草。对土壤要求不严,在微酸至微碱性土壤中均能生长,最适 pH 值 5.6~7。适于寒带、温带及亚热带的广大地区生长。分布于俄罗斯、日本和中国;在中国分布于东北诸省。生长于海拔 400 m 的路边潮湿地上。

【园林绿化功能及利用价值】　低修剪时,匍匐剪股颖能产生细致、精密、缔构良好的毯状草坪,适用于高尔夫球场的优秀冷季型草坪草,也可用于公园、厂矿、机关、学校、城市绿地,又是护坡保土的好材料。

【栽植培育技术】　播种繁殖。播种以掺细砂撒播为佳,播量至少要达到 0.5 ~ 1 株/cm²;分株栽种者多采用穴播法。穴间距 15 ~ 20 cm,每丛保持健康植株 8 ~ 10 株;埋茎法是将新鲜健康的株茎切下,每茎至少保持 2 个以上的节,按行距 10 ~ 15 cm 埋于湿润疏松的泥土中,然后覆土镇压灌水即可。

11.4.63　地毯草

【科属名称】　禾本科 Poaceae,地毯草属 *Axonopus*.

【形态特征】　多年生草本植物。长匍匐枝。秆压扁,高可达 60 cm,叶鞘松弛,压扁,叶片扁平,质地柔薄,两面无毛或上面被柔毛,总状花序,呈指状排列在主轴上;小穗长圆状披针形,第一颖缺;第二颖与第一外稃等长或第二颖稍短;第一内稃缺;第二外稃革质,花柱基分离,柱头羽状,白色。

【生态学特性】　耐阴能力强。生于荒野、路旁较潮湿处。原产热带美洲,世界各热带、亚热带地区有引种栽培。分布于中国台湾、广东、广西、云南;生于荒野、路旁较潮湿处。

【园林绿化功能及利用价值】　其匍匐枝蔓延迅速,每节上都生根和抽出新植株,植物体平铺地面成毯状,故称地毯草,为铺建草坪的草种,根有固土作用,是一种良好的保土植物。又因秆叶柔嫩,为优质牧草。

【栽植培育技术】　播种或营养繁殖法。播种繁殖法:用种子繁殖,草坪平整度好,人工手撒和机械播种,可掺干细土或沙,拌匀后播。播后覆盖无纺布或地膜,经常保持土壤潮湿,经 1 个多月便可形成漂亮的草坪,效果良好。营养繁殖法:主要有密铺、间铺、点铺、茎铺等方法。

11.4.64　羊胡子草

【科属名称】　莎草科 Cyperaceae,羊胡子草属 *Eriophorum* L.

【形态特征】　多年生草本植物,高达 14 ~ 80 cm。枝干茂密、根茎粗短、丛生,基部叶鞘呈黑褐色。基生叶,线形叶片,长 50 ~ 60 cm,叶顶端刚毛状、扁尖,叶边内卷,有细齿,基部鞘状。花序呈伞房状,长 6 ~ 22 cm;叶状苞片,长于花序;针形小苞片,刚毛状顶端;小穗数多,单或 2 ~ 5 个簇生,长 6 ~ 12 mm,长圆形,基部 4 片空鳞片,2 大 2 小,卵形,顶部呈小短尖状,膜状质地,褐色,中肋凹凸状突起;有花鳞片,类同空鳞片,稍大,长 2.3 ~ 3 mm;雄蕊 2 枚,花药顶端针形、短尖,呈紫黑色;花柱较长,柱头 3 枚,细线形。小坚果狭长圆形,扁三棱状,顶端尖锐,有喙,深褐色,有的下部具棕色斑点,

长约 2.5 mm,宽约 0.5 mm。

【生态学特性】 耐阴植物,稍耐阴,耐寒,耐干旱瘠薄,耐踏性差。适宜生于岩壁上,华南地区、西南地区有分布。

【园林绿化功能及利用价值】 适宜草坪及地被、观叶类、观赏或人流少的庭园草坪。药用:性味辛、湿。祛风散寒,通经络,平喘咳。用于风寒感冒,喘咳,风湿骨痛,跌打损伤。

【栽植培育技术】 春季分株繁殖,新收集的种子也可播种繁殖。

11.5 水生草本植物

11.5.1 荷花

【科属名称】 睡莲科 Nymphaeaceae,莲属 *Nelumbo* Adans.

【形态特征】 多年生水生草本;根状茎,节间膨大,肥厚,横生,内有多数纵行通气孔道,缢缩节部,上生黑色鳞叶,下生须状不定根。叶盾状,圆形,直径25~90 cm,深绿色表面,被蜡质白粉覆盖,灰绿色背面,全缘稍呈波状,上面具白粉,光滑,下面叶脉从中央射出,有 1~2 次叉状分枝;叶柄圆柱形,粗壮,1~2 m长,中空,外面散生小刺。花梗和叶柄稍长或等长,也散生小刺;叶柄密生倒刺,圆柱形。花单生于花梗顶端,高托水面之上,芳香,美丽,花直径 10~20 cm;有重瓣、复瓣、单瓣及重台等花型;花色有深红、白、黄色、粉、淡紫色或间色等变化;荷叶倒卵形至矩圆状椭圆形,长 5~10 cm,宽 3~5 cm,由外向内渐小,花托表面具多数散生蜂窝状孔洞,莲蓬受精后逐渐膨大,每一孔洞内生一小坚果称为莲子;条形花药,细长花丝,着生在花托之下;极短花柱,顶生柱头;花托(莲房)直径 5~10 cm。坚果卵形或椭圆形,长 1.8~2.5 cm,坚硬,果皮革质,熟时黑褐色;种子(莲子)椭圆形或卵形,1.2~1.7 cm 长,种皮白色或红色。花期 6—9 月,每日晨开暮闭。果期 8—10 月。

【生态学特性】 荷花是水生植物,性喜相对稳定的平静浅水、泽地、湖沼、池塘,是其适生地。荷花根据品种定需水量,大株形品种如红千叶、古代莲相对水位深一些,小于1.7 m。中小株形只适于水深 20~60 cm。荷花还非常喜光,生育期需要全光照的环境。同时荷花对缺水十分敏感,夏季 3 h 不灌水,水缸所栽荷叶便萎靡,若停水 1 d,荷叶边焦,花蕾回枯。荷花极不耐阴,在半荫处生长就会表现出强烈的趋光性。原产地为温带和亚洲热带地区,全国绝大部分省份均有栽培。

【园林绿化功能及利用价值】 荷花被评为中国十大名花之一。作为主题水景植物与山水园林中,荷花的绿色观赏期达 8 个月长,群体花期在 2~3 个月,是重要夏花,四季有花可赏。也可作多层次配置中的主景、前景、中景。由于莲藕地下茎能吸收水中的好氧微生物分解污染物后的产物,荷花可促使水域生态系统逐步实现良性循环,帮助污染水域恢复食物链结构。作工业三废水污染水域的"过滤器"。荷花全身皆宝,荷叶、根茎、莲子、藕节、花及种子的胚芽等都可入药,莲子和藕能食用。

【栽植培育技术】 有分藕、种子等法繁殖。分藕栽植:翻盆栽藕的最佳时期是 3 月中旬至 4 月中旬。过早栽植受寒流影响,种藕易受冻害。北方地区遇寒流时可用透明农膜覆盖。栽插前,盆泥要和成糊状,栽插时碗莲深 5 cm 左右,种藕顶端沿盆边呈 20°斜插入泥。大型荷花,头低尾高,深 10 cm 左右。尾部半截翘起,不使藕尾进水。栽后将盆放置于阳光下照晒,使表面泥土出现微裂,以利种藕与泥土完全粘合,然后加少量水,待芽长出后,逐渐加深水位,最后保持水层 3~5 cm。池塘栽植前期水层与盆荷一样,后期以不淹没荷叶为度。种子育苗:首先要破壳。5—6 月在水泥地上或粗糙的石块上磨破种子凹进的一端,浸种育苗。要保持水清,经常换水,约 7 d 出芽,2 周后生根,移栽,每盆栽 1 株,不可将荷叶淹在水中,水层要浅。当年可开花 90%左右,但当年开花不多。

11.5.2　萍蓬莲

【科属名称】 睡莲科 Nymphaeaceae,萍蓬草属 *Nuphar* Sm.

【形态特征】 多年水生草本。根茎粗壮,横卧泥中,多分枝。叶伸出或浮出水面,先端圆钝,叶宽卵形。叶背紫红色,密被柔毛。花单生,径 2～3 cm,伸出水面,花瓣状萼片,花黄色,花期 5—7 月。浆果卵形,长约 3 cm;种子矩圆形,褐色,长 5 mm。果期 7—9 月。

【生态学特性】 喜阳光充分,又很耐热,耐寒,喜土壤深厚,华北地区能露地水下越冬。分布分布于我国华北、华南、东北。日本、俄罗斯及欧洲也有分布。

【园林绿化功能及利用价值】 萍蓬莲为观叶、观花植物,供水面绿化,可盆栽,也可与其他水生植物配植。根芽、种子可食用和入药。

【栽植培育技术】 播种或分株繁殖。

11.5.3　千屈菜

【科属名称】 千屈菜科 Lythraceae,千屈菜属 *Lythrum* L.

【形态特征】 多年生草本,粗壮,根茎横卧于地下;茎直立,全株青绿色,多分枝,枝通常具 4 棱,略被粗毛或密被绒毛。叶对生或三叶轮生,阔披针形或披针形,基部心形或圆形,顶端短尖或钝形,有时略抱茎,无柄,全缘。花组成小聚伞花序,簇生,因花梗及总梗极短,因此花枝全形似一大型穗状花序;苞片三角状卵形至阔披针形,三角形;附属体针状,直立,淡紫色或红紫色,倒披针状长椭圆形,基部楔形,着生于萼筒上部,稍皱缩,有短爪;伸出萼筒之外;子房 2 室,花柱长短不一。扁圆形蒴果。

【生态学特性】 生于湖畔、河岸、溪沟边和潮湿草地。喜强光,喜水湿,耐寒性强,对土壤要求低,在深厚、富含腐殖质的土壤上生长更好。全中国各地均有栽培;分布于欧洲、亚洲、非洲的阿尔及北美、利亚和澳大利亚东南部。

【园林绿化功能及利用价值】 本种为花卉植物,华东、华北常栽培作盆栽或水边,亦称水芝锦、水枝锦或水柳,供观赏。株丛整齐,花朵繁茂,耸立而清秀,花期长,花序长,是水景中优良的竖线条材料。最宜在池中栽植或浅水岸边丛植。也可作切花及花境材料。沼泽园或盆栽用。千屈菜为药食兼用野生植物,嫩茎叶可作野菜食用,在中国民间已有悠久历史。全草入药,痢疾、便血、治肠炎,外用于外伤出血。

【栽植培育技术】 分株繁殖为主,也可扦插繁殖或播种。早春或秋季分株,春季播种及嫩技扦插。对土壤要求不严,耐寒,喜潮湿、喜光。栽培以肥沃土壤最佳。播种须在湿地进行;6—7月进行扦插,将新枝剪下,插入泥水中,30 d可生根;分株在春季,将老株挖出,切分为多份,分别栽植即可。可一次栽培,多年收获。

11.5.4 水葱

【科属名称】 莎草科 Cyperaceae,蔗草属 *Scirpus* L.

【形态特征】 多年生草本,株可达2 m高。横生,根茎粗壮。地上茎粗壮,单生,质软,圆柱形,内为海绵状,表面光滑。叶褐色,呈鳞片状或鞘状,生于茎基部,花排成卵圆形的小穗,小穗集成顶生的聚伞花序,稍下垂,花期6—8月,花褐色。瘦果。

【生态学特性】 性强健,喜凉爽、水湿及空气流通的环境,在肥沃土壤中生长繁茂,耐瘠薄和盐碱,又耐寒,常生于沼泽、地湿地或浅水中。最佳生长温度15~30 ℃,小于10 ℃停止生长。北方大部分地区可露地越冬,能耐低温。原产地欧亚大陆,我国华北、东北、西南及西北地区均有野生分布。

【园林绿化功能及利用价值】 水葱是华北习见的水生观赏花卉,其株色彩淡雅,丛挺立,点缀与池岸边,与其他水生花卉配合,具有田园气息。也可供切花使用,还可盆栽观赏。对污水中有氨氮、机物、磷酸盐及重金属有较高的除去率,在北京有栽培作观赏用,云南常取其秆作为编制席子的材料。

【栽植培育技术】 分株繁殖或播种。分株繁殖:早春天气渐暖时,把越冬苗从地下挖起,抖掉部分泥土,用枝剪或铁锹将地下茎分成若干丛,每丛带5~8个茎杆;栽到无泄水孔的花盆内,并保持盆土一定的湿度或浅水,10~20 d即可发芽。常于3—4月在室内播种。将培养土上盆整平压实,其上撒播种子,覆盖种子需筛上一层细土,将盆浅沉于水中,使盆土经常保持湿透。室温控制在20~25 ℃,20 d左右既可发芽生根。

11.5.5 芦竹

【科属名称】 禾本科 Poaceae,芦竹属 *Arundo* L.

【形态特征】 多年生草本。根状茎发达。秆粗大、坚韧、直立,高3~6 m,常生分枝,

具多数节。节间生叶鞘,无毛或颈部具长柔毛;叶舌截平,先端具短纤毛;扁平叶片,基部白色,抱茎,上面与边缘微粗糙。极大型圆锥花序,分枝稠密,斜升;小穗长 10 ~ 12 mm;含 2 ~ 4 朵小花,小穗轴节长约 1 mm;外稃中脉延伸成 1 ~ 2 mm 的短芒,背面中部以下密生长柔毛,毛长 5 ~ 7 mm,基盘长约 0.5 mm,两侧上部具短柔毛,第一外稃长约 1 cm;内稃长约为外稃一半;雄蕊 3 枚,细小黑色颖果。花果期 9—12 月。

【生态学特性】　喜温暖,喜水湿,耐寒性不强。生于河岸道旁、沙质壤土上。适宜团粒结构良好、排水畅通的沙质壤土。广布于热带地区,中国江苏、浙江、湖南、广东、广西、四川、云南等省有分布。

【园林绿化功能及利用价值】　植株外形雄伟壮观,密生白柔毛的花序随风飘曳,姿态别致,常用作河岸、湖边、道旁背景观赏禾草,又可固坡护堤。秆为制管乐器中的簧片。茎纤维长,长宽比值大,纤维素含量高,是制优质纸浆和人造丝的原料。幼嫩枝叶的粗蛋白质达 12%,是牲畜的良好青饲料。也是生产沼气的较好原料。根状茎及嫩笋芽入药,味苦、甘、微苦,寒。清热利尿,养阴止渴,主治:尿路感染,热病伤津,外治急性膝关节炎,清热泻火等。

【栽植培育技术】　可用播种、分株、扦插方法繁殖,一般用分株方法。早春用快揪沿植物四周切成有 4 ~ 5 个芽一丛,然后移植。扦插可在春天将花叶芦竹茎秆剪成 20 ~ 30 cm,每个插穗都要有间节,扦入湿润的泥土中,30 d 左右间节处会萌发白色嫩根,然后定植。生长期注意拔除杂草和保持湿度。无须特殊养护。

11.5.6　凤眼莲

【科属名称】　雨久花科 Pontederiaceae,凤眼蓝属 *Eichhornia*.

【形态特征】　浮水草本。须根发达,棕黑色。茎极短,淡绿色匍匐枝。叶在基部丛生叶,莲座状排列;圆形叶片,深绿色;叶柄长短不等,黄绿色至绿色,内有许多多边形柱状细胞组成的气室,维管束散布其间;叶柄基部生鞘状黄绿色苞片;多棱花葶;穗状花序,通常具 9 ~ 12 朵花;紫蓝色花瓣,花冠两侧对称,中间蓝色,在蓝的中央有 1 个黄色圆斑,四周淡紫红色,花被片基部合生成筒;雄蕊贴生于花被筒上;花丝上着腺毛;蓝灰色花药;黄色花粉粒;长梨形子房;花柱长约 2 cm;柱头上密生腺毛,花期 7—10 月卵形蒴果,果期 8—11 月。

【生态学特性】　喜欢温暖湿润、阳光充足的环境,适应性很强。适宜水温 18 ~ 23 ℃,超过 35 ℃也可生长,气温低于 10 ℃停止生长;具有一定耐寒性,中国北京地区虽有引种成功,但种子不能成熟。喜欢生于浅水中,在流速不大的水体中也能够生长,随水漂流。繁殖迅速。开花后,花茎弯入水中生长,子房在水中发育膨大。原产巴西。现广布于中国长江、黄河流域及华南各省。生于海拔 200 ~ 1 500 m 的水塘、沟渠及稻田中。

【园林绿化功能及利用价值】　常是园林水景中的造景材料。植于小池一隅,以竹框之,野趣幽然。凤眼莲是监测环境污染的良好植物,它可监测水中是否有砷存在,还可净化水中汞、镉、铅等有害物质。凤眼莲在生长过程中能吸收水体中大量的氮、磷以及某些重金属元素等营养元素,利用凤眼莲治理污染水体在国内外都受到了相当大的重视。凤眼莲对净化含有机物较多的工业废水或生活污水的水体效果更加理想。花和嫩叶可以直接食用,其味道清香爽口,并有润肠通便的功效。全草为家畜、家禽饲料;嫩叶及叶柄可作蔬菜。全草药用:味淡,凉。清热解暑,利尿消肿,祛风湿。用于中暑烦渴,水肿,小便不利,外敷热疮。

【栽植培育技术】　无性繁殖能力极强。由腋芽长出的匍匐枝既形成新株。母株与新株的匍匐枝很脆嫩,断离后又可成为新株。春天将母株从分离或切离母株腋生小芽放入水中,可生根,极易成活。繁殖迅速。开花后,花茎弯入水中生长,子房在水中发育膨大。也可播种繁殖,但不多用。肥料用法:生长期间酌施肥料,可促进生长。盆栽宜用腐殖土或塘泥施肥,栽植后灌满清水。越冬方法:在不受冻的条件下,可与浅水中或湿润的泥土中越冬。寒冷地区冬季可将盆移入温室内,室温 10 ℃以上。

参 考 文 献

[1] 吕月玲,张永涛.水土保持林学[M].北京:科学出版社,2020.

[2] 雷琼,赵彦杰,等.园林植物种植设计[M].北京:化学工业出版社,2020.

[3] 陈有民.园林树木学[M].北京:中国林业出版社,2003.

[4] 张光灿,胡海波,王树森.水土保持植物[M].北京:中国林业出版社,2011.

[5] 徐洪富.植物保护学[M].北京:高等教育出版社,2020.

[6] 裴盛基.植物资源保护[M].北京:中国环境科学出版社,2009.

[7] 马福,张建龙.中国重点保护野生植物资源调查[M].北京:中国林业出版社,2008.

[8] 陈彦卓.野生植物资源调查手册[M].上海:上海科学技术出版社,1959.

[9] 国家林业局.森林资源规划设计调查技术规程:GB/T 26424—2010[S].北京:中国标准出版社,2011.

[10] 赵联华.野生植物资源调查技术[M].昆明:云南科技出版社,2013.

[11] 北京林业大学园林学院花卉教研室.花卉识别与栽培图册[M].合肥:安徽科学技术出版社,1995.

[12] 北京农业大学肥科手册编写组.肥料手册[M].北京:中国农业出版社,1979.

[13] 邵利楣.观赏蕨类的栽培与用途[M].北京:金盾出版社,1994.

[14] 沈渊如,沈荫椿.兰花[M].北京:中国建筑工业出版社,1984.

[15] 孙可群,张应鹤,龙雅宜.花卉及观赏树木栽培手册[M].北京:中国林业出版社,1985.

[16] 胡正山,陈立君.花卉鉴赏词典[M].长沙:湖南科学技术出版社,1992.

[17] 邹秀文,邢全,黄国振.水生花卉[M].北京:金盾出版社,1999.

[18] 周维权.中国古典园林史[M].2 版.北京:清华大学出版社,1999.

[19] 章守玉.花卉园艺[M].沈阳:辽宁科学技术出版社,1982.

[20] 薛聪贤.一年生草花 120 种[M].郑州:河南科学技术出版社,2000.

[21] 杨世杰.植物生物学[M].北京:科学出版社,2000.

[22] 中国科学院植物研究所.新编汉拉英植物名称[M].北京:航空工业出版社,1996.

[23] 江苏省植物研究所.江苏植物志[M].南京:江苏人民出版社,1977.

[24] 陈汉斌.山东植物志[M].济南:青岛出版社,1990.

[25] 曹慧娟.植物学[M].北京:中国林业出版社,1992.

[26] 陈军锋,李秀彬.森林植被变化对流域水文影响的争论[J].自然资源学报,2001.

[27] 陈有民.园林树木学[M].北京:中国林业出版社,1990.

[28] 崔大方.植物分类学[M].北京:中国农业出版社,2006.

[29] 梅志奋.北京常见树木[M].北京:中国林业出版社,2001.

[30] 方炎明.植物学[M].北京:中国林业出版社,2005.

[31] 高洪文,孟林.人工草地建设管理技术[M].北京:中国农业科学技术出版社,2003.

[32] 高甲荣,齐荣.生态环境建设规划[M].北京:中国林业出版社,2006.

[33] 郭廷辅.水土保持经济植物实用开发技术[M].郑州:黄河水利出版社,1995.

[34] 何丙辉,包维楷,丁德蓉,等.森林植被对降水的截留效应研究[J].水土保持研究,2004.

[35] 贺学礼.植物学[M].北京:高等教育出版社,2005.

[36] 侯艳伟,王迎春,杨持.绵刺对干旱生境的适应[J].内蒙古大学学报,2005,36(3):355-356.

[37] 黄飞英.植物史话[J].发明与创新,2003,(4):26-27.

[38] 黄丕振,陈宏轩.沙拐枣的特性及栽培技术[J].新疆农业科学,1981(6):34-35.

[39] 姜彦成,党荣理.植物资源学[M].乌鲁木齐:新疆人民出版社,2002.

[40] 蒋全熊.现代树木研究[M].银川:宁夏人民出版社,2003.

[41] 金银根.植物学[M].北京:科学出版社,2006.

[42] 李任敏.太行山主要植被类型根系分布及对土壤结构的影响[J].山西林业科技,1998.

[43] 刘定辉,李勇.植物根系提高土壤抗侵蚀性机理研究[J].水土保持学报,2003.

[44] 刘锡涛.我国植树史话[J].甘肃林业,1997.

[45] 刘泽勇,孙朝晖,曾春风.水栒子的繁殖与栽培技术[J].河北林业科技,2005.

[46] 柳先修.沙漠珍宝骆驼刺[J].新疆林业,1997.

[47] 罗伟祥,刘广全,李嘉钰.西北主要树种培育技术[M].北京:中国林业出版社,2007.

[48] 马连春,王泽凯.黄柳插条造林技术[J].内蒙古林业,2005.

[49] 中国树木志编委会.中国主要树种造林技术[M].北京:中国林业出版社,1993.

[50] 周世权,马恩伟.植物分类学[M].北京:中国林业出版社,1995.

[51] 赵方莹.冷季型草坪春季杂草防治[N].中国花卉报,1999.

[52] 赵方莹.冷季型地毯式草坪的铺建[N].中国花卉报,1999.

[53] 中国科学院植物研究所.中国高等植物图鉴[M].北京:科学出版社,2002.

[54] 朴楚柄,王全国,于启兵,等.山杨采种及育苗技术的研究[J].林业科技,1998.

[55] 沈吉庆.花棒育苗技术[J].林业实用技术,2002.

[56] 石清峰.太行山主要水土保持植物及其培育[M].北京:中国林业出版社,1994.

[57] 斯琴巴特儿.蒙古扁桃[J].生物学通报,2003.

[58] 孙吉雄.草地培育学[M].北京:中国农业出版社,2000.

[59] 孙卫邦.观赏藤本及地被植物[M].北京:中国建筑工业出版社,2005.

[60] 孙秀殿,李纯丽,张凤霞.胡枝子的栽培利用[J].经济作物,1999.

[61] 潭伟萍,郭艳霞,张克,等.山荆子育苗技术[J].辽宁林业科技,2006.

[62] 陶胜林.榛子栽培技术[J].农林科技,2007.

[63] 王北,王谋,于伟平,等.沙木蓼的引种与栽培[J].宁夏农林科技,1990.

[64] 王晓东.兴安杜鹃的利用及栽培[J].林业实用技术,2002.

[65] 王英,陈兴英,秦莲萍.白刺的培育、栽植及灾害防治技术[J].林业实用技术,2007.

[66] 王治国,张云龙,刘徐师.林业生态工程学–林草植被建设的理论与实践[M].北京:中国林业出版社,2000.

[67] 王宗训.中国资源植物利用手册[M].北京:中国科技出版社,1989.

[68] 吴发启.水土保持学概论[M].北京:中国农业出版社,2003.

[69] 吴发起.水土保持规划[M].西安:西安地图出版社,2001.

[70] 徐汉卿,宋协志.植物学[M].北京:中国农业大学出版社,1994.

[71] 许鹏.草地资源调查规划学[M].北京:中国农业出版社,2000.

[72] 谢碧霞.野生植物资源开发与利用学[M].北京:中国林业出版社,1994.

[73] 杨学震.把植物多样性作为评价水土保持生态环境建设成效的重要指标的思考[J].福建水土保持,1999.

[74] 姚芙蓉.金露梅及其栽培技术[J].特种经济作物,2004.

[75] 臧德奎.园林树木学[M].北京:中国建筑工业出版社,2007.

[76] 曾河水.种植水土保持林后侵蚀地土壤物理特性变化的研究[J].1999.

[77] 张卫明.植物资源开发与应用[M].南京:东南大学出版社,2005.

[78] 张志翔.树木学(北方本)[M].北京:中国林业出版社,2008.

[79] 赵方莹.水土保持植物[M].北京:中国林业出版社,2007.

[80] 赵鸿雁,吴钦孝,刘国彬.黄土高原人工油松林枯枝落叶层的水土保持功能研究[J].林业科学,2003.

[81] 赵书元,刘忠.旱榆及其利用[J].中国草地学报,1986(1).

[82] 中国科学院兰州沙漠研究所.中国沙漠植物志(1-3卷)[M].北京:科学出版社,1985.

[83] 中国科学院植物研究所.中国高等植物图鉴(1-5)[M].北京:科学出版社,1972—1976.

[84] 中国科学院中国植物志编委会.中国植被[M].北京:科学出版社,1983.

[85] 中国树木志编委会.中国主要树种造林技术[M].北京:科学出版社,1978.

[86] 周世权,马恩伟.植物分类学[M].北京:中国林业出版社,1995.

[87] 曹慧娟.植物学(第2版)[M].北京:中国林业出版社,1992.

[88] 程积民,万惠娥.中国黄土高原植被建设与水土保持[M].北京:中国林业出版社,2002.

[89] 陈佐忠,刘金.城市绿化植物手册[M].北京:化学工业出版社,2006.

[90] 高志义.水土保持林学[M].北京:中国林业出版社,1996.

[91] 关君蔚.我国防护林的树种和体系[M].北京:林业大学研究成果,1979.

[92] 国家林业局防治荒漠化管理中心.中国防沙治沙实用技术与模式[M].北京:中国环境科学出版社,2001.

[93] 韩烈保,田地,牟新待.草坪建植与管理手册[M].北京:中国林业出版社,1999.

[94] 贺学礼.植物学[M].北京:高等教育出版社,2004.

[95] 侯元凯,段绍光,赵水.中国退耕还林主要树种(北方分册)[M].北京:中国农业出版社,2004.

[96] 胡中华,刘师汉.草坪与地被植物[M].北京:中国林业出版社,1994.

[97] 胡建忠.黄土高原重点水土流失区生态经济型乔木树种的区位环境适宜性[M].郑州:黄河水利出版社,2000.

[98] 黄文丁.林农复合经营技术[M].北京:中国林业出版社,1992.

[99] 李孟超.组培技术及组培苗的驯化[M].中国花卉报,1999.

[100] 王治国,李文银.工矿区水土保持[M].北京:科学出版社,1996.

[101] 刘南威.自然地理学[M].北京:科学出版社,2000.

[102] 刘国彬.黄土高原土壤抗冲性极其机理研究[J].水土保持学报,1998.

[103] 潘志刚,游应天.中国主要外来树种引种栽培[M].北京:北京科学技术出版社,1994.

[104] 祁承经,汤庚国.树木学(南方本)[M].北京:中国林业出版社,2005.

[105] 王建风,黄生福.山杏的播种育苗[J].中国林业,2007(2):57.

[106] 曾彦军,王艳荣,张宝林,等.红砂繁殖特性的研究[J].草业学报,2002(2):67.

[107] 韩烈保.草坪管理学[M].北京:北京农业大学出版社,1991.

[108] 刘一樵.森林植物学(北方本)[M].北京:中国林业出版社,2002.

[109] 山寺喜成,安保昭,吉田宽.恢复自然环境绿化工程概论[M].罗晶译.北京:中国科学技术出版社,1997.

[110] 梅志奋.北京常见树木[M].北京:中国林业出版社,2001.

[111] 于志民.水源保护林技术手册[M].北京:中国林业出版社,2000.

[112] 蒲朝龙.草业生态工程[M].成都:成都科技大学出版社,1994.

[113] 祈承经,汤庚国.树木学(南方本)[M].北京:中国林业出版社,2005.

[114] 裘晓雯.森林景观植物[M].北京:中国林业出版社,2005.

[115] 石清峰.太行山主要水土保持植物及其培育[M].北京:中国林业出版社,1994.

[116] 史玉群.全光照喷雾嫩枝扦插育苗技术[M].北京:中国林业出版社,2001.

[117] 孙立达,朱金兆.水土保持林体系综合效益研究与评价[M].北京:中国林业出版社,1995.

[118] 孙时轩.造林学(第2版)[M].北京:中国林业出版社,1992.

[119] 王礼先.水土保持学[M].北京:中国林业出版社,1995.

[120] 王礼先.山地防护林水土保持水文生态效益及信息系统[M].北京:中国林业出版社,1997.

[121] 王礼先.林业生态工程学[M].北京:中国林业出版社,1998.

[122] 张天麟.园林树木1200种[M].北京:中国建筑工业出版社,2005.

[123] 王贤.水土保持牧草栽培学[M].北京:北京出版社,1991.

[124] 王治国.林业生态工程学-林草植被建设的理论与实践[M].北京:中国林业出版社,2000.

[125] 王贤.牧草栽培学[M].北京:中国环境科学出版社,2006.

[126] 武吉华.植物地理学[M].北京:高等教育出版社,2004.

[127] 朱灵益,宝音.毛乌素沙地乔灌木立地质量评价[M].北京:中国林业出版社,1993.

[128] 郑万钧.中国树木志(第一卷)[M].北京:中国林业出版社,1983.

[129] 郑万钧.中国树木志(第二卷)[M].北京:中国林业出版社,1985.

[130] 郑万钧.中国树木志(第三卷)[M].北京:中国林业出版社,1997.

[131] 郑万钧.中国树木志(第四卷)[M].北京:中国林业出版社,2004.

[132] 包存宽.战略环境评价理论方法及实证研究[D].长春:中国科学院长春地理研究所,2000.

[133] 李乐修,乐力.非污染生态影响评价中景观生态学的理论探讨[J].辽宁城乡环境科技,2000,10(3).

[134] Larry W, Canter. Environment Impact Assessment [M]. Mc-Graw-Hill Inc, 1996.

[135] Therivel, Maria Rosario Partidario. The Practice of Strategic Environmental Assessment [M]. Earth scan publications Ltd. London(UK), 1996.

[136] 李巍,杨志峰,刘东霞.面向可持续发展的战略环境评价[J].中国环境科学,1998,18(s)

[137] Horak, et al. Theory System of Strategic Environmental Assessment [J]. Environmental Impact Assessment Review,1983,3(13).

[138] Clark. Application of Environment:A Guide for Government Department [M]. Earth scan publications Ltd. London,1986.

[139] Bronson, et al. Towards SEA for The Developing Nations of Asia[J]. Environmental Impact Assessment Review, 1991,2(23).

[140] Lewis,Com Puter. Environment and Urban System [J]. The Resource Management Act(S) EIA Newsletter, 1971(3).

[141] Dynesius M, Nisson C. Fragmentation and Flow Regulation of River System in The Northern Third of The World [J].Science,1994, 266.

[142] Hart D D. Poff N L. A Special Section on Dam Removal and River Restoration [J].Bioscience,2002,52(8).

[143] Petts G. Impounded Rivers:Rerspectives for Ecological Management [M]. NewYork: Wiley, Chichebster,1984.

[144] 曹永强,倪广恒,胡和平.水利水电工程建设对生态环境的影响分析[J].人民黄河,2005, 17 (1).

[145] 孙宗凤,董增川.水利工程生态效应分析[J].水利水电技术,2004,35 (4).

[146] 王国平,张玉霞.水利工程对向海湿地水文与生态的影响[J].资源科学,2002, 24 (3).

[147] 房春生,王菊,李伟峰,等.水利工程生态价值评价指标体系研究[J].环境科学动态,2002(1).

[148] Loargoven V,Pedrycz W. A Fuzzy Extension of Saty's Priority Theory [J]. Fuzzy Sets and Systems,

1983,11(1).

[149] 吴冲,李汉铃,朱洪文.一种新的模糊多目标群决策方法[J].哈尔滨工业大学学报,2002,34(6).

[150] 田军,张朋柱,王刊良,等.基于德尔菲法的专家意见集成模型研究[J].系统工程理论与实践,2004(1).

[151] 郭鹏,郑唯唯.AHP 应用的一些改进[J].系统工程,1995,13(1).

[152] 舒康,梁镇韩.AHP 中的指数标度法[J].系统工程理论与实践,1990,10(1).

[153] 雏应,彭申凯,张碧琴.高等级公路路线方案模糊综合评选法[J].西安公路交通大学学报,2000,20(1).

[154] 贺仲雄.模糊数学及其派生决策方法[M].北京:中国铁道出版社,1992.

[155] 黄汉球.模糊综合评分模型及其在水利水电工程环境影响评价中的应用[J].红水河,2008,27(4).

[156] 陈守煜,赵英琪.系统层次分析模糊优选模型[J].水利学报,1988(10).

[157] 陈守煜.多阶段多目标决策系统模糊优化理论[J].水利学报,1990(1).

[158] 张晨光,吴泽宇.层次分析法(AHP)比例标度的分析与改进[J].郑州工程大学学报,2000,21(2).